Statik für den Eisen- und Maschinenbau

Von

Dr.-Ing. Georg Unold

Professor an der Staatlichen Gewerbe-Akademie
in Chemnitz

Mit 606 Textabbildungen

Berlin
Verlag von Julius Springer
1925

ISBN-13 : 978-3-642-98163-0   e-ISBN-13 : 978-3-642-98974-2
DOI : 10.1007 978-3-642-98974-2

Vorwort.

Die Eisenbauindustrie pflegt ihre Statiker und Konstrukteure in der Regel aus Maschineningenieurkreisen und nur ausnahmsweise aus Angehörigen des Bauingenieurwesens aufzunehmen, während nach dem Vorstudium beider Gruppen das Entgegengesetzte erwartet werden könnte. Das hat zum Teil darin seinen Grund, daß die Eisenbauanstalten nicht nur den reinen Eisenhochbau und Eisenbrückenbau betreiben, sondern sich heute vielfach mit Krangerüsten, Behältern und dergl. zu befassen haben uud auch oft mit Maschinenbauanstalten in unmittelbarer Verbindung stehen. Solche Konstruktionen liegen dem Maschineningenieur näher als dem Bauingenieur, dem infolge anders gearteter Vorbildung meist auch die von der Praxis geforderte Übung in werkstattreifer Durchbildung der Entwürfe fehlt.

Andererseits findet an den maschinentechnischen Abteilungen der Hochschulen und höheren Fachschulen die angewandte Statik meist nicht die Pflege, die sie im Hinblick auf den genannten Zustand verdient. Dagegen nimmt die Baustatik an den Bauingenieurabteilungen einen breiten Raum ein, ist aber völlig auf die Bedürfnisse des Hoch-, Tief- und Brückenbaues in Eisen und anderen Baustoffen, namentlich Eisenbeton, eingestellt; solches trifft auch auf die zur Zeit an Umfang und Tiefe bedeutende Fachliteratur zu, deren Urheber ebenfalls meist den Bauingenieurkreisen angehören.

Das vorliegende Buch bezweckt nun, dem Maschineningenieur, der die eisenbautechnische Richtung einschlägt, die nötigen Kenntnisse in der Baustatik zu verschaffen, den Bauingenieur hingegen mit den Aufgaben dieses Gebietes und dem Umfang der hier verlangten Statik bekannt zu machen. Gleichzeitig werden mehrere Aufgaben des reinen Maschinenbaues behandelt, wie Schwungräder und Maschinenrahmen, die sich nach den neueren Verfahren der Baustatik viel leichter und eleganter lösen lassen, als nach den herkömmlichen Regeln der allgemeinen Statik. Ein weiterer Grund für die Herausgabe des Buches lag in der Forderung nach Erweiterung und Zusammenfassung der neueren Verfahren und Ergebnisse in der Statik, die in Zeitschriften verstreut liegen und zum Teil einer strengeren Fassung und Berichtigung bedurften. Als Besonderheit des Buches darf die Berechnungsweise der elastischen Formänderung und der statisch unbestimmten Tragwerke genannt werden, deren Ansätze nicht auf dem üblichen

Umweg über die Formänderungsarbeit, sondern unmittelbar aus einfachen geometrischen Anschauungen gewonnen wurden, was an den betreffenden Stellen eingehend begründet wird.

Die Einteilung des Stoffes ist straff durchgeführt. Der erste Abschnitt enthält eine kurze Zusammenstellung der Lehrsätze der theoretischen Statik, der zweite befaßt sich mit Kräften, Momenten und Beanspruchungen statisch bestimmter ebener Tragwerke, der dritte mit deren Formänderung und der vierte enthält die Berechnung der statisch unbestimmten ebenen Tragwerke, worin die rechnerische Lösung mehrgliedriger Elastizitätsgleichungen mit Anwendung auf Nebenspannungen von Fachwerken und Einflußlinien einen breiten Raum einnimmt.

Bei der Behandlung des Stoffes habe ich mich von nachstehenden Erwägungen leiten lassen.

An allen Stellen tritt der Gegensatz zwischen dem rechnenden und dem zeichnenden Verfahren hervor. Das Wesentliche der buchstabenmäßigen Berechnung besteht in der Gewinnung einer fertigen Endformel, die dann nach Einsetzung der Zahlenwerte sofort das Endergebnis liefert. Dieser Weg sollte stets bevorzugt werden, wenn die Art der Aufgabe eine nicht zu umfängliche Formel liefert, wenn auch deren einmalige Aufstellung mehr mathematische Überlegung als das zeichnende Verfahren erfordert; denn die Endformel umfaßt gleichzeitig alle vorkommenden Zahlenfälle und liefert das Endergebnis schneller und sicherer und meist auch genauer als das beste zeichnende Verfahren, das bei jedem Zahlenfall aufs neue durchgeführt werden muß. Die früher einseitig gepflegte zeichnende Statik stammt aus einer Zeit, die den Rechenschieber und namentlich die Rechenmaschine nicht kannte und schließlich darf beim heutigen Studierenden auch ein größeres Maß an mathematischer Fähigkeit als früher vorausgesetzt werden. Außerdem gewährt der Rechnungsweg die Möglichkeit der tafelmäßigen Berechnung größerer Aufgaben, wie sie besonders im vierten Abschnitt gepflegt werden. Selbstverständlich behält das zeichnende Verfahren seine Verwendungsgebiete, wie bei der Momentenlinie und elastischen Linie des geraden Stabes und namentlich bei den Kräfteplänen der einfachen Fachwerke.

Zusammenhängende Aufgaben erfahren eine einheitliche Behandlung. So wird nicht der durchlaufende Träger auf zwei, drei und vier Stützen, sondern der Träger mit beliebiger Stützenzahl behandelt; die allgemeinen Ergebnisse sind dann mühelos auf Einzelfälle zu übertragen. Ähnliches findet sich beim Zweigelenkbogen, beim eingespannten Stab und beim geschlossenen Steifrahmen. Auch hier steht einer gewissen Schwierigkeit, die eine solche Verallgemeinerung mit sich bringt, der Vorteil des größeren Verwendungsbereichs der Ergebnisse gegenüber, und meines Erachtens sollte der Studierende, der die Grundlagen der Mechanik hinreichend erfaßt hat, in diesem Sinne erzogen werden und sich selbst weiterbilden.

Im übrigen werden an den Leser nur mäßige Anforderungen an Kenntnissen in höherer Mathematik gestellt. Abgesehen von der bekannten Differentialgleichung der elastischen Linie kommen nur ganz einfache bestimmte Integrale vor, deren Lösungen in jeder mathematischen Formelsammlung zu finden sind. In vielen Fällen dient die Integralformel nur zur kurzen Ausdrucksweise und wird in den Anwendungen durch algebraische Summierung ersetzt.

Der Inhalt des Buches bildet eine starke Erweiterung meiner Vorträge und Übungen an der Maschineningenieur-Abteilung der Chemnitzer Staatl. Gewerbeakademie. Es ist beabsichtigt, dem Buche einen Ergänzungsband folgen zu lassen über Raumstatik mit Anwendungen auf den Maschinen- und Eisenbau und über labile Gleichgewichtszustände mit besonderer Berücksichtigung der wichtigen Knickfrage.

Zum Schlusse spreche ich der Verlagsbuchhandlung Julius Springer für die sorgfältige Herstellung der Abbildungen und die Ausstattung des Buches meinen besten Dank aus.

Chemnitz, im Juli 1925.

Dr.-Ing. G. Unold.

Inhaltsverzeichnis.

A. Begriffsbestimmungen.

Die Aufgaben der Statik starrer Körper. Ein unter dem Einfluß von Kräften stehender frei beweglicher starrer Körper bewegt sich im allgemeinen ungleichförmig. Die Ermittlung der Beziehungen zwischen diesen Kräften, der Körpermasse und -form und der Bewegungsänderung ist Aufgabe der Dynamik.

Bei gewissen Kräfteanordnungen erhält der Körper keine Bewegungsänderung; er bleibt in Ruhe oder in geradliniger, gleichförmiger Bewegung. Die Kräfte heben sich dann in ihrer Gesamtwirkung auf, sie stehen im Gleichgewicht. Die Ermittlung der Bedingungen hierzu — der Gleichgewichtsbedingungen — ist Aufgabe der Statik.

Bei mehreren im Gleichgewicht stehenden Kräften P_1, P_2, ... P_n kann eine Gruppe von Kräften, z. B. P_2, P_3 und P_4, ohne Änderung des Gesamtgleichgewichtes durch eine einzige Kraft von derselben statischen Wirkung ersetzt werden; ebenso können mehrere nicht im Gleichgewicht stehende, also Bewegungsänderungen verursachende Kräfte durch eine einzige Kraft von derselben dynamischen Wirkung — Bewegungsänderung — ersetzt werden. In beiden Fällen nennt man die wirkungsgleiche Ersatzkraft die Resultierende, sie ergibt sich durch Zusammensetzung der Einzelkräfte. Die Resultierende mehrerer im Gleichgewicht stehender Kräfte ist demnach Null. Auch kann eine Kraft durch mehrere Kräfte von derselben statischen oder dynamischen Wirkung ersetzt werden, d. h. die Kraft wird in mehrere Kräfte zerlegt.

Zusammensetzung und Zerlegung von Kräften ist ebenfalls Aufgabe der Statik.

Darstellung einer Kraft. Eine Kraft ist durch Angriffspunkt, Größe, Wirkungslinie und Richtungssinn bestimmt.

Zeichnerisch erfolgt die Darstellung einer Kraft durch eine gepfeilte Strecke von bestimmter Lage, deren Länge nach einem gegebenen Maßstab die Größe der Kraft ausdrückt.

Einteilung und Benennung der Kräfte. Die an einem statisch zu untersuchenden Gebilde (Tragwerk, Dachbinder, Brücke, Maschinenteil) wirkenden Kräfte können von verschiedener Art sein, führen aber die gemeinsame Bezeichnung Lasten.

Bei den stets lotrecht wirkenden Gewichtslasten unterscheidet man zwischen Eigenlasten, Nutzlasten, Verkehrslasten bei Brücken und zwar Raddrücken bei Fahrzeugen oder Menschenlasten. Bei Gebäuden oder Dächern treten Windlasten hinzu, bei Krangerüsten Seilzüge, bei Maschinenteilen Zapfen-, Kolben- oder Zahndrücke usw. Bei Tragwerken, die gegen den Boden oder die Wand abgestützt sind, wirkt der Boden oder die Wand gegen das Tragwerk mit den als Zug oder Druck auftretenden Auflagerkräften.

Die genannten Kräfte können sich an einzelnen Punkten des Gebildes absetzen und heißen Einzelkräfte oder Einzellasten. Verteilt sich eine Kraft gleichmäßig oder ungleichmäßig über einen Raum, dann spricht man von Raumlasten (z. B. Körpergewicht, Fliehkraft). Ist eine Kraft über eine Fläche verteilt, wie z. B. die Schneelast, dann heißt sie Flächenlast; ist sie über eine Linie verteilt, dann ist sie eine Streckenlast (z. B. Gewicht einer dünnen geraden oder krummen Stange). Sind solche Raum-, Flächen- oder Streckenlasten gleichmäßig über den Raum, die Fläche oder die Strecke verteilt, dann heißen sie Gleichraum-, Gleichflächen- oder Gleichstreckenlasten.

Streng genommen gibt es keine Einzelkräfte, da jede Kraft über eine gewisse, wenn auch noch so kleine Fläche gleichmäßig oder ungleichmäßig verteilt ist. Die Einzelkraft läßt sich jedoch als Resultierende dieser Flächenkräfte auffassen.

Begriff des starren Körpers. Jeder feste Körper erleidet durch angreifende Kräfte eine elastische oder unelastische Formänderung; demgemäß gibt es in Wirklichkeit keine starren Körper. In der theoretischen Statik wird vorausgesetzt, daß diese Formänderung gegenüber den Körperabmessungen so gering ist, daß sie vernachlässigt werden darf, insbesondere daß die damit verbundenen Verschiebungen der Kraftangriffspunkte bedeutungslos bleiben. Somit bezieht sich die Statik eigentlich auf elastisch feste Körper; wir werden aber trotzdem den Ausdruck starrer Körper beibehalten.

Bei einer Reihe von technisch wichtigen Aufgaben, wie Knickfestigkeit u. a., dürfen diese Verschiebungen der Kraftangriffspunkte nicht vernachlässigt werden, da sie das Wesentliche dieser Aufgaben bestimmen.

B. Die Grundlagen der Statik.

Die gesamte Statik starrer Körper beruht auf drei grundlegenden Sätzen, die nicht beweisbar sind und nicht auf einfachere zurückgeführt werden können. Sie lauten:

1. Satz von der Verschiebbarkeit der Kräfte längs ihrer Wirkungslinie. Eine Kraft ist durch ihre Wirkungslinie, Richtung, Angriffspunkt und Größe bestimmt. Bei starren Körpern ist die Angabe des Angriffspunktes nicht erforderlich, d. h. Kräfte von gleicher Wirkungslinie, Richtung und Größe, aber verschiedenen Angriffspunkten sind statisch einander gleichwertig.

2. Satz vom Parallelogramm der Kräfte. Die Resultierende zweier an einem Punkte angreifenden Kräfte wird durch die Diagonale des aus den beiden Kraftstrecken gebildeten Parallelogramms dargestellt.

3. Satz von der Wechselwirkung zweier Kräfte. Die Kraft, die ein Körper A auf einen Körper B ausübt, ist gleich und entgegengesetzt der Kraft, die B auf A ausübt.

Hieraus leiten sich in streng logischer Folge die Lehrsätze der theoretischen Statik der Ebene und des Raumes ab.

Dieses Buch ist für Leser bestimmt, die mit diesen Lehrsätzen und deren Anwendung auf einfachere technische Aufgaben hinreichend vertraut sind. Dagegen werden wir diese Lehrsätze im nachstehenden kurz anführen, da es uns hier im wesentlichen auf deren praktischen Anwendungen im Maschinen- und Eisenhochbau ankommt.

Diese bestehen einerseits in der Ermittlung von Stabspannungen, Biegemomenten usw., nach denen die erforderlichen Querschnittsabmessungen der Einzelteile mit Rücksicht auf die durch Erfahrung festgelegten zulässigen Beanspruchungen zu bestimmen sind, anderseits in der Untersuchung der elastischen Formänderung des Gebildes, die mit Rücksicht auf dessen Zweck gewisse Größtwerte nicht überschreiten darf.

In der theoretischen Statik wird streng zwischen dem zeichnenden und dem rechnenden Verfahren unterschieden. Dagegen werden in den praktischen Anwendungen beide Verfahren vielfach nebeneinander benutzt. Daher wird hier unterschieden:

a) das zeichnende Verfahren, unter Vermeidung jeder Rechnung, vorwiegend für ebene Fälle,

b) das analytische Verfahren, im Sinne der analytischen Geometrie wird nur mit Kraftkomponenten in den Achsenrichtungen eines ebenen bzw. räumlichen Koordinatensystems und mit den Koordinaten der Kraftangriffspunkte gerechnet,

c) das Rechnungsverfahren, bei dem aus einer genauen Zeichnung Kraft- oder Stabrichtungen und deren Lagen, Richtungen, Hebelarme abzumessen und in die Rechnung einzusetzen sind.

Die Lehrsätze der allgemeinen Statik.

A. Statik der Ebene.

Der Körper wird als starre ebene Scheibe betrachtet, alle Kräfte liegen in der Ebene dieser Scheibe.

1. Zwei Kräfte am Punkt.

Die Resultierende R zweier Kräfte P_1 und P_2 wird nach Bild 1 durch die Diagonale des Kräfteparallelogramms dargestellt.

Statt dessen kann R auch als Schlußlinie des Kräftedreiecks Bild 2 oder 3 dargestellt werden; hierbei ist die Reihenfolge der P gleichgültig.

In Vektorendarstellung wird vorstehendes durch $R = P_1 +\!\!\!\!+ P_2$ ausgedrückt (geometrische Summe).

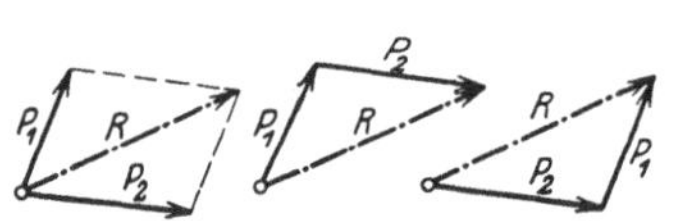

Abb. 1—3. Kräfteparallelogramm und Kräftedreieck.

Aus der Umkehrung der Konstruktion folgt die Zerlegung der Kraft R in die Komponenten P_1 und P_2 von gegebenen Richtungen.

2. Mehrere Kräfte am Punkt.

Zeichnendes Verfahren. Gesucht die Resultierende der Kräfte $P_1 P_2 P_3 P_4$, Bild 4. Von einem beliebigen Punkt A ausgehend, werden die Kräfte in beliebiger Reihenfolge nach Größe und Richtung so aneinandergefügt, daß ihre Pfeilrichtungen stetigen Verlauf nehmen, sie bilden das **Krafteck**. Die Resultierende wird durch die Schlußlinie des Kraftecks dargestellt, deren Richtung gegenläufig zu denen der Kräfte ist.

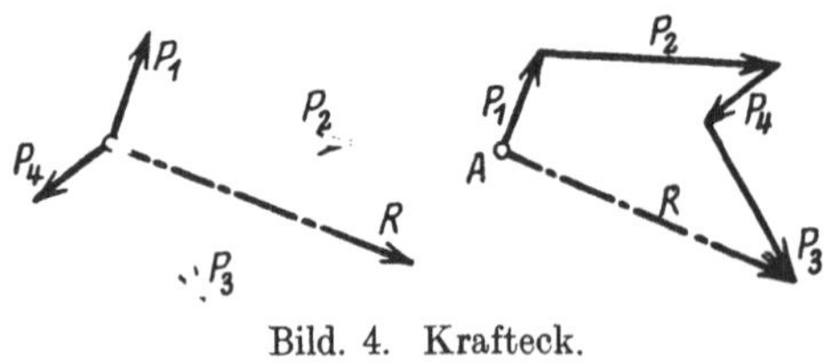

Bild. 4. Krafteck.

In Vektorenstellung

$$R = P_1 +\!\!\!\!+ P_2 +\!\!\!\!+ \cdots \qquad \text{oder} \qquad R = \Sigma P_i.$$

Das $\sum$-Zeichen drückt eine geometrische Summierung aus im Gegensatz zur algebraischen Summierung mit dem Σ-Zeichen.

Durch den Zeiger i in P_i soll ausgedrückt werden, daß Kräfte in beliebiger Anzahl der vorgeschriebenen gemeinsamen Behandlung unterliegen. Diese Darstellungsweise ist in der buchstabenmäßigen Behandlung mathematischer und technischer Aufgaben allgemein üblich und bezieht sich nicht nur auf Kräfte, sondern auf alle Größen, die in beliebiger Anzahl auftreten; sie bezweckt im wesentlichen eine Abkürzung der Schreibweise und ist in diesem Buche überall durchgeführt, wo es zweckmäßig erschien.

Kräfte von derselben Wirkungslinie addieren sich algebraisch,

$$R = \sum P_i.$$

Gleichgewicht liegt vor, wenn $R = 0$, d. h. wenn sich das Krafteck schließt, wenn also $\Sigma P_i = 0$.

Analytisches Verfahren. Man zerlegt jede der Kräfte P_i nach Bild 5 in Komponenten in Richtung der Koordinatenachsen, also in

$$X_i = P_i \cos \alpha_i \quad \text{und} \quad Y_i = P_i \cos \beta_i$$

und addiert diese zu den Kräften

$$X = \sum X_i \quad \text{und} \quad Y = \sum Y_i.$$

Diese ergeben

$$R = \sqrt{X^2 + Y^2};$$

deren Neigung gegen die X-Achse folgt aus

$$\operatorname{tg} \varphi = Y : X.$$

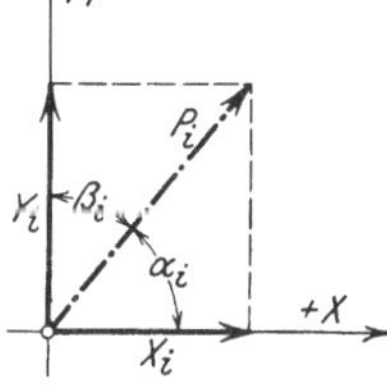

Bild 5. Zerlegung einerKraft nach den Achsenrichtungen.

Gleichgewicht besteht, wenn die zwei Gleichgewichtsbedingungen

$$\sum X_i = 0 \quad \text{und} \quad \sum Y_i = 0$$

gleichzeitig erfüllt sind.

3. Zwei Kräfte an verschiedenen Punkten der ebenen Scheibe.

Die Kräfte P_1 und P_2 nach Bild 6 bis zum Schnittpunkt s ihrer Wirkungslinien verschoben, liefern R.

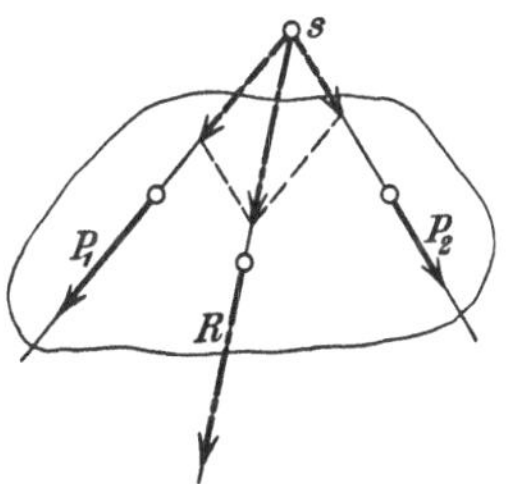

Bild 6. Zusammensetzung zweier Kräfte.

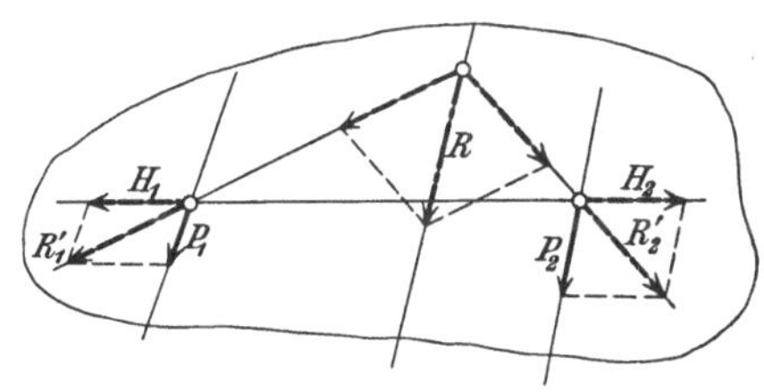

Bild 7. Zusammensetzung zweier Kräfte mit Hilfskräften.

Liegt der Schnittpunkt weitab oder sind die Kräfte einander parallel, dann werden nach Bild 7 die beliebigen Hilfskräfte $H_1 = H_2$

angefügt und die Resultierenden R_1' aus P_1 und H_1 bzw. R_2' aus P_2 und H_2 in der vorigen Weise zu R vereinigt.

Bild 8 zeigt dasselbe bei entgegengesetzt gerichteten P.

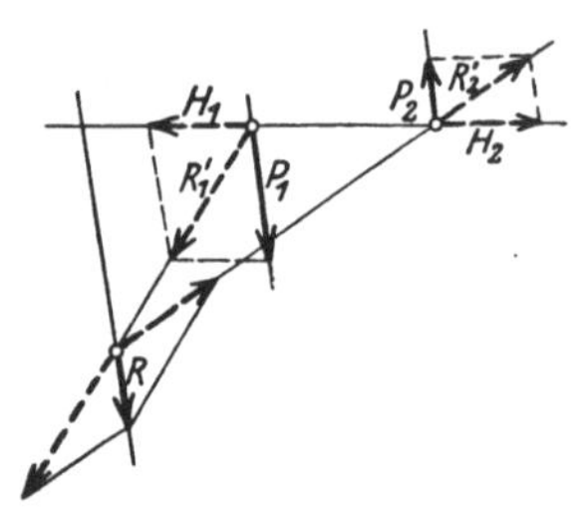

Bild 8. Dasselbe bei entgegengesetzt gerichteten Kräften.

Kräftepaar. Zwei gleichgroße, parallele und entgegengesetzt gerichtete Kräfte P haben keine Resultierende; sie bilden miteinander ein Kräftepaar vom Moment $M = P \cdot p$, worin p nach Bild 9 der Abstand der Wirkungslinien ist. Ein Kräftepaar hat demnach keine verschiebende, sondern drehende Wirkung. Man

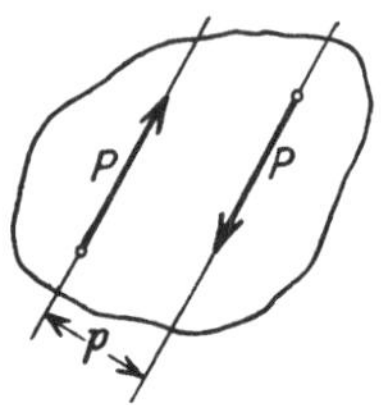

Bild. 9. Kräftepaar.

pflegt M als positiv zu bezeichnen, wenn es rechtsdrehend wirkt.

Ein Kräftepaar ist gleichwertig einem andern Paar in derselben Ebene, wenn Moment und Drehsinn gleich sind.

Mehrere Paare in derselben Ebene können zu einem resultierenden Paar vereinigt werden, dessen Moment gleich der algebraischen Summe der Einzelmomente ist, $M_r = \sum P_i p_i$.

Gleichgewicht besteht, wenn $\sum P_i p_i = 0$.

4. Kräfte an mehreren Punkten der ebenen Scheibe.

Allgemeines zeichnendes Verfahren, Bild 10. P_1 und P_2 wird durch Kräftedreieck zu R_{12}, diese mit P_3 zu R_{123} und diese mit P_4 zu R vereinigt. Statt dessen kann auch vorherige Gruppenzusammenfassung der P zweckmäßig sein.

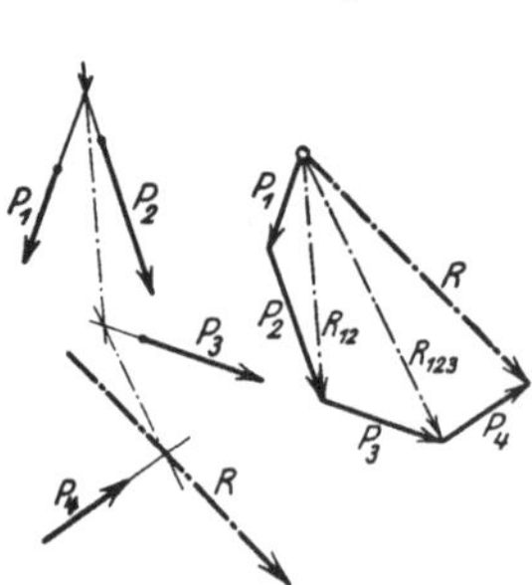

Bild 10. Zusammensetzung von Kräften.

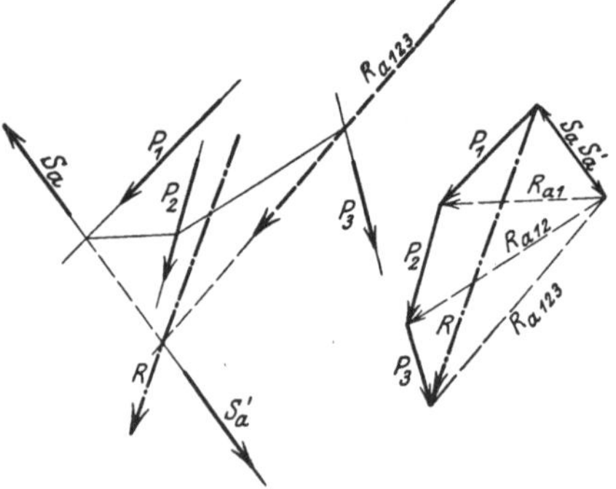

Bild 11. Entwicklung des Seilecks.

Seileckverfahren, Bild 11. Zu den P_1 P_2 P_3 werden die beiden gleichen Kräfte S_a und S_a' hinzugefügt. S_a und P_1 liefert R_{a1}, dieses mit P_2 vereinigt gibt R_{a12}, dieses mit P_3 vereinigt $R_{a\,123}$. Somit sind die Kräfte S_a S_a' P_1 P_2 P_3 durch $R_{a\,123}$ und S_a' ersetzt, die zu R, d. i. die Resultierende der P_1 P_2 P_3, vereinigt werden. Hierauf gründet sich folgendes Verfahren:

Zu $P_1 P_2 P_3$, Bild 12a zeichnet man das Krafteck Bild 12b, dessen Schlußlinie die Größe und Richtung von R angibt. Man wählt den beliebigen Pol O, zieht die Strahlen 01, 12, 23, 30 (lies null-eins, eins-zwei usw.) und parallel hierzu von beliebigem Anfangspunkt aus die Linien 01, 12 usw. zwischen den Wirkungslinien der gleichnamigen Kräfte. R geht dann durch den Schnittpunkt aus Anfangs- und Endstrahl.

Der Linienzug 01, 12 ... heißt Seileck, weil ein durch $P_1 P_2 P_3$ belastetes Seil dieselbe Form annimmt, O heißt der Pol, die Linien 01, 12 ... die Seileckseiten.

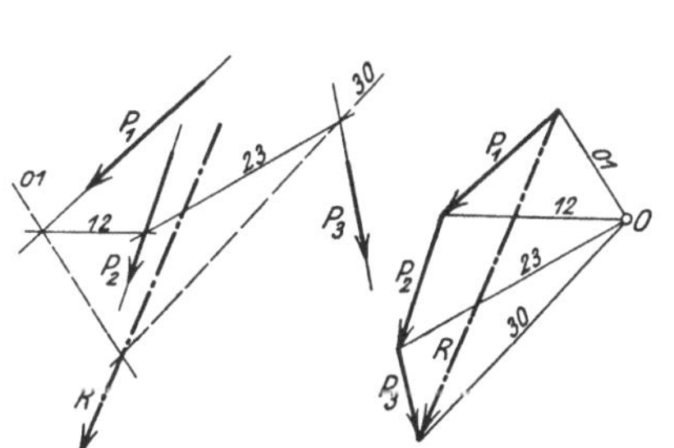

Bild. 12. Seileck.

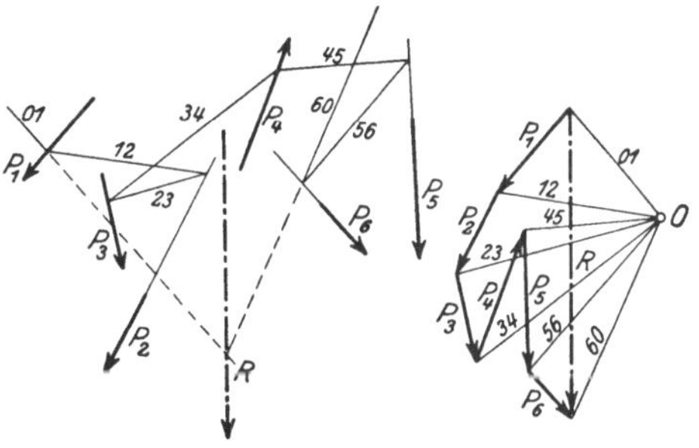

Bild. 13. Überschneidende Seileckseiten.

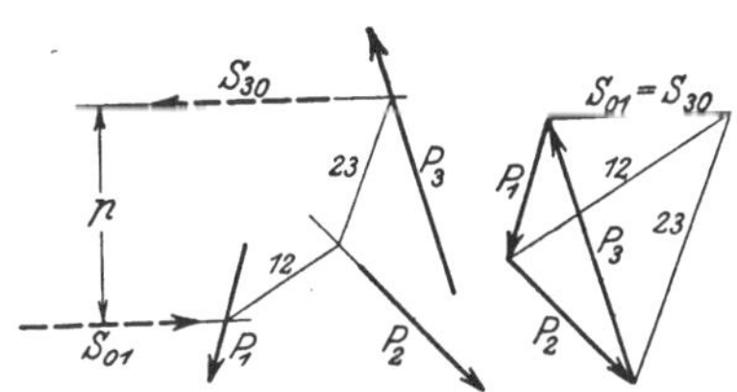

Bild 14. Seileck für Fall b).

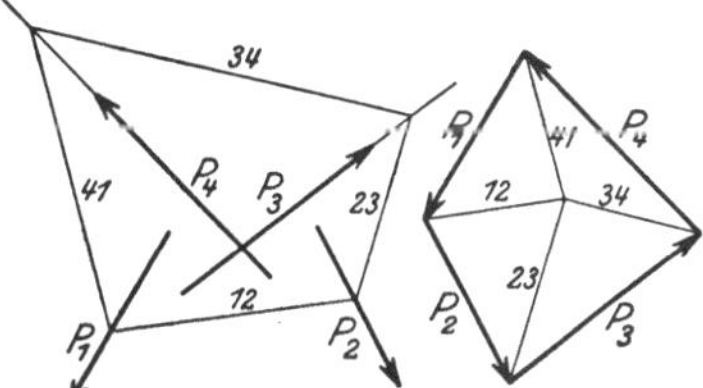

Bild 15. Seileck für Fall c).

Das Verfahren ist in allen Fällen anwendbar, auch wenn sich die P-Richtungen überschneiden oder wenn einige der P entgegengesetzt gerichtet sind, s. Bild 13.

Es sind folgende Fälle möglich:

a) Die äußersten Seileckseiten schneiden sich, dann haben die Kräfte eine Resultierende (wie in Bild 12 und 13).

b) Die äußersten Seileckseiten sind einander parallel, dann schließt sich nach Bild 14 das Krafteck und die $P_1 P_2 P_3$ liefern ein Kräftepaar $S_{01} - S_{30}$ vom Moment $M = S_{01} \cdot p$.

c) Gleichgewicht zwischen $P_1 P_2 P_3$, wenn $R = 0$ und $M = 0$, d. h. wenn sich nach Bild 15 Krafteck und Seileck gleichzeitig schließen.

Rechnendes Verfahren. Durch beliebigen Punkt O, Bild 16, sind zu jeder der Kräfte P_i zwei dazu parallele, gleiche und entgegengesetzte Kräfte anzubringen. Die P_i sind somit ersetzt durch die in

O angreifenden Kräfte P_i, die $R = \Sigma P_i$ liefern, und durch die Paare vom Moment $P_i p_i$, die das resultierende Paar vom Moment $M = \Sigma P_i p_i$ liefern. M und R können durch eine dazu parallele Einzelkraft R im Abstande $r = M : R$ von O ersetzt werden.

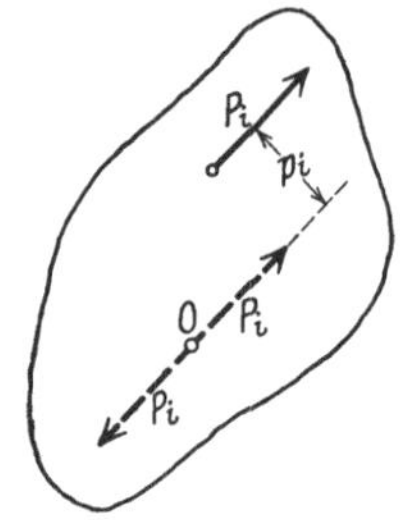

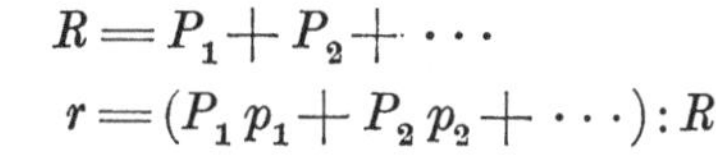

Ist $R = 0$, dann liefern die P_i ein Kräftepaar von gleichbleibendem Moment, unabhängig von der Wahl des Punktes O.

Die P_i stehen im Gleichgewicht, wenn für beliebiges O die beiden Bedingungen

$$\Sigma P_i = 0 \qquad \text{und} \qquad \Sigma P_i p_i = 0$$

gleichzeitig erfüllt sind.

Bild 16. Vereinigung mehrerer Kräfte zu einer Einzelkraft und einem Kräftepaar.

Drei Kräfte bilden Gleichgewicht, wenn sie sich an **einem** Punkt schneiden und ihr Kräftedreieck sich schließt.

Für **parallele Kräfte** ist nach Bild 17

$$R = P_1 + P_2 + \cdots$$

und

$$r = (P_1 p_1 + P_2 p_2 + \cdots) : R.$$

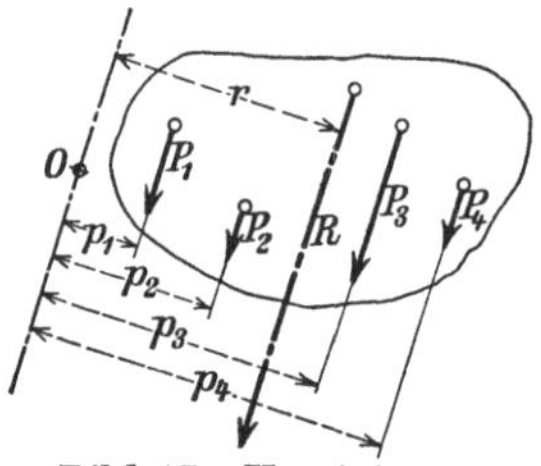

Analytisches Verfahren. Bezeichnen x_i und y_i die Koordinaten der Angriffspunkte der Kräfte P_i mit den Komponenten X_i und Y_i, dann liefern die P_i die zwei durch den Koordinatenanfangspunkt gehenden Kräfte $X = \Sigma X_i$ und $Y = \Sigma Y_i$ und ein Kräftepaar vom Moment $M = \Sigma (X_i y_i - Y_i x_i)$.

Bild 17. Vereinigung paralleler Kräfte.

Gleichgewicht liegt vor, wenn die drei Bedingungen

$$\Sigma X_i = 0, \qquad \Sigma Y_i = 0 \qquad \text{und} \qquad \Sigma (X_i y_i - Y_i x_i) = 0$$

gleichzeitig erfüllt sind.

Statische Momente von Kräften der Ebene. Das auf einen beliebigen Punkt bezogene statische Moment einer Kraft P ist $M = P \cdot p$, worin p den Abstand des Punktes von der Wirkungslinie der Kraft bezeichnet (Hebelarm). M ist positiv, wenn rechtsdrehend.

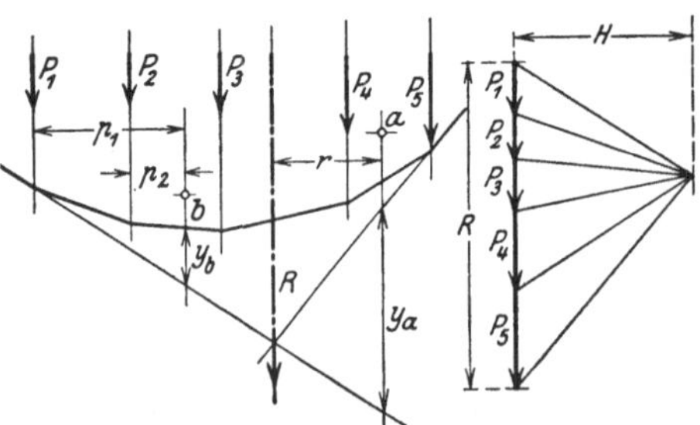

Die algebraische Summe der statischen Momente mehrerer Kräfte P_i bezogen auf einen gemeinsamen Punkt ist gleich dem statischen Moment der Resultierenden dieser Kräfte,

$$M = \Sigma P_i p_i = R\,r.$$

Analytisch ist für den Koordinatenanfangspunkt

$$M = \Sigma (X_i y_i - Y_i x_i).$$

Bild 18. Seileck für parallele Kräfte, statische Momente hierzu.

Benutzung des Seilecks bei parallelen Kräften. Nach Bild 18 ist das auf Punkt a bezogene Moment aller Kräfte $M_a = y_a H$, worin H der Polabstand.

Für z. B. Punkt b liefern die links von b liegenden Kräfte P_1 und P_2 das Moment $M_b = y_b H$.

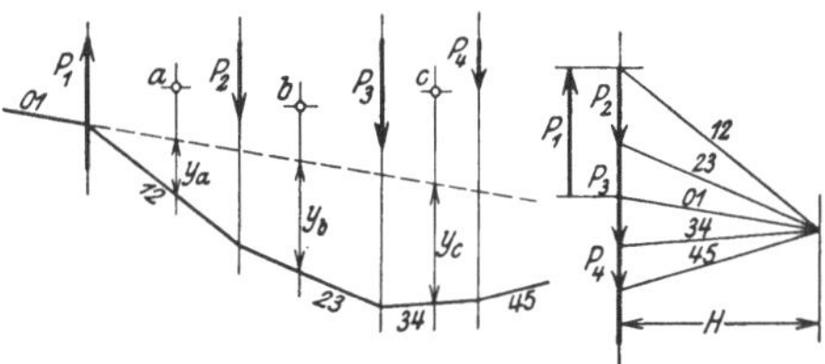

Bild 19. Parallele Kräfte, Seileck und statische Momente.

Bild 19 gilt für P_1 nach oben gerichtet, hierbei sind die Momente der jeweils links von $a\ b\ c \ldots$ liegenden Kräfte

$$M_a = y_a H, \qquad M_b = y_b H, \qquad M_c = y_c H \quad \text{usw.}$$

B. Statik des Raumes.

1. Drei Kräfte am Punkt.

Die Resultierende dreier Kräfte $P_1\ P_2\ P_3$, die nicht in einer Ebene liegen, wird durch die Diagonale des aus den drei Kräften gebildeten Parallelepipedons, Bild 20, dargestellt.

In Vektorendarstellung ist

$$R = P_1 \mathbin{+\!\!\!+} P_2 \mathbin{+\!\!\!+} P_3 .$$

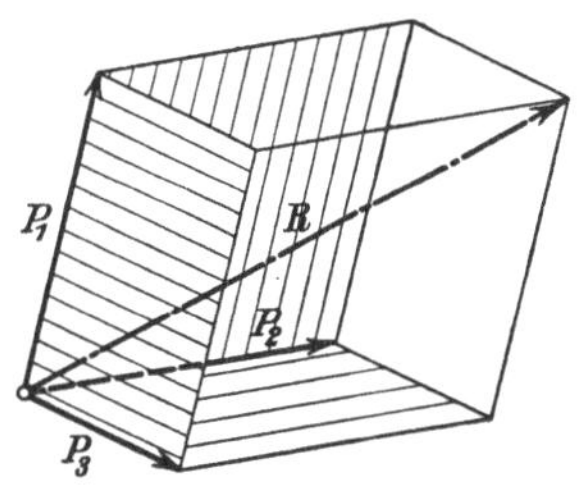

Bild 20. Zusammensetzung dreier Raumkräfte

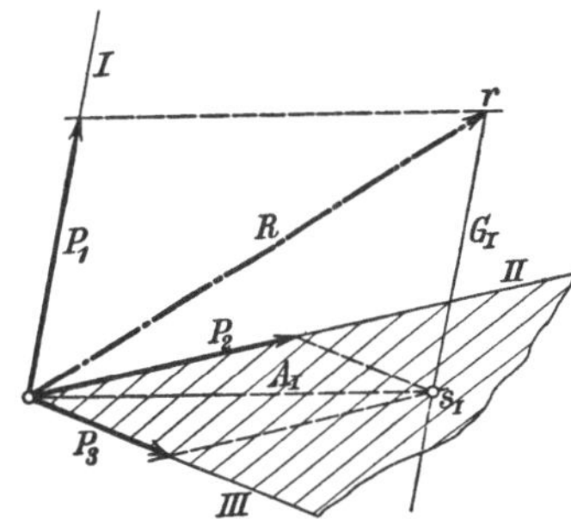

Bild 21. Zerlegung einer Kraft nach drei Raumrichtungen.

Zerlegung einer Kraft R in drei Komponenten von gegebenen, nicht in einer Ebene liegenden Richtungen I, II und III erfolgt in umgekehrter Weise:

Man legt nach Bild 21 durch Endpunkt r von R (alles in Aufriß und Grundriß auszuführen) Gerade G_I parallel zu I, bestimmt ihren Durchstoßpunkt s_I mit Ebene II—III und zieht durch s_I Parallele zu II und III, ferner durch r eine Parallele zu A_I; hierdurch werden auf den gegebenen Richtungen Strecken gleich den gesuchten Komponenten abgeschnitten (Anwendung bei Dreibeingerüsten, Derrik-Kranen u. dgl.).

2. Mehrere Kräfte am Punkt.

Das auch hier anwendbare Krafteck bildet ein räumliches Vieleck und ist nach den Regeln der darstellenden Geometrie in Aufriß und Grundriß zu zeichnen.

In Vektorendarstellung gilt auch hier

$$R = P_1 +\!\!\!\to P_2 \cdots \quad \text{oder} \quad R = \Sigma P_i.$$

Gleichgewicht liegt vor, wenn $R = 0$, wenn sich das Krafteck schließt, wenn also $\Sigma P_i = 0$.

Analytisches Verfahren. Man zerlegt jede der Kräfte P_i nach Bild 22 in drei Komponenten in Richtung dreier rechtwinkligen Koordinatenachsen, also in

$$X_i = P_i \cos \alpha_i, \qquad Y_i = P_i \cos \beta_i,$$
$$Z_i = P_i \cos \gamma_i,$$

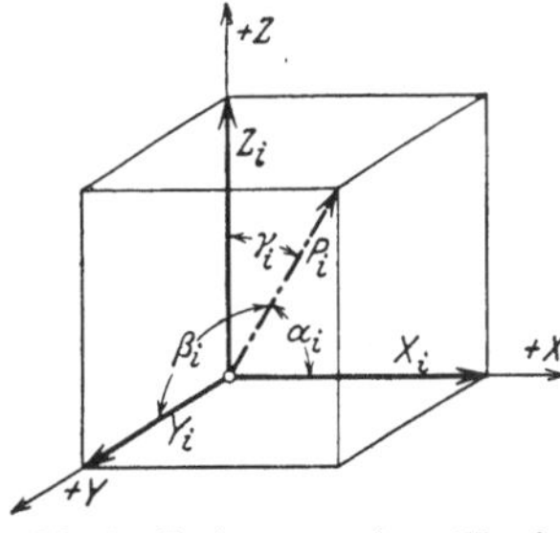

worin α_i, β_i und γ_i die Winkel zwischen P_i und den positiven Achsenrichtungen sind, und addiert diese Komponenten algebraisch zu den Kräften

$$X = \Sigma X_i, \qquad Y = \Sigma Y_i, \qquad Z = \Sigma Z_i;$$

Bild 22. Zerlegung einer Kraft nach den Koordinatenachsen.

dann ist

$$R = \sqrt{X^2 + Y^2 + Z^2}$$

und deren Winkel mit den positiven Achsenrichtungen folgen aus

$$\cos \alpha_r = X : R, \qquad \cos \beta_r = Y : R, \qquad \cos \gamma_r = Z : R.$$

Gleichgewicht besteht, wenn die drei Gleichgewichtsbedingungen

$$\Sigma X_i = 0, \qquad \Sigma Y_i = 0, \qquad \Sigma Z_i = 0$$

gleichzeitig erfüllt sind.

3. Zwei Kräfte an verschiedenen Punkten des Raumkörpers.

Liegen diese nicht in derselben Ebene, dann bilden sie ein sog. **Kraftkreuz** und können nicht mehr zusammengesetzt, aber in beliebige andere Kraftkreuze umgewandelt werden.

Kräftepaar. Zwei gleich große und entgegengesetzt gerichtete Kräfte bilden ein Kräftepaar, das nach Bild 23 dargestellt wird durch seine Achse A, d. i. eine zur Paarebene winkelrecht stehende Strecke, deren Länge die Größe des Momentes maßstäblich angibt und deren Pfeilrichtung den Drehsinn des Paares in der Weise bestimmt, daß entgegengesetzt zur Pfeilrichtung gesehen, das Paar rechtsdrehend erscheint.

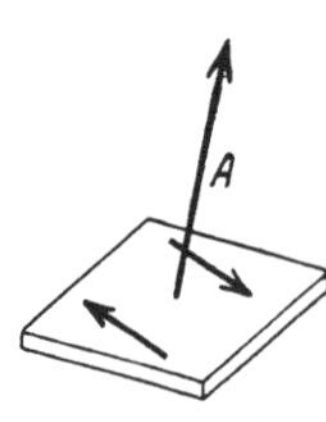

Kräftepaare in parallelen Ebenen liegend sind einander gleichwertig, wenn Moment und Drehsinn gleich bleiben.

Bild 23. Achse des Kräftepaars.

Mehrere Paare in Parallelebenen können zu einem resultierenden Paar vereinigt werden, dessen Moment gleich der algebraischen Summe der Einzelmomente ist.

Das resultierende Paar mehrerer in verschiedenen Ebenen liegenden Paare von den Achsen A_i ergibt sich dann durch geometrische Summierung ihrer Achsen; $A = \Sigma A_i$ (wie bei Raumkräften).

Gleichgewicht besteht, wenn bei Paaren in derselben Ebene oder in Parallelebenen die algebraische Summe ihrer Momente Null ist, d. h. $\Sigma P_i p_i = 0$, oder wenn bei verschiedenen Ebenen das Achseneck sich schließt, d. h. $\Sigma A_i = 0$.

4. Mehrere Kräfte an verschiedenen Punkten des Raumkörpers.

Rein zeichnende Verfahren unzweckmäßig.

Rechnendes Verfahren. Vorgang wie bei Kräften in der Ebene; man erhält ein durch O gehendes Kraftbündel, das $R = \Sigma P_i$ liefert, und die in Raumebenen liegenden Paare von den Achsen $A_i = P_i p_i$, die ein resultierendes Paar von der Achse $A = \Sigma A_i$ liefern.

Die Resultierende und das resultierende Paar können, da in verschiedenen Ebenen liegend, im allgemeinen nicht mehr zusammengesetzt, aber auf unendlich verschiedene Weise umgeformt und in zwei sich kreuzende Kräfte — Kraftkreuz — umgewandelt werden.

Ist $R = 0$, dann liefern die P_i ein Paar von bestimmtem Moment und bestimmter Ebenen- (bzw. Achsen-) richtung, unabhängig von der Wahl des Bezugspunktes.

Gleichgewicht besteht, wenn für beliebigen Bezugspunkt $R = 0$ und $A = 0$. Diese Form der Gleichgewichtsbedingung ist für praktische Verwendung ungeeignet, daher besser folgende: P_i nach Bild 24 in die drei Achsenrichtungen zerlegen, außerdem P_i auf Aufriß-, Grundriß- und Seitenrißebene projizieren, ferner auf jeder dieser Ebenen je einen beliebigen Bezugspunkt annehmen.

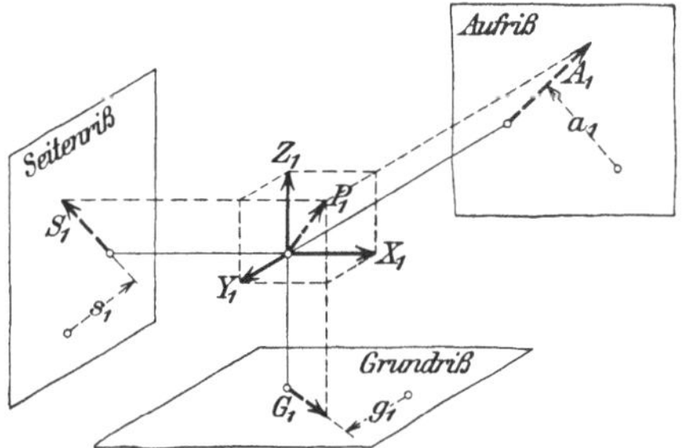

Bild 24. Zerlegung und Projektionen der Raumkräfte.

Gleichgewicht besteht, wenn die **sechs** Bedingungen erfüllt sind:

$$\Sigma X_i = 0, \qquad \Sigma Y_i = 0, \qquad \Sigma Z_i = 0 \ (\text{d. h. } R = \Sigma P_i = 0),$$

$$\Sigma A_i a_i = 0, \qquad \Sigma G_i g_i = 0, \qquad \Sigma S_i s_i = 0 \ (\text{d. h. statische Momente}$$

der Kraftprojektionen in den drei Rissen je $= 0$).

Vielfach liegen die P_i in Ebenen parallel zur Seitenrißebene; dann ist $X_i = 0$ und Aufriß und Grundriß der P_i liegt winkelrecht zur X-Achse.

Gleichgewichtsbedingungen in analytischer Form (Rechtssystem).
$x_i\ y_i\ z_i$ seien die Koordinaten der Angriffspunkte der P_i.

Gleichgewicht, wenn

$$\sum X_i = 0, \qquad \sum Y_i = 0, \qquad \sum Z_i = 0,$$

$$\sum (X_i z_i - Z_i x_i) = 0, \qquad \sum (Y_i x_i - X_i y_i) = 0,$$

$$\sum (Z_i y_i - Y_i z_i) = 0.$$

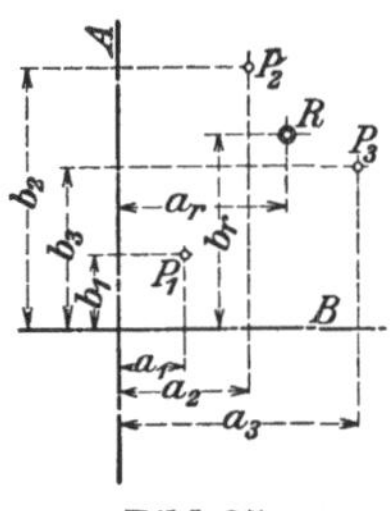

Bild 25.
Resultierende paralleler Kräfte.

Resultierende paralleler Kräfte. Nach Bild 25 (Kräfte im Grundriß dargestellt) zwei Achsen A und B annehmen, dann ist

$$R = \sum P_i, \qquad a_r = \sum P_i a_i : \sum P_i$$

und

$$b_r = \sum P_i b_i : \sum P_i.$$

Anmerkung. In der Anwendung dieser allgemeinen Lehrsätze auf technische Aufgaben des Maschinen- und Eisenbaues werden Tragwerke, Maschinengerüste und Maschinenteile zunächst auf Kräftewirkung und Beanspruchung untersucht. Die an ihnen angreifenden Kräfte stehen im Gleichgewicht. Der irgendwie belastete Körper übt auf den ihn stützenden Baugrund oder auf benachbarte Bauoder Maschinenteile gewisse Kräfte aus, die als Auflagerkräfte bereichnet und im nächsten Abschnitt behandelt werden. Nach dem Gesetz von Wirkung und Gegenwirkung übt aber der Baugrund oder die benachbarten Teile ebensolche aber entgegengesetzt gerichtete Kräfte auf den zu untersuchenden Körper aus. In die Gleichgewichtsbedingungen für die am Körper wirkenden Kräfte sind also alle von außen auf ihn wirkenden Kräfte aufzunehmen, das sind die Lasten und die eben genannten Auflagerkräfte.

Der Körper setzt sich aus Einzelteilen zusammen. Für jeden Teilkörper gelten ebenfalls die Gleichgewichtsbedingungen; auch hier wird der Teilkörper vom ganzen Körper getrennt gedacht und die von außen auf ihn wirkenden Kräfte ins Gleichgewicht gesetzt.

Kräftewirkung und Beanspruchung statisch bestimmter ebener Gebilde.

Die Betrachtungen dieses und der beiden nächsten Abschnitte beziehen sich auf ebene Körper, die als starre ebene Scheiben oder Stabgebilde angesehen werden können, in deren Ebenen sämtliche Kräfte und Formänderungen wirken.

Nun besitzt zwar jeder Körper eine räumliche Ausdehnung, wir setzen dabei jedoch voraus, daß für den Körper und die an ihm wirkenden Kräfte eine Symmetrieebene bestehe und daß die gedachte Scheibe die Projektion des Körpers auf die Symmetrieebene darstelle und alle Kräfte ebenfalls auf diese Ebene projiziert seien.

A. Auflagerkräfte von gestützten ebenen Körpern.

Allgemeines. Der als starre ebene Scheibe betrachtete Körper sei durch geeignete Mittel (Zug- oder Druckstangen, Bolzen, Walzen u. dgl.) mit dem Erdboden oder mit einer festen Wand unverschieblich verbunden.

In Bild 26 bis 28 sind einige Fälle skizziert. Man erkennt schon ohne eingehende Betrachtung, daß in den beiden ersten Fällen die Auflagerkräfte über gewisse Strecken verteilt sein müssen und zwar ungleich, und daß zur Feststellung dieser Kräfte das elastische Verhalten des Bodens und des Körpers herangezogen werden muß.

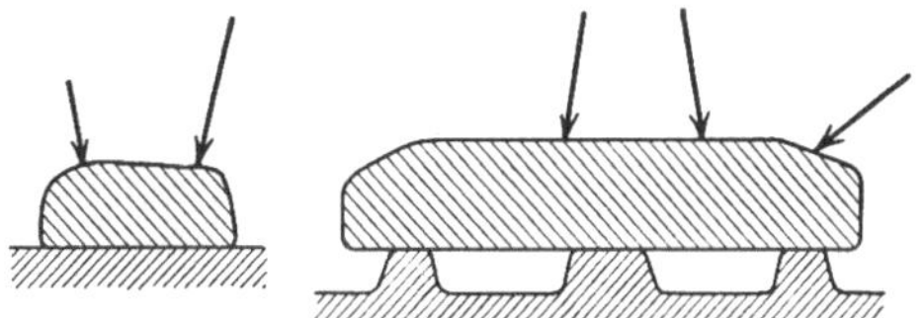

Bild 26 u. 27. Körper mit unbestimmter Lagerung.

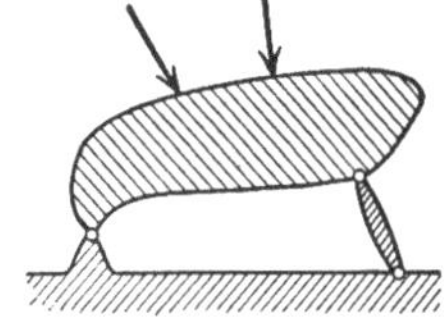

Bild 28. Statisch bestimmte Lagerung.

In Bild 28 hingegen sind die Auflagerkräfte ohne Rücksicht auf das elastische Verhalten des Bodens und des Körpers bestimmt. Man nennt deshalb in diesem Falle den Körper statisch bestimmt gelagert.

Die statisch bestimmte Lagerung liegt dann vor, wenn zur Bestimmung der Auflagerkräfte die statischen Gleichgewichtsbedingungen der am Körper wirkenden Kräfte (Lasten und Auflagerkräfte) ausreichen.

Wir werden eine Reihe von Fällen mit statisch bestimmter Lagerung behandeln und zeichnende und rechnende Verfahren zur Bestimmung dieser Auflagerkräfte kennen lernen.

Fall 1. Abstützung durch einen Kippbolzen und eine Pendelstütze, Bild 29. Der Kippbolzen und die beiden Pendelstützbolzen sind reibungsfrei angenommen. Die zwischen Boden und Körper wirkenden Kräfte verlaufen somit in der Weise, daß die eine Kraft durch Kippbolzenmitte und die andere durch die beiden Pendelstützbolzen geht. Die Kräfte, die der Boden gegen den Körper ausübt und die mit A und B bezeichnet seien, bilden mit den Lasten $P_1 P_2 \ldots$ Gleichgewicht.

Von A und B sind bekannt ein Punkt der Wirkungslinie A und die Wirkungslinie B. Unbekannt ist die Wirkungslinie A und die Größe von A und B. Aus den drei Gleichgewichtsbedingungen für Kräfte am starren ebenen Körper folgen diese drei Unbekannten.

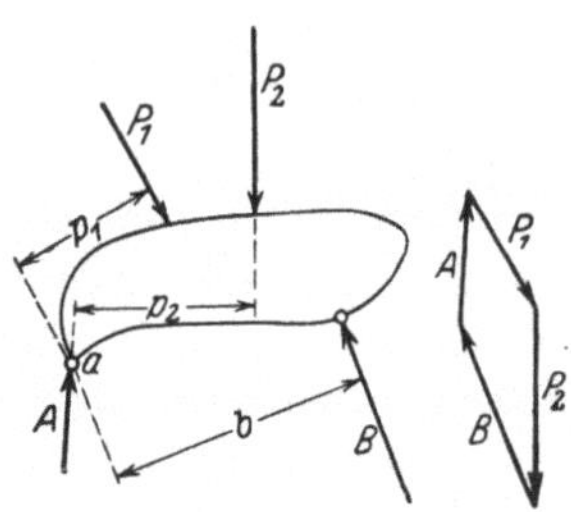

Bild 29. Lagerung durch Kippbolzen und Pendelstütze.

Durch Rechnung und Zeichnung. Gleichgewicht gegen Drehen um Punkt a liefert nach Bild 29

$$P_1 p_1 + P_2 p_2 + \cdots - B b = 0,$$

woraus B folgt.

Nun muß sich das Krafteck aus $P_1 P_2 \ldots A$ und B schließen, woraus Größe und Richtung von A folgt.

Durch Zeichnung.

Erstes Verfahren: Zunächst wird nach bekannten Regeln die Resultierende R der Kräfte $P_1 P_2 \ldots$ bestimmt, s. Bild 30. Da nun die Kräfte R, A und B durch einen Punkt gehen müssen und dieser Punkt der Schnittpunkt s von R und B ist, bildet die Verbindungslinie $a s$ die Wirkungslinie von A. Die Größe A und B folgt aus dem Kräftedreieck $R B A$.

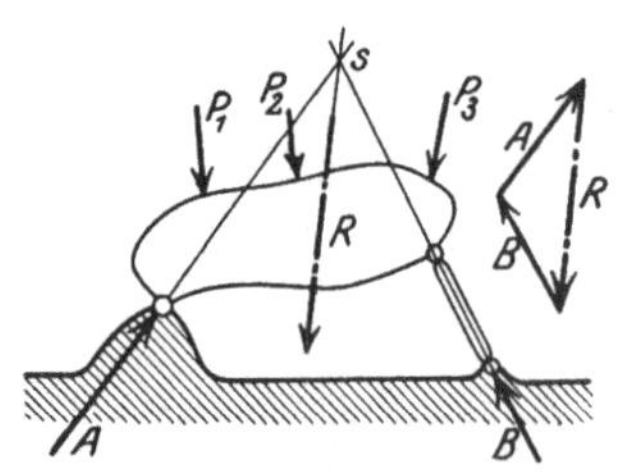

Bild 30.   Auflagerkräfte durch Zeichnung.

Zweites Verfahren mittels Seileck: Da Gleichgewicht zwischen $A B P_1 P_2 \ldots$ besteht, muß sich das Krafteck und das Seileck dieser Kräfte schließen. Hieraus folgt A und B durch Zeichnung nach Bild 31.

Wesentlich ist hierbei, daß dieses Seileck durch Punkt a zu legen ist.

Dieses Verfahren ist auch anwendbar, wenn zuvor auf andere Weise R bestimmt wurde, das Weitere folgt aus Bild 32. Es ist besonders dann zweckmäßig, wenn nach dem ersten Verfahren der Schnittpunkt s außerhalb der Zeichenfläche fallen würde.

Bild 33 zeigt dasselbe beim Körper mit Ausladung.

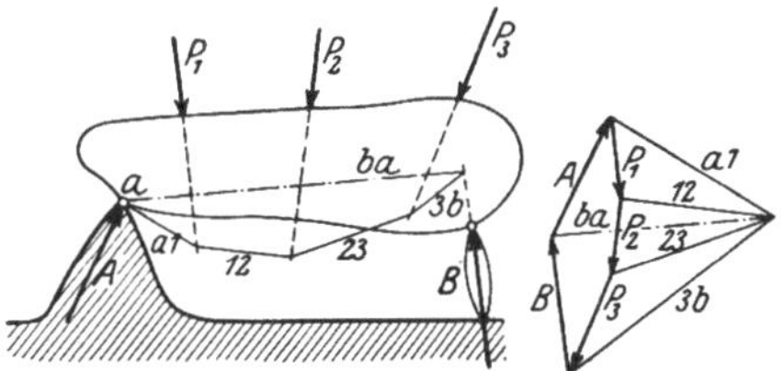

Bild 31. Auflagerkräfte durch Seileck.

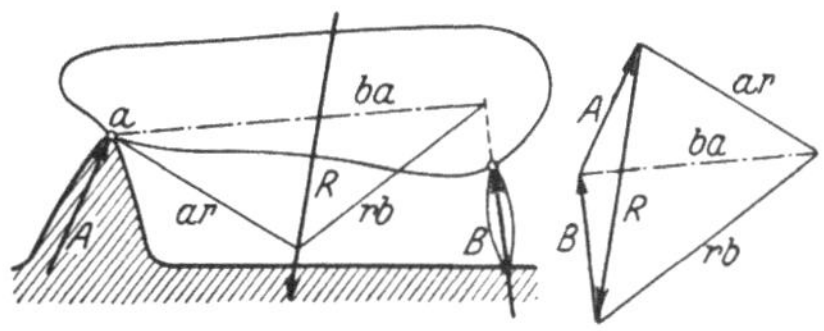

Bild 32. Dasselbe unter Benutzung von R.

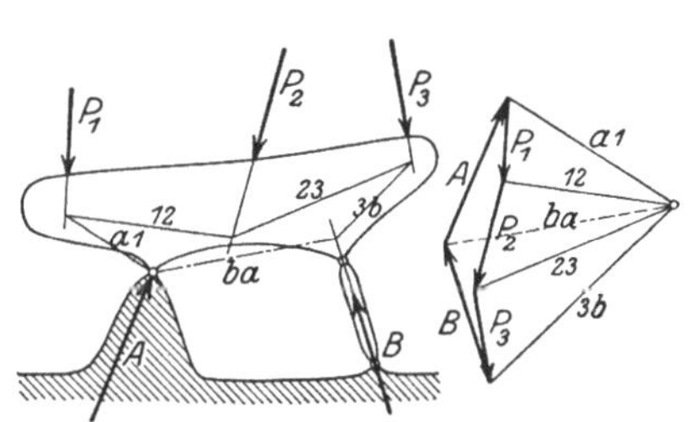

Bild 33. Dasselbe bei Außenlasten.

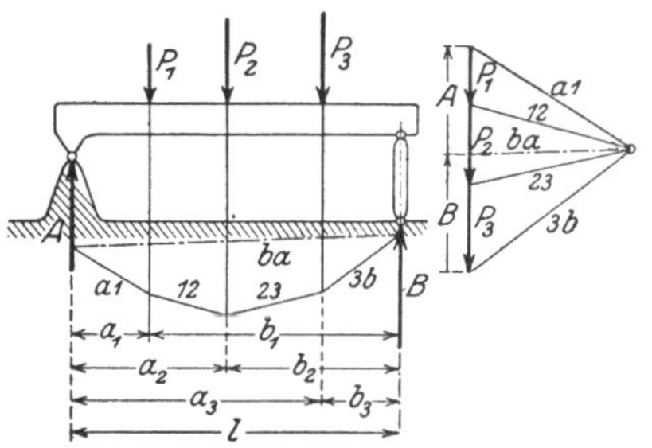

Bild 34. Seileckverfahren bei lotrechten Kräften.

Liegen sämtliche P und die Pendelstütze lotrecht, dann liegt auch A lotrecht und im Krafteck fallen sämtliche Kräfte in eine Linie. In diesem Falle ist es nicht nötig, das Seileck durch Punkt a zu legen, sondern es kann in beliebiger Höhe liegen. Hierzu Bild 34.

Analytisch. Bezieht man nach Bild 35 die Scheibe auf ein Koordinatensystem mit dem Nullpunkt im Kippbolzen und bezeichnet

$X_i Y_i$ die Komponenten der gegebenen Lasten P_i,

$X_a Y_a X_b Y_b$ die der Auflagerkräfte A und B,

wobei alle X nach rechts und alle Y nach oben positiv gerechnet werden, ferner

$x_i y_i$ die Koordinanten der Angriffspunkte der P_i,

$x_b y_b$ die Koordinaten des Auflagerungspunktes b,

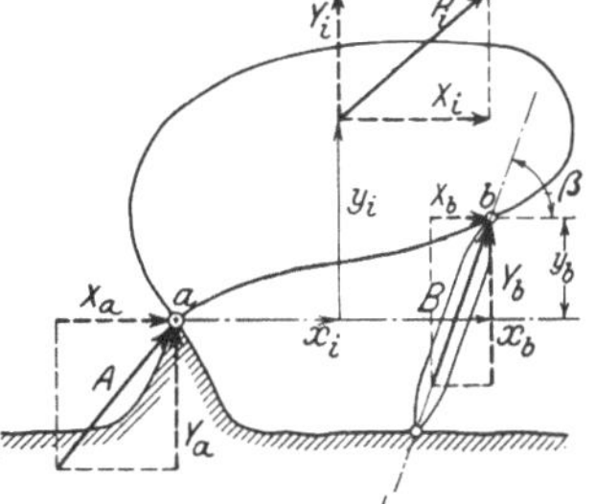

Bild 35. Analytische Bestimmung der Auflagerkräfte.

dann lauten die Gleichgewichtsbedingungen der Ebene

$$(1) \qquad \Sigma\, X_i + X_a + X_b = 0,$$
$$(2) \qquad \Sigma\, Y_i + Y_a + Y_b = 0,$$
$$(3) \qquad \Sigma\, (X_i y_i - Y_i x_i) + X_b y_b - Y_b x_b = 0.$$

Hierin ist $X_b = B \cos \beta$ und $Y_b = B \sin \beta$.

Aus (3) folgt B.

Aus (1) und (2) folgt X_a und Y_a und daraus A und deren Richtung.

Wenn die Stange des Auflagers B nicht Druck, sondern Zug erhält, was bei anderer Anordnung ebensogut möglich ist, dann heißt sie Zugstange. Bild 36 zeigt die Anwendung des ersten bzw. zweiten Verfahrens auf einen solchen Fall (Kranausleger).

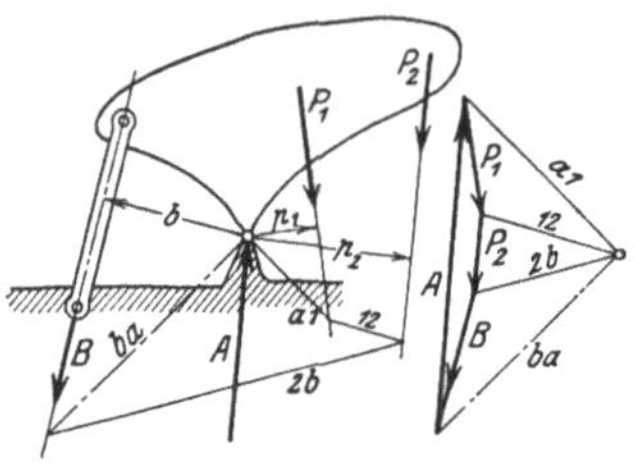

Bild 36. Zugstange statt Stütze.

Ersatz der Pendelstütze durch die Walze oder das Rollenkipplager.

Da durch die Pendelstütze die Wirkungslinie der Auflagerkraft bestimmt werden soll, kann diese auch durch eine runde Scheibe (in der Ausführung durch eine Walze) ersetzt werden, wobei nach Bild 37 die Wirkungslinie der Auflagerkraft normal zur Rollenbahn liegt.

Ist eine Walze zu schwach, dann nimmt man mehrere Walzen, die mit dem Schemel nach Bild 38 zwecks gleichmäßiger Druckverteilung das Rollenkipplager bilden. Im übrigen verläuft die statische Behandlung genau so wie in den vorbehandelten Fällen mit Pendelstütze oder Zugstange.

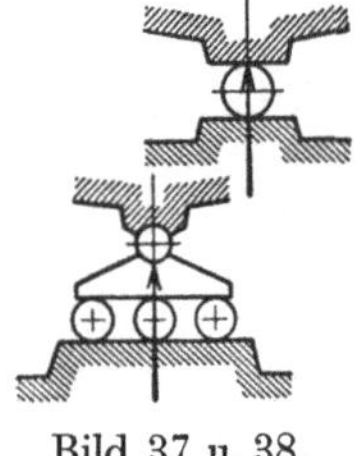

Bild 37 u. 38.
Walze und
Rollenkipplager.

Fall 2. Abstützung durch drei Pendelstützen, wovon jede durch eine gleichwertige Walze oder ein Rollenkipplager oder eine Zugstange ersetzt sein kann.

Durch Zeichnung. In Bild 39 sei R wieder die Resultierende der Lasten, die mit den Auflagerkräften A, B und C Gleichgewicht bilden muß. Daraus folgt, daß z. B. die Resultierende R_{ra} aus R und A gleich und entgegengesetzt zu R_{bc} aus B und C sein muß und beide dieselbe Wirkungslinie haben müssen, die in die Verbindungslinie des Schnittpunktes von A und R mit s fällt. Hieraus folgt aus dem Krafteck das gesuchte A, B und C.

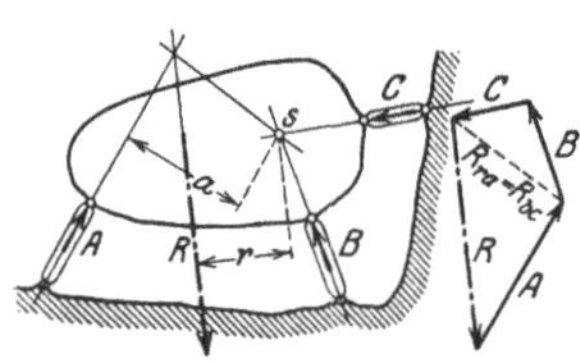

Bild 39. Stützung durch drei
Stangen.

Durch Rechnung. Nach Bild 39 folgt aus dem Gleichgewicht gegen Drehen z. B. um Punkt s

$$Aa - Rr = 0, \quad \text{woraus} \quad A = Rr : a.$$

In entsprechender Weise bestimmen sich die B und C, die statt dessen auch aus einem Krafteck $A R B C$ zeichnerisch bestimmt werden können.

Eine kleine Abänderung der Rechnung folgt für den Fall, daß zwei der Auflagerkräfte parallel sind.

Schneiden sich die Richtungen A, B und C nahezu in einem Punkte, dann folgen aus der Kleinheit von a sehr große A, B und C, weshalb dieser Fall zu vermeiden ist. Bei genau demselben Schnittpunkt würden sich unendlich große Auflagerkräfte ergeben; aus demselben Grunde sind drei parallele Zugstangen oder Pendelstützen unzulässig.

Beispiele hierzu.

1. **Wagen auf lotrechter Kreisbahn durch Zugseil gehalten.** Aus Bild 40 folgt sofort $Z = Gg : z$. Die Raddrücke R_1 und R_2 folgen sodann aus dem Krafteck.

2. **Wanddrehkran, Bild 41.** Auf das gegen Boden und Wand durch ein Spur- und zwei Tragzapfen abgestützte Krangerüst vom Eigengewicht E und Katzengewicht K wirken die drei unbekannten Zapfendrücke H_o, H_u und V. Hier wird zweckmäßig die Rechnung analytisch durchgeführt. Die drei Gleichgewichtsbedingungen liefern

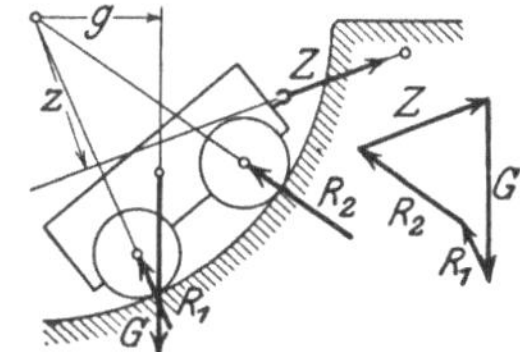

Bild 40. Wagen auf Kreisbahn.

$$V - E - K = 0, \qquad H_o - H_u = 0,$$
$$Ee + Kk - H_o h = 0,$$

wobei der Schnittpunkt von H_u und V als Bezugspunkt gewählt wurde. Hieraus folgt

$$H_o = H_u = (Ee + Kk) : h \qquad \text{und} \qquad V = G + K.$$

Die Dreigelenkscheibe besteht aus zwei Scheiben, die durch drei Gelenkbolzen miteinander und mit dem Erdboden verbunden sind.

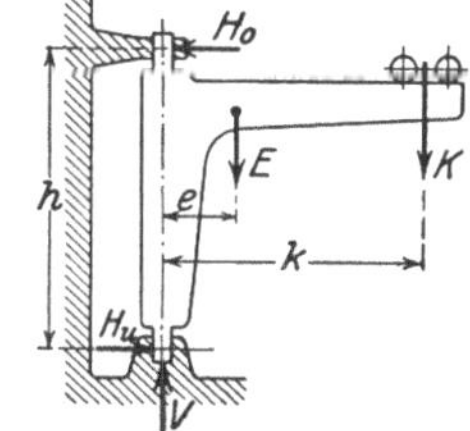

Bild 41. Wanddrehkran.

Durch Zeichnung. Nach Bild 42 ist R_1 die Resultierende der auf Scheibe *I* wirkenden Lasten. Scheibe *II* bleibe zunächst unbelastet. Dann bildet *II* eine Pendelstütze für *I* und die von R_1 herrührenden Auflagerkräfte A_1 und C_1 bestimmen sich nach dem bei Fall 1 behandelten Verfahren.

Entsprechendes gilt für die Belastung der Scheibe *II* nach Bild 43.

Wirken die R_1 und R_2 gleichzeitig, dann wirken am Bolzen *a* bzw. *c* gleichzeitig die A_1 und A_2 bzw. die C_1 und C_2, woraus sich Bild 44 als Überlagerung von Bild 42 und 43 ergibt. Zieht man hierin $(C_1) \parallel C_1$ und $(A_2) \parallel A_2$, dann kann sofort A und C als geometrische Summe von A_1 und (A_2) bzw. (C_1) und C_2 erkannt werden. Es ist leicht einzusehen, daß die geometrische Summe von C_1 und A_2 die Bolzenkraft B liefern muß, die für *I* nach links und für *II* nach rechts gerichtet ist.

Wenn die Schnittpunkte s_1 oder s_2 oder beide ungünstig liegen, zerlegt man nach Bild 45 R_1 und R_2 in die $R_1' R_1''$ und $R_2' R_2''$, die dann sofort die Bolzendrücke $A\,B\,C$ liefern, wobei die Linien $a\,b$ und (1) bzw. $b\,c$ und (2) einander parallel sind.

Die an den Scheiben *I* und *II* angreifenden Kräfte $A\,R\,B$ bzw. $B\,R\,C$ bilden je Gleichgewicht, gehen somit durch je einen Punkt;

daher bilden die Kräfte $A\,B\,C$ ein Seileck, was in Bild 44 und 45 als Richtigkeitsprobe dienen kann.

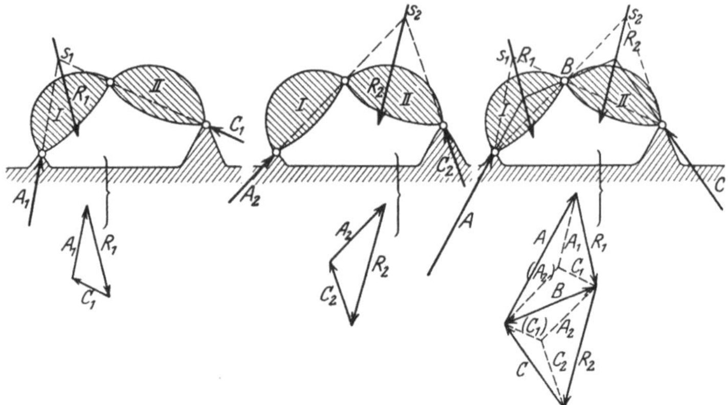

Bild 42—44.   Dreigelenkscheiben-Auflagerkräfte durch Zeichnung.

Bild 46 gilt für den Fall, daß neben den R_1 und R_2 eine Last P_b auf Bolzen b wirkt.   Die an b sich absetzenden Kräfte R_1'', P_b und R_2'' werden in die Richtungen ab und bc zerlegt; daher ist (1) parallel ab und (2) parallel bc, das Weitere erfolgt wie oben.

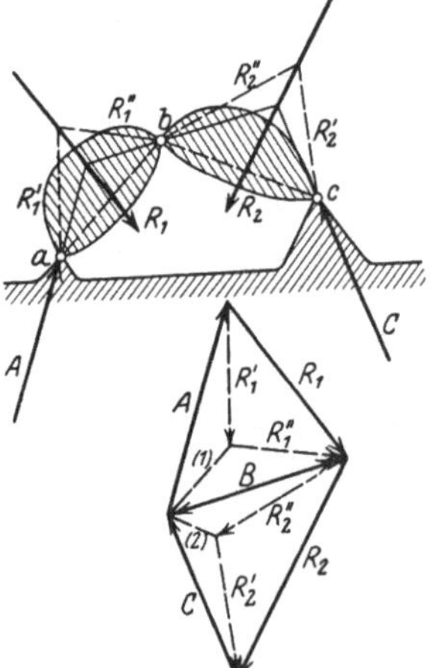

Bild 45. Zeichnung bei ungünstig liegenden Kraftrichtungen.

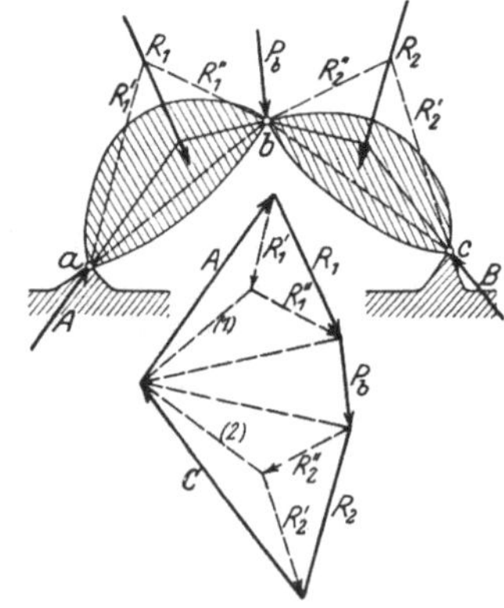

Bild 46. Dasselbe bei gleichzeitiger Belastung des Mittelbolzens.

Da das Seileck der Kräfte R_1 und R_2 durch die Bolzen a, b und c geht, muß auch das Seileck aller Einzellasten durch diese drei Punkte gehen, was in Bild 47 dargestellt ist.   Man findet dieses Seileck nicht unmittelbar, sondern auf dem Umwege über die R_1 und R_2, die durch die strichierten Hilfsseilecke mit beliebigen Hilfspolen ermittelt werden.   Sodann werden wie bisher die Bolzenkräfte

A und C ermittelt, die die Anfangs- und Endstrahlen des gesuchten Seilecks bildet.

Bild 48 zeigt dasselbe, aber mit Last auf Bolzen b; das Seileck ist daher im Punkte b gebrochen.

Analytisch. Bezeichnet nach Bild 49 und 50 $X_a Y_a$, $X_b Y_b$, $X_c Y_c$ die Komponenten der unbekannten Bolzendrücke ABC, dann folgt aus dem Gleichgewicht der Scheiben gegen Drehen um a bzw. c

$$\sum (X_i y_i + Y_i x_i) + Y_b h_1 - X_b v_1 = 0$$

oder

$$\sum P_i p_i + Y_b h_1 - X_b v_1 = 0,$$
$$\sum (X_k y_k + Y_k x_k) - Y_b h_2 - X_b v_2 = 0$$

oder

$$\sum P_k p_k - Y_b h_2 - X_b v_2 = 0,$$

woraus X_b und Y_b.

Das Gleichgewicht der Scheiben horizontal und vertikal liefert sodann

$$\sum X_i - X_b + X_a = 0,$$
$$\sum Y_i + Y_b - Y_a = 0,$$
$$\sum X_k - X_b + X_c = 0,$$
$$\sum Y_k - Y_b - Y_c = 0,$$

woraus $X_a Y_a$ und $X_c Y_c$ folgt.

Scheibenverbindungen. Besteht das Gesamtgebilde aus mehreren, durch Bolzen oder Stangen miteinander verbundenen scheibenartigen Teilen und soll diese Verbindung in statisch bestimmter Weise erfolgen, dann läßt sich eine Be-

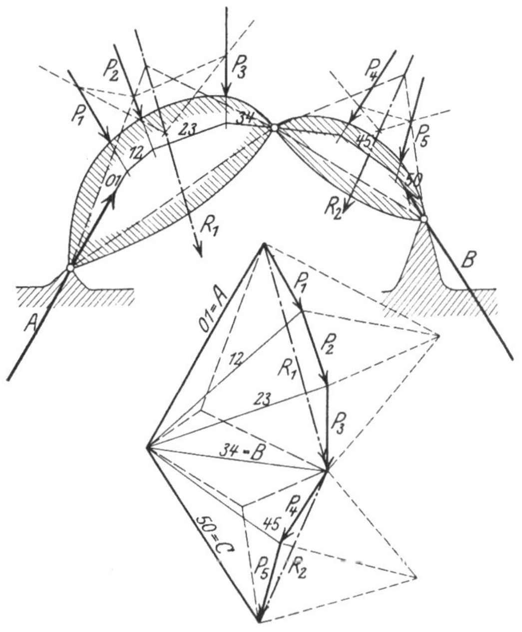

Bild 47. Seileck bei mehreren Einzellasten.

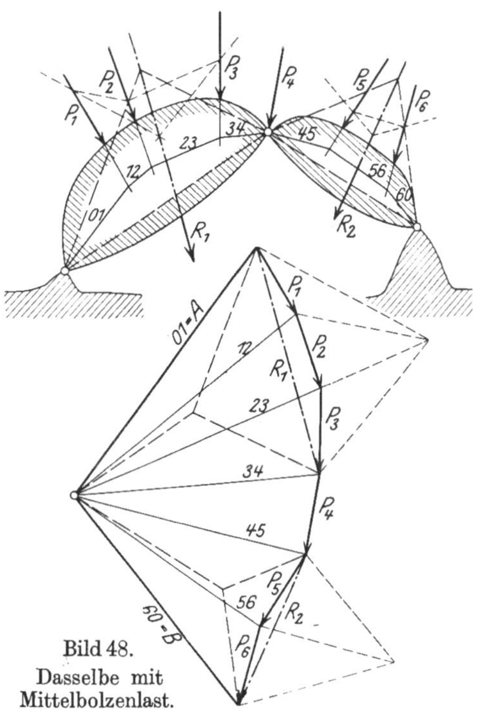

Bild 48. Dasselbe mit Mittelbolzenlast.

ziehung zwischen der Anzahl der Scheiben und der Bolzen bzw. Stangen aufstellen.

In Bild 51 sind zwei Scheiben durch drei Bolzen miteinander und mit der Unterlage, d. i. die Erde, verbunden (Dreigelenkscheibe). Betrachtet man die Erde ebenfalls als Scheibe (Erdscheibe E), dann erfordern diese drei Scheiben drei Bolzen. Es ist dabei belanglos, ob die Scheibe 2 als wirkliche Scheibe oder nur als Pendelstütze aufgefaßt wird. Demnach ist jede Pendelstütze bzw. Zugstange bzw. jedes Rollenkipplager als Scheibe mit zwei Bolzen zu bewerten.

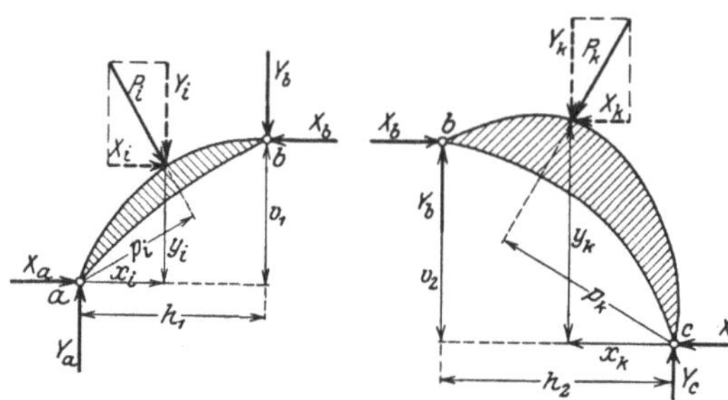

Bild 49 u. 50. Dreigelenkscheibe analytisch.

Nach Bild 52 sind an das bisherige Gebilde zwei weitere Scheiben angeschlossen, wobei Scheibe 4 eine Pendelstütze sein mag, und erfordern drei weitere Bolzen.

Nach Bild 53 erfordern wieder zwei weitere Scheiben drei weitere Bolzen usw. Demnach gilt die Regel:

3 Scheiben einschl. der Erdscheibe erfordern
$$\qquad\qquad\qquad\qquad\qquad 3 \text{ Bolzen,}$$

5	do.	$3 + 3 = 6$	"
7	do.	$3 + 2 \cdot 3 = 9$	"
9	do.	$3 + 3 \cdot 3 = 12$	"

. . . .

n Scheiben einschl. der Erdscheibe erfordern

$$b = 3 + \frac{n-3}{2} \cdot 3 = \frac{3}{2}(n-1) \text{ Bolzen.}$$

Vorstehendes gilt, wenn, wie in obigen Fällen, jeder Bolzen nur zwei Scheiben miteinander verbindet.

Fallen nach Bild 54 zwei Bolzen zusammen, dann verbindet ein Bolzen drei Scheiben, er ist daher in obiger Rechnung zweimal zu zählen. Allgemein:

Verbindet ein Bolzen 3, 4, 5, ... i Scheiben miteinander, dann ist er 2, 3, 4, ... $i - 1$ mal zu zählen.

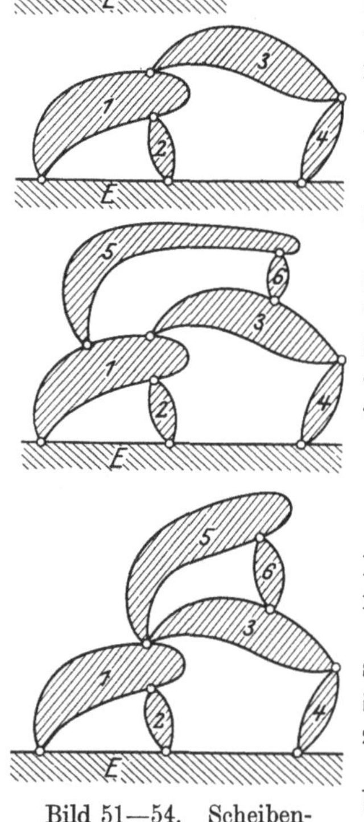

Bild 51—54. Scheibenverbindungen.

Jede Stange (Zugstange oder Pendelstütze) und jedes Rollenkipplager zählt als eine Scheibe, zu ihr gehören, falls ein Bolzen nicht mehrfach zu rechnen ist, je zwei Bolzen.

Aus obiger Darlegung folgt außerdem:

Die Gesamtzahl der Scheiben einschließlich der Erdscheibe ist stets eine ungerade Zahl.

Beispiele hierzu. Die in nachstehenden Bildern angeschriebenen *kursiven* Zahlen bezeichnen die in Rechnung zu setzende Bolzenanzahl.

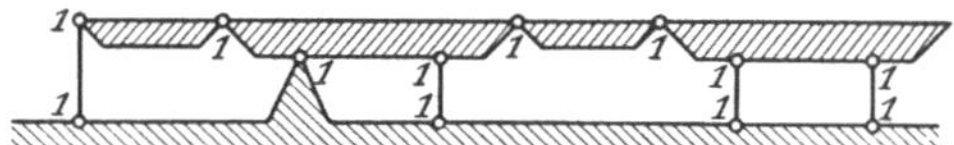

Bild 55. Auslegerbalken.

Vorhanden: Die Erdscheibe, 4 Scheiben, 4 Pendelstützen,

demnach $n = 1 + 4 + 4 = 9$, $b = \frac{3}{2}(9 - 1) = 12$.

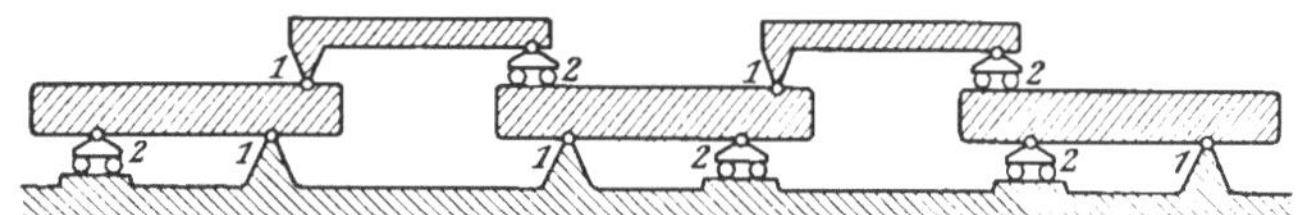

Bild 56. Auslegerbalken.

Die Erdscheibe, 5 Scheiben, 5 Rollenkipplager,

$n = 1 + 5 + 5 = 11$, $b = \frac{3}{2}(11 - 1) = 15$.

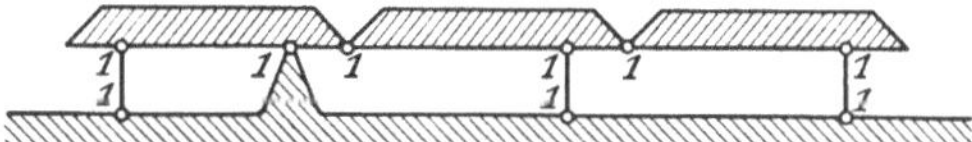

Bild 57. Auslegerbalken.

Die Erdscheibe, 3 Scheiben, 3 Pendelstützen,

$n = 1 + 3 + 3 = 7$, $b = \frac{3}{2}(7 - 1) = 9$.

Diese drei Fälle bilden die Grundlagen zu den später weiterbehandelten Gerberschen Ausleger- und Kragträgerbrücken.

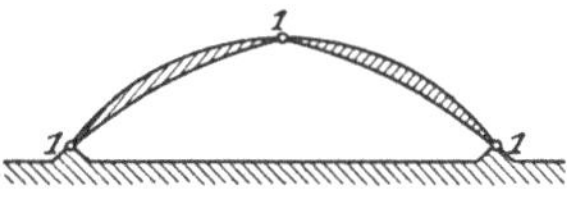

Bild 58. Dreigelenkscheibe.

Die Erdscheibe, 2 Scheiben, $n = 1 + 2 = 3$, $b = \frac{3}{2}(3 - 1) = 3$.

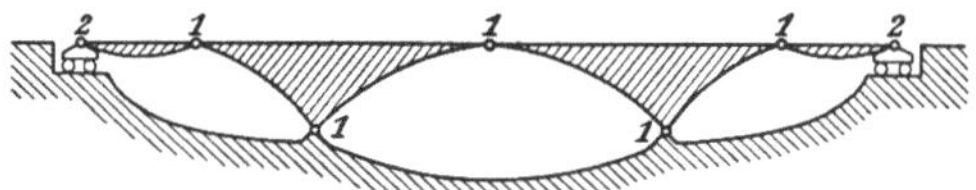

Bild 59. Dreigelenkbogenbrücke mit Ausleger und Schleppträger (Viaur-Viadukt, Frankreich). Die Erdscheibe, 4 Scheiben, 2 Rollenkipplager, $n = 1 + 4 + 2 = 7$, $b = \frac{3}{2}(7 - 1) = 9$.

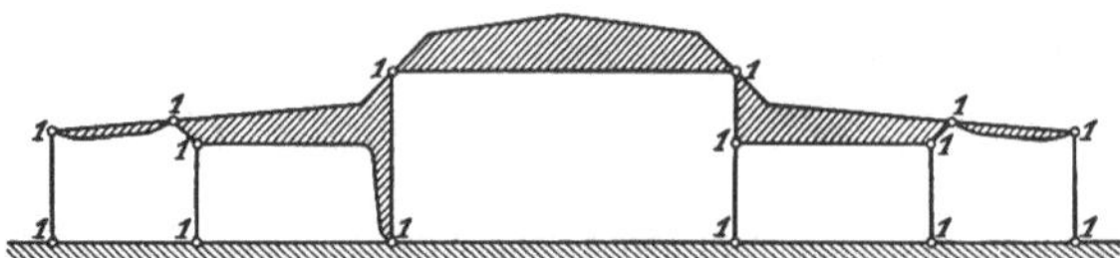

Bild 60. Dreigelenkbinder mit angelehnten Bindern.
Die Erdscheibe, 5 Scheiben, 5 Pendelstützen,
$$n = 1 + 5 + 5 = 11, \qquad b = \tfrac{3}{2}(11 - 1) = 15.$$

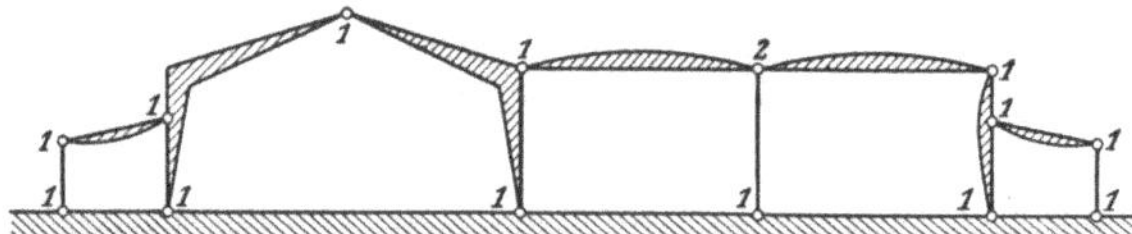

Bild 61. Dreigelenkbinder mit angelehnten Bindern (aus „Der Bauing." 1923, S. 452).
Die Erdscheibe, 7 Scheiben, 3 Stäbe, $n = 1 + 7 + 3 = 11$, $b = \tfrac{3}{2}(11 - 1) = 15$.

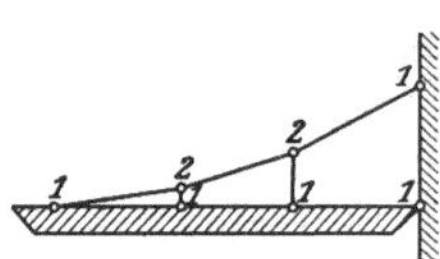

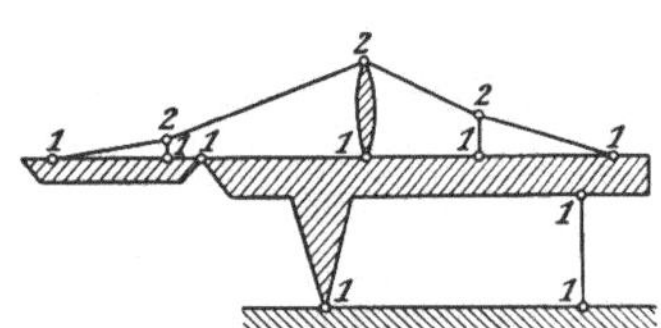

Bild 62. Ausleger.
Wand als Erdscheibe, 1 Scheibe,
5 Stangen,
$$n = 1 + 1 + 5 = 7,$$
$$b = \tfrac{3}{2}(7 - 1) = 9.$$

Bild 63. Auslegerbrücke mit Gehänge.
Die Erdscheibe, 3 Scheiben, 6 Stangen,
1 Pendelstütze,
$$n = 1 + 3 + 7 = 11,$$
$$b = \tfrac{3}{2}(11 - 1) = 15.$$

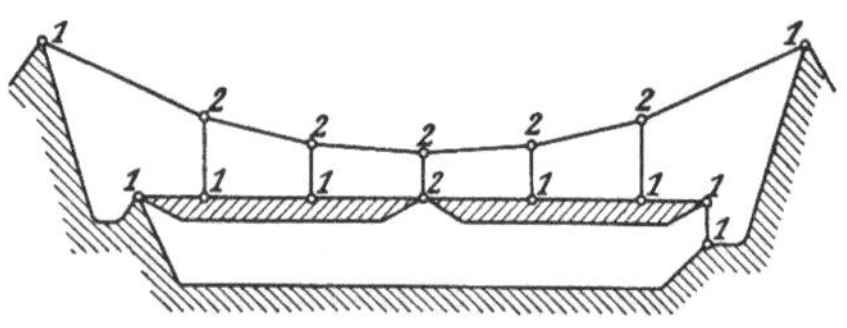

Bild 64. Hängewerk.
Die Erdscheibe, 2 Scheiben, 11 Stangen, 1 Pendelstütze,
$$n = 1 + 2 + 11 + 1 = 15, \qquad b = \tfrac{3}{2}(15 - 1) = 21.$$

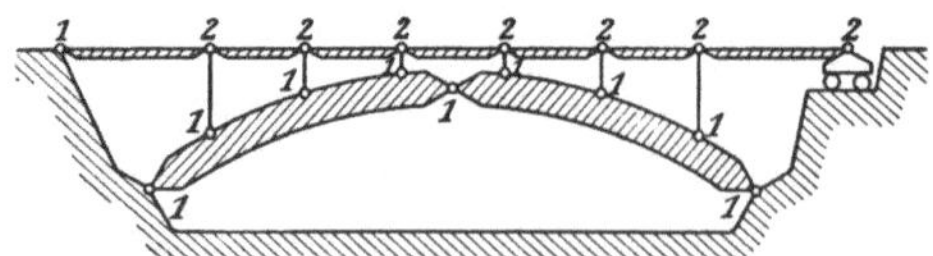

Bild 65. Dreigelenkbogenbrücke.
Die Erdscheibe, 9 Scheiben, 6 Stangen, 1 Rollenkipplager,
$$n = 1 + 9 + 6 + 1 = 17, \qquad b = \tfrac{3}{2}(17 - 1) = 24.$$

Ist das wirklich abgezählte b kleiner als das berechnete $b = \tfrac{3}{2}(n - 1)$, dann besteht Beweglichkeit zwischen den Scheiben (kinematische Kette), ist b größer als b', dann liegt Überbestimmung vor.

In Bild 66 ist $n = 2$, $b' = \frac{3}{2}(2-1) = 1,5$, $b = 1$,
in Bild 67 ist $n = 4$, $b' = \frac{3}{2}(4-1) = 4,5$, $b = 4$,
in Bild 68 ist $n = 5$, $b' = \frac{3}{2}(5-1) = 6$, $b = 5$,

demnach liegt Beweglichkeit vor.

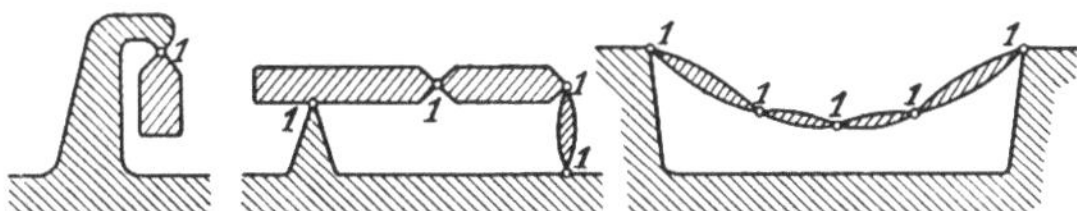

Bild 66—68. Bewegliche Scheibenverbindungen.

In Bild 69 ist $n = 6$, $b' = \frac{3}{2}(6-1) = 7,5$ $b = 8$, demnach Überbestimmung.

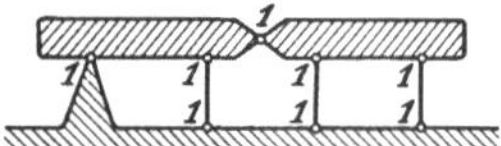

Bild 69. Überbestimmte Lagerung.

Die Dreigelenkscheibenkette wird durch mehrere miteinander verbundene Dreigelenkscheiben gebildet. Bild 70 bis 73 zeigen einige Fälle mit statisch bestimmter Lagerung, wobei die mit v bezeichneten Felder vollständige Dreigelenkscheiben enthalten, an die sich die andern Scheiben anlehnen. Die im vorhergehenden genannten Scheiben- und Bolzenzahlproben treffen auf diese Gebilde zu und beweisen ihre statische Bestimmtheit. Dagegen sind die vier Scheiben nach Bild 74 und die fünf Scheiben nach Bild 75 statisch unbestimmt gelagert, worauf auch diese Proben hinweisen.

Die statisch bestimmte Dreigelenkscheibenkette wird gegenwärtig viel bei mehrschiffigen Werkstatt- und Bahnsteighallen verwendet. Die Gelenke können im reinen Eisenbau durch einfache Mittel verwirklicht werden. Bei der Aufstellung des ganzen Bauwerks erfolgt die Errichtung der v-Felder zu-

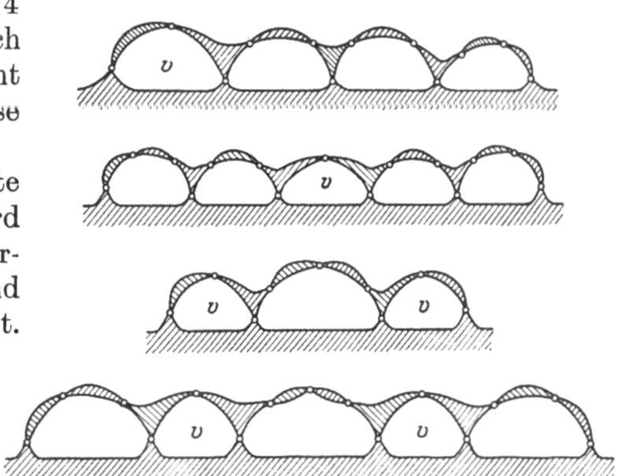

Bild 70—73. Statisch bestimmte Dreigelenkscheibenkette.

erst und dann im Anschluß daran der Reihe nach die übrigen Felder.

Die zeichnende Behandlung des Falles, d. h. die Ermittlung der Bolzenkräfte, ist sehr einfach und soll nach Bild 76 an einer Kette mit einem v-Feld zunächst für den Fall durchgeführt werden, daß nur die Bolzen-

Bild 74 u. 75. Statisch unbestimmte Dreigelenkscheibenkette.

kräfte $P_b P_c$ ... vorliegen. Wir denken uns die Scheiben zunächst durch die Geraden 1, 2, 3 ... ersetzt, was wegen des Fehlens von Zwischenlasten sofort möglich ist, ziehen in Bild 77 das Krafteck $P_b P_c$ ..., an den Zusammenstoßpunkten der P die Parallelen zu 2, 3, 4 ... und dann vom oberen bzw. unteren Endpunkt den Linienzug 1 3c 3e 5f 5h bzw. 8 6k 6h. In diesem Bilde findet man für jeden Bolzen sofort das zugehörige Krafteck; durch Zusammenfassung der an den einzelnen

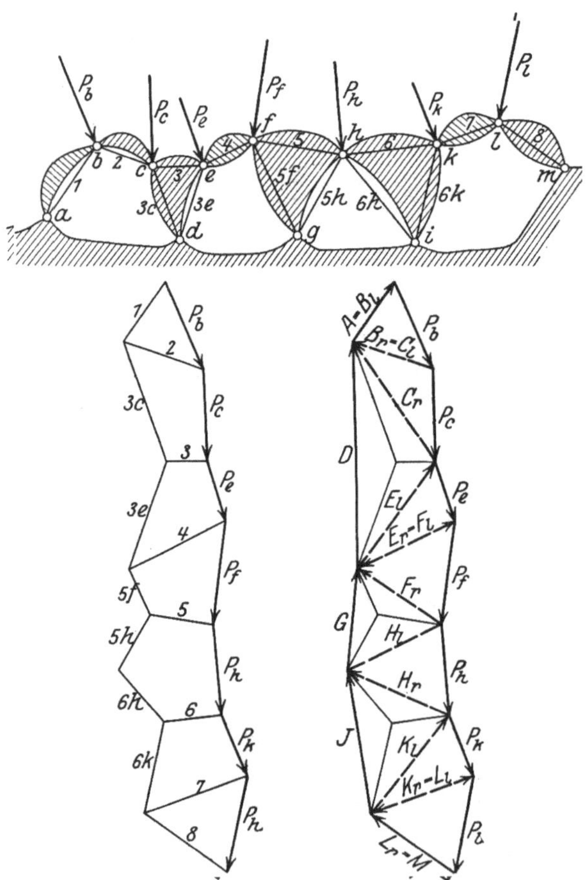

Bild 76—78. Dreigelenkscheibenkette mit nur Bolzenlasten.

Bolzen zusammenstoßenden Kräfte sind sofort die Bolzenkräfte selbst zu finden, die in demselben Bilde einzuzeichnen sind, hier aber der Klarheit wegen in dem besonderen Bild 78 angegeben wurden.

Wirken außer den Bolzenlasten noch Zwischenlasten auf die Scheiben selbst, dann denken wir uns diese durch Seilecke oder sonstige Mittel so vereinigt, daß auf jede Scheibe je eine Resultierende kommt. Das liefert den in Bild 79 gekennzeichneten Fall. Diese Resultierenden $P_1 P_2$ ... werden in die von beliebigen Punkten dieser P aus gezogenen Richtungen $1'1''$, $2'2''$ ... zerlegt und so auf die benachbarten Bolzen übertragen und mit den Bolzenlasten vereinigt, was durch den Kräfteplan Bild 80 zum Ausdruck kommt. Die weitere Verfolgung der Aufgabe in diesem Bilde und dessen Ergänzung in Bild 81 verläuft ganz im Sinne der Lösung des vorigen Falles.

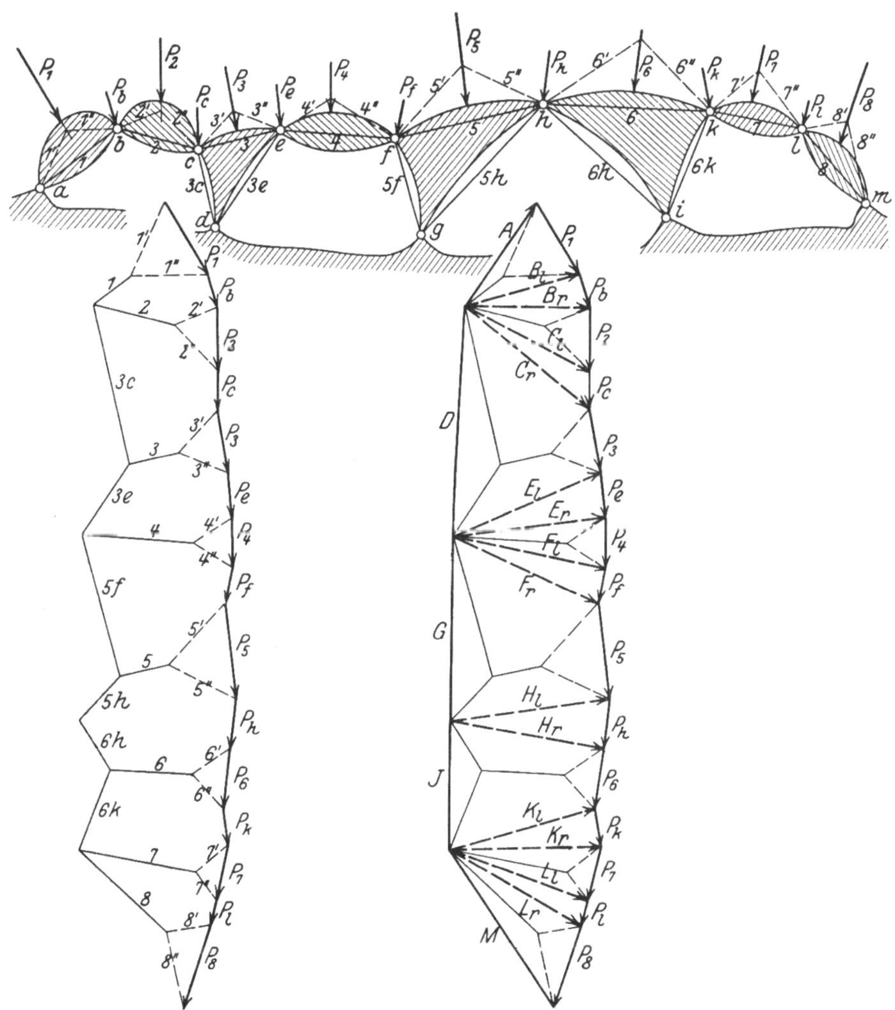

Bild 79—81. Dreigelenkscheibenkette mit Bolzen- und Scheibenlasten.

Der Fall mehrerer v-Felder ohne oder mit angehängten Scheiben irgendwelcher Art liefert geringe und leicht zu findende Abänderungen obiger Lösungen, desgleichen der Fall, daß mehrere der Lasten Null sind.

B. Biegemomente und Querkräfte des geraden Stabes.

Ein Freiträger oder ein durch zwei Auflager gestützter Träger (Maschinenwelle, Bau-, Kran- oder Brückenträger) erhalte Einzel- oder Streckenlasten. An allen Trägerstellen treten Biegemomente M und Querkräfte Q auf, die durch Rechnung oder Zeichnung zu ermitteln sind. Diese Werte, als Ordinaten über der Stabachse aufgetragen, liefern die Momentenlinie (M-Linie) und die Querkraftlinie (Q-Linie).

1. Der einfache Träger mit unmittelbarer Belastung.

Biegemomente und Querkräfte durch Rechnung. Für einen beliebigen Stabquerschnitt s ist

Biegemoment $M =$ algebraische Summe der statischen Momente aller links oder aller rechts von s angreifenden Kräfte einschließlich der Auflagerkräfte in bezug auf s,

Querkraft $Q =$ algebraische Summe aller links oder aller rechts von s angreifenden Kräfte einschließlich der Auflagerkräfte.

Als allgemein vereinbarte Vorzeichenregel gilt:

M ist positiv, wenn diese Momentensumme der links bzw. der rechts von s liegenden Kräfte positiv bzw. negativ wirkt, oder wenn die oberen Trägerfasern Druck- und die unteren Zugspannung erhalten oder wenn der Krümmungsmittelpunkt der elastischen Linie oben liegt.

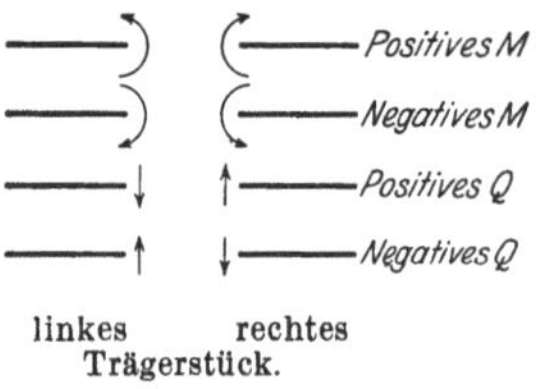

Q ist positiv, wenn die algebraische Summe der links bzw. der rechts von s angreifenden Kräfte nach oben bzw. nach unten wirkt.

Wird das linke oder das rechte Trägerstück für sich gezeichnet, dann werden die vom abgeschnittenen Stück auf das gezeichnete ausgeübten M und Q nach Bild 82 dargestellt.

Bild 82. Darstellung der M und Q durch Pfeile.

Einzellasten. Für den Freiträger nach Bild 83 ist

$$M = -P_1 p_1 - P_2 p_2 \quad \text{und} \quad Q = -P_1 - P_2.$$

Für den Träger mit Endstützen nach Bild 84 ist

$$M = A a - P_1 p_1 - P_2 p_2 \quad \text{oder} \quad M = B b - P_3 p_3 - P_4 p_4,$$
$$Q = A - P_1 - P_2 \qquad \text{oder} \quad Q = -B + P_3 + P_4.$$

Anmerkung. Die zeichnerische Darstellung der M-Linien erfolgt stets in der Weise, daß positive M nach oben, negative nach unten aufgetragen werden. Demnach liegen positive M auf der Seite der gedrückten Faser bzw. auf der Seite des Krümmungsmittelpunktes der elastischen Linie.

Manche Schriftsteller wählen das Entgegengesetzte und erzielen dadurch bei statisch unbestimmten Portalen und Streifrahmen, wie sie im IV. Abschnitt vorkommen, ein etwas übersichtlicheres Bild der M-Linie. Verfasser zieht jedoch die oben genannte Darstellung vor, um streng bei der Regel zu bleiben, daß positive Werte nach oben aufzutragen sind. Beim Vergleich der M-Linie in verschiedenen Quellen ist demnach auf den Unterschied der Darstellungsweise zu achten.

Für einen um dx weiter rechts liegenden Querschnitt gilt

$$M + dM = A(a + dx) - P_1(p_1 + dx) - P_2(p_2 + dx) =$$
$$= Aa - P_1 p_1 - P_2 p_2 + (A - P_1 - P_2)dx = M + Q\,dx,$$

somit $\qquad Q = \dfrac{dM}{dx}.$

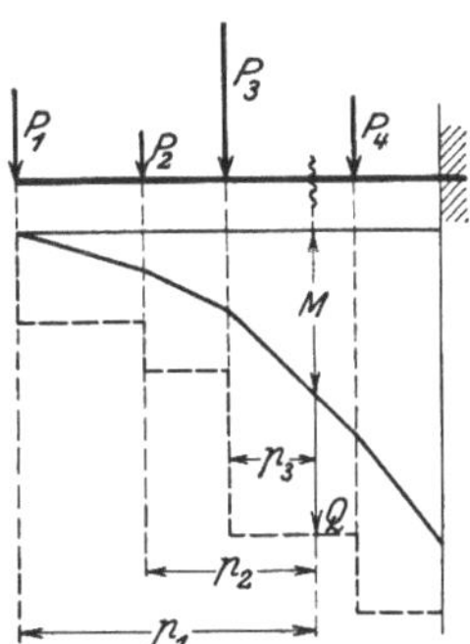

Bild 83. Freiträger mit Einzellasten.

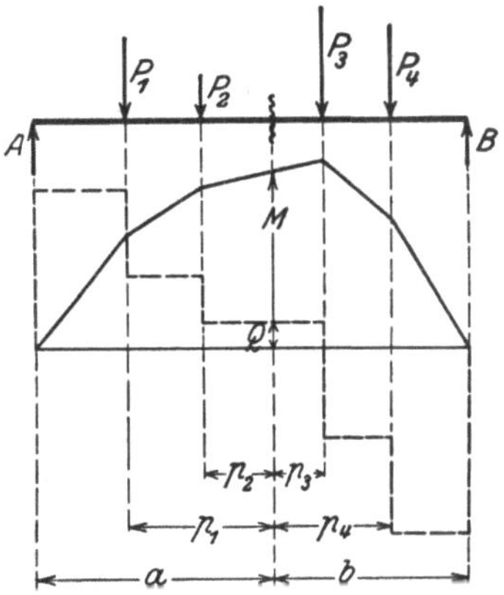

Bild 84. Träger mit Einzellasten.

Die M-Linie ist ein an den Laststellen gebrochener Geradlinienzug und die Q-Linie eine an den Laststellen abgestufte Staffellinie. Es ist $Q = \operatorname{tg}\alpha$, worin α den Neigungswinkel der M-Linie bezeichnet. Positives Q bedeutet Ansteigen, negatives Q Abfallen der M-Linie. Der Durchgang der Q-Linie durch Null bezeichnet die Stelle des max M (d. h. je nach Fall die Stelle des absoluten oder relativen Maximum).

Maßstäbe hierzu. Ist der Träger im Maßstabe $1:\alpha$ gezeichnet und $\mathfrak{m}$ kgcm (tcm) Biegemoment durch je 1 cm Ordinate der M-Linie dargestellt, dann ist, wenn α den Neigungswinkel der gezeichneten M-Linie bezeichnet, $\operatorname{tg}\alpha \cdot \mathfrak{m} : \alpha$ die Querkraft in kg (t).

Bild 85—87 zeigen einige weitere Beispiele mit auskragenden Trägerenden und Vorzeichenwechsel von M und Q.

Erhält ein Träger durch irgendwelche Ursachen (z. B. durch belastete auskragende Trägerenden wie in obigen Beispielen) nach Bild 88 bis 90 Biegemomente an den Stützen (Stützmomente), dazwischen aber keine Lasten, dann verläuft die M-Linie zwischen den Stützen geradlinig.

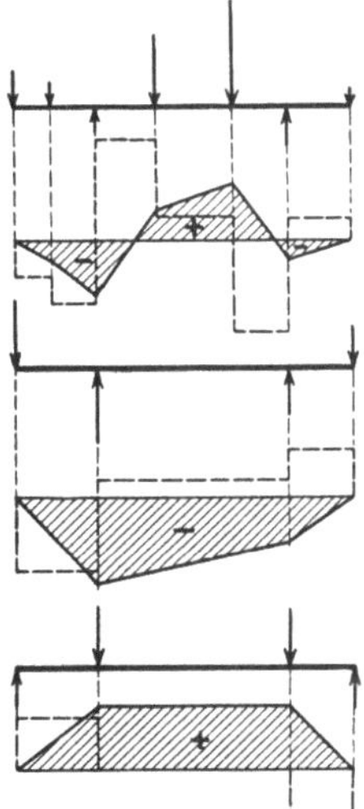

Bild 85—87. Verschiedene Fälle mit Einzellasten.

Beim Freiträger nach Bild 83 können die Q und M für Trägerstelle s auch durch die Resultierende R der links von s liegenden

Kräfte P_1 P_2 P_3 und deren Abstand r von s ausgedrückt werden; es ist $Q = -R$ und $M = -Rr$.

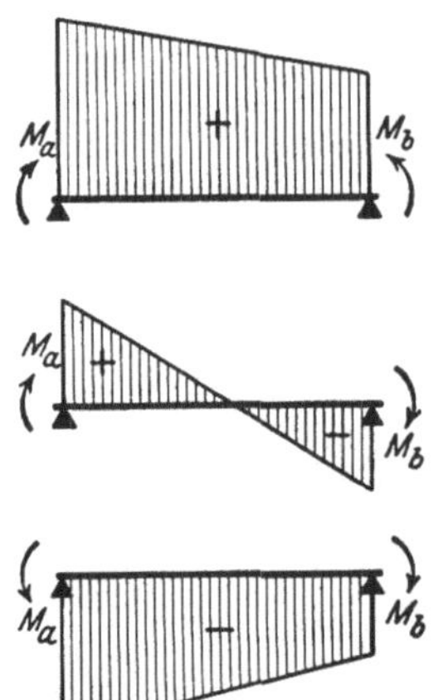

Bild 88—90. Träger mit Endmomenten ohne Lasten.

Beim Träger auf zwei Stützen nach Bild 84 ist demgemäß $Q = A - R$ und $M = Aa - Rr$, worin R die Resultierende aller links der Stabstelle s liegenden Lasten und r deren Abstand von s bezeichnet.

Bild 91 zeigt die ausgezogene M-Linie mit den Werten M_i und M_k bzw. α_i und α_k an den Stellen i und k. Denkt man sich die zwischen i und k liegenden Lasten durch deren Resultierende ersetzt, dann ergibt sich die strichierte M-Linie, wobei die M und α für i und k unverändert bleiben.

Streckenlast. Diese habe an der Trägerstelle x den Wert q und sei im allgemeinen nicht unveränderlich, sondern eine Funktion von x. Die Streckenlast als dicht nebeneinanderliegende Einzellasten betrachtet, liefert für die Q- und M-Linie stetige Kurven.

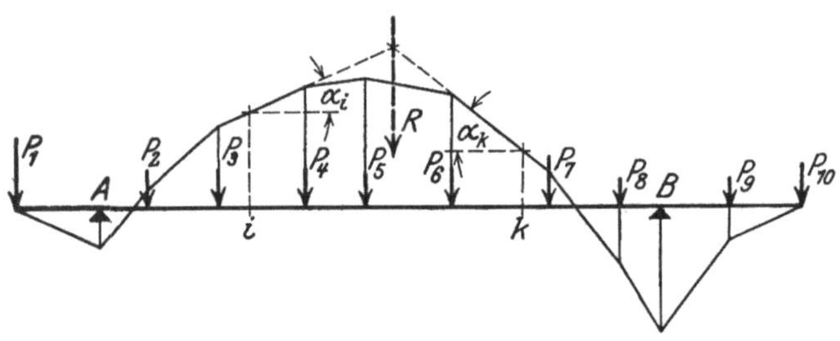

Bild 91. Ersatz der zwischen i und k liegenden Lasten durch ihre Resultierende.

Auch hier gilt

$$Q = \frac{dM}{dx} = \operatorname{tg} \alpha$$

und max M tritt an den Stellen auf, wo $Q = 0$ ist.

Aus Bild 92 und 93 folgt

$$(1) \qquad dQ = -q\,dx \quad \text{und somit} \quad \frac{dQ}{dx} = -q.$$

Wegen

$$\frac{dQ}{dx} = \frac{d\dfrac{dM}{dx}}{dx} = \frac{d^2M}{dx^2} \quad \text{ist}$$

$$(2) \qquad \frac{d^2M}{dx^2} = -q.$$

Ist die q-Linie durch eine Funktion $q = f(x)$ gegeben, dann folgt aus (1) und (2)

$$Q = -\int f(x)\,dx + C_1$$

und

$$M = -\int \left(\int f(x)\,dx\right) dx + C_1 x + C_2.$$

Die Integrationsfestwerte ergeben sich aus den jeweiligen Auflagerbedingungen.

Bezeichnet R die Resultierende aller links von der Trägerstelle liegenden Streckenlasten und r deren Abstand von der Trägerstelle, dann ist wie bei Einzellasten $Q = -R$, $M = -Rr$ für den Freiträger und $Q = A - R$, $M = Aa \ \ Rr$ für den Träger auf zwei Stützen.

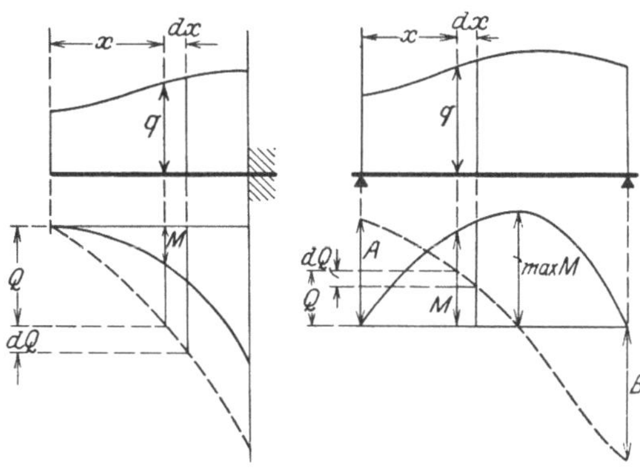

Bild 92 u. 93. Träger mit Streckenlast.

Diese Ansätze liefern zuweilen einfachere Rechnungen als obige allgemeingültige Integralformeln.

Beispiel hierzu. Träger mit Dreiecksbelastung nach Bild 94. Es ist $q = cx$, worin c ein Festwert.

$$\text{Gesamtlast } P = \int_0^l q\,dx = \int_0^l cx\,dx = \frac{cl^2}{2}.$$

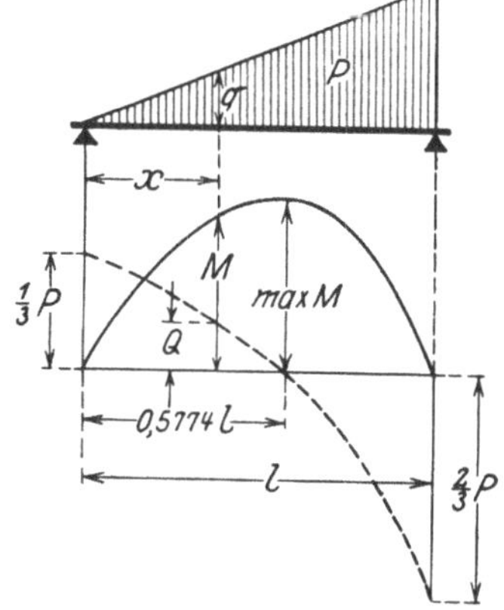

Bild 94. Dreieckslast.

$$Q = -\int cx\,dx + C_1 = -\frac{cx^2}{2} + C_1,$$

$$M = -\int \left(\int cx\,dx\right) dx + C_1 x + C_2$$

$$= -\frac{cx^3}{6} + C_1 x + C_2.$$

$x = 0$ liefert $M = 0$, somit $C_2 = 0$,

$x = l$ liefert $M = 0$,

somit $\quad -\dfrac{cl^3}{6} + C_1 l = 0$, woraus $\quad C_1 = \dfrac{cl^2}{6}$.

Somit ist

$$Q = \frac{c}{2}\left(\frac{l^2}{3} - x^2\right) \quad \text{und} \quad M = \frac{c}{6}\left(l^2 x - x^3\right) \quad \text{oder}$$

$$Q = P\left(\frac{1}{3} - \left(\frac{x}{l}\right)^2\right) \quad \text{und} \quad M = \frac{P}{3}\left(x - \frac{x^3}{l^2}\right).$$

Durch Differentieren folgt für $x = \dfrac{l}{\sqrt{3}} = 0{,}5774\,l$

$$\max M = \frac{2}{9\sqrt{3}}\,Pl = 0{,}128\,Pl.$$

Ferner ist $\qquad Q_{x=0} = \dfrac{1}{3}\,P\quad$ und $\quad Q_{x=l} = \dfrac{2}{3}\,P.$

Bei Gleichstreckenlast ist $\max M = Pl : 8 = 0{,}125\,Pl$, bei Dreieckslast ist $\max M = 0{,}128\,Pl$. Bei Trapezlast liegt max M zwischen $0{,}125\,Pl$ und $0{,}128\,Pl$ und nähert sich dem unteren oder dem oberen Wert, je nachdem das Trapez dem Rechteck oder dem Dreieck näher kommt.

Erweiterung. Die Darlegungen für Einzellasten nach S. 28 und Bild 91 können auf den Fall der Streckenlast übertragen werden und liefern folgendes:

Bezeichnet in Bild 95 die Strecke $i-k$ ein aus dem Träger herausgegriffenes Stück mit Streckenlast, dann schneiden sich die M-Linien-Tangenten an den Stellen i und k über der Resultierenden der Streckenlast $i-k$, d. h. die strichierte M-Linie entspricht einer Einzellast gleich dieser Resultierenden, die durch den Schwerpunkt der Belastungsfläche dieser Strecke geht.

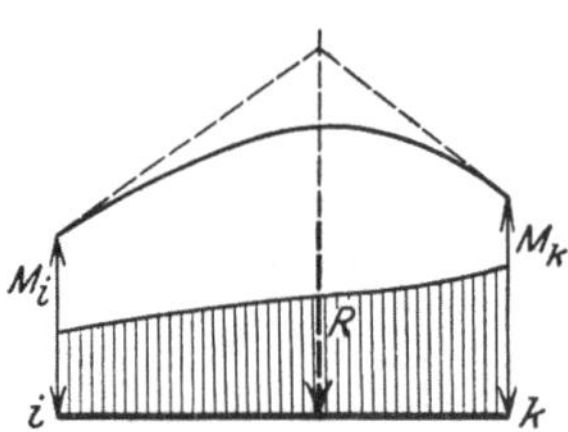

Bild 95. Träger mit Streckenlast.

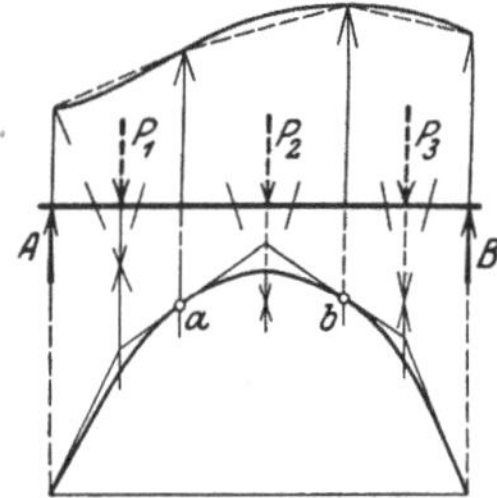

Bild 96. Träger mit Streckenlast.

Hieraus folgt die Berechnung der M für die Streckenlast, die nicht als Funktion von x, sondern als Kurve gegeben ist und daher eine exakte Aufstellung der M-Funktion nicht ermöglicht.

Man zerlegt nach Bild 96 den Träger in gleiche oder ungleiche Teile, ersetzt die auf diese Teile entfallenden Lasten durch deren Resultierende $P_1\,P_2\ldots$, die durch die Schwerpunkte der Belastungsflächen gehen, und berechnet die M für diese P wie bisher. Die M-Linie hierfür bildet einen Geradlinienzug, der die endgültige krumme M-Linie einhüllt und sie in den unter den Trennungspunkten der Flächen liegenden Punkten a, b berührt.

Zwecks Bestimmung der Lage der einzelnen P ersetzt man die q-Linie durch einen der Kurve sich anschmiegenden Geradlinienzug, so daß die Belastungsfläche durch Trapeze und Dreiecke gebildet wird. Bild 97 zeigt die zeichnerische Gewinnung der Trapezschwerlinie, nach Bild 98 auch bei schiefen Trapezen anwendbar.

Beispiel. Last P als Dreieckslast, Bild 99. Resultierende der beiden Dreiecke je $P:2$,

$$\max M = \frac{P\,l}{2\;3} = \frac{Pl}{6}.$$

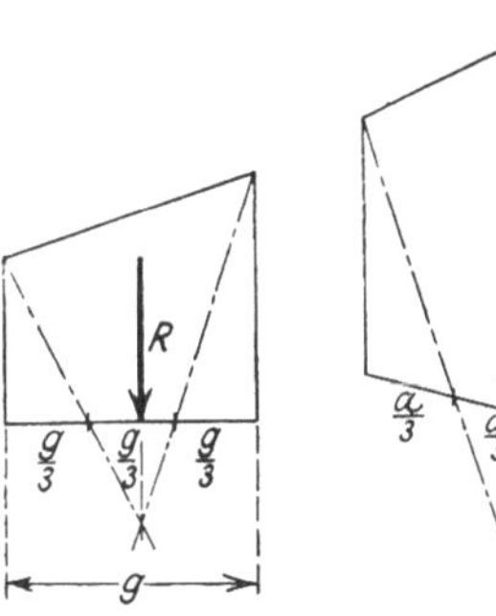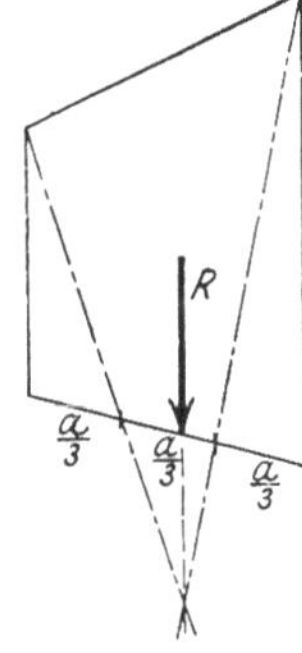

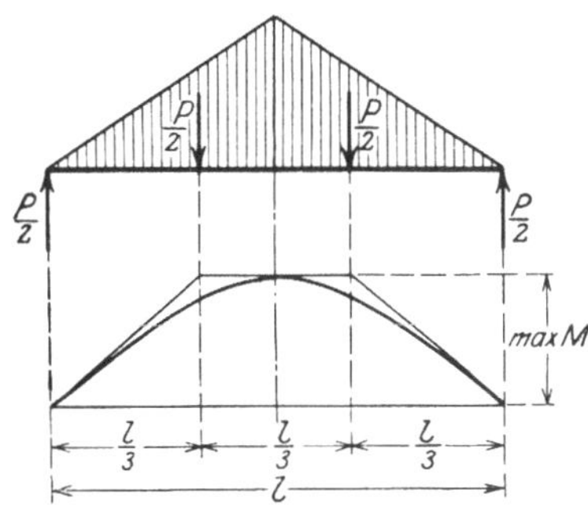

Bild 97 u. 98. Trapezschwerlinie.   Bild 99. Dreieckslast.

Es ist leicht zu merken;

Mittenlast P liefert $\max M = Pl:4$,
Dreieckslast P liefert $\max M = Pl:6$,
Gleichstreckenlast P liefert $\max M = Pl:8$.

Erhält der Träger eine Gleichstreckenlast nach Bild 100, dann wird die M-Linie durch zwei Geraden mit anschließendem Parabelbogen gebildet, der in bekannter Weise, z. B. durch umhüllende Tangenten, konstruiert werden kann.

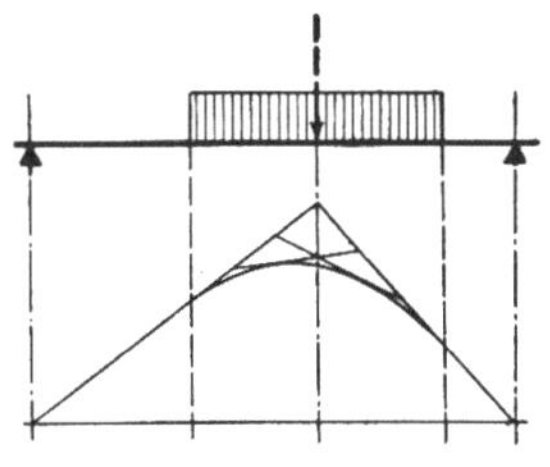

Bild 100. Gleichstreckenlast über einen Trägerteil.

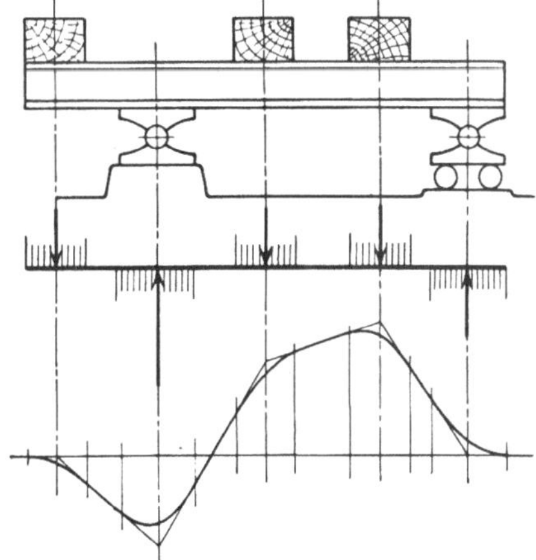

Bild 101. Einzellasten über Strecken verteilt.

Nun gibt es in Wirklichkeit niemals Einzellasten, sondern nur Flächenlasten, da ja Einzellasten unendlich hohe Pressungen liefern würden. In Bild 101 werden die über gewisse Strecken verteilten Lasten zunächst als Einzellasten betrachtet und die damit ermittelte M-Linie an den Laststellen ausgerundet. Auf genaues parabolisches Ausrunden kommt es hierbei weniger an, da die gleichförmige Verteilung der Lasten über die Strecken doch stets unsicher ist.

Bei Achsen z. B. nach Bild 102 liefert die genauere M-Linie doch beachtenswert geringere Größtmomente als die M-Linie der Einzellast.

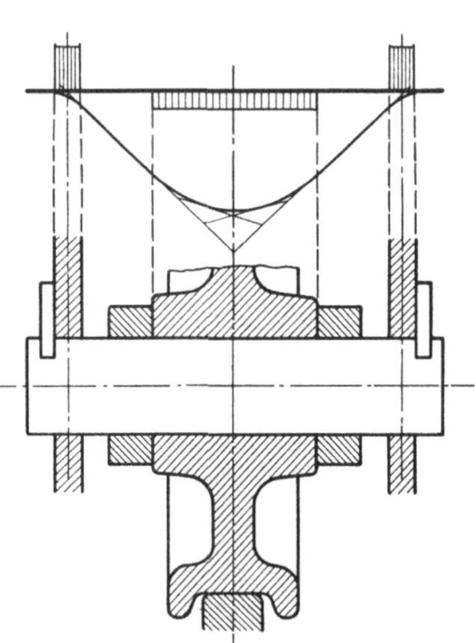

Bild 102. Laufradachse.

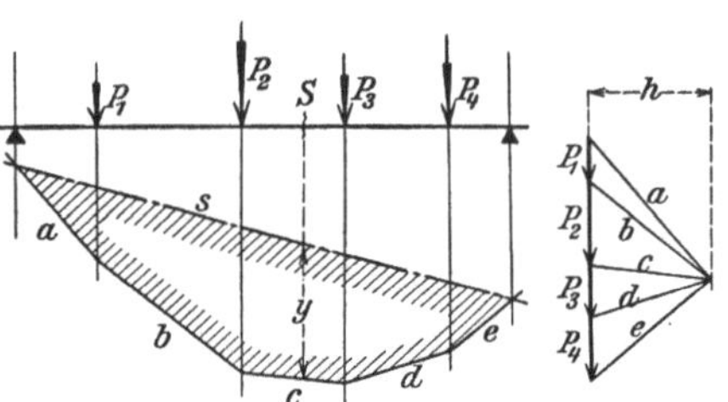

Bild 103. Die M-Linie als Seileck.

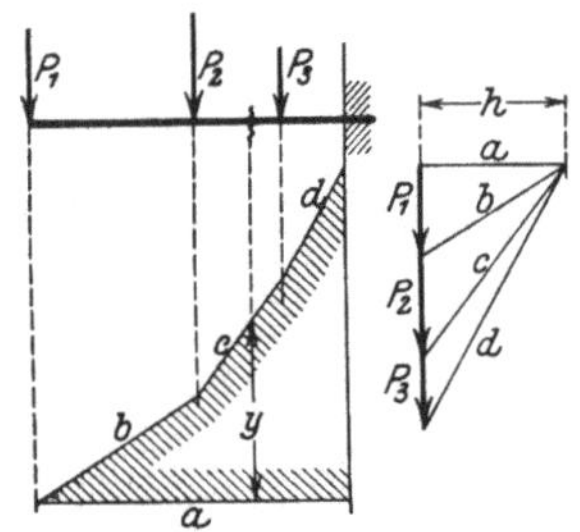

Bild 104. Freiträger.

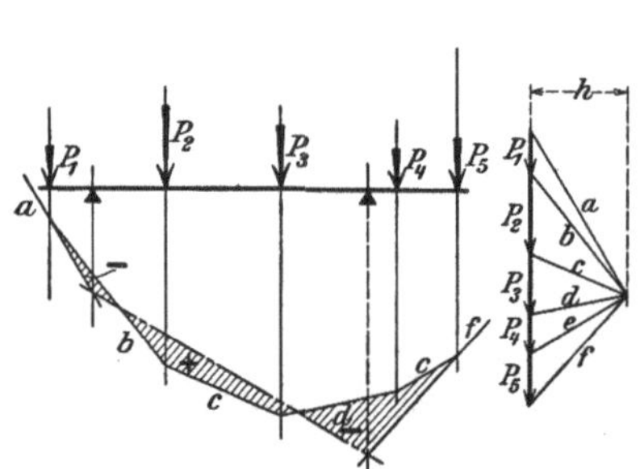

Bild 105. Träger mit Kragarmen.

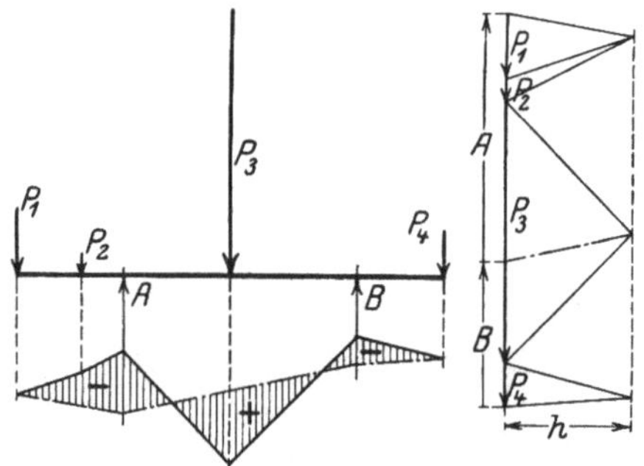

Bild 106. Träger mit Kragarmen und umgezeichneter M-Linie.

Biegemomente durch Zeichnung. Wird unter Benutzung des Seilecks nach S. 9 und Bild 19 für die Lasten $P_1\,P_2\ldots$ das Seileck Bild 103 gezeichnet und die Schlußlinie s gezogen, dann ist an beliebiger Stelle das Biegemoment

$$M = y\,h,$$

worin y die unter dieser Stelle gemessene lotrechte Höhe der schraffierten Momentenfläche und h die Polweite des Seilecks bezeichnet. Bild 104 gilt für den Freiträger, Bild 105 für den Träger mit auskragenden Enden, wobei positive und negative Momente abwechseln.

Da im letzteren Falle die y unerwünscht klein ausfallen, ist es zweckmäßig, unter Benutzung der Darlegungen nach S. 28 für die Kragarme und das Mittelstück je einen Pol anzunehmen, was schließlich Bild 106 liefert.

Streckenlasten ergeben Seilkurve statt Seileck, Gleichstreckenlast liefert Parabel. Hierbei werden wie beim Berechnungsverfahren die Streckenlasten nach Bild 96 durch die Einzellasten P_1 P_2 ... gleich den M-Flächen ersetzt, die durch deren Schwerpunkte gehen.

Maßstäbe hierzu. Ist der Träger im Maßstabe $1 : \alpha$ gezeichnet, $\mathfrak{p}$ kg Last durch je 1 cm Lotrechte der Nebenfigur dargestellt und ist die Polweite $\mathfrak{h}$ cm, dann sind die in cm gemessenen Höhen der Seileckfläche, multipliziert mit $\alpha \mathfrak{p} \mathfrak{h}$, die wirklichen M in kgcm.

2. Mittelbare Belastung.

Ruhen die Lasten nicht unmittelbar auf den Trägern, sondern auf Nebenträgern, die auf den Hauptträgern liegen, wie z. B. bei

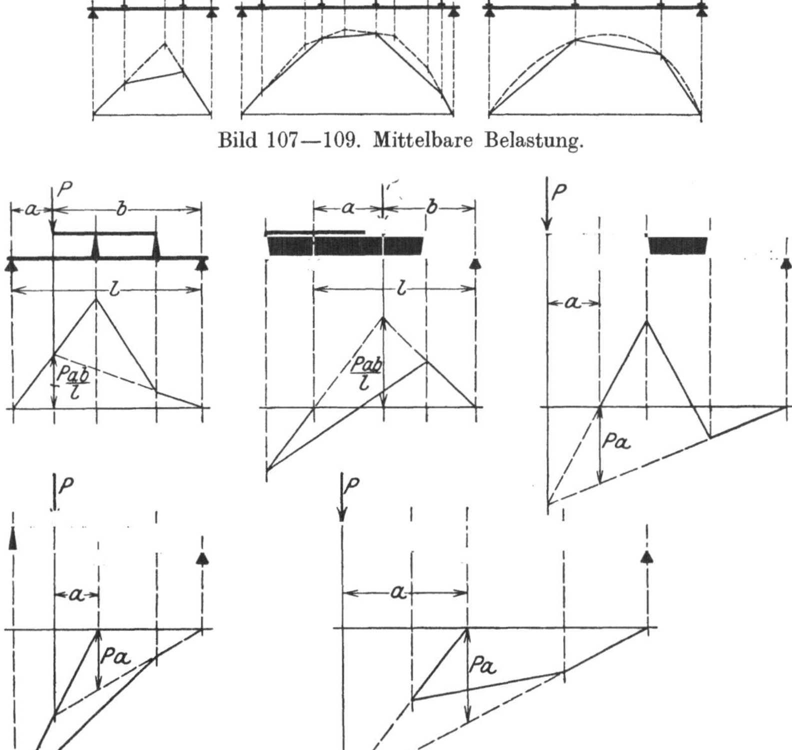

Bild 107—109. Mittelbare Belastung.

Bild 110—114. Sonderfälle für mittelbare Belastung.

einer Last nach Bild 107, dann sind die Auflagerdrücke ebenso wie bei unmittelbarer Belastung. Daher sind die von den Auflagerstellen ausgehenden M-Linien dieselben und der weitere Verlauf der Linie erfolgt zwischen den Nebenstützen geradlinig.

Man zeichnet demnach eine M'-Linie ohne Berücksichtigung der Nebenträger und lotet deren Stützpunkte auf diese M'-Linie herab; die endgültige M-Linie verläuft zwischen diesen Punkten geradlinig.

Bild 108 zeigt den Vorgang bei mehreren Lasten und Nebenträgern, Bild 109 gilt für Streckenlasten, Bild 110—114 für Nebenträger mit Ausladung.

3. Der Gerbersche Gelenkträger.

Mehrere Felder können nach Bild 115 a durch einzelne Träger überbrückt werden. Diese sind zwar statisch bestimmt gelagert und etwaige Pfeilersenkungen bringen keine Änderung in der Trägerbeanspruchung hervor, erfordern aber größeren Materialaufwand gegenüber den folgenden Bauarten und liefern bei ungleicher Belastung benachbarter Träger exzentrische Pfeilerbelastungen.

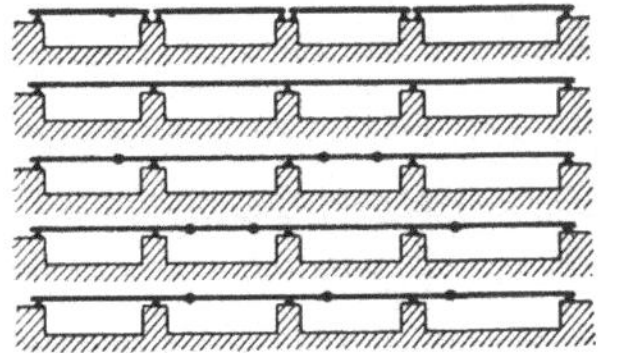

Bild 115 a—e. Die Entwicklung des Gerberträgers.

Ein durchlaufender Träger nach Bild 115 b ergibt zwar zentrische Pfeilerbelastung und Materialersparnis gegenüber den einfachen Trägern, ist aber mehrfach statisch unbestimmt gelagert und erhält bei unbeabsichtigter Pfeilersenkung unerwünschte Zusatzspannungen. Näheres hierüber s. vierter Abschnitt.

Die Vorteile der einfachen Träger und des durchlaufenden Trägers werden unter Vermeidung deren Nachteile vereinigt im Gerberschen[1]) Gelenk-, Ausleger- oder Kragträger nach Bild 115 c, d oder e, wobei Gelenke eingeschaltet werden; Anordnung c und d bildet die Regel.

Die Behandlung des Gerberträgers kann durch Rechnung oder Zeichnung erfolgen.

Rein rechnend. Bei Anordnung nach Bild 116 werden zunächst die Auflagerdrücke AG, HJ und KF für die sogenannten Schwebe-

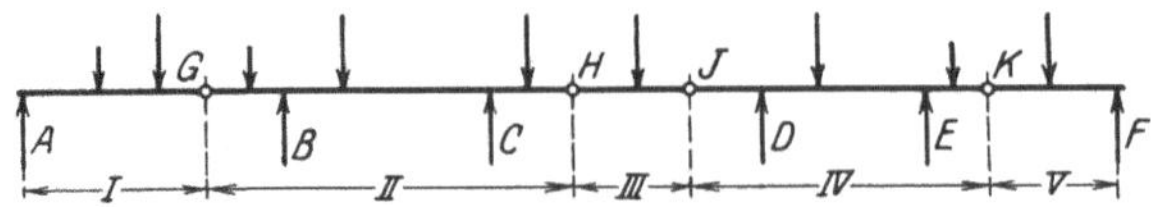

Bild 116.   Der Gerberträger durch Rechnung.

träger I, III und V durch Rechnung bestimmt. Die Auflagerdrücke G und H bilden dann für den Träger II die Endlasten, die mit den

---

[1]) So benannt nach Baurat Heinrich Gerber, s. Z. V. d. I. 1921, S. 853 und Bauing. 1921, S. 421.

Lasten auf II selbst die Auflagerdrücke B und C durch Rechnung liefern; entsprechendes gilt für Träger IV. Nun ist die Ermittlung der M-Linie und nach Bedarf auch der Q-Linie für alle Träger sofort möglich.

Rechnung — Zeichnung. Zunächst sei ein einfacher Fall eines Trägers mit Endstützen behandelt. Bild 117 zeigt die M-Linie für Einzellasten, Bild 118 die für die beiden Endmomente, wobei im Gegensatz zu Bild 105 die negativen M nach oben aufgetragen sind.

Wirken beide Belastungen gleichzeitig, dann entsteht die M-Linie nach Bild 119 mit positiven und negativen Momenten.

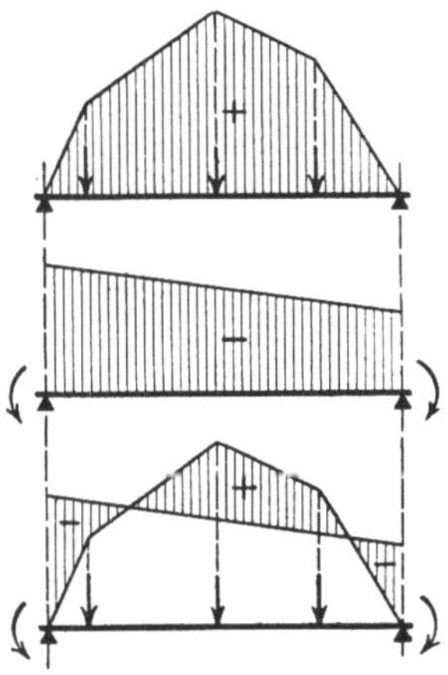

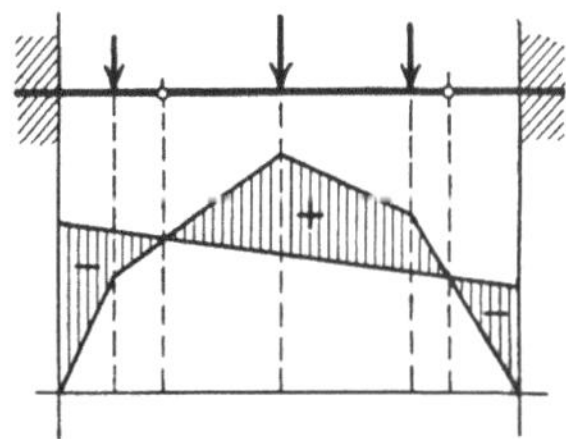

Bild 117—119. Zur Entwicklung der Gerberträgerbehandlung.

Bild 120. Zwei Freiträger mit Schwebeträger.

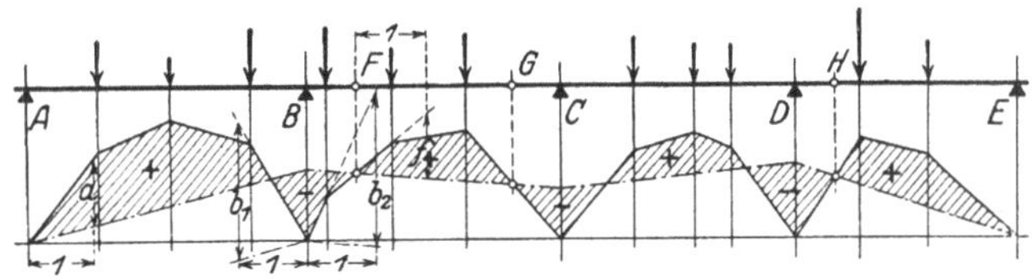

Bild 121. Die M-Linie durch Rechnung und Zeichnung.

Nun darf an den Stellen a und b des Trägers, wo $M = 0$ ist, je ein Gelenk angebracht werden, das den M-Verlauf in keiner Weise beeinflußt. Ist die Lage dieser Gelenke von vornherein gegeben, wie z. B. bei Bild 120 mit zwei Freiträgern und einem Schwebeträger, dann ist die Lage der Schlußlinie durch die Gelenklagen bestimmt.

Vorstehendes kann zur Behandlung des Gerberträgers benutzt werden. Man zeichnet nach Bild 121 zunächst die M-Linie für gedachte einfache Träger und zieht die Querlinie so, daß an den Gelenken die M verschwinden. Bild 122 gilt für Gleichstreckenlasten mit parabolischen M-Linien.

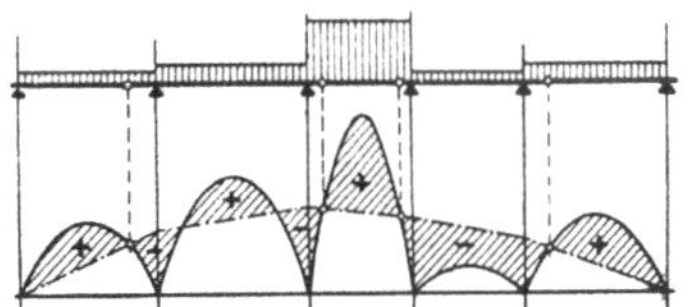

Bild 122. Gleichstreckenlasten.

Auflagerkräfte. Es ist leicht einzusehen, daß hier die Querkräfte durch den algebraischen Unterschied der trigonometrischen Tangenten der M-Linie und der Schlußlinie ausgedrückt wird. Nun ist ein Gelenkdruck gleich der Querkraft dicht vor oder dicht hinter dem Gelenk und ein Auflagerdruck gleich der Summe der Querkräfte dicht vor und hinter dem Auflager. Das liefert die zeichnerische Gewinnung dieser Kräfte nach Bild 121; es ist $A = a$, $B = b_1 + b_2$ und $F = f$ usw.

Zeichnung. Diese beruht vollständig auf dem vorigen Verfahren, was in Bild 123 für einen Träger über drei Öffnungen gezeigt ist. Zunächst werden die M-Linien nach dem Seileckverfahren für einfache Träger gezeichnet, wozu die strichierten Schlußlinien gehören. Sodann werden die Gelenke herabgelotet und die strichpunktierten Schlußlinien gezogen, die die endgültigen M-Flächen liefern. Nach

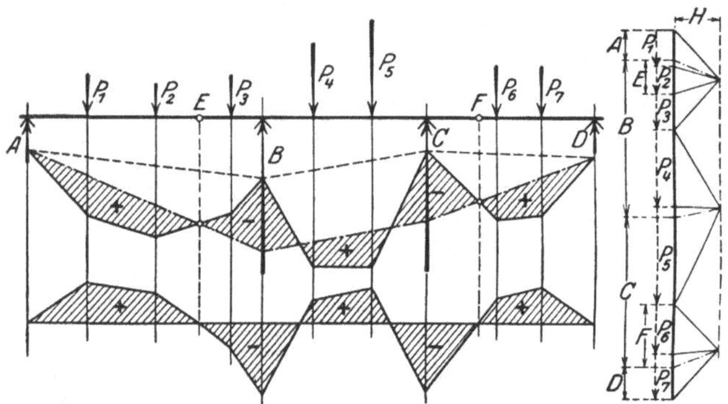

Bild 123. Die M-Linie durch Seileck.

Bedarf kann die M-Linie auf eine wagrechte Grundlinie umgezeichnet werden, s. Bild 123 unten, hierbei $+$-Momente nach oben, $-$-Momente nach unten. Die Nebenfigur liefert gleichzeitig die Auflager- und Gelenkdrücke.

Man findet bei gegebener Stützenlage leicht die günstigsten Gelenklagen, bei denen die Biegemomente so ausgeglichen sind, daß man mit dem kleinsten Trägerquerschnitt auskommt.

Alle Bilder zeigen deutlich die erhebliche Verkleinerung der maßgebenden Biegemomente gegenüber denjenigen der einfachen Träger, weshalb die Gelenkträger als Vollwand- und als Fachwerkträger bei eisernen Dachpfetten, Kran- und Bauträgern und bei Brücken bis zu den größten Abmessungen reichlich benutzt werden.

Anwendung auf Dachpfetten mit Gleichstreckenlast q in allen Feldern nach Bild 124. Die Schwebeträger können im ersten, dritten usw. oder im zweiten, vierten usw. Feld liegen. Sofern nur die Biegemomente maßgebend sind, wird die günstigste Gelenklage bei Halbierung der Parabelhöhe $q\,l^2 : 8$ durch die Schlußlinie erzielt;

solches tritt ein bei $a = l\left(0{,}5 - \dfrac{\sqrt{2}}{4}\right) = 0{,}1464\,l$, was aus einer einfachen mathematischen Eigenschaft der Parabel folgt. Die erste Pfette erhält ein etwas größeres Moment und ist gegebenenfalls durch Laschen zu verstärken.

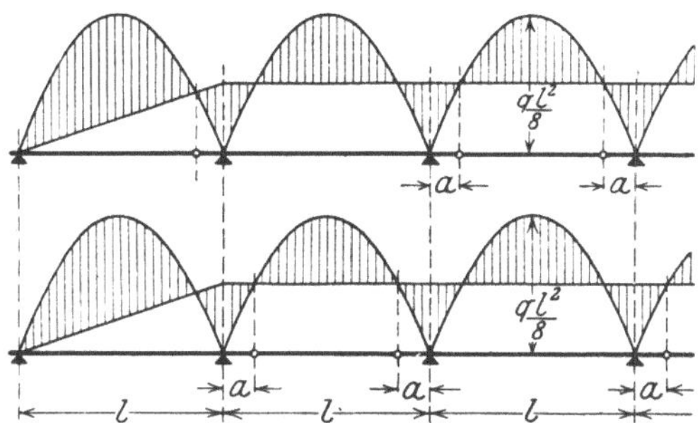

Bild 124.   Dachpfetten als Gerberträger.

C. Biegemomente, Längskräfte und Querkräfte des ebenen krummen Stabes.

In diesem Abschnitt wird die Kräftewirkung und Beanspruchung des statisch bestimmt gelagerten und eben gekrümmten Stabes behandelt, der durch Kräfte in der Krümmungsebene belastet wird. In jedem Stabquerschnitt treten Biegemomente, Längs- und Querkräfte auf.

Aus der Festigkeitslehre ist bekannt, daß beim stark gekrümmten Stab die Biegespannungen im Gegensatz zum geraden Stab nicht linear über den Querschnitt verteilt sind und daß die Abweichungen vom Geradliniengesetz um so stärker hervortreten, je stärker die Stabkrümmung ist. Beim schwach gekrümmten Stab, dessen Krümmungsradien also groß im Verhältnis zur Querschnittshöhe sind, darf diese Abweichung vernachlässigt und das Geradliniengesetz als zutreffend angenommen werden. Solche Stäbe werden in diesem Abschnitt und dem späteren, der sich mit der Formänderung dieser Stäbe befaßt, vorausgesetzt. Die Längsspannungen berechnen sich für diese Stäbe also genau wie bei den geraden Stäben. Über weitere Voraussetzungen s. S. 106.

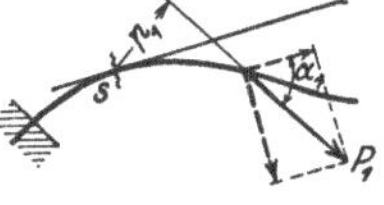

Bild 125.   Frei auskragender Stab.

Um für den frei auskragenden Stab nach Bild 125 die M, N und Q für die Stabstelle s zu finden, denkt man sich den Stab daselbst eingespannt und erhält sofort

$$\begin{aligned}
M &= P_1\,p_1 + P_2\,p_2 + \cdots, \\
N &= P_1 \cos\alpha_1 + P_2 \cos\alpha_2 + \cdots, \\
Q &= P_1 \sin\alpha_1 + P_2 \sin\alpha_2 + \cdots.
\end{aligned}$$

Bei dem durch Kippbolzen und Pendelstütze gelagerten Stab nach Bild 126 ergibt sich nach Bestimmung der Auflagerkräfte, wobei der Stab als starre ebene Scheibe anzusehen ist, für Stabstelle s

$$M = A\,a - P_1\,p_1 - P_2\,p_2,$$
$$N = -A\cos\alpha_a + P_1\cos\alpha_1 + P_2\cos\alpha_2,$$
$$Q = A\sin\alpha_a - P_1\sin\alpha_1 - P_2\sin\alpha_2.$$

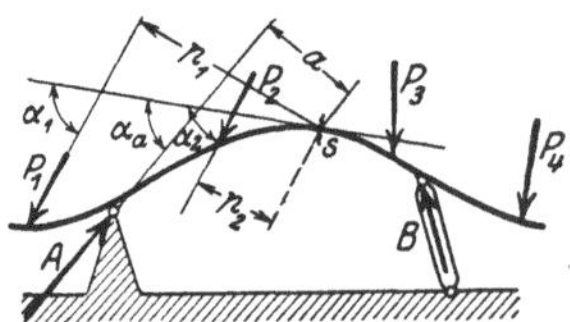

Bild 126. Stab mit Kippbolzen und Pendelstütze.

Vorstehendes kann sofort auf ein aus geraden Stäben bestehendes Gebilde mit steifen Ecken, wozu die sog. Rahmen gehören, angewendet werden; Streckenlasten werden hierbei zweckmäßig in Einzellasten aufgelöst.

Man kann die für mehrere Stabstellen errechneten Werte normal zur Stabachse auftragen, um eine M-, N- und Q-Linie zu gewinnen. Für viele Zwecke mag es aber besser sein, diese Werte über der gerade gestreckten Stabachse als Abszissenachse aufzutragen. Alle diese Linien verlaufen zwischen den Lastpunkten kurvenförmig.

Über die Vorzeichen der drei Werte sind Vereinbarungen zu treffen. N ist stets positiv bei Zug, negativ bei Druck. M ist i. d. Regel positiv, wenn die Druckfaser oben oder außen liegt.

Bezeichnet

J das Trägheitsmoment des Querschnittes,

e_1 und e_2 den größten Abstand der Zug- und Druckfaser von der Nullinie,

$W_1 = J : e_1$ und $W_2 = J : e_2$ das Widerstandsmoment dieser Außenfasern,

F die Querschnittsfläche,

dann addieren sich die Spannungen durch die M und N algebraisch und es gilt

$$\text{für die Zugfaser} \quad \sigma_1 = \frac{M}{W_1} + \frac{N}{F},$$

$$\text{für die Nullinie} \quad \sigma_0 = \frac{N}{F},$$

$$\text{für die Druckfaser} \quad \sigma_2 = -\frac{M}{W_2} + \frac{N}{F}.$$

Beispiele und Sonderfälle.

1. Winkelstab, Bild 127.

Für Teil l ist $M = -P\,x$, $N = 0$, $Q = P$,

für Teil h ist $M = -P\,l$, $N = -P$, $Q = 0$.

2. Viertelkreisstab, Bild 128.

An der Stabstelle φ ist

$$M = P\,x = P\,r\,(1 - \cos\varphi), \quad N = -P\cos\varphi, \quad Q = P\sin\varphi.$$

3. Stab mit Konsol, Bild 129.

Für Teil a ist $M = P_1 x$, $\quad N = 0$, $\quad Q = P_1$,
für Teil b ist $M = P_1 y + P_2 c$, $\quad N = -P_2$, $\quad Q = P_1$.

4. Winkelstab, Bild 130. $\quad A = B = Ph:l$.

Stab c ist Pendelstütze.
Für Teil b ist $M = Bx$, $\quad N = B\sin\alpha$, $\quad Q = B\cos\alpha$,
für Teil a ist $M = Py$, $\quad N = A$, $\quad Q = P$.
Bild 127—130 zeigt die jeweilige M-Linie.

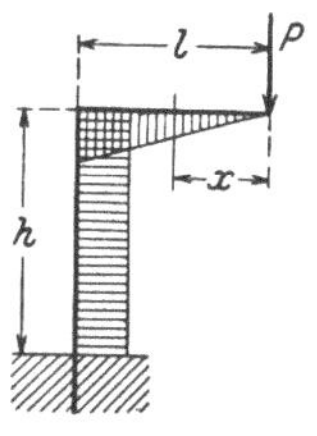

Bild 127.
Winkelstab.

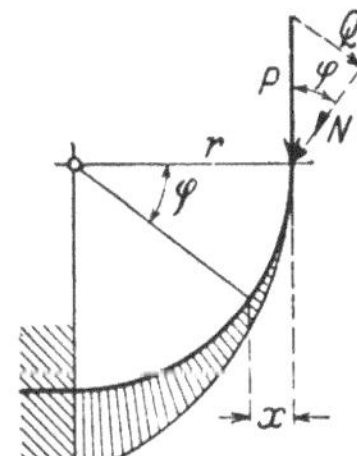

Bild 128. Viertel-
kreisstab.

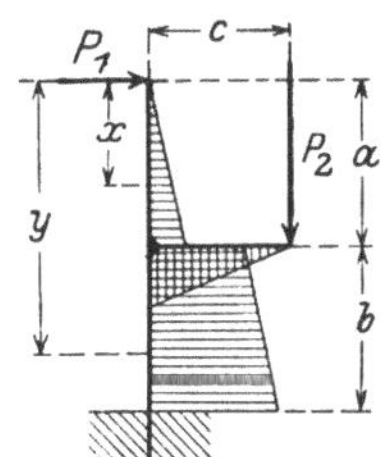

Bild 129. Stab mit Konsol.

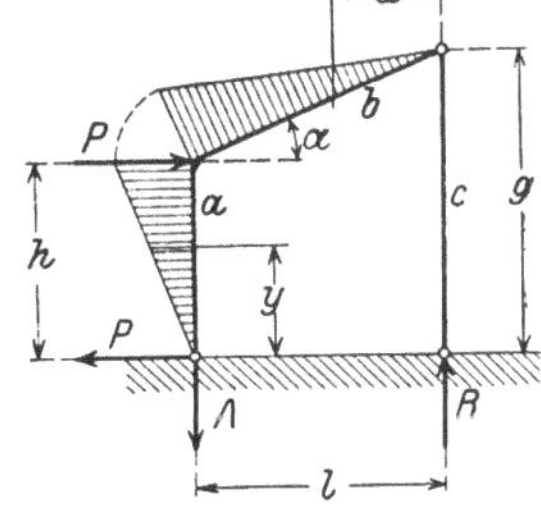

Bild 130. Winkelstab mit
Pendelstütze.

5. Dreigelenkstab für beliebig gerichtete Einzellasten, Bild 131.

Zunächst wird nach S. 19 das durch die drei Bolzen gehende
Seileck gezeichnet. Für die beliebige Stabstelle s ist

$$M = Aa - P_1 p_1.$$

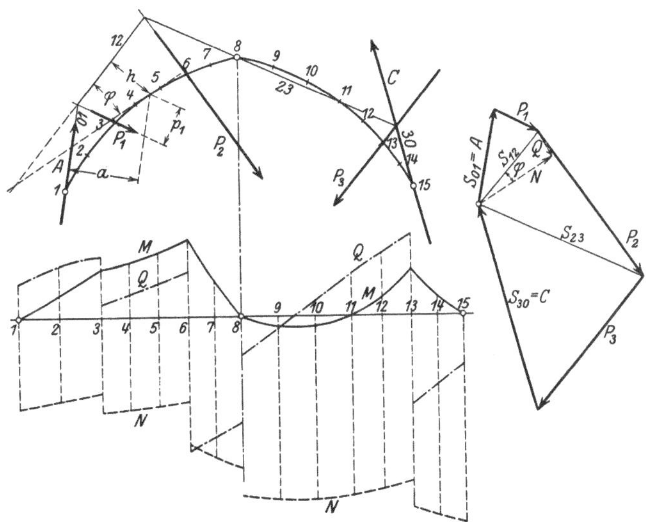

Bild 131. Dreigelenkstab für Einzellasten von beliebigen Richtungen.

Da aber die Resultierende aus A und P_1 durch die Strecke S_{12} dargestellt wird, ist auch

$$M = S_{12}\, h.$$

Ferner ist für dieselbe Stabstelle

$$N = - S_{12} \cos \varphi \quad \text{und} \quad Q = S_{12} \sin \varphi,$$

worin φ den Winkel zwischen der Seillinie 12 und der Stabtangente in s bezeichnet.

Hiernach lassen sich die M, N und Q für weitere Stabstellen bestimmen und auf dem gestreckten Stabbogen auftragen, was im unteren Teil des Bildes 131 dargestellt ist.

6. **Dreigelenkstab für lotrechte Lasten, Bild 132.**

Für Stabstelle s ist wie im vorigen Falle $M = S_{12}\, h$.

Wegen $S_{12} = H : \cos \alpha$ und $h = y \cos \alpha$ ist auch $M = H y$. Die schraffierte Fläche liefert hiernach unmittelbar die M-Fläche; Seillinie über bzw. unter der Stablinie bedeutet positive bzw. negative Momente. Weiterbehandlung der M, N und Q wie im vorigen Falle.

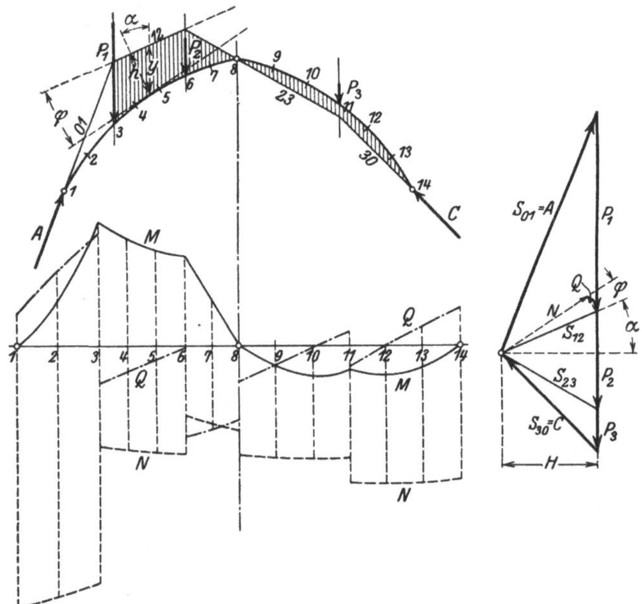

Bild 132. Dreigelenkstab für lotrechte Einzellasten.

Fällt die Seillinie mit der Stablinie zusammen, dann ist für alle Stabstellen $M = 0$ und $Q = 0$, der Stab erhält nur Längskräfte. Solches liegt beispielsweise beim Parabelbogen mit Gleichstreckenlast und Vollbelastung vor, während die größte Biegebeanspruchung bei Belastung des linken oder rechten Bogens auftritt. Daher sind Dreigelenkbogenbinder nicht für volle, sondern für einseitige Schneebelastung zu berechnen.

D. Das ebene Fachwerk.

Begriffsbestimmung. Das ebene Fachwerk ist ein Gebilde aus geraden Stäben, die in ihren Endpunkten durch reibungsfreie Gelenke miteinander verbunden sind und deren Mittellinien in einer Ebene liegen. Das Fachwerk dient als Tragwerk, es nimmt Kräfte, z. B. Lasten, Winddrücke u. dgl. auf, die ebenfalls in der Fachwerkebene liegen, und überträgt diese an den Auflagerstellen auf den festen Raum, d. i. der Erdboden oder eine starre Wand.

Bildungsgesetze des Fachwerks. Zur Aufstellung dieser Gesetze denkt man sich eine Anzahl von Augenstäben auf Lager gelegt. Diesem entnimmt man die Stäbe in bestimmter Reihenfolge und fügt sie zum Fachwerk zusammen. Hierbei soll zunächst noch keine Rücksicht auf den endgültigen Aufstellungsort und die Lagerungsweise genommen werden, sondern diese Zusammenstellung der Stäbe zum Fachwerk erfolge auf dem ebenen Boden oder auf einem Tische.

Drei Gelenke erfordern nach Bild 133 drei Stäbe. Ein viertes Gelenk erfordert zum Anschluß an das bisherige Dreieck nach Bild 134 zwei weitere Stäbe; jedes weitere Gelenk erfordert nach Bild 135 ebenfalls je zwei weitere Stäbe. Dabei ist es nicht nötig, daß wie in Bild 135 die Stäbe stets nur Dreiecke bilden; in Bild 136 kommen auch Vier- und Fünfecke vor und in Bild 137 überschneiden sich die Stäbe, die auch hier Vielecke bilden können. Wesentlich ist hierbei, daß das Fachwerk mindestens ein Stabdreieck enthält.

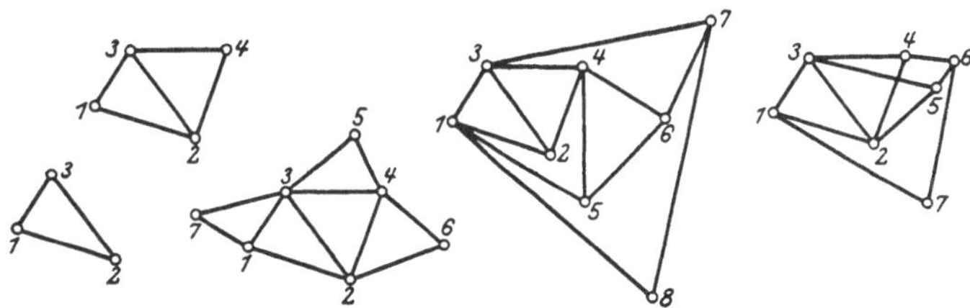

Bild 133—137. Fachwerksbildung.

Bei dieser Bildungsweise läßt sich eine Beziehung zwischen Stabzahl und Gelenkzahl aufstellen.

$$
\begin{array}{lll}
3 \text{ Gelenke erfordern } & 3 & \text{Stäbe} \\
4 \quad\text{,,} \qquad\quad\text{,,} & 3 + 2 \cdot 1 = 5 & \text{,,} \\
5 \quad\text{,,} \qquad\quad\text{,,} & 3 + 2 \cdot 2 = 7 & \text{,,} \\
6 \quad\text{,,} \qquad\quad\text{,,} & 3 + 2 \cdot 3 = 9 & \text{,,} \\
7 \quad\text{,,} \qquad\quad\text{,,} & 3 + 2 \cdot 4 = 11 & \text{,,}
\end{array}
$$

. . . .

. . . .

n Gelenke erfordern $3 + 2\,(n - 3) = 2\,n - 3$ Stäbe.

Zur Beurteilung der Richtigkeit eines Fachwerks ist es nicht nötig, an wirkliche Stäbe mit Gelenken zu denken, sondern man kann die Aufgabe auch rein geometrisch deuten, indem eine Figur aus gegebenen Seitenlängen konstruiert werden soll, wobei sich dieselbe Beziehung zwischen Seiten- und Eckenzahl ergibt.

Hat ein Fachwerk von n Gelenken weniger als $2n-3$ Stäbe, dann ist es nicht mehr in sich starr, sondern beweglich; es bildet eine kinematische Kette. Sind z. B. 4 Gelenke nach Bild 138 durch 4 Stäbe miteinander verbunden, dann spricht man nicht von einem Fachwerk, sondern von einem Gelenkviereck.

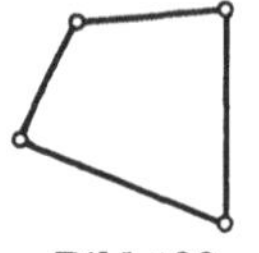

Bild 138.
Gelenkviereck.

Soll hingegen das Fachwerk aus mehr als $2n-3$ Stäben bestehen, dann spricht man von überzähligen Stäben. Jeder überzählige Stab muß in das schon aufgebaute Fachwerk eingezwängt werden. Wenn er nicht zufällig in seiner Länge paßt, muß er, um passend zu werden, gereckt oder gedrückt werden, wodurch besondere Zwangsspannungen in diesem Stab und in einigen oder auch in allen andern Stäben hervorgerufen werden. Hieraus folgt:

Hat das Fachwerk von n Gelenken $2n-3$ Stäbe, dann ist es geometrisch bestimmt. Hat es weniger Stäbe, dann ist es unterbestimmt und daher beweglich, hat es mehr Stäbe, dann ist es geometrisch überbestimmt.

Es gibt Fachwerke, die kein einziges Dreieck enthalten und trotzdem geometrisch bestimmt sind. Zu diesen gehört das Sechseck nach Bild 139, das die richtige Stabzahl, nämlich $2 \cdot 6 - 3 = 9$ enthält. Diese Figur läßt sich aber mit einfachen Mitteln, nämlich mit dem Zirkel durch Aneinanderfügen von Dreiecken, nicht konstruieren. Dasselbe gilt von Bild 140 und 141.

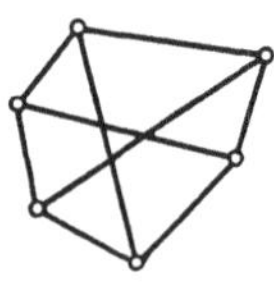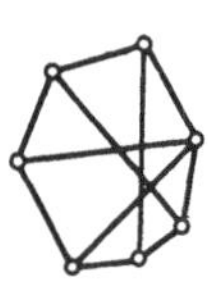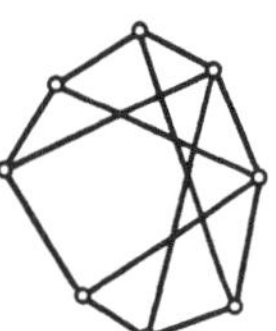

Bild 139—141. Besondere Fachwerke.

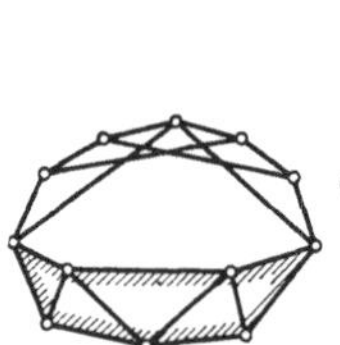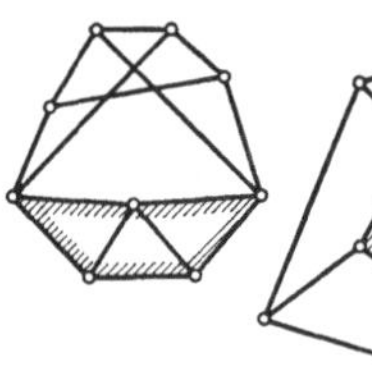

Bild 142—144. Erweiterung der besonderen Fachwerke.

Bild 145—146. Zusammengesetzte Fachwerke.

Eigenartig sind Gebilde nach Bild 142—144. Hierbei ist ein Teil, nämlich der schraffierte, konstruierbar, da er aus Dreiecken besteht, der andere aber nicht, obwohl im ganzen Gebilde die richtige Stabzahl vorliegt.

Derartige Fachwerke haben wohl theoretische, aber in geringerem Maße praktische Bedeutung und daher kann ihre statische Untersuchung hier übergangen werden. Näheres hierüber s. die Werke von A. Föppl, H. Müller-Breslau, Henneberg.

Von größerer Bedeutung hingegen sind die zusammengesetzten Fachwerke nach Bild 145 und 146. Bei deren Aufbau sind zunächst die Einzelfachwerke zu bilden und diese dann zum Gesamtfachwerk zu vereinigen. Es läßt sich unschwer feststellen, daß auch für das Gesamtgebilde die oben ermittelte Beziehung zwischen Gelenk- und Stabzahl unverändert gilt.

Die Stabkraftbestimmung. Die Fachwerke sollen als Tragwerke — Dachbinder, Krangerüst, Brücke — dienen. Sie werden an zwei oder drei Gelenkpunkten durch die Auflager mit dem festen Raum verbunden und nehmen an allen oder einigen Gelenkpunkten Lasten auf. Sofern die Gelenke wirklich reibungsfrei sind und die Kräfte nur an Gelenken, also nicht z. B. in Stabmitte angreifen, erhält jeder Stab nur eine Zug- oder Druckkraft.

In der Statik nennt man die Gelenke Knotenpunkte. Im Eisenbau werden nun diese Knotenpunkte nicht durch reibungsfreie Gelenke, sondern durch Knotenbleche gebildet, an die die Stäbe festgenietet sind, wobei die theoretische Voraussetzung der reibungsfreien Gelenke vollständig unerfüllt bleibt. Die Folge hiervon ist nicht nur eine geringe Änderung der Stabkräfte gegenüber denjenigen eines gedachten Fachwerks mit reibungsfreien Gelenken, sondern auch ein Auftreten von Biegemomenten in den Stäben.

Aber wenn auch wirkliche Gelenke ausgeführt sind, wie z. B. bei den amerikanischen Bolzenbrücken, bringen diese infolge der hohen Pressung zwischen Bolzen und Lochwand so starke Reibwirkung hervor, daß sie in dieser Hinsicht nicht besser zu bewerten sind als die genieteten Knotenpunkte.

Die genaue Fachwerkberechnung mit Berücksichtigung der steifen Knotenpunkte ist aber eine sehr schwierige Aufgabe und wird daher sehr selten und nur bei bedeutenden Bauwerken durchgeführt und selbst da meist angenähert. In den weitaus meisten Fällen wird die Stabkraftbestimmung unter Annahme reibungsfreier Gelenke durchgeführt und die durch die Knotenpunktvernietung verursachte Mehrbeanspruchung durch Ermäßigung der zulässigen Beanspruchung berücksichtigt. Im IV. Abschnitt werden wir auf diese Frage nochmal zurückkommen, s. S. 282.

Eine weitere Fehlerquelle kann darin liegen, daß die Stabkräfte Längenänderungen der Stäbe und dadurch eine Formänderung des ganzen Fachwerks zur Folge haben, wodurch die Knotenpunkte sich gegenseitig etwas verschieben. Nun wird für das Weitere vorausgesetzt, daß diese Formänderung gegenüber den Fachwerkabmessungen so gering ist, daß die Lagenänderung der Knotenpunkte und damit der Kräfte keinen merklichen Einfluß auf die Stabkräfte hat. Beispielsweise wird in Bild 147 durch die Formänderung die Ausladung a vergrößert, was wieder eine Rückwirkung auf die Stabkräfte hat und zu berücksichtigen wäre. Wir vernachlässigen also die Vergrößerung von a und nehmen das Fachwerk als starr an. Im übrigen ist die Stabkraftbestimmung mit Berücksichtigung dieser Formänderung eine überaus schwierige Aufgabe, deren Lösung auch insofern zwecklos ist, als andere Einflüsse, besonders die steifen Knotenpunkte, weit größere Fehlerquellen bilden.

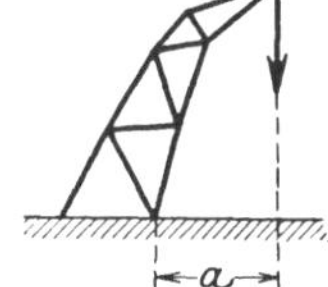

Bild 147. Vergrößerung von a durch die elastische Formänderung.

Die Stabkraftbestimmung kann durch Zeichnung oder Rechnung erfolgen. Beide Verfahren beruhen auf dem Gleichgewicht der an jedem Knotenpunkte angreifenden Kräfte. Jeder Stab setzt an dem ihn begrenzenden Knotenpunkt eine Kraft gleich seiner Stabkraft ab. Die an jedem Knotenpunkt angreifenden Stabkräfte einschließlich der Knotenpunktkraft, die eine Knotenlast oder eine Auflagerkraft sein kann, stehen im Gleichgewicht. Demnach gilt für jeden Knotenpunkt:

Das Krafteck der am Knotenpunkt wirkenden Stabkräfte und der Knotenpunktkraft schließt sich; oder:

Die algebraische Summe der Vertikal- und der Horizontalkomponenten dieser Kräfte ergeben je Null.

Stabkraftbestimmung durch Zeichnung. Hierbei ist zu unterscheiden zwischen Fachwerken, die durch freien Aufbau gewonnen werden können, und solchen, die vor der Aufstellung zusammengesetzt werden müssen.

Ein Fachwerk nach Bild 148 oder 149 gehört zur ersten Gruppe, denn vom Boden oder von der Wand aus werden mit je zwei Stäben die Knotenpunkte in der Reihenfolge gewonnen, in der sie in den Figuren eingetragen sind.

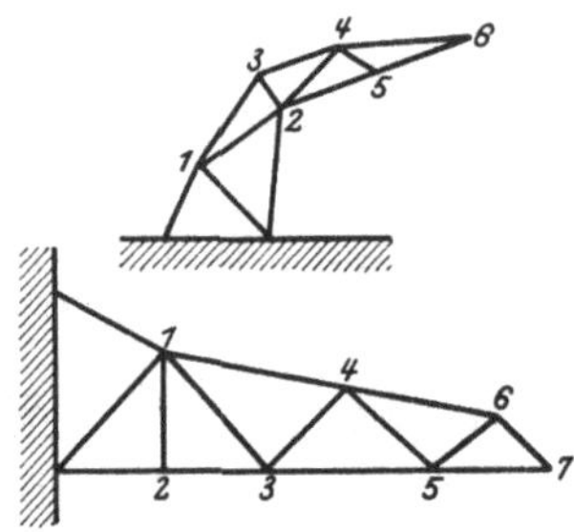

Bild 148 u. 149. Fachwerke der ersten Gruppe.

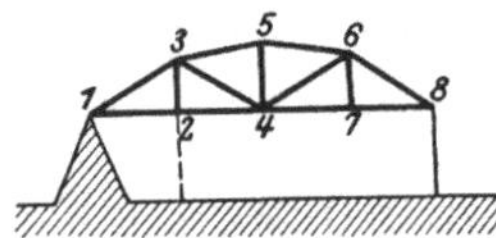

Bild 150. Fachwerk der zweiten Gruppe.

Ein Fachwerk der zweiten Gruppe, z. B. nach Bild 150, ist entweder vor der Aufstellung auf dem Erdboden zusammenzusetzen und sodann als Ganzes am linken Auflager anzubolzen und so zu drehen, bis das rechte Ende auf der Stütze liegt, oder es ist vorübergehend, etwa wie strichiert angedeutet, abzustützen und wie bei Gruppe 1 frei vorzubauen; nach Einbau der rechten Stütze kann die Behelfstütze abgenommen werden.

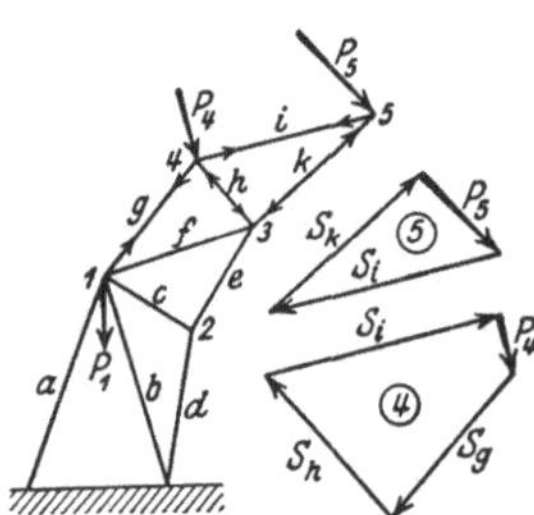

Bild 151. Einzelkraftecke für Fachwerke der ersten Gruppe.

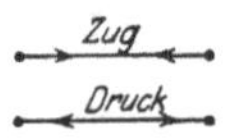

Bild 152. Bezeichnung des Stabkraftsinnes.

Fachwerke der ersten Gruppe. Diese haben stets mindestens einen Knotenpunkt, von dem nur zwei Stäbe ausgehen. Ein solcher ist z. B. nach Bild 151 Punkt 5. Das Kräftedreieck (5) liefert die Stabkräfte S_i und S_k. Als nächster Punkt ist der zu nehmen, von dem zwei Stäbe mit noch unbekannten Stabkräften ausgehen; das ist Punkt 4; aus dem Krafteck (4), in dem S_i schon bekannt ist, folgt S_g und S_h. Nun folgt Punkt 3, dann 2 und schließlich 1, womit dann alle Stabkräfte gefunden sind.

Der Stabkraftsinn, d. h. Zug $(+)$ oder Druck $(-)$ wird in den Kraftecken und im System durch Pfeile vermerkt, s. Bild 152.

Fachwerke der zweiten Gruppe. Zunächst sind die Auflagerdrücke zu bestimmen. Zu diesem Zwecke betrachtet man das Fachwerk mit sämtlichen Kräften als starre Scheibe, wie im zweiten Abschnitt dargelegt. Die Richtigkeit dieses Vorgehens begründet sich in folgender Weise:

In Bild 153 sind die an den einzelnen Knotenpunkten wirkenden Stabkräfte einschließlich der Knotenpunktkräfte eingezeichnet. Die an jedem Knotenpunkt angreifenden Kräfte sind also im Gleichgewicht. Denkt man sich die Knotenpunkte einer starren Scheibe angehörend, dann ist auch die ganze Scheibe im Gleichgewicht. Da sich aber diese Kräfte paarweise aufheben, sind die an der starren Scheibe wirkenden Kräfte P_2 P_3 A und B im Gleichgewicht.

Nach Bestimmung der Auflagerkräfte kann man wieder wie bei der ersten Gruppe vorgehen, wobei die Auflagerkräfte genau wie die andern Knotenpunktkräfte anzusehen sind. Für den Anfang finden sich stets Knotenpunkte mit nur zwei unbekannten Stabkräften.

Der Kräfteplan nach Cremona[1]). Wenn das Fachwerk gewissen Bedingungen genügt, dann lassen sich alle diese Einzelkraftecke zu einer einzigen Zeichnung, dem Kräfteplan, zusammenfassen, in welchem jede Stabkraft nur einmal zu zeichnen ist. Diese Bedingungen lauten:

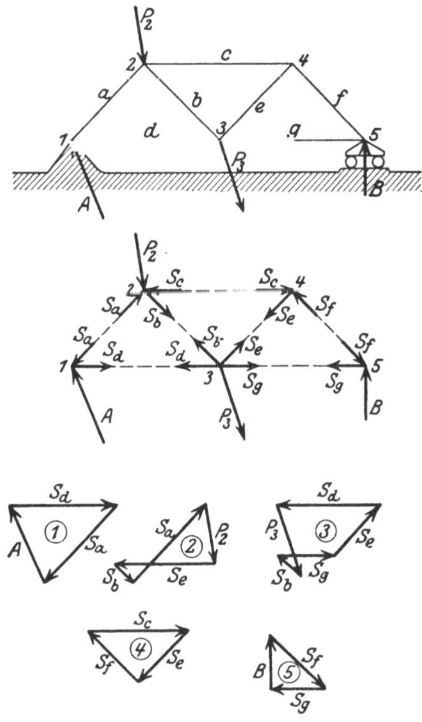

Bild 153. Einzelkraftecke für Fachwerke der zweiten Gruppe.

a) Das Fachwerk baut sich in der Weise auf, daß von einem Grunddreieck aus jeder weitere Knotenpunkt durch je zwei weitere Stäbe an das jeweils gewonnene System angeschlossen wird. Ein solches Fachwerk enthält mindestens einen Knotenpunkt mit zwei anschließenden Stäben.

b) Die Stäbe überschneiden sich nicht.

c) Sämtliche Kräfte (Lasten und Auflagerkräfte) greifen nur an Umfangsknotenpunkten an.

---

[1]) Luigi Cremona, ital. Mathematiker, geb. 1830 in Pavia. Seit 1873 Prof. d. Math. an der Univ. in Rom. Hauptwerk: Le figure reciproche nella statica grafica.

Regeln zur Aufstellung der Kräftepläne.

1. Fachwerk mit sämtlichen Lasten und Auflagerkräften genau aufzeichnen, Knotenpunkte und Stäbe fortlaufend beziffern.

2. Krafteck aller Lasten und Auflagerkräfte so zeichnen, daß ihre Reihenfolge dem Rechtsumlauf um das Fachwerk entspricht. Dieses Krafteck muß sich schließen. (Bei Fachwerken der ersten Gruppe ist diese Regel überflüssig.)

3. Mit einem Knotenpunkt beginnen, an dem nur zwei Stäbe anschließen. Daselbst denkt man sich einen Uhrzeiger angebracht, dessen Rechtsdrehung eine gewisse Reihenfolge der an diesem Punkte anschließenden Stäbe angibt. Die Knotenpunktkraft wird, wie sie auch liegen mag, in dieser Reihenfolge stets zwischen den Außenstäben eingeordnet. In dieser Reihenfolge wird das Krafteck der an diesem Punkte angreifenden Stab- und Knotenpunktkräfte so gezeichnet, daß die im Krafteck schon gezeichnete Knotenpunktkraft benutzt wird.

4. Dasselbe wird für jeden weiteren Knotenpunkt wiederholt; die von den vorhergehenden Knotenpunkten schon gefundenen Stabkräfte liegen in den weiteren Kraftecken schon an richtiger Stelle. Die Reihenfolge der Knotenpunkte ist so zu wählen, daß jeweils nur zwei Stabkräfte unbekannt sind. Demnach kann die Reihenfolge der zu behandelnden Knotenpunkte auch anders sein als die des Rechtsumlaufs um das Fachwerk.

5. Die Stabkraftpfeile werden nur im System, nicht im Kräfteplan, eingezeichnet.

6. Auf Grund des gewählten Kräftemaßstabes ist eine Tafel der Stabkräfte mit ihren Vorzeichen aufzustellen.

Wird in Regel 2 der Linksumlauf statt Rechtsumlauf gewählt, dann ist in Regel 3 und 4 ebenfalls Linksdrehung des Uhrzeigers anzunehmen. Man gewöhne sich aber an eine, und zwar an die Rechtsrichtung.

Bei stetiger Beachtung dieser Regeln ist das Aufzeichnen der Kräftepläne eine vollständig mechanische Arbeit, die erleichtert wird durch nachstehende Merkregeln, die aus den Hauptregeln hervorgehen.

I. Ein unbelasteter Knotenpunkt mit nur zwei anschließenden Stäben liefert in diesen keine Stabkräfte.

II. In unbelasteten Knotenpunkten nach Bild 154 ist stets $S_c = 0$ und $S_a = S_b$.

Bild 154 u. 155.
Für die Merkregeln.

III. In unbelasteten Knotenpunkten nach Bild 155 ist stets $S_a = S_c$ und $S_b = S_d$.

IV. Nach Regel 6 dürfen sich die Stäbe nicht überschneiden. Kommt trotzdem eine Überschneidung vor, dann behandelt man das Fachwerk so, als ob an der Schnittstelle ein Knotenpunkt wäre und der Kräfteplan ist sofort möglich. Die Bedingung zwischen Stab und Knotenpunktzahl wird hierdurch nicht geändert und die Stabkräfte in diesem gedachten Fachwerk sind gleich denen des wirklichen Fachwerks ohne diesen Knotenpunkt.

Bei Herstellung der Kräftepläne ist nachstehendes zu beachten:
Wie beim Einzelkrafteckverfahren liefert auch hier der vorletzte und letzte Knotenpunkt Richtigkeitsproben. Auch bei genauestem Zeichnen wird sich ein Kräfteplan zuletzt nicht genau schließen, d. h. die letzten Geraden schneiden sich dann nicht genau in einem Punkte, sondern es bildet sich das sogenannte Fehlerdreieck. In diesem Falle ändert man im Kräfteplan einige der letzten Kraftrichtungen so, daß der Kräfteplan sich schließt, d. h. man gleicht den Fehler aus. Da es auf genaue Festlegung der Stabrichtungen ankommt, zeichne man das System groß und genau auf, vermeide aber durch entsprechende Wahl des Kräftemaßstabes zu große Kräftepläne. Weitgehende Genauigkeit der Kräftepläne ist zwecklos, weil schon die Knotenpunktkräfte infolge der unsicheren Belastungsannahmen (z. B. Schnee und Wind) recht ungenau sind. Dasselbe gilt für alle andern Verfahren.

Zuweilen mag es zweckmäßig sein, nach dem im weiteren behandelten Berechnungsverfahren einen oder einige Stäbe genau zu berechnen, wodurch ein guter Anhaltspunkt für Richtigkeit und Genauigkeit des Kräfteplans gewonnen wird.

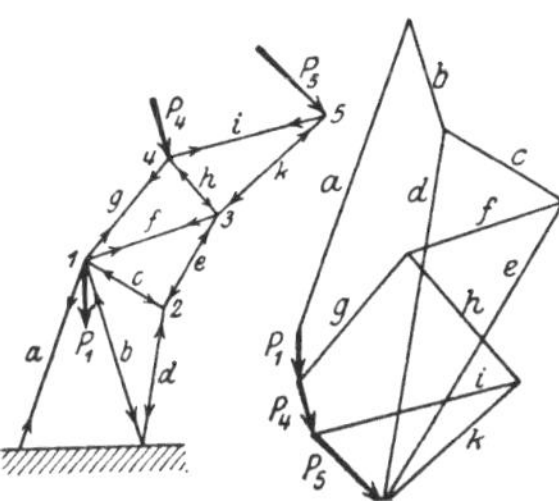

Bild 156. Kranausleger.

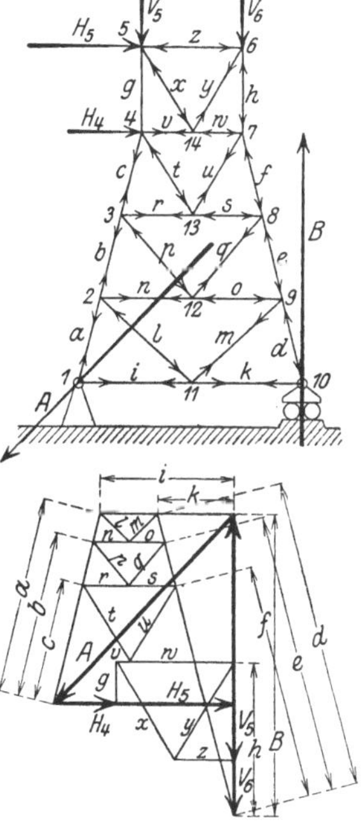

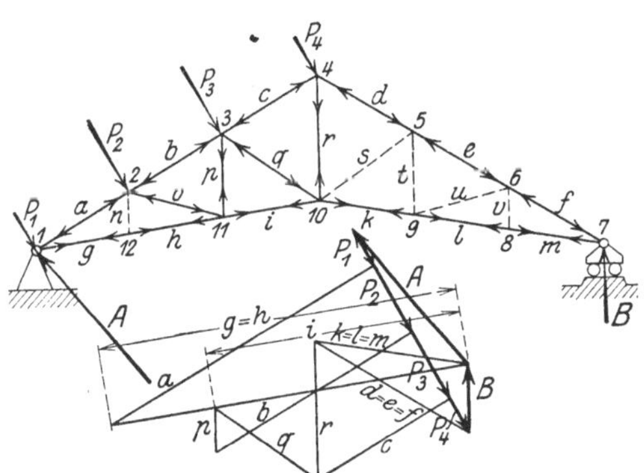

Bild 157. Dachbinder.

Bild 158. Brückengerüst.

Beispiele.

1. Fachwerk der 1. Gruppe nach Bild 156 (Kranausleger). Knotenpunktfolge 5 4 3 2 1.

2. Fachwerk der 2. Gruppe nach Bild 157 (Dachbinder für Winddruck links). Die strichierten Stäbe sind nach Regel II spannungslos. Kraftfolge $A P_1 P_2 P_3 P_4 B$, Knotenpunktfolge 1 2 11 3 10 4 7; es ist $S_g = S_h$, $S_d = S_e = S_f$ und $S_k = S_l = S_m$.

3. Fachwerk der 2. Gruppe nach Bild 158 (Brückengerüst). Kraftfolge $A H_4 H_5 V_5 V_6 B$. Knotenpunktfolge 1 10 11 2 9 12 3 8 13 4 7 14 5 6.

Weitere Kräftepläne s. S. 56 und 60.

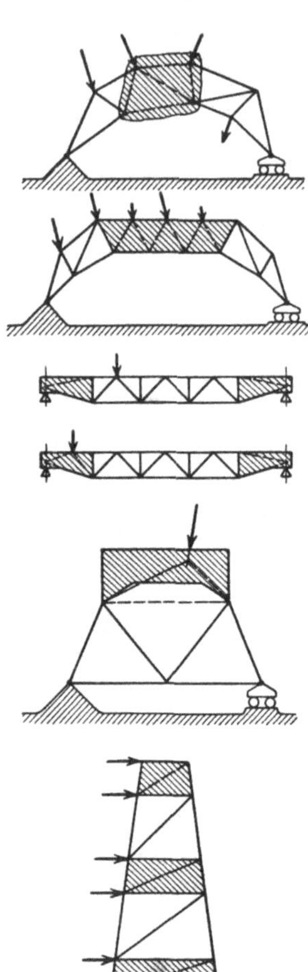

Bild 159—164. Fachwerk
mit Vollscheiben.

Fachwerke in Verbindung mit Vollscheiben. Enthält das Fachwerk eine Vollscheibe etwa nach Bild 159, dann denkt man sich diese durch das strichierte Fachwerk ersetzt und zeichnet hierfür den Kräfteplan.

Erhält diese Scheibe selbst Lasten, dann läßt sich das gedachte Fachwerk nach Bild 160 diesem Falle sofort anpassen.

Bild 161 und 162 zeigt die gedachten Stäbe beim Laufkranträger mit Endscheiben. Weitere Fälle zeigen Bild 163 und 164.

Zusammengesetzte Fachwerke. Für solche ist die unmittelbare Aufzeichnung des Kräfteplans im allgemeinen nicht möglich. In Bild 165a werden die Zwischenfachwerke durch die strichierten Stäbe Bild 165b ersetzt und der Kräfteplan Bild 165c gezeichnet, der dann zur Herstellung des endgültigen Kräfteplans Bild 160d benutzt wird.

Wirken nach Bild 166 auch Außenkräfte auf das Zwischenfachwerk, dann sind diese zunächst zu einer Resultierenden zu vereinigen; das Weitere erfolgt entsprechend dem vorigen Beispiel.

Dagegen ist in Bild 167 die Annahme eines solchen Zwischenfachwerks nicht erforderlich, da der endgültige Kräfteplan sofort gezeichnet werden kann.

Hiernach wäre der sog. Doppelpolonceaubinder Bild 168 zu behandeln. Es ist jedoch für diesen Sonderfall bequemer, zunächst die Stabkraft S_z zu berechnen. Gleichgewicht des rechten Fachwerkteils gegen Drehen um die Spitze liefert $S_z = B\,b : z$, die an den Punkten i und k als Knotenlast wirkt; damit sind Kräftepläne für beide Fachwerkteile herstellbar, die sofort einen zusammenhängenden Kräfteplan für das ganze Fachwerk liefern.

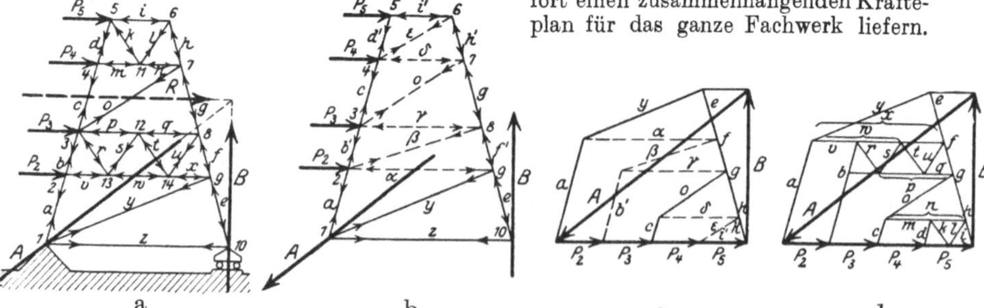

a   b   c   d

Bild 165 a—d.   Cremona für zusammengesetztes Fachwerk.

Beim **Dreigelenkfachwerk** ist nach Bestimmung der Bolzenkräfte ABC nach S. 18 je ein Kräfteplan für die beiden Fachwerkteile herstellbar; beide können mühelos zu einem Kräfteplan ver-

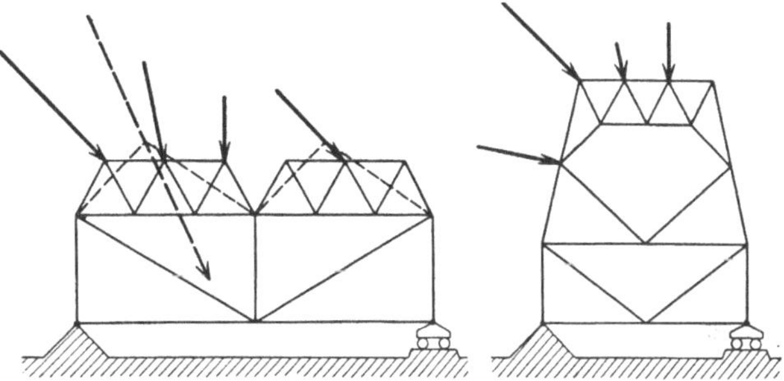

Bild 166 u. 167. Zusammengesetzte Fachwerke.

einigt werden. In Bild 169 ist ein solcher Fall behandelt und zwar für Winddruck von links, wobei der rechte Teil unbelastet bleibt.

Für das zusammengesetzte Fachwerk gilt ebenfalls die auf S. 41 aufgestellte Beziehung zwischen Stab- und Knotenpunktzahl.

Berechnung der Stabkräfte (Rittersches Schnittverfahren). Zunächst sind bei Fachwerken der zweiten Gruppe die Auflagerkräfte wie bisher zu bestimmen.

Ist im Fachwerk nach Bild 170 a Stabkraft S_i zu berech-

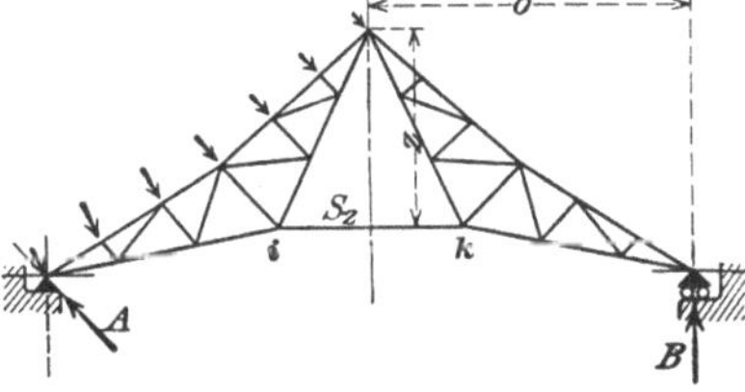

Bild 168. Doppelpolonceaubinder.

nen, dann denkt man sich nach Bild 170 b bzw. c das Fachwerk durch die schraffierten Scheiben 1 4 10 und 4 7 9 ersetzt, die durch Stab i und Knotenpunkt 4 miteinander verbunden sind.

An diesen beiden Scheiben wirken die Kräfte $A\,P_2\,P_4\,P_{11}\,S_i\,S_q\,S_d$ und $P_4\,B\,P_8\,S_c\,S_p\,S_i$, worin die Stabkräfte ohne Rücksicht auf ihre endgültigen Vorzeichen zunächst als Zug angenommen sind. Diese Kräfte bilden je Gleichgewicht und liefern für Punkt 4 als Schnittpunkt der nicht gefragten Stäbe die Gleichgewichtsbedingungen

$$A\,a - P_2\,p_2 - P_{11}\,p_{11} - S_i\,i = 0 \text{ bzw. } -B\,b + P_8\,p_8 + S_i\,i = 0,$$

woraus S_i folgt; $+$ liefert Zug, $-$ Druck.

S_s folgt in derselben Weise nach Bild 170 d bzw. e aus

$$A\,a - P_2\,p_2 - P_{11}\,p_{11} - P_4\,p_4 - S_s\,s = 0 \text{ bzw. } B\,b - P_8\,p_8 + S_s\,s = 0.$$

S_q folgt nach Bild 170 f bzw. g wegen Parallelität von d und i aus dem Gleichgewicht der lotrechten Kraftkomponenten:

$$A \cos \alpha_a - P_2 \cos \alpha_2 - P_{11} \cos \alpha_{11} - P_4 \cos \alpha_4 - S_q \cos \alpha_q = 0$$

bzw. $$B - P_8 \cos \alpha_8 + S_q \cos \alpha_q = 0.$$

Das Verfahren ist zweckmäßig, wenn nur ein oder einige Stäbe gefragt sind. Weitgehende Anwendung des Verfahrens bei den Einflußlinien für Fachwerke, s. S. 56.

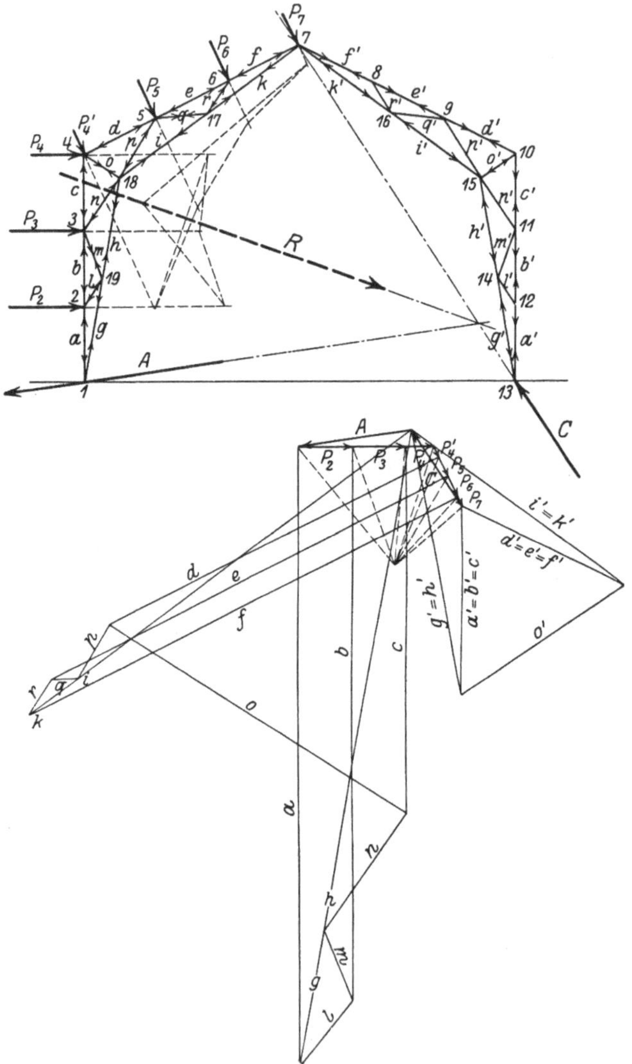

Bild 169. Hallenbinder als Dreigelenkfachwerk.

Analytische Stabkraftberechnung. Es bezeichne

S_i die unbekannten Stabkräfte, die zunächst als Zug anzunehmen sind,

φ_i deren gegebenen Neigungswinkel gegen die Horizontale im analytischen Sinne, also bei verschiedenen Stabrichtungen nach Bild 171,

P_k die gegebenen Knotenpunktkräfte einschließlich der Auflagerkräfte,

ψ_k deren gegebenen Neigungswinkel gegen die Horizontale, im gleichen Sinne wie oben zu behandeln.

Die für jeden Knotenpunkt gültigen Beziehungen $\sum X = 0$ und $\sum Y = 0$ liefern die Gleichungen

$$\sum (S_i \cos \varphi_i + P_k \cos \psi_k) = 0$$

und

$$\sum (S_i \sin \varphi_i + P_k \sin \psi_k) = 0 .$$

Bei n Knotenpunkten erhält man demnach $2n$ Gleichungen. Da die Stabzahl und somit die Anzahl der unbekannten Stabkräfte $2n - 3$ beträgt, sind drei überschüssige Gleichungen vorhanden, welche die drei Auflagerkräfte bzw. -komponenten oder bei deren Vorausbestimmung drei Richtigkeitsproben liefern.

Vorstehendes gilt für Fachwerke der zweiten Gruppe. Bei der ersten Gruppe kommen auf n Knotenpunkte (ohne die Boden- bzw. die Wandpunkte) $2n$ unbekannte Stabkräfte.

Das Verfahren ist wegen der vielen Gleichungen mühsam und wenig üblich, führt aber in allen Fällen, auch bei zusammengesetzten Fachwerken und dem Dreigelenkfachwerk zum Ziele, auch wenn alle andern Verfahren versagen.

Das Ausnahmefachwerk. Es lassen sich Fachwerke von der richtigen Stab- und Knotenpunktzahl angeben, in welchem die äußeren Kräfte in einigen Stäben unendlich große Stabkräfte hervorbringen. Solche Gebilde heißen Ausnahmefachwerke, haben selbstverständlich

Bild 170 a—g. Zur Stabkraftberechnung.

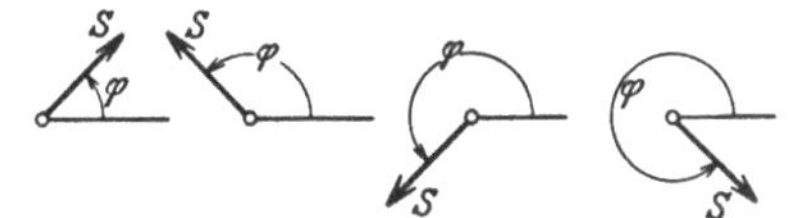

Bild 171. Bezeichnung der Stabkraftrichtungen.

keine praktische Verwendbarkeit und müssen vermieden werden. Bild 172 zeigt ein einfaches Beispiel hierfür; die Stäbe 1 bis 3 erhalten unendliche Stabkräfte, wenn sie einander parallel sind oder einen gemeinsamen Schnittpunkt haben.

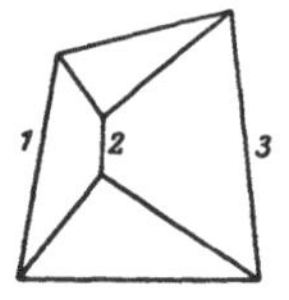

Bild 172.
Ausnahmefachwerk.

In der Literatur finden sich weitläufige Theorien dieser Ausnahmefachwerke. Wir können diese hier unterdrücken, da einmal solche Gebilde praktisch kaum auftreten und gegebenenfalls die über alle Grenzen steigenden Stabkräfte bei den Kraftplänen und beim Berechnungsverfahren sich bemerkbar machen würden.

Das Fachwerk als Biegestab. Lange schlanke Fachwerke können als gerade oder krumme ebene Biegestäbe betrachtet werden, womit eine einfache angenäherte Stabkraftberechnung durchführbar ist.

Bezeichnet nach Bild 173

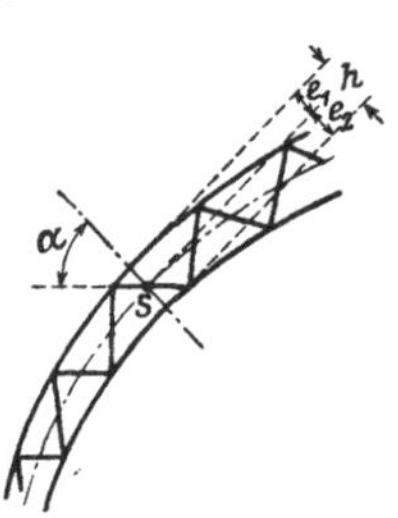

Bild 173. Das Fachwerk als Biegestab.

F_1 und F_2 die Querschnitte der Gurtstäbe, e_1 und e_2 die Abstände ihrer Schwerlinien von der Gesamtschwerlinie, $h = e_1 + e_2$ den Gesamtabstand der Schwerlinien,

und liefern die äußeren Kräfte am Schwerlinienpunkt s die Längskraft N (Zug), die Querkraft Q und das Biegemoment M, dann folgen aus der Betrachtung des Fachwerks als Blechträger mit verschwindender Stehblechdicke die Gurtstabkräfte

$$S_1 = N \frac{e_2}{h} \mp \frac{M}{h} \quad \text{und} \quad S_2 = N \frac{e_1}{h} \pm \frac{M}{h},$$

je nachdem M oben oder unten Druck oder Zug hervorbringt.

Die Querkraft Q liefert die Diagonalstabkraft $S_d = \pm\, Q : \sin \alpha$, je nachdem die Diagonale an dieser Stelle im Winkel α, bezogen auf die Gesamtschwerlinie, fällt oder ansteigt.

E. Gemischte Gebilde.

Diese bestehen aus Zug- und Druckstäben und Biegestäben und können je nach ihrem Zweck in den verschiedensten Formen auftreten. Nachstehend sind einige kennzeichnenden Fälle genannt und kurz behandelt.

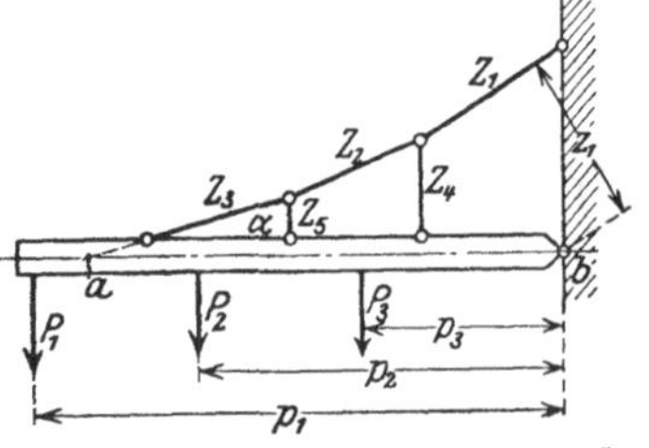

Bild 174 u. 175. Ausleger.

1. Ausleger, Bild 174. Man betrachtet den Träger mit den Stäben 2 bis 5 als starre Scheibe; aus dem Gleichgewicht der an dieser angreifenden Kräfte gegen

Drehen um den Wandbolzen folgt $Z_1 z_1 = P_1 p_1 + P_2 p_2 + P_3 p_3$, hieraus Z_1. Aus dem Kräfteplan Bild 175 folgen die andern Stabkräfte; damit sind alle am Träger angreifenden Kräfte bekannt, die nach Zerlegung der Zugkraft Z_3 in eine wagrechte und senkrechte Komponente die M-Linie und die Druckkraft zwischen a und b gleich $Z_3 \cos \alpha$ liefern.

2. **Krangerüst** Bild 176. Zunächst sind die oberen und unteren Säulenzapfendrücke zu bestimmen, wobei man das Ganze als starre Scheibe betrachtet. Demnach ist $H = Pl : h$ und $V = P$. Für die Druckstrebe ist $S = -Pl : s$; für die Biegemomente gilt $M_a = Pa$, $M_f = Hf$, $Me = He$; die Längskräfte sind $N_a = 0$, $N_b = S \cos \alpha$, $N_e = -V$, $N_c = -V + S \sin \alpha$, $N_f = 0$.

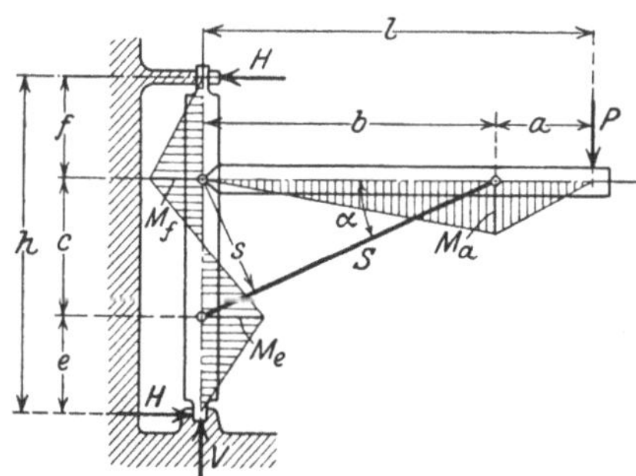

Bild 176. Krangerüst.

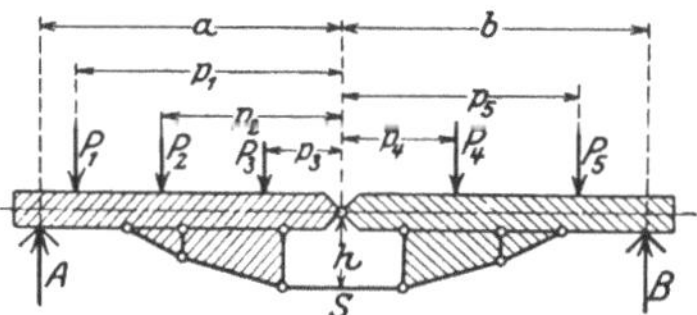

Bild 177. Träger mit Zugband und Mittelgelenk.

3. **Träger** mit Zugband und Mittelgelenk, Bild 177. Zunächst sind die Auflagerkräfte A und B wie beim einfachen Träger zu bestimmen. Man kann nun die schraffierten Teile vorübergehend als starre Scheiben betrachten und erhält aus dem Gleichgewicht der an ihnen angreifenden Kräfte gegen Drehen um das Gelenk die Beziehungen $Sh + P_1 p_1 + P_2 p_2 + P_3 p_3 - Aa = 0$ und $Sh + P_4 p_4 + P_5 p_5 - Bb = 0$; beide Ansätze müssen dasselbe S liefern, das wie bei der ersten Aufgabe durch Zerlegung alle andern Stabkräfte und damit die Beanspruchung der beiden Träger liefert.

4. **Hängebrücke** mit Gelenk im Versteifungsträger, Bild 178. Bezeichnet H die gemeinsame Horizontalkomponente der Seilzüge S_1, S_2 usw., dann folgen aus dem Kräfteplan Bild 179 für die lotrechten Seilzüge die Beziehungen

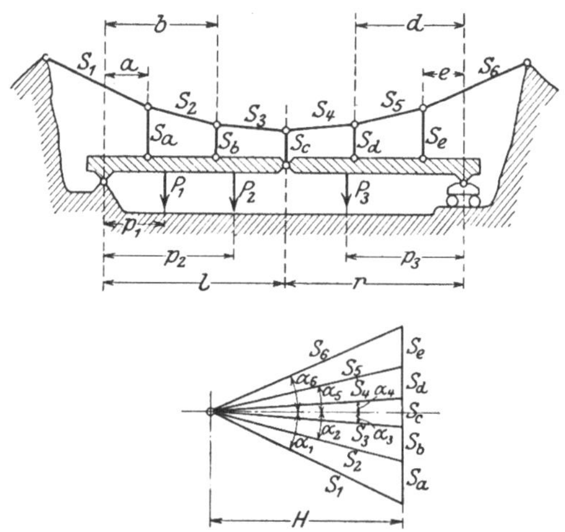

Bild 178 u. 179. Hängebrücke.

$$S_a = H(\operatorname{tg}\alpha_1 - \operatorname{tg}\alpha_2), \quad S_b = H(\operatorname{tg}\alpha_2 - \operatorname{tg}\alpha_3), \quad S_c = H(\operatorname{tg}\alpha_3 + \operatorname{tg}\alpha_4),$$
$$S_d = H(\operatorname{tg}\alpha_5 - \operatorname{tg}\alpha_4), \quad S_e = H(\operatorname{tg}\alpha_6 - \operatorname{tg}\alpha_5).$$

Nun bildet der Zug S_c die Summe der Auflagerkräfte der beiden Träger an dieser Stelle; es ist demnach, da auf die Träger nur lotrechte Kräfte wirken,

$$S_c = [P_1 p_1 + P_2 p_2 - S_a a - S_b b] : l + [P_3 p_3 - S_d d - S_e e] : r.$$

Nach Einsetzen obiger Ausdrücke kann H berechnet werden; damit folgt alles weitere.

F. Tragwerke für Wanderlasten.

1. Allgemeines über Einflußlinien.

Ein als Brücke oder Krangerüst dienender Vollwand- oder Fachwerkträger wird durch **Eigengewicht** und durch die **wandernde Last** oder **Verkehrslast** (Raddrücke von Fahrzeugen bei Kranträgern und Eisenbahnbrücken oder Menschengedränge bei Straßenbrücken) belastet. Das Eigengewicht stellt die bleibende oder Festlast dar und wird durch M-Linien bzw. Kräftepläne behandelt. Bei der Wanderlast kommt für die Beanspruchung des Trägers nicht nur Größe und gegenseitige Abstände der Raddrücke, sondern auch deren ungünstigste Lage auf dem Träger in Frage.

Es gibt mehrere Verfahren zur Behandlung dieser Aufgabe. Das wichtigste hiervon ist das Verfahren der Einflußlinien, das zunächst ganz allgemein entwickelt werden soll.

Für das Trägergebilde mit wagrechter Fahrbahn sei irgend eine Größe, die mit wechselnder Lage der wandernden Lastengruppe ebenfalls wechselt, zu bestimmen, insbesondere seien deren Größtwerte gesucht. Diese Größe kann ein Biegemoment, eine Fachwerkstabkraft, ein Auflagerdruck oder eine elastische Senkung usw. sein; in Bild 180 ist eine Stabkraft S angenommen.

Nun läßt man ohne Rücksicht auf die wirkliche Lastengruppe die Last von der Größe „Eins" (i. d. Regel 1 t) über den Träger wandern, bestimmt zu mehreren Lagen dieser Last die zugehörige gefragte Größe (hier also S) und trägt diese unter der jeweiligen Laststellung von einer Grundlinie aus als Ordinaten auf und zwar die positiven Werte nach oben, die negativen nach unten. Die Endpunkte dieser Ordinaten liefern einen Linienzug, die **Einflußlinie** der Wanderlast „Eins" für die gefragte Größe (i. d. Folge mit E. L. bezeichnet). Ob dieser Linienzug eine Gerade oder eine gebrochene Linie oder eine Kurve darstellt, mag zunächst gleichgültig sein; in Bild 180 ist eine Kurve angenommen.

Für die Lastengruppe $P_1 P_2$ (z. B. Raddrücke einer Laufkatze vom Radstande a) in der gezeichneten Lage ist

$$S = P_1 \eta_1 + P_2 \eta_2;$$

$+ \max S$ bzw. $- \max S$ tritt auf in den (strichierten) Katzenstellungen in der Gegend der $\max \eta$ bzw. $\min \eta$.

Bei mehreren Raddrücken $P_1 P_2 P_3 \ldots$ (z. B. Eisenbahnzug) ist dementsprechend $S = P_1 \eta_1 + P_2 \eta_2 + P_3 \eta_3 + \cdots$.

Gleichstreckenlasten q in t/m oder t/cm usw. Bei Belastung der Strecke dx nach Bild 181 ist

$$dS = q\, dx\, \eta \,,$$

bei Belastung der Strecke $x_2 - x_1$ ist

$$S = \int_{x_1}^{x_2} dS = \int_{x_1}^{x_2} q\, \eta\, dx = q \int_{x_1}^{x_2} \eta\, dx = q F_{12} \,,$$

worin F_{12} die zwischen x_1 und x_2 gemessene Fläche der E. L. (schraffiert) bezeichnet.

Demnach erhält man $+\max S$ bei Belastung der Strecke ab, $-\max S$ bei Belastung der Strecke bc; b heißt Belastungsscheide.

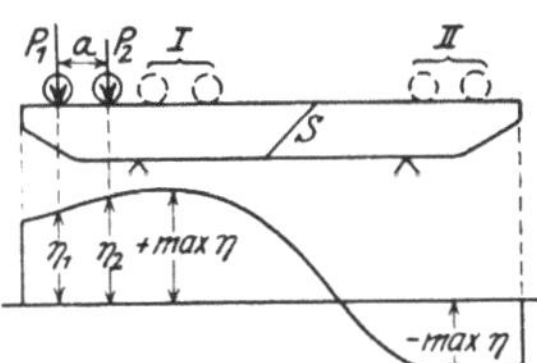
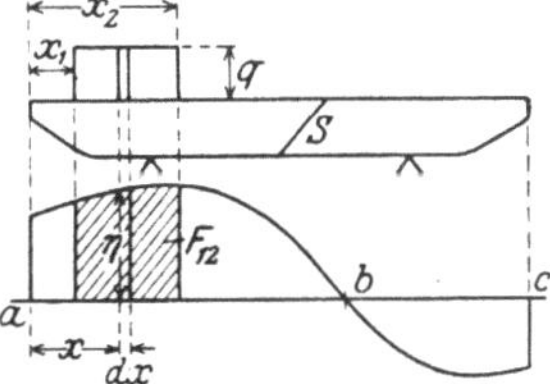

Bild 180 u. 181.   Zur Theorie der Einflußlinien.

2. Einflußlinien für statisch bestimmte Fachwerkträger.

Um die Verkehrslast nur auf die Knotenpunkte zu übertragen, wird eine Trennung zwischen Fahrbahn und Fachwerk vorgenommen, die z. B. in Bild 182 deutlich erkennbar ist. Hierbei besteht die Fahrbahn aus einzelnen, an den Punkten II III IV gelenkig gestoßenen Trägern.

Gesucht sei die E. L. für Stab f. Last „Eins" auf I und V liefert $S_f = 0$. Nun bringt man die Last „Eins" nacheinander auf die Punkte II, III und IV, sie geht durch die Stützen auf die Knotenpunkte 2, 3 und 4. Hierfür bestimmt man nach irgendeinem Verfahren (Kräfteplan oder Rechnung) die Stabkraft S_f, die die Ordinaten η_2, η_3 und η_4 liefert.

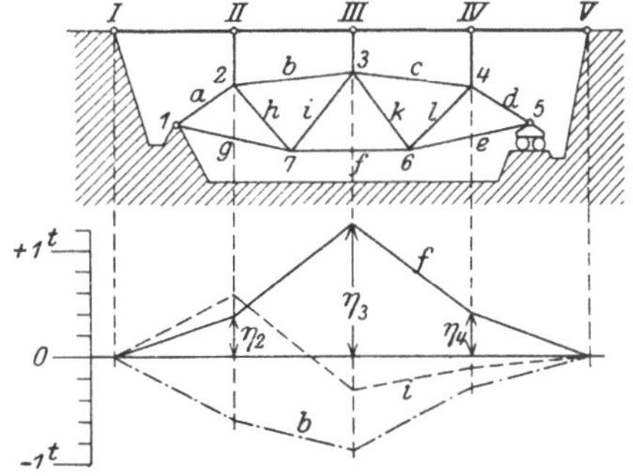

Bild 182.   Einflußlinien für Fachwerke.

Infolge der einfachen Fahrbahnträger I—II, II—III usw. verläuft die E. L zwischen diesen Ordinatenpunkten je geradlinig. Denn eine z. B. auf Träger II—III nach Bild 183 sitzende Last „Eins" verteilt sich zunächst mit $A = 1 \cdot y : l$ bzw. $B = 1 \cdot x : l$ auf die Punkte

II und III; die Stabkraft hierzu ist $S_f = \eta = \eta_2 A + \eta_3 B = \eta_2 y : l + \eta_3 x : l$, also verläuft η linear zwischen η_2 und η_3.

Bild 182 enthält außerdem noch die E. L. der Stäbe b und i. Der Ordinatenmaßstab wird auf der linken Seite vermerkt.

Durch die Trennung von Fahrbahn und Fachwerk wird erreicht, daß die Gurtstäbe nicht auf Biegung, sondern nur auf Zug oder Druck beansprucht werden. Bild 184 und 185 zeigt die Anordnung bei Fachwerken mit zusammenfallender Gurt- und Fahrbahnlinie. Eine Ausnahme bildet der Laufkranfachwerkträger, bei dem der als Fahrbahn dienende Obergurt gleichzeitig Druck und Biegung erhält, s. S. 59.

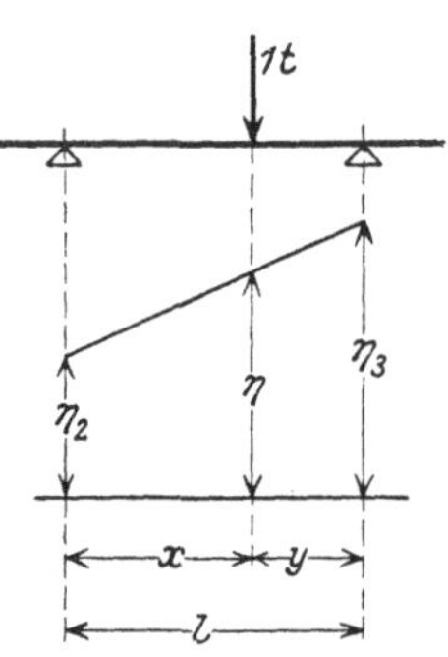

Bild 183. Einflußlinie für Zwischenstellung der Wanderlast.

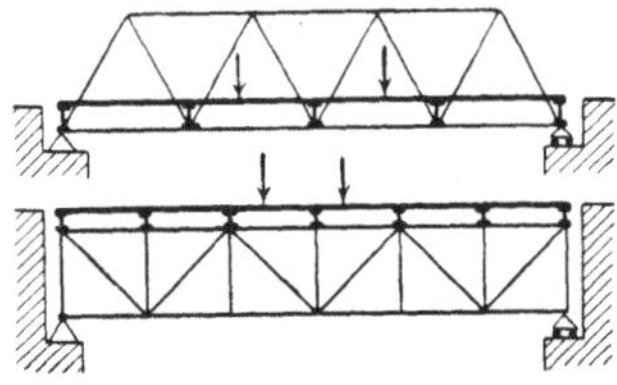

Bild 184 u. 185. Fachwerke mit Fahrbahn in der Gurtebene.

Die Gewinnung der Ordinaten der E. L. erfolgt

1. durch Kräftepläne. Man zeichnet z.B. für Fachwerk nach Bild 186 je einen Kräfteplan für 1 t auf I, II und III, trägt die S als Ordinaten auf ($+$ nach oben, $-$ nach unten) und verbindet je geradlinig. Bei Fachwerksymmetrie erübrigt sich der Kräfteplan für III, da er spiegelbildlich zu dem für I ist. Bei Symmetrie genügen die E. L. der Stäbe bis zur Mitte (hier also $a\ b\ e\ f\ h\ i\ k\ l$).

2. durch Rechnung, zweckmäßig, wenn das Fachwerk viele Knotenpunkte hat oder wenn die E. L. für einzelne Stäbe gefragt sind. Das Verfahren bildet eine fortgesetzte Anwendung des Ritterschen Schnittverfahrens nach S. 49 mit Berücksichtigung der Ortsveränderlichkeit der Wanderlast. Wir

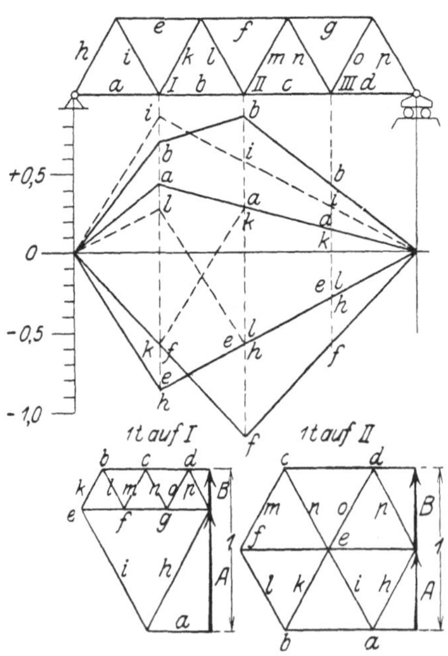

Bild 186. Einflußlinie durch Kräftepläne.

zeigen das Verfahren zunächst an einigen Stäben des Fachwerkes nach Bild 187.

Stab i, Bild 188. Man denkt sich das Fachwerk durch die beiden schraffierten Scheiben ersetzt, bringt die Last „Eins" zunächst in den Abstand y von B und erhält $A = 1 \cdot y : l$. Das Gleichgewicht der an der rechten Scheibe angreifenden Kräfte A, S_i, S_r und S_c liefert unter Anwendung des Momentensatzes

für Punkt 3 $1 \cdot \dfrac{y}{l} a + S_i i = 0$, woraus

$S_i = -1 \cdot \dfrac{y}{l} \dfrac{a}{i}$ folgt. Somit ist die Ordi-

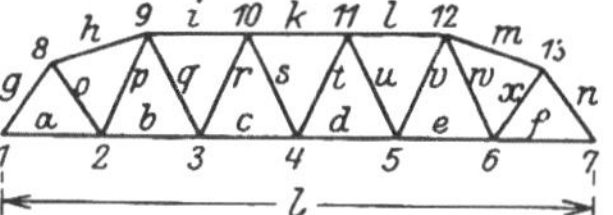

nate unter der Last $\eta = -1 \cdot \dfrac{y}{l} \dfrac{a}{i}$, die

Bild 187. Zur Berechnung der Einflußlinien.

E. L. bildet eine von B aus negativ ansteigende Gerade und gilt für $y = 0$ bis $y = b$; $y = b$ liefert $\eta_3 = -1 \dfrac{b a}{l i}$.

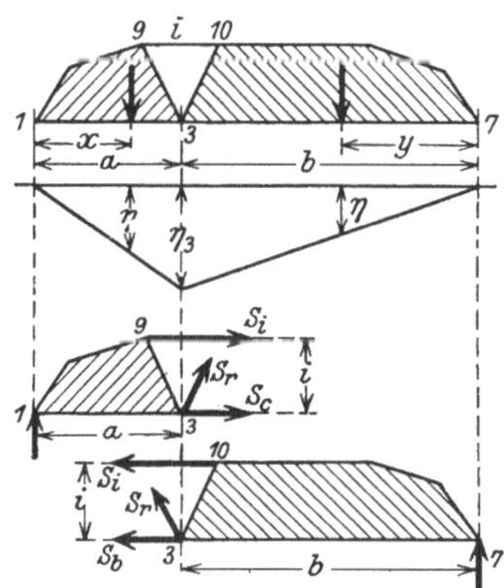

Bild 188. Einflußlinie für Stab i.

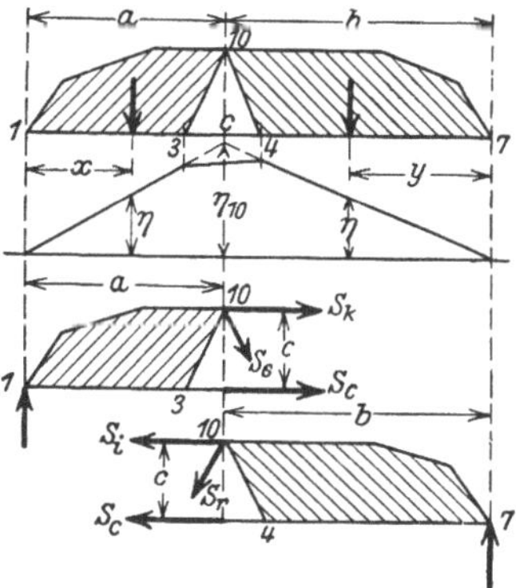

Bild 189. Einflußlinie für Stab c.

Für die Last im Abstande x von A folgt aus dem Gleichgewicht der rechten Scheibe in gleicher Weise $\eta = -1 \dfrac{x}{l} \dfrac{b}{i}$; die E. L. bildet eine von A aus negativ ansteigende Gerade und gilt für x bis a; $x = a$ liefert $\eta_3 = -1 \dfrac{a b}{l i}$, also dasselbe wie oben.

Stab c, Bild 189. Eine entsprechende Behandlung liefert für die Last im Abstande y von B $\eta = 1 \cdot \dfrac{y}{l} \dfrac{a}{c}$ und als E. L. eine von B aus ansteigende und zwischen 4 und 7 verlaufende Gerade. Deren Verlängerung über 4 hinaus ergibt für $y = b$ $\eta_{10} = 1 \cdot \dfrac{b a}{l c}$. Die Last links ergibt für $x = a$ dasselbe η_{10}. Die endgültige E. L. verläuft zwischen den Punkten 3 und 4 geradlinig.

Stab r, Bild 190. Für die Last bei y folgt aus dem Gleichgewicht der Kräfte A, S_i, S_c und S_r in lotrechter Richtung $S_r \cos \alpha + 1 \cdot \dfrac{y}{l} = 0$ und $S_r = -1 \cdot \dfrac{y}{l \cos \alpha}$, also $\eta = -1 \cdot \dfrac{y}{l \cos \alpha}$. Das liefert eine von B aus negativ ansteigende Gerade, gültig zwischen 4 und 7. Deren Verlängerung schneidet auf der Lotrechten durch A die Strecke $\eta_1 = -1 : \cos \alpha$ ab. Die Last im Abstande x von A liefert eine von A aus ansteigende Gerade, gültig zwischen 1 und 3, $x = l$ liefert $\eta_7 = 1 : \cos \alpha$; demnach sind die beiden Äste 13 und 47 einander parallel; zwischen 3 und 4 verläuft die E. L. gerade und schneidet die Grundlinie. Die Parallelität der E. L.-Äste tritt hier als Folge der parallelen Gurtstäbe i und c auf.

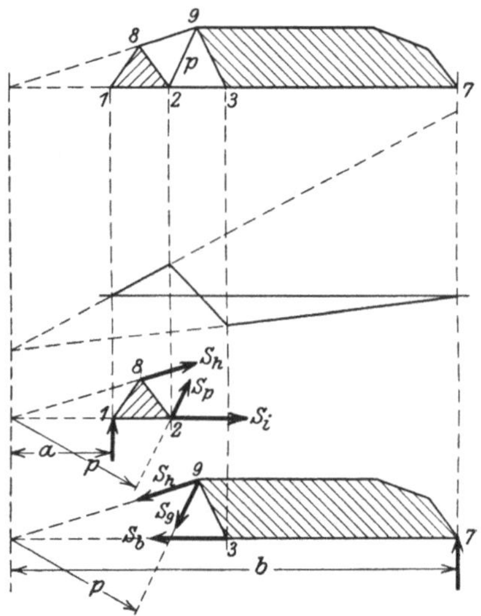

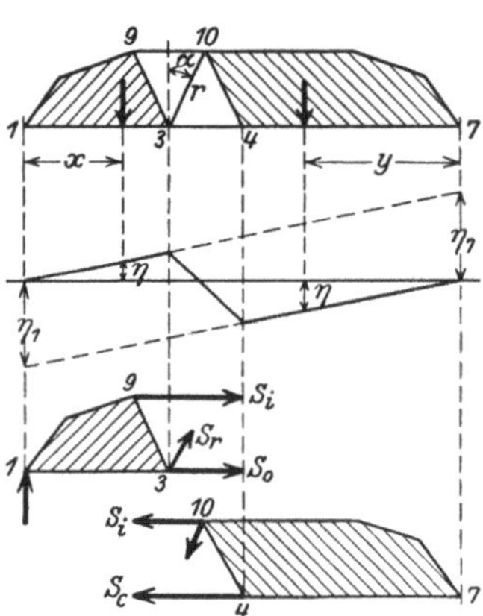

Bild 190. Einflußlinie für Stab r.   Bild 191. Einflußlinie für Stab p.

Stab p, Bild 191. Da hier die Gurtstäbe h und b einander nicht parallel sind, müssen die Gleichgewichtsbedingungen der Kräfte an den Scheiben als Momentengleichungen für den Schnittpunkt der Stäbe h und b angesetzt werden; die E. L.-Äste sind hier einander nicht parallel, sondern deren Verlängerungen schneiden sich unter diesem Schnittpunkt.

Bei der Anwendung dieses Verfahrens auf solche und ähnliche Fachwerke wird man nicht jedesmal solche Gleichgewichtsbedingungen der Einzelscheiben anschreiben, sondern durch Berechnung und Auftragung der Sonderwerte für η die E. L. sofort als Geradlinienzug gewinnen, weshalb dieses Verfahren gegenüber dem vorigen sehr einfach ist und fast stets verwendet wird.

Auswertung der Einflußlinien zur Bestimmung der größten Stabkräfte für die gegebene wandernde Lastengruppe. Das Fachwerk diene als Krangerüst (Laufkranträger, Verladebrücke) und die auf einen Träger bezogene Lastengruppe bestehe aus zwei zunächst als ungleich angenommenen Raddrücken P_1 und P_2 im unveränderlichen Abstand (Radstand) a. Infolge der aus geraden Stücken bestehenden E. L. lassen sich die ungünstigsten Radstellungen sofort angeben. Bei der Form der E. L. nach Bild 192 oder 193 liefert Stellung a oder b den Größtwert max $S = P_1\,\alpha_1 + P_2\,\alpha_2$ bzw. $= P_1\,\beta_1 + P_2\,\beta_2$, je nach Größenverhältnis zwischen P_1 und P_2.

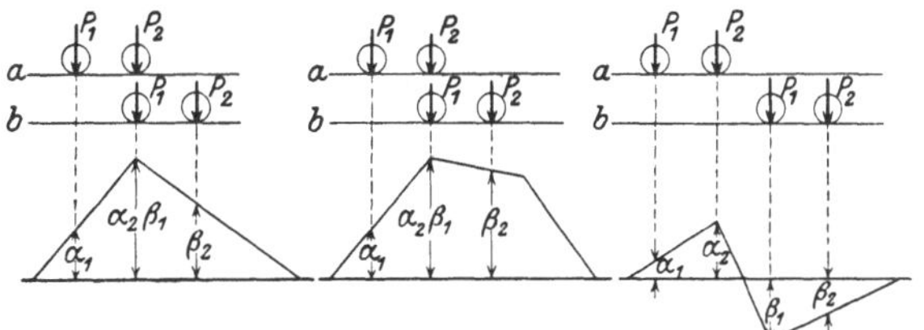

Bild 192—194. Auswertung der Einflußlinien.

$P_1 = P_2 = P$ liefert für die Stellung im flacher verlaufenden Teil der E. L., d. i. also in Bild 192 und 193 Stellung b, den Größtwert max $S = P(\beta_1 + \beta_2)$. Bei Wandstäben mit der E. L. nach Bild 194 liefert Stellung 1 bzw. 2 den Größtwert $+$ bzw. $-$ max S; stets sind beide Werte zu ermitteln.

Besteht die Lastengruppe aus mehr als zwei Raddrücken, wie z. B. bei zwei Katzen oder bei Eisenbahnbrücken, dann sind mehrere Laststellungen anzunehmen und die zugehörigen S zu ermitteln; maßgebend ist deren Größtwert. Dieser tritt jedoch stets nur für solche Stellungen ein, bei denen eines der Räder über der Spitze der E. L. liegt. Um das wiederholte Einzeichnen der Radstellungen zu umgehen, zeichnet man die Lastgruppe im Maßstab des Fachwerks auf Pauspapier, verschiebt dieses über dem E. L.-Bild und mißt unter den Radlotrechten die E. L.-Ordinaten ab.

Näheres über die Auswertung der E. L. bei Eisenbahnbrücken muß hier unterbleiben, da hierbei verschiedene Dinge zu beachten sind, die nicht der allgemeinen Statik, sondern dem Brückenbau angehören, und es sei dieserhalb auf die reichhaltige Fachliteratur hingewiesen.

Besteht die Wanderlast aus Gleichstreckenlast, wie z. B. Menschengedränge bei großen Straßenbrücken (kleinere werden durch Einzelfahrzeuge in Verbindung mit Menschengedränge stärker belastet), dann ist nach S. 55 die auf einen Hauptträger bezogene Last q in z. B. t/m mit der Fläche der E. L. zu multiplizieren. Diese Flächen sind hierbei nicht in gezeichneten cm², sondern in tm auszudrücken, wobei horizontal im Trägermaßstab, vertikal im Kräftemaßstab der E. L.-Ordinaten zu rechnen ist.

Beispiel. Laufkrantträger. Bild 195 zeigt das Fachwerk mit dem über die Obergurtknotenpunkte gleichmäßig verteilten Eigengewichte, Bild 196 den Kräfteplan hierfür und Bild 197 der E. L. für sämtliche Stäbe nebst Belastungsschema. Wegen der Symmetrie sind nur die Stäbe der linken Seite behandelt.

Zahlentafel 1 zeigt die endgültigen und für die Querschnitt-bemessung maßgebenden Stabkräfte. Den Diagonalen entsprechen zweiungünstigste Katzenstellungen, den andern Stäben je nur eine.

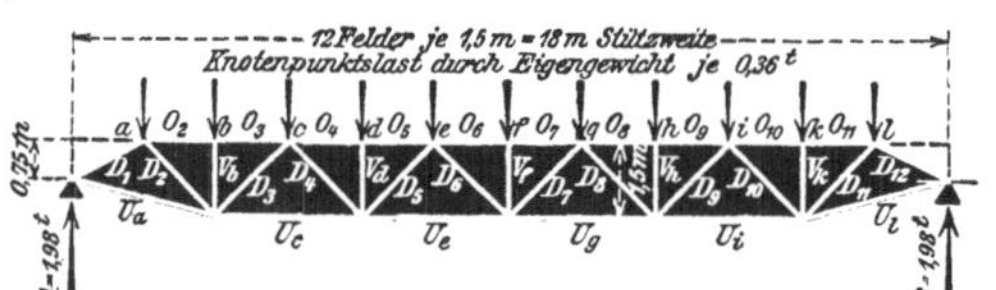

Bild 195. Laufkranträger.

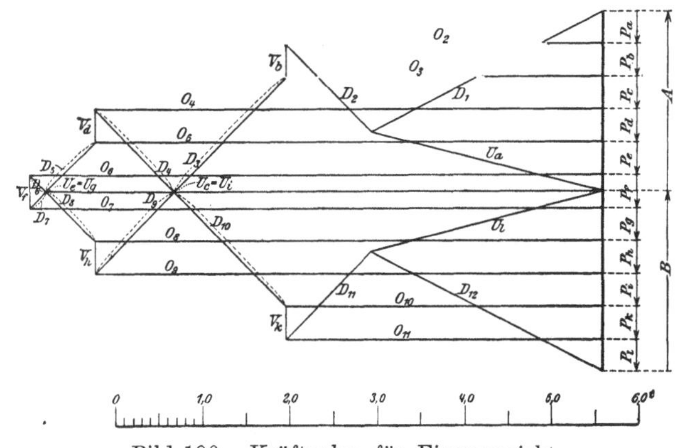

Bild 196. Kräfteplan für Eigengewicht.

Alle bisherigen Darlegungen über E. L. der Fachwerke gelten wie immer unter der Annahme reibungsfreier Gelenke. Diese Annahme trifft nun in vorstehendem Beispiel nur mangelhaft zu, da der Obergurt gleichzeitig die Fahrbahn bildet und wegen der durch die Raddrücke hinzukommenden Biegung so stark zu bemessen ist, daß er als durchlaufender Träger behandelt werden muß. Eine genaue statische Berechnung mit Berücksichtigung dieser Obergurtausbildung bietet erhebliche Schwie-

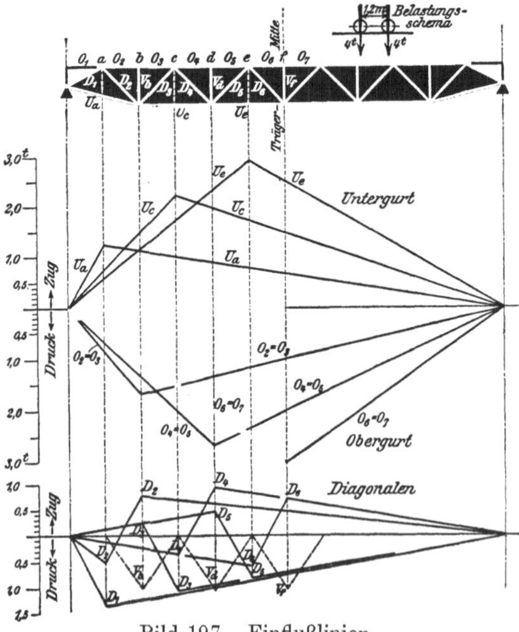

Bild 197. Einflußlinien.

rigkeiten und ist kaum durchführbar; über angenäherte Berechnung
s. S. 313.

Zahlentafel 1. Stabkräfte im Laufkranträger.

		Stabkräfte in t		
		durch Eigengewicht	durch die Katzraddrücke	zusammen
Obergurt	$O_2 = O_3$	$-3,6$	$-12,2$	$-15,8$
	$O_4 = O_5$	$-5,8$	$-20,0$	$-25,8$
	$O_6 = O_7$	$-6,6$	$-22,4$	$-29,0$
Untergurt	U_a	$+2,7$	$+9,6$	$+12,3$
	U_c	$+4,9$	$+16,8$	$+21,7$
	U_e	$+6,4$	$+22,0$	$+28,4$
Diagonalen	D_2	$+1,4$	$-2,4$ | $+6,0$	$-1,0$ | $+7,4$
	D_3	$-1,8$	$+1,6$ | $-8,0$	$-0,2$ | $-9,8$
	D_4	$+1,3$	$-2,4$ | $+7,2$	$-1,1$ | $+8,5$
	D_5	$-0,8$	$+3,2$ | $-6,4$	$+2,4$ | $-7,2$
	D_6	$+0,3$	$-4,0$ | $+5,2$	$-3,7$ | $+5,5$
Vertikale	V	$-0,4$	$-4,8$	$-5,4$

Erweiterung und Folgerung. In Bild 188—191 zeigte sich stets
ein linearer Verlauf der E. L. innerhalb der schraffierten Scheiben.
Diese Tatsache liefert ein anderes und unter Umständen bequemeres
Verfahren zur Gewinnung der E. L. Um beispielsweise im Fachwerk
nach Bild 188 die E. L. für Stab i zu finden, genügt die Bestimmung
von S_i für Last auf 3. Für Stab r stellt man die Last auf 3 und 4,
für Stab p auf 2 und 3. Bei Stab c müßte man demnach S_c für
die Laststellungen 3 und 4 bestimmen, es genügt aber, die Last in
10 anzunehmen und die E. L. als eine unter 3 und 4 gebrochene
Linie zu ziehen.

Dieses Verfahren kann zur Gewinnung in nachstehend behandelten, weniger einfachen Fällen dienen.

Der Gerbersche Gelenkträger. Der Grundgedanke der Gerberträger ist auf S. 34 dargelegt. Bei Fachwerkausbildung nach Bild 198
verlaufen die E. L. aller zwischen den Auflagern 3 und 4 liegenden
Stäbe längs dieser Strecke wie beim einfachen Träger ohne Kragarme;
sie gehen je geradlinig über die Auflagerstellen 3 und 4 weiter bis
zu den Gelenken 2 und 5 und von da an geradlinig in 1 und 6
auf 0 zurück.

Das Bild zeigt weiter die E. L. für die Stäbe a und d.

Für Stab s gilt $1 \cdot x - S_s d = 0$, woraus $S_s = 1 \cdot x : d$. Man berechnet für $x = c$ den Wert $\eta = c : d$ und erhält die E. L.

Die beiden Schwebeträger sind hier nicht mit behandelt, da sie
als einfache Balkenträger 'nichts besonderes bieten.

Eine andere Bauart mit einem Schwebeträger in der Mitte ist
in Bild 199[1]) wiedergegeben, das die E. L. einiger Stäbe zeigt, die in

---

[1]) Weserbrücke bei Eisbergen; s. „Der Bauingenieur" 1923, S. 425.

ähnlicher Weise wie oben gewonnen werden. Über die rechtsstehen-
den Proben s. S. 65.

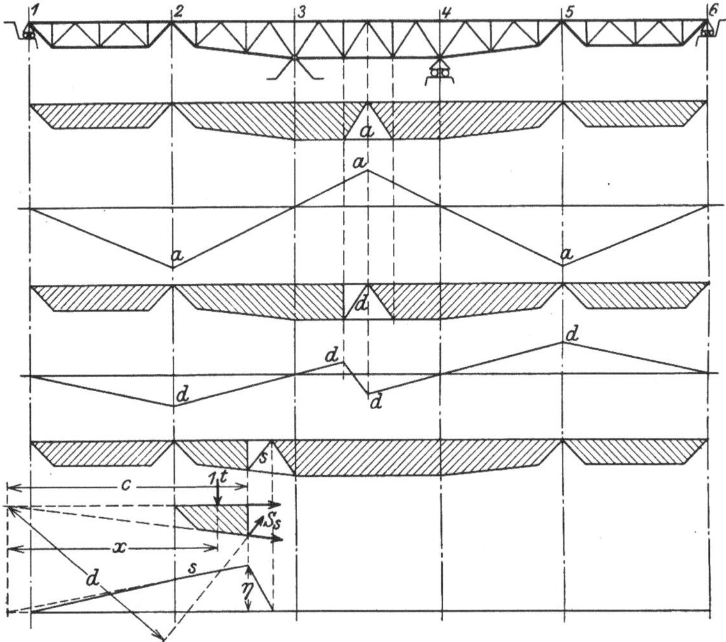

Bild 198. Einflußlinien für den Gerberträger.

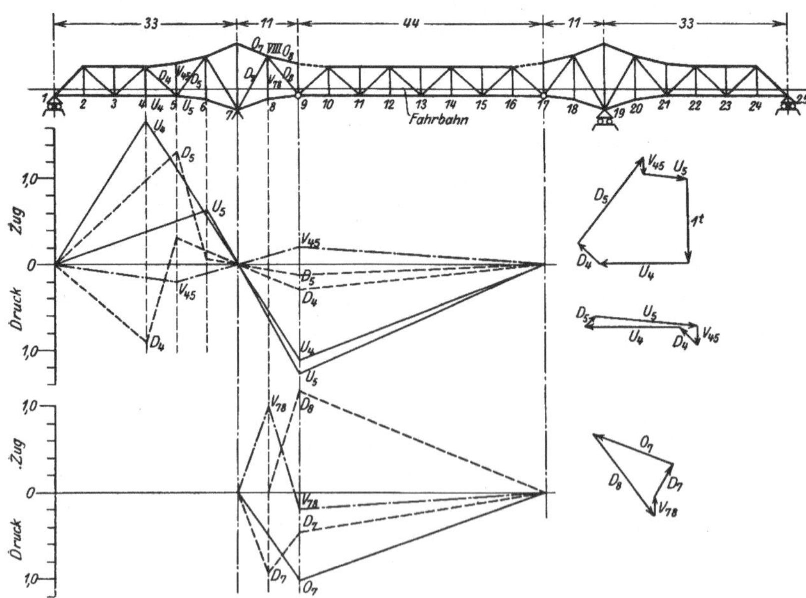

Bild 199. Gerberträger mit Schwebeträger in der Mitte.

Verladebrücken. Ganz ähnlich verlaufen die E. L. der Verladebrücken nach Bild 200 und 201, wobei nur die Schwebeträger wegfallen. Die schrägen Stäbe an der festen Stütze erhalten dabei keine
Stabkräfte und dienen nur zur Aufnahme von Windkräften längs der
Brücke und der horizontalen Brems- und Stoßkräfte der Katze.

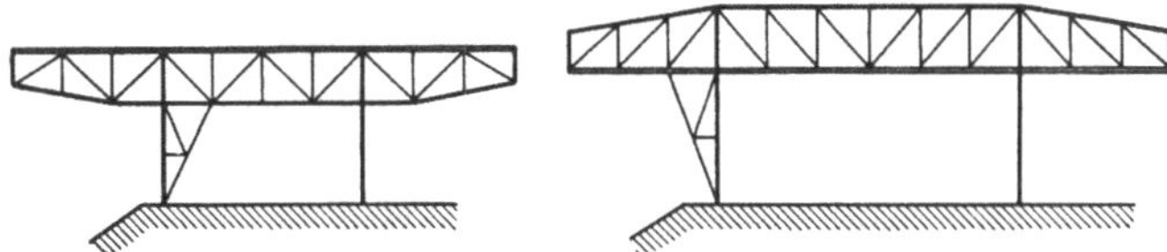

Bild 200 u. 201. Verladebrücken.

Dreigelenkfachwerkbrücke nach Bild 202. Zur Ermittlung
der Stabkräfte für die einzelnen Laststellungen sind zunächst nach S. 17
die Bolzenkräfte A und C zu bestimmen und dann Gleichgewichtsbedingungen für die einzelnen schraffierten Scheiben aufzustellen.

Das Bild zeigt die Entwicklung der E.L. für Stab e.

Last auf 2. Aus dem
Gleichgewicht der linken
Scheibe folgt $A_2 a_2 - S_e e$
$= 0$, woraus $S_e = A_2 a_2 : e$
(Zug).

Last auf Mitte. Hier
folgt ebenso
$- A_5 a_5 - S_e e = 0$, woraus
$S_e = - A_5 a_5 : e$ (Druck).

Bild 203 zeigt die nach
ebensolcher Überlegung gefundenen E. L. der Stäbe
b, c, m und n. Die angefügten Kräftepläne dienen als Richtigkeitsproben;
Erklärung hierfür s. weiter
unten.

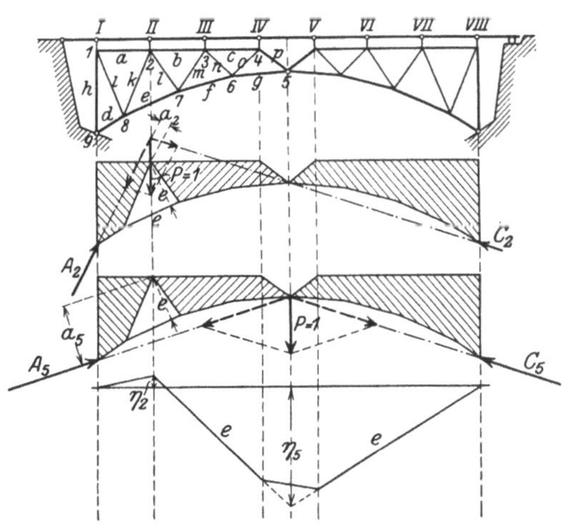

Bild 202. Dreigelenkfachwerk. Entwicklung der
Einflußlinie für Stab e.

Fachwerke mit Unterteilung. Bei größeren Trägern besteht Veranlassung, die großen Feldweiten zu verkleinern, teils um die Fahrbahnträger zu verkürzen und bei Laufkranen und Verladebrücken
mit den als Fahrbahn dienenden Gurtstäben diese zu halbieren. Das
erfolgt durch eingebaute Unterteilung des Ober- und Untergurtes.

Bild 204 zeigt einen Träger mit untenliegender Fahrbahn und mit
Halbierung des Untergurtes. Die strichierten Stäbe bleiben spannungslos und dienen zur Halbierung der Knicklängen des Obergurtes.

Für die Stellung der Wanderlast 1 auf 1, 2, 3 usw. bleiben die
Unterteilungsstäbe spannungslos, was mit Merkregel II nach S. 46
zusammenhängt.

Stab Q_c. Aus der Schraffur der Flächen 1 4 10 8 und 4 7 14 11 folgt sofort, daß die E. L. dieses Stabes ebenso verläuft wie beim einfachen nicht unterteilten Fachwerk.

Stab U_c zwischen 3 und 4. Zwischen 1 und 3 bzw. 4 und 7 hat die E. L. den normalen Verlauf nach der strichierten Linie mit $\eta = ab : lh$. Da die schraffierte Fläche links bis m reicht, geht die E. L. bis m gerade durch.

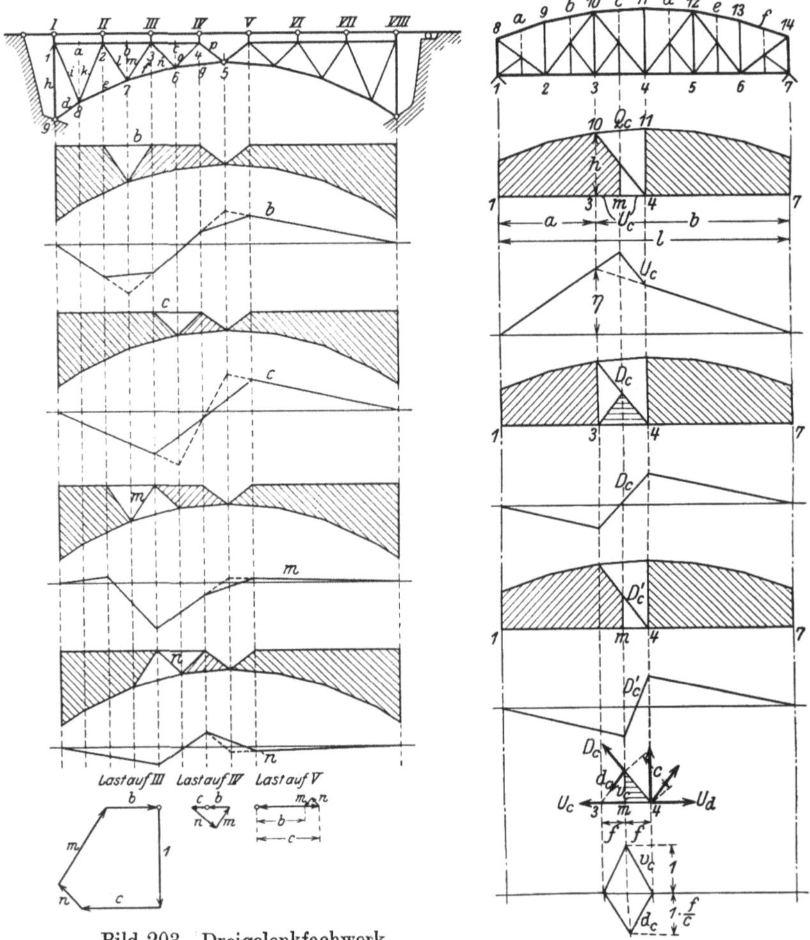

Bild 203. Dreigelenkfachwerk.
Einflußlinien der Stäbe b, c, m und n
und Proben für Knotenpunkt 3.

Bild 204. Fachwerk mit Unterteilung.

Stab D_c und D_c'. Aus der Schraffur der Flächen folgen die E. L. sofort aus der E. L. des einfachen Fachwerkes.

Stab d_c und v_c. Für 1 t auf m folgt die E. L. aus dem Gleichgewicht des schraffierten Dreiecks gegen Drehen um Punkt 4.

In gleicher Weise sind Fachwerke nach Bild 205 a und b für Verladebrücken zu behandeln, wobei sich die E. L. ohne Zwischenrechnung aus denjenigen der einfachen Fachwerke ergeben.

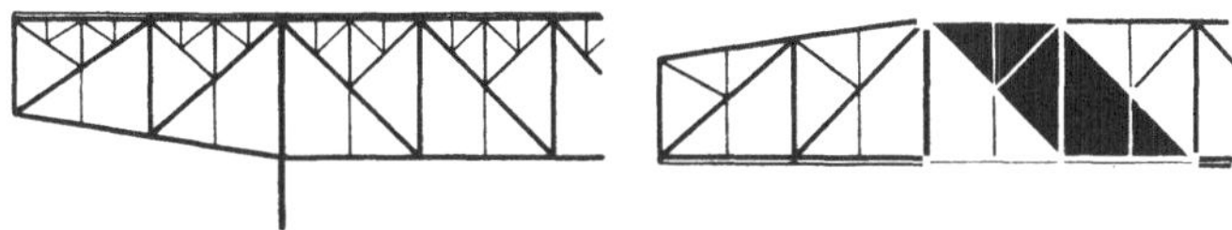

Bild 205 a u. b. Unterteilte Fachwerke für Verladebrücken.

Richtigkeitsproben. Bei den durch Rechnung gefundenen E. L. der Fachwerkstäbe ist eine einfache Richtigkeits- und Genauigkeitsprobe durchführbar. Die an einem beliebigen Knotenpunkte zusammenstoßenden Stabkräfte müssen sich bei jeder Belastung aufheben. Somit muß für beliebige Stellung der Wanderlast „Eins" das aus den E. L.-Ordinaten dieser Laststellung gebildete Krafteck sich schließen. Diese Probe ist in Bild 199 und 203 für einige Laststellungen durchgeführt. Liegt der untersuchte Knotenpunkt auf der Fahrbahn selbst, dann ist bei der Laststellung auf diesem Punkte die Last 1 mit in das Krafteck zu nehmen.

3. Einflußlinien für gerade Vollwandträger.

Hier sind die E. L. der Biegemomente und der Querkräfte zu bestimmen.

Der einfache Träger, Bild 206. Für beliebige Trägerstelle s ist bei Last „Eins" im Abstande x vom linken Auflager

$$B = 1 \cdot \frac{x}{l} \quad \text{und} \quad M = Bb = \frac{xb}{l}.$$

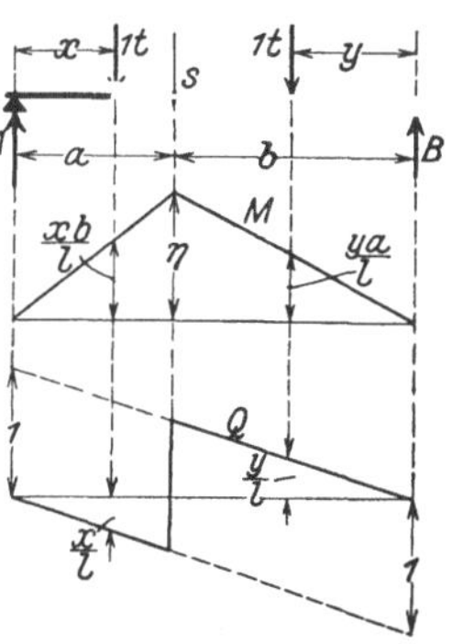

Das liefert als E. L. eine von links ansteigende Gerade. $x = a$ liefert $\eta = \frac{ab}{l}$. Auf der b-Strecke steigt die E. L. von rechts an und erreicht in s dieselbe Höhe η.

Die Querkraft in s ist für die Last auf Strecke a $Q = -1 \cdot \frac{x}{l}$ und auf Strecke b

$$Q = 1 \cdot \frac{y}{l}.$$

Bild 206. Einflußlinien der M und Q für den geraden Träger.

Hieraus folgt die E. L. für die Querkraft in s.

Der Freiträger. Bild 207 zeigt die E. L. der M und Q für die Einspannstelle e und die beliebige Trägerstelle s. Die Entstehung dieser E. L. ist nach obigem sofort verständlich.

Mittelbare Belastung nach Bild 208. Die E. L. verlaufen für die Trägerstellen 2 und 3 wie bisher, dagegen für eine Zwischenstelle

s je geradlinig für die Teilstrecken. Das Bild zeigt die E. L. der M und Q hierfür, wobei wie oben $\eta = ab:l$.

Über eine andere Behandlung des einfachen Trägers s. S. 69.

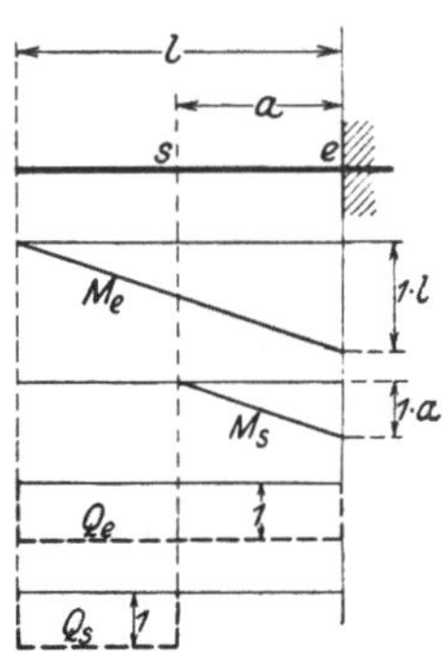

Bild 207. Einflußlinien für den Freiträger.

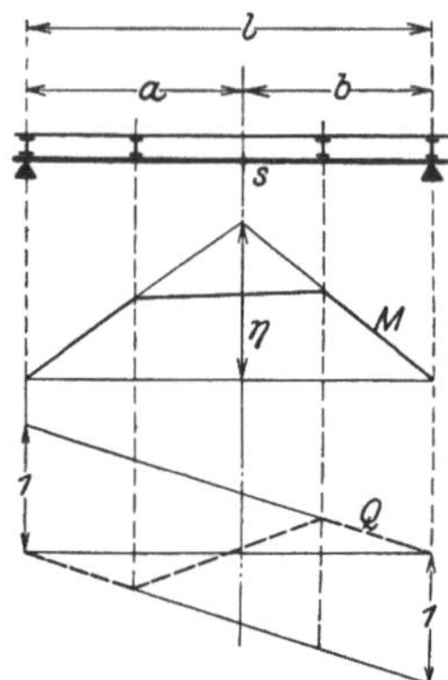

Bild 208. Einflußlinien bei mittelbarer Belastung.

Der Gerberträger. Bild 209 zeigt die E. L. der M und Q für einige Trägerstellen. Die Herleitung dieser Linien ist nach dem Vorhergehenden ganz einfach und bedarf keiner Erörterung.

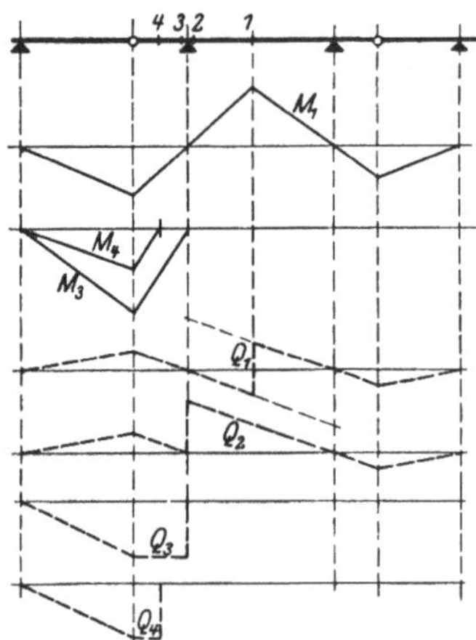

Bild 209. Einflußlinien für den Gerberträger.

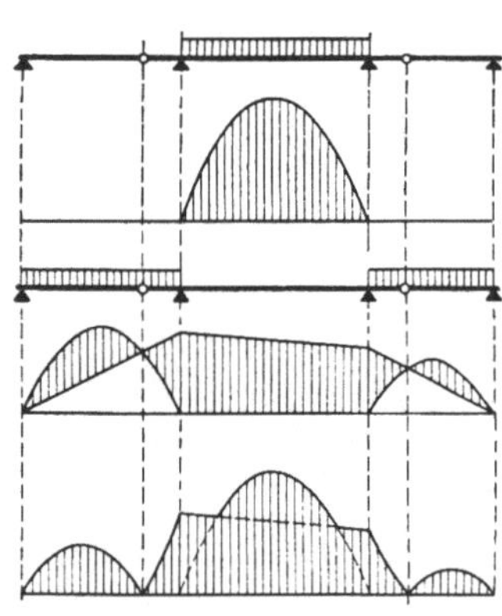

Bild 210. Größtmomente für den Gerberträger bei Gleichstreckenlast.

Liegt als Verkehrslast Gleichstreckenlast vor, dann können die Größtmomente an allen Trägerstellen ohne die E. L. sofort bestimmt werden. Für die in Bild 210 dargestellten ungünstigsten Belastungszustände sind die zugehörigen M-Linien gezeichnet. Da bei Trägerquerschnitten mit symmetrischer Nullinie nur die Absolutwerte der M maßgebend sind, können beide M-Linien ohne Rücksicht auf ihre Vorzeichen übereinandergelegt werden; die schraffierte Linie ist dann für die Querschnittbemessung maßgebend.

Bei mittelbarer Belastung setzen sich diese M-Linien in bekannter Weise aus geraden Stücken zusammen.

4. Einflußlinien für gekrümmte Stabgebilde.

Der Dreigelenkbogen. Zunächst wirke die Wanderlast „Eins" unmittelbar am Stabbogen. Gesucht ist die E. L. der M, N und Q für Stabstelle s, Bild 211—214.

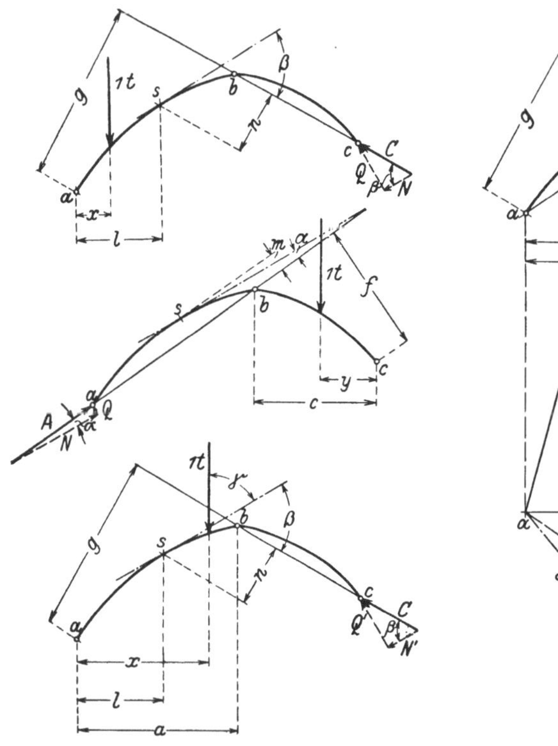

Bild 211—213. Zur Berechnung des Dreigelenkbogens.

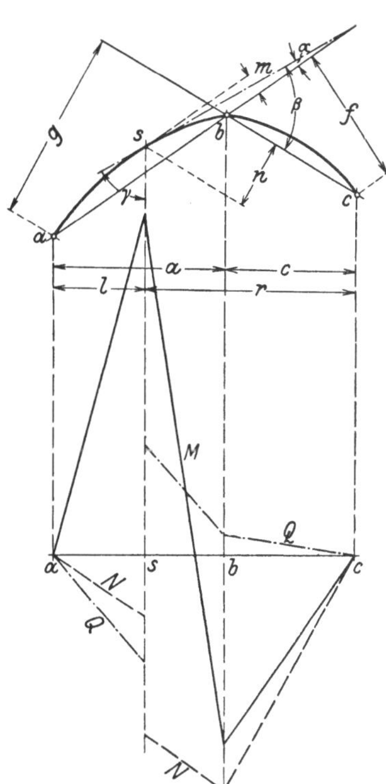

Bild 214. Die Einflußlinien der M, N und Q für Stelle s.

Für die Last zwischen a und s nach Bild 211 folgt aus dem Gleichgewicht des linken Teils

$$C = 1 \cdot \frac{x}{g}, \quad M = Cn = 1 \cdot \frac{xn}{g}, \quad N = -C\cos\beta = -1 \cdot \frac{x\cos\beta}{g},$$

$$Q = -C\sin\beta = -1 \cdot \frac{x\sin\beta}{g}.$$

Demnach ist M, N und Q proportional zu x.

Für $x = l$, also Last 1 auf s bzw. dicht links davon ist

$$M_s = \frac{ln}{g}, \quad N_s = -\frac{l \cos \beta}{g}, \quad Q_s = -\frac{l \sin \beta}{g}.$$

Für die Last zwischen b und c nach Bild 212 folgt aus dem Gleichgewicht des rechten Teils

$$A = 1 \cdot \frac{y}{f}, \quad M = -Am = -1 \cdot \frac{ym}{f}, \quad N = -A \cos \alpha = -1 \cdot \frac{y \cos \alpha}{f},$$

$$Q = A \sin \alpha = 1 \cdot \frac{y \sin \alpha}{f}.$$

Demnach ist M, N und Q proportional zu y.

Für $y = c$, also Last 1 auf b, ist

$$M_b = -\frac{cm}{f}, \quad N_b = -\frac{c \cos \alpha}{f}, \quad Q_b = \frac{c \sin \alpha}{f}.$$

Für die Last zwischen s und b nach Bild 213 ist

$$C = 1 \cdot \frac{x}{g}, \quad M = Cn - 1 \cdot (x - l) = \frac{xn}{g} - x + l,$$

$$N = -C \cos \beta - 1 \cdot \cos \gamma = -\frac{x \cos \beta}{g} - \cos \gamma,$$

$$Q = -C \sin \beta + 1 \cdot \sin \gamma = -\frac{x \sin \beta}{g} + \sin \gamma.$$

Demnach ist M, N und Q linear mit x zwischen l und a veränderlich.

Für $x = l$, also Last 1 auf s bzw. dicht rechts davon ist

$$M_s = \frac{ln}{g} - l + l = \frac{ln}{g} \quad \text{(wie oben)},$$

$$N_s = -\frac{l \cos \beta}{g} - \cos \gamma \quad \text{(nicht wie oben)},$$

$$Q_s = -\frac{l \sin \beta}{g} + \sin \gamma \quad (\text{ } _{\prime\prime} \quad _{\prime\prime} \quad _{\prime\prime} \text{ }).$$

Für $x = a$, also Last 1 auf b, ist

$$\left.\begin{aligned} M_b &= \frac{an}{g} - a + l \\[4pt] N_b &= -\frac{a \cos \beta}{g} - \cos \gamma \\[4pt] Q_b &= -\frac{a \sin \beta}{g} + \sin \gamma \end{aligned}\right\} \quad \begin{aligned} &\text{andere Ausdrücke als oben,} \\ &\text{aber dieselben Ergebnisse.} \end{aligned}$$

Ergebnis: Die E. L. der M, N und Q für Stelle s verlaufen zwischen a, s, b und c je geradlinig, s. Bild 214.

Für die M gilt

1 t auf s
$$\eta_s = \frac{l\,n}{g},$$

1 t auf b
$$\eta_b = -\frac{c\,m}{f} = \frac{a\,n}{g} - a + l,$$

für die N gilt

1 t dicht links von s $\quad \eta_s = -\dfrac{l\cos\beta}{g},$

1 t dicht rechts von s $\quad \eta_s = -\dfrac{l\cos\beta}{g} - \cos\gamma.$

1 t auf b $\quad \eta_b = -\dfrac{c\cos\alpha}{f} = -\dfrac{a\cos\beta}{g} - \cos\gamma,$

für die Q gilt

1 t dicht links von s $\quad \eta_s = -\dfrac{l\sin\beta}{g},$

1 t dicht rechts von s $\quad \eta_s = -\dfrac{l\sin\beta}{g} + \sin\gamma,$

1 t auf b $\quad \eta_b = \dfrac{c\sin\alpha}{f} = -\dfrac{a\sin\beta}{g} + \sin\gamma.$

Bei der Dreigelenkbogenbrücke wird die wagrechte Fahrbahn durch Zugstangen oder Stützen nach Bild 215 oder 216 mit dem Stabbogen verbunden. Demnach verlaufen die E. L. zwischen den Punkten 0, I, II usw. je geradlinig.

Bild 215 zeigt die E. L. für die Stabpunkte 1, 2 und 3 (die der Punkte 4, 5 und 6 verlaufen spiegelbildlich zu jenen und sind daher hier nicht gezeichnet). Die schwach gezeichneten Teile der E. L. gelten für Lastangriff unmittelbar am Stabbogen und sind nach obigem zuerst zu ermitteln, die stark gezogenen E. L. sind die endgültigen.

5. Die Behandlung des geraden Vollwandträgers ohne Einflußlinien.

Für Träger mit Endstützen gibt es ein zeichnendes oder rechnendes Verfahren zur Bestimmung der durch die wandernde Lastengruppe hervorgebrachten Größtmomente.

Seileckverfahren. Man zeichnet nach Bild 217 den Träger in mehreren Lagen in das Seileck der Raddrücke, für jede Trägerstelle liefert dann die mit H multiplizierte jeweils größte Seileckhöhe das maßgebende Moment, das die M-Linie Bild 218 ergibt. Diese ist stets angenähert eine Parabel.

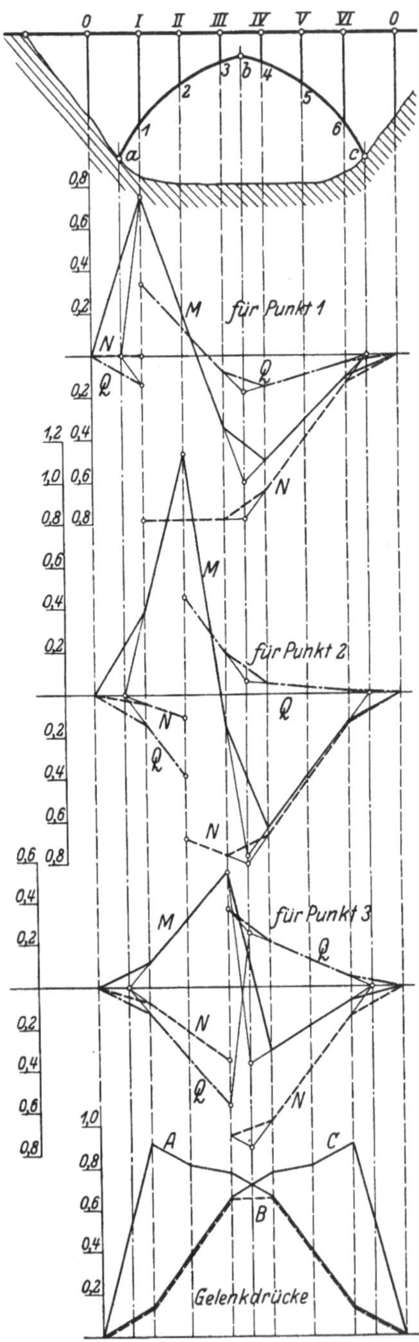

Bild 215. Die Einflußlinien der M, N und Q für Punkt 1, 2 und 3.

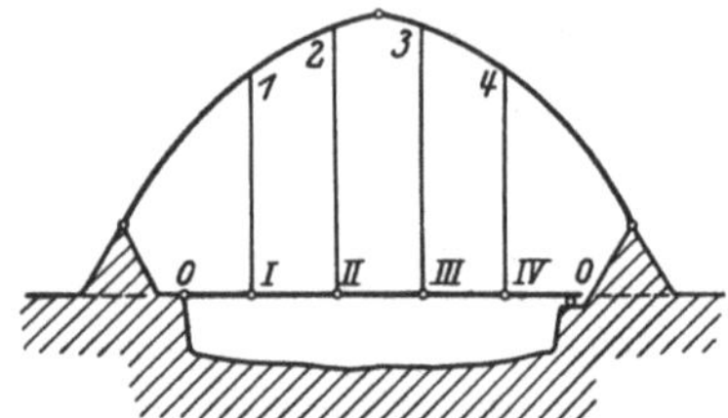

Bild 216. Dreigelenkbogen mit angehängter Fahrbahn.

Rechnung.

Zwei Raddrücke P_1 und P_2 im Radstande a, Bild 219—221.

Es sei $P_1 > P_2$. Die Resultierende aus beiden ist $R = P_1 + P_2$ und hat von P_1 bzw. P_2 die Abstände $a_1 = P_2\, a : R$ bzw. $a_2 = P_1\, a : R$. Eine beliebige Trägerstelle erhält das größte M, wenn eines der beiden Räder darüber liegt.

Liegt Rad 1 darüber, dann ist nach Bild 219

$$A = R\,\frac{l - x - a_1}{l}$$

$$= R\left(1 - \frac{x}{l} - \frac{a_1}{l}\right)$$

und unter Rad 1 ist

$$M = A x = R\left(x - \frac{x^2}{l} - \frac{a_1 x}{l}\right).$$

Die Beziehung zwischen M und x drückt eine vom linken Auflager ansteigende Parabel aus.

$$\frac{dM}{dx} = R\left(1 - \frac{2x}{l} - \frac{a_1}{l}\right) = 0$$

liefert $$x = \frac{l - a_1}{2}$$

und

$$\max M = R\left(x - \frac{x^2}{l} - \frac{a_1 x}{l}\right)$$

$$= R\,\frac{(l - a_1)^2}{4\,l}.$$

Liegt Rad 2 über der Trägerstelle, dann liefert ein ebensolcher Rechnungsgang $M = R\left(y - \dfrac{y^2}{l} - \dfrac{a_2 y}{l}\right)$, d. i. eine vom rechten Auflager aus ansteigende Parabel, s. Bild 220. Für $y = \dfrac{l - a}{2}$ ist max $M = R\dfrac{(l - a_2)^2}{4 l}$.

Da für die einzelnen Trägerstellen das jeweils größere M aus beiden Katzenstellungen zu nehmen ist, folgt als maßgebende M-Linie die ausgezogene Linie nach Bild 221, die auch die Katzenstellung für max M zeigt.

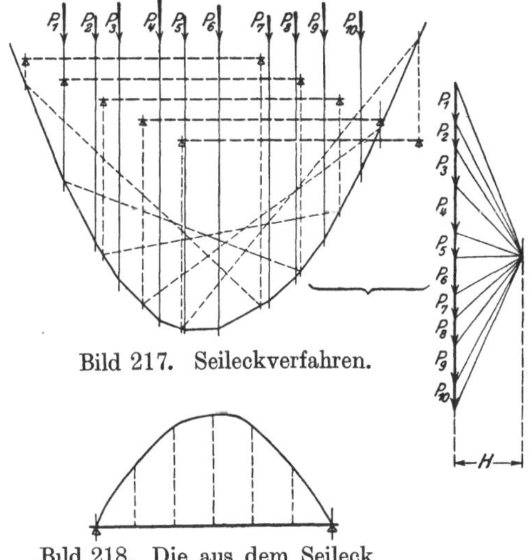

Bild 217. Seileckverfahren.

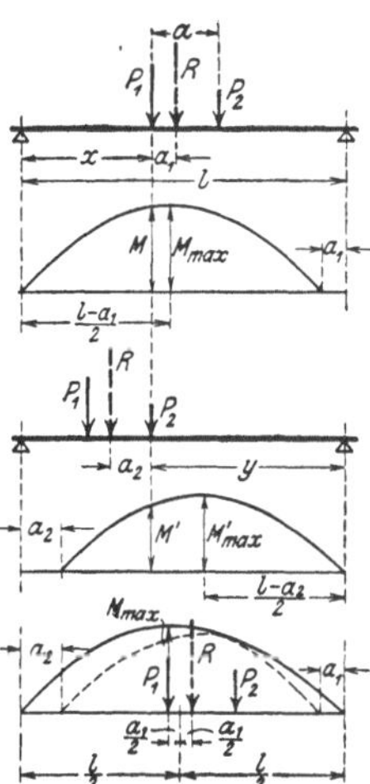

Bild 218. Die aus dem Seileck verfahren gewonnene M-Linie.

Bild 219–221. Die M-Linie bei zwei ungleichen Raddrücken.

Für $P_1 = P_2 = P$ ist $R = 2 P$ und $a_1 = a_2 = a : 2$. Die maßgebende M-Linie verläuft nach Bild 222 mit max $M = \dfrac{P}{2 l}\left(l - \dfrac{a}{2}\right)^2$ im Abstande $\dfrac{l}{2} - \dfrac{a}{4}$ von A; das obere Stück der M-Linie wird der Einfachheit wegen meist wagrecht durchgezogen. Das Bild zeigt gleichzeitig die bekannte Parabelkonstruktion.

Mehrere ungleiche Raddrücke P_1, $P_2 \dots$ mit den Radständen a_{12}, $a_{23} \dots$

Bild 223 zeigt die Lage von

$$R = P_1 + P_2 + \cdots.$$

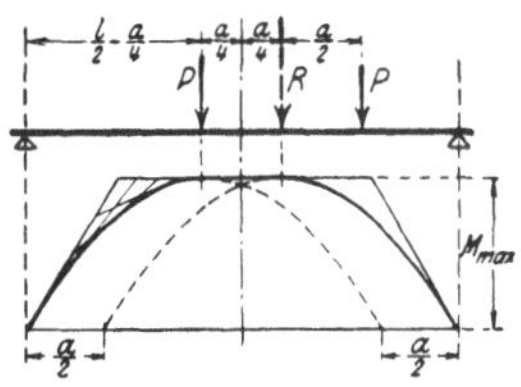

Bild 222. M-Linie bei zwei gleichen Raddrücken.

Liegt über dem beliebigen Querschnitt x nach Bild 224 z. B. der Raddruck P_3, dann ist

$$A = R\,\frac{l - x - a_3}{l} \quad \text{und}$$

$$M_3 = A\,x - (P_1\,p_{13} + P_2\,p_{23}) = R\left(x - \frac{x^2}{l} - \frac{a_3\,x}{l}\right) - (P_1\,p_{13} + P_2\,p_{23}).$$

$$\text{Aus} \quad \frac{d\,M_3}{d\,x} = 0 \quad \text{folgt für} \quad x = \frac{l - a_3}{2}$$

$$\max M_3 = R\,\frac{(l - a_3)^2}{4\,l} - (P_1\,p_{13} + P_2\,p_{23}),$$

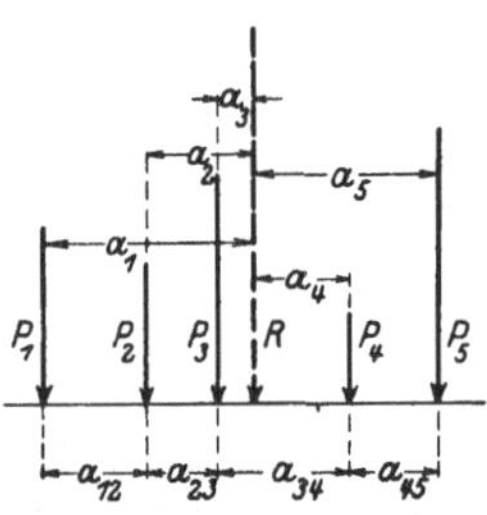

Bild 223. Resultierende mehrerer Raddrücke.

s. Bild 224, nach welchem die Trägermitte die Strecke a_3 halbiert. Man erhält für Rad 3 auf dem veränderlichen Querschnitt eine Parabel; deren Fußpunktlagen folgen aus

$$R\left(x - \frac{x^2}{l} - \frac{a_3\,x}{l}\right) - (P_1\,p_{13} + P_2\,p_{23}) = 0$$

zu

$$x = \frac{l - a_3}{2} \pm \sqrt{\frac{(l - a_3)^2}{4} - (P_1\,p_{13} + P_2\,p_{23})\,\frac{l}{R}},$$

demnach ist die halbe Sehne

$$s = \sqrt{\frac{(l - a_3)^2}{4} - (P_1\,p_{13} + P_2\,p_{23})\,\frac{l}{R}}.$$

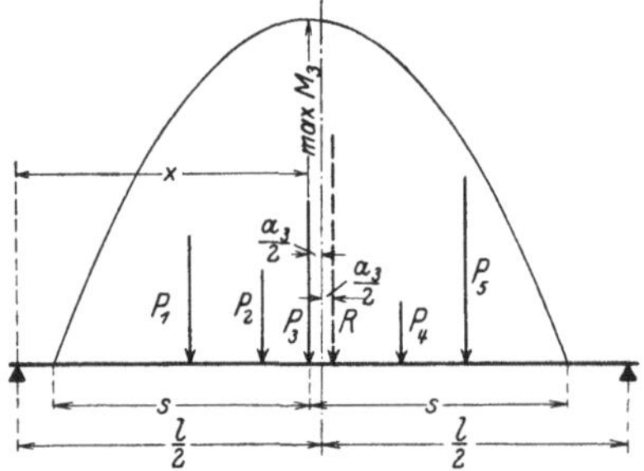

Bild 224. Die M-Linie für Raddruck P_3 über den Querschnitten.

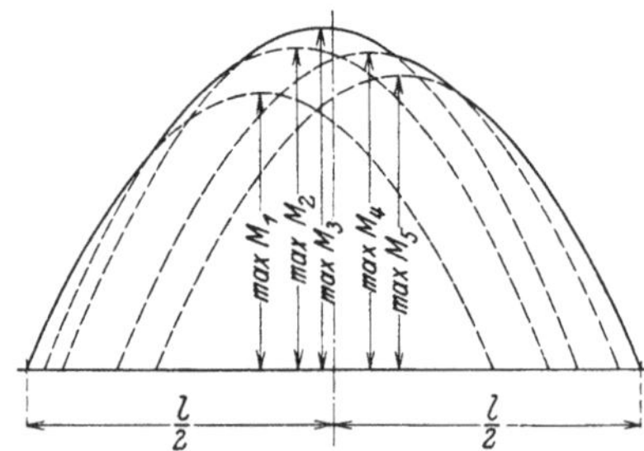

Bild 225. Gesamtheit aller M-Linien.

Entsprechendes gilt für alle andern Raddrücke; man erhält nach Bild 225 mehrere sich überdeckende Parabeln; die jeweils obersten Parabelstücke bilden die maßgebende max M-Linie, die näherungsweise durch eine einzige von Auflager zu Auflager sich erstreckende Parabel ersetzt werden kann. Das größte aller max M ist im allgemeinen durch Probieren zu finden; es tritt aber meist unter dem der Resultierenden am nächsten liegenden Raddruck auf.

Die elastische Formänderung statisch bestimmter ebener Gebilde.

Aus der Festigkeitslehre ist bekannt, daß verschiedene Stoffe, namentlich alle schmiedbaren Eisensorten, beim Zug- und Druckversuch anfänglich Proportionalität zwischen Spannung und Längenänderung zeigen, also dem Hookeschen Gesetz gehorchen, während andere Stoffe, namentlich Gußeisen und alle Natur- und Kunststeine diese Proportionalität bei keiner Spannung aufweisen. Der vorliegende Abschnitt befaßt sich ausschließlich mit Stoffen, die das Hookesche Gesetz befolgen, und alle Ableitungen gelten nur unter der Voraussetzung, daß die Spannungen unterhalb der Proportionalitätsgrenze bleiben, die stets mehr oder weniger unter der Elastizitätsgrenze liegt.

Außerdem wird vorausgesetzt, daß die Formänderungen klein bleiben gegenüber den Abmessungen des Gebildes selbst. In den meisten Fällen ist durch die erstgenannte Voraussetzung der Proportionalität diese zweite Forderung schon von selbst erfüllt, aber eine Reihe von Fällen erfordert die Betonung dieser zweiten Forderung unabhängig von der ersten.

Bei Nichterfüllung des Hookeschen Gesetzes besteht wenigstens die Forderung der Spannungsbegrenzung durch die Elastizitätsgrenze. Obwohl in einfacheren Belastungsfällen die Formänderung auch unter Zugrundelegung des Potenzgesetzes oder auch eines anderen gleichwertigen Gesetzes ermittelt werden kann, wenngleich solche Rechnungen vielfach sehr umständlich sind, werden wir hier davon absehen und vorkommendenfalls die Behandlung mit einem als unveränderlich angenommenen mittleren Elastizitätsmodul durchführen.

Der Zweck der Feststellung der elastischen Formänderungen ist ein doppelter:

Erstens besteht bei vielen Gebilden des Maschinen- und Hochbaues Veranlassung, die Formänderung in gegebenen Grenzen zu halten, z. B. die Durchbiegung von Maschinenwellen oder Bauträgern einen gewissen Teil der Stützweite nicht überschreiten zu lassen. Zu starke Durchbiegungen beeinflussen zwar nicht die errechneten Spannungen, können aber andere Nachteile haben, wie Erzitterungen oder Überanstrengung der Anschlußteile. In anderen Fällen soll die Nachgiebigkeit von federnden Gebilden, wie Tragfedern von Fahrzeugen usw. bestimmt werden.

Zweitens bilden die elastischen Formänderungen die Grundlage zur Berechnung der statisch unbestimmten Gebilde, die im nächsten Abschnitt behandelt werden.

A. Die elastische Linie des geraden Biegestabes.

Die ursprünglich gerade Stabachse (Schwerlinie) verbiegt sich nach einer Kurve, d. i. die elastische Linie. Für alles weitere sei ein sehr flacher Verlauf derselben, also sehr geringe Biegepfeile gegenüber der Trägerhöhe, vorausgesetzt.

Die Verbiegung rührt zum größten Teil von den Normalspannungen, zum kleineren Teil von den Schubspannungen her; der Einfluß der letzteren wird meist vernachlässigt. Wir behandeln den Einfluß beider Spannungen getrennt; die Ordinaten der beiden elastischen Linien addieren sich algebraisch und liefern die endgültige elastische Linie.

1. Die elastische Linie durch die Normalspannungen.

Die Differentialgleichung der elastischen Linie. Nach Bild 226 und 227 bildet $d\varphi$ den Winkel zwischen den beiden um dx voneinander abstehenden Normalquerschnitte und gleichzeitig den Winkel zwischen den Tangenten an die elastische Linie in Punkt 1 und 2. Wegen des vorausgesetzten sehr flachen Verlaufs der elastischen Linie wird dx den Abstand der Punkte 1 und 2 sowohl im ungebogenen, als auch im gebogenen Zustande bezeichnen, d. h. die Verschiebungen der Stabachsenpunkte erfolgen genau lotrecht; deren geringen wagrechten Verschiebungen werden vernachlässigt.

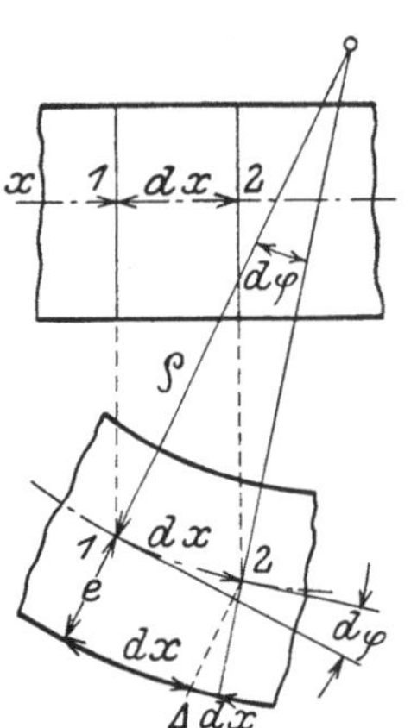

Bild 226. Die elastische Linie des Stabelementes.

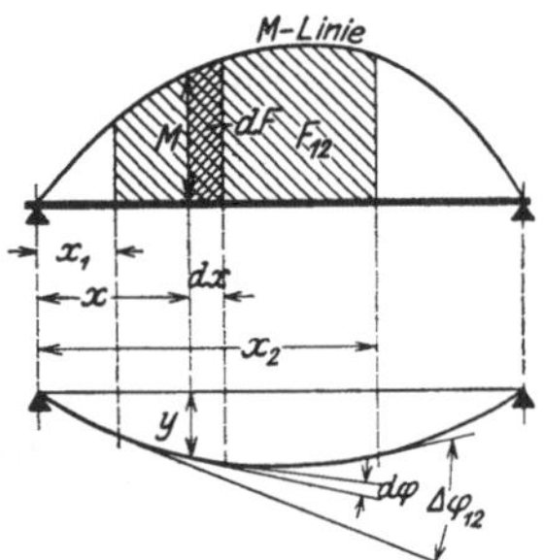

Bild 227. Die elastische Linie des Stabes.

Zieht man in Bild 226 durch 2 eine Parallele zur Stabnormalen in 1, dann ist $\varDelta\,dx$ die Verlängerung der unteren Zugfaser; daselbst ist die Zugspannung $\sigma = \dfrac{M\,e}{J}$ und $\varDelta\,dx = \dfrac{\sigma\,dx}{E}$.

Nun ist $d\varphi = \dfrac{\varDelta\,dx}{e} = \dfrac{M\,e\,dx}{E\,J\,e}$ oder

$$(1) \qquad d\varphi = \frac{M\,dx}{E\,J} \qquad \text{bzw.} \qquad (2)\quad \frac{d\varphi}{dx} = \frac{M}{E\,J}.$$

$M\,dx$ stellt den in Bild 227 doppelt schraffierten Flächenstreifen der M-Linie dar. Mit $M\,dx = dF$ folgt auch

$$(3) \qquad\qquad d\varphi = \frac{dF}{EJ}.$$

Bei prismatischen Stäben, also bei $J=\mathrm{konst.}$ ist für das endliche Stabstück $x_2 - x_1$

$$(4) \qquad\qquad \varphi_{12} = \frac{F_{12}}{EJ},$$

worin F_{12} die M-Fläche zwischen den Strecken x_1 und x_2 bezeichnet.

Ist $y = f(x)$ die Gleichung der elastischen Linie, dann ist $\operatorname{tg}\varphi = \dfrac{dy}{dx}$ deren Neigung; wegen des flachen Verlaufs der elastischen Linie darf $\varphi = \dfrac{dy}{dx}$ gesetzt werden. Nun folgt aus

$$\frac{d\varphi}{dx} = \frac{d\left(\dfrac{dy}{dx}\right)}{dx} = \frac{d^2 y}{dx^2}$$

$$\frac{d^2 y}{dx^2} = \frac{M}{EJ}.$$

Da die y nach unten stets positiv gerechnet werden, um positive Biegepfeile zu erhalten, schreibt man dafür

$$(5) \qquad\qquad \frac{d^2 y}{dx^2} = -\frac{M}{EJ},$$

d. i. die **Differentialgleichung der elastischen Linie.**

Zu derselben Gleichung gelangt man auch auf dem Umweg über den Krümmungsradius. Dieser ist nach Bild 226

$$\varrho = \frac{dx}{d\varphi} \quad \text{oder mit (1)} \quad \varrho = \frac{EJ}{M}.$$

Nun darf in der bekannten Formel

$$\varrho = \frac{\left[1 + \left(\dfrac{dy}{dx}\right)^2\right]^{\frac{3}{2}}}{\dfrac{d^2 y}{dx^2}}$$

wegen der kleinen φ der Wert $\left(\dfrac{dy}{dx}\right)^2$ gegen 1 vernachlässigt werden, somit ist

$$\frac{1}{\dfrac{d^2 y}{dx^2}} = \frac{EJ}{M} \quad \text{oder} \quad \frac{d^2 y}{dx^2} = \frac{M}{EJ}.$$

Verfasser zieht die erste Ableitung vor, da sie gleichzeitig die wichtige Beziehung (1) liefert.

Die Lösung der Differentialgleichung kann durch Rechnung oder durch Zeichnung erfolgen. Die Rechnung ist vorwiegend für einfachere Belastungsfälle und für unveränderliches J bestimmt, während· der zeichnerische Weg für beliebige Belastungsfälle und auch für veränderliches J geeignet ist.

Die elastische Linie durch Rechnung. Zunächst muß M als Funktion von x bekannt sein, $M = F(x)$. Die Differentialgleichung lautet mit $J = \text{konst.}$

$$\frac{d^2 y}{d x^2} = -\frac{F(x)}{EJ},$$

sie ist von der zweiten Ordnung, daher enthält die allgemeine Lösung zwei Integrationsfestwerte, die sich aus den jeweiligen Grenzbedingungen ergeben. Somit lautet die allgemeine Lösung

$$y = \frac{1}{EJ}\left[-\int\left(\int F(x)\,dx\right)dx + C_1 x + C_2\right].$$

Ist J nicht unveränderlich, sondern ebenfalls von x abhängig, also $J = f(x)$, dann ist

$$\frac{d^2 y}{d x^2} = -\frac{1}{E}\frac{F(x)}{f(x)}$$

mit der allgemeinen Lösung

$$y = \frac{1}{E}\left[\int\left(\int \frac{F(x)}{f(x)}\,dx\right)dx + C_1 x + C_2\right].$$

Diese Integration in geschlossener Form ist schwierig und meist unmöglich, solche Fälle werden daher besser zeichnerisch behandelt.

Beispiele hierzu für $J = \text{konst.}$

1. **Freiträger mit Außenlast** nach Bild 228.

$$M = -P(l - x).$$

$$y = \frac{1}{EJ}\left[-\int\left(-\int -P(l-x)\,dx\right)dx + C_1 x + C_2\right) =$$

$$= \frac{1}{EJ}\left[-\int\left(-Plx + P\frac{x^2}{2}\right)dx + C_1 x + C_2\right] =$$

$$= \frac{1}{EJ}\left[P\left(l\frac{x^2}{2} - \frac{x^3}{6}\right) + C_1 x + C_2\right],$$

hieraus $y' = \dfrac{1}{EJ}\left[P\left(lx - \dfrac{x^2}{2}\right) + C_1\right].$

$x = 0$ liefert $y = 0$ und $y' = 0$, somit $C_2 = 0$ und $C_1 = 0$, also

$$y = \frac{P}{EJ}\left(l\frac{x^2}{2} - \frac{x^3}{6}\right)$$

$$= \frac{Pl^3}{3EJ}\left(\frac{3}{2}\left(\frac{x}{l}\right)^2 - \frac{1}{2}\left(\frac{x}{l}\right)^3\right).$$

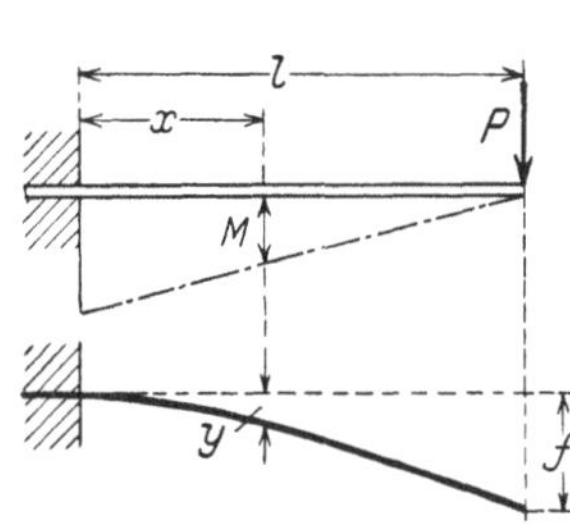

Bild 228. Freiträger mit Außenlast.

$y = l$ liefert $f = \dfrac{P\,l^3}{EJ\,3}.$

2. Freiträger mit Dreieckslast nach Bild 229.

$$q = cx, \quad k = cl, \quad \text{Gesamtlast } P = \int_0^l q\,dx = \int_0^l c\,x\,dx = \frac{c\,l^2}{2}.$$

Zunächst ist $\quad M = -\dfrac{q\,x}{2}\cdot\dfrac{x}{3} = -\dfrac{c\,x^2}{2}\cdot\dfrac{x}{3} = -\dfrac{c\,x^3}{6}.$

$$y = \frac{1}{EJ}\left[-\int\left(\int -\frac{c\,x^3}{6}\,dx\right)dx + C_1 x + C_2\right] = \frac{1}{EJ}\left[\frac{c\,x^5}{120} + C_1 x + C_2\right],$$

$$y' = \frac{1}{EJ}\left[\frac{c\,x^4}{24} + C_1\right]. \quad x = l \text{ liefert } y = 0 \text{ und } y' = 0, \text{ somit}$$

$$C_1 = -\frac{c\,l^4}{24}, \qquad C_2 = -\frac{c\,l^5}{120} + \frac{c\,l^4}{24}\,l = \frac{c\,l^5}{30}, \quad \text{also}$$

$$y = \frac{1}{EJ}\left[\frac{c\,x^5}{120} - \frac{c\,l^4}{24}\,x + \frac{c\,l^5}{30}\right]. \quad x = 0 \text{ liefert } f = \frac{1}{EJ}\frac{c\,l^5}{30} = \frac{P}{EJ}\frac{l^3}{15}.$$

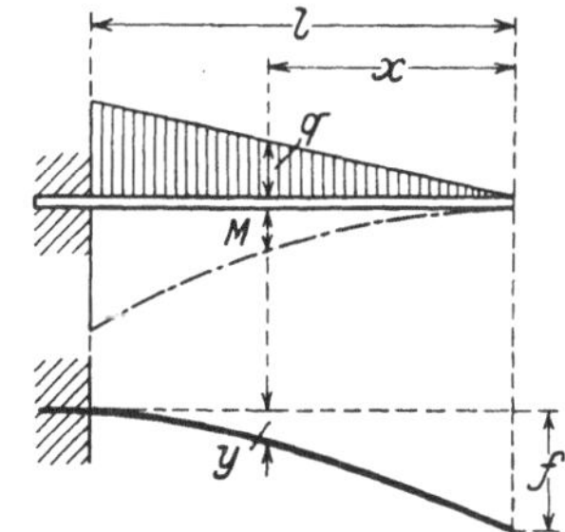

Bild 229. Freiträger mit Dreieckslast.

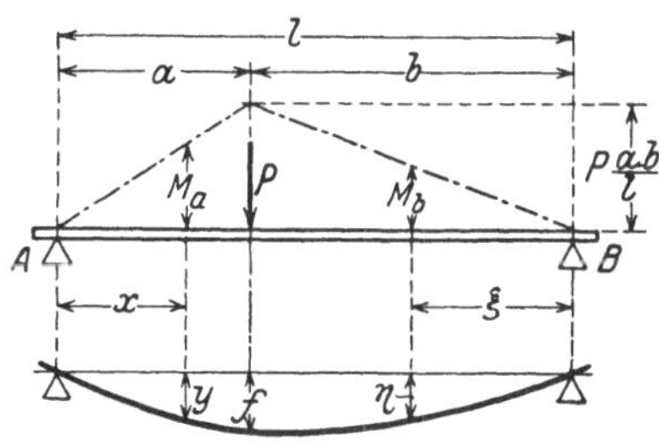

Bild 230. Träger mit Einzellast.

3. Träger mit Einzellast nach Bild 230.

$$A = P\frac{b}{l}, \quad B = P\frac{a}{l}, \quad \text{Momente } M = P\frac{b}{l}\,x, \quad N = P\frac{a}{l}\,\xi.$$

$$y = \frac{1}{EJ}\left[-\int\left(\int P\frac{b}{l}\,x\,dx\right)dx + C_1 x + C_2\right] = \frac{1}{EJ}\left[-P\frac{b}{l}\frac{x}{6} + C_1 x + C_2\right].$$

$$\eta = \frac{1}{EJ}\left[-\int\left(\int P\frac{a}{l}\,\xi\,d\xi\right)d\xi + K_1 \xi + K_2\right] = \frac{1}{EJ}\left[-P\frac{a}{l}\frac{\xi^3}{6} + K_1 \xi + K_2\right].$$

$$y' = \frac{1}{EJ}\left[-P\frac{b}{l}\frac{x^2}{2} + C_1\right], \qquad \eta' = \frac{1}{EJ}\left[-P\frac{a}{l}\frac{\xi^2}{2} + K_1\right].$$

Die C und K folgen aus den Grenzbedingungen:

$y = 0$ für $x = 0$, $\eta = 0$ für $\xi = 0$, $y = \eta$ für $x = a$ bzw. $\xi = b$,

$\qquad y' = -\eta'$ oder $y' + \eta' = 0$ für $x = a$ bzw. $\xi = b$.

Das liefert $C_2 = 0$, $K_2 = 0$,

$$-P\frac{b}{l}\frac{a^3}{6} + C_1 a = -P\frac{a}{l}\frac{b^3}{6} + K_1 b,$$

$$-P\frac{b}{l}\frac{a^2}{2} + C_1 - P\frac{a}{l}\frac{b^2}{2} + K_1 = 0,$$

$$C_1 = \frac{Pab}{6\,l}(a + 2\,b), \qquad K_1 = \frac{Pab}{6\,l}(b + 2\,a),$$

$$y = \frac{P}{EJ}\left[-\frac{b}{l}\frac{x^3}{6} + \frac{ab}{6\,l}(a + 2\,b)x\right] = \frac{P}{EJ}\frac{a^2 b^2}{6\,l}\left(2\frac{x}{a} + \frac{x}{b} - \frac{x^3}{a^2 b}\right),$$

$$\eta = \frac{P}{EJ}\left[-\frac{a}{l}\frac{\xi^3}{6} + \frac{ab}{6\,l}(b + 2\,a)\right] = \frac{P}{EJ}\frac{a^2 b^2}{6\,l}\left(2\frac{\xi}{b} + \frac{\xi}{a} - \frac{\xi^3}{b^2 a}\right).$$

$$x = a \quad \text{und} \quad \xi = b \quad \text{liefern} \quad f = \frac{P}{EJ}\frac{a^2 b^2}{3\,l}.$$

4. Träger mit Dreieckslast nach S. 29.

Hiernach ist $M = \dfrac{P}{3}\left(x - \dfrac{x^3}{l^2}\right)$.

$$y = \frac{1}{EJ}\left[-\int\left(\int\frac{P}{3}\left(x - \frac{x^3}{l^2}\right)dx\right)dx + C_1 x + C_2\right] =$$

$$= \frac{1}{EJ}\left[\frac{P}{3}\left(-\frac{x^3}{6} + \frac{x^5}{20\,l^2}\right) + C_1 x + C_2\right].$$

$x = 0$ liefert $y = 0$, $x = l$ liefert $y = 0$, hieraus $C_2 = 0$ und

$$C_1 = \frac{7}{180} P\,l^2,$$

$$y = \frac{P}{EJ}\left[-\frac{x^3}{18} + \frac{x^5}{60\,l^2} + \frac{7}{180}l^2 x\right] = \frac{P}{EJ}\frac{l^5}{180}\left[7\frac{x}{l} - 10\left(\frac{x}{l}\right)^3 + 3\left(\frac{x}{l}\right)^5\right].$$

Größter Biegepfeil $f = 0{,}01304\,\dfrac{P\,l^3}{EJ}$ für $x = 0{,}5193\,l$.

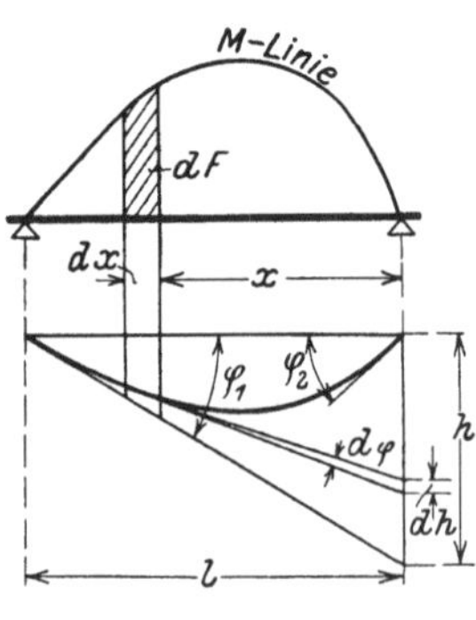

Bild 231. Neigungswinkel der elastischen Linie.

Bei Gleichstreckenlast ist $f = \dfrac{5}{384}\dfrac{P\,l^3}{EJ} = 0{,}01302\,\dfrac{P\,l^3}{EJ}$ für $x = 0{,}5\,l$, demnach ist f für Gleichstrecken-, Trapez- oder Dreieckslast nahezu gleich.

5. Die Neigungswinkel der elastischen Linie an den Auflagerstellen zu ermitteln.

Nach Bild 231 ist bei beliebiger Belastung $d\varphi = dF : EJ$, $dh = x\,d\varphi = x\,dF : EJ$ und $h = \int dh = \dfrac{1}{EJ}\int x\,dF$. Wegen $h = \varphi_1 l$ ist

$\varphi_1 = \dfrac{\int x\,dF}{EJ}$. Nun ist $\int x\,dF$ das statische Moment der M-Fläche, bezogen auf das rechte Trägerende, im weiteren mit $\mathfrak{R}$ bezeichnet; es ist also $\varphi_1 = \dfrac{\mathfrak{R}}{EJl}$.

Ebenso ist $\varphi_2 = \dfrac{\mathfrak{L}}{EJl}$, worin sich $\mathfrak{L}$ auf das linke Trägerende bezieht.

Diese Formeln gelten nur für unveränderliches J.

Über eine andere Lösung derselben Aufgabe und über ähnliche Aufgaben s. S. 102.

Die elastische Linie durch Zeichnung.

1. Für unveränderliches J. Bei Streckenlast gilt für die Biegemomente nach S. 28 und Gl. (2).

$$\frac{d^2 M}{dx^2} = -q\,.$$

Die Differentialgleichung der elastischen Linie lautet

$$\frac{d^2 y}{dx^2} = -\frac{M}{EJ}\,.$$

Die gleichartige Form beider Ansätze liefert folgendes Verfahren zur Gewinnung der elastischen Linie.

Faßt man nach Bild 232 die M-Fläche als Belastungsfläche auf und ermittelt hierzu nach dem Seileckverfahren die zugehörige M-Linie, dann bilden deren Ordinaten, durch EJ geteilt, die der endgültigen elastischen Linie. Positive Belastungsflächen werden im Nebenbild als nach unten gerichtete, negative als nach oben gerichtete behandelt.

Maßstäbe hierzu. Ist der Träger im Maßstab $1:\alpha$ gezeichnet, $\mathfrak{m}$ kgcm Biegemoment durch je 1 cm Ordinate der M-Linie und $\mathfrak{f}$ cm^2 der Streifeninhalte auf der Zeichnung durch je 1 cm der lotrechten Strecken der Nebenfigur dargestellt, ferner die Polweite zu $\mathfrak{h}$ cm gewählt, dann sind die Ordinaten des gezeichneten Seilecks, vervielfacht mit $\mu = \alpha^2\,\mathfrak{m}\,\mathfrak{f}\,\mathfrak{h} : EJ$ die wirklichen Ordinaten der elastischen Linie. Um runde Zahlen für die μ zu erhalten, wählt man für $EJ:\mathfrak{h}$ eine runde Zahl.

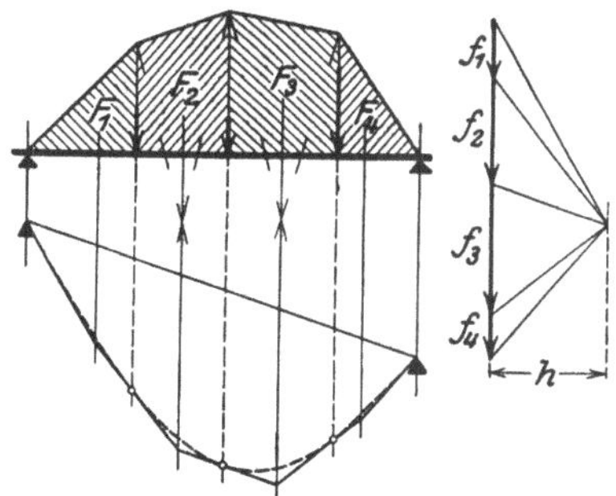

Bild 232. Das Seileck für die M-Fläche als elastische Linie bei unveränderlichem J.

2. Für veränderliches J. Ist J stufenweise veränderlich (abgesetzte zylindrische Welle, parallelgurtiger Blechträger mit Gurtplatten von verschiedener Länge) und gelten nach Bild 233 für

die Abschnitte a, b, c ... die Werte J_a, J_b, J_c ..., dann ist nach Gl. (4) S. 75

$$\varphi_{12} = \frac{F_a}{EJ_a}, \qquad \varphi_{23} = \frac{F_b}{EJ_b} \text{ usw.}$$

Wir nehmen nun ein beliebiges $\mathfrak{J}$ an und schreiben.

$$\varphi_{12} = \frac{F_a}{EJ_a}\frac{\mathfrak{J}}{\mathfrak{J}} = \frac{F_a}{E\mathfrak{J}}\frac{\mathfrak{J}}{J_a} = \frac{F_a{}'}{E\mathfrak{J}}, \qquad \varphi_{23} = \frac{F_b{}'}{E\mathfrak{J}} \text{ usw.}$$

worin $\quad F_a{}' = F_a \dfrac{\mathfrak{J}}{J_a}, \qquad F_b{}' = F_b \dfrac{\mathfrak{J}}{J_b}$ usw.

Hierdurch ist ausgedrückt, daß die gesuchte elastische Linie gleich ist derjenigen für einen gedachten Träger von unveränderlichem $\mathfrak{J}$ und den M-Flächen $F_a{}'$, $F_b{}'$ usw., die durch Verzerrung der wirklichen M im Verhältnis von $\mathfrak{J} : J_a$ für Strecke a, von $\mathfrak{J} : J_b$ für Strecke b usw. entstehen; die so veränderte M-Linie heißt die verzerrte M-Linie.

Das Weitere erfolgt wie bei unveränderlichem J; im Nebenbild werden die Flächen $F_a{}'$, $F_b{}'$ usw. aufgetragen, die Maßstabsberechnung erfolgt mit dem angenommenen $\mathfrak{J}$.

Bei stetig veränderlichem J (Balken von nicht prismatischer Form, Welle mit Kegelstücken, Blechträger mit veränderlicher Stehblechhöhe) ist das Verzerrungsverhältnis $v = \mathfrak{J} : J$ entsprechend der stetigen J-Änderung ebenfalls stetig.

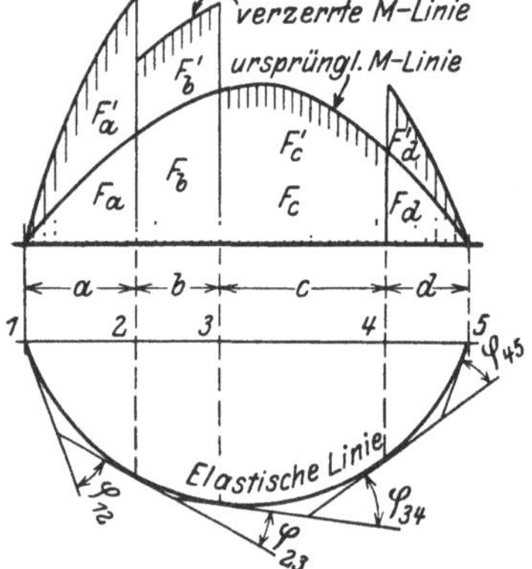

Bild 233.   Die elastische Linie für unveränderliches J.

In allen Fällen pflegt man den Wert $\mathfrak{J}$ gleich dem größten aller vorkommenden J zu wählen.

Ist bei Achsen mit wechselnden Durchmessern d ein beliebiger und $\mathfrak{d}$ der größte Durchmesser, dann ist

$$v = \frac{\pi}{64}\mathfrak{d}^4 : \frac{\pi}{64}d^4 = \left(\frac{\mathfrak{d}}{d}\right)^4 ;$$

in gleicher Weise folgt bei Rechtecksbalken von gleicher Breite und wechselnden Höhen $v = (\mathfrak{h} : h)^3$ und bei gleicher Höhe und wechselnden Breiten $v = \mathfrak{b} : b$. Die Durchmesser bzw. Höhen sind möglichst genau zu bestimmen, da kleine Fehler wegen der Potenzen stark vergrößert werden.

2. Die elastische Linie durch die Schubspannungen.

Aus der Festigkeitslehre ist bekannt, daß bei I-Trägern und Blechträgern die Querkraft Q fast allein und annähernd gleichmäßig über die Trägerstegfläche V verteilt ist und $\tau = Q : V$ liefert. Dieses τ bringt für benachbarte Normalquerschnitte keine gegenseitige Neigungsänderung hervor, sondern gewisse Winkeländerungen in der Stegebene, die sich als gegenseitige Verschiebung dieser Querschnitte äußern. Der ursprüngliche Winkel zwischen dem Normalquerschnitt und der Stabachse ändert sich nach Bild 234 um $\gamma = \tau : G$, worin $G = 0{,}385\,E$ der Schubmodul ist. Alle ursprünglichen Normalquerschnitte bleiben also einander parallel; da es aber zunächst noch fraglich ist, ob diese lotrecht bleiben oder nicht, nehmen wir eine Neigungsänderung α an, so daß die Stabachse die Neigung

$$\varphi = \gamma + \alpha \quad \text{oder} \quad \varphi = Q : V\,G + \alpha$$

erhält. Wir rechnen die α, γ und φ nach unten entsprechend dem Bild 234 positiv, ebenso die Ordinaten y.

Die endgültige Differentialgleichung der elastischen Linie für die Schubspannungen lautet somit

$$\frac{dy}{dx} = \frac{Q}{G\,V} + \alpha$$

und wegen $Q = \dfrac{dM}{dx}$

$$dy = \frac{dM}{G\,V} + \alpha\,dx\,.$$

Deren allgemeine Lösung ist

$$y = \frac{M}{G\,V} + \alpha\,x + C\,.$$

Die Werte α und C sind durch die Auflagerbedingungen bestimmt.

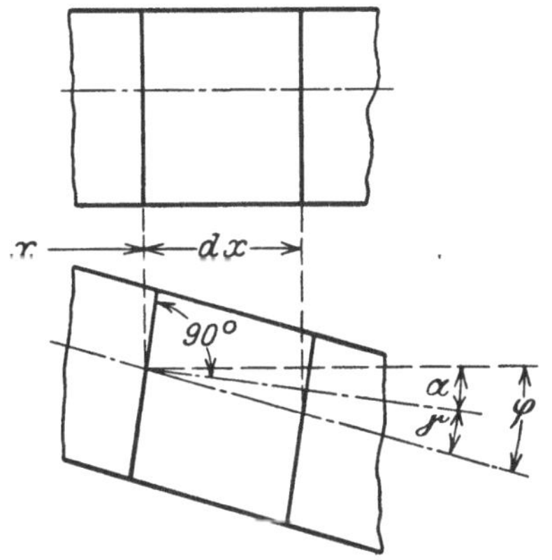

Bild 234 Die elastische Linie durch die Schubspannungen.

Hieraus geht folgendes hervor:

Die elastische Linie verläuft wie die M-Linie, aber mit den im Verhältnis $1 : G\,V$ verkleinerten und dem Vorzeichen nach umgekehrten Ordinaten und geht durch die beiden Auflagerpunkte; d. h. nach Zeichnung der elastischen Linie ist die gerade Bezugslinie durch die Auflagerpunkte zu legen.

Für den Fall eines wechselnden Stabquerschnittes werden die wechselnden V ähnlich wie die J in Beziehung zu einem beliebigen $\mathfrak{V}$ gesetzt, die M im Verhältnis $\mathfrak{V} : V$ verzerrt und die verzerrte M-Linie und der Wert $\mathfrak{V}$ wie oben benutzt.

Eine andere Berechnungsweise der Formänderung des geraden Stabes wird im nächsten Abschnitt beim krummen Stab entwickelt; die dortigen Formeln können dann sofort auf den Sonderfall des geraden Stabes angewendet werden.

Beispiele hierzu.

1. Träger mit Einzellasten, Bild 235.

$$A = (7 \cdot 2{,}2 + 5 \cdot 1) : 3{,}5 = 5{,}82\,\text{t}, \quad B = (7 \cdot 1{,}3 + 5 \cdot 2{,}5) : 3{,}5 = 6{,}18\,\text{t},$$

$$M_1 = 5{,}82 \cdot 1{,}3 = 7{,}58\,\text{tm}, \quad M_2 = 6{,}18 \cdot 1{,}0 = 6{,}18\,\text{tm}\,.$$

$$\mathbf{I}\,30 \text{ liefert mit } J = 9800\,\text{cm}^4 \quad \text{und} \quad W = 653\,\text{cm}^3$$

$$\max \sigma = 758000 : 653 = 1160\,\text{kg/cm}^2\,.$$

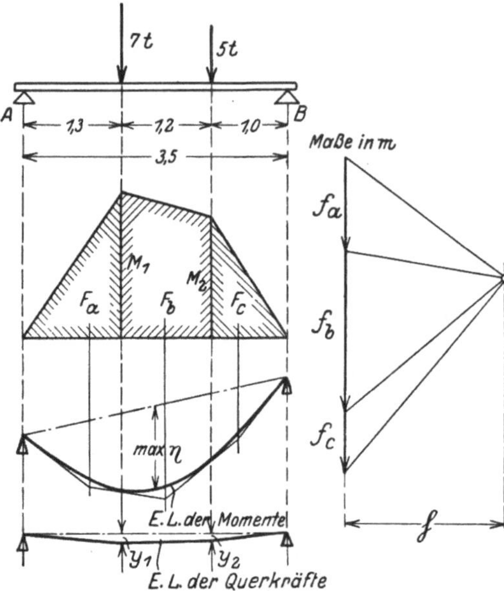

Bild 235.   Träger mit Einzellasten.

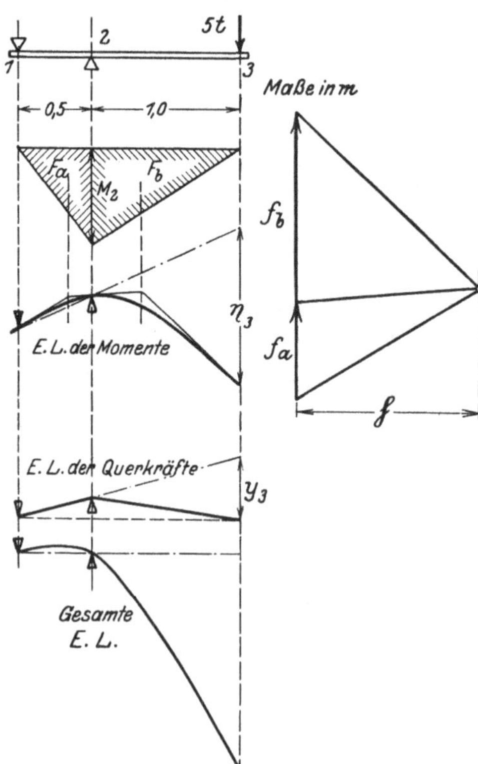

Bild 236.   Träger mit Kragarm und Außenlast.

Maßstäbe für die elastische Linie:
$$\mathfrak{a} = 100, \quad \mathfrak{m} = 400000,$$
$$\mathfrak{f} = 1,0,$$
$$E\,J = 9800 \cdot 2150000 =$$
$$= 21100000000, \quad \mathfrak{h} = 2,11 \text{ cm}.$$
$$F_a = 1,236 \text{ cm}^2,$$
$$F_b = 2,065 \text{ cm}^2,$$
$$F_c = 0,772 \text{ cm}^2.$$
$$\mu = \frac{100^2 \cdot 400000 \cdot 1 \cdot 2,11}{21100000000} =$$
$$= 0,4.$$
$$\max \eta = 1,1 \text{ cm}, \quad \text{daher}$$
$$\max y = 1,1 \cdot 0,4 = 0,44 \text{ cm}.$$

Für den Einfluß der Schubspannungen gilt:
Stegfläche des Trägers
$$V = 1,08 \cdot 30 = 32,4 \text{ cm}^2,$$
$$G = 800000 \text{ kg/cm}^2.$$
Die elastische Linie verläuft wie die M-Linie, s. Bild 235, es ist
$$y = M : V\,G =$$
$$= M : 25920000 \text{ cm},$$
worin die M in kgcm.
$$y_1 = 758000 : 25920000 =$$
$$= 0,029 \text{ cm},$$
$$y_2 = 618000 : 25920000$$
$$= 0,024 \text{ cm},$$
d. i. rund $8\,\%$ der von den M herrührenden Ordinaten.

2. Träger mit Kragarm, Bild 236.
$$M_2 = -5 \cdot 1,0 = -5,0 \text{ tm}.$$
I 26 liefert mit
$$J = 5744 \text{ cm}^4$$
und
$$W = 442 \text{ cm}^3$$
$$\max \sigma = 500000 : 442 =$$
$$= 1130 \text{ kg/cm}^2.$$

Maßstäbe:
$$\mathfrak{a} = 50, \quad \mathfrak{m} = 400000, \quad \mathfrak{f} = 0,5,$$
$$E\,J = 5744 \cdot 2150000 =$$
$$= 12350000000,$$
$$\mathfrak{h} = 2,47 \text{ cm}.$$
$$F_a = 0,625 \text{ cm}^2,$$
$$F_b = 1,250 \text{ cm}^2.$$
$$\mu = \frac{50^2 \cdot 400000 \cdot 0,5 \cdot 2,47}{12350000000} =$$
$$= 0,1.$$
$$\eta_3 = -2,02, \quad \text{daher}$$
$$y_3 = -2,02 \cdot 0,1 = -0,202 \text{ cm}.$$

Einfluß der Schubspannungen:

$$V = 0,94 \cdot 26 = 24,4 \text{ cm}^2,$$
$$G = 800\,000 \text{ kg/cm}^2.$$

Bei der elastischen Linie der Schubspannungen geht die Bezugslinie hier durch die beiden Auflager. Die scharfe Ecke bei 2 ist in Wirklichkeit etwas abgerundet, da die Querkraft an dieser Stelle nicht so unvermittelt wechselt. Somit ist die durch die Schubspannungen verursachte Außensenkung

$$y_3 = \frac{500\,000}{24,4 \cdot 800\,000} \cdot \frac{1,5}{0,5} = 0,077 \text{ cm}.$$

Die unterste Linie zeigt die endgültige elastische Linie, wobei die beiden oberen übereinander gelegt sind, alle drei zeigen denselben Maßstab. Es darf hier demnach der Einfluß der Schubspannungen nicht vernachlässigt werden.

3. **Träger mit Kragarm und zwei Lasten, Bild 237.** Eine gleichartige Behandlung liefert die elastischen Linien für die Normal- und die Schubspannungen, sowie die endgültige elastische Linie, alle im gleichen Maßstabe dargestellt.

4. **Gerberträger, Bild 238.** Zunächst wird die elastische Linie mit gleichem Pol für beide Öffnungen

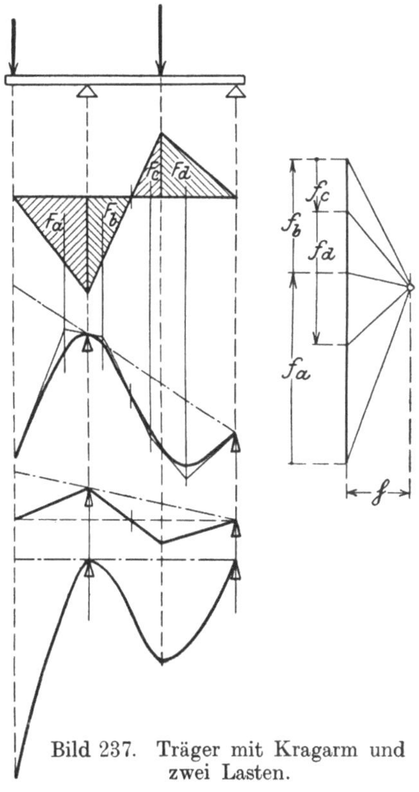

Bild 237. Träger mit Kragarm und zwei Lasten.

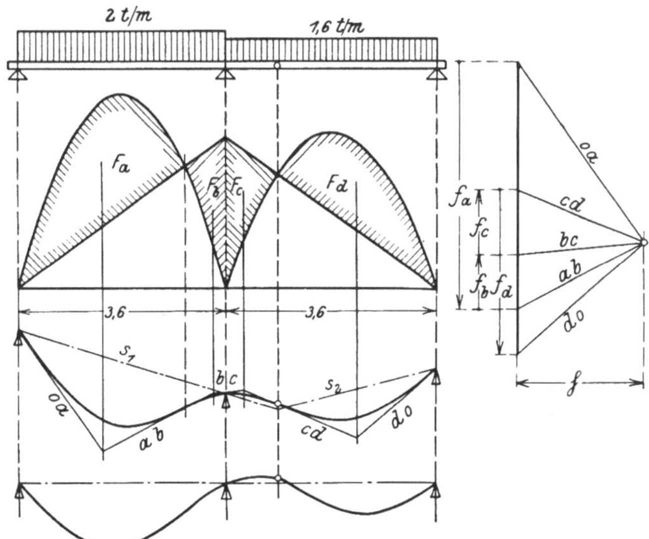

Bild 238. Gerberträger mit Gleichstreckenlasten.

gezeichnet, dann die beiden Schlußlinien s_1 und s_2 in die Wagrechte gedreht, wodurch die endgültige elastische Linie über die drei Auflagerpunkte geht, am Gelenk aber einen Knick erhält.

5. Blechträger, Bild 239. Zunächst wird durch Zeichnung oder Rechnung die M-Linie ermittelt; es ergibt sich max $M = 27{,}5\,\text{tm} = 2\,750\,000\,\text{kgcm}$. Für $\sigma_{\text{zul}} = 1200\,\text{kg/cm}^2$ ist $W_{\text{erf}} = 2290\,\text{cm}^3$.

Ein Blechträger mit Stehblech $540 \cdot 10$, vier $\llcorner\, 80 \cdot 80 \cdot 10$ und einem Gurtplattenpaar $180 \cdot 10$ hat[1]) $W_{n_1} = 2337\,\text{cm}^3$ und ohne Gurtplatten $W_{n_0} = 1622\,\text{cm}^3$. Zieht man durch die M-Linie zwei Wagrechte in den Höhen $W_{n_1} \cdot \sigma_{\text{zul}}$ und $W_{n_0} \cdot \sigma_{\text{zul}}$, dann gewinnt man die erforderliche theoretische Gurtplattenlänge. Die wirkliche Länge ist entsprechend der Zahl der Anschlußniete größer zu nehmen. Die Trägerquerschnitte liefern $J_1 = 77\,700\,\text{cm}^4$ und $J_0 = 50\,200\,\text{cm}^2$ (ohne Nietabzug!).

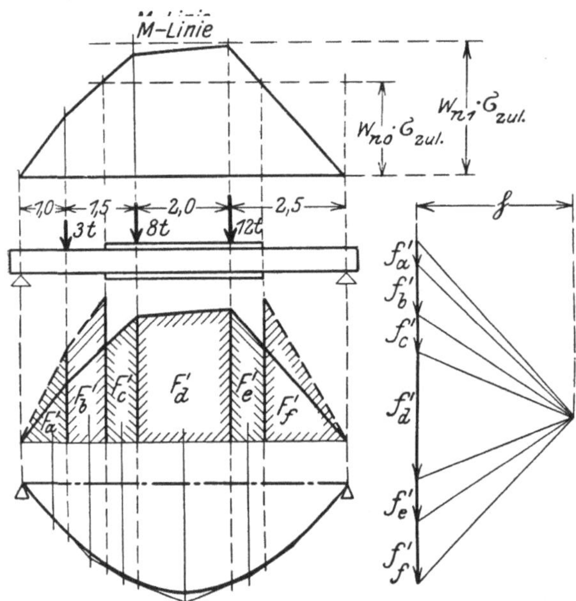

Bild 239. Blechträger.

Das Verzerrungsverhältnis ist mit $\mathfrak{J} = J_1$ für die Stücke ohne Gurtplatten $v = \mathfrak{J} : J_0 = 77\,700 : 50\,200$. Aus $\mathfrak{a} = 160$, $\mathfrak{m} = 1\,600\,000$, $\mathfrak{f} = 0{,}77$, $E = 2\,150\,000$, $\mathfrak{J} = 77\,700$ und $\mathfrak{h} = 2{,}1$ folgt $\mu = 0{,}4$; max $\eta = 1{,}44\,\text{cm}$ liefert max $y = 1{,}44 \cdot 0{,}4 = 0{,}57\,\text{cm}$.

6. Abgesetzte Welle, Bild 240. Hier ist das Verzerrungsverhältnis
$$v = (18 : 15)^4 = 2{,}074 \quad \text{bzw.} \quad v = (18 : 12)^4 = 5{,}063.$$

Aus $\mathfrak{a} = 40$, $\mathfrak{m} = 100\,000$, $\mathfrak{f} = 1{,}25$, $\mathfrak{J} = 5153\,\text{cm}^4$, $E = 2\,200\,000$ und $\mathfrak{h} = 1{,}135\,\text{cm}$ folgt $\mu = 0{,}02$; an der Laststelle ist $\eta = 2\,\text{cm}$, somit $y = 2 \cdot 0{,}02 = 0{,}04\,\text{cm}$.

Eine zylindrische Welle von 180 mm Durchmesser ergäbe an der Laststelle einen Biegepfeil $y = \dfrac{6000}{2\,200\,000 \cdot 5153}\,\dfrac{60^2 \cdot 90^2}{3 \cdot 150} = 0{,}0343\,\text{cm}$, d. i. rund $86\,^0/_0$ von 0,04 cm

---

[1]) s. Böhm u. John, Tafeln der Widerstandsmomente von Blechträgern. 2. Aufl. Berlin: Julius Springer 1913.

7. Träger von gleicher Breite und stetig veränderlicher Höhe, Bild 241. Die verzerrte $\overline{M}$-Linie folgt aus

$M_0 = 0$,
$M_1 = 2500 \cdot 10 = 25\,000$ kgcm, $h = 7{,}5$ cm,
$M_2 = 2500 \cdot 20 = 50\,000$ „ $h = 9{,}0$ „
$M_3 = 2500 \cdot 30 = 75\,000$ „ $h = 10{,}5$ „
$M_4 = 2500 \cdot 40 = 100\,000$ „ $h = 12{,}0$ „

$M_0' = 0$,
$M_1' = 25\,000\,(12:7{,}5)^3 = 102\,000$ kgcm,
$M_2' = 50\,000\,(12:9)^3 = 117\,000$ „
$M_3' = 75\,000\,(12:10{,}5)^3 = 111\,000$ „
$M_4' = 100\,000\,(12:12)^3 = 100\,000$ „

Aus $\mathfrak{a} = 40$, $\mathfrak{m} = 50\,000$, $\mathfrak{f} = 2$, $\mathfrak{J} = \frac{1}{12}\,6 \cdot 12^3 = 864$ cm⁴, $E = 2\,150\,000$, $\mathfrak{h} = 1{,}49$ cm folgt $\mu = 0{,}05$; $\eta_5 = 2{,}2$ cm liefert $y_5 = 2{,}2 \cdot 0{,}05 = 0{,}11$ cm.

Ein prismatischer Stab von 12 cm Höhe und 6 cm Breite liefert einen Biegepfeil $f = \dfrac{5000}{2\,150\,000 \cdot 864}\,\dfrac{120^3}{48} = 0{,}097$ cm, d. i. rund $88\,^0/_0$ von 0,11 cm.

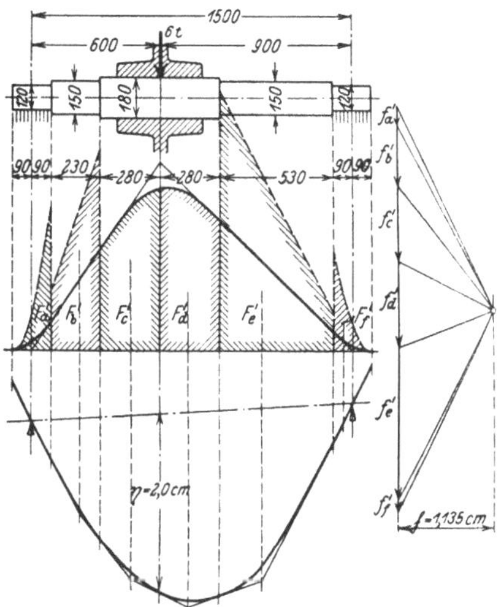

Bild 240. Abgesetzte Welle.

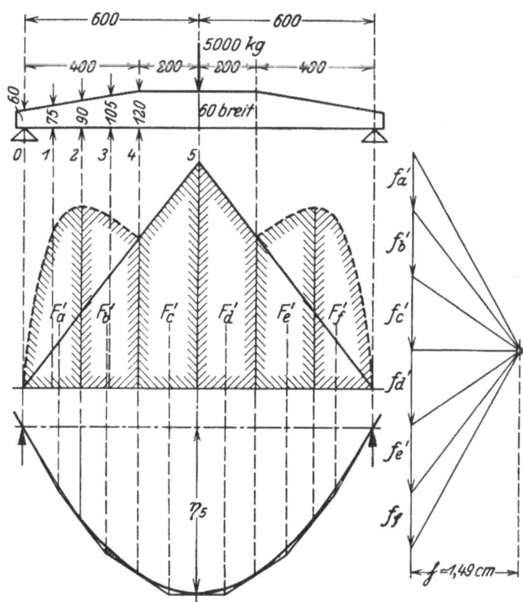

Bild 241. Träger von gleicher Breite und veränderlicher Höhe.

In den Beispielen 4 bis 7 blieb der Einfluß der Schubspannungen auf die elastische Linie der Geringfügigkeit wegen unberücksichtigt.

B. Die Formänderung des ebenen krummen Stabes.

Allgemeines. Für diesen Abschnitt gilt die schon früher auf S. 37 gemachte Voraussetzung großer Krümmungsradien gegenüber der Querschnittshöhe und der damit verbundenen nahezu linearen Spannungsverteilung über den Querschnitt.

Die Formänderung des krummen Stabes rührt zum überwiegenden Teil von den Biegemomenten her, während die Längskräfte nur wenig ausmachen und daher meist vernachlässigt werden. Die Formänderung durch die Querkräfte können ganz unbeachtet bleiben, da sie schon beim geraden Stab nur für kurze gedrungene Stäbe von Belang waren und hier nur schlanke Stäbe in Frage kommen, bei denen der Einfluß der Querkräfte ganz verschwindet.

Wir wählen ein eigenartiges Berechnungsverfahren, das sich sowohl für algebraische als auch für Zahlenrechnung eignet, und behandeln getrennt den Einfluß der Biegemomente und der Längs- und Querkräfte.

1. Formänderung durch Biegemomente.

Fall 1. Ein nach Bild 242 einseitig eingespannter krummer Stab erhalte beliebige (hier nicht gezeichnete) Belastung und dadurch die Stabstelle ds das Biegemoment M.

Zunächst sei nur das Stabelement ds als elastisch, alles andere als starr angenommen. Die Endquerschnitte und auch die Endtangenten des Stabelementes neigen sich nach S. 74 gegenseitig um den Winkel

$$d\varphi = \frac{M\,ds}{E\,J}$$

und der in sich starr bleibende Außenteil des Stabes beschreibt einen Drehwinkel $d\varphi$ um die ds-Mitte. Somit beschreibt ein beliebiger Punkt t des Außenteils ein Kreisbogenelement $dv = \varrho\,d\varphi$, das als Gerade normal zu ϱ betrachtet werden kann. Die Projektion von dv auf eine durch t gehende beliebig gerichtete Gerade R ist somit

$$df = dv \cos \psi = \frac{M\,ds}{EJ}\,\varrho \cos \psi$$

oder mit $\varrho \cos \psi = r$

$$df = \frac{M\,ds}{EJ}\,r.$$

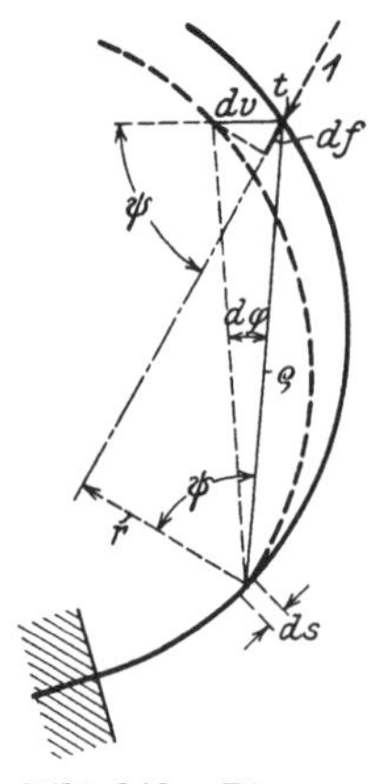

Bild 242. Biegung des eingespannten krummen Stabes.

Denkt man sich nun unabhängig von der wirklichen Belastung eine Kraft „Eins" am Punkte t in Richtung R wirkend, dann liefert diese an der Stabstelle s das Biegemoment $\mathfrak{M} = 1 \cdot r$; somit ist

$$df = \frac{M\,\mathfrak{M}}{EJ}\,ds.$$

Da alle Stabelemente gleichzeitig elastisch sind, addieren sich alle df algebraisch, da sie dieselbe Richtung R haben, und es folgt

$$f = \int \frac{M\,\mathfrak{M}}{EJ}\,ds,$$

worin über die ganze Stablänge zu integrieren ist. Ergibt sich f als positiv, dann hat es denselben Richtungssinn wie die gedachte Last 1, negative f verlaufen entgegengesetzt dazu.

Im vorstehenden war lediglich der einfachen Ableitung wegen ein einseitig eingespannter Stab angenommen. Nachstehend wird gezeigt, daß ein z. B. durch Kippbolzen und Pendelstütze gelagerter Stab dasselbe Ergebnis liefert.

Krümmt sich nach Bild 243 nur das Stück ds und zwar um den Winkel $d\varphi$, dann nimmt der Stab die strichierte Form an. Denkt man sich die beiden starren Stabteile durch die schraffierten Scheiben ergänzt, dann folgt aus bekannten einfachen Sätzen der Kinematik

$$d\varphi = d\alpha + d\beta.$$

Die Geraden a und b und die Pendelstütze sind als Gelenkstabwerk zu denken; die Scheibe K macht eine Elementardrehung um den Pol O und es ist

$$dv = r\,d\beta.$$

Punkt s macht die Verschiebung

$$d\sigma = c\,d\beta = a\,d\alpha,$$

woraus

$$d\alpha = d\beta\,\frac{c}{a}.$$

Somit ist

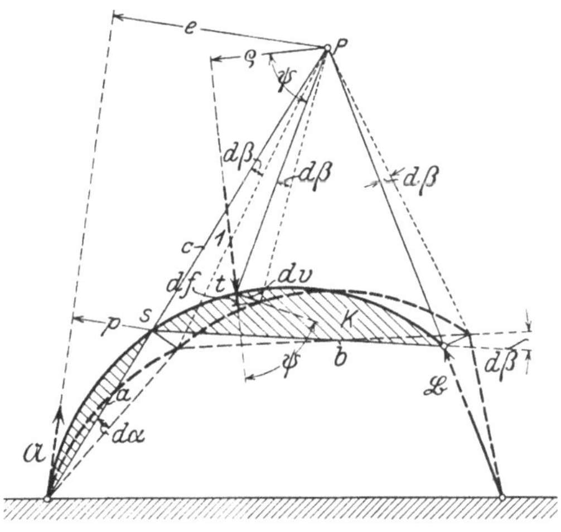

Bild 243. Biegung des durch Kippbolzen und Pendelstütze gelagerten krummen Stabes.

$$d\varphi = d\alpha + d\beta = d\beta\left(\frac{c}{a} + 1\right)$$

oder wegen $d\beta = \dfrac{dv}{r}$

$$d\varphi = dv\,\frac{\dfrac{c}{a} + 1}{r} \quad \text{und} \quad dv = \frac{d\varphi\,r}{\dfrac{c}{a} + 1}.$$

Weiter ist $dv = \dfrac{df}{\cos\psi}$, somit

$$df = dv\cos\psi = \frac{d\varphi\, r\cos\psi}{\dfrac{c}{a}+1} = d\varphi\,\frac{\varrho}{\dfrac{c}{a}+1}\,.$$

Die an t in Richtung R wirkend gedachte Last 1 liefert den Auflagerdruck $\mathfrak{A}$, der sich aus dem Gleichgewicht des ganzen Stabes gegen Drehen um O ergibt zu

$$\mathfrak{A} = 1\cdot\frac{\varrho}{e}\,.$$

Diese liefert an Stelle s das Biegemoment

$$\mathfrak{M} = \mathfrak{A}\,p$$

oder mit $p = \dfrac{a\,e}{c+a} = \dfrac{e}{\dfrac{c}{a}+1}$

$$\mathfrak{M} = 1\cdot\frac{\varrho}{e}\,\frac{e}{\dfrac{c}{a}+1} = 1\cdot\frac{\varrho}{\dfrac{c}{a}+1} \quad\text{und}\quad df = d\varphi\,\mathfrak{M}$$

oder mit $d\varphi = \dfrac{M\,ds}{EJ}$

$$df = \frac{M\,\mathfrak{M}}{EJ}\,ds\,,$$

also dasselbe wie beim eingespannten Stab.

Fall 2. Besteht die wirkliche Belastung aus Last „Eins" am Punkte t in Richtung R, dann sind für alle Stabstellen die M gleich den $\mathfrak{M}$ und es gilt

$$f = \int\frac{\mathfrak{M}^2}{EJ}\,ds\,.$$

Fall 3. Für Last P statt „Eins", sonst aber wie oben, gilt

$$f = P\int\frac{\mathfrak{M}^2}{EJ}\,ds\,.$$

Fall 4. Die Punkte p und q des Stabes nach Bild 244 oder 245 erhalten durch beliebige Belastung die Verschiebungen v_p und v_q in irgendwelchen Richtungen. Die Änderung der Strecke a ist die Summe der Projektionen der v auf die Richtung dieser Strecke, also

$$f = f_p + f_q = \int\frac{M\,\mathfrak{M}_p}{EJ}\,ds + \int\frac{M\,\mathfrak{M}_q}{EJ}\,ds\,,$$

worin die M von der Belastung, die $\mathfrak{M}_p$ von der gedachten Kraft „Eins" am Punkte p in Richtung pq und die $\mathfrak{M}_q$ von der an q in

Richtung $q\,p$ wirkenden herrühren. Nun ist

$$f = \int \frac{M\,(\mathfrak{M}_p + \mathfrak{M}_q)}{E\,J}\,d\,s$$

oder

$$f = \int \frac{M\,\mathfrak{M}}{E\,J}\,d\,s,$$

worin die $\mathfrak{M} = \mathfrak{M}_p + \mathfrak{M}_q$ von den gleichzeitig an p und q wirkenden Kräften 1 her-
rühren.

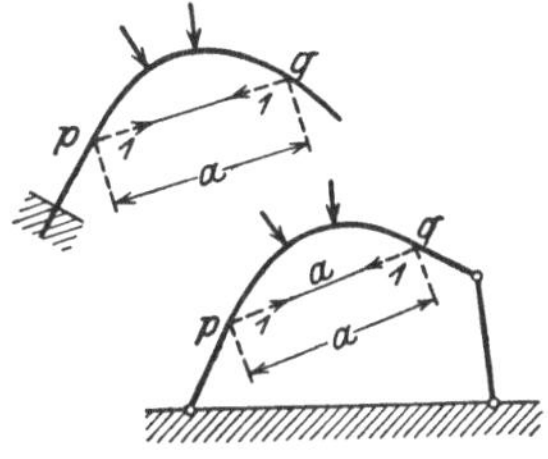

Bild 244 u. 245. Biegung
des krummen Stabes.

Wirken diese gedachten Kräfte „Eins" wie
in Bild 244 oder 245 strichiert, dann bedeutet ein positives f eine
Verkürzung, ein negatives f eine Verlängerung der Strecke a; bei
entgegengesetzt gerichteten Kräften erhält man das Umgekehrte.

Fall 5. Ist die wirkliche Belastung gleich den beiden gedachten
Kräften, dann erhält man

$$f = \int \frac{\mathfrak{M}^2}{E\,J}\,d\,s.$$

Fall 6. Lasten P statt „Eins" liefern

$$f = P \int \frac{\mathfrak{M}^2}{E\,J}\,d\,s.$$

Fall 7. Ein beliebig belasteter Stab verformt sich so, daß die
Stabachsentangente im beliebigen Punkte t nach Bild 246 eine Richtungsänderung ϑ erfährt. Bei Elastizität des Stabelementes ds ist

$$d\vartheta = d\varphi = \frac{M\,ds}{E\,J}$$

und somit bei Elastizität des ganzen Stabes

$$\vartheta = \int \frac{M}{E\,J}\,d\,s.$$

Der Einheitlichkeit wegen werden wir diese
Formel in etwas anderer Weise anschreiben. Denkt
man sich am Stabe im Punkte t ein Moment =
„Eins" angreifend, dann setzt dieses an der beliebigen Stabstelle s das Moment $\mathfrak{M} = $ „Eins" ab;
somit erhält obige Formel die Form

$$\vartheta = \int \frac{M\,\mathfrak{M}}{E\,J}\,d\,s.$$

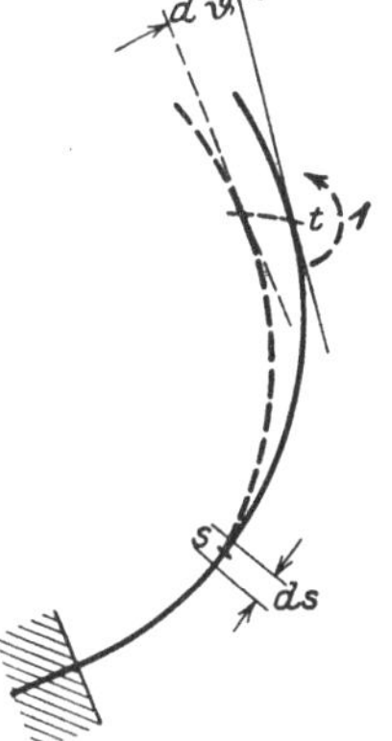

In dieser Form gilt die Formel auch für andere
Stabanordnungen, insbesondere für den durch Kipp-
bolzen und Pendelstütze gelagerten Stab nach
Bild 247. Wie in Fall 1 und Bild 243 liefert die

Bild 246. Neigungs-
änderung des einge-
spannten krummen
Stabes.

Verbiegung des Stückes ds um $d\varphi$ die Drehwinkel der schraffierten
Scheiben

$$d\alpha = d\beta\frac{c}{a} \quad \text{und} \quad d\beta = \frac{d\varphi}{\dfrac{c}{a}+1}.$$

Das an Punkt t gedachte Moment „Eins" liefert die Auflagerkräfte $A \pm B$, wobei $A\,e = 1$, und an Stabstelle s das Biegemoment
$\mathfrak{M} = A\,p = 1 \cdot \dfrac{p}{e}$. Wegen $p = \dfrac{e}{\dfrac{c}{a}+1}$ ist $\mathfrak{M} = \dfrac{1}{\dfrac{c}{a}+1}$ und $d\beta = d\varphi\,\mathfrak{M}$.

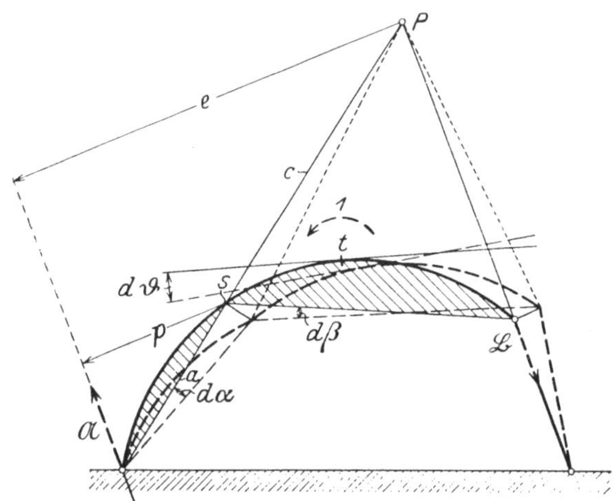

Bild 247. Neigungsänderung des durch Kippbolzen und Pendelstütze
gelagerten krummen Stabes.

Nun geht aus dem Bild sofort hervor, daß die Drehung der Stabtangente in t gleich ist dem Drehwinkel $d\beta$, somit ist

$$d\vartheta = d\varphi\,\mathfrak{M} = \frac{M\,\mathfrak{M}}{E\,J}\,d\,s,$$

woraus sofort obiger Ausdruck folgt.

Fall 8. Besteht die wirkliche Belastung aus dem Moment „Eins"
an t, dann gilt

$$\vartheta = \int \frac{\mathfrak{M}^2}{E\,J}\,d\,s.$$

Fall 9. Moment D statt „Eins" liefert

$$\vartheta = D \int \frac{\mathfrak{M}^2}{E\,J}\,d\,s.$$

Dem Fall 4 entsprechend liefern die Formeln der Fälle 7 bis 9
die Änderung des Neigungsunterschiedes zweier Stabtangenten an den
Punkten t_1 und t_2, wenn $\mathfrak{M}$ das Biegemoment an beliebiger Stabstelle durch die einander gleichen und entgegengesetzt gerichteten
Momente „Eins" an den Punkten t_1 und t_2 bezeichnet.

Fall 10. Besteht die Belastung aus den Lasten P_i an den Punkten i
in beliebigen Richtungen und der Last P_t am Punkte t in Richtung R,
dann liegt Fall 1 und 3 gleichzeitig vor und die Projektion der

Verschiebung des Punktes t in Richtung R ist

$$f = \int \frac{M'\mathfrak{M}}{EJ}\, ds + P_t \int \frac{\mathfrak{M}^2}{EJ}\, ds,$$

worin die M' von den Lasten P_i allein und die $\mathfrak{M}$ von der Kraft „Eins“ an t in Richtung R herrühren.

Fall 11. Besteht die Belastung aus den Lasten P_i wie im vorigen Falle und dem Moment D an Punkt t, dann ist der Drehwinkel der Stabtangente in Punkt t

$$\vartheta = \int \frac{M'\,\mathfrak{M}}{EJ}\, ds + D \int \frac{\mathfrak{M}^2}{EJ}\, ds,$$

worin die M' von den Lasten P_i allein und die $\mathfrak{M}$ vom Moment „Eins“ an t herrühren.

Die Formel des Falles 10 ist unter Anlehnung an Fall 4 auch anwendbar, wenn die Lasten P_i und an den Punkten t_1 und t_2 die beiden einander gleichen und entgegengesetzt gerichteten Lasten P_t angreifen; f bezeichnet dann die Verlängerung oder Verkürznng der Strecke $t_1 t_2$.

Desgleichen liefert die Formel des Falles 11 die Änderung der gegenseitigen Neigung der Stabtangenten an den Punkten t_1 und t_2, wenn D die daselbst wirkenden und entgegengesetzt gerichteten Momente bezeichnen.

Fall 12. Besteht die Belastung aus

den Lasten P_i an den Punkten i in beliebigen Richtungen,
der Last P_a am Punkte a in Richtung A,
der Last P_b am Punkte b in Richtung B,
der Last P_c am Punkte c in Richtung C usw.,

dann folgt die Projektion der Verschiebung des Punktes a auf Richtung A aus Fall 10, worin M' durch $M' + P_b\,\mathfrak{M}_b + P_c\,\mathfrak{M}_c$ und $\mathfrak{M}$ durch $\mathfrak{M}_a$ zu ersetzen ist; demnach ist

$$f_a = \int \frac{M'\,\mathfrak{M}_a}{EJ}\, ds + P_a \int \frac{\mathfrak{M}_a\,\mathfrak{M}_a}{EJ}\, ds + P_b \int \frac{\mathfrak{M}_a\,\mathfrak{M}_b}{EJ}\, ds + P_c \int \frac{\mathfrak{M}_a\,\mathfrak{M}_c}{EJ}\, ds + \cdots,$$

worin die M' von den Lasten P_i und die $\mathfrak{M}_a\,\mathfrak{M}_b\,\mathfrak{M}_c \ldots$ von der Kraft „Eins“ an $a\,b\,c\ldots$ in Richtung $A\,B\,C\ldots$ herrühren.

Desgleichen ist

$$f_b = \int \frac{M'\,\mathfrak{M}_b}{EJ}\, ds + P_a \int \frac{\mathfrak{M}_b\,\mathfrak{M}_a}{EJ}\, ds + P_b \int \frac{\mathfrak{M}_b\,\mathfrak{M}_b}{EJ}\, ds + P_c \int \frac{\mathfrak{M}_b\,\mathfrak{M}_c}{EJ}\, ds + \cdots,$$

$$f_c = \int \frac{M'\,\mathfrak{M}_c}{EJ}\, ds + P_a \int \frac{\mathfrak{M}_c\,\mathfrak{M}_a}{EJ}\, ds + P_b \int \frac{\mathfrak{M}_c\,\mathfrak{M}_b}{EJ}\, ds + P_c \int \frac{\mathfrak{M}_c\,\mathfrak{M}_c}{EJ}\, ds + \cdots.$$

Die Formeln des Falles 12 gelten sinngemäß auch für den Fall, daß zwei gleiche und entgegengesetzt gerichtete Lasten P an den Punkten a_1 und a_2 angreifen, wobei dann f_a die Änderung des Abstandes $a_1 a_2$ bezeichnet; ferner liefern sie statt der f die Neigungsänderung einer Stabtangente, wenn statt des betreffenden P das Moment D eingeführt wird usw.

Diese Formeln haben für die unmittelbare Verwendung bei der Formänderungsberechnung von Biegestabgebilden geringere Bedeutung, wurden aber aufgestellt zur späteren Verwendung bei den mehrfach statisch unbestimmten Gebilden, die im vierten Abschnitt behandelt werden.

Allgemeine Bemerkungen über diese Formeln. Alle Formeln gelten zunächst ganz allgemein, also für krumme Stäbe, im Sonderfall auch für gerade Stäbe und für gebrochene Stäbe mit steifen Ecken, außerdem für beliebig veränderliches Trägheitsmoment. Bei gleichbleibendem Trägheitsmoment kann, wenn E unveränderlich ist, der Wert EJ stets vor das Integral gesetzt werden.

Die Integration ist nur in einfacheren Fällen durchführbar und besonders bei veränderlichem J kaum möglich. In weniger einfachen Fällen und bei veränderlichem J ist die Integration durch die algebraische Summierung zu ersetzen, wobei der Stab in endliche, gleiche oder ungleiche Teile Δs zerlegt wird. Die M und $\mathfrak{M}$ bezieht man dabei auf die Mitten dieser Δs. Man erhält, da die M und $\mathfrak{M}$ zuweilen entgegengesetzte Vorzeichen haben, meist Posten mit wechselnden Vorzeichen; nur in den Formeln mit $\mathfrak{M}^2$ haben alle Posten positive Vorzeichen.

Bei geraden Stäben tritt an die Stelle des Bogenelementes ds bzw. Δs das Stabelement dx bzw. Δx oder dy bzw. Δy usw.

Einheiten. Man drückt alle Lasten, Kräfte und Momente, auch die gedachten, in kg und cm aus, setzt E in kg/cm² ein und erhält die f in cm bzw. die ϑ im Bogenmaß. Rechnet man in t und cm, dann ist E in t/cm² einzusetzen, die f ergeben sich wieder in cm.

Anmerkung. Die Ableitung der vorstehenden Formeln beruht lediglich auf leicht verständlichen geometrisch-kinematischen Vorgängen. Im Gegensatz hierzu pflegt die Mehrzahl der Statiker diese Formeln aus den Gesetzen der Formänderungsarbeit abzuleiten, was wohl in der geschichtlichen Entwicklung der Statik begründet ist. Dieses Verfahren beruht z. B. bei Fall 2 S. 88 auf dem Grundgedanken, daß die Kraft „Eins" an Punkt t den Stab verbiegt und infolge der Verschiebung seines Angriffspunktes die mechanische Arbeit $= {}^1/_2 \times$ Kraft $\times$ Projektion der Verschiebung auf die Kraftrichtung an den Stab abgibt; der Faktor ${}^1/_2$ rührt her von der allmählichen Kraftsteigerung bis zum Endwert. Diese Arbeit kommt als potentielle Energie des gebogenen Stabes wieder zum Vorschein. Hierfür werden in der Festigkeitslehre Integralausdrücke aufgestellt, die die Biegemomente und die Festwerte E und J des Stabes enthalten. Aus der Gleichheit beider Ansätze folgt die gesuchte Verschiebungsprojektion. Mit gewissen Abänderungen dieses Grundgedankens gelangt man zu allen übrigen Formeln dieses Abschnitts.

Nun ist zu bedenken, daß die Gewinnung der Ansätze für die Arbeit der biegenden Kraft und für die potentielle Energie ebenfalls auf den hier benutzten kinematischen Vorgängen beruht. Somit macht nach Ansicht des Verfassers die Rechnung nach den Arbeitssätzen einen Umweg, der in den Ableitungen dieses Abschnitts vermieden wurde. Es ist in diesem Buche, im Gegensatz zu den meisten anderen Werken gleichen Inhalts, an keiner Stelle der Begriff der Formänderungsarbeit des elastischen Gebildes benutzt worden; der Begriff „Arbeit" ist der Statik wesensfremd und der Verfasser wollte zeigen, daß man diesen Begriff hier nicht benötigt. Sämtliche Ansätze des Buches decken sich selbstverständlich völlig mit den sonst auf dem Arbeitswege gewonnenen. Namentlich der Studierende findet in den Arbeitssätzen nicht zu verkennende Schwierigkeiten, die hier durch geometrische Betrachtungen einfachster Art mühelos umgangen wurden.

Beispiele hierzu.

1. Freiträger mit Außenlast, Bild 248. Gesucht Senkung des Außenpunktes.

Nach Fall 3 ist an beliebiger Stabstelle $\mathfrak{M} = -1 \cdot x$, somit

$$f = \frac{P}{EJ} \int_0^l \mathfrak{M}^2 \, dx = \frac{P}{EJ} \int_0^l x^2 \, dx = \frac{P}{EJ} \frac{l^3}{3}.$$

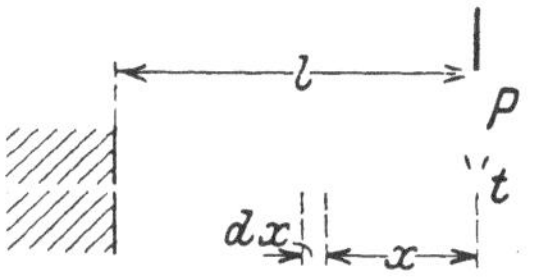

Bild 248. Freiträger mit Außenlast.

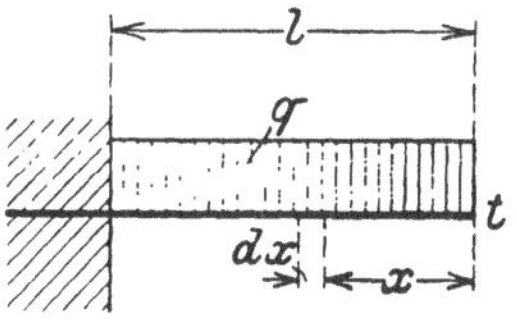

Bild 249. Freiträger mit Gleichstreckenlast.

2. Freiträger mit Gleichstreckenlast, Bild 249. Gesucht Senkung des Außenpunktes. Nach Fall 1 ist

$$M = -\frac{q\,x^2}{2} \quad \text{und} \quad \mathfrak{M} = -1 \cdot x,$$

somit

$$f = \frac{1}{EJ} \int_0^l M \mathfrak{M} \, dx = \int_0^l \frac{q\,x^2}{2} x \, dx = \frac{q}{EJ} \frac{l^4}{8} = \frac{P}{EJ} \frac{l^3}{8},$$

worin Gesamtlast $P = q\,l$.

3. Freiträger mit Außenlast, Bild 250. Gesucht Senkung des Punktes t. Nach Fall 1 gilt

für Stabteil a $M_a = -P x$ und $\mathfrak{M}_a = -1\,(x - b)$,
für Stabteil b $M_b = -P x$ und $\mathfrak{M}_b = 0$,

somit kommt nur der Teil a zur Geltung,

$$f = \frac{1}{EJ}\int_b^l M_a \mathfrak{M}_a\, dx = \frac{1}{EJ}\int_b^l Px(x-b)\, dx = \frac{P}{EJ}\left(\frac{l^3-b^3}{2} - \frac{b(l^2-b^2)}{2}\right).$$

$b = 0$ liefert das Ergebnis nach Beispiel 1.

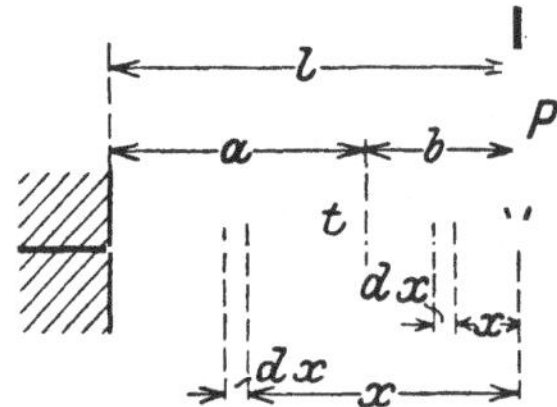

Bild 250. Freiträger mit Außenlast.

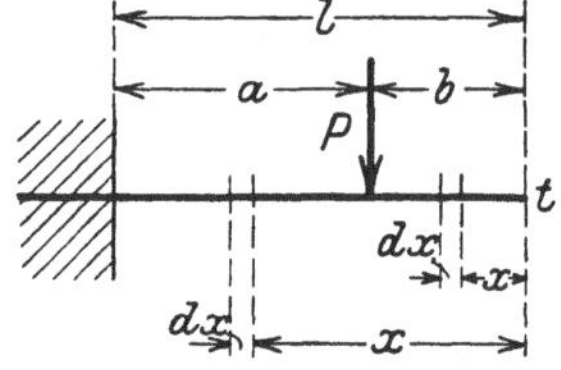

Bild 251. Freiträger mit Einzellast.

4. **Freiträger mit Einzellast, Bild 251.** Gesucht Senkung des Außenpunktes. Umgekehrt ist hier

$$M_a = -P(x-b),\quad \mathfrak{M}_a = -1\cdot x,\quad M_b = 0,\quad \mathfrak{M}_b = -1\cdot x,$$

somit

$$f = \frac{1}{EJ}\int_b^l M_a \mathfrak{M}_a\, dx = \frac{1}{EJ}\int_b^l P(x-b)x\, dx = \frac{P}{EJ}\left(\frac{l^3-b^3}{3} - \frac{b(l^2-b^2)}{2}\right),$$

also dasselbe wie im vorigen Beispiel. Auf solche noch öfter vorkommende Gleichheiten kommen wir auf S. 120 nochmal zurück.

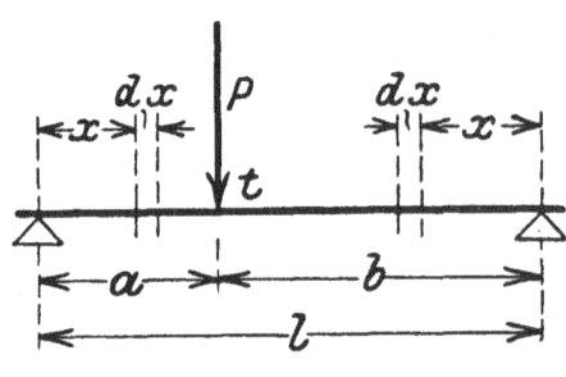

Bild 252. Träger mit Einzellast.

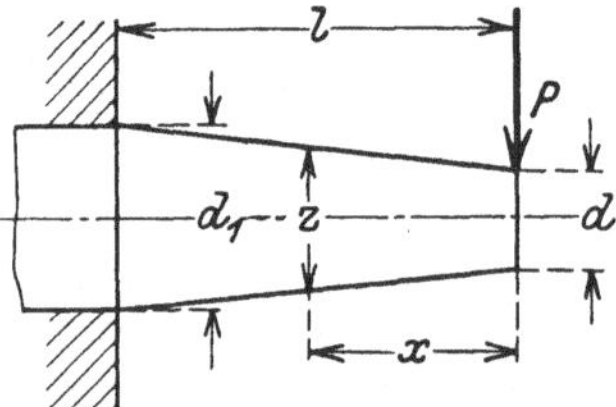

Bild 253. Kegelstumpfstab.

5. **Träger mit Einzellast, Bild 252.** Gesucht Senkung des Lastpunktes. Nach Fall 3 ist für Last 1 an t

$$\mathfrak{A} = 1\cdot b:l,\quad \mathfrak{B} = 1\cdot a:l,\quad \mathfrak{M}_a = \mathfrak{A}x = 1\cdot bx:l,\quad \mathfrak{M}_b = \mathfrak{B}x = 1\cdot ax:l,$$

$$f = \frac{P}{EJ}\left(\int_0^a \mathfrak{M}_a^2\, dx + \int_0^b \mathfrak{M}_b^2\, dx\right) = \frac{P}{EJ}\left(\int_0^a \frac{b^2 x^2}{l^2}\, dx + \int_0^b \frac{a^2 x^2}{l^2}\, dx\right) = \frac{Pl^3}{3EJ}\left(\frac{a}{l}\,\frac{b}{l}\right)^2.$$

6. **Kegelstumpfstab als Freiträger mit Außenlast, Bild 253.** Gesucht Senkung des Außenpunktes.

An der Stelle x ist der Durchmesser $z = d + cx$, somit

$$J = \frac{\pi}{64}z^4 = \frac{\pi}{64}(d+cx)^4.$$

Nach Fall 3 ist $\mathfrak{M} = -1 \cdot x$, somit

$$f = \frac{P}{E}\int_0^l \frac{\mathfrak{M}^2}{J}\,dx = \frac{P}{E}\int_0^l \frac{x^2}{\dfrac{\pi}{64}(d+cx)^4}\,dx =$$

$$= \frac{P}{\dfrac{\pi}{64}E}\left[-\left(\frac{x^2}{c}+\frac{dx}{c^2}+\frac{d^2}{3\,c^3}\right)\frac{1}{(d+cx)^3}\right]_0^l;$$

die Ausrechnung liefert

$$f = \frac{P}{\dfrac{\pi}{64}E}\,\frac{d_1{}^3 - d^3 - 3\,c\,l\,d\,d_1}{3\,c^3\,d\,d_1},$$

worin $d_1 = d + cl$.

$$P = 1000\,\text{kg}, \quad l = 100\,\text{cm},$$
$$d = 5\,\text{cm} \quad \text{und} \quad d_1 = 10\,\text{cm}$$

liefert $c = \dfrac{10 \quad 5}{100} = 0,05$ und

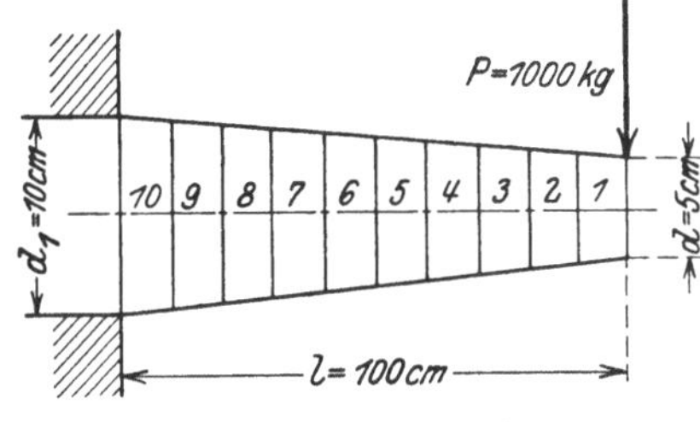

Bild 251. Kegelstumpfstab.

mit $E = 2\,150\,000\,\text{kg/cm}^2$ ist $f = 0,63\,\text{cm}$.

Derselbe Freiträger zylindrisch mit $d = 10\,\text{cm}$ liefert $f' = 0,317$ cm, somit liefert die kegelige Verjüngung den doppelten Biegepfeil.

7. Derselbe Kegelstumpfstab nach dem $\varSigma$-Verfahren. Wir teilen nach Bild 254 in 10 gleiche Teile je $\varDelta s = 10$ cm und rechnen tabellarisch.

Teil	$\mathfrak{M}$ kgcm	d cm	J cm⁴	$\dfrac{\mathfrak{M}^2\,\varDelta s}{J}$
1	5	5,25	37,3	7
2	15	5,75	63,7	35
3	25	6,25	74,9	83
4	35	6,75	101,9	120
5	45	7,25	135,6	149
6	55	7,75	177,1	171
7	65	8,25	227,4	186
8	75	8,75	287,3	196
9	85	9,25	359,4	201
10	95	9,75	443,7	203

Zusammen 1351

$$f = \frac{P}{E}\sum \frac{\mathfrak{M}^2\,\varDelta s}{J} = \frac{1000\cdot 1351}{2\,150\,000} = 0,628\,\text{cm},$$

also dasselbe wie oben.

8. Winkelstab nach Bild 255. Gesucht Senkung des Außenpunktes. Nach Fall 3 ist für Last 1 an t

$$\mathfrak{M}_l = -1\cdot x \quad \text{und} \quad \mathfrak{M}_h = -1\cdot l,$$

somit

$$f=\frac{P}{E}\left(\frac{1}{J_l}\int_0^l \mathfrak{M}_l{}^2\,dx+\frac{1}{J_h}\int_0^h \mathfrak{M}_h{}^2\,dy\right)=\frac{P}{E}\left(\frac{l^3}{3\,J_l}+\frac{l^2\,h}{J_h}\right).$$

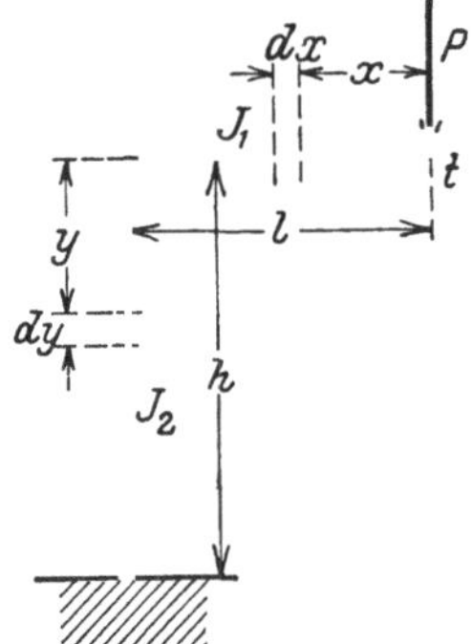

Bild 255. Winkelstab.

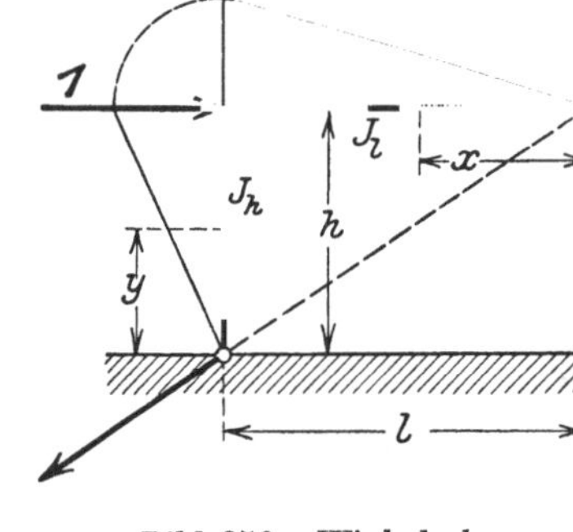

Bild 256. Winkelrahmen.

9. Derselbe Winkelstab. Gesucht wagrechte Verschiebung des Außenpunktes. Nach Fall 1 ist

für Last P $M_l=-Px$ und $M_h=-Pl$,

für Last 1 an t wagrecht $\mathfrak{M}_l=0$ und $\mathfrak{M}_h=-1\cdot y$,

somit

$$f=\frac{P}{E}\left(\frac{1}{J_l}\int_0^l M_l\,\mathfrak{M}_l\,dx+\frac{1}{J_h}\int_0^h M_h\,\mathfrak{M}_h\,dy\right)=\frac{P}{EJ_h}\frac{l\,h^2}{2}.$$

Die Gesamtverschiebung des Außenpunktes bildet die Resultierende dieser beiden Verschiebungsprojektionen.

10. Winkelstab durch Kippbolzen und Pendelstütze gelagert, Bild 256. Gesucht wagrechte Verschiebung des Lastpunktes.

Mit den eingeschriebenen Auflagerkräften ist nach Fall 3

$$\mathfrak{M}_l=1\cdot\frac{h}{l}\,x\quad\text{und}\quad \mathfrak{M}_h=1\cdot y,$$

somit

$$f=\frac{1}{E}\left(\frac{1}{J_l}\int_0^l \mathfrak{M}_l{}^2\,dx+\frac{1}{J_h}\int_0^h \mathfrak{M}_h{}^2\,dy\right)=\frac{1}{E}\left(\frac{1}{J_l}\frac{h^2}{l^2}\frac{l^3}{3}+\frac{1}{J_h}\frac{h^3}{3}\right)=$$

$$=\frac{h^2}{3\,E}\left(\frac{l}{J_l}+\frac{h}{J_h}\right).$$

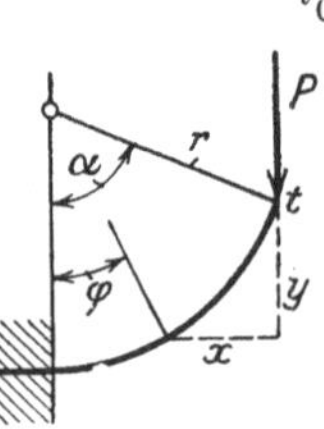

Bild 257. Kreisbogen.

11a. Eingespannter Kreisbogen mit lotrechter Last, Bild 257. Gesucht Senkung des Außenpunktes.

Nach Fall 3 ist $\mathfrak{M}=-1\cdot x$. $f=\dfrac{P}{EJ}\displaystyle\int x^2\,dx$.

Hier wird besser mit Winkelfunktionen gerechnet.

Mit $x = r(\sin\alpha - \sin\varphi)$ und $ds = r\,d\varphi$ ist

$$f = \frac{Pr^3}{EJ}\int_0^\alpha (\sin\alpha - \sin\varphi)^2\,d\varphi = \frac{Pr^3}{EJ}\left[\sin^2\alpha\int_0^\alpha d\varphi - 2\sin\alpha\int_0^\alpha \sin\varphi\,d\varphi + \right.$$

$$\left. + \int_0^\alpha \sin^2\varphi\,d\varphi\right] = \frac{Pr^3}{EJ}\left[\alpha\sin^2\alpha + \sin 2\alpha - 2\sin\alpha - \frac{\sin 2\alpha}{4} + \frac{\alpha}{2}\right] =$$

$$= \frac{Pr^3}{EJ}\left[\alpha\sin^2\alpha + \frac{3}{4}\sin 2\alpha - 2\sin\alpha + \frac{\alpha}{2}\right].$$

11 b. Dasselbe. Gesucht wagrechte Verschiebung des Außenpunktes. Nach Fall 1 ist für Last P $M = -Px$ und für gedachte Last 1 wagrecht $\mathfrak{M} = -1\cdot y$. Mit

$$x = r(\sin\alpha - \sin\varphi) \quad\text{und}\quad y = r(\cos\varphi - \cos\alpha) \text{ ist}$$

$$f = \frac{1}{EJ}\int_0^\alpha M\mathfrak{M}\,ds = \frac{Pr^3}{EJ}\int_0^\alpha (\sin\alpha - \sin\varphi)(\cos\varphi - \cos\alpha)\,d\varphi =$$

$$= \frac{Pr^3}{EJ}\left(\sin\alpha\int_0^\alpha \cos\varphi\,d\varphi - \sin\alpha\cos\alpha\int_0^\alpha d\varphi - \right.$$

$$\left. - \int_0^\alpha \sin\varphi\cos\varphi\,d\varphi + \cos\alpha\int_0^\alpha \sin\varphi\,d\varphi\right) =$$

$$= \frac{Pr^3}{EJ}\left(\frac{\sin^2\alpha}{2} - \alpha\sin\alpha\cos\alpha + \cos\alpha - \cos^2\alpha\right).$$

12 a. Eingespannter Kreisbogen mit wagrechter Last, Bild 258. Gesucht Senkung des Außenpunktes.

Nach Fall 1 ist $M = -Py$ und $\mathfrak{M} = -1\cdot x$. Mit x und y wie in den vorigen Beispielen ist

$$f = \frac{Pr^3}{EJ}\int_0^\alpha (\cos\varphi - \cos\alpha)(\sin\alpha - \sin\varphi)\,d\varphi,$$

d. i. dasselbe wie nach Beispiel 11 b.

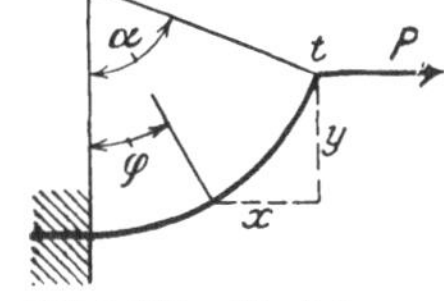

Bild 258. Kreisbogen.

12 b. Dasselbe. Gesucht wagrechte Verschiebung des Außenpunktes.

Nach Fall 3 ist $\mathfrak{M} = -1\cdot y$, somit

$$f = \frac{P}{EJ}\int y^2\,ds = \frac{Pr^3}{EJ}\int_0^\alpha (\cos\varphi - \cos\alpha)^2\,d\varphi =$$

$$= \frac{Pr^3}{EJ}\left(\frac{\alpha}{2} + \alpha\cos^2\alpha - \frac{3}{2}\sin\alpha\cos\alpha\right).$$

Aus diesen vier Fällen ergibt sich die Gesamtverschiebung des Außenpunktes bei beliebig gerichteter Kraft P.

13. **Kreisbogen** nach Bild 259. Die Verlängerung der Sehne ist das Doppelte des Betrages vom vorigen Falle.

14. **Durchschnittener Kreisring** nach Bild 260. Gesucht die Spreizung der Enden.

Der Ring an der dem Schnitt gegenüberliegenden Stelle eingespannt gedacht liefert nach Beispiel 12 b mit $\alpha = \pi$

$$f = 2 \cdot \frac{P r^3}{EJ} \left(\frac{\pi}{2} + \pi \right) = \frac{P r^3}{EJ} \, 3\,\pi \,.$$

15. **Beliebiger krummer Stab mit Endmoment** D, Bild 261. Gesucht Verschiebung des Außenpunktes nach oben.

Nach Fall 1 ist an jeder Stabstelle $M = D$ und $\mathfrak{M} = 1 \cdot x$, somit

$$f = \frac{1}{EJ} \int_0^l M \, \mathfrak{M} \, ds = \frac{D}{EJ} \int_0^l x \, ds \,.$$

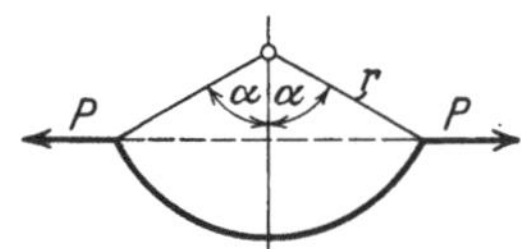

Bild 259. Kreisbogen.

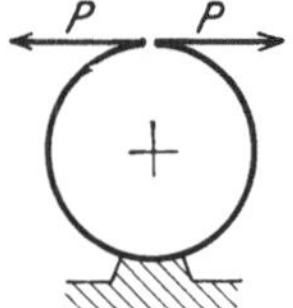

Bild 260. Offener Kreisring.

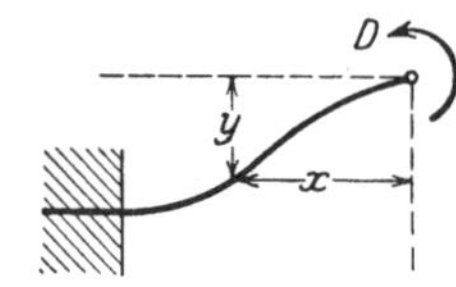

Bild 261. Krummer Stab mit Endmoment.

16. **Dasselbe.** Gesucht Verschiebung des Außenpunktes nach links. Hier ist nach Fall 1

$$f = \frac{D}{EJ} \int_0^l y \, ds \,.$$

17. **Dasselbe.** Gesucht Richtungsänderung der Endtangente. Nach Fall 7 ist mit $l = $ Stablänge

$$\tau = \frac{D}{EJ} \int_0^l ds = \frac{Dl}{EJ} \,.$$

18. **Federung eines Ausgleichsrohres für Dampfleitungen**, Bild 262. Nach Fall 2 ist

$$f = \frac{2}{EJ} \Sigma y^2 \, \varDelta s \,.$$

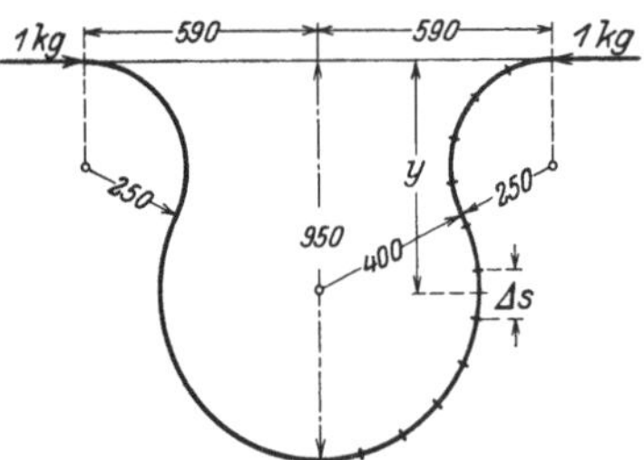

Bild 262. Ausgleichsrohr.

Für die 12 gleichen Teile von je 11 cm und den Ordinaten $y = 1, 5, 14, 24, 35, 45, 56, 67, 77, 86, 92$ und 94 cm ist

$$f = \frac{2}{EJ} (1^2 + 5^2 + 14^2 + \cdots + 94^2) = \frac{900\,000}{EJ} \text{ cm} \,.$$

Siehe auch die Bemerkungen nach S. 106.

19. Schematische Rechnung. Besteht das Gebilde aus geraden Stabstücken mit linear verlaufendem M und $\mathfrak{M}$ und mit unveränderlichem J, dann lassen sich fertige Gebrauchsformeln aufstellen, die die jedesmalige Integration entbehrlich machen.

Erhält nach Bild 263 das Stabstück l die Momente M_i und M_k bzw. $\mathfrak{M}_i$ und $\mathfrak{M}_k$, dann ist an beliebiger Stelle

$$M = M_i\frac{l-x}{l} + M_k\frac{x}{l} \quad \text{bzw.} \quad \mathfrak{M} = \mathfrak{M}_i\frac{l-x}{l} + \mathfrak{M}_k\frac{x}{l}.$$

Somit lautet der im Falle 1 vorkommende Teilansatz

$$\int_0^l M\,\mathfrak{M}\,dx = \frac{1}{l^2}\int_0^l (M_i(l-x) + M_k x)(\mathfrak{M}_i(l-x) + \mathfrak{M}_k x)\,dx =$$

$$= \frac{l}{3}\left(M_i\mathfrak{M}_i + \frac{1}{2}(M_i\mathfrak{M}_k + M_k\mathfrak{M}_i) + M_k\mathfrak{M}_k\right).$$

Bei Fall 2 oder 3 erhält man mit $M_i = \mathfrak{M}_i$ und $M_k = \mathfrak{M}_k$ den Teilansatz

$$\int_0^l \mathfrak{M}^2\,dx - \frac{l}{3}(\mathfrak{M}_i^2 + \mathfrak{M}_i\,\mathfrak{M}_k + \mathfrak{M}_k^2).$$

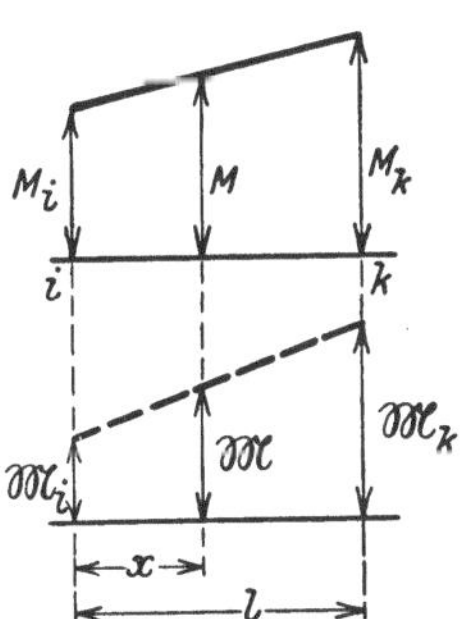

Bild 263. Gerades Stabstück.

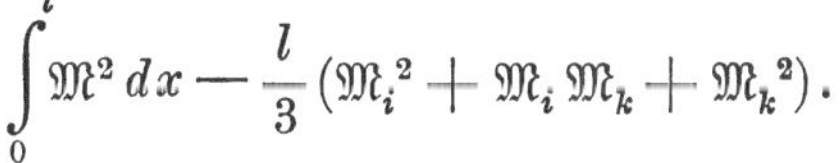

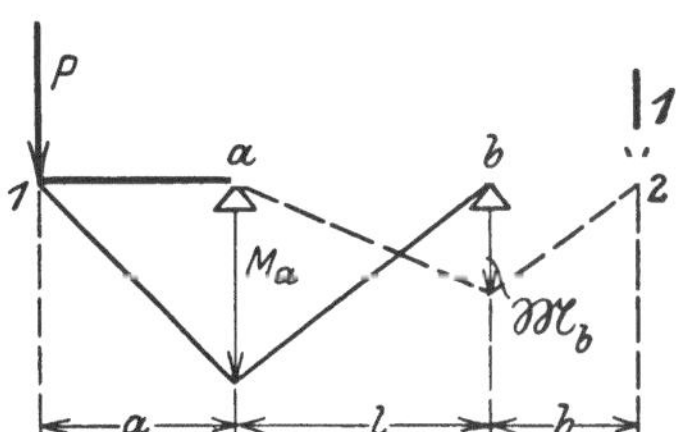

Bild 264. Träger mit Außenlast.

Diese Ausdrücke sind sinngemäß auf die Formeln des Falles 12 anwendbar; es ist somit z. B.

$$\int_0^l M'\,\mathfrak{M}_a\,ds = \frac{l}{3}\left(M_i'\,\mathfrak{M}_{ai} + \frac{1}{2}(M_i'\,\mathfrak{M}_{ak} + M_k'\,\mathfrak{M}_{ai}) + M_k'\,\mathfrak{M}_{ak}\right),$$

$$\int_0^l \mathfrak{M}_a\,\mathfrak{M}_a\,ds = \frac{l}{3}(\mathfrak{M}_{ai}^2 + \mathfrak{M}_{ai}\,\mathfrak{M}_{ak} + \mathfrak{M}_{ak}^2),$$

$$\int_0^l \mathfrak{M}_a\,\mathfrak{M}_b\,ds = \frac{l}{3}\left(\mathfrak{M}_{ai}\,\mathfrak{M}_{bi} + \frac{1}{2}(\mathfrak{M}_{ai}\,\mathfrak{M}_{bk} + \mathfrak{M}_{ak}\,\mathfrak{M}_{bi}) + \mathfrak{M}_{ak}\,\mathfrak{M}_{bk}\right)$$

usw.

a) Träger nach Bild 264. Gesucht Senkung des Punktes 2.

$$M_1 = 0, \quad M_a = -Pa, \quad M_b = 0, \quad M_2 = 0,$$

$$\mathfrak{M}_1 = 0, \quad \mathfrak{M}_a = 0, \quad \mathfrak{M}_b = -1\cdot b, \quad \mathfrak{M}_2 = 0.$$

$$f = \frac{1}{EJ}\frac{l}{3}\frac{1}{2}(-Pa)(-b) = \frac{Pabl}{6\,EJ}.$$

b) **Winkelstab** nach Bild 265. Gesucht Senkung des Lastpunktes.
$\mathfrak{M}_1 = 0$, $\mathfrak{M}_2 = \dfrac{a}{2}$.

$$f = \frac{P}{EJ}\, 2\, \frac{l}{3}\left(0 + 0 + \frac{a^2}{4}\right) = \frac{Pla^2}{6\,EJ}.$$

c) **Derselbe Winkelstab** nach Bild 266. Gesucht Verschiebung des rechten Auflagers.

$$M_1 = 0, \quad M_2 = \frac{P}{2}a, \quad \mathfrak{M}_1 = 0, \quad \mathfrak{M}_2 = 1 \cdot h,$$

$$f = \frac{1}{EJ} \cdot 2 \cdot \frac{l}{3}\left(0 + \frac{1}{2}\cdot 0 + \frac{P}{2}ah\right) = \frac{Plah}{3\,EJ}.$$

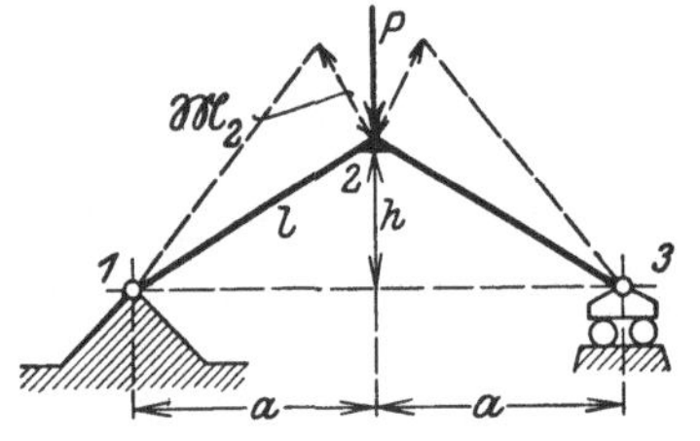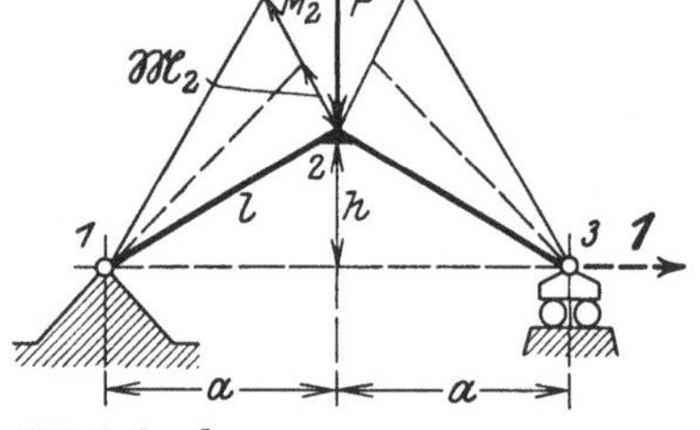

Bild 265 u. 266. Winkelstab.

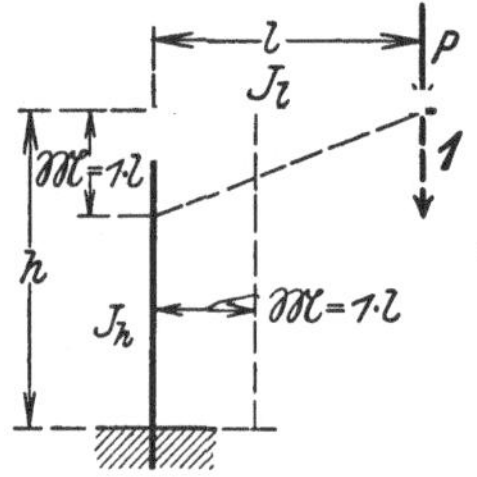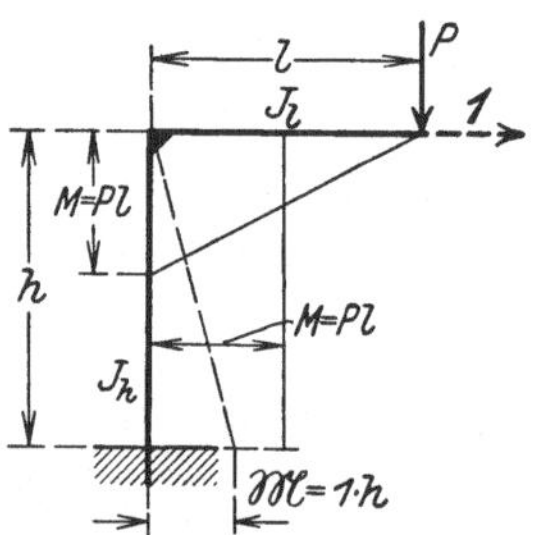

Bild 267 u. 268. Eingespannter Winkelstab.

d) **Winkelstab** nach Bild 267. Gesucht Senkung des Lastpunktes.

$$f = \frac{P}{3E}\left[\frac{l}{J_l}l^2 + \frac{h}{J_h}(l^2 + l^2 + l^2)\right] = \frac{P}{E}\left(\frac{l^3}{3J_l} + \frac{l^2 h}{J_h}\right),$$

also dasselbe wie nach Beispiel 8.

e) **Derselbe Winkelstab** nach Bild 268. Gesucht wagrechte Verschiebung des Lastpunktes.

$$f = \frac{1}{3E}\left[\frac{l}{J_l}\cdot 0 + \frac{h}{J_h}\left(0 + \frac{1}{2}(0 + Plh) + Plh\right)\right] = \frac{Plh^2}{2\,EJ_h},$$

also dasselbe wie nach Beispiel 9.

f) **Winkelstab** nach Bild 269 (Kranausleger u. dgl.). Gesucht Senkung des Lastpunktes.

$$f = \frac{P}{3E}\left[\frac{l}{J_l}(0 + 0 + a^2) + \frac{b}{J_b}(a^2 + a^2 + a^2) + \frac{c}{J_c}(a^2 + 0 + 0)\right] =$$

$$= \frac{P}{3E}\left(\frac{l\,a^2}{J_l} + \frac{3\,b\,a^2}{J_b} + \frac{c\,a^2}{3\,J_c}\right).$$

g) **Krangerüst** nach Bild 270. Gesucht Senkung des Lastpunktes.

$$f = \frac{P}{3E}\left[\frac{a}{J_a}a^2 + \frac{b}{J_h}\left(\frac{a}{h}b\right)^2 + \frac{c}{J_h}\left(\frac{a}{h}c\right)^2\right] =$$

$$= \frac{P}{3E}\left[\frac{a^3}{J_a} + \frac{a^2}{h^2 J_h}(b^3 + c^3)\right].$$

h) **Stabgebilde** nach Bild 271. Gesucht Senkung des Lastpunktes.

$$f = \frac{P}{3E}\left[\frac{b^3}{J_b} + \frac{3\,c\,b^2}{J_c} + \frac{e}{J_l}\left(\frac{g}{l}e\right)^2 + \frac{d}{J_l}\left(\frac{a}{l}d\right)^2\right].$$

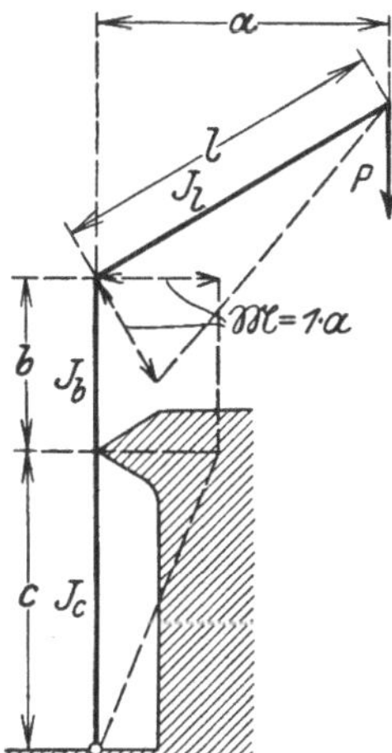

Bild 269. Winkelstab.

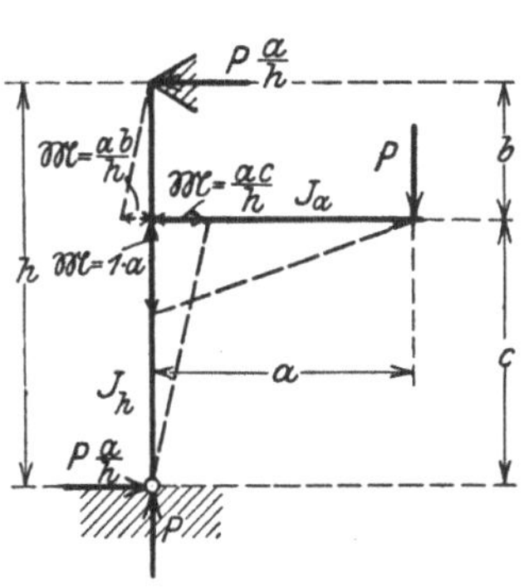

Bild 270. Krangerüst.

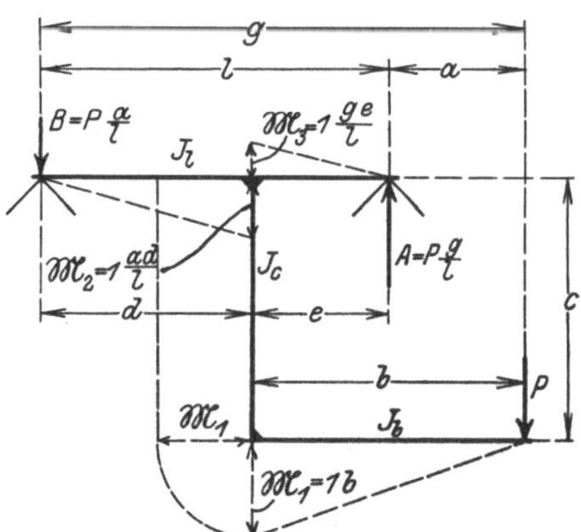

Bild 271. Hängeausleger.

i) **Träger mit Nebenträger** nach Bild 272. Gesucht Senkung des Lastpunktes.

$$f = \frac{P}{3E}\left[\frac{1}{J_1}\left(a\,\mathfrak{M}_a^2 + b\,\mathfrak{M}_b^2 + c(\mathfrak{M}_a^2 + \mathfrak{M}_a\mathfrak{M}_b + \mathfrak{M}_b^2) + \frac{1}{J_2}(d\,\mathfrak{M}_n^2 + e\,\mathfrak{M}_n^2)\right)\right] =$$

$$= \frac{P}{3E}\left[\frac{1}{J_1}\left(\mathfrak{M}_a^2(a + c) + \mathfrak{M}_b^2(b + c) + \mathfrak{M}_a\mathfrak{M}_b c\right) + \frac{1}{J_2}c\,\mathfrak{M}_n^2\right].$$

20. Ein Träger mit Endstützen erhalte beliebige Belastung und dadurch die in Bild 273 gezeichnete M-Linie. Gesucht ist die Neigung ϑ_1 der elastischen Linie am linken Auflager.

Nach Fall 7 liefert das am linken Auflager gedachte Moment „Eins" die Auflagerkräfte je $1:l$ und die in Bild 273 strichierte $\mathfrak{M}$-Linie mit $\mathfrak{M} = x:l$. Somit ist

$$\vartheta_1 = \frac{1}{EJ}\int_0^l M\,\mathfrak{M}\,dx = \frac{1}{EJl}\int_0^l M\,dx = \frac{\mathfrak{R}}{EJl},$$

worin $\mathfrak{R}$ das statische Moment der gegebenen M-Fläche bezogen auf das rechte Auflager bezeichnet.

S. auch S. 78, Beisp. 5. Über Anwendung der Schlußformel beim durchlaufenden Träger s. S. 175.

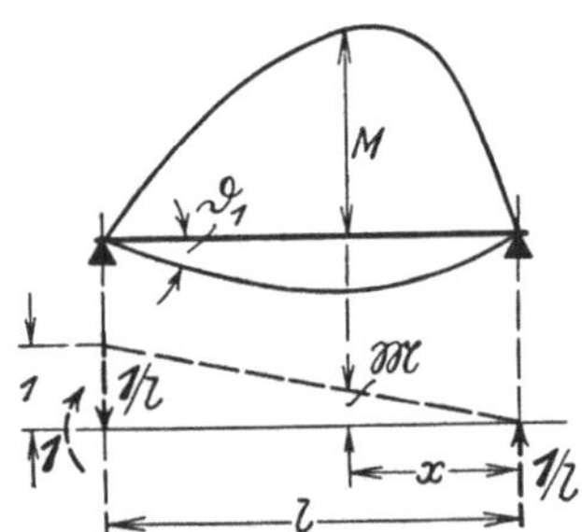

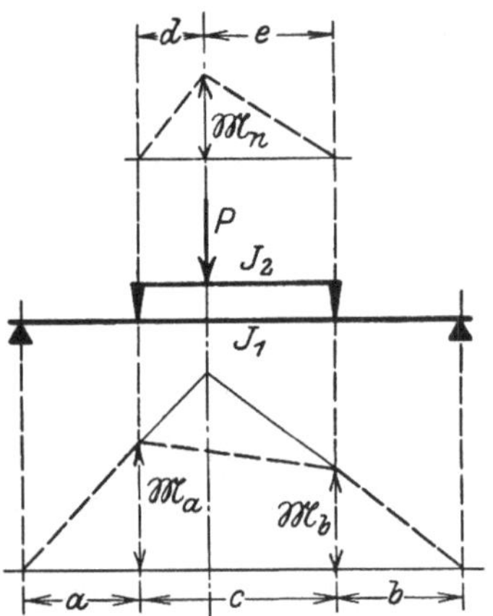

Bild 272. Träger mit Nebenträger.

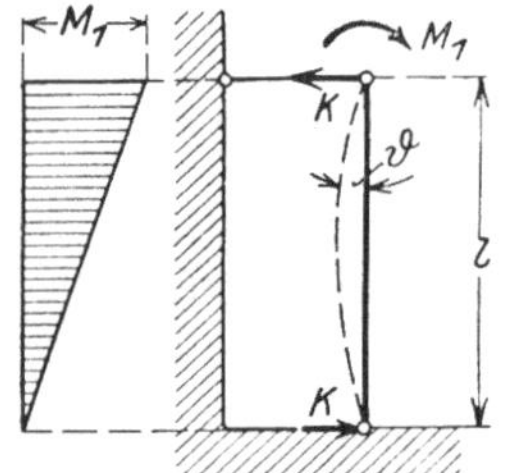

Bild 274. Lotrechter Stab mit Endmoment.

21. Lotrechter Stab. Auf das obere Ende eines nach Bild 274 festgehaltenen Stabes wirke das Moment M_1. Zur Aufrechterhaltung des Gleichgewichtes dienen die im Bilde eingetragenen Auflagerkräfte $K = M_1:l$; das Bild zeigt außerdem die M-Linie. Gesucht ist die Neigung ϑ der elastischen Linie am oberen Stabende.

Nach dem Vorigen ist

$$\vartheta = \frac{\mathfrak{R}}{EJl} \quad \text{und mit} \quad \mathfrak{R} = \frac{M_1 l}{2}\frac{2}{3}l$$

$$\vartheta = \frac{M_1 l}{3 EJ}.$$

22. Lotrechter Stab. Am oberen Ende eines nach Bild 275 eingespannten Stabes wirke das Moment M_1 und die Kraft P. Gesucht ist f und ϑ.

Für Querschnitt x ist $M = M_1 - Px$ und für $x = l$ das Einspannmoment $M_2 = M_1 - Pl$; das Bild zeigt die M-Linie. Nun ist nach Fall 1

$$f = \frac{1}{EJ} \int_0^l M \, \mathfrak{M} \, dx,$$

worin $M = M_1 - Px$ und $\mathfrak{M} = 1 \cdot x$, daher

$$f = \frac{1}{EJ} \int_0^l (M_1 - Px) \, x \, dx = M_1 \frac{l^2}{2} - \frac{Pl^3}{3}$$

und $\quad P = \frac{3}{2} \frac{M_1}{l} - f \frac{3EJ}{l^3}.$

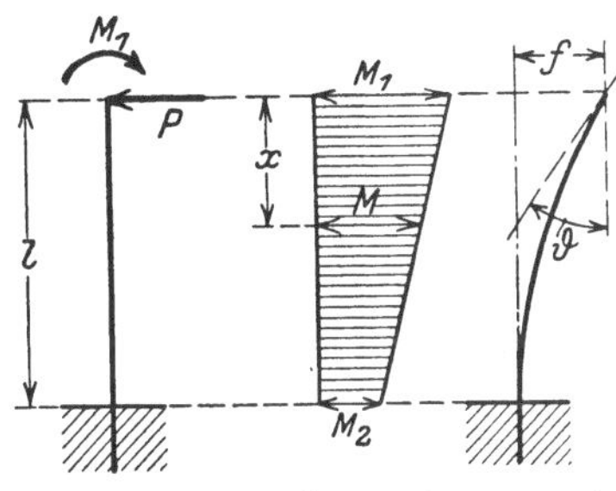

Bild 275. Lotrechter eingespannter Stab mit Endmoment und Kraft.

Nach Fall 7 ist

$$\vartheta = \frac{1}{EJ} \int_0^l M \, ds = \frac{1}{EJ} \int_0^l (M_1 - Px) \, dx = \frac{1}{EJ} \left(M_1 l - \frac{Pl^2}{2} \right) \quad \text{oder}$$

$$\vartheta = \frac{M_1 l}{EJ} - \frac{3}{4} \frac{M_1 l}{EJ} + f \frac{3}{2l} = \frac{M_1 l}{4 EJ} + f \frac{3}{2l}, \quad \text{ferner}$$

$$M_2 = M_1 - Pl = M_1 - \frac{3}{2} M_1 + f \frac{3EJ}{l^2} = -\frac{M_1}{2} + f \frac{3EJ}{l^2}.$$

Für $P = \frac{3}{2} \frac{M_1}{l}$ ist $M_2 = -\frac{M_1}{2}, \quad f = 0$ und $\vartheta = \frac{M_1 l}{4 EJ}.$

Anwendung s. S. 227 u. 230.

2. Formänderung durch Längskräfte.

Fall 1. Ein nach Bild 276 einseitig eingespannter Stab erhalte eine beliebige (hier nicht gezeichnete) Belastung und dadurch die Stabstelle s die Längskraft N, als Zug angenommen. Nimmt man wieder nur das Stabelement ds als elastisch, alles andere als starr an, dann erhält ds die Verlängerung $\varDelta \, ds = \dfrac{N \, ds}{EF}$, worin F

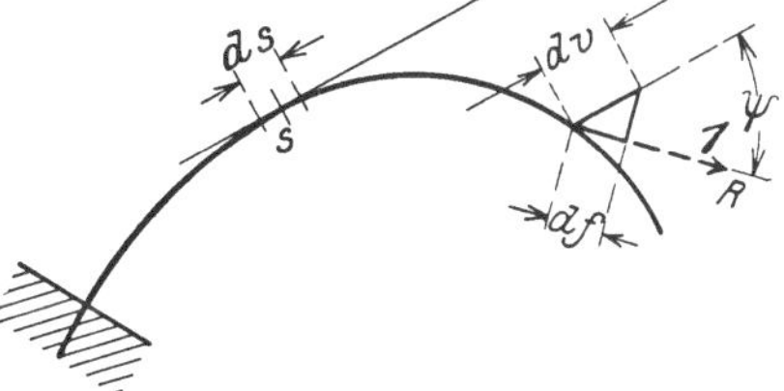

Bild 276. Formänderung des krummen Stabes durch Längskräfte.

den Stabquerschnitt an dieser Stelle bezeichnet. Alle Punkte des in sich starr bleibenden Außenteils verschieben sich parallel zu ds um $dv = \varDelta \, ds$. Die Projektion der Verschiebung des Punktes t auf die beliebige Richtung R ist

$$df = dv \cos \psi = \varDelta \, ds \cos \psi = \frac{N \, ds}{EF} \cos \psi.$$

Denkt man sich eine Kraft „Eins“ am Punkte t in Richtung R angreifend, dann liefert diese an der Stabstelle s die Normalkraft $\mathfrak{N} = 1 \cdot \cos \psi$, somit ist $df = \dfrac{N \mathfrak{N} \, ds}{E F}$.

Da alle Stabelemente gleichzeitig elastisch sind, addieren sich alle df algebraisch zu $f = \displaystyle\int \dfrac{N \mathfrak{N}}{E F} \, ds$.

Fall 2. Besteht die Belastung aus Last „Eins“ an t in Richtung R, dann ist für alle Stabstellen $N = \mathfrak{N}$ und es folgt

$$f = \int \frac{\mathfrak{N}^2}{E F} \, ds.$$

Fall 3. Last P statt „Eins“ liefert

$$f = P \int \frac{\mathfrak{N}^2}{E F} \, ds.$$

Die Fälle 4 bis 12 entsprechen ebenfalls denen der Biegemomente und in den betreffenden Formeln sind nur die M durch N, die $\mathfrak{M}$ durch $\mathfrak{N}$ und die J durch F zu ersetzen.

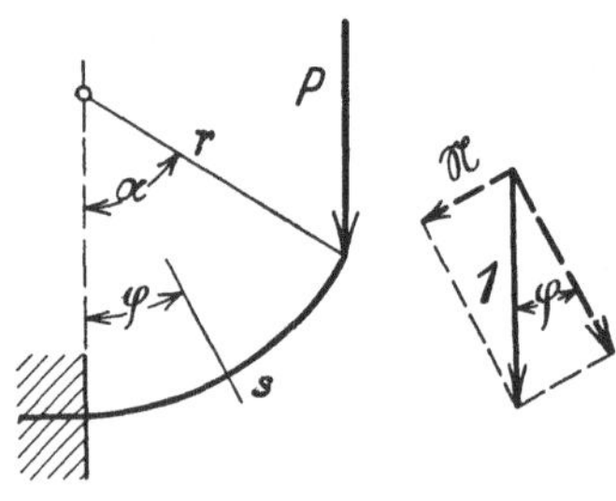

Bild 277 u. 278.   Eingespannter Kreisbogen.

Beispiele. 1. Eingespannter Kreisbogen nach Bild 277. Gesucht die Senkung des Lastpunktes. Aus der Kräftezerlegung nach Bild 278 folgt bei Last Eins für beliebige Stabstelle $\mathfrak{N} = -1 \cdot \sin \varphi$, somit ist nach Fall 3

$$f = \frac{P}{E F} \int\limits_0^\alpha \mathfrak{N}^2 \, ds = \frac{P r}{E F} \int\limits_0^\alpha \sin^2 \varphi \, d\varphi =$$
$$= \frac{P r}{E F} \left(-\frac{\sin 2 \alpha}{4} + \frac{\alpha}{2} \right).$$

2. Dasselbe. Gesucht die Horizontalverschiebung des Lastpunktes. Nach Fall 1 ist $N = -P \sin \varphi$ und für die gedachte Kraft Eins horizontal nach rechts $\mathfrak{N} = +1 \cdot \cos \varphi$, somit

$$f = \frac{1}{E F} \int\limits_0^\alpha N \mathfrak{N} \, ds = -\frac{P r}{E F} \int\limits_0^\alpha \sin \varphi \cos \varphi \, d\varphi = -\frac{P r}{E F} \frac{\sin^2 \alpha}{2},$$

d. h. der Außenpunkt verschiebt sich entgegengesetzt zur Richtung der gedachten Kraft, also nach links.

3. Formänderung durch Querkräfte.

Obwohl der geringe Einfluß der Querkräfte auf die Formänderung schon erkannt wurde, sollen sie hier der Einheitlichkeit wegen mit berücksichtigt werden.

Fall 1, Bild 279. Ist wieder bei beliebiger Belastung nur das Stück ds elastisch, dann verschiebt sich wie beim geraden Stab nach S. 80 das rechte Ende von ds gegen das linke um $dv = \dfrac{Q\,ds}{G\,V}$, worin Q die Querkraft an der Stelle s und V den Stegquerschnitt an dieser Stelle bezeichnet. Der gesamte Außenteil macht eine Parallelverschiebung dv. Die Projektion der Verschiebung des Punktes t auf die beliebige Richtung R ist demnach $df = dv \cos \psi = \dfrac{Q\,ds}{G\,V} \cos \psi$.

Die an t in Richtung R gedachte Kraft „Eins" liefert an Stabstelle s die Querkraft $\mathfrak{Q} = 1 \cdot \cos \psi$, demnach ist $df = \dfrac{Q\,\mathfrak{Q}\,ds}{G\,V}$ und bei gleichzeitiger Elastizität aller Teile

$$f = \int \frac{Q\,\mathfrak{Q}}{G\,V}\,ds.$$

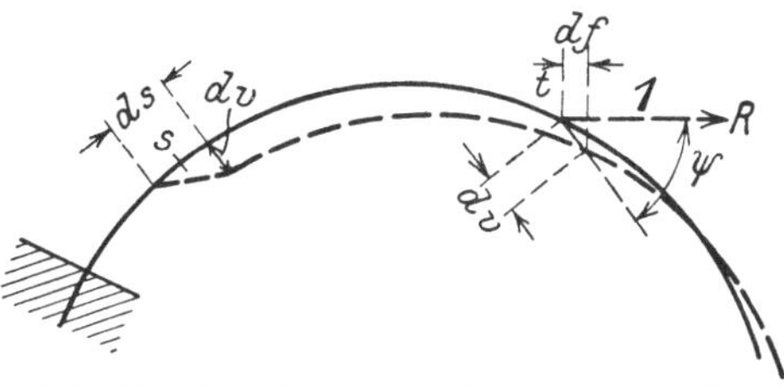

Bild 279. Formänderung des krummen Stabes durch Querkräfte.

Auch hier folgen die Formeln aller weiteren Fälle aus denen für die Biegemomente, wenn Q statt M, $\mathfrak{Q}$ statt $\mathfrak{M}$, G statt E und V statt J gesetzt wird.

Beispiel hierzu. Es soll für Beispiel 2 nach S. 82 die durch die Querkräfte hervorgerufene Senkung des Lastpunktes berechnet werden.

Es liegt Fall 3 vor; nach Bild 280 ist für Last „Eins" $\mathfrak{A} = 1 \cdot \dfrac{a}{b}$ und $\mathfrak{B} = 1 \cdot \dfrac{a+b}{a}$.

Für Teil a ist $\mathfrak{Q} = -1 \cdot \dfrac{b}{a}$, für Teil b ist $\mathfrak{Q} = +1$.

Demnach ist

$$f = \frac{P}{G\,V}\left[\int_0^a \left(-\frac{b}{a}\right)^2 dx + \int_0^b 1^2\,dx\right] = \frac{P}{G\,V}\left(\frac{b^2}{a} + b\right).$$

$P = 5000$ kg, $\quad a = 50$ cm, $\quad b = 100$ cm, $\quad V = 24{,}4$ cm^2 und $G = 800\,000$ kg/cm^2 liefert $f = \dfrac{5000}{800\,000 \cdot 24{,}4}\left(\dfrac{100^2}{50} + 100\right) = 0{,}077$ cm, also dasselbe wie früher.

Die endgültige Formänderung der Biegestabgebilde ergibt sich aus dem Zusammenwirken der drei vorhergehend behandelten Einzelformänderungen, wobei, wie schon anfangs gesagt, die beiden letzteren gegenüber der ersten meist vernachlässigt werden dürfen.

Unstimmigkeiten zwischen Rechnung und Versuch, deren Begründung und Folgerungen. Die Gültigkeit der Ergebnisse aller Berechnungen über solche Stäbe ist an eine weitere Voraussetzung gebunden, die wohl selten beachtet wird, deren Nichtbeachtung aber unter Umständen zu erheblichen Fehlern führen kann.

Bekanntlich folgt die Verteilung der Normalspannungen über den Querschnitt beim geraden, schwach oder stark gekrümmten Biegestab unter Zugrundelegung des Ebenbleibens aller Normalquerschnitte aus der Längenänderung der parallel zur Stabachse liegenden Fasern; alle Formänderungsrechnungen beruhen letzten Endes ebenfalls auf dieser Voraussetzung.

Nun wurde anläßlich einer von Prof. A. Bantlin vorgenommenen Untersuchung eines federnden flußeisernen Ausgleichsrohrs für Dampfleitungen nach Bild 262 die Federung, d. h. die Zusammendrückung der Rohrenden viel höher gefunden, als die Rechnung ergab; hierüber wurde in den Mitteilungen über Forschungsarbeiten des V. d. I., Heft 96 (i. Auszug in Z. V. d I. 1910, S. 43) berichtet. Der Grund hierfür liegt nicht in der gekrümmten Stabform allein, sondern im Rohrquerschnitt, denn bei einem ebenso gekrümmten aber vollen Stab wurde eine gute Übereinstimmung zwischen Rechnung und Versuch festgestellt.

Der ursprüngliche Kreisquerschnitt des krummen Rohrs verändert sich bei der Biegung zu einem Oval, dessen kleine Achse in der Kraftebene liegt. Die damit verbundene geringe Abnahme des Trägheitsmomentes begründet aber, wie dahin gehende Rechnungen zeigten, noch lange nicht die starke Federung; die Erklärung suchte man schließlich in der beim Biegen des Rohres auftretenden Wellenform der konkaven Rohrwand.

Die richtige Erklärung der starken Federung fand v. Kármán in folgendem (s. Z. V. d. I. 1911, S. 1889):

Wird ein ursprünglich krummer Stab gebogen, dann werden die einzelnen Fasern nur dann der Krümmungsänderung entsprechend gedehnt bzw. verkürzt, wenn sie sich nicht zur Stabachse hin verschieben können; dagegen wird durch eine solche Verschiebung die wirkliche Dehnung erheblich geringer, als sich bei der üblichen Biegungstheorie ergibt. Dieser Fall liegt nun gerade beim dünnwandigen krummen Rohre vor. Bild 281 erklärt das Bestreben zur Abplattung, Bild 282 zeigt die damit verbundene Änderung der Spannungsverteilung

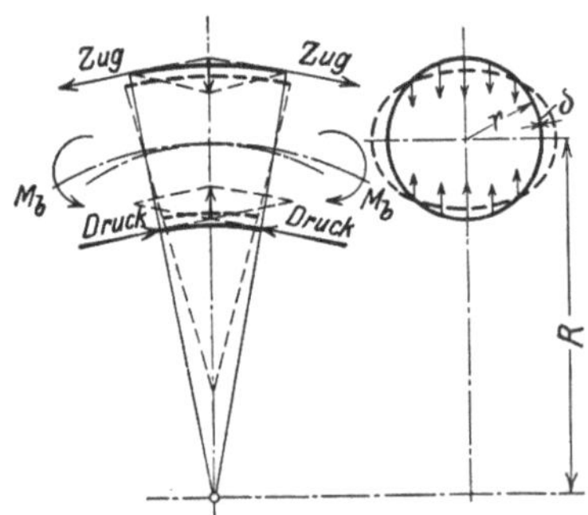

Bild 281. Biegung des dünnwandigen krummen Rohrs.

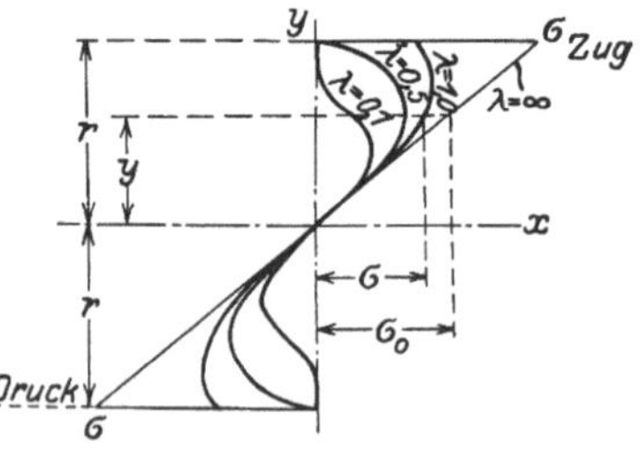

Bild 282. Verteilung der Biegespannungen über den Rohrquerschnitt.

über den Querschnitt gegenüber der linearen; eine verhältnismäßig geringe Abplattung führt schon zu erheblicher Spannungsänderung. Damit folgt nun auch bei gegebenem Biegemoment eine viel größere Formänderung, als der üblichen Theorie entspricht.

Die von v. Kármán aufgestellte Theorie und Nachrechnung der Bantlinschen Versuche bestätigten diese bis auf rd. 20 %; dieser Rest ist vermutlich dem Einflusse der Unebenheit der Wand und sonstigen Abweichungen von der theoretisch vorausgesetzten geometrischen Form der Versuchskörper zuzuschreiben.

v. Kármán fand, daß bei der üblichen Berechnung der Formänderung (also nach unseren bisherigen Formeln) das Trägheitsmoment des Rohres mit einem Abminderungsfaktor $\varkappa \approx 1 - \dfrac{9}{10 + 12\,\lambda^2}$ multipliziert werden muß; hierin ist $\lambda = \dfrac{\delta\,R}{r^2}$ und R der Krümmungshalbmesser der Stabachse, r der mittlere Halbmesser des Rohrquerschnittes, δ die Wandstärke des Rohres.

Die wirklichen Biegespannungen σ im Rohrquerschnitt sind kleiner als die σ_0 nach gewöhnlicher Rechnung. Angenähert ist nach Bild 282 für eine Faser im Abstande y von der Nullinie $\sigma = \sigma_0\left[1 - \dfrac{6}{5 + 6\,\lambda^2}\left(\dfrac{y}{r}\right)^2\right]$. Das Bild zeigt die σ-Verteilung für $\lambda = 1{,}0$, $0{,}5$ und $0{,}1$.

Nun liegt ein solcher Fall nicht nur beim Rohrquerschnitt, sondern auch beim Kastenquerschnitt vor, der durch Vernietung von Blechen und Eckwinkeln entsteht, desgleichen beim I-Querschnitt und zwar beim Walzprofil und beim Blechträger. Diese Querschnitte erhalten die in Bild 283 und 284 strichiert und übertrieben dargestellte Formänderung; beim flachliegenden I-Profil dagegen kann dieser Zustand nicht eintreten.

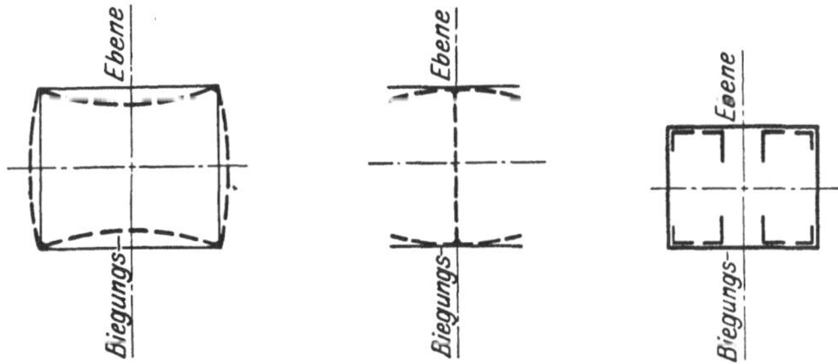

<table>
<tr><td>Bild 283 u. 284. Querschnittsänderung
dünnwandiger krummer Stäbe.</td><td>Bild 285. Versteifung
des Kastenquerschnitts.</td></tr>
</table>

Eine Verbesserung solcher Querschnitte könnte durch Einbau von Querversteifungen erzielt werden, die aber, wenn sie wirksam sein sollen, stramm zwischen die Gurtteile einzupassen wären. Bessere Dienste werden beim Kastenquerschnitt die längst bekannten Versteifungseisen nach Bild 285 tun.

Eine verallgemeinerte Behandlung solcher Querschnitte scheint bisher nicht vorzuliegen und dürfte in exakter Weise auch kaum möglich sein; zweckmäßiger wären Versuchsreihen hierüber, die in ähnlicher Weise wie bei den Bantlinschen Versuchen an halbkreisförmigen Stäben von verschiedenen Halbmessern vorzunehmen wären, um Werte des Abminderungsfaktors z. B. beim I-Profil zu gewinnen.

Im übrigen hat schon Pfleiderer in Z. V. d. I. 1907, S. 1510 dieses Problem gestreift und Betrachtungen über den Kastenquerschnitt angestellt.

C. Die Formänderung des ebenen Fachwerks.

Allgemeines. Wie bei der Stabkraftbestimmung wird auch hier vorausgesetzt, daß die Lasten und Auflagerkräfte nur an Knotenpunkten angreifen und die Stäbe durch reibungsfreie Gelenke miteinander verbunden sind, so daß die einzelnen Stäbe nur Längskräfte S (Zug oder Druck) aufnehmen. Jeder Stab erhält demzufolge eine Verlängerung oder Verkürzung

$$\varDelta s = \frac{S\,s}{E\,F}\begin{cases} + = \text{Verlängerung,} \\ - = \text{Verkürzung,} \end{cases}$$

worin s die Stablänge und F den Stabquerschnitt bezeichnet. Diese Längenänderungen bringen nun eine Verzerrung des Fachwerkes in der Weise hervor, daß jeder Knotenpunkt eine gewisse Verschiebung in gewisser Richtung erfährt. Die Verschiebungen der Auflagerpunkte sind durch die Art der Auflagerung vollständig oder zum Teil festgelegt.

Bei den üblichen Baustoffen und Beanspruchungen sind die Längenänderungen der Stäbe und die Knotenpunktsverschiebungen stets klein gegen die Fachwerksabmessungen und dieses bildet die Voraussetzung für alles weitere.

Man kennt mehrere Verfahren zur Bestimmung der Verschiebungen; im weiteren werden die drei wichtigsten behandelt, nämlich das zeichnende, das analytische und das rechnende Verfahren.

1. Zeichnendes Verfahren.

Der Verschiebungsplan nach Williot.

Der Grundgedanke des Verfahrens sei zunächst an einem einfachen Stabwerk nach Bild 286a gezeigt. Die Stabkräfte, Stablängen, Querschnitte und Längenänderungen sind in Zahlentafel 2 zusammengestellt, wobei ein Baustoff mit $E = 5$ t/cm² (also nicht Flußstahl) angenommen sei. Die Konstruktion des Gebildes nach erfolgter Formänderung ergibt sich durch den Schnittpunkt zweier Kreisbogen, deren Radien gleich den geänderten Stablängen sind; zu diesem Zwecke werden die $\varDelta a$ und $\varDelta b$ von Punkt 3 aus nach außen bzw. innen aufgetragen, die Kreisbogen schneiden sich in 3.

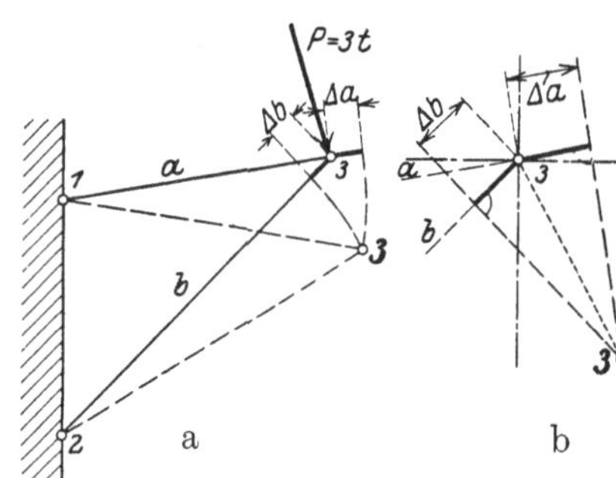

Bild 286a u. b. Verschiebungsplan für das Stabdreieck.

Dasselbe Beispiel mit Flußstahl als Baustoff liefert mit $E = 2150$ t/cm² die Werte $\varDelta a = 0{,}161$ cm und $\varDelta b = 0{,}135$ cm. Bei Durchführung der gleichen Konstruktion findet man nun, daß diese $\varDelta$, im Bildmaßstabe aufgetragen, zu kleine Strecken liefern, daß aber andererseits die entstehenden sehr kurzen Kreisbogen durch gerade Strecken normal zur betreffenden Stabrichtung ersetzt werden könnten.

Zahlentafel 2.

Stab	Stab- kraft t	Quer- schnitt cm²	Stab- länge cm	Längenänderung cm
a	$+\,4{,}6$	8	600	$\varDelta a = +\dfrac{4{,}6 \cdot 600}{8 \cdot 5} = +\,69$
b	$-\,5{,}1$	15	850	$\varDelta b = -\dfrac{5{,}1 \cdot 850}{15 \cdot 5} = -\,58$

Hier setzt nun der Williotsche Grundgedanke ein: Man ersetzt das Kreisbogendreieck durch ein Geradliniendreieck und zeichnet dieses als besonderes Bild in beliebig vergrößertem Maßstabe. Bild 286 b zeigt solches in vierfacher Vergrößerung; in demselben Maßstabe erscheint sodann die Verschiebung des Punktes *3*. Dieses Bild heißt **Verschiebungsplan nach Williot**.

Ein zweites Beispiel eines Fachwerks der ersten Gruppe zeigt Bild 287 a. Zahlentafel 3 enthält die aus einem (hier nicht gezeichneten) Kräfteplan ermittelten Stabkräfte und die Längenänderungen der Stäbe. Die Verschiebung des Punktes *3* folgt wie im ersten Beispiel aus dem Verschiebungsplan Bild 287 b und ist in Bild 287 a unmaßstäblich eingezeichnet.

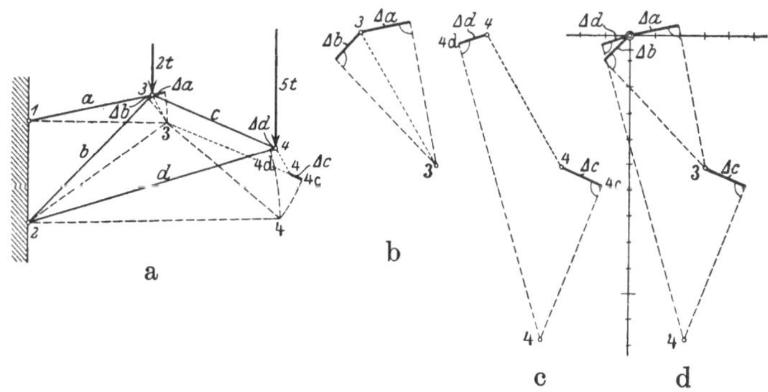

Bild 287a bis d. Verschiebungsplan für Fachwerk der ersten Gruppe.

Um nun die Verschiebung des Punktes *4* zu finden, denkt man sich den Bolzen bei *4* entfernt. Stab *c* macht zunächst eine Parallelverschiebung, wobei *4* nach *4* gelangt; gleichzeitig verlängert sich Stab *c*, Punkt 4 rückt um Δc weiter von **3** weg und kommt nach 4c. Stab *d* behält zunächst seine Richtung bei, verkürzt sich aber um Δd und *4* kommt nach 4d. Durch Drehen um **3** bzw. *2* kommen die Punkte 4c und 4d in **4** wieder zusammen.

Zahlentafel 3.

Stab	S t	F cm²	s cm	Δs cm
a	+ 15,5	18	510	+ 0,205
b	− 11,2	25	700	− 0,145
c	+ 7,8	11	540	+ 0,178
d	− 7,5	30	1040	− 0,120

Dieser in Bild 287 a unmaßstäblich dargestellte Vorgang ist in Bild 287 c vergrößert wiedergegeben. Schließlich vereinigt man beide Verschiebungspläne zu dem endgültigen Verschiebungsplan Bild 287 d. Die Knotenpunktsverschiebungen sind dann die Abstände der Punkte **3** und **4** von dem doppelt umkreisten Anfangspunkt; der Vergrößerungsmaßstab ist im Verschiebungsplan anzugeben. Eine durch den Anfangspunkt gezogene wagrechte und senkrechte Achse mit Millimeter-Einteilung liefert sofort die wagrechten und senkrechten Verschiebungsprojektionen in Millimetern.

Bild 288 zeigt ein weiteres Fachwerk der ersten Gruppe mit Zahlentafel 4 und Verschiebungsplan. Die Stabkräfte S sind aus einem (hier nicht gezeichneten) Kräfteplan ermittelt. Das verzerrte Fachwerk ist strichiert, aber unmaßstäblich in das Fachwerksbild eingezeichnet. Die Senkung des Punktes *7* ergibt sich zu 11,6 mm. Vgl. auch S. 118 Beisp. 1.

Zahlentafel 4.

Stab	S t	F cm²	s cm	$\varDelta s$ cm
a	$+ 7,00$	12	400	$+ 0,118$
b	$+ 2,67$	12	400	$+ 0,042$
c	$+ 2,67$	12	400	$+ 0,042$
d	$- 13,60$	30	400	$- 0,085$
e	$- 7,20$	18	410	$- 0,076$
f	$- 3,33$	14	500	$- 0,055$
g	$+ 8,90$	12	560	$+ 0,193$
h	$- 6,20$	15	400	$- 0,077$
i	$+ 5,27$	8	500	$+ 0,153$
k	$- 3,00$	10	300	$- 0,042$

Fachwerke der zweiten Gruppe. Die Herstellung des endgültigen Verschiebungsplanes ist hierbei nicht sofort möglich, sondern man denkt sich zunächst das Rollenkipplager oder die Pendelstütze entfernt und einen vom Kipplager ausgehenden Stab in seiner Richtung festgehalten, so daß das andere Stabende nur eine Verschiebung in Stabrichtung machen kann. Hierfür wird nach Aufstellung der Zahlentafel 5 ein vorläufiger Verschiebungsplan hergestellt, was in Bild 289 durchgeführt ist, wobei die Stabrichtung *13* festgehalten wurde. Die Punkte *2, 3, 4* ... kommen auf diese Weise nach 2, 3, 4 ... und liefern die strichpunktierte Lage. Da Punkt 7 sich dabei hebt, aber wegen des Rollenkipplagers nur eine Horizontalverschiebung machen

Zahlentafel 5.

Stab	S t	F cm²	s cm	$\varDelta s$ cm
a	$- 7,6$	30	365	$- 0,0430$
b	$- 5,4$	30	410	$- 0,0342$
c	$- 5,0$	30	410	$- 0,0318$
d	$- 5,7$	30	365	$- 0,0322$
e	$+ 4,3$	22	415	$+ 0,0378$
f	$+ 5,2$	22	400	$+ 0,0440$
g	$+ 3,4$	22	415	$+ 0,0297$
h	$+ 1,4$	16	280	$+ 0,0114$
i	0	16	360	0
k	$- 0,6$	16	360	$- 0,0063$
l	$+ 2,2$	16	280	$+ 0,0179$

soll, ist das verzerrte Fachwerk *1* 2 3 4 5 6 7 um Punkt *1* so herabzudrehen bis 7 auf die Horizoatale nach 7 kommt. Dabei beschreibt 7 den Kreisbogen K_7 um Punkt *1*. Die andern Punkte 2, 3, 4 ... beschreiben bei dieser Drehung ebenfalls Kreisbogen um *1*, deren Längen proportional zu den Abständen der Punkte von *1* sind und die wieder wegen ihrer Kleinheit durch Gerade normal zu ihren Radien ersetzt werden können. Es ist also $K_2 = K_7\,(\overline{12}:\overline{17})$ normal zu $\overline{12}$, $K_3 = K_7\,(\overline{13}:\overline{17})$ normal zu $\overline{13}$ usw. Diese Rechnung pflegt man durch eine leicht verständliche Konstruktion nach Bild 289 zu ersetzen.

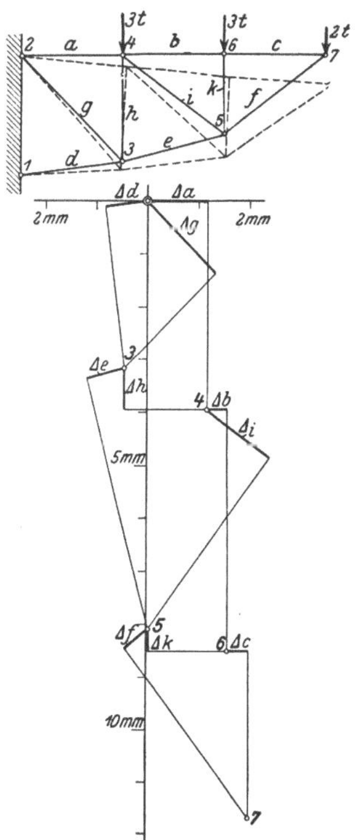

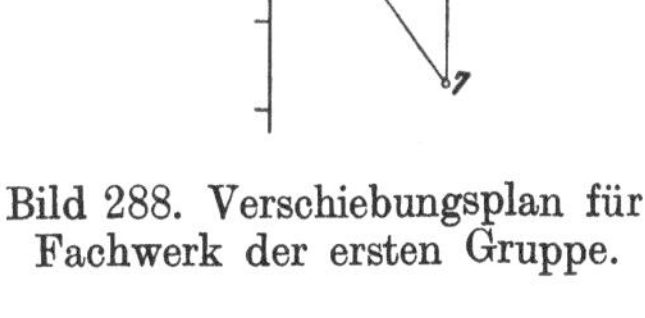

Bild 288. Verschiebungsplan für
Fachwerk der ersten Gruppe.

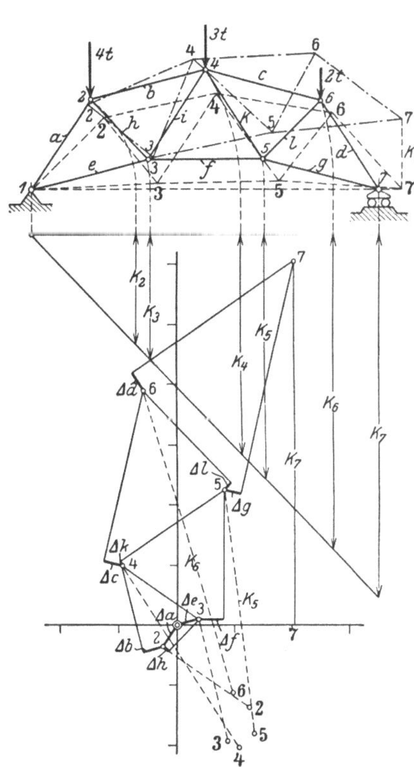

Bild 289. Verschiebungsplan für Fachwerk
der zweiten Gruppe.

Liegt Symmetrie in Fachwerksform und Belastung vor, dann läßt sich die Herstellung des Verschiebungsplanes dadurch vereinfachen, daß man sich den Träger zur Hälfte eingespannt denkt und den freien Teil als ein Fachwerk der ersten Gruppe behandelt.

Spannungslose Stäbe dürfen nicht unberücksichtigt bleiben, sondern sie sind wie die übrigen zu behandeln, wobei aber die betreffenden Δs-Strecken im Verschiebungsplan verschwinden.

Bild 290 zeigt einen einfachen Fall, wobei nur die drei Stäbe je 5 t Druck und bei je $s = 300$ cm und $F = 20$ cm² die Längenänderungen $\varDelta a = \varDelta b = \varDelta c = 0{,}035$ cm erhalten, während für alle andern Stäbe die S und $\varDelta s$ verschwinden. Der Verschiebungsplan ergibt nicht nur Senkungen, sondern auch Horizontalverschiebungen der Punkte *3, 6* und *7*.

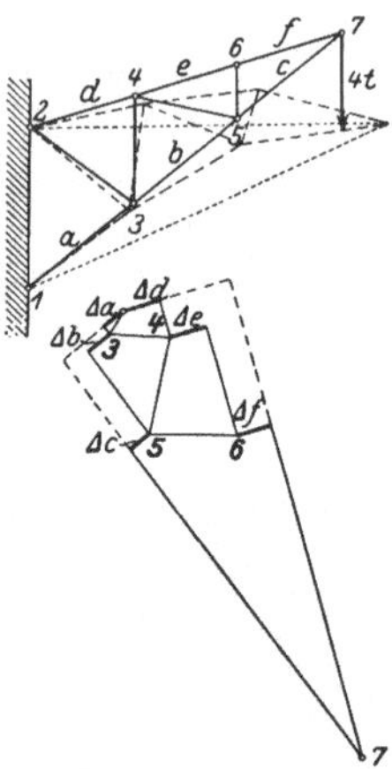

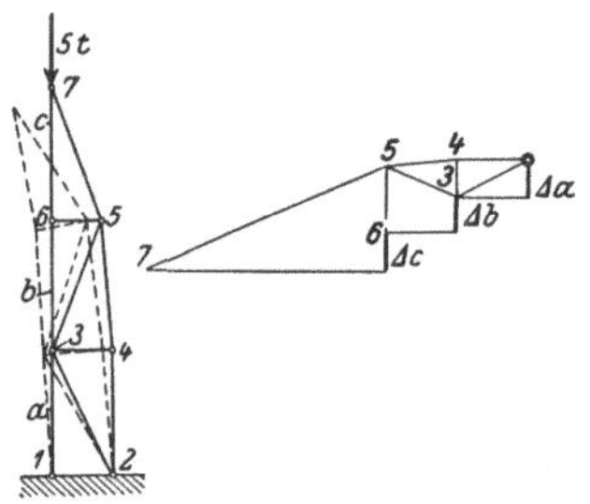

Bild 290. Verschiebungsplan für lotrechtes Fachwerk.

Bild 291. Verschiebungsplan für Stabdreieck mit Zwischenfachwerk.

Bild 291 zeigt ein Stabdreieck mit Belastung an der Spitze und mit spannungslosem Zwischenfachwerk. Der beigefügte Verschiebungsplan und das Verzerrungsbild zeigt Knickpunkte in den Hauptstäben. Der punktiert ergänzte Verschiebungsplan und das punktierte Verzerrungsbild gilt für das Stabdreieck ohne Zwischenfachwerk und liefert dieselbe Verschiebung des Außenpunktes wie oben.

Aus demselben Grunde wird die Verzerrung eines Dachbinders nach Bild 157 S. 47 so erfolgen, daß die Stäbe *d e f* und *k l m* nicht in einer Geraden bleiben.

Nach den bisherigen Darlegungen wird auch der Verschiebungsplan für ein Fachwerk nach Bild 158 S. 47 keine besonderen Schwierigkeiten liefern.

Die Behandlung der Fachwerke nach Bild 159 bis 168 S. 48 und des Dreigelenkfachwerkes nach Bild 169 S. 50, welche ja nicht reine Dreiecksfachwerke sind und daher besondere Aufmerksamkeit erfordern, sei dem Leser überlassen. In solchen Fällen sind zunächst vorläufige Verschiebungspläne herzustellen und das verzerrte Fachwerksbild um gewisse Punkte zu drehen oder zu verschieben, wodurch die endgültige verzerrte Form gewonnen wird.

2. Analytisches Verfahren.

Man bezieht das Fachwerk auf ein rechtwinkliges Koordinatensystem. Der Punkt i des unbelasteten und unverformten Fachwerks habe die Koordinaten $x_i y_i$, entsprechendes gilt für den Nachbarpunkt k. Beide Punkte seien nach Bild 292 durch einen Stab von der ursprünglichen Länge s_{ik} miteinander verbunden und es gilt

$$s_{ik}^2 = (x_k - x_i)^2 + (y_x - y_i)^2 \quad \text{oder}$$

$$(1) \qquad s_{ik}^2 = x_k^2 + x_i^2 + y_k^2 + y_i^2 - 2\,x_k x_i - 2\,y_k y_i.$$

Bei Belastung und Formänderung verschieben sich die Knotenpunkte; die neuen Koordinaten des Punktes i seien $x_i + \xi_i$ und $y_i + \eta_i$; entsprechendes gilt für Punkt k. Die Stablänge s_{ik} vergrößert sich durch die Stabkraft S_{ik} um $\varDelta s_{ik}$ und es gilt

$$(s_{ik} + \varDelta s_{ik})^2 = (x_k + \xi_k - x_i - \xi_i)^2 + (y_k + \eta_k - y_i - \eta_i)^2 \quad \text{oder}$$

$$(2) \qquad s_{ik}^2 + \varDelta s_{ik}^2 + 2\,s_{ik} \cdot \varDelta s_{ik} =$$

$$= x_k^2 + \xi_k^2 + x_i^2 + \xi_i^2 + 2\,(x_k \xi_k - x_k x_i - x_k \xi_i - \xi_k x_i - \xi_k \xi_i + x_i \xi_i)$$

$$+ y_k^2 + \eta_k^2 + y_i^2 + \eta_i^2 + 2\,(y_k \eta_k - y_k y_i - y_k \eta_i - \eta_k y_i - \eta_k \eta_i + y_i \eta_i).$$

Gl. (1) von Gl. (2) abgezogen liefert

$$(3) \quad \varDelta s_{ik}^2 + 2\,s_{ik} \cdot \varDelta s_{ik} = \xi_k^2 + \xi_i^2 +$$

$$+ 2\,(x_k \xi_k - x_k \xi_i - \xi_k x_i - \xi_k \xi_i + x_i \xi_i)$$

$$+ \eta_k^2 + \eta_i^2$$

$$+ 2\,(y_k \eta_k - y_k \eta_i - \eta_k y_i - \eta_k \eta_i + y_i \eta_i).$$

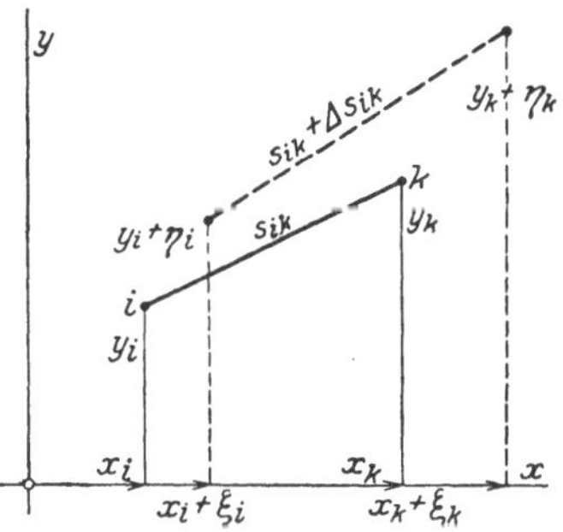

Bild 292. Analytische Berechnung der Verschiebungen.

Bis hierher ist die Rechnung vollständig genau. Da nun die Verschiebungen ξ, η und die $\varDelta s$ als klein vorausgesetzt sind gegen die Fachwerksabmessungen selbst, können die Quadrate und Produkte der $\varDelta s$, ξ und η gegen die andern Glieder vernachlässigt werden und es gilt unter Weglassung der Zahl 2

$$s_{ik} \cdot \varDelta s_{ik} = x_k \xi_k - x_k \xi_i - \xi_k x_i + x_i \xi_i + y_k \eta_k - y_k \eta_i - \eta_k y_i + y_i \eta_i$$

oder nach Ordnung der Glieder

$$s_{ik} \cdot \varDelta s_{ik} = \xi_k (x_k - x_i) - \xi_i (x_k - x_i) + \eta_k (y_k - y_i) - \eta_i (y_k - y_i).$$

Eine solche Gleichung ist für jeden Stab aufstellbar.

Den n Knotenpunkten eines statisch bestimmten Fachwerks entsprechen nach S. 41 $2\,n - 3$ Stäbe und jedem Knotenpunkt entsprechen zwei Unbekannte, nämlich ein ξ und ein η. Daher stehen den $2\,n$ unbekannten Verschiebungsprojektionen $2\,n - 3$ Gleichungen gegenüber.

Die fehlenden drei Gleichungen folgen aus den Auflagerbedingungen. Beim Fachwerk der zweiten Gruppe mit einem festen Auflager und einer lotrechten Pendelstütze oder einem Rollenkipplager mit wagrechter Rollenbahn ist für den Knotenpunkt a des festen Auflagers $\xi_a = 0$ und $\eta_a = 0$ und für den Knotenpunkt b der Pendelstütze $\eta_b = 0$. Beim Dreigelenkfachwerk erfordern n Knotenpunkte $2\,n - 4$ Stäbe; den $2\,n$ Unbekannten entsprechen $2\,n - 4$ Gleichungen und die beiden festen Fußgelenke liefern die vier Bedingungen $\xi_a = 0$, $\eta_a = 0$, $\xi_c = 0$, $\eta_c = 0$.

Wie der Fall auch liegen mag, erhält man bei statisch bestimmten und statisch bestimmt gelagerten Fachwerken stets die der Zahl der Unbekannten entsprechende Anzahl von Gleichungen.

Ähnlich wie die früher behandelte analytische Stabkraftberechnung wird vorstehendes Verfahren wenig benutzt, da die Lösung der zahlreichen linearen Gleichungen unbequem ist, führt aber in allen Fällen, auch wenn andere Verfahren Schwierigkeiten bereiten, zum Ziele und ist unabhängig von zeichnerischer Ungenauigkeit.

3. Berechnung der Einzelverschiebungen.

Nachstehende Formeln werden auf ähnlicher Grundlage entwickelt wie die für den krummen oder geraden Stab nach S. 86. Der Einfachheit wegen wird wie dort ein einseitig eingespanntes Fachwerk angenommen, alle Formeln gelten aber für beliebige einfache oder zusammengesetzte statisch bestimmte Fachwerke.

Das Verfahren ist zweckmäßig bei Bestimmung der Verschiebung einzelner Knotenpunkte und bildet gleichzeitig die Grundlage zur Behandlung der statisch unbestimmten Fachwerke.

Fall 1. Das Fachwerk nach Bild 293 erhalte irgendwelche (hier nicht gezeichnete) Belastung. Zunächst sei nur ein Stab, z. B. Stab d, elastisch, alle anderen seien unelastisch. Bezeichnet S_d die von der

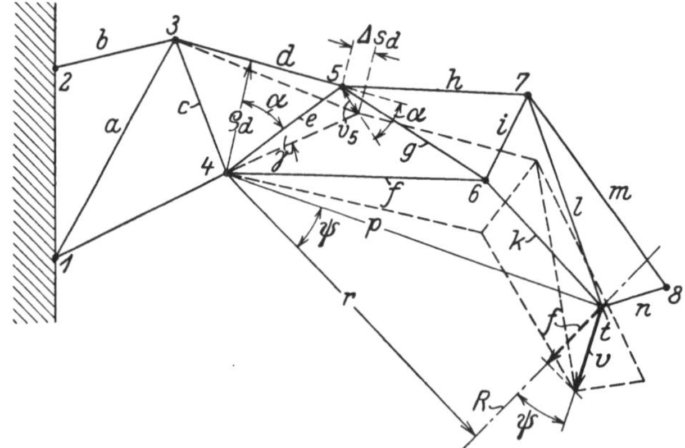

Bild 293. Verzerrung des Fachwerks bei Elastizität des Stabes d.

Belastung herrührende Stabkraft in Stab d, s_d dessen Länge und F_d dessen Querschnitt, dann erhält dieser Stab die Längenänderung

$$\Delta s_d = \frac{S_d\, s_d}{E\, F_d},$$ als Verlängerung angenommen. Der linke Teil des Fachwerkes 1 2 3 4 bleibt starr und in Ruhe, der rechte Teil 4 5 7 8 t 6 bleibt in sich ebenfalls starr, beschreibt aber einen kleinen Drehwinkel γ um Punkt 4 und ist in seiner neuen Lage strichiert eingezeichnet.

Bei dieser Drehung beschreibt jeder Knotenpunkt einen Kreisbogen v um Punkt 4, der als Gerade normal zum Radius betrachtet werden kann. Somit ist $v_5 = \gamma\, s_e$. Es ist aber auch $v_5 = \dfrac{\varDelta s_d}{\cos \alpha}$, daher $\gamma = \dfrac{v_5}{s_e} = \dfrac{\varDelta s_d}{s_e \cos \alpha}$. Da Stab e und ϱ_d als Lot auf Stab d denselben Winkel α einschließen, ist $s_e \cos \alpha = \varrho_d$ und $\gamma = \dfrac{\varDelta s_d}{\varrho_d}$.

Punkt t verschiebt sich um $v = \gamma\, p$. Die Projektion von v auf eine beliebige Richtung R ist $f = v \cos \psi = \gamma\, p \cos \psi$ oder, da ψ auch zwischen p und dem Lot r auf R vorliegt, $f = \gamma\, r = \dfrac{S_d\, s_d\, r}{E F_d\, \varrho_d}$.

Eine an Punkt t in Richtung R wirkend gedachte Kraft „Eins" liefert im Stabe d die Stabkraft $\mathfrak{S}_d = 1 \cdot \dfrac{r}{\varrho_d}$. Somit ist

$$ f = \frac{S_d\, \mathfrak{S}_d\, s_d}{E F_d}. $$

Eine solche Formel mit entsprechendem Zeiger läßt sich für jeden Stab aufstellen und liefert die Projektion der Verschiebung desselben Punktes t auf dieselbe Richtung R. Da alle Stäbe gleichzeitig elastisch sind, addieren sich alle f algebraisch und liefern

$$ f = \sum \frac{S\, \mathfrak{S}\, s}{E F}. $$

Die S und $\mathfrak{S}$ werden am einfachsten aus zwei Kräfteplänen für die Belastung und für die gedachte Kraft „Eins" an t ermittelt. Die Rechnung erfolgt zweckmäßig in Tafelform, wie die angefügten Beispiele zeigen. Die Vorzeichen der S und $\mathfrak{S}$ sind ebenfalls miteinander zu multiplizieren, d. h. $+S$ und $+\mathfrak{S}$ ergibt $+$, $+S$ uud $-\mathfrak{S}$ ergibt $-$ usw.

Fall 2. Besteht die Belastung aus Last „Eins" an t in Richtung R, dann ist für jeden Stab $S = \mathfrak{S}$ und

$$ f = \sum \frac{\mathfrak{S}^2\, s}{E F}. $$

Fall 3. Last P statt „Eins", sonst wie Fall 2, liefert

$$ f = P \sum \frac{\mathfrak{S}^2\, s}{E F}. $$

Im Falle 2 und 3 sind alle Summenglieder positiv.

Fall 4. Die Punkte p und q des Fachwerks nach Bild 294 oder 295 erhalten durch beliebige Belastung die Verschiebungen v_p und v_q in irgendwelchen Richtungen. Die Änderung der Strecke a ist die Summe der Projektionen der v auf die Richtungen dieser Strecke, also

$$ f = f_p + f_q = \sum \frac{S\, \mathfrak{S}_p\, s}{E F} + \sum \frac{S\, \mathfrak{S}_q\, s}{E F}, $$

worin die S von der Belastung, die $\mathfrak{S}_p$ von der gedachten Kraft „Eins" an p in Richtung pq und die $\mathfrak{S}_q$ von der an q in Richtung qp wirkenden herrühren. Nun ist

$$f = \sum \frac{S\,(\mathfrak{S}_p + \mathfrak{S}_q)\,s}{E\,F}$$

oder

$$f = \sum \frac{S\,\mathfrak{S}\,s}{E\,F},$$

worin die $\mathfrak{S} = \mathfrak{S}_p + \mathfrak{S}_q$ von den gleichzeitig an p und q wirkenden Kräften „Eins" herrühren.

Wirken diese gedachten Kräfte „Eins" wie in Bild 294 oder 295 strichiert, dann bedeutet ein positives f eine Verkürzung, ein negatives f eine Verlängerung der Strecke; bei entgegengesetzt gerichteten Kräften erhält man das Umgekehrte.

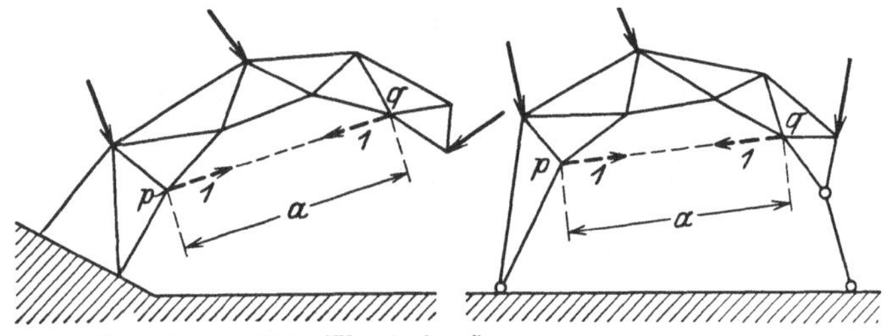

Bild 294 u. 295. Elastische Änderung der Strecke a.

Fall 5. Ist die wirkliche Belastung gleich den beiden gedachten Kräften, dann ist

$$f = \sum \frac{\mathfrak{S}^2\,s}{E\,F}.$$

Fall 6. Lasten P statt „Eins" liefern

$$f = P \sum \frac{\mathfrak{S}^2\,s}{E\,F}.$$

Fall 7. Besteht die Belastung aus den Lasten P_i an den Punkten i in beliebigen Richtungen und der Last P_t am Punkte t in Richtung R, dann liegt Fall 1 und 3 gleichzeitig vor und die Projektion der Verschiebung des Punktes t in Richtung R ist

$$f = \sum \frac{S'\,\mathfrak{S}\,s}{E\,F} + P_t \sum \frac{\mathfrak{S}^2\,s}{E\,F},$$

worin die S' von den Lasten P_i allein und die $\mathfrak{S}$ von der Kraft „Eins" an t in Richtung R herrühren.

Fall 8. Besteht die Belastung aus den Lasten P_i an den Punkten i und den beiden Lasten P_t an den Punkten p und q in Richtung a, s. Bild 294 oder 295, dann gilt dieselbe Formel und f bezeichnet wie in Fall 4 die Änderung des Abstandes a; die S' rühren her von den Lasten P_i allein und die $\mathfrak{S}$ von den Kräften je „Eins" an p und q in Richtung pq bzw. qp.

Fall 9. Verbindet ein durchschnittener Stab von der Gesamtlänge a und dem Querschnitt F_a die beiden Punkte p und q nach Bild 296 oder 297 und besteht die Belastung aus den Lasten P_i an den Punkten i und den beiden an den Stabstumpfen angreifenden Kräften P_t, dann werden je nach der Lastenanordnung die Stabenden klaffen oder aneinander vorbeigehen um den Betrag des vorigen Falles, vermehrt um die Summe der Längenänderungen der beiden Stabteile, also um

$$f = \sum \frac{S' \mathfrak{S} s}{EF} + P_t \sum \frac{\mathfrak{S}^2 s}{EF} + \frac{P_t a}{EF_a};$$

hierin haben die S' und $\mathfrak{S}$ dieselbe Bedeutung wie in Fall 8.

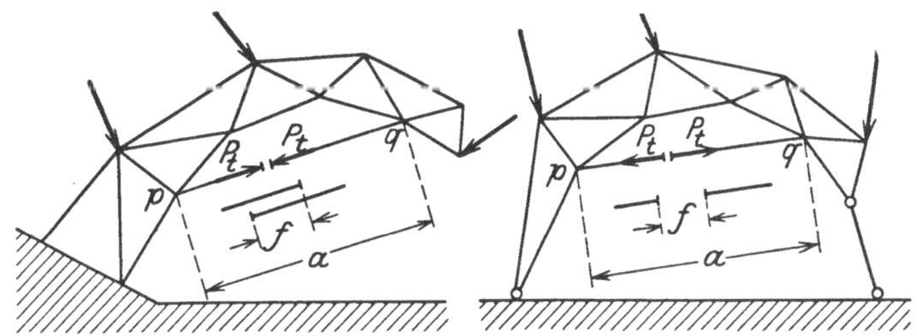

Bild 296 u. 297. Gegenseitige Verschiebung der Stabstumpfe.

Fall 10. Besteht die Belastung aus den Lasten P_i an den Punkten i und wirkt außerdem

Last P_a an Punkt a in Richtung A,
Last P_b an Punkt b in Richtung B usw.,

dann ist die Projektion der Verschiebung des Punktes a auf Richtung A bzw. des Punktes b auf Richtung B usw.

$$f_a = \sum \frac{S' \mathfrak{S}_a s}{EF} + P_a \sum \frac{\mathfrak{S}_a \mathfrak{S}_a s}{EF} + P_b \sum \frac{\mathfrak{S}_a \mathfrak{S}_b s}{EF} + \cdots,$$

$$f_b = \sum \frac{S' \mathfrak{S}_b s}{EF} + P_a \sum \frac{\mathfrak{S}_b \mathfrak{S}_a s}{EF} + P_b \sum \frac{\mathfrak{S}_b \mathfrak{S}_b s}{EF} + \cdots,$$

worin die S' von den Lasten P_i und die $\mathfrak{S}_a, \mathfrak{S}_b \ldots$ von Last $P_a = 1$, $P_b = 1$ usw. herrühren.

Fall 11. Bilden die Punkte $a, b \ldots$ die Unterbrechungsstellen der Stäbe $s_a, s_b \ldots$ vom Querschnitt $F_a, F_b \ldots$ und wirken die Kraftpaare $P_a, P_b \ldots$ an diesen Stabstumpfen, dann ist die gegenseitige Verschiebung dieser Stabstumpfe

$$f_a = \sum \frac{S\,\mathfrak{S}_a\,s}{E\,F} + P_a\left[\sum \frac{\mathfrak{S}_a\,\mathfrak{S}_a\,s}{E\,F} + \frac{s_a}{E\,F_a}\right] + P_b \sum \frac{\mathfrak{S}_a\,\mathfrak{S}_b\,s}{E\,F} + \cdots,$$

$$f_b = \sum \frac{S\,\mathfrak{S}_b\,s}{E\,F} + P_a \sum \frac{\mathfrak{S}_b\,\mathfrak{S}_a\,s}{E\,F} + P_b\left[\sum \frac{\mathfrak{S}_b\,\mathfrak{S}_b\,s}{E\,F} + \frac{s_b}{E\,F_b}\right] + \cdots.$$

Allgemeine Bemerkungen über diese Formeln. Bestehen alle Fachwerkstäbe aus gleichem Stoff, dann kann das gleiche E aus dem $\sum$-Ausdruck herausgesetzt werden, es gilt z. B. für Fall 1

$$f = \frac{1}{E} \sum \frac{S\,\mathfrak{S}\,s}{F} \quad \text{usw.}$$

Werden alle Lasten (auch die gedachte Last „Eins") und alle S und $\mathfrak{S}$ in kg bzw. t, alle Längen in cm und alle F in cm² ausgedrückt, dann ist E in kg/cm² bzw. t/cm² einzusetzen (z. B. für Flußstahl $E = 2\,150\,000$ kg/cm² bzw. 2150 t/cm²); f ergibt sich dann ebenfalls in cm.

Für F ist bei genietetem Knotenblechanschluß stets der volle Stabquerschnitt, also ohne Berücksichtigung der Nietlochverschwächung, einzusetzen.

Die beste Übereinstimmung mit der Wirklichkeit wird erzielt, wenn für die Stablänge s nicht der Knotenpunktsabstand, sondern der Abstand von Mitte bis Mitte des Knotenblechnietbildes eingesetzt wird.

Beispiel 1. Fachwerk nach Bild 288a. Gesucht Senkung des Außenpunktes 7. Die Stabkräfte S für die gegebene Belastung und die $\mathfrak{S}$ für die gedachte lotrechte Last „Eins" an Punkt 7 sind aus hier nicht gezeichneten Kräfteplänen ermittelt und in Zahlentafel 6 eingetragen, die gleichzeitig die gesamte Berechnung nach Fall 1 enthält.

Zahlentafel 6.

Stab	S t	$\mathfrak{S}$ t	F cm²	s cm	$\dfrac{S\,\mathfrak{S}\,s}{F}$
a	$+\ 7,00$	$+2,04$	12	400	$+476$
b	$+\ 2,67$	$+1,35$	12	400	$+120$
c	$+\ 2,67$	$+1,35$	12	400	$+120$
d	$-13,60$	$-2,70$	30	400	$+490$
e	$-\ 7,20$	$-2,08$	18	410	$+342$
f	$-\ 3,33$	$-1,70$	14	500	$+203$
g	$+\ 8,90$	$+0,90$	12	560	$+373$
h	$-\ 6,20$	$-0,50$	15	400	$+\ 83$
i	$+\ 5,27$	$+0,83$	8	500	$+273$
k	$-\ 3,00$	0	10	300	0

$$\sum \frac{S\,\mathfrak{S}\,s}{F} = +2480$$

Hieraus folgt

$$f = \sum \frac{S\,\mathfrak{S}\,s}{F} : E = 2480 : 2150 = 1{,}15\ \text{cm}.$$

Vgl. hierzu den Verschiebungsplan Bild 288 mit demselben Ergebnis.

Beispiel 2. Fachwerk nach Bild 289. Gesucht Senkung des Punktes 4. Eine gleiche Behandlung wie im vorigen Beispiel liefert Zahlentafel 7.

Zahlentafel 7.

Stab	S t	$\mathfrak{S}$ t	F cm²	s cm	$\dfrac{S\,\mathfrak{S}\,s}{F}$
a	$-7{,}6$	$-0{,}73$	30	365	$+67{,}5$
b	$-5{,}4$	$-0{,}84$	30	410	$+62{,}0$
c	$-5{,}0$	$-0{,}84$	30	410	$+57{,}5$
d	$-5{,}7$	$+0{,}73$	30	365	$+50{,}6$
e	$+4{,}3$	$+0{,}42$	22	415	$+34{,}1$
f	$+5{,}2$	$+1{,}02$	22	400	$+96{,}0$
g	$+3{,}4$	$+0{,}42$	22	415	$+27{,}0$
h	$+1{,}4$	$+0{,}57$	16	280	$+14{,}0$
i	0	$-0{,}36$	16	360	0
k	$-0{,}6$	$-0{,}36$	16	360	$+4{,}9$
l	$+2{,}2$	$+0{,}57$	16	280	$+21{,}9$

$$\sum \frac{S\,\mathfrak{S}\,s}{F} = +435{,}5$$

Hieraus folgt

$$f = \sum \frac{S\,\mathfrak{S}\,s}{F} : E = 435{,}5 : 2150 = 0{,}202 \ \text{cm}.$$

Vgl. hierzu den Verschiebungsplan Bild 289.

Das Fachwerk als Biegestab. Schon bei der Stabkraftberechnung auf S. 52 wurde auf die Behandlung langer schlanker Fachwerke als Biegestäbe mit Blechträgerquerschnitten und verschwindender Stegstärke hingewiesen. Dasselbe ist bei der angenäherten Bestimmung der Formänderung möglich und zweckmäßig. Man behandelt demnach das Fachwerk wie einen geraden oder ebenen gekrümmten Biegestab vom Trägheitsmoment $J = F_1\,e_1{}^2 + F_2\,e_2{}^2$, worin die Bedeutung der F und e aus S. 52 und Bild 173 hervorgeht, und berücksichtigt wie bei den Biegestäben nur den Einfluß der Biegemomente, aber nicht den der Längs- und Querkräfte. Eine etwaige Veränderlichkeit von F und e bzw. J wird man genau oder angenähert wie beim Biegestab berücksichtigen können.

D. Die Formänderung gemischter Gebilde.

Besteht das Gebilde aus Biege- und Fachwerkstäben, dann addieren sich die Ergebnisse der Einzelfälle nach S. 86 und 114. Es ist demnach z. B. für Fall 1

$$f = \int \frac{M\,\mathfrak{M}}{E\,J}\,ds + \int \frac{N\,\mathfrak{N}}{E\,F}\,ds + \int \frac{Q\,\mathfrak{Q}}{G\,V}\,ds + \sum \frac{S\,\mathfrak{S}\,s}{E\,F}$$

und für Fall 2

$$f = \int \frac{\mathfrak{M}^2}{E\,J}\,ds + \int \frac{\mathfrak{N}^2}{E\,F}\,ds + \int \frac{\mathfrak{Q}^2}{G\,V}\,ds + \sum \frac{\mathfrak{S}^2\,s}{E\,F}.$$

Für Fall 3 ist f das P-fache des Betrages nach Fall 2 usw.

Beispiele hierzu.

1. Ausleger mit Außenlast nach Bild 298. Nach Fall 3 ist Senkung des Lastpunktes

$$f = P\left(\frac{1}{EJ}\int \mathfrak{M}^2\,dx + \frac{\mathfrak{D}^2\,a}{EF_d} + \frac{\mathfrak{Z}^2\,z}{EF_z}\right),$$

worin für Last 1 am Außenpunkt $\mathfrak{Z} = 1\cdot\dfrac{l}{c}$ und $\mathfrak{D} = \mathfrak{Z}\cos\alpha$ und nach S. 99

$$\int \mathfrak{M}^2\,dx = \frac{b}{3}\,b^2 + \frac{a}{3}\,b^2 = \frac{b^2\,l}{3}.$$

$$l = 300, \quad a = 100, \quad b = 200, \quad \alpha = 20^0, \quad z = 106,$$
$$c = 34 \text{ cm}, \quad P = 2{,}5 \text{ t},$$

$\mathrm{I}\,20$ mit $J = 2142 \text{ cm}^4$, $F_d = 33{,}5 \text{ cm}^2$, $F_z = 10 \text{ cm}^2$ liefert

$$\mathfrak{Z} = 8{,}8, \quad \mathfrak{D} = 8{,}3 \text{ t},$$

$$f = \frac{2{,}5}{E}\left(\frac{200^2\cdot 300}{3\cdot 2142} + \frac{8{,}3^2\cdot 100}{33{,}5} + \frac{8{,}8^2\cdot 106}{10}\right) = \frac{2{,}5}{E}(1870 + 205 + 820) =$$

$$= \frac{2{,}5}{E}\cdot 2895 .$$

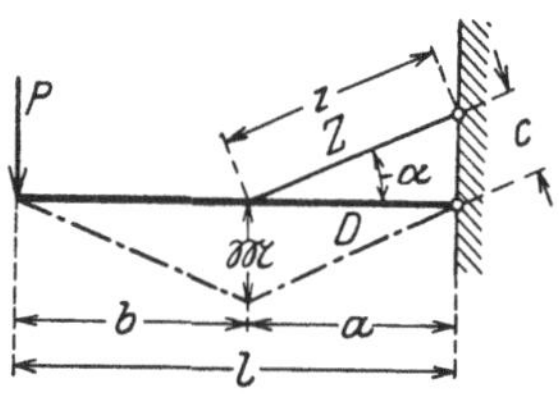

Bild 298. Ausleger.

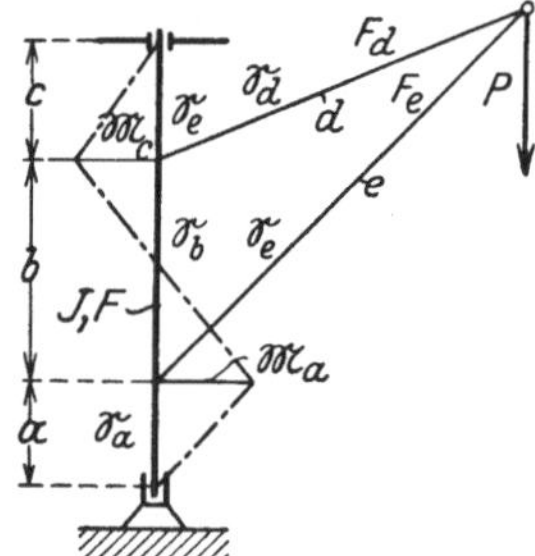

Bild 299. Drehkrangerüst.

2. Drehkrangerüst, Bild 299. Die Stabkräfte $\mathfrak{S}_a$, $\mathfrak{S}_b$ usw. und die Biegemomente $\mathfrak{M}_a$ und $\mathfrak{M}_c$ rühren von der Last „Eins" her; für alle weiteren Bezeichnungen s. Bild.

Nach Fall 3 ist Senkung des Lastpunktes

$$f = \frac{1}{EJ}\int \mathfrak{M}^2\,dx + \frac{\mathfrak{S}_a{}^2\,a + \mathfrak{S}_b{}^2\,b + \mathfrak{S}_c{}^2\,c}{EF} + \frac{\mathfrak{S}_d{}^2\,d}{EF_d} + \frac{\mathfrak{S}_e{}^2\,e}{EF_e},$$

worin

$$\int \mathfrak{M}^2\,dx = \frac{a}{3}\,\mathfrak{M}_a{}^2 + \frac{b}{3}\left(\mathfrak{M}_a{}^2 + \mathfrak{M}_a\,\mathfrak{M}_c + \mathfrak{M}_c{}^2\right) + \frac{c}{3}\,\mathfrak{M}_c{}^2 .$$

E. Der Maxwellsche Satz von der Gegenseitigkeit der Verschiebungen.

Auf ein beliebiges Fachwerks-, Biegestab- oder gemischtes Gebilde wirke an Punkt a eine Last „Eins" in Richtung R_a. Diese liefert für einen Punkt b eine auf Richtung R_b projizierte Verschiebung

$$f_b = \int \frac{M_a \mathfrak{M}_b}{EJ} ds + \int \frac{N_a \mathfrak{N}_b}{EF} ds + \cdots,$$

gültig für den allgemeinsten Fall des gemischten Gebildes nach S. 119. Hierin gelten die M_a, N_a usw. für die Last „Eins" an a, die $\mathfrak{M}_b$, $\mathfrak{N}_b$ usw. für die gedachte Last „Eins" an b.

Wirkt die Last „Eins" an Punkt b in Richtung R_b, dann liefert diese für Punkt a eine auf Richtung R_a projizierte Verschiebung

$$f_a = \int \frac{M_b \mathfrak{M}_a}{EJ} ds + \int \frac{N_b \mathfrak{N}_a}{EF} ds + \cdots,$$

worin die M_b, N_b für die Last „Eins" an b und die $\mathfrak{M}_a$, $\mathfrak{N}_a$ usw. für die gedachte Last „Eins" an a gelten.

Da nun $M_a = \mathfrak{M}_a$, $M_b = \mathfrak{M}_b$, $N_a = \mathfrak{N}_a$, $N_b = \mathfrak{N}_b$ usw., ist

$$f_a = f_b.$$

In gleicher Weise kann folgendes gezeigt werden: Liefert ein an Punkt a wirkendes Moment „Eins" eine Drehung ϑ_b der Tangente an Punkt b, und ein am Punkte b wirkendes Moment „Eins" eine Drehung ϑ_a der Tangente an Punkt a, dann ist $\vartheta_a = \vartheta_b$.

Diese Gleichheit drückt den Maxwellschen Satz von der Gegenseitigkeit der Verschiebungen aus, der später bei den statisch unbestimmten Gebilden von Bedeutung sein wird.

F. Formänderung durch Temperaturänderung.

Wird ein statisch bestimmt gelagertes und aus gleichartigem Stoffe bestehendes Gebilde, das in dem schon früher gebrauchten Sinne als starre Scheibe angesehen werden kann, in allen Teilen gleichmäßig erwärmt oder abgekühlt, dann vergrößert oder verkleinert es sich geometrisch ähnlich bleibend nach Maßgabe der Längenausdehnungszahl ε_t des Stoffes. Diese Zahl bezeichnet die Zunahme der Längeneinheit bei 1^0 Temperaturzunahme. Ein Stab von der ursprünglichen Länge l verlängert sich bei t^0 Temperaturzunahme um $\Delta l = \varepsilon_t l t$. In der Eisenbaustatik setzt man für ε_t rd. $12 \cdot 10^{-6}$.

Im weiteren soll Abkühlung als negative Erwärmung und Zusammenziehung als negative Dehnung bezeichnet werden.

Je nach Lagerung des Gebildes unterscheidet man zwischen verschiedenen Fällen.

Ist das Gebilde nach Bild 300 an einer Stelle fest eingespannt, dann macht ein beliebiger Punkt A die Verschiebung $\Delta a = \varepsilon_t a t$ in Richtung a.

Dasselbe gilt für ein durch Bolzen und Rollenkipplager gestütztes Gebilde, wenn die Verbindungslinie der Bolzen nach Bild 301 parallel zur Rollenbahn des Rollenkipplagers liegt. Die Stützweite b vergrößert sich dabei um $\Delta b = \varepsilon_t b t$..

Liegt dagegen diese Parallelität nach Bild 302 nicht vor, dann lassen sich die Verschiebungen Δb, Δc usw. der Punkte B, C usw.

leicht durch Zeichnung gewinnen. Die Scheibe macht einen Drehwinkel α und wegen der Gleichheit der Winkel γ ist $\Delta b : \Delta c = b : c$, woraus die Konstruktion der Δc nach Bild 303 entspringt, worin $c'' \,\|\, c$ ist und welches nach Art der Williotschen Verschiebungspläne in beliebiger Vergrößerung hergestellt werden kann und sofort auf den Fall nach Bild 157 oder 158 übertragbar ist.

In entsprechender Weise wird die Formänderung der beiden Scheiben des Dreigelenkbogens oder -fachwerks nach Bild 304 und 305 behandelt.

Vorstehendes gilt für gleiche Temperaturzunahme aller Teile des Gebildes und ist anwendbar auf Biegestabgebilde und Fachwerke.

Es lassen sich nun für Biegestabgebilde und Fachwerke unter Benutzung der früher wiederholt gebrauchten Vorgänge Formeln für die durch Temperaturänderung hervorgebrachten Verschiebungen einzelner Punkte aufstellen. Dabei wird gleichzeitig der Fall berücksichtigt, daß die einzelnen Gebildeteile verschiedenen Temperaturänderungen ausgesetzt sind. Außerdem dienen diese Formeln zur späteren Berechnung der statisch unbestimmten Gebilde. Wir behandeln getrennt die Biegestabgebilde und die Fachwerke.

1. Biegestabgebilde.

Hierbei ist zwischen zwei Fällen zu unterscheiden, je nachdem alle Stabstellen dieselben Temperaturänderungen annehmen oder ein Temperaturunterschied zwischen gegenüberliegenden Gurtkanten auftritt.

Fall 1. Gleichmäßige Temperaturänderung des ganzen Stabes oder der einzelnen Stabstücke.

Wird das Stabelement ds um t^0 erwärmt, dann verlängert es sich um

$$\Delta ds = \varepsilon_t \, t \, ds.$$

Um nun die gleichzeitige Erwärmung aller Stabelemente in Rechnung zu bringen, benutzen wir die Formeln der Formänderung durch die Längskräfte nach S. 103, wobei das Stück ds durch die von der Belastung herrührenden Längskraft N um

$$\Delta ds = \frac{N \, ds}{EF}$$

verlängert wurde und dadurch der beliebige Punkt t eine Verschiebungsprojektion in Richtung R gleich

$$f = \int \frac{N \, \mathfrak{N}}{EF} \, ds$$

erhielt, worin $\mathfrak{N}$ die durch die gedachte Kraft „Eins" an t in Richtung R hervorgebrachte Längskraft bezeichnete.

Man erhält den der Erwärmung entsprechenden Betrag f dadurch, daß man in obiger Formel den Teil $\dfrac{N \, ds}{EF}$ durch $\varepsilon_t \, t \, ds$ oder $\dfrac{N}{EF}$

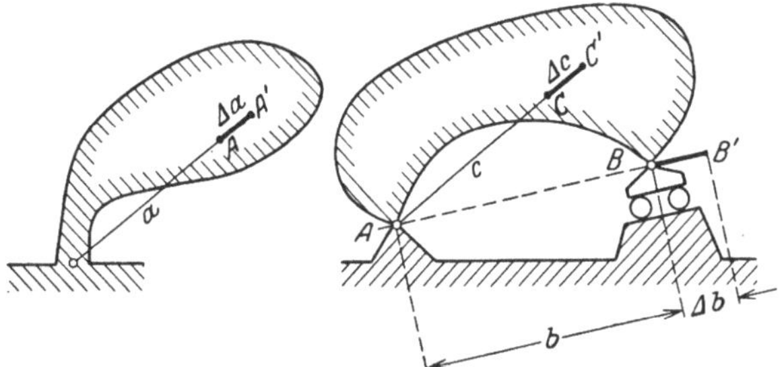

Bild 300 u. 301. Formänderung der Scheiben durch Temperaturänderung.

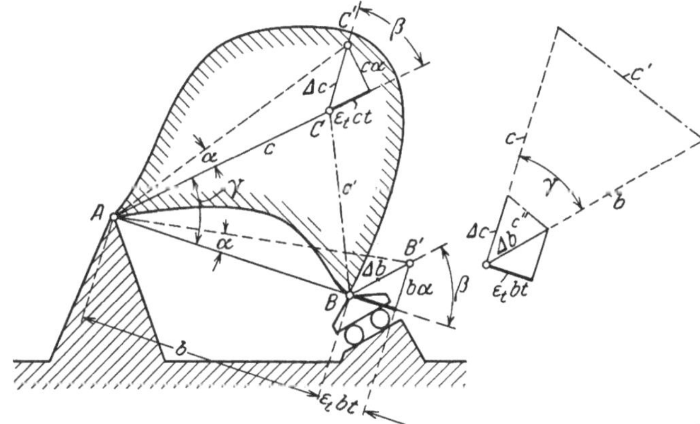

Bild 302 u. 303. Form- und Lagenänderung der Scheibe durch Temperaturänderung.

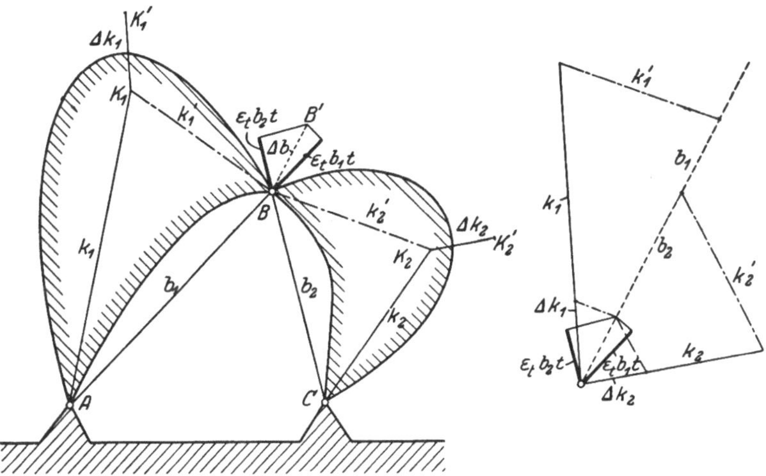

Bild 304 u. 305. Form- und Lagenänderung der Dreigelenkscheibe durch
Temperaturänderung.

durch $\varepsilon_t\, t$ ersetzt. Dieser Vorgang kann auf alle weiteren Fälle angewendet werden, in denen die Formänderungen durch Längskräfte entstanden; man braucht nur in den Formeln S. 103 bis 105 die Teile $\dfrac{N}{EF}$ durch $\varepsilon_t\, t$ zu ersetzen. Hiernach ergibt sich

Fall 1a. Bei Erwärmung des Stabes ist die Projektion der Verschiebung des beliebigen Stabpunktes t auf die beliebige Richtung R

$$f = \int \varepsilon_t\, t\, \mathfrak{N}\, ds$$

oder, da $\varepsilon_t = $ konst. und $t = $ konst.,

$$f = \varepsilon_t\, t \int \mathfrak{N}\, ds.$$

Der Vergleich mit Fall 7 S. 89 liefert

Fall 1b. Bei Erwärmung des Stabes ist die Richtungsänderung der Stabachsentangente am Punkte t

$$\vartheta = \varepsilon_t\, t \int \mathfrak{N}\, ds,$$

worin $\mathfrak{N}$ die durch ein am Punkte t gedachtes Moment „Eins" hervorgebrachte Längskraft an allen Stabstellen bezeichnet.

Fall 1c. Erwärmt sich der Stab und wirkt außerdem eine Last P_t am Punkte t in Richtung R, dann ist die Verschiebungsprojektion des Punktes t in Richtung R

$$f = \varepsilon_t\, t \int \mathfrak{N}\, ds + P_t \int \frac{\mathfrak{M}^2}{EJ}\, ds,$$

worin die Längskräfte $\mathfrak{N}$ und die Momente $\mathfrak{M}$ von der gedachten Kraft „Eins" an t in Richtung R herrühren.

Fall 1d. Erwärmt sich der Stab und wirkt ein Moment D an Punkt t, dann ist die Richtungsänderung der Stabtangente an t

$$\vartheta = \varepsilon_t\, t \int \mathfrak{N}\, ds + D \int \frac{\mathfrak{M}^2}{EJ}\, ds,$$

worin die $\mathfrak{N}$ und $\mathfrak{M}$ vom gedachten Moment „Eins" an t herrühren.

Fall 1e. Erwärmt sich der Stab und wirkt

Last P_a am Punkte a in Richtung A,

$\qquad$ „ $\ P_b$ „ $\qquad$ „ $\quad b$ „ $\qquad$ „ $\qquad B$,

$\qquad$ „ $\ P_c$ „ $\qquad$ „ $\quad c$ „ $\qquad$ „ $\qquad C$ usw.,

dann ist entsprechend dem Fall 12 S. 91 die Projektion der Verschiebungen der Punkte $a, b \ldots$ in Richtung $A, B \ldots$

$$f_a = \varepsilon_t\, t \int \mathfrak{N}_a\, ds + P_a \int \frac{\mathfrak{M}_a\, \mathfrak{M}_a}{EJ}\, ds + P_b \int \frac{\mathfrak{M}_a\, \mathfrak{M}_b}{EJ}\, ds + \ldots,$$

$$f_b = \varepsilon_t\, t \int \mathfrak{N}_b\, ds + P_a \int \frac{\mathfrak{M}_b\, \mathfrak{M}_a}{EJ}\, ds + P_b \int \frac{\mathfrak{M}_b\, \mathfrak{M}_b}{EJ}\, ds + \ldots \text{ usw.,}$$

worin die $\mathfrak{N}_a$, $\mathfrak{M}_a$, $\mathfrak{N}_b$, $\mathfrak{M}_b$ usw. von der gedachten Kraft „Eins" am Punkte a in Richtung A, am Punkte b in Richtung B usw. herrühren.

Beispiele hierzu erübrigen sich, da solche nach den in Bild 300 bis 305 gezeigten Vorgängen behandelt werden können. Obige Formeln wurden für ihre spätere Verwendung bei den statisch unbestimmten Fällen aufgestellt.

Fall 2. Es besteht ein Temperaturunterschied zwischen gegenüberliegenden Stabkanten. Ein solcher Fall kann vorliegen, wenn ein Trägerobergurt von der Sonne beschienen wird, während der Untergurt im Schatten liegt oder wenn der Außengurt eines Rahmenbinders der Außentemperatur und der Innengurt der inneren Raumtemperatur ausgesetzt ist. Der Temperaturunterschied zwischen dem Außen- und Innengurt wird zwar wesentlich kleiner sein als der zwischen dem Außen- und Innenraum, aber er besteht und kann namentlich bei geheizten Räumen und niedriger Außentemperatur von Bedeutung werden. Der Unterschied der Gurttemperaturen wird sich innerhalb des Trägers ausgleichen. Der Ausgleich wird zwar kaum linear erfolgen, er wird aber zugunsten einer einfachen Rechnung linear angenommen.

Nach Bild 306 bezeichnet

t_0 die überall gleiche Ausgangstemperatur,

t_1 die Temperatur der Oberkante,

$t_2 > t_1$ die Temperatur der Unterkante,

• also $\varDelta t = t_2 - t_1$ den Temperaturunterschied,

t_s die Temperaturerhöhung in der Stabschwerlinie,

also $t = t_s - t_0$ die Temperaturerhöhung daselbst.

$\varDelta t$ ist also positiv, wenn die Unterkante wärmer als die Oberkante ist, im umgekehrten Falle ist $\varDelta t$ negativ.

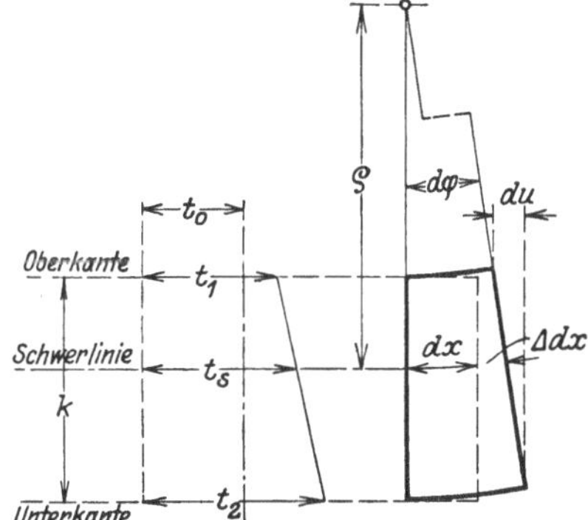

Bild 306. Temperaturunterschied zwischen den Gurtkanten.

Hat das Stabelement bei Temperatur t_0 die ursprüngliche Länge dx, dann verlängern sich alle Fasern nach Maßgabe ihrer Temperaturen. Die Schwerlinienfaser verlängert sich um $\varDelta dx = \varepsilon_t t\, dx$; die Weiterbehandlung dieses Ansatzes erfolgt nach den bisherigen Fällen.

Zwischen der Ober- und Unterkante besteht der Längenunterschied $du = \varepsilon_t \varDelta t\, dx$ und nach Bild 306 werden sich die Endquerschnitte des Stabelementes gegenseitig neigen um den Winkel

$$d\varphi = \frac{du}{k} = \frac{\varepsilon_t \varDelta t\, dx}{k}$$

und die Stabkrümmung erfolgt nach dem Krümmungsradius

$$\varrho = \frac{dx}{d\varphi} = \frac{k}{\varepsilon_t \varDelta t}.$$

Der Ausdruck für $d\varphi$ gilt auch für den krummen Stab, wobei ds für dx zu setzen ist und es gilt

$$d\varphi = \frac{\varepsilon_t \, \Delta t \, ds}{k}.$$

Tritt nun dieser Temperaturunterschied Δt gleichzeitig im ganzen Stabe auf, dann kann dieser Fall mit Fall 1 S. 86 verglichen werden. Der Unterschied besteht nur darin, daß dort die Verbiegung φ durch das Lastmoment M und hier durch die ungleiche Erwärmung entsteht, man braucht daher in den dortigen Ausdrücken nur $\dfrac{\varepsilon_t \Delta t}{k}$ für $\dfrac{M}{EJ}$ zu setzen. Hieraus entspringen nachstehende Formeln.

Fall 2 a. Bei ungleicher Erwärmung ist die Projektion der Verschiebung des Punktes t auf Richtung R

$$f = \varepsilon_t \int \frac{\Delta t \, \mathfrak{M}}{k} \, ds,$$

worin $\mathfrak{M}$ die Momente durch die gedachte Kraft „Eins" an t in Richtung R bezeichnet. Unveränderliche Δt und h können vor das Integral gesetzt werden.

Vorzeichenregel. Ist diejenige Stabkante die wärmere, die durch ein positives $\mathfrak{M}$ Zugspannung erhält, dann ist f in Richtung der gedachten Kraft „Eins" positiv zu rechnen. Diese Regel ist sinngemäß auf alle weiteren Fälle zu übertragen.

In gleicher Weise folgt aus Fall 7 S. 89.

Fall 2 b. Bei ungleicher Erwärmung ist die Neigungsänderung der Stabtangente an Punkt t

$$\vartheta = \varepsilon_t \, \Delta t \int \frac{\mathfrak{M}}{k} \, ds,$$

worin $\mathfrak{M}$ die Momente durch das Moment „Eins" an t bezeichnet. ϑ ist positiv, wenn es dieselbe Richtung wie das Moment „Eins" hat.

Fall 2 c. Liegt ungleiche Erwärmung vor und wirkt an Punkt t die Last P_t in Richtung R, dann gilt

$$f = \varepsilon_t \, \Delta t \int \frac{\mathfrak{M}}{k} \, ds + P_t \int \frac{\mathfrak{M}^2}{EJ} \, ds.$$

$\mathfrak{M}$ ist hierin dasselbe wie in Fall 2a; f ist positiv, wenn es dieselbe Richtung wie P_t hat.

Fall 2 d. Liegt ungleiche Erwärmung vor und wirkt an t das Moment D, dann gilt

$$\vartheta = \varepsilon_t \, \Delta t \int \frac{\mathfrak{M}}{k} \, ds + D \int \frac{\mathfrak{M}^2}{EJ} \, ds,$$

$\mathfrak{M}$ hierin wie in Fall 2b.

Fall 2 e. Liegt ungleiche Erwärmung vor und wirkt

Last P_a an Punkt a in Richtung A,
„ P_b „ „ b „ „ B usw.,

dann ist entsprechend dem Fall 12 S. 91 die Projektion der Verschiebungen der Punkte $a, b \ldots$ in Richtung $A, B \ldots$

$$f_a = \varepsilon_t \, \Delta t \int \frac{\mathfrak{M}_a}{k} \, ds + P_a \int \frac{\mathfrak{M}_a \, \mathfrak{M}_a}{EJ} \, ds + P_b \int \frac{\mathfrak{M}_a \, \mathfrak{M}_b}{EJ} \, ds + \cdots ,$$

$$f_b = \varepsilon_t \, \Delta t \int \frac{\mathfrak{M}_b}{k} \, ds + \int \frac{\mathfrak{M}_b \, \mathfrak{M}_a}{EJ} \, ds + \int \frac{\mathfrak{M}_b \, \mathfrak{M}_b}{EJ} \, ds + \cdots \text{ usw.},$$

worin die $\mathfrak{M}_a$, $\mathfrak{M}_b$ usw. von der gedachten Kraft „Eins" an a in Richtung A, an b in Richtung B usw. herrühren.

Beispiel hierzu. Der Untergurt eines Trägers I 30 von 8 m Stützweite sei um Δt wärmer als der Obergurt. Gesucht die Pfeilhöhe des sich krümmenden Trägers.

Nach Fall 2 a und Bild 307 ist für die gedachte Mittenlast 1 kg $\mathfrak{M} = \dfrac{x}{2}$; somit ist

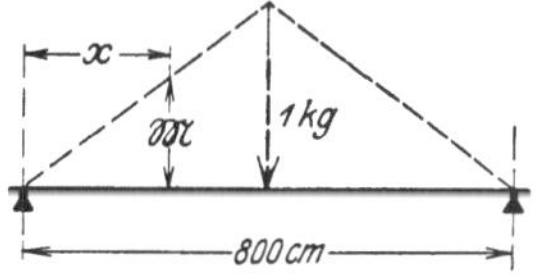

Bild 307. Berechnung der Trägerkrümmung durch Temperaturunterschied zwischen Ober- und Unterkante.

$$f = \frac{\varepsilon_t \, \Delta t}{k} \, 2 \int\limits_0^{\frac{l}{2}} \frac{x}{2} \, dx = \frac{\varepsilon_t \, \Delta t}{k} \, \frac{l^2}{4} = \Delta t \, \frac{12 \cdot 800^2}{1\,000\,000 \cdot 30 \cdot 4} = 0{,}064 \, \Delta t \text{ cm,}$$

also bei 10^0 Temperaturunterschied $f = 0{,}64$ cm.

Δt ist hier positiv, daher ist f ebenso wie die gedachte Mittenlast nach unten gerichtet. Ist der Obergurt wärmer als der Untergurt, dann ist Δt und somit f negativ und der Träger krümmt sich nach oben.

Treten die im ersten und zweiten Fall genannten Temperaturänderungen gleichzeitig auf, dann addieren sich die f dieser beiden Fälle algebraisch.

2. Fachwerke.

Werden die einzelnen Fachwerkstäbe verschieden erwärmt (was die gleichen Ursachen wie bei den Biegestäben haben kann), also Stab 1 um t_1, Stab 2 um t_2 usw., dann verlängern sie sich um $\Delta s_1 = \varepsilon_t t_1 s_1$, $\Delta s_2 = \varepsilon_t t_2 s_2$ usw. Die daraus folgenden Knotenpunktverschiebungen können nach den gleichen Verfahren behandelt werden, die für die Formänderungen durch Lasten dienten, wenn die bisherigen $\Delta s = \dfrac{S s}{EF}$ durch die Ausdrücke $\Delta s = \varepsilon_t t s$ ersetzt werden. Daraus entspringen folgende Ansätze.

Fall 1. Infolge der Staberwärmung ist die Projektion der Verschiebung des Punktes t in Richtung R

$$f = \varepsilon_t \sum t \mathfrak{S} s,$$

worin die Stabkräfte $\mathfrak{S}$ von der gedachten Kraft „Eins" am Punkte t in Richtung R herrühren.

Fall 2. Besteht Staberwärmung und wirkt an Punkt t die Last P_t in Richtung R, dann ist an t in Richtung R

$$f = \varepsilon_t \sum t \mathfrak{S} s + P_t \sum \frac{\mathfrak{S}^2 s}{EF},$$

die $\mathfrak{S}$ hierin sind wie in Fall 1 zu bestimmen.

Die Ansätze aller weiteren Fälle decken sich völlig mit denen nach S. 114 bis 118, wobei an Stelle der Ausdrücke $\dfrac{S}{EF}$ die Ausdrücke $\varepsilon_t t$ zu setzen sind.

Bei gleicher Temperaturänderung aller Stäbe ist überall der Wert t vor das Σ-Zeichen zu setzen.

Beispiel hierzu nach Bild 289 S. 111. Die Obergurtstäbe a bis d erwärmen sich um 10^0 gegen alle anderen Stäbe. Gesucht die lotrechte Verschiebung des Punktes 4. Es liegt Fall 1 vor. Die Stabkräfte $\mathfrak{S}$ für die an Punkt 4 lotrecht nach unten wirkend gedachte Kraft „Eins" sind dem Zahlenbeispiel 2 S. 119 entnommen und in Zahlentafel 8 eingetragen, die sich nur über die erwärmten Stäbe erstreckt. Es ergibt sich

$$f = s_t \sum t \mathfrak{S} s = - \frac{12}{1\,000\,000} \cdot 911 = - 0,0119 \text{ cm},$$

also entgegengesetzt zur Kraftrichtung „Eins", d. h. nach oben gerichtet.

Zahlentafel 8.

Stab	t	s cm	$\dfrac{\mathfrak{S}}{t}$	$t \mathfrak{S} s$
a	10	365	— 7,6	— 277
b	10	410	— 5,4	— 221
c	10	410	— 5,0	— 205
d	10	365	— 5,7	— 208
e bis l	0	.	.	0

$$\Sigma t \mathfrak{S} s = - 911$$

Statisch unbestimmte ebene Gebilde.

Einleitung. Die bisher behandelte statische Berechnung der Gebilde umfaßte die Bestimmung der Stützkräfte, Biegemomente, Längs- und Querkräfte von Biegestabgebilden und der Stabkräfte von Fachwerken. Diese Rechnungen beruhten durchweg auf den bekannten Gleichgewichtsbedingungen der starren ebenen Körper. Das elastische Verhalten des Baustoffes, insbesondere der Elastizitätsmodul E und etwaige Temperaturänderung hatten keinerlei Einfluß auf die genannten Werte. Die so gekennzeichneten Gebilde nennt man daher statisch bestimmte Gebilde.

Nun gibt es eine Reihe von Gebilden, zu deren Berechnung die Gleichgewichtsbedingungen nicht ausreichen. Solche Gebilde heißen statisch unbestimmt und zu deren Behandlung ist ihr elastisches Verhalten mit in Rechnung zu ziehen.

Zu den einfacheren statisch unbestimmten Gebilden gehören u. a. der drei- und mehrfach gestützte Träger, der Zweigelenkbogen, der eingespannte Bogen und das Fachwerk mit überzähligen Auflagerbedingungen oder Stäben.

A. Statisch unbestimmte Biegestabgebilde.

1. Einfach statisch unbestimmte Gebilde.

Zur Einführung wählen wir ein einfaches Beispiel.

Der gerade Stab mit Einspannung und freiem Auflager, Bild 308. Die zunächst noch unbekannte Auflagerkraft sei mit X bezeichnet. Wäre X eine bekannte, hier also nach oben wirkende Last, dann wäre die Hebung ihrer Angriffstelle nach S. 90 Fall 10 mit X statt P_t und mit dx statt ds

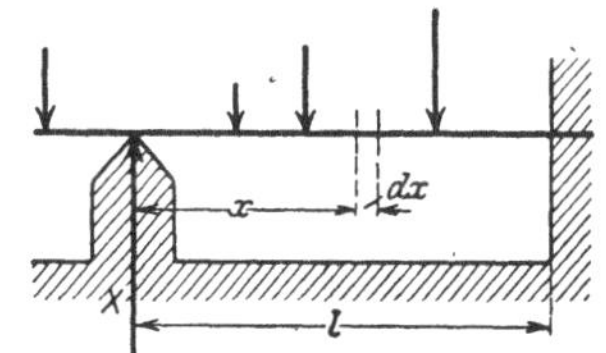

Bild 308. Stab mit Einspannung und freiem Auflager.

$$f = \int_0^l \frac{M' \mathfrak{M}}{EJ}\, dx + X \int_0^l \frac{\mathfrak{M}^2}{EJ}\, dx,$$

worin die M' für die Belastung allein und die $\mathfrak{M}$ für die Kraft „Eins" am Auflagerpunkt nach oben wirkend gelten.

X ist aber so zu bestimmen, daß f verschwindet, folgt daher aus der Bedingungsgleichung

$$\int\limits_0^l \frac{M'\,\mathfrak{M}}{EJ}\,dx + X\int\limits_0^l \frac{\mathfrak{M}^2}{EJ}\,dx = 0$$

zu

$$X = -\int\limits_0^l \frac{M'\,\mathfrak{M}}{EJ}\,dx : \int\limits_0^l \frac{\mathfrak{M}^2}{EJ}\,dx\,.$$

Nun ist $\mathfrak{M} = 1 \cdot x$, somit

$$X = -\int\limits_0^l \frac{M'\,x}{EJ}\,dx : \int\limits_0^l \frac{x^2}{EJ}\,dx\,,$$

worin über die Strecke l zu integrieren ist.

Für unveränderliches J ist $EJ =$ konstant und es folgt

$$X = -\int\limits_0^l M'\,x\,dx : \frac{l^3}{3}\,.$$

Das endgültige Biegemoment an beliebiger Stelle der Strecke l ist

$$M = X \cdot x + M'\,.$$

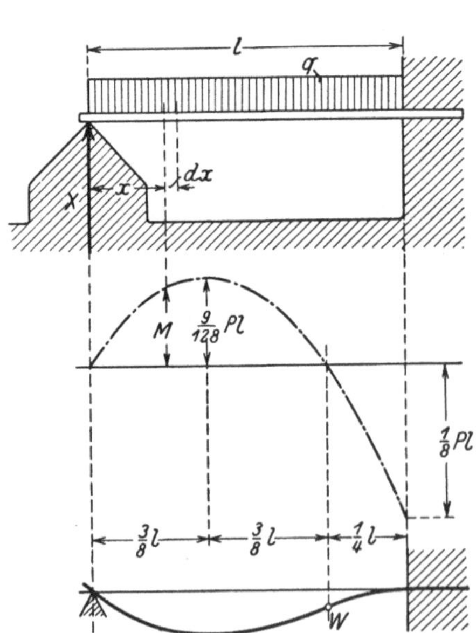
Bild 309. Gleichstreckenlast, M-Linie und elastische Linie.

Da die M' stets negativ sind, ist X stets positiv, wirkt also nach oben.

Einige Belastungsfälle hierzu für $EJ =$ konst.

1. Gleichstreckenlast q, Bild 309.

$$M' = -\frac{q\,x^2}{2}\,,$$

$$X = \int\limits_0^l \frac{q\,x^2}{2}\,x\,dx : \frac{l^3}{3} = \frac{3}{8}\,q\,l =$$

$$= \frac{3}{8}\,P\,,$$

worin $P = q\,l$ die Gesamtlast bezeichnet.

$$M = \frac{3}{8}\,q\,l\,x - \frac{q\,x^2}{2} =$$

$$= P\left(\frac{3}{8}\,x - \frac{x^2}{2\,l}\right)\,.$$

Hierzu die M-Linie als Parabel mit dem Einspannmoment $M_l = -\tfrac{1}{8}Pl$ und dem relativen Größtmoment $\max M = \tfrac{9}{128}Pl$ im Abstande $x = \tfrac{3}{8}l$, ferner die elastische Linie mit Wendepunkt bei $x = \tfrac{3}{4}l$.

2. **Einzellast, Bild 310.** Hier ist über Strecke a und b getrennt zu integrieren.

Für Strecke a ist $M' = 0$,

für Strecke b ist $M' = -P(x-a)$,

$$X = -\int_a^l -P(x-a)\,x\,dx : \frac{l^3}{3} = P\left[\frac{x^3}{3} - a\frac{x^2}{2}\right]_a^l : \frac{l^3}{3} =$$

$$= P\left(\frac{l^3-a^3}{3} - a\,\frac{l^2-a^2}{2}\right) : \frac{l^3}{3} = P\left(1 + \frac{1}{2}\left(\frac{a}{l}\right)^3 - \frac{3}{2}\frac{a}{l}\right).$$

Hieraus die endgültige M-Linie mit

$$M_1 = 0, \quad M_2 = Xa, \quad M_3 = Xl - Pb.$$

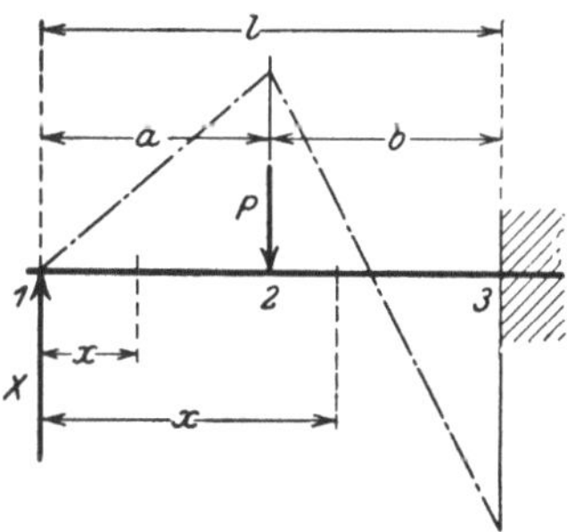

Bild 310. Einzellast.

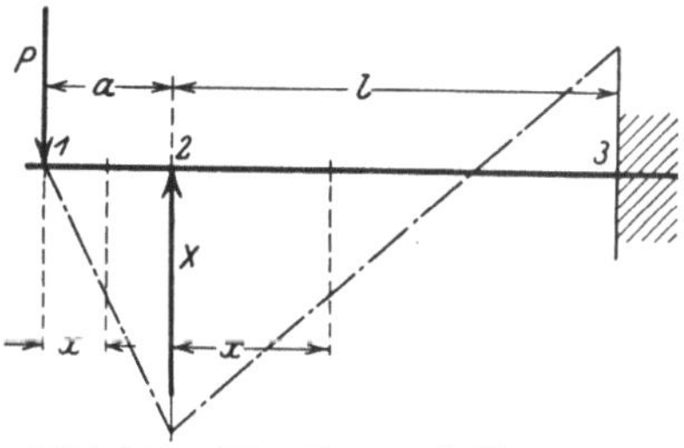

Bild 311. Einzellast auf Kragarm.

3. **Außenlast, Bild 311.** $M' = -P(a+x)$,

$$X = -\int_0^l -P(a+x)\,x\,dx : \frac{l^3}{3} = P\left(\frac{a\,l^2}{2} + \frac{l^3}{3}\right) : \frac{l^3}{3} = P\left(\frac{3}{2}\frac{a}{l} + 1\right).$$

Endgültig ist $M_1 = 0$, $M_2 = -Pa$, $M_3 = -P(a+l) + Xl$.

Anmerkung. Über die Darstellung der M-Linien hier und in allen Bildern dieses Abschnitts s. die Bemerkung auf S. 26.

Der krumme Stab mit Einspannung und freiem Auflager, Bild 312. Dieselbe Ableitung wie beim geraden Stab, aber mit ds statt dx, liefert die Endformel

$$X = -\int \frac{M'x}{EJ}\,ds : \int \frac{x^2}{EJ}\,ds,$$

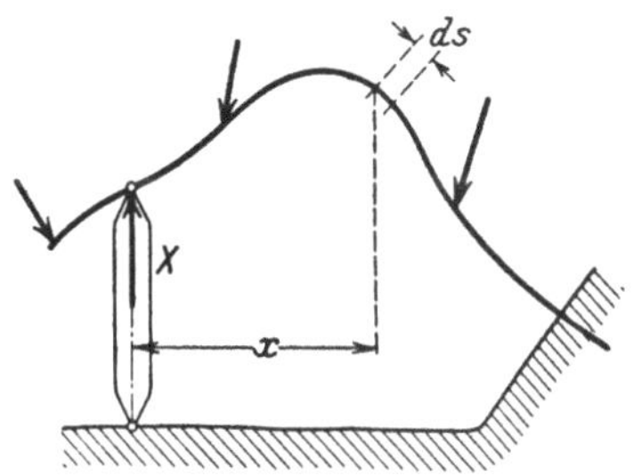

Bild 312. Der krumme Stab mit Einspannung und freiem Auflager oder Pendelstütze.

worin wieder vom Auflager bis zur Einspannstelle integriert wird. Bei $EJ = $ konstant gilt

$$X = -\int M' x\, ds : \int x^2\, ds.$$

Beispiel. **Winkelstab** **mit** **Gleichstreckenlast** q **nach Bild 313.** Die Trägheitsmomente seien J_l für Teil l und J_h für Teil h. Für Teil l ist $M = -\dfrac{q\,x^2}{2}$, für Teil h ist $M = -\dfrac{q\,l^2}{2}$.

Schreibt man $X = -$ Zähler : Nenner, dann ist

$$\text{Zähler} = \int\limits_0^l \frac{-\dfrac{q\,x^2}{2}\,x}{EJ_l}\, dx + \int\limits_0^h \frac{-\dfrac{q\,l^2}{2}\,l}{EJ_h}\, dy = -\frac{q}{2}\left(\frac{1}{EJ_l}\frac{l^4}{4} + \frac{1}{EJ_h}l^3 h\right),$$

$$\text{Nenner} = \int\limits_0^l \frac{x^2}{EJ_l}\, dx + \int\limits_0^h \frac{l^2}{EJ_h}\, dy = \frac{1}{EJ_l}\frac{l^3}{3} + \frac{1}{EJ_h}l^2 h.$$

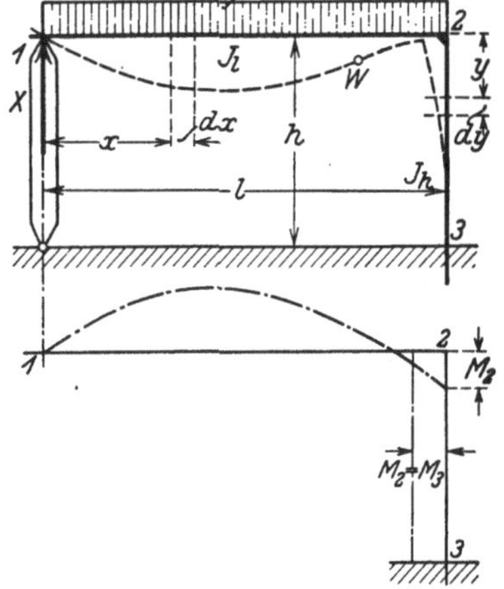

Bild 313. Winkelstab mit Gleichstreckenlast.

$$X = \frac{q}{2}\,\frac{\dfrac{l^4}{4\,J_l} + \dfrac{l^3 h}{J_h}}{\dfrac{l^3}{3\,J_l} + \dfrac{l^2 h}{J_h}} = \frac{q\,l}{2}\,\frac{\dfrac{l}{4\,J_l} + \dfrac{h}{J_h}}{\dfrac{l}{3\,J_l} + \dfrac{h}{J_h}} =$$

$$= \frac{q\,l}{2}\,\frac{\dfrac{1}{4}\dfrac{l}{h} + i}{\dfrac{1}{3}\dfrac{l}{h} + i}, \qquad \text{worin}\quad \frac{J_l}{J_h} = i.$$

Endgültig ist

$$M_1 = 0, \qquad M_2 = Xl - \frac{q\,l^2}{2},$$

$$M_3 = Xl - \frac{q\,l^2}{2}$$

und die Längskraft

$$N_{12} = 0, \qquad N_{23} = X - q\,l.$$

Der Träger auf drei Stützen, Bild 314. Als statisch Unbestimmte wählen wir den Druck der Mittelstütze. M_a' und M_b' sind die Momente des Trägers ohne Mittelstütze für die Lasten allein, $\mathfrak{M}_a$ und $\mathfrak{M}_b$ sind die Momente für $X = 1$, es ist

$$\mathfrak{M}_a = -1 \cdot \frac{b}{l}\,x, \qquad \mathfrak{M}_b = -1 \cdot \frac{a}{l}\,x.$$

Die Bedingungsgleichung für X lautet $f = 0$ oder

$$-\int\limits_0^a \frac{M_a'}{EJ}\frac{b}{l}\,x\,dx - \int\limits_0^b \frac{M_b'}{EJ}\frac{a}{l}\,x\,dx + X\left(\int\limits_0^a \frac{\dfrac{b^2}{l^2}x^2}{EJ}\,dx + \int\limits_0^b \frac{\dfrac{a^2}{l^2}x^2}{EJ}\,dx\right) = 0.$$

$EJ = $ konst. liefert

$$X = \frac{\dfrac{b}{l}\int\limits_{0}^{a} M_a{}' x\, dx + \dfrac{a}{l}\int\limits_{0}^{b} M_b{}' x\, dx}{\dfrac{b^2}{l^2}\dfrac{a^3}{3} + \dfrac{a^2}{l^2}\dfrac{b^3}{3}} = \frac{3}{a^2 b^2}\left(b\int\limits_{0}^{a} M_a{}' x\, dx + a\int\limits_{0}^{b} M_b{}' x\, dx\right).$$

Endgültig ist $M_a = M_a{}' - X\dfrac{b}{l}x$, $M_b = M_b{}' - X\dfrac{a}{l}x$. Die M erscheinen im oberen Bild als Unterschied zweier Ordinaten und sind im unteren Bild von einer wagrechten Grundlinie aus aufgetragen.

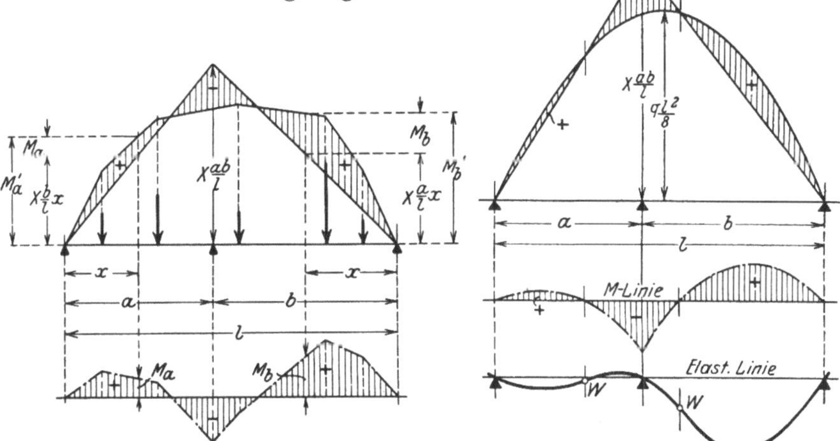

Bild 314. Träger auf drei Stützen.   Bild 315. Gleichstreckenlast.

Für Gleichstreckenlast q ist

$$M_a{}' = M_b{}' = \frac{q\,l}{2}x - \frac{q\,x^2}{2} = \frac{q}{2}(l\,x - x^2),$$

$$X = \frac{3}{a^2 b^2}\frac{q}{2}\left(b\int\limits_{0}^{a}(l\,x - x^2)\,x\,dx + a\int\limits_{0}^{b}(l\,x - x^2)\,x\,dx\right) =$$

$$= \frac{q}{a\,b}\left(\frac{l}{2}(a^2 + b^2) - \frac{3}{8}(a^3 + b^3)\right).$$

Damit ist der endgültige M-Verlauf bestimmt und in Bild 315 für $a = 4$ und $b = 5$ maßstäblich dargestellt, und gleichzeitig die elastische Linie eingezeichnet, die nach S. 79 bestimmt werden kann und durch die Mittelstütze gehen muß.

Weitere Fälle für den mehrfach gestützten Träger werden wir hier nicht bringen, da an späterer Stelle der durchlaufende Träger in allgemeiner Weise behandelt wird.

Der Zweigelenkbogen mit gleichhohen Gelenken. Den nach Bild 316 mit dem starren Boden durch zwei Gelenke verbundenen Stab denkt man sich dadurch statisch bestimmt gemacht, daß man eines der beiden Gelenke, z. B. das rechte, nach Bild 317 durch ein Rollenkipplager ersetzt. Die statisch Unbestimmte ist hier der sogenannte Horizontalschub X, der aus der Bedingung

$$\text{Änderung des Gelenkabstandes} = 0$$

folgt. Bezeichnet A die Auflagerkraft am linken Gelenk im statisch bestimmten Stabe, dann ist an beliebiger Stabstelle s

$$M' = A\,a - P_1\,p_1 - P_2\,p_2 - \cdots$$

und

$$\mathfrak{M} = -1 \cdot y .$$

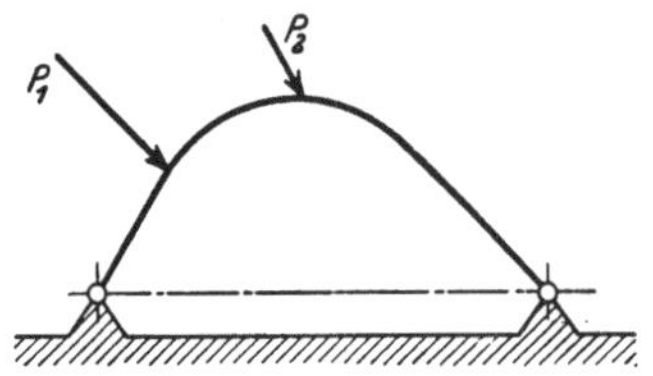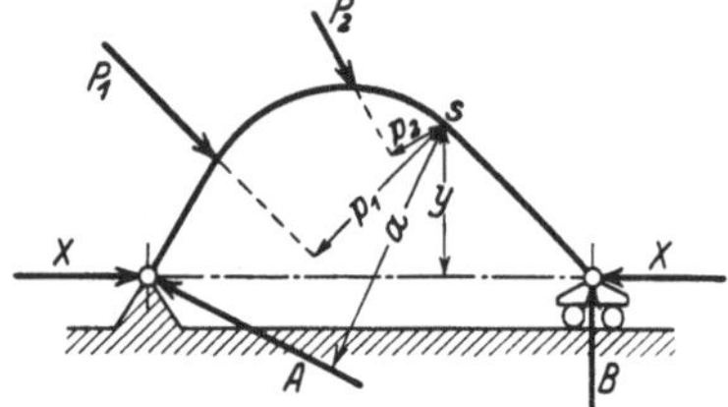

Bild 316 u. 317.   Der Zweigelenkbogen.

Die Bedingungsgleichung für X folgt aus $f = 0$ und lautet

$$-\int \frac{M'\,y}{EJ}\,ds + X \int \frac{y^2}{EJ}\,ds = 0,$$

woraus

$$X = \int \frac{M'\,y}{EJ}\,ds : \int \frac{y^2}{EJ}\,ds .$$

$EJ = $ konstant liefert

$$X = \int M'\,y\,ds : \int y^2\,ds .$$

Zu integrieren ist über den ganzen Stab, bei Symmetrie in Stabform und Belastung über den halben Stab. Schwierige oder unmögliche Integration ist durch algebraische Summierung mit endlichen Stabstrecken zu ersetzen.

Für die beliebige Stabstelle s ist

$$M = M' - X\,y ;$$

N ergibt sich als Summe der Projektionen aller links bzw. rechts von s wirkenden Kräfte, d. s. die Lasten, die A bzw. B und X.

Für den endgültigen M- und N-Verlauf ist es gleichgültig, ob das Rollenkipplager rechts oder links angenommen wird. Wirken einige oder alle Lasten gegen die Lotrechte geneigt, dann ist X verschieden, je nachdem das Rollenkipplager rechts oder links liegt; bei nur lotrechten Lasten ist X davon unabhängig.

Beispiele und Sonderfälle für den Zweigelenkbogen.

1. **Portal mit Einzellast nach Bild 318.** Die Trägheitsmomente, Widerstandsmomente und Querschnitte sind J_l, W_l und F_l für den Querbalken und J_h, W_h und F_h für die Stützen.

Für Teil a ist $M' = P\dfrac{b}{l}x$ und $y = h$, für Teil b ist $M' = P\dfrac{a}{l}x$ und $y = h$, für die Stützen ist $M' = 0$.

In der Schlußformel für X ist

$$\text{Zähler} = \frac{1}{J_l}\left(\int_0^a M'\,h\,dx + \int_0^b M'\,h\,dx\right) =$$

$$= \frac{1}{J_l}\left(\int_0^a P\frac{b}{l}x\,h\,dx + \int_0^b P\frac{a}{l}x\,h\,dx\right) = P\frac{abh}{2\,J_l},$$

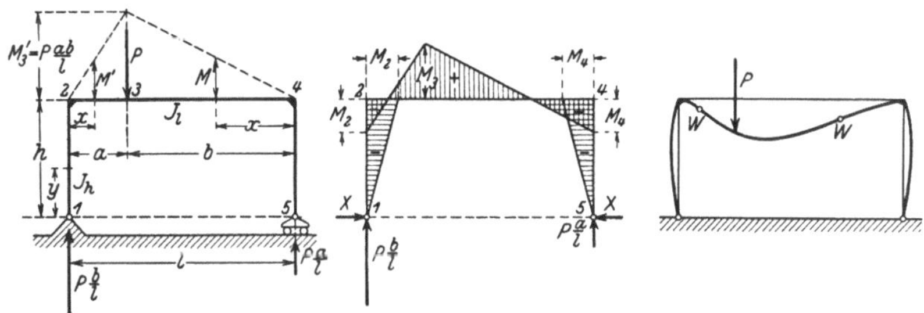

Bild 318—320. Rechteckportal.

$$\text{Nenner} = \frac{2}{J_h}\int_0^h y^2\,dy + \frac{1}{J_l}\int_0^l h^2\,dx = \frac{2}{3}\frac{h^3}{J_h} + \frac{h^2 l}{J_l}.$$

$$X = P\frac{\dfrac{abh}{2\,J_l}}{\dfrac{2}{3}\dfrac{h^3}{J_h} + \dfrac{h^2 l}{J_l}} = P\frac{\dfrac{1}{2}\dfrac{a}{h}\dfrac{b}{h}}{\dfrac{2}{3}i + \dfrac{l}{h}}, \quad \text{worin } i = \frac{J_l}{J_h}.$$

Damit sind die endgültigen Biegemomente

$$M_1 = M_5 = 0, \quad M_2 = M_4 = -Xh, \quad M_3 = P\frac{ab}{l} - Xh$$

und die Längskräfte

$$N_{12} = -P\frac{b}{l}, \quad N_{45} = -P\frac{a}{l}, \quad N_{24} = -X,$$

also Druck.

Die ebenfalls leicht bestimmbaren Querkräfte sind hier nicht angeführt, da sie für das weitere belanglos sind.

Bild 319 zeigt die endgültige M-Linie und Bild 320 den ungefähren Verlauf der elastischen Linie, wobei die Wendepunkte an den Stellen für $M = 0$ und die rechten Winkel an den Ecken zu beachten sind.

Zahlenbeispiel. $P = 4000$ kg, $l = 800$ cm, $a = 200$ cm, $b = 600$ cm, $h = 400$ cm. Gleiches Profil in Stützen und Querbalken, daher $i = 1$.

$$X = 4000 \frac{\dfrac{1}{2} \dfrac{200}{400} \dfrac{600}{400}}{\dfrac{2}{3} + \dfrac{800}{400}} = 562{,}5 \text{ kg}.$$

$$M_2 = M_4 = -562{,}5 \cdot 400 = -225\,000 \text{ kgcm}, \quad M_3 = 4000 \frac{200 \cdot 600}{800} - 562{,}5 \cdot 400 =$$

$$= 375\,000 \text{ kgcm}. \quad N_{12} = -4000 \frac{600}{800} = -3000 \text{ kg}, \quad N_{45} = -4000 \frac{200}{800} = -1000 \text{ kg},$$

$$N_{24} = -562{,}5 \text{ kg}.$$

Für I 26 mit $W = 442$ cm³ und $F = 53{,}4$ cm² ist

$$\sigma_2 = \pm \frac{225\,000}{442} - \frac{3000}{53{,}4} = \frac{+453}{-565} \text{ kg/cm}^2,$$

$$\sigma_3 = \pm \frac{375\,000}{442} - \frac{562{,}5}{53{,}4} = \frac{+840}{-860} \text{ kg/cm}^2 \text{ (maßgebend)}.$$

Je nach baulicher Durchbildung des Portals sind bei Niet- oder Schraubenlöchern im Träger in diesen Spannungsformeln die Nettowerte der W und F einzusetzen, die dann etwas größere σ liefern.

2. **Stabecke mit Einzellasten.** Besteht der Stabbogen aus einzelnen geraden Stücken mit je $J =$ konst. und die Belastung aus Einzelkräften, an den Endpunkten dieser Stabstücke angreifend, dann lassen sich für Zähler und Nenner fertige Gebrauchsformeln entwickeln, die die Aufstellung des Ansatzes für X bedeutend erleichtern.

Für das Stabstück $i - k$ nach Bild 321 ist mit den Lastmomenten M_i' und M_k' an beliebiger Stelle

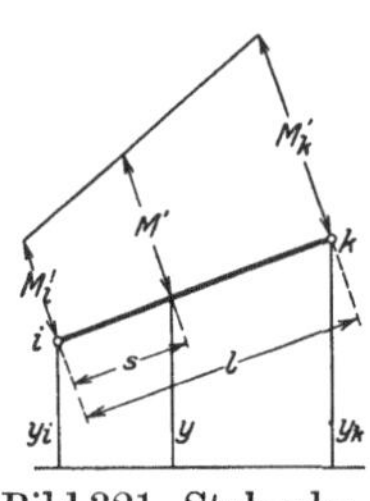

Bild 321. Stabecke mit Einzellasten.

$$M' = M_i' + \frac{M_k' - M_i'}{l} s \quad \text{und} \quad y = y_i + \frac{y_k - y_i}{l} s,$$

somit der Zähleranteil

$$Z_{ik} = \frac{1}{EJ} \int_0^l M' y \, ds = \frac{1}{EJ} \int_0^l \left(M_i' + \frac{M_k' - M_i'}{l} s \right) \left(y_i + \frac{y_k - y_i}{l} s \right) ds.$$

Die Ausrechnung liefert nach Umformung und Kürzung

$$Z_{ik} = \frac{1}{EJ} \frac{l}{3} \left(M_i' y_i + \frac{1}{2} (M_i' y_k + M_k' y_i) + M_k' y_k \right).$$

Der Nenneranteil ist

$$N_{ik} = \frac{1}{EJ} \int_0^l y^2 \, ds = \frac{1}{EJ} \int_0^l \left(y_i + \frac{y_k - y_i}{l} s \right)^2 ds = \frac{1}{EJ} \frac{l}{2} (y_i^2 + y_i y_k + y_k^2).$$

Hiernach sind die nächsten Beispiele behandelt; in den Bildern hierzu sind die M'-Linien strichiert und die endgültigen M-Linien ausgezogen.

3. **Portal mit Einzellast wie bei 1, Bild 318 bis 320.**

$$Z = Z_{12} + Z_{23} + Z_{34} + Z_{45} = 0 + \frac{1}{J_l}\left[\frac{a}{3}\left(0 + \frac{1}{2}\left(0 + P\frac{ab}{l}h\right) + P\frac{ab}{l}h\right) + \right.$$

$$\left. + \frac{b}{3}\left(P\frac{ab}{l}h + \frac{1}{2}\left(P\frac{ab}{l}h + 0\right) + 0\right)\right] = \frac{1}{J_l}P\frac{abh}{2}.$$

$$N = N_{12} + N_{45} + N_{23} + N_{34} =$$

$$= \frac{2}{J_h}\frac{h}{3}(0 + 0 + h^2) + \frac{1}{J_l}\cdot\frac{l}{3}(h^2 + h^2 + h^2) = \frac{2}{3}\frac{h^3}{J_h} + \frac{h^2 l}{J_l}.$$

$$X = P\frac{\dfrac{abh}{2J_l}}{\dfrac{2}{3}\dfrac{h^3}{J_h} + \dfrac{h^2 l}{J_l}},$$

also dasselbe wie in Beispiel 1.

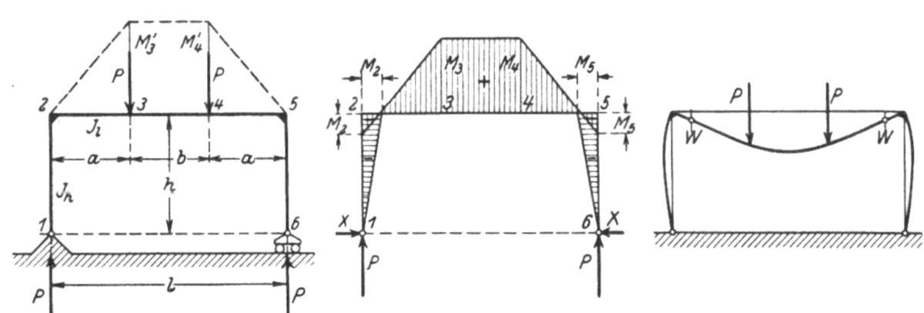

Bild 322—324. Portal mit Symmetriebelastung.

4. **Portal mit Symmetriebelastung, Bild 322 bis 324.**

$$M_1' = M_2' = M_5' = M_6' = 0, \quad M_3' = M_4' = Pa.$$

$$Z = \frac{1}{J_l}\left[2\frac{a}{3}\left(0 + \frac{1}{2}(0 + Pah) + Pah\right) + \frac{b}{3}\left(Pah + \frac{1}{2}(Pah + Pah) + Pah\right)\right] =$$

$$= \frac{P}{J_l}(a^2 h + bah).$$

Nenner wie im vorigen Beispiel.

$$X = P\frac{\dfrac{a^2 h + bah}{J_l}}{\dfrac{2}{3}\dfrac{h^3}{J_h} + \dfrac{l h^2}{J_l}} = P\frac{\left(\dfrac{a}{h}\right)^2 + \dfrac{a}{h}\dfrac{b}{h}}{\dfrac{2}{3}i + \dfrac{l}{h}}, \quad \text{worin wieder} \quad i = \frac{J_l}{J_h}.$$

Endgültig ist

$$M_1 = M_6 = 0, \quad M_2 = M_5 = -Xh, \quad M_3 = M_4 = Pa - Xh,$$
$$N_{12} = N_{56} = -P, \quad N_{23} = N_{34} = N_{45} = -X.$$

5. **Portal mit Seitenlast, Bild 325 bis 327.** Im statisch bestimmt gelagerten Portal ist links das Kipplager und rechts das Rollenkipplager angenommen. Damit folgt

$$M_1' = M_4' = M_5' = 0, \quad M_2' = M_3' = P\,a.$$

$$Z = \frac{1}{J_h}\left[\frac{a}{3}\left(0 + \frac{1}{2}(0+0) + P a^2\right) + \frac{b}{3}\left(P a^2 + \frac{1}{2}(Pah + Pa^2) + Pah\right)\right] +$$

$$+ \frac{1}{J_l}\frac{l}{3}\left(Pah + \frac{1}{2}(Pah + 0) + 0\right) =$$

$$= \frac{P}{6}\left[\frac{1}{J_h}(2\,a^3 + 3\,a^2 b + 3\,a h b) + \frac{1}{J_l}3\,a h l\right].$$

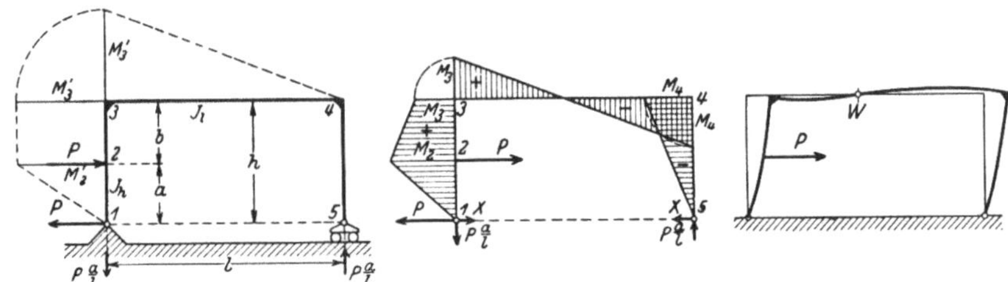

Bild 325—327. Portal mit Seitenlast.

Nenner wie in Beispiel 3.

$$X = Z : N. \quad M_1 = M_5 = 0, \quad M_2 = Pa - Xa, \quad M_3 = Pa - Xh,$$

$$M_4 = -Xh. \quad N_{12} = +P\frac{a}{l}, \quad N_{23} = -X, \quad N_{34} = -P\frac{a}{l}.$$

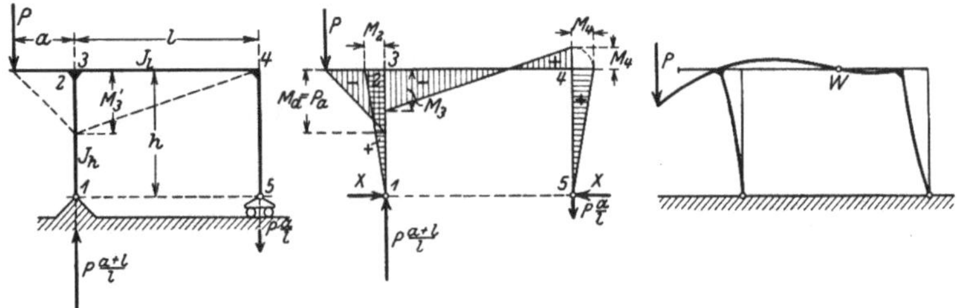

Bild 328—330. Portal mit Kragarm.

6. **Portal mit Kragarm, Bild 328 bis 330.** In den Ausdrücken für Z und N kommt der Kragarm nicht vor, der eigentliche Stabbogen verläuft zwischen 1, 2, 3, 4 und 5.

$$M_1' = M_2' = M_4' = M_5' = 0, \quad M_3' = -P\,a.$$

$$Z = \frac{1}{J_l}\frac{l}{3}\left(-Pah - \frac{1}{2}(Pah - 0) - 0\right) = -\frac{P}{J_l}\frac{a h l}{2}.$$

N wie in Beispiel 3, somit

$$X = - P \frac{\dfrac{1}{2}\dfrac{a}{h}\dfrac{l}{h}}{\dfrac{2}{3}i + \dfrac{l}{h}}.$$

Damit folgt $\qquad M_1 = M_5 = 0, \ M_2 = - Xh$ (ist positiv),

$M_3 = - Pa - Xh$ (ist negativ), $\quad M_a = - Pa, \quad M_4 = - Xh$ (positiv).

$N_{12} = - P\dfrac{a+l}{l}, \quad N_{34} = - X$ (positiv), $\quad N_{45} = + P\dfrac{a}{l}.$

Vgl. auch Nr. 14.

Zahlenbeispiel. $P = 1000$ kg, $a = 200$ cm, $l = 600$ cm, $h = 400$ cm, $J_l = 10000$ cm⁴, $J_h = 5000$ cm⁴ liefert $X = - 132,2$ kg (das wirkliche X verläuft demnach entgegengesetzt zu dem im Bild eingezeichneten).

$M_1 = M_5 = 0, \qquad M_2 = + 132,2 \cdot 400 = 52880$ kgcm,

$M_3 = - 1000 \cdot 200 + 132,2 \cdot 400 = - 147120$ kgcm,

$M_a = - 1000 \cdot 200 = - 200000$ kgcm, $\quad M_4 = + 132,2 \cdot 400 = 52880$ kgcm.

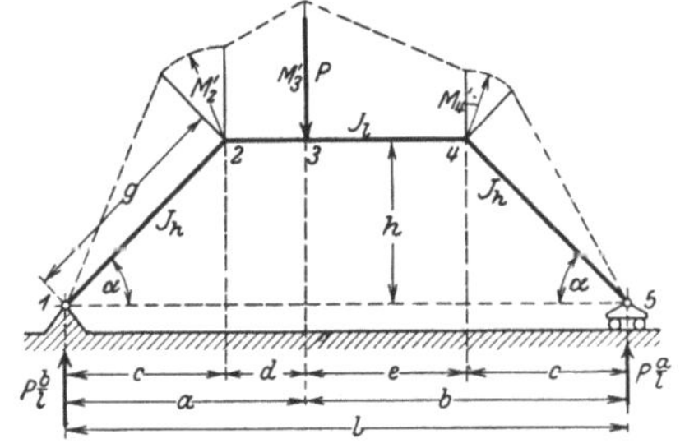
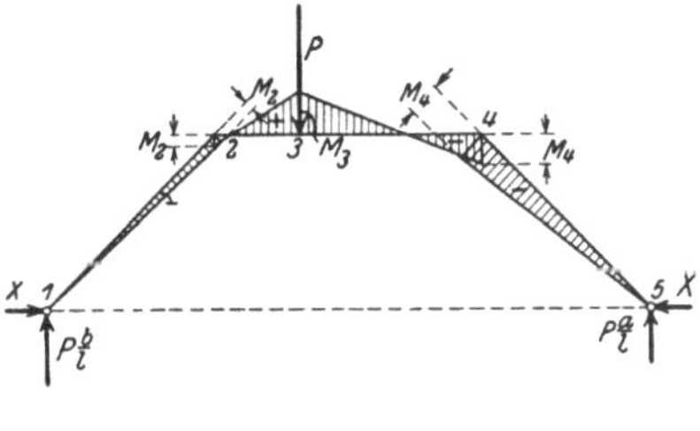

Bild 331 u. 332. Portal mit Einzellast.

7. Portal mit Einzellast, Bild 331 und 332.

$$M_1' = M_5' = 0, \qquad M_2' = P\frac{b}{l}c, \qquad M_3' = P\frac{ab}{l}, \qquad M_4' = P\frac{a}{l}c.$$

$$Z = \frac{g}{3J_h}P\frac{b}{l}ch + \frac{g}{3J_h}P\frac{a}{l}ch + \frac{d}{3J_l}\left(P\frac{b}{l}ch + \frac{1}{2}\left(P\frac{b}{l}ch + P\frac{ab}{l}h\right) + P\frac{ab}{l}h\right) +$$

$$+ \frac{e}{3J_l}\left(P\frac{ab}{l}h + \frac{1}{2}\left(P\frac{ab}{l}h + P\frac{a}{l}ch\right) + P\frac{a}{l}ch\right) =$$

$$= \frac{P}{6}\left[\frac{2chg}{J_h} + \frac{3h}{lJ_l}\left(db(a+c) + ea(b+c)\right)\right].$$

$$N = \frac{2g}{3J_h}(0 + 0 + h^2) + \frac{d+e}{3J_l}(h^2 + h^2 + h^2) = h^2\left(\frac{2g}{3J_h} + \frac{d+e}{J_l}\right).$$

$X = Z : N. \ M_1 = M_5 = 0, \quad M_2 = P\dfrac{b}{l}c - Xh, \quad M_3 = P\dfrac{ab}{l} - Xh,$

$$M_4 = P\frac{a}{l}c - Xh. \qquad N_{12} = -P\frac{b}{l}\sin\alpha - X\cos\alpha,$$

$$N_{45} = -P\frac{a}{l}\sin\alpha - X\cos\alpha, \qquad N_{23} = N_{34} = -X.$$

$c = 0$ und somit $d = a$, $e = b$, $g = h$ liefert die Formeln nach Beispiel 1 bzw. 3.

Der Symmetriefall mit $e = d$ und $b = a$ liefert

$$X = \frac{P}{6}\,\frac{\dfrac{cg}{J_h} + \dfrac{3\,d\,a\,(a+c)}{l\,J_l}}{h\left(\dfrac{g}{3\,J_h} + \dfrac{d}{J_l}\right)}.$$

8. **Sonderfälle des Vieleck - Zweigelenkstabes.** Erhält einer der Stäbe eine Zug- oder Druckkraft nach Bild 333, dann tritt außer dieser Längskraft sonst kein X, kein Biegemoment und keine weitere Längskraft auf. Erhalten alle Stäbe gleichzeitig solche Belastungen, dann können die an Ecken paarweise auftretenden Kräfte zu Resultierenden vereinigt werden, s. Bild 334 und 335. Ergebnis:

Können die an den Ecken eines Stabecks angreifenden Kräfte so zerlegt werden, daß deren Komponenten in die Stabrichtungen fallen, mit anderen Worten, liefern die Eckkräfte ein mit dem Stabeck zusammenfallendes Seileck, dann treten keine Biegemomente, sondern nur Längskräfte auf.

Bild 333—337.   Sonderfälle des Zweigelenkstabecks.

Ein solcher Fall liegt beispielsweise in Bild 336 vor, wenn $P = Q$. Dagegen liefert $P \gtrless Q$ Biegemomente. Desgleichen sind in Bild 337 bei beliebiger Kraftrichtung keine Biegemomente, sondern nur Längskräfte vorhanden, die aus der Zerlegung der Kraft nach den Stabrichtungen folgen.

Das allgemeine Ergebnis gilt auch bei ungleichen Höhenlagen der Gelenke und auch für krumme Stäbe mit Streckenlast derart, daß die krumme Seillinie mit der Stablinie zusammenfällt. Daher wird ein Parabelstab durch eine Gleichstreckenlast, deren Seillinie eben diese Parabel liefert, nicht auf Biegung, sondern nur auf Druck (bei hängendem Stab auf Zug) beansprucht.

Über die Gültigkeit des Ergebnisses beim eingespannten Stabbogen s. S. 157 und beim geschlossenen Steifrahmen s. S. 164.

9. **Allgemeines Stabeck** nach Bild 338 mit den Längen l_{12}, l_{23} usw. und den J_{12}, J_{23} usw. Zunächst denkt man sich links ein Kipplager und rechts ein Rollenkipplager, woraus in bekannter Weise

die statisch bestimmten M' folgen. Sodann ist

$$Z = \frac{l_{12}}{3\,J_{12}}(M_2'\,y_2) + \frac{l_{23}}{3\,J_{23}}\left(M_2'\,y_2 + \frac{1}{2}(M_2'\,y_3 + M_3'\,y_2) + M_3'\,y_3\right) +$$

$$+ \cdots + \frac{l_{45}}{J_{45}}(M_4'\,y_4),$$

$$N = \frac{l_{12}}{3\,J_{12}}(y_2{}^2) + \frac{l_{23}}{3\,J_{23}}(y_2{}^2 + y_2\,y_3 + y_3{}^2) + \cdots + \frac{l_{45}}{3\,J_{45}}(y_4{}^2).$$

Nach Berechnung von $X = Z : N$ sind die endgültigen Momente $M_2 = M_2' - X\,y_2$, $M_3 = M_3' - X\,y_3$ usw.

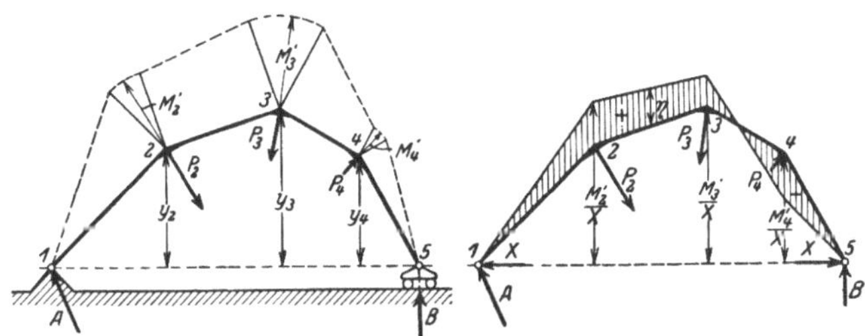

Bild 338 u. 339. Allgemeines Stabeck.

Trägt man nach Bild 339 die Werte $\dfrac{M_1'}{X}$, $\dfrac{M_2'}{X}$ usw. als Ordinaten von der Horizontalen aus auf, dann ist an beliebiger Stelle $M = X\eta$, wobei die η über bzw. unter dem Stabbogen positive bzw. negative M liefern. Bei lotrechten Lasten bestimmen sich die M' wie beim einfachen Träger mit Endstützen; bei zeichnerischer Gewinnung dieser M' kann die Polweite des Seilecks so gewählt werden, daß diese sofort im verlangten Maßstabe erscheinen.

Diese Darstellungsweise ist auch sofort auf krumme Stäbe anwendbar. Bei Einzellasten bleibt die Linie der $M' : X$ ebenfalls geradstückig, bei Streckenlasten bildet sie eine Kurve. Anwendung s. nächster Fall.

Vorstehendes Verfahren ist zweckmäßig bei hinreichend flach verlaufenden Bogen, versagt aber bei genau oder angenähert lotrechten Stabteilen. In diesem Fall können die M auch, wie in den bisherigen Beispielen gezeigt, als Strecken normal zur Stabachse ($+ M$ nach außen, $- M$ nach innen) oder als Ordinaten auf der geraden gestreckten Stabachse aufgetragen werden.

10. Kreisbogen mit Einzellast, Bild 340. Zunächst folgt aus geometrischen Beziehungen

$$c = r\sin\gamma, \qquad f = r(1 - \cos\gamma),$$
$$x = c - r\sin\varphi = r(\sin\gamma - \sin\varphi),$$
$$y = f - r(1 - \cos\varphi) = r(\cos\varphi - \cos\gamma).$$

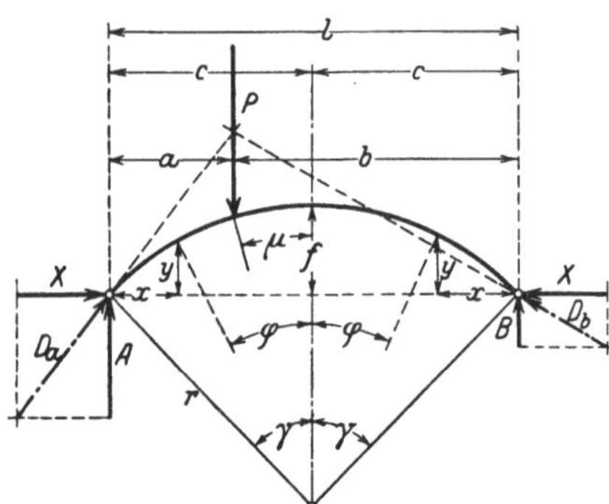

Bild 340. Kreisbogen mit Einzellast.

Im Stab mit Kipp- und Rollenkipplager ist

$$A = P\,\frac{b}{l} \quad \text{und} \quad B = P\,\frac{a}{l},$$

somit links bzw. rechts der Last

$$M' = A\,x \quad \text{bzw.} \quad M' = B\,x.$$

Daraus folgt

$$Z = \int\limits_{\mu}^{\gamma} M'\,y\,ds + \int\limits_{-\mu}^{\gamma} M'\,y\,ds =$$

$$= P\,\frac{b}{l}\,r^3 \int\limits_{\mu}^{\gamma} (\sin\gamma - \sin\varphi)(\cos\varphi - \cos\gamma)\,d\varphi +$$

$$+ P\,\frac{a}{l}\,r^3 \int\limits_{-\mu}^{\gamma} (\sin\gamma - \sin\varphi)(\cos\varphi - \cos\gamma)\,d\varphi,$$

$$N = 2 \int\limits_{0}^{\gamma} y^2\,ds = 2\,r^3 \int\limits_{0}^{\gamma} (\cos\varphi - \cos\gamma)^2\,d\varphi.$$

Die Auswertung dieser Ausdrücke liefert nach mehrfacher Umformung

$$X = P\left[-\cos 2\gamma - \frac{\gamma}{2}\sin 2\gamma - \frac{1}{2}\sin^2\gamma\cos^2\mu + \left(\frac{\cos^2\gamma}{2} - 1\right)\sin^2\mu \right.$$

$$\left. + \cos\gamma\cos\mu + \cos\gamma\,\mu\sin\mu \right] : \left[\gamma(\cos 2\gamma + 2) - 1{,}5\sin 2\gamma\right].$$

Für die Stabstellen links bzw. rechts der Last ist sodann

$$M = A\,x - X\,y \quad \text{bzw.} \quad M = B\,x - X\,y.$$

Die Gelenkdrücke sind $D_a = \sqrt{A^2 + X^2}$ und $D_b = \sqrt{B^2 + X^2}$

Die Längsdrücke N an beliebiger Stabstelle ergeben sich am einfachsten aus der Zerlegung der D in Richtung der Stabtangenten an dieser Stelle.

Bild 341 zeigt die zeichnerische Darstellung der M und N für $\gamma = 45^0$, $a/l = 0{,}25$ und $b/l = 0{,}75$, wobei sich $X = 0{,}664\,P$ ergibt.

Mittenlast liefert

$$X = P\,\frac{-\cos 2\gamma - \dfrac{\gamma}{2}\sin 2\gamma - \dfrac{1}{2}\sin^2\gamma + \cos\gamma}{\gamma(\cos 2\gamma + 2) - 1{,}5\sin 2\gamma}.$$

Für den Halbkreisbogen ist

$$X = P\,\frac{\cos^2 \mu}{\pi}.$$

Mittenlast liefert hierbei

$$X = P\,\frac{1}{\pi}$$

und Mittenmoment

$$M_m = \frac{Pr}{2} - \frac{Pr}{\pi} = 0,1817\,Pr.$$

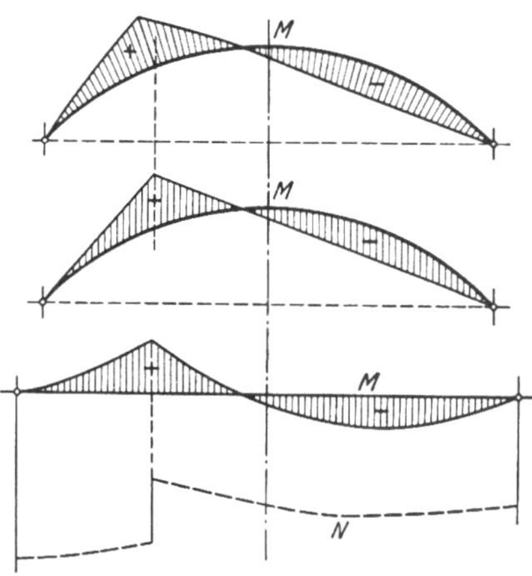

Bild 341. Darstellung der M und N für den Kreisbogen mit Einzellast.

10a. **Parabelbogen** mit Sehne l und Pfeilhöhe f. Bei unveränderlichem J ist X in geschlossener Form nicht darstellbar. Man erhält aber einfache Endformeln, wenn sich J nach dem Gesetz $J - J_0 : \cos \varphi$ ändert, worin J_0 für den Scheitelpunkt gilt. Zunächst ist

$$y = \frac{4\,f}{l^2}\,x\,(l - x).$$

Links bzw. rechts der Last ist

$$M' = A\,x = P\,\frac{b}{l}\,x \quad \text{bzw.} \quad M' = B\,x = P\,\frac{a}{l}\,x.$$

Damit folgt wegen $d\,s = d\,x : \cos \varphi$

$$Z = \int \frac{M'\,y\,d\,s}{J_0 : \cos \varphi} = \int \frac{M'\,y\,d\,x}{J_0} =$$

$$= \frac{P}{J_0}\,\frac{b}{l}\,\frac{4\,f}{l^2}\int_0^a (x^2\,l - x^3)\,d\,x + \frac{P}{J_0}\,\frac{a}{l}\,\frac{4\,f}{l^2}\int_0^b (x^2\,l - x^3)\,d\,x =$$

$$= \frac{P}{J_0}\,4fl^2\,\frac{a}{l}\,\frac{b}{l}\left(\frac{1}{3}\left(\frac{a}{l}\right)^2 + \frac{1}{3}\left(\frac{b}{l}\right)^2 - \frac{1}{4}\left(\frac{a}{l}\right)^3 - \frac{1}{4}\left(\frac{b}{l}\right)^3\right),$$

$$N = 2\int_0^{\frac{l}{2}} \frac{y^2\,d\,s}{J_0 : \cos \varphi} = \frac{2}{J_0}\int_0^{\frac{l}{2}} y^2\,d\,x =$$

$$= \frac{2}{J_0}\,\frac{16\,f^2}{l^4}\int_0^{\frac{l}{2}} (x^2\,l^2 - 2\,x^3\,l + x^4)\,d\,x = \frac{8}{15}\,\frac{f^2\,l}{J_0}.$$

Mit $a:l=\alpha$ und $b:l=\beta$ folgt

$$X = P\,\frac{l}{f}\,\frac{5}{8}\,\alpha\,\beta\,(4\,\alpha^2 + 4\,\beta^2 - 3\,\alpha^3 - 3\,\beta^3).$$

Mittenlast liefert

$$X = P\,\frac{l}{f}\cdot 1{,}9531\,.$$

Die vorige Kreisbogenformel ist zwar vollständig genau, erfordert aber bei flachen Bögen Rechnungen mit vielstelligen Zahlen, da Zähler und Nenner bei abnehmender Pfeilhöhe gegen Null konvergieren. In solchem Falle kann die Parabelformel als bequemere Näherungsformel verwendet werden, da dann der Unterschied der J der verschiedenen Stabstellen vernachlässigt werden darf. Über Anwendung der Formel s. S. 306.

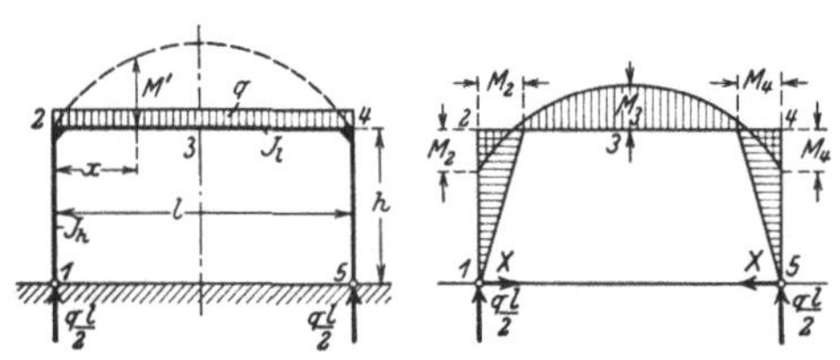

Bild 342 u. 343. Portal mit Gleichstreckenlast.

11. Portal mit Gleichstreckenlast $Q = q\,l$, Bild 342 und 343.

$$M' = \frac{q}{2}\,(l\,x - x^2)\,.$$

$$Z = \frac{q}{2\,J_l}\int_0^l (l\,x - x^2)\,h\,d\,x = \frac{q\,h\,l^3}{12\,J_l}\,, \quad \text{N wie in Beispiel 1.}$$

$$X = \frac{q\,h\,l^3}{12\,J_l\left(\dfrac{2}{3}\dfrac{h^3}{J_h} + \dfrac{h^2\,l}{J_l}\right)} = \frac{Q}{12}\,\frac{1}{\dfrac{2}{3}\left(\dfrac{h}{l}\right)^2 i + \dfrac{h}{l}}\,.$$

$$M_2 = M_4 = -\,X\,h\,, \qquad M_3 = \frac{Q\,l}{8} - X\,h\,.$$

$$N_{12} = N_{45} = -\,\frac{Q}{2}\,, \qquad N_{24} = -\,X\,.$$

12. Sonderfälle. Vorausgesetzt sei ein nach Form und J-Verteilung völlig symmetrischer Stab.

Fall a nach Bild 344. Hier wird die statisch bestimmte Lagerung durch Anbringung der Horizontalkräfte P an beiden Gelenken hervorgebracht, während in den bisherigen Fällen die Summe aller Horizontalkräfte von einem Gelenk aufgenommen wurde. Hinzu kommen noch die aus dem Gleichgewicht gegen Drehen zu ermittelnden lotrechten Gelenkdrücke.

Für die Stabstücke 12, 23, 34 und 45 gilt

$$M_{12}' = \frac{2\,P\,p}{l}\,x + P\,y\,,$$

$$M'_{23} = \frac{2\,Pp}{l}\,x + Py - P(y-p) = \frac{2\,Pp}{l}\,x + Pp\,,$$

$$M'_{34} = -\frac{2\,Pp}{l}\,x - Py + P(y-p) = -\frac{2\,Pp}{l}\,x - Pp\,,$$

$$M'_{45} = -\frac{2\,Pp}{l}\,x - Py\,.$$

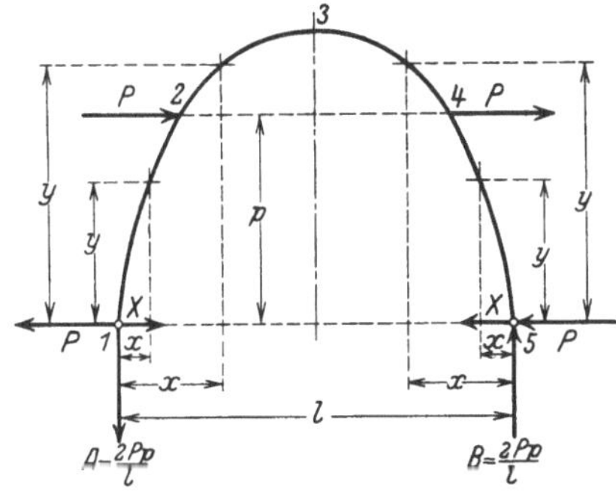
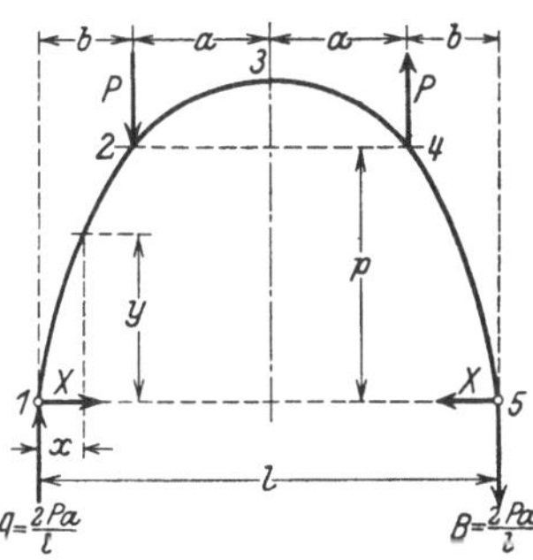

Bild 344 u. 345. Sonderfälle.

Hieraus folgt

$$X = \left\{ \int_1^2 \frac{M'_{12}\,y}{EJ}\,ds + \int_2^3 \frac{M'_{23}\,y}{EJ}\,ds + \cdots \right\} : 2\int_1^3 \frac{y^2}{EJ}\,ds =$$

$$= \left\{ \frac{2\,Pp}{l}\int_1^2 \frac{xy}{EJ}\,ds + P\int_1^2 \frac{y^2}{EJ}\,ds + \frac{2\,Pp}{l}\int_2^3 \frac{xy}{EJ}\,ds + Pp\int_2^3 \frac{y}{EJ}\,ds - \right.$$

$$-\frac{2\,Pp}{l}\int_4^3 \frac{xy}{EJ}\,ds - Pp\int_4^3 \frac{y^2}{EJ}\,ds - \frac{2\,Pp}{l}\int_5^4 \frac{xy}{EJ}\,ds -$$

$$\left. - P\int_5^4 \frac{y^2}{EJ}\,ds \right\} : 2\int_1^3 \frac{y^2}{EJ}\,ds\,.$$

Da nun im Zähler wegen der Stabsymmetrie die Integrale der symmetrisch liegenden Stabstücke einander gleich sind, folgt $X = 0$.

Dasselbe gilt für mehrere paarweise liegende Einzellasten in beliebigen Höhen.

Fall b nach Bild 345. Hierbei treten im statisch bestimmten Stabe nur lotrechte Gelenkdrücke auf. Eine gleichartige Behandlung wie im vorigen Falle liefert wieder $X = 0$. Dasselbe gilt auch hier für mehrere Kräfte.

Es lassen sich Fälle denken, die eine Vereinigung des Falles a und b darstellen und $X = 0$ liefern.

13. **Portal mit Seitenkraft**, Bild 346 bis 348. Hier liegt Fall 12a vor, denn es ist gleichgültig, ob P in der Mitte des Querbalkens oder an dessen linken Ende angreift. Somit ist $X = 0$,

$$M_1 = M_4 = 0, \qquad M_2 = \frac{P}{2}\,h, \qquad M_3 = -\frac{P}{2}\,h,$$

$$N_{12} = P\,\frac{h}{l}, \qquad N_{23} = -\frac{P}{2}, \qquad N_{34} = -P\,\frac{h}{l}.$$

Diese Lösungen sind unabhängig von J_l und J_h.

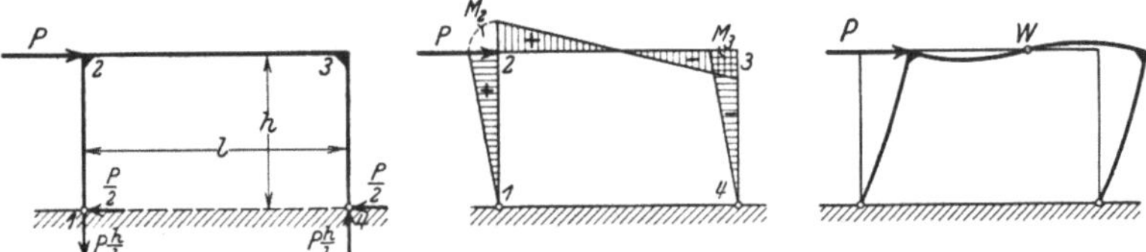

Bild 346—348.   Portal mit Seitenkraft.

14. **Mittelbare Belastung.** Wirkt die Last nicht unmittelbar auf den Stab, sondern nach Bild 349 auf einen biegungsfest mit dem Stabe verbundenen Arm, dann werden zunächst die Auflagerkräfte des statisch bestimmten Bogens in bekannter Weise ermittelt und die M' von beiden Auflagerseiten her bestimmt, wobei die M' an der Stabvereinigungsstelle sich um den Betrag Pp unterscheiden. Die weitere Rechnung verläuft wie in allen bisherigen Fällen; die Integration erstreckt sich also nur über den Stabbogen, nicht über den Kragarm und liefert die in Bild 350 dargestellte M-Linie. Hierzu gehört das in Beispiel 6 behandelte Rechteckportal mit Kragarm.

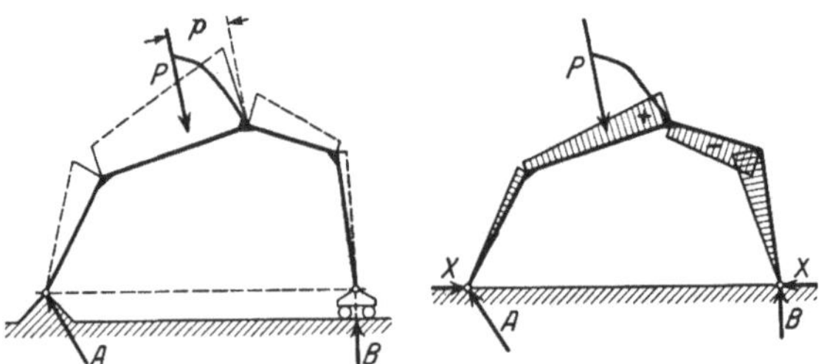

Bild 349 u. 350.   Mittelbare Belastung.

Beispiel hierzu: Hängendes Kranträgerkonsol, Bild 351 bis 353.

$$M_1' = 0, \qquad M_2' = \frac{Pp}{l}\,l = Pp, \qquad M_3' = M_4' = 0.$$

$$Z = \frac{1}{EJ_a}\,\frac{a}{3}\,Pp\,h, \qquad N = \frac{1}{EJ_a}\,\frac{a}{3}\,h^2 + \frac{1}{EJ_h}\,\frac{h}{3}\,h^2.$$

$$X = \frac{Pp\,h\,a : 3\,J_a}{\dfrac{h^2}{3}\left(\dfrac{a}{J_a} + \dfrac{h}{J_h}\right)} = \frac{Pp}{h\left(1 + \dfrac{h}{a}\,i\right)}, \qquad \text{worin} \quad i = \frac{J_a}{J_h}.$$

$$M_1 = M_4 = 0,$$

$$M_2 = M_2' - X h = P p \left(1' - \frac{1}{1 + \dfrac{h}{a} i} \right) = P p \frac{\dfrac{h}{a} i}{1 + \dfrac{h}{a} i},$$

$$M_3 = - X h = - \frac{P p}{1 + \dfrac{h}{a} i}.$$

$$N_{12} = - \frac{P p}{l \cos \alpha} - X \frac{1}{\sin \alpha}, \qquad N_{23} = P \frac{p + l}{l}.$$

Bild 352 und 353 zeigt die M-Linie und die elastische Linie.

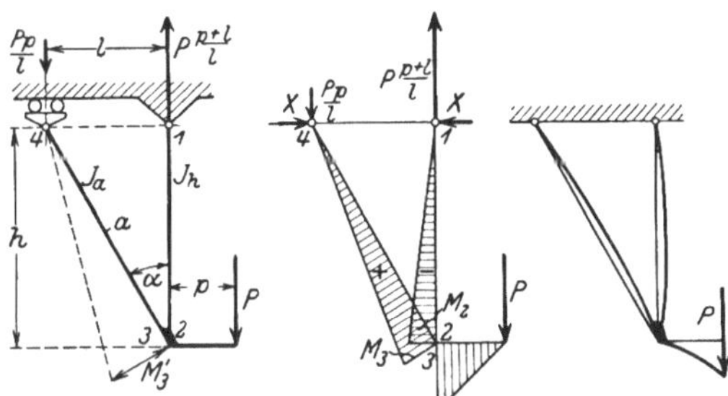

Bild 351—353. Hängendes Kranträgerkonsol.

Der Zweigelenkbogen mit Gelenken in verschiedener Höhe. Dieser Fall kann nach den bisherigen Formeln behandelt werden, wobei nach Bild 354 die Gelenkverbindungslinie als Grundlinie anzusehen ist. Bequemere Rechnung erhält man aber nach folgendem Verfahren.

Legt man nach Bild 355 das gedachte Rollenkipplager horizontal, dann besteht zunächst die Forderung, daß die wagrechte Verschiebung des rechten Gelenkpunktes verschwindet. Da damit aber gleichzeitig die Projektion dieser Verschiebung auf die X-Richtung verschwindet, gilt

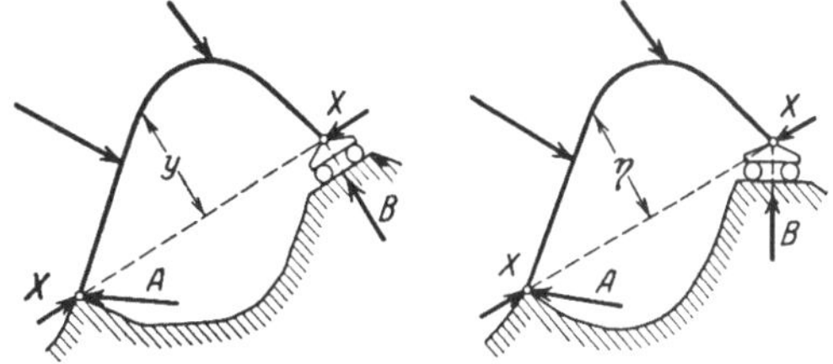

Bild 354 u. 355. Der Zweigelenkbogen mit Gelenken in verschiedener Höhe.

$$\int \frac{M' \mathfrak{M}}{E J} d s + X \int \frac{\mathfrak{M}^2}{E J} d s = 0,$$

wobei $\mathfrak{M} = - 1 \cdot \eta$; somit ist

$$-\int \frac{M'\eta}{EJ}\,ds + X\int \frac{\eta^2}{EJ}\,ds = 0 \quad \text{und} \quad X = \int \frac{M'\eta}{EJ}\,ds : \int \frac{\eta^2}{EJ}\,ds\,.$$

Endgültig ist $M = M' - X\eta$.

Beispiel. Winkelrahmen mit Einzellast, Bild 356 bis 358.

Für Teil b ist $M' = P\,\dfrac{a}{l}\,x$, für Teil a ist $M' = P\,\dfrac{a}{l}\,x - P(x-b)$.

$$\text{Zähler} = \frac{1}{EJ_l}\left\{\int_0^b P\,\frac{a}{l}\,x\,x\sin\alpha\,dx + \int_b^l \left[P\,\frac{a}{l}\,x - P(x-b)\right]x\sin\alpha\,dx\right\} =$$

$$= \frac{P\sin\alpha}{EJ_l}\left\{\frac{a}{l}\,\frac{b^3}{3} + \frac{a}{l}\,\frac{l^3-b^3}{3} - \frac{l^3-b^3}{3} + \frac{b(l^2-b^2)}{2}\right\} =$$

$$= \frac{P\sin\alpha}{EJ_l}\left\{\frac{a\,l^2}{3} - \frac{l^3}{3} + \frac{b\,l^2}{2} - \frac{b^3}{6}\right\},$$

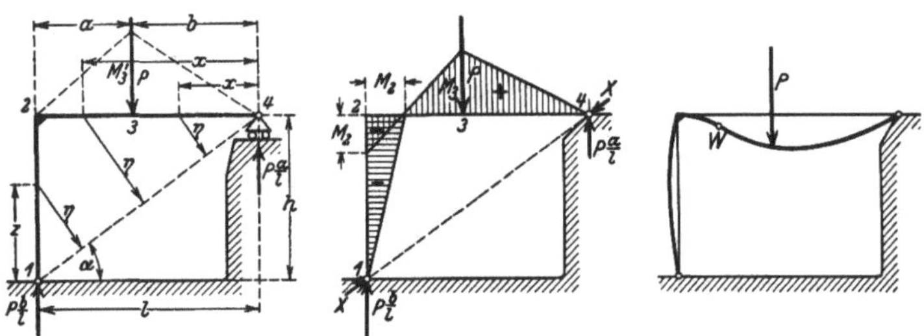

Bild 356—358. Winkelrahmen mit Einzellast.

$$\text{Nenner} = \frac{1}{EJ_l}\int_0^l x^2\sin^2\alpha\,dx + \frac{1}{EJ_h}\int_0^h z^2\cos^2\alpha\,dz =$$

$$= \frac{1}{EJ_l}\sin^2\alpha\,\frac{l^3}{3} + \frac{1}{EJ_h}\cos^2\alpha\,\frac{h^3}{3}\,.$$

$$X = P\sin\alpha\,\frac{\dfrac{a\,l^2}{3} - \dfrac{l^3}{3} + \dfrac{b\,l^2}{2} - \dfrac{b^3}{6}}{\sin^2\alpha\,\dfrac{l^3}{3} + i\cos^2\alpha\,\dfrac{h^3}{3}}\,, \quad \text{worin} \quad i = \frac{J_l}{J_h}\,.$$

$$M_1 = M_4 = 0, \qquad M_2 = -Xh\cos\alpha, \qquad M_3 = P\,\frac{a}{l}\,b - Xb\sin\alpha,$$

$$N_{12} = -P\,\frac{b}{l} - X\sin\alpha, \qquad N_{23} = N_{34} = -X\cos\alpha\,.$$

Das Bild zeigt die M-Linie und die ungefähre elastische Linie.

Die Formänderung. In den bisherigen Ableitungen kam die Formänderung des Gebildes vorübergehend vor, verschwand aber wieder bei der Schlußformel. Eine gefragte Formänderungsgröße, etwa die

Senkung des Lastpunktes oder die Verschiebung eines Stabpunktes in gegebener Richtung kann sofort nach den Formeln des dritten Abschnittes S. 86 bis 92 berechnet werden. Zum Unterschied gegen früher sind die M und $\mathfrak{M}$ nicht mehr so einfach wie bei den statisch bestimmten Fällen anzuschreiben, sondern sind dem statisch unbestimmten Fall entsprechend nach den genannten Vorgängen zu ermitteln und dann in die f-Formel einzusetzen. Solches gilt nicht nur für die bisherigen einfach statisch unbestimmten Fälle, sondern für alle weiteren Fälle, also auch für die später behandelten Fachwerke.

Wir zeigen den Vorgang an dem auf S. 135 behandelten Beispiel Nr. 1, **Portal mit Einzellast** nach Bild 318 bis 320.

a) **Senkung des Lastpunktes.** Man berechnet für Last 1 auf Punkt 3 die Momente $\mathfrak{M}_2$, $\mathfrak{M}_3$ und $\mathfrak{M}_4$ und erhält nach Fall 3 S. 88

$$f = \frac{P}{E}\left[\frac{h}{3\,J_h}\,\mathfrak{M}_2{}^2 + \frac{a}{3\,J_l}\,(\mathfrak{M}_2{}^2 + \mathfrak{M}_2\,\mathfrak{M}_3 + \mathfrak{M}_3{}^2)\right.$$
$$\left. + \frac{b}{3\,J_l}\,(\mathfrak{M}_3{}^2 + \mathfrak{M}_3\,\mathfrak{M}_4 + \mathfrak{M}_4{}^2) + \frac{h}{3\,J_h}\,\mathfrak{M}_4{}^2\right].$$

Wegen $\mathfrak{M}_2 = \mathfrak{M}_4$ und $a + b = l$ vereinfacht sich diese Formel zu

$$f = \frac{P}{E}\left[\frac{2\,h}{3\,J_h}\,\mathfrak{M}_2{}^2 + \frac{l}{3\,J_l}\,(\mathfrak{M}_2{}^2 + \mathfrak{M}_2\,\mathfrak{M}_3 + \mathfrak{M}_3{}^2)\right].$$

Bei gleichen J in Träger und Stützen ist

$$f = \frac{P}{3\,EJ}\,[2\,h\,\mathfrak{M}_2{}^2 + l\,(\mathfrak{M}_2{}^2 + \mathfrak{M}_2\,\mathfrak{M}_3 + \mathfrak{M}_3{}^2)].$$

Das frühere Zahlenbeispiel liefert
$$\mathfrak{M}_2 = \mathfrak{M}_4 = -56{,}25, \quad \mathfrak{M}_3 = 93{,}75.$$
Für I 26 mit $J = 5744$ cm⁴ ist
$$f = \frac{4000 \cdot 800}{3 \cdot 2\,150\,000 \cdot 5744}\,[2 \cdot 400 \cdot 56{,}25^2 + 800\,(56{,}25^2 - 56{,}25 \cdot 93{,}75 + 93{,}75^2)]$$
$$= 0{,}84 \text{ cm}.$$

b) **Wagrechte Verschiebung des Punktes 2.** Die Last P liefert die Momente $M_2 = M_4$ und M_3. Die gedachte Last 1 an Punkt 2 nach rechts liefert nach Beispiel 13 S. 146 die Momente $\mathfrak{M}_2 = \dfrac{h}{2}$ und $\mathfrak{M}_4 = -\dfrac{h}{2}$; demnach folgt für Punkt 3 aus einfachen geometrischen Beziehungen $\mathfrak{M}_3 = \dfrac{h}{2}\,\dfrac{b-a}{a+b}$. Somit ist nach Fall 1 S. 86

$$f = \frac{1}{E}\left(\frac{h}{3\,J_h}\,M_2\,\mathfrak{M}_2 + \frac{b}{3\,J_l}\,[M_2\,\mathfrak{M}_2 + \tfrac{1}{2}\,(M_2\,\mathfrak{M}_3 + M_3\,\mathfrak{M}_2) + M_3\,\mathfrak{M}_3]\right.$$
$$\left. + \frac{b}{3\,J_l}\,(M_3\,\mathfrak{M}_3 + \tfrac{1}{2}\,(M_3\,\mathfrak{M}_4 + M_4\,\mathfrak{M}_3) + M_4\,\mathfrak{M}_4] + \frac{h}{3\,J_h}\,M_4\,\mathfrak{M}_4\right).$$

Bei gleichem J kann $3\,J$ herausgesetzt werden.

Das Zahlenbeispiel liefert

$$M_2 = M_4 = -225\,000, \qquad M_3 = 375\,000,$$

$$\mathfrak{M}_2 = 200, \quad \mathfrak{M}_4 = -200, \quad \mathfrak{M}_3 = \frac{400}{2}\,\frac{600-200}{200+600} = +100\,,$$

$$f = \frac{1}{3\cdot 2150000\cdot 5744}\,(-400\cdot 225\,000\cdot 200 + 200\,[-225\,000\cdot 200 +$$
$$+\tfrac{1}{2}\,(-225\,000\cdot 100 + 375\,000\cdot 200) + 375\,000\cdot 100] +$$
$$+\,600\,[375\,000\cdot 100 + \tfrac{1}{2}\,(-375\,000\cdot 200 - 225\,000\cdot 100) + 225\,000\cdot 200] +$$
$$+\,400\cdot 225\,000\cdot 200) = 0{,}65\ \text{cm.}$$

2. Mehrfach statisch unbestimmte Gebilde.

Zur Einführung soll wieder ein einfaches Beispiel dienen.

Der Träger auf vier Stützen ist zweifach statisch unbestimmt
gelagert, denn erst durch Wegnahme zweier Stützen erhält er seine
statisch bestimmte Lagerung. Es ist gleichgültig, welche der beiden
Stützen als überzählig betrachtet werden; wir wählen die zwei mittleren und bezeichnen die Auflagerkräfte mit X und Y. Bei gegebenen
X und Y wären die Biegepfeile an den Auflagerstellen nach S. 91,
Fall 12

$$f_x = \int \frac{M'\,\mathfrak{M}_x}{EJ}\,dx + X\int \frac{\mathfrak{M}_x\,\mathfrak{M}_x}{EJ}\,dx + Y\int \frac{\mathfrak{M}_x\,\mathfrak{M}_y}{EJ}\,dx,$$

$$f_y = \int \frac{M'\,\mathfrak{M}_y}{EJ}\,dx + X\int \frac{\mathfrak{M}_y\,\mathfrak{M}_x}{EJ}\,dx + Y\int \frac{\mathfrak{M}_y\,\mathfrak{M}_y}{EJ}\,dx.$$

Hierin gelten die M' für die Lasten, die $\mathfrak{M}_x$ für $X=1$ und die $\mathfrak{M}_y$
für $Y=1$. Die Forderung $f_x = 0$ und $f_y = 0$ liefert zwei lineare
Gleichungen nach X und Y.

Nach Auflösung dieser Gleichungen sind alle Werte, nämlich die
Auflagerkräfte und Biegemomente, bestimmbar; die damit herstell-
bare elastische Linie muß durch die vier Auflagerpunkte gehen.

Von der Behandlung eines Beispiels kann abgesehen werden, da
an späterer Stelle der durchlaufende Träger auf beliebig vielen Stützen
behandelt wird.

Der Bogen mit Einspannung und Gelenk. Links sei der Stab
fest eingespannt und rechts mit dem Boden gelenkig verbunden,
s. Bild 359. Um zunächst statisch bestimmte
Lagerung zu erhalten, kann man die Einspannung links durch ein Gelenk und rechts
durch das Rollenkipplager ersetzen, oder man
entfernt das Gelenk vollständig und erhält
den links eingespannten Bogen. Wir wählen
das letztere und bringen am rechten Stabende eine Kraft X horizontal und eine
Kraft Y vertikal an. Diese sind so zu bestimmen, daß die Horizontal- und die Vertikalprojektion der Verschiebung des Stab-
endes je verschwindet. Bezeichnet $M' = P_i\,p_i$ das Biegemoment der
Lasten, also positiv, wenn die Lasten wie im Bilde nach außen

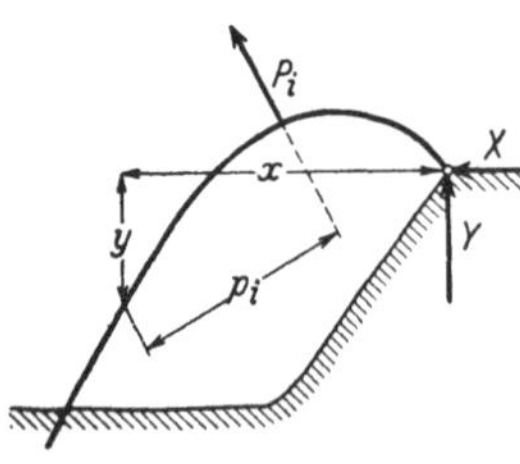

Bild 359. Der Bogen mit
Einspannung und Gelenk.

biegen, dann gelten dieselben Gleichungen wie im vorigen Falle, wobei aber ds statt dx zu setzen ist. Hierin ist $\mathfrak{M}_x = 1 \cdot y$ und $\mathfrak{M}_y = 1 \cdot x$, somit ist

$$\int \frac{M'y}{EJ}\,ds + X \int \frac{y^2}{EJ}\,ds + Y \int \frac{yx}{EJ}\,ds = 0,$$

$$\int \frac{M'x}{EJ}\,ds + X \int \frac{xy}{EJ}\,ds + Y \int \frac{x^2}{EJ}\,ds = 0.$$

Endgültig ist $M = M' + Xy + Yx$.

Beispiel. Winkelrahmen mit Einzellast nach Bild 360 bis 362. Teil a. $M' = 0$, Teil b. $M' = -P(x-a)$, Teil h. $M' = -Pb$.

$$0 = -\left\{ \frac{1}{J_l} \int_a^l -P(x-a) \cdot 0 \cdot dx + \frac{1}{J_h} \int_0^h -Pb\,y\,dy \right\} +$$

$$+ X \frac{1}{J_h} \int_0^h y^2\,dy + Y \frac{1}{J_h} \int_0^h l\,y\,dy,$$

$$0 = -\left\{ \frac{1}{J_l} \int_0^l -P(x-a)\,x\,dx + \frac{1}{J_h} \int_0^h -Pb\,l\,dy \right\} +$$

$$+ X \frac{1}{J_h} \int_0^h l\,y\,dy + Y \left\{ \frac{1}{J_l} \int_0^l x^2\,dx + \frac{1}{J_h} \int_0^h l^2\,dy \right\}.$$

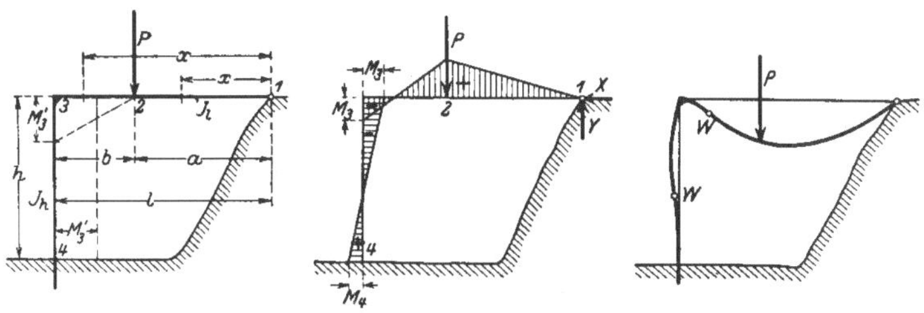

Bild 360—362. Winkelrahmen mit Einzellast.

Die Ausrechnung liefert

$$0 = -\frac{Pbh^2}{2J_h} + X \frac{h^3}{3J_h} + Y \frac{lh^2}{2J_h} = 0,$$

$$0 = -P\left(\frac{l^3-a^3}{3J_l} - a\,\frac{l^2-a^2}{2J_l} + \frac{blh}{J_h} \right) + X \frac{lh^2}{2J_h} + Y\left(\frac{l^3}{3J_l} + \frac{l^2h}{J_h} \right).$$

Nach Berechnung der X und Y folgen die endgültigen Werte $M_1 = 0$, $M_2 = Ya$, $M_3 = Yl - Pb$, $M_4 = Yl + Xh - Pb$, $N_{12} = N_{23} = -X$, $N_{34} = Y - P$.

Das Bild 361 und 362 zeigt die M-Linie und die elastische Linie.

Der beiderseits eingespannte Stab. Bei beliebiger Stabform und Belastung nach Bild 363 denkt man sich den Stab durch Trennung an beliebiger Stelle t in zwei einseitig eingespannte, also statisch bestimmte Stäbe, Bild 364 und 365, zerlegt. Die an den Stabenden t wirkenden statisch Unbestimmten, nämlich die Normalkräfte X, die Querkräfte Y und die Biegemomente Z, sind so zu bestimmen, daß die elastische Linie bei t stetig durchläuft, d. h. daß der Stab bei t keine Trennung und keine Richtungsunstetigkeit erfährt. Den drei Unbestimmten entsprechend heißt der Fall dreifach statisch unbestimmt.

Die Rechnung soll zunächst unter der Voraussetzung durchgeführt werden, daß Symmetrie in Stabform und J-Verteilung, aber unsymmetrische Belastung nach Bild 366 vorliegt. Man trennt dann in Stabmitte und betrachtet beide Stabteile Bild 367 und 368 je für sich. An den Stabenden t greifen an:

Längskraft X (als Druck angenommen),
Querkraft Y (links nach oben, rechts nach unten),
Biegemoment Z (links- bzw. rechtsdrehend).

Es bezeichnet M_l' bzw. M_r' die durch die Lasten L_i bzw. R_i an beliebigen Stabstellen hervorgebrachten Biegemomente, also z. B. für Punkt xy des rechten Stabteils $M_r' = R_i r_i$, d. h. positiv, wenn die Stäbe nach außen gebogen werden.

Die statisch Unbestimmten folgen aus der Bedingung, daß an der Stelle t kein Klaffen in X- und Y-Richtung und kein Knick in der elastischen Linie eintritt. Das liefert nach S. 91 die drei Bedingungsgleichungen

$$(1)\quad\begin{cases}\displaystyle\int\frac{M_l'\mathfrak{M}_{lx}}{EJ}ds + \int\frac{M_r'\mathfrak{M}_{rx}}{EJ}ds + X\left[\int\frac{\mathfrak{M}_{lx}\mathfrak{M}_{lx}}{EJ}ds + \int\frac{\mathfrak{M}_{rx}\mathfrak{M}_{rx}}{EJ}ds\right] - \\[2ex] +\,Y\left[\int\frac{\mathfrak{M}_{lx}\mathfrak{M}_{ly}}{EJ}ds + \int\frac{\mathfrak{M}_{rx}\mathfrak{M}_{ry}}{EJ}ds\right] + Z\left[\int\frac{\mathfrak{M}_{lx}\mathfrak{M}_{lz}}{EJ}ds + \int\frac{\mathfrak{M}_{rx}\mathfrak{M}_{rz}}{EJ}ds\right] = \\[3ex] \displaystyle\int\frac{M_l'\mathfrak{M}_{ly}}{EJ}ds + \int\frac{M_r'\mathfrak{M}_{ry}}{EJ}ds + X\left[\int\frac{\mathfrak{M}_{ly}\mathfrak{M}_{lx}}{EJ}ds + \int\frac{\mathfrak{M}_{ry}\mathfrak{M}_{rx}}{EJ}ds\right] + \\[2ex] +\,Y\left[\int\frac{\mathfrak{M}_{ly}\mathfrak{M}_{ly}}{EJ}ds + \int\frac{\mathfrak{M}_{ry}\mathfrak{M}_{ry}}{EJ}ds\right] + Z\left[\int\frac{\mathfrak{M}_{ly}\mathfrak{M}_{lz}}{EJ}ds + \int\frac{\mathfrak{M}_{ry}\mathfrak{M}_{rz}}{EJ}ds\right] = \\[3ex] \displaystyle\int\frac{M_l'\mathfrak{M}_{lz}}{JE}ds + \int\frac{M_r'\mathfrak{M}_{rz}}{EJ}ds + X\left[\int\frac{\mathfrak{M}_{lz}\mathfrak{M}_{lx}}{EJ}ds + \int\frac{\mathfrak{M}_{rz}\mathfrak{M}_{rx}}{EJ}ds\right] - \\[2ex] +\,Y\left[\int\frac{\mathfrak{M}_{lz}\mathfrak{M}_{ly}}{EJ}ds + \int\frac{\mathfrak{M}_{rz}\mathfrak{M}_{ry}}{EJ}dz\right] + Z\left[\int\frac{\mathfrak{M}_{lz}\mathfrak{M}_{lz}}{EJ}ds + \int\frac{\mathfrak{M}_{rz}\mathfrak{M}_{rz}}{EJ}ds\right] = \end{cases}$$

worin sich die Zeiger l bzw. r auf den linken bzw. rechten Stabteil beziehen.

In obigen Ansätzen ist

$$(2)\begin{cases}\mathfrak{M}_{lx}=\ \ \ 1\cdot y=\text{Moment durch } X=1 \text{ am linken Stabteil,}\\ \mathfrak{M}_{rx}=\ \ \ 1\cdot y=\ \ \ '' \ \ \ \ '' \ \ \ X=1 \ \ '' \ \text{ rechten} \ \ \ ''\\ \mathfrak{M}_{ly}=\ \ \ 1\cdot x=\ \ \ '' \ \ \ \ '' \ \ \ Y=1 \ \ '' \ \text{ linken} \ \ \ ''\\ \mathfrak{M}_{ry}=-1\cdot x=\ \ \ '' \ \ \ \ '' \ \ \ Y=1 \ \ '' \ \text{ rechten} \ \ \ ''\\ \mathfrak{M}_{lz}=\ \ \ 1\ \ \ =\ \ \ '' \ \ \ \ '' \ \ \ Z=1 \ \ '' \ \text{ linken} \ \ \ ''\\ \mathfrak{M}_{rz}=\ \ \ 1\ \ \ =\ \ \ '' \ \ \ \ '' \ \ \ Z=1 \ \ '' \ \text{ rechten} \ \ \ ''\end{cases}$$

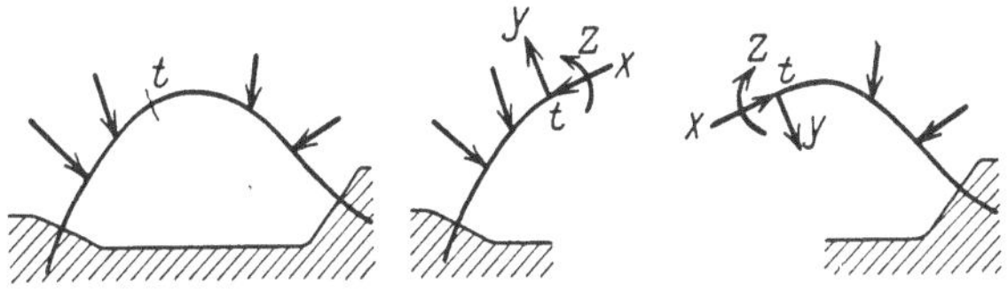

Bild 363—365. Der beiderseits eingespannte Stab.

Damit erhält man

$$(3)\begin{cases}\displaystyle\int_0^l\frac{M_l' y}{EJ}ds + X\int_0^l\frac{y^2}{EJ}ds + Y\int_0^l\frac{xy}{EJ}ds + Z\int_0^l\frac{y}{EJ}ds +\\[2mm] \displaystyle +\int_0^r\frac{M_r' y}{EJ}ds + X\int_0^r\frac{y^2}{EJ}ds -\\[2mm] \displaystyle -Y\int_0^r\frac{xy}{EJ}ds + Z\int_0^r\frac{y}{EJ}ds = 0\end{cases}$$

usw. oder wegen der Symmetrie und damit der Beziehungen

$$\int_0^l\frac{y^2}{EJ}ds = \int_0^r\frac{y^2}{EJ}ds \quad \text{usw.}$$

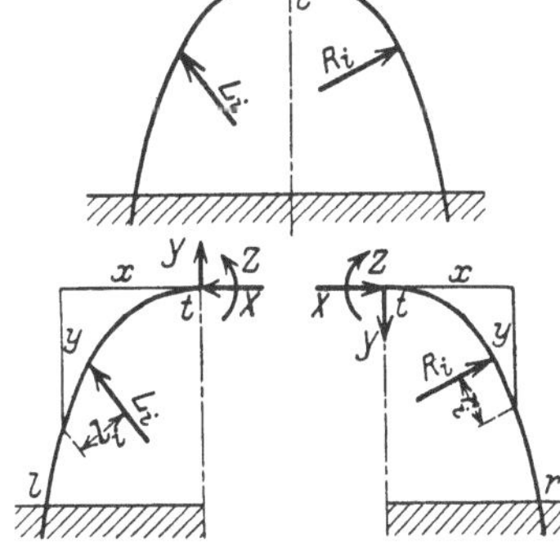

Bild 366—368. Der eingespannte symmetrische Stab.

$$(4)\begin{cases}\displaystyle\int_0^l\frac{M_l' y}{EJ}ds + \int_0^r\frac{M_r' y}{EJ}ds + 2X\int\frac{y^2}{EJ}ds + 2Z\int\frac{y}{EJ}ds = 0,\\[2mm] \displaystyle\int_0^l\frac{M_l' x}{EJ}ds - \int_0^r\frac{M_r' x}{EJ}ds + 2Y\int\frac{x^2}{EJ}ds = 0,\\[2mm] \displaystyle\int_0^l\frac{M_l'}{EJ}ds + \int_0^r\frac{M_r'}{EJ}ds + 2X\int\frac{y}{EJ}ds + 2Z\int\frac{1}{EJ}ds = 0.\end{cases}$$

Die Integrale ohne Grenzwerte sind über die linke oder rechte Stabhälfte zu nehmen.

In diesen Ansätzen kann bei gleichem Baustoff aller Rahmenteile der Wert E gestrichen werden. Multipliziert man außerdem die drei Gleichungen mit dem beliebigen Wert J_0, dann erhält man

$$(5) \quad \int_0^l \frac{M_l' y}{i}\,ds + \int_0^r \frac{M_r' y}{i}\,ds + 2X \int \frac{y^2}{i}\,ds + 2Z \int \frac{y}{i}\,ds = 0$$

usw., worin bei veränderlichem J der Wert $i = J : J_0$ unter dem Integral veränderlich ist. Man rechnet also nicht mit den J selbst, sondern mit deren Verhältnissen i.

Nach Berechnung der X, Y und Z ist endgültig

$$M_l = M_l' + Xy + Yx + Z, \quad M_r = M_r' + Xy - Yx + Z.$$

Bei symmetrischer Belastung ist $M_l' = M_r' = M'$ und es folgt nach Streichung des Faktors 2

$$(6) \quad \begin{cases} \displaystyle\int \frac{M' y}{i}\,ds + X \int \frac{y^2}{i}\,ds + Z \int \frac{y}{i}\,ds = 0, \\[2mm] \displaystyle\int \frac{M'}{i}\,ds + X \int \frac{y}{i}\,ds + Z \int \frac{1}{i}\,ds = 0, \end{cases}$$

während Y verschwindet, was wegen der völligen Symmetrie des Falles zu erwarten ist. Es ist hier nun gleichgültig, ob über die linke oder rechte Stabseite integriert wird.

Bei unveränderlichem J können in Gl. (5) und (6) alle i gestrichen werden.

Wie bisher kann auch hier und in allen weiteren Fällen die Integration nach Bedarf, d. h. bei zeichnerisch gegebener Stabform und besonders bei veränderlichem J bzw. i durch algebraische Summierung ersetzt werden.

Demnach lautet Gl. (5)

$$\sum_0^l \frac{M_l' y}{i}\,\Delta s + \sum_0^r \frac{M_r' y}{i}\,\Delta s + 2X \sum \frac{y^2}{i}\,\Delta s + 2Z \sum \frac{y}{i}\,\Delta s = 0 \quad \text{usw.}$$

Besteht der Stabbogen aus geraden Einzelstücken und die Belastung aus Einzellasten, dann ist für das Teilstück ik mit geradlinigem M'-Verlauf, also ohne Einzellast auf diesem Stück

$$\int \frac{M_l' y}{i}\,ds = \frac{l_{ik}}{3\,i_{ik}}\left(M_{li}' y_i + \frac{1}{2}\,(M_{li}' y_k + M_{lk}' y_i) + M_{lk}' y_k \right),$$

$$\int \frac{M_l' x}{i}\,ds = \frac{l_{ik}}{2\,i_{ik}}\left(M_{li}' x_i + \frac{1}{2}\,(M_{li}' x_k + M_{lk}' x_i) + M_{lk}' x_k \right),$$

$$\int \frac{M_l'}{i}\,ds = \frac{l_{ik}}{2\,i_{ik}}\,(M_{li}' + M_{lk}');$$

dementsprechend lauten die M_r'-Ausdrücke. Ferner ist

$$\int \frac{y^2}{i}\, ds = \frac{l_{ik}}{3\, i_{ik}}\left(y_i{}^2 + y_i y_k + y_k{}^2\right), \qquad \int \frac{x^2}{i} = \frac{l_{ik}}{3\, i_{ik}}\left(x_i{}^2 + x_i x_k + x_k{}^2\right),$$

$$\int \frac{y}{i}\, ds = \frac{l_{ik}}{2\, l_{ik}}\left(y_i + y_k\right), \qquad \int \frac{1}{i}\, ds = \frac{l_{ik}}{i_{ik}}.$$

Diese fertigen Gebrauchsformeln umgehen die Integration und ermöglichen unter Umständen eine schnellere Berechnung als die allgemeinen Ausdrücke.

Beispiele und Sonderfälle für den eingespannten Stab.

1. **Portal mit Einzellast, Bild 369.** Gleiche J in Stützen und Querbalken liefern die Ansätze

$$\int_0^h -P\,a\,y\,dy + 2X\int_0^h y^2\,dy + 2Z\int_0^h y\,dy = 0,$$

$$\int_0^c -P(x-b)\,x\,dx + \int_0^h -P\,a\,c\,dy + 2Y\left(\int_0^c x^2\,dx + \int_0^h c^2\,dy\right) = 0,$$

$$\int_0^c -P(x-b)\,dx + \int_0^h -P\,a\,dy + 2X\int_0^h y\,dy + 2Z\left(\int_0^c dx + \int_0^h dy\right) = 0$$

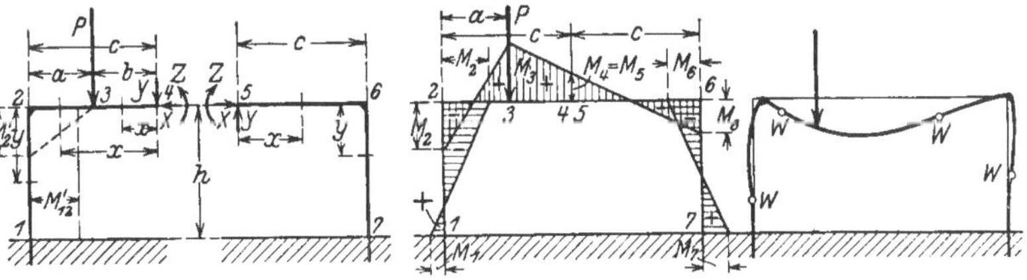

Bild 369—371. Eingespanntes Portal mit Einzellast.

mit den Ausrechnungen

$$-P\frac{a\,h^2}{2} + 2X\frac{h^3}{3} + 2Z\frac{h^2}{2} = 0,$$

$$-P\left[\frac{c^3 - b^3}{3} - \frac{b}{2}(c^2 - b^2) + a\,c\,h\right] + 2Y\left(\frac{c^3}{3} + c^2 h\right) = 0,$$

$$-P\left[\frac{c^2 - b^2}{2} - b(c - b) + a\,h\right] + 2X\frac{h^2}{2} + 2Z(c + h) = 0.$$

Nach Auflösung der Gleichungen folgen die Endwerte

$$M_1 = -P\,a + X\,h + Y\,c + Z, \qquad M_2 = -P\,a + Y\,c + Z,$$
$$M_3 = Y\,b + Z, \quad M_4 = Z, \quad M_5 = Z, \quad M_6 = X - Y\,c + Z,$$
$$M_7 = -Y\,c + X\,h + Z.$$
$$N_{12} = -P + Y, \quad N_{23} = N_{34} = N_{56} = -X, \quad N_{67} = -Y.$$

Dieses Beispiel liefert nach den Gebrauchsformeln mit

$l_{43} = b, \; l_{32} = a, \; l_{42} = c, \; l_{21} = h,$

$y_4 = 0, \; y_3 = 0, \; y_2 = 0, \; y_1 = h, \quad y_5 = 0, \; y_6 = 0, \; y_7 = h,$

$x_4 = 0, \; x_3 = b, \; x_2 = c, \; x_1 = c, \quad x_5 = 0, \; x_6 = c, \; x_7 = c,$

$M'_{l4} = 0, \; M'_{l3} = 0, \; M'_{l2} = -Pa, \; M'_{l1} = -Pa, \; M'_{r5} = M'_{r6} = M'_{r7} = 0$

und den Trägheitsmomenten $= J_c$ und J_h für die Teile c und h die
Ansätze

$$\frac{h}{3 J_h}\left(-\frac{1}{2} P a h - P a h\right) + 2 X \frac{h}{3 J_h} h^2 + 2 Z \frac{h}{2 J_h} h = 0,$$

$$\frac{a}{3 J_c}\left(-\frac{1}{2} P a b - P a c\right) + \frac{h}{3 J_h}\left(-P a c - \frac{1}{2}(P a c - P a c) - P a c\right) +$$

$$+ 2 Y\left(\frac{c}{3 J_c} c^2 + \frac{h}{3 J_h} 3 c^2\right) = 0,$$

$$\frac{a}{2 J_c}(-P a) + \frac{h}{2 J_h}(-P a - P a) + 2 X \frac{h}{2 J_h} h + 2 Z\left(\frac{c}{J_c} + \frac{h}{J_h}\right) = 0$$

mit den Ausrechnungen

$$-P\frac{a h^2}{2 J_h} + X \frac{2}{3}\frac{h^3}{J_h} + Z \frac{h^2}{2 J_h} = 0,$$

$$-P\left(\frac{a^2(b + 2 c)}{6 J_c} + \frac{a c h}{J_h}\right) + Y\left(\frac{2}{3}\frac{c^3}{J_c} + \frac{2 h c^2}{J_h}\right) = 0,$$

$$-P\left(\frac{a^2}{2 J_c} + \frac{h a}{J_h}\right) + X \frac{h^2}{J_h} + Z 2\left(\frac{c}{J_c} + \frac{h}{J_h}\right) = 0.$$

Mit $J_c = J_h$ decken sich diese Gleichungen mit den oben auf andere
Weise gefundenen.

Zahlenbeispiel. $c = 4$ m, $h = 4$ m und $a = 2$ m liefert
$-16 P + 42{,}67 X + 16 Z = 0, \; -39{,}67 P + 170{,}67 Y = 0, \; -10 P + 16 X + 16 Z = 0$
mit den Lösungen

$$X = 0{,}225 P, \quad Y = 0{,}23 P \quad \text{und} \quad Z = 0{,}4 P.$$

Hieraus $M_1 = 0{,}22 P, \; M_2 = -0{,}68 P, \; M_3 = 0{,}86 P, \; M_4 = 0{,}4 P, \; M_5 = 0{,}4 P,$
$M_6 = -0{,}52 P, \; M_7 = 0{,}38 P, \; N_{12} = -0{,}77 P, \; N_{23} = N_{34} = N_{56} = -0{,}225 P,$
$N_{67} = -0{,}23 P.$
Bild 370 u. 371 zeigt die M-Linie und die elastische Linie mit der deutlich
erkennbaren Einspannung und den vier Wendepunkten.

Mit $P = 4$ t sind die maßgebenden Werte $M_3 = 4 \cdot 0{,}86 = 3{,}44$ tm und
$N = -0{,}225 \cdot 4 = -0{,}9$ t. Bei demselben Beispiel 1 nach S. 135, aber mit Gelenken an den Portalfüßen, waren die maßgebenden Werte $M = 3{,}892$ tm und
$N = 0{,}527$ t, somit liefert die Einspannung eine Ermäßigung des M um rund
13 v. H., während die N
nebensächlich sind.

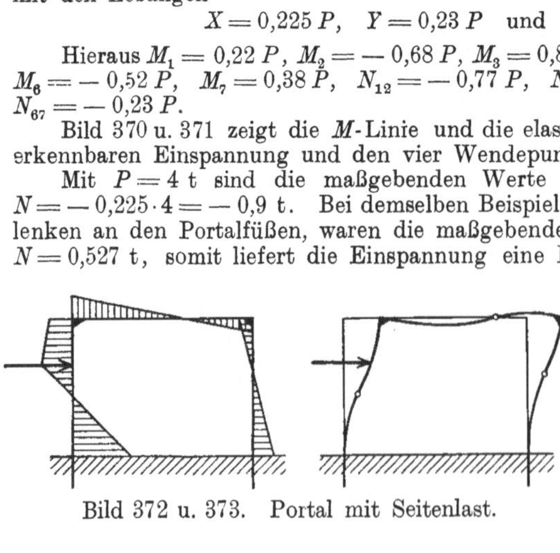

2. Portal mit Sei-
tenkraft. An Stelle
der leicht aufzustellen-
den Ansätze, deren Aus-
wertung aber mühevoll
ist, sei hier die unge-

Bild 372 u. 373. Portal mit Seitenlast.

fähre M-Linie und die elastische Linie in Bild 372 und 373 wiedergegeben.

3. **Stabbogen mit Einzellast.** Bild 374 zeigt die Darstellungsmöglichkeiten der M-Linie, siehe auch Bild 341.

4. **Sonderfälle.** a) Horizontalkräfte nach Bild 375; hierbei sei völlige Symmetrie in Stabform und J-Verteilung vorausgesetzt.

$$\int\limits_{2}^{1}\frac{-P(y-p)}{EJ}\,y\,ds+\int\limits_{4}^{5}\frac{P(y-p)}{EJ}\,y\,ds+2\,X\int\limits_{3}^{1}\frac{y^2}{EJ}\,ds+2\,Z\int\limits_{3}^{1}\frac{y}{EJ}\,ds=0,$$

$$\int\limits_{2}^{1}\frac{-P(y-p)}{EJ}\,x\,ds-\int\limits_{4}^{5}\frac{P(y-p)}{EJ}\,x\,ds+2\,Y\int\limits_{3}^{1}\frac{x^2}{EJ}\,ds=0,$$

$$\int\limits_{2}^{1}\frac{-P(y-p)}{EJ}\,ds+\int\limits_{4}^{5}\frac{P(y-p)}{EJ}\,ds+2\,X\int\limits_{3}^{1}\frac{y}{EJ}\,ds+2\,Z\int\limits_{3}^{1}\frac{1}{EJ}\,ds=0.$$

Aus der paarweisen Gleichheit der Integralwerte folgt $X=0$,

$$Z=0\quad\text{und}\quad Y=\int\limits_{2}^{1}\frac{P(y-p)}{EJ}\,x\,ds:\int\limits_{3}^{1}\frac{x^2}{EJ}\,ds.$$

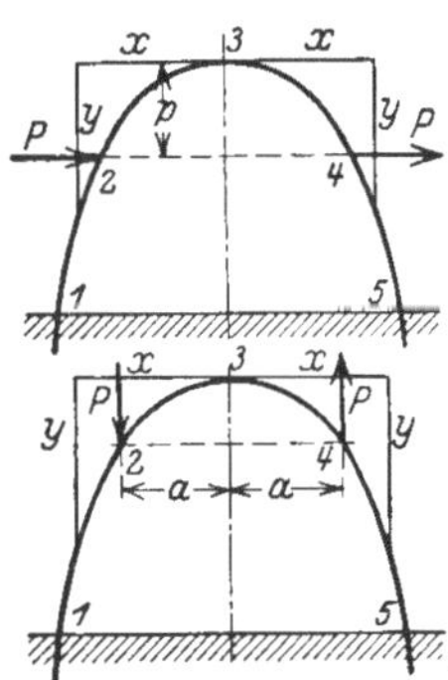

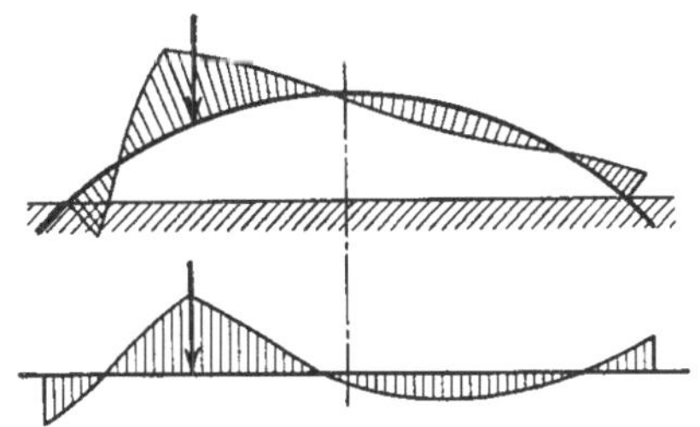

Bild 374. Stabbogen mit Einzellast.

Bild 375 u. 376. Sonderfälle des eingespannten Bogens.

b) Vertikalkräfte nach Bild 376. Der Ansatz liefert auch hier

$$X=0,\quad Z=0\quad\text{und}\quad Y=\int\limits_{2}^{1}\frac{P(x-a)}{EJ}\,x\,ds:\int\limits_{3}^{1}\frac{x^2}{EJ}\,ds.$$

Dasselbe gilt für mehrere Kraftpaare.

c) Der Fall 8 nach S. 140 und Bild 333 bis 337 läßt sich sofort auf den eingespannten Stab übertragen und liefert in den Stabteilen ebenfalls nur Zug oder Druck ohne Biegung.

Der beiderseitig eingespannte unsymmetrische Stab. Hierbei ist die Trennstelle t an beliebiger Stelle anzunehmen. Als statisch Unbestimmte dienen nach Bild 363 bis 365 wieder die Werte X, Y und Z. Statt dessen können die X und Y auch horizontal bzw.

vertikal angenommen werden, wobei sie nicht mehr als Längs- bzw. Querkraft, sondern als Horizontal- bzw. Vertikalprojektion der resultierenden Stabkraft erscheinen. Infolge der Unsymmetrie kommen die Werte X, Y und Z in jeder der drei Gleichungen vor, wodurch die Ausrechnung unbequemer wird.

Nimmt man die Schnittstelle dicht über der linken oder rechten Einspannstelle an, dann hat man unter Umständen den Vorteil einer einmaligen Integration über den ganzen Stab. Die Wahl der zweckmäßigsten Schnittstelle und der Richtungen von X und Y richtet sich nach dem jeweiligen Fall. Von Beispielen hierfür kann abgesehen werden, da doch meist Symmetrie in Stabform vorliegt.

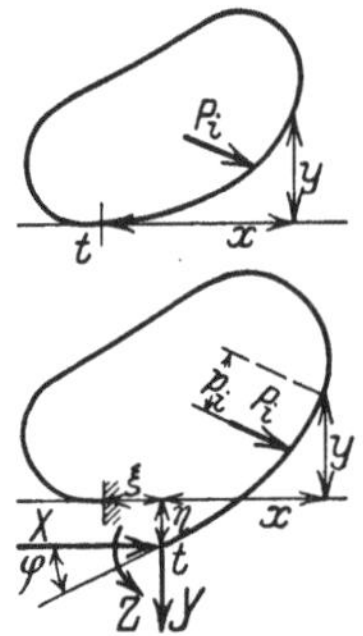

Bild 377 u. 378.
Der Steifrahmen.

Der ebene Steifrahmen wird nach Bild 377 durch einen in sich geschlossenen Stab gebildet; die an ihm in der Rahmenebene wirkenden Kräfte einschließlich etwaiger Auflagerkräfte stehen im Gleichgewicht. Man denkt sich den Rahmen an einer beliebigen Stelle t geschnitten und am einen Ende festgehalten. Am freien Ende wirken nach Bild 378 die statisch unbestimmten Kräfte und Momente X, Y und Z, die aus der Stetigkeitsbedingung der elastischen Linie zu ermitteln sind. Hieraus die Ansätze

$$\int \frac{M'\,\mathfrak{M}_x}{i}\,ds + X\int \frac{\mathfrak{M}_x\,\mathfrak{M}_x}{i}\,ds + Y\int \frac{\mathfrak{M}_x\,\mathfrak{M}_y}{i}\,ds + Z\int \frac{\mathfrak{M}_x\,\mathfrak{M}_z}{i}\,ds = 0,$$

$$\int \frac{M'\,\mathfrak{M}_y}{i}\,ds + X\int \frac{\mathfrak{M}_y\,\mathfrak{M}_x}{i}\,ds + Y\int \frac{\mathfrak{M}_y\,\mathfrak{M}_y}{i}\,ds + Z\int \frac{\mathfrak{M}_y\,\mathfrak{M}_z}{i}\,ds = 0.$$

$$\int \frac{M'\,\mathfrak{M}_z}{i}\,ds + X\int \frac{\mathfrak{M}_z\,\mathfrak{M}_x}{i}\,ds + Y\int \frac{\mathfrak{M}_z\,\mathfrak{M}_y}{i}\,ds + Z\int \frac{\mathfrak{M}_z\,\mathfrak{M}_z}{i}\,ds = 0.$$

Hierin gelten die M' für die Lasten P_i und es ist $\mathfrak{M}_x = 1 \cdot y$, $\mathfrak{M}_y = 1 \cdot x$ und $\mathfrak{M}_z = 1$. Daraus folgt

$$\int \frac{M'}{i}\,y\,ds + X\int \frac{y^2}{i}\,ds + Y\int \frac{y\,x}{i}\,ds + Z\int \frac{y}{i}\,ds = 0,$$

$$\int \frac{M'}{i}\,x\,ds + X\int \frac{x\,y}{i}\,ds + Y\int \frac{x^2}{i}\,ds + Z\int \frac{x}{i}\,ds = 0,$$

$$\int \frac{M'}{i}\,ds + X\int \frac{y}{i}\,ds + Y\int \frac{x}{i}\,ds + Z\int \frac{1}{i}\,ds = 0.$$

Zu integrieren ist über den ganzen Stab. Bei unveränderlichem J sind alle i zu streichen.

Bei geraden Stabstücken und Einzellasten lauten hier die Einzelansätze entsprechend denen des eingespannten Stabbogens nach S. 154; es ist

$$\int \frac{M' y}{i} \, d s = \frac{l_{ik}}{3 \, i_{ik}} \left(M_i' y_i + \frac{1}{2} \left(M_i' y_k + M_k' y_i \right) + M_k' y_k \right),$$

$$\int \frac{M' x}{i} \, d s = \frac{l_{ik}}{3 \, i_{ik}} \left(M_i' x_i + \frac{1}{2} \left(M_i' x_k + M_k' x_i \right) + M_k' x_k \right),$$

$$\int \frac{M'}{i} \, d s = \frac{l_{ik}}{2 \, i_{ik}} \left(M_i' + M_k' \right),$$

$$\int \frac{y^2}{i} \, d s = \frac{l_{ik}}{3 \, i_{ik}} \left(y_i^2 + y_i y_k + y_k^2 \right), \qquad \int \frac{x^2}{i} \, d s = \frac{l_{ik}}{3 \, i_{ik}} \left(x_i^2 + x_i x_k + x_k^2 \right),$$

$$\int \frac{x y}{i} \, d s = \frac{l_{ik}}{3 \, i_{ik}} \left(x_i y_i + \frac{1}{2} \left(x_i y_k + x_k y_i \right) + x_k y_k \right),$$

$$\int \frac{y}{i} \, d s = \frac{l_{ik}}{2 \, i_{ik}} \left(y_i + y_k \right), \qquad \int \frac{x}{i} \, d s = \frac{l_{ik}}{2 \, i_{ik}} \left(x_i + x_k \right), \qquad \int \frac{1}{i} \, d s = \frac{l_{ik}}{i_{ik}}.$$

Während beim Träger auf mehreren Stützen, beim Zweigelenkbogen und dem eingespannten Bogen die statische Unbestimmtheit durch die Auflagerung hervorgebracht wird und diese Gebilde daher äußerlich statisch unbestimmt heißen, ist der geschlossene Rahmen in bezug auf die Lasten und Auflagerkräfte statisch bestimmt; man nennt ihn daher äußerlich statisch bestimmt und innerlich statisch unbestimmt.

Die innerlich statische Unbestimmtheit wird an späteren Stellen des Abschnittes, namentlich bei den Fachwerken, noch mehrmals von Bedeutung werden, s. S. 255.

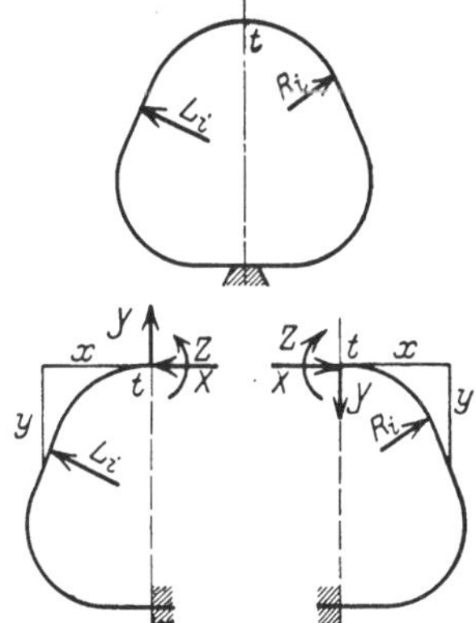

Bild 379—381. Der symmetrische Steifrahmen.

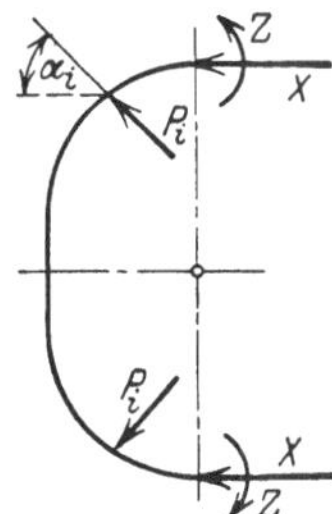

Bild 382. Der doppelsymmetrische Steifrahmen.

Der symmetrische, aber unsymmetrisch belastete Rahmen wird nach Bild 379 bis 381 unten festgehalten und oben geschnitten gedacht, so daß er als eingespannter Rahmen mit zusammenliegenden Einspannstellen nach den Formeln S. 153 berechnet werden kann, wobei stets über den halben Rahmen zu integrieren ist.

Bei symmetrischer Belastung ist wieder $Y = 0$.

Bei Doppelsymmetrie in Stabform und Belastung nach Bild 382 folgt außerdem aus dem Gleichgewicht in X-Richtung $X + P_i \cos \alpha_i = 0$.

Z folgt dann nur aus einer der Gleichungen (6) nach S. 154, wobei nur über das Stabviertel zu integrieren ist; zweckmäßig wird die letzte dieser Gleichungen benutzt, welche dann lautet

$$\int \frac{M'}{i}\,ds + X\int \frac{y}{i}\,ds + Z\int \frac{1}{i}\,ds = 0.$$

Auch hier werden bei geraden Teilstücken und Einzellasten zweckmäßig die Integralausdrücke durch die fertigen Gebrauchsformeln ersetzt, die ebenso lauten wie beim eingespannten Stabbogen.

Beispiele und Sonderfälle.

1. Rechteckrahmen mit Mittenlast, Bild 383 bis 386. $J=$ konst. Denkt man sich die Last $2P$ durch zwei Lasten von je P dicht links und rechts der Stabmitte ersetzt, dann erhält man den Symmetriefall mit $Y=0$.

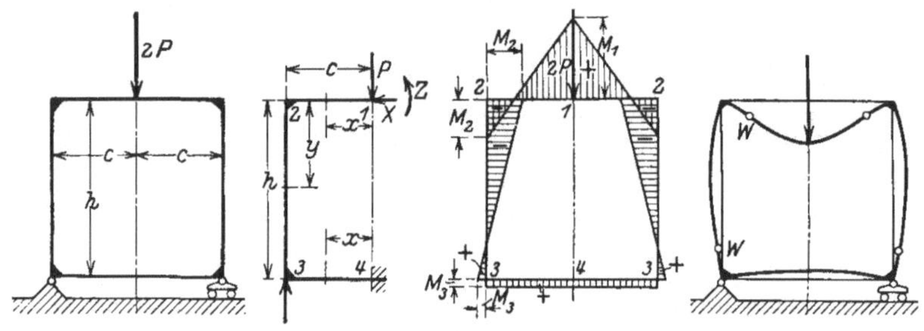

Bild 383 bis 386. Rechteckrahmen mit Mittenlast.

Teil 12, $M'=-Px$. Teil 23, $M'=-Pc$. Teil 34, $M'=-Pc$.
Ansätze:

$$\int_0^h -Pcy\,dy + \int_0^c -Pch\,dx + X\Big(\int_0^h y^2\,dy + \int_0^c h^2\,dx\Big) +$$

$$+ Z\Big(\int_0^h y\,dy + \int_0^c h\,dx\Big) = 0,$$

$$\int_0^c -Px\,dx + \int_0^h -Pc\,dy + \int_0^c -Pc\,dx + X\Big(\int_0^h h\,dy + \int_0^c h\,dx\Big) +$$

$$+ Z\Big(\int_0^h dy + \int_0^c dx\Big) = 0.$$

Auswertung:

$$-P\Big(\frac{ch^2}{2} + c^2 h\Big) + X\Big(\frac{h^3}{3} + h^2 c\Big) + Z\Big(\frac{h^2}{2} + hc\Big) = 0,$$

$$-P\Big(\frac{c^2}{2} + ch + c^2\Big) + X\Big(\frac{h^2}{2} + hc\Big) + Z(c+h+c) = 0.$$

Ergebnisse nach Auflösung dieser Gleichungen:

$$M_1 = Z, \qquad M_2 = Z - Pc, \qquad M_3 = M_4 = Z - Pc + Xh,$$
$$N_{12} = -X, \qquad N_{23} = -P, \qquad N_{34} = +X.$$

Die Berechnung nach den Gebrauchsformeln liefert mit $i = 1$ und mit

$$l_{12} = c, \qquad l_{23} = h, \qquad l_{34} = c,$$
$$y_1 = y_2 = 0, \qquad y_3 = y_4 = h, \qquad x_1 = x_4 = 0, \qquad x_2 = x_3 = c,$$
$$M_1' = 0, \qquad M_2' = M_3' = M_4' = -Pc$$

die Ansätze

$$\frac{h}{3}\left(-\frac{1}{2}Pch - Pch\right) + \frac{c}{3}\left(-Pch - \frac{1}{2}(Pch - Pch) - Pch\right) +$$
$$+ X\left(\frac{h}{3}h^2 + \frac{c}{3}(h^2 + h^2 + h^2)\right) + Z\left(\frac{h}{2}h + \frac{c}{2}(h+h)\right) = 0,$$

$$\frac{c}{2}(-Pc) + \frac{h}{2}(-Pc - Pc) + \frac{c}{2}(-Pc - Pc) +$$
$$+ X\left(\frac{h}{2}h + \frac{c}{2}(h+h)\right) + Z(c + h + c) = 0$$

oder

$$-P\left(\frac{ch^2}{2} + c^2 h\right) + X\left(\frac{h^3}{3} + h^2 c\right) + Z\left(\frac{h^2}{2} + hc\right) = 0,$$
$$-P\left(\frac{c^2}{2} + ch + c^2\right) + X\left(\frac{h^2}{2} + hc\right) + Z(c + h + c) = 0,$$

also dasselbe wie oben.

Zahlenbeispiel. $c = 4$ m und $h = 8$ m liefert
$$-P \cdot 256 + X \cdot \frac{1280}{3} + Z \cdot 64 = 0, \qquad -P \cdot 56 + X \cdot 64 + Z \cdot 16 = 0,$$
woraus $X = 0{,}1875\,P$ und $Z = 2{,}75\,P$.

Damit ergibt sich $M_1 = 2{,}75\,P$, $\quad M_2 = -1{,}25\,P$, $\quad M_3 = M_4 = 0{,}25\,P$, $N_{12} = -0{,}1875\,P$, $\quad N_{23} = -P$, $\quad N_{34} = +0{,}1875\,P$.

Bild 385 und 386 zeigt die M-Linie und die ungefähre elastische Linie.

2. **Trapezrahmen mit Seitenkraft**, Bild 387 bis 391. Es gelten die Werte i_a für Strecke a, i_b für Strecke b, i_c für Strecke c, ferner ist

$$l_{12} = a, \quad l_{23} = b, \quad l_{34} = c, \quad l_{56} = a, \quad l_{67} = b, \quad l_{78} = c,$$
$$y_1 = y_2 = 0, \quad y_3 = y_4 = h, \quad y_5 = y_6 = 0, \quad y_7 = y_8 = h,$$
$$x_1 = 0, \quad x_2 = a, \quad x_3 = c, \quad x_4 = 0, \quad x_5 = 0, \quad x_6 = a, \quad x_7 = c, \quad x_8 = 0,$$
$$M_1' = M_2' = 0, \quad M_3' = -Ph, \quad M_4' = -Ph + P\frac{h}{2c}c = -\frac{Ph}{2},$$
$$M_5' = M_6' = M_7' = 0, \quad M_8' = -P\frac{h}{2c}c = -\frac{Ph}{2}.$$

Ansätze:

$$\frac{b}{3\,i_b}(-Ph\,h)+\frac{c}{3\,i_c}\left(-Ph\,h-\frac{1}{2}\left(Ph\,h+\frac{Ph}{2}\,h\right)-\frac{Ph}{2}\,h\right)+$$

$$+\frac{c}{3\,i_c}\left(-\frac{1}{2}\,\frac{Ph}{2}\,h-\frac{Ph}{2}\,h\right)+2\,X\left[\frac{b}{3\,i_b}\,h^2+\frac{c}{3\,i_c}\,3\,h^2\right]+$$

$$+2\,Z\left[\frac{b}{2\,i_b}\,h+\frac{c}{2\,i_c}\,2\,h\right]=0,$$

$$\frac{b}{3\,i_b}\left(-\frac{1}{2}\,Ph\,a-Ph\,c\right)+\frac{c}{3\,i_c}\left(-Ph\,c-\frac{1}{2}\,\frac{Ph}{2}\,c\right)+\frac{c}{3\,i_c}\left(-\frac{1}{2}\,\frac{Ph}{2}\,c\right)+$$

$$+2\,Y\left[\frac{a}{3\,i_a}\,a^2+\frac{b}{3\,i_b}(a^2+a\,c+c^2)+\frac{c}{3\,i_c}\,c^2\right]=0,$$

$$\frac{b}{2\,i_b}(-Ph)+\frac{c}{2\,i_c}\left(-Ph-\frac{1}{2}\,Ph\right)+\frac{c}{2\,i_c}\left(-\frac{Ph}{2}\right)+$$

$$+2\,X\left[\frac{b}{2\,i_b}\,h+\frac{c}{2\,i_c}\,2\,h\right]+2\,Z\left[\frac{a}{i_a}+\frac{b}{i_b}+\frac{c}{i_c}\right]=0.$$

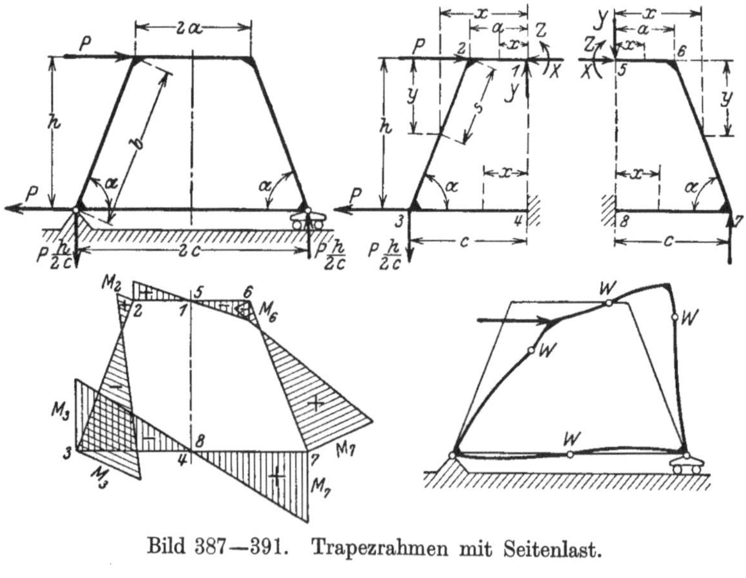

Bild 387—391. Trapezrahmen mit Seitenlast.

Zusammenfassung:

$$-\frac{Ph^2}{3}\left[\frac{b}{i_b}+\frac{3\,c}{i_c}\right]+2\,X\,h^2\left[\frac{b}{3\,i_b}+\frac{c}{i_c}\right]+2\,Z\,h\left[\frac{b}{2\,i_b}+\frac{c}{i_c}\right]=0,$$

$$-\frac{Ph}{3}\left[\frac{b}{i_b}\left(\frac{a}{2}+c\right)+\frac{3}{2}\,\frac{c^2}{i_c}\right]+2\,Y\left[\frac{a^3}{3\,i_a}+\frac{b}{3\,i_b}(a^2+a\,c+c^2)+\frac{c^3}{3\,i_c}\right]=0,$$

$$-Ph\left[\frac{b}{2\,i_b}+\frac{c}{i_c}\right]+2\,X\,h\left[\frac{b}{2\,i_b}+\frac{c}{i_c}\right]+2\,Z\left[\frac{a}{i_a}+\frac{b}{i_b}+\frac{c}{i_c}\right]=0.$$

Nach Auflösung dieser Gleichungen ist

$$M_1 = Z, \qquad M_2 = Z + Ya, \qquad M_3 = Z + Yc - Ph + Xh,$$

$$M_4 = Z - Ph + Xh + P\frac{h}{2c}c, \qquad M_5 = Z, \qquad M_6 = Z - Ya,$$

$$M_7 = Z - Ya + Xh, \qquad M_8 = Z + Xh - P\frac{h}{2c}c;$$

$$N_{12} = N_{56} = -X, \qquad N_{23} = Y\sin\alpha - (X - P)\cos\alpha,$$

$$N_{67} = -Y\sin\alpha - X\cos\alpha, \qquad N_{34} = N_{78} = +X.$$

Zahlenbeispiel. $h = 2{,}5\,\text{m}$, $a = 1\,\text{m}$, $b = 2{,}7\,\text{m}$, $c = 2\,\text{m}$ und $i_a = i_b = i_c = 1$ liefert

$$-18{,}1\,P + 36{,}2\,X + 16{,}75\,Z = 0,$$
$$-10{,}62\,P + 18{,}6\,Y = 0,$$
$$-8{,}36\,P + 16{,}75\,X + 11{,}4\,Z = 0$$

mit den Lösungen

$$X = 0{,}5\,P, \quad Y = 0{,}57\,P, \quad Z = 0.$$

Bild 390 und 391 zeigt die M-Linie und die ungefähre elastische Linie.

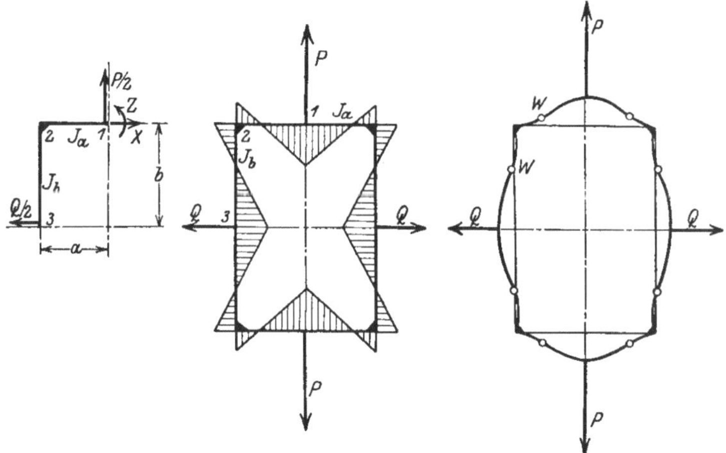

Bild 392—394. Rechteckrahmen mit Mittenlasten.

3. Rechteckrahmen nach Bild 392 bis 394. Wegen der Doppelsymmetrie wird das Rahmenviertel behandelt. Es ist

$$M_1' = 0, \quad M_2' = \frac{Pa}{2}, \quad M_3' = \frac{Pa}{2}, \quad l_{12} = a, \quad l_{23} = b, \quad y_1 = y_2 = 0,$$

$$y_3 = b.$$

Gleichgewicht in X-Richtung liefert $X = -\dfrac{Q}{2}$ (Zug).

Ansatz:

$$\frac{a}{2i_a}\frac{Pa}{2} + \frac{b}{2i_b}\left(\frac{Pa}{2} + \frac{Pa}{2}\right) - \frac{Q}{2}\frac{b}{2i_b}b + Z\left(\frac{a}{i_a} + \frac{b}{i_b}\right) = 0$$

oder

$$\frac{P}{2}\left(\frac{a^2}{2\,i_a}+\frac{a\,b}{i_b}\right)-\frac{Q}{4}\,\frac{b^2}{i_b}+Z\left(\frac{a}{i_a}+\frac{b}{i_b}\right)=0;$$

hieraus

$$Z \text{ (ist negativ)}.$$

$$M_1 = Z \text{ (negativ)}, \qquad M_2 = Z + \frac{P}{2}\,a \text{ (positiv)},$$

$$M_3 = Z + \frac{P}{2}\,a - \frac{Q}{2}\,b \text{ (negativ)},$$

$$N_{12} = \frac{Q}{2}\text{ (Zug)}, \quad N_{23} = \frac{P}{2}\text{ (Zug)}.$$

Ungefähre M-Linie und elastische Linie nach Bild 393 und 394.

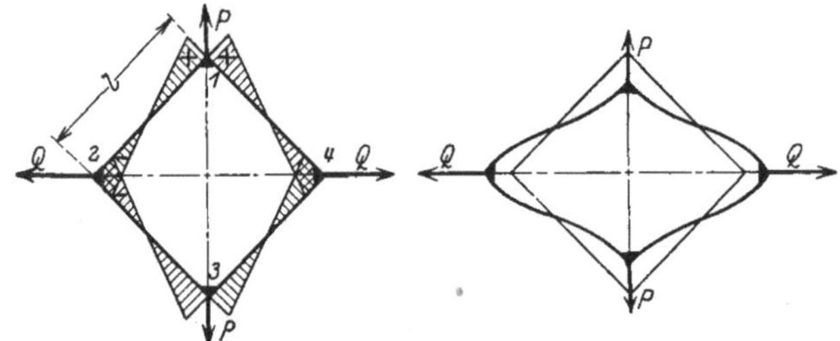

Bild 395 u. 396.   Quadratrahmen.

4. **Quadratrahmen** mit gleichen J nach Bild 395 und 396. Eine ebensolche Behandlung liefert

$$M_1 = (Q-P)\,l:\sqrt{32}, \qquad M_2 = (P-Q)\,l:\sqrt{32}, \qquad N = \frac{P+Q}{\sqrt{8}}.$$

5. **Stabeck** von beliebiger Form und beliebiger J-Verteilung nach Bild 397. Die Kräfte $P_1\,P_2\ldots$ seien nach Größe und Richtung so gegeben, daß das Stabeck ein Seileck zu diesen Kräften nach Bild 398 bildet. Alle Stäbe erhalten nur Längskräfte gleich den Kräften der Seillinie, siehe Kräfteplan hierzu. Vgl. auch Beispiel 8 nach S. 140 und Beispiel 4c nach S. 157.

Aus diesem Grunde ist im vorigen Beispiel $M_1 = M_2 = 0$ für $P = Q$.

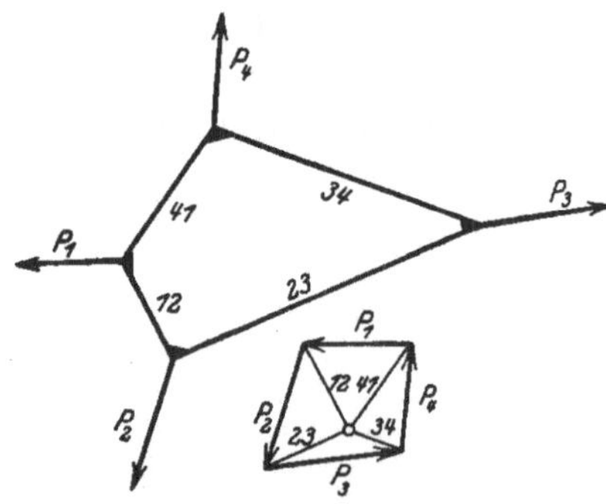

Bild 397 u. 398. Stabeck ohne Biegemomente.

Ein gleiches gilt für krumme Stäbe mit Streckenlasten, wobei die Stablinie mit der Seillinie zusammenfällt. Daher wird ein Kreisring mit gleichmäßiger Innenpressung (Kesselmantel) nur auf Zug, nicht auf Biegung beansprucht.

6. **Kreisring** nach Bild 399. Die Radialkräfte R_i und die Tangentialkräfte T_i müssen zunächst die Gleichgewichtsbedingungen

$$\sum R_i \sin \alpha_i + \sum T_i \cos \alpha_i = 0, \quad \sum R_i \cos \alpha_i - \sum T_i \sin \alpha_i = 0, \quad \sum T_i = 0$$

erfüllen.

Wir verwenden die allgemeinen Ansätze des beliebigen, also nicht symmetrischen Steifrahmens und erhalten mit φ als Veränderliche

$$x = r \sin \varphi \quad \text{und} \quad y = r(1 - \cos \varphi).$$

Nun ist für die Kräfte R_i und T_i allein für φ zwischen 0 und α_i:

$$M' = 0,$$

für φ zwischen α_i und 2π:

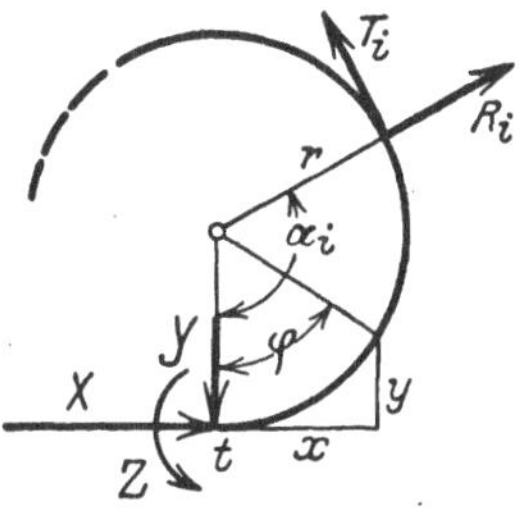

Bild 399. Kreisring mit Radial- und Tangentialkräften.

$$M' = R_i\, r \sin(\varphi - \alpha_i) + T_i\, r\,(1 - \cos(\varphi - \alpha_i)).$$

Damit lauten die ersten Ausdrücke der Gleichungen S. 158

$$\int_0^{2\pi} M' y\, ds = r^3 \sum \int_{\alpha_i}^{2\pi} [R_i \sin(\varphi - \alpha_i) + T_i(1 - \cos(\varphi - \alpha_i))](1 - \cos\varphi)\, d\varphi =$$

$$= r^3 \{ - \sum R_i \cos \alpha_i + \sum R_i + \pi \sum R_i \sin \alpha_i - \tfrac{1}{2} \sum R_i \alpha_i \sin \alpha_i +$$

$$+ 2\pi \sum T_i - \sum T_i \alpha_i + \tfrac{1}{2} \sum T_i \sin \alpha_i + \pi \sum T_i \cos \alpha_i -$$

$$- \tfrac{1}{2} \sum T_i \alpha_i \cos \alpha_i \},$$

$$\int_0^{2\pi} M' x\, ds = r^3 \sum \int_{\alpha_i}^{2\pi} [R_i \sin(\varphi - \alpha_i) + T_i(1 - \cos(\varphi - \alpha_i))] \sin \varphi\, d\varphi =$$

$$= r^3 \{ \tfrac{1}{2} \sum R_i \sin \alpha_i + \pi \sum R_i \cos \alpha_i - \tfrac{1}{2} \sum R_i \alpha_i \cos \alpha_i - \sum T_i +$$

$$+ \sum T_i \cos \alpha_i - \pi \sum T_i \sin \alpha_i + \tfrac{1}{2} \sum T_i \alpha_i \sin \alpha_i \},$$

$$\int_0^{2\pi} M'\, ds = r^2 \sum \int_{\alpha_i}^{2\pi} [R_i \sin(\varphi - \alpha_i) + T_i(1 - \cos(\varphi - \alpha_i))]\, d\varphi =$$

$$= r^2 \{ \sum R_i - \sum R_i \cos \alpha_i + 2\pi \sum T_i - \sum T_i \alpha_i + \sum T_i \sin \alpha_i \}.$$

Die Beiwerte der X, Y und Z lauten

$$\int_0^{2\pi} y^2\, ds = r^3 \int_0^{2\pi} (1 - \cos \varphi)^2\, d\varphi = r^3\, 3\pi,$$

$$\int_0^{2\pi} x y\, ds = r^3 \int_0^{2\pi} \sin \varphi\, (1 - \cos \varphi)\, d\varphi = 0,$$

$$\int_0^{2\pi} y\, ds = r^2 \int_0^{2\pi} (1 - \cos \varphi)\, d\varphi = r^2\, 2\pi, \qquad \int_0^{2\pi} x^2\, ds = r^3 \int_0^{2\pi} \sin^2 \varphi\, d\varphi = r^3\, \pi,$$

$$\int_0^{2\pi} x\, ds = r^2 \int_0^{2\pi} \sin \varphi\, d\varphi = 0, \qquad \int_0^{2\pi} ds = r \int_0^{2\pi} d\varphi = r\, 2\pi.$$

Die Gleichungen lauten mit den aus den Gleichgewichtsbedingungen folgenden Kürzungen

$$\sum R_i - \tfrac{1}{2}\sum R_i\,\alpha_i\sin\alpha_i - \sum T_i\,\alpha_i + \tfrac{1}{2}\sum T_i\sin\alpha_i - \tfrac{1}{2}\sum T_i\,\alpha_i\cos\alpha_i +$$
$$+\,3\pi X + \frac{2\pi}{r}Z = 0,$$

$$-\tfrac{1}{2}\sum R_i\sin\alpha_i - \tfrac{1}{2}\sum R_i\,\alpha_i\cos\alpha_i + \tfrac{1}{2}\sum T_i\,\alpha_i\sin\alpha_i + \pi Y = 0,$$

$$\sum R_i - \sum T_i\,\alpha_i + 2\pi X + \frac{2\pi}{r}Z = 0$$

und liefern die Lösungen

$$X = \frac{1}{2\pi}\left[\sum R_i\,\alpha_i\sin\alpha_i + \sum T_i(\alpha_i\cos\alpha_i - \sin\alpha_i)\right],$$

$$Y = \frac{1}{2\pi}\left[\sum R_i(\sin\alpha_i + \alpha_i\cos\alpha_i) - \sum T_i\,\alpha_i\sin\alpha_i\right],$$

$$Z = \frac{r}{2\pi}\left[-\sum R_i(1 + \alpha_i\sin\alpha_i) + \sum T_i(\alpha_i + \sin\alpha_i - \alpha_i\cos\alpha_i)\right].$$

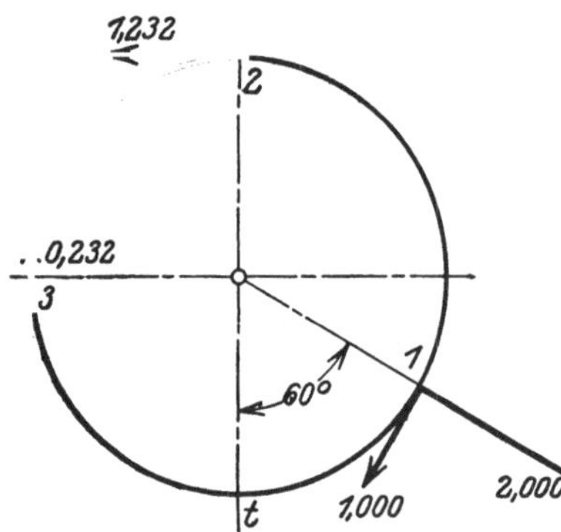

Bild 400. Ring mit gegebenen Kräften.

Hierin erstreckt sich die Summierung über sämtliche R_i und T_i. Damit bestimmt sich die Längskraft N (als Zug) und das Biegemoment M (Druck in der Außenfaser liefernd, wenn positiv) an beliebiger Stelle φ zu

$$N = -X\cos\varphi + Y\sin\varphi + \sum R_i\sin(\varphi - \alpha_i) - \sum T_i\cos(\varphi - \alpha_i),$$

$$M = Z + Xr(1 - \cos\varphi) + Yr\sin\varphi + \sum R_i\,r\sin(\varphi - \alpha_i) + \sum T_i\,r[1 - \cos(\varphi - \alpha_i)].$$

Hierin erstreckt sich die Summierung über die jeweils innerhalb des Winkels φ liegenden R_i und T_i.

Beispiel. Ring nach Bild 400.

Zahlentafel 9. Die R, T und α.

	Laststelle		
	1	2	3
$\alpha^0 =$	60°	180°	270°
$\alpha =$	1,0472	3,1416	4,7124
$\sin\alpha =$	0,866	0	−1,0
$\cos\alpha =$	0,5	−1,0	0
$R =$	2,0	1,634	0
$T =$	−1,0	1,232	−0,232

Diese Kräfte erfüllen zunächst die drei Gleichgewichtsbedingungen.

Für Stelle t ist

$$X = \frac{1}{2\pi} [2,0 \cdot 1,0472 \cdot 0,866 + 1,634 \cdot 3,1416 \cdot 0 - 1 (1,0472 \cdot 0,5 - 0,866) +$$
$$+ 1,232 (- 3,1416 \cdot 1 - 0) - 0,232 (4,7124 \cdot 0 + 1)] = - 0,309$$

$$Y = \frac{1}{2\pi} [2,0 \cdot (0,866 + 1,0472 \cdot 0,5) + 1,634 (0 - 3,1416 \cdot 1) + 1 \cdot 1,0472 \cdot 0,866 -$$
$$- 1,232 \cdot 3,1416 \cdot 0 - 0,232 \cdot 4,7124 \cdot 1] = - 0,405,$$

$$Z = \frac{r}{2\pi} [- 2,0 (1 + 1,0472 \cdot 0,866) - 1,634 (1 + 3,1416 \cdot 0) -$$
$$- 1 (1,0472 + 0,866 - 1,0472 \cdot 0,5) + 1,232 (3,1416 + 0 + 3,1416) -$$
$$- 0,232 (4,7124 - 1 - 4,7124 \cdot 0)] = 0,0064 \, r \,.$$

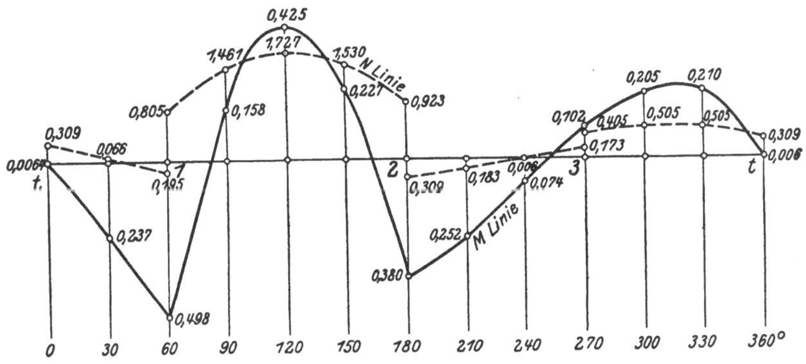

Bild 401. Die M- und N-Linie über dem abgewickelten Ring.

Hieraus folgen die M und, N für alle andern Ringstellen und liefern die über dem gestreckten Ring aufgetragenen Kurven nach Bild 401. Die N springen an den Laststellen um die T-Beträge.

Wirken statt der Einzelkräfte die Kräftepaare mit den Momenten $D_i = T_i t_i$ nach Bild 402 auf den Ring, dann erfordert das Gleichgewicht zunächst $\Sigma D_i = 0$.

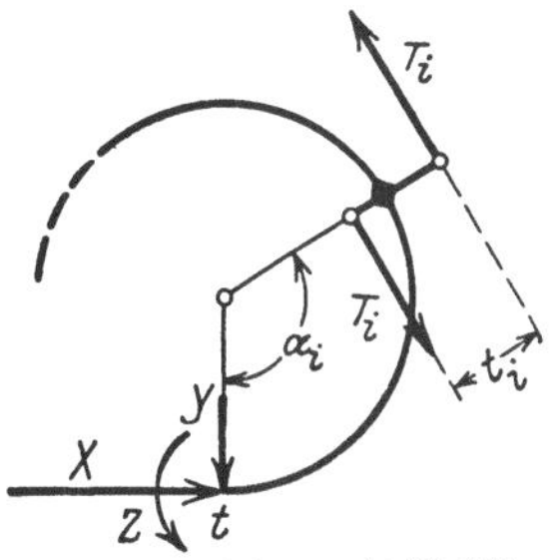

Die ersten Ausdrücke der Gleichungen lauten

$$\int\limits_0^{2\pi} M' y \, ds = r^2 \Sigma \int\limits_{\alpha_i}^{2\pi} D_i (1 - \cos\varphi) \, d\varphi =$$
$$= r^2 [2\pi \Sigma D_i - \Sigma D_i \alpha_i + \Sigma D_i \sin\alpha_i].$$

Bild 402. Ring mit Kräftepaaren.

$$\int\limits_0^{2\pi} M' x \, ds = r^2 \Sigma \int\limits_{\alpha_i}^{2\pi} D_i \sin\varphi \, d\varphi = r^2 [- \Sigma D_i + \Sigma D_i \cos\alpha_i],$$

$$\int\limits_0^{2\pi} M' \, ds = r \Sigma \int\limits_{\alpha_i}^{2\pi} D_i \, d\varphi = r [2\pi \Sigma D_i - \Sigma D_i \alpha_i],$$

oder wegen $\Sigma D_i = 0$

$$\int_0^{2\pi} M' \, y \, ds = r^2 \left[- \sum D_i \alpha_i + \sum D_i \sin \alpha_i \right], \qquad \int_0^{2\pi} M' \, x \, ds = r^2 \sum D_i \cos \alpha_i ,$$

$$\int_0^{2\pi} M' \, ds = r \left[- \sum D_i \alpha_i \right].$$

Somit lauten die Gleichungen

$$r^2 \left[- \sum D_i \alpha_i + \sum D_i \sin \alpha_i \right] + 3 r^3 \pi X + 2 r^2 \pi Z = 0 ,$$
$$r^2 \sum D_i \cos \alpha_i + r^3 \pi Y = 0 ,$$
$$- r \sum D_i \alpha_i + 2 r^2 \pi X + 2 r \pi Z = 0$$

und liefern die Lösungen

$$X = - \frac{1}{r \pi} \sum D_i \sin \alpha_i , \qquad Y = \frac{1}{r \pi} \sum D_i \cos \alpha_i ,$$

$$Z = \frac{1}{2 \pi} \sum D_i (\alpha_i + \sin \alpha_i) .$$

Sodann ist an beliebiger Stelle φ

$$N = - X \cos \varphi + Y \sin \varphi ,$$
$$M = Z + X r (1 - \cos \varphi) + Y r \cos \varphi + \sum D_i ,$$

worin wieder die Summierung über die innerhalb des Winkels φ liegenden D_i erfolgt.

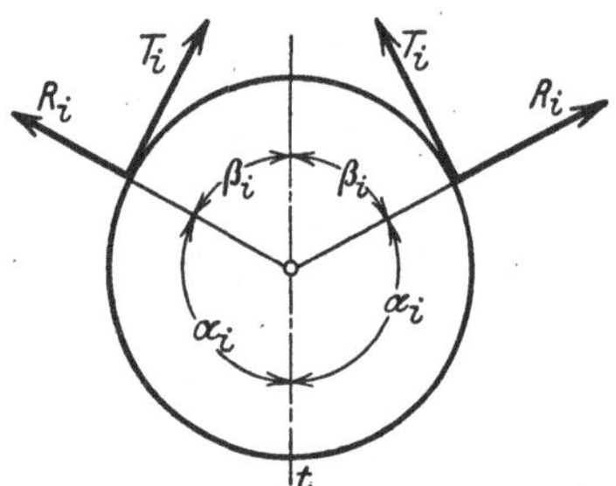

Bild 403. Symmetrische Kräfteanordnung.

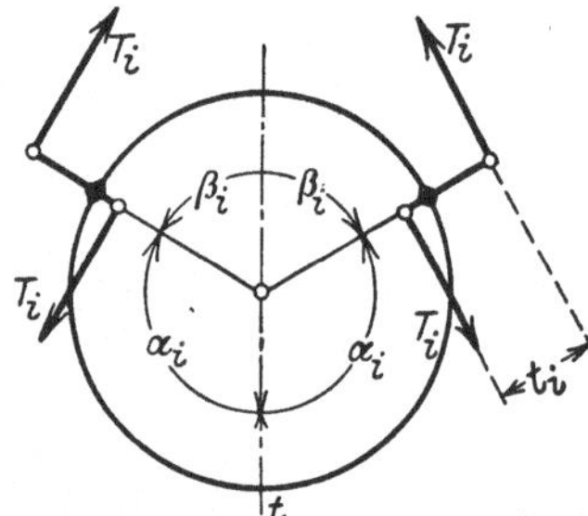

Bild 404. Symmetrisch liegende
Kräftepaare.

Symmetrische Kräfteanordnung liefert Vereinfachungen. Für den Fall nach Bild 403 gilt

$$X = - \frac{1}{\pi} \left[\sum R_i \beta_i \sin \alpha_i + \sum T_i (\sin \alpha_i + \beta_i \cos \alpha_i) \right] ,$$

$$Z = \frac{r}{\pi} \left[\sum R_i (\beta_i \sin \alpha_i - 1) + \sum T_i (\sin \alpha_i + \beta_i \cos \alpha_i - \beta_i) \right] ,$$

während $Y = 0$ ist, was ja schon aus der Symmetrie hervorgeht.

Für den Fall nach Bild 404 gilt

$$X = - \frac{1}{2 r \pi} \sum D_i \sin \alpha_i , \qquad Z = \frac{1}{4 \pi} \sum (\sin \alpha_i - \beta_i) , \qquad Y = 0 .$$

In beiden Fällen sind die R_i und T_i bzw. D_i auf einer Kreis-
hälfte in die Formeln einzusetzen.

Beispiel nach Bild 405. Man ersetzt die oberen $2\,P$ durch zwei Kräfte je P, um den Symmetriefall herbeizuführen.

Aus

$$\alpha_1 = 90^{\circ}, \qquad \beta_1 = 1{,}5708, \qquad R_1 = 0, \qquad T_1 = -P,$$
$$\alpha_2 = 180^{\circ}, \qquad \beta_2 = 0, \qquad R_2 = P, \qquad T_2 = 0$$

folgt

$$X = 0{,}3183\,P \qquad \text{und} \qquad Z = -0{,}1365\,P\,r$$

und die gezeichneten M- und N-Kurven nach Bild 406.

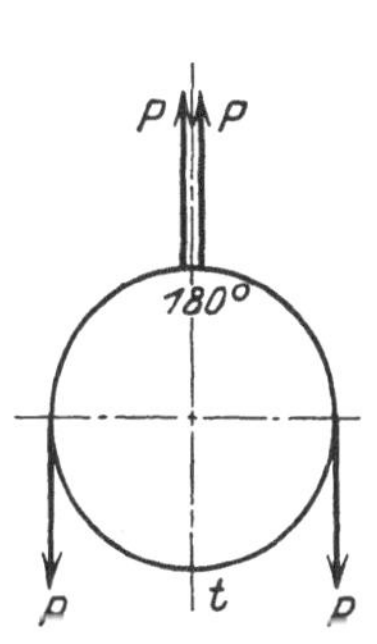

Bild 405. Ring mit gegebenen symmetrisch liegenden Kräften.

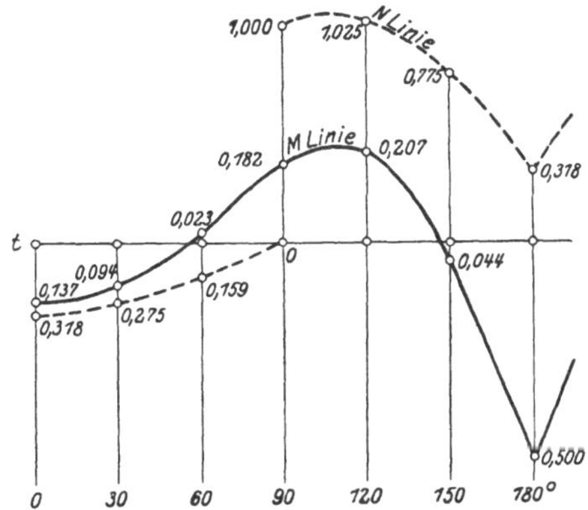

Bild 406. Die M- und N-Linie hierzu.

Der Fall der Einzelkräfte und der Drehmomente bildet zusammen den Fall, der nach Bild 407 mit Hebelarm t_i angreifenden T_i, denn diese kann auf eine am Ring angreifende Kraft T_i (wie bisher) und ein Drehmoment $D_i = T_i t_i$ zurückgeführt werden; daneben können noch die R_i angreifen. Sämtliche Werte der beiden Fälle legen sich dann algebraisch übereinander; solches gilt für beliebige und für symmetrische Anordnung.

Alle Formeln lassen sich auch leicht dem Fall der Streckenlast p (z. B. Eigengewicht des lotrechten Ringes) anpassen, wobei p zunächst in p_r und p_t zu zerlegen ist; man setzt $p_r\,r\,d\varphi$ für R_i und $p_t\,r\,d\varphi$ für T_i und integriert über die Belastungsstrecken.

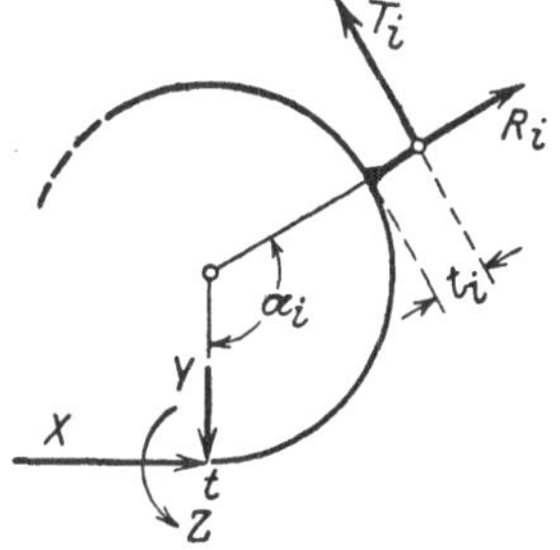

Bild 407. Ring mit Radialkräften und exzentrisch angreifenden Tangentialkräften.

7. Gleichmäßig belasteter Kreisring. Auf den Ring wirken n radiale Kräfte je gleich P in gleichen Abständen über den Ringumfang verteilt. In der Mitte zwischen den P wirke nach Bild 408 die Längskraft N_0 und das Biegemoment Z_0. Aus dem Gleichgewicht des Bogens α in radialer Richtung folgt $N_0 = P : 2 \sin \alpha$.

Die statisch Unbestimmte Z_0 folgt aus der Forderung, daß an der Stelle 0 keine Neigungsänderung der Stabachse auftritt. Somit ist für beliebigen Querschnitt φ

$$M = -N_0\,r\,(1 - \cos\varphi) + Z_0$$

und nach S. 89, Fall 7

$$\vartheta = \int \frac{M}{EJ}\, ds = \frac{1}{EJ} \int (- N_0\, r\, (1 - \cos\varphi) + Z_0)\, r\, d\varphi = 0,$$

woraus

$$Z_0 = N_0\, r\, \frac{\alpha - \sin\alpha}{\alpha} = \frac{Pr}{2}\left(\frac{1}{\sin\alpha} - \frac{1}{\alpha}\right) = M_0 \ \text{(ist positiv)}.$$

Damit folgt für beliebigen Querschnitt φ

$$M = \frac{Pr}{2}\left(\frac{\cos\varphi}{\sin\alpha} - \frac{1}{\alpha}\right) \quad \text{und} \quad N = N_0 \cos\varphi = \frac{P}{2}\frac{\cos\varphi}{\sin\alpha}$$

und für die Laststelle mit $\varphi = \alpha$

$$M_a = \frac{Pr}{2}\left(\frac{1}{\operatorname{tg}\alpha} - \frac{1}{\alpha}\right) \ \text{(ist positiv)} \quad \text{und} \quad N_a = \frac{P}{2}\frac{1}{\operatorname{tg}\alpha} \ \text{(Zug)}.$$

Bild 409 zeigt die M- und N-Linie.

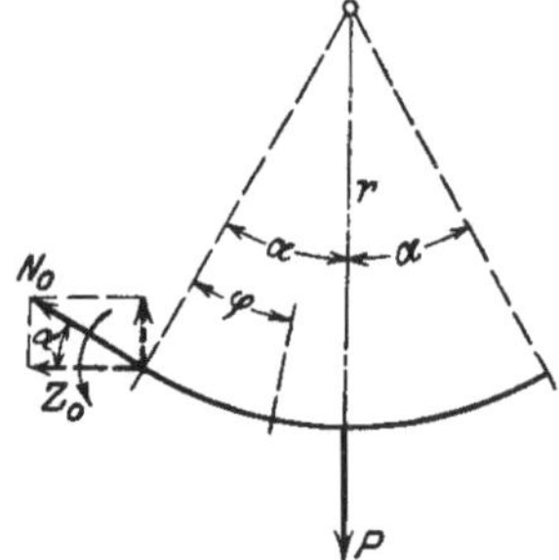

Bild 408. Ring mit gleichmäßig verteilten Radialkräften.

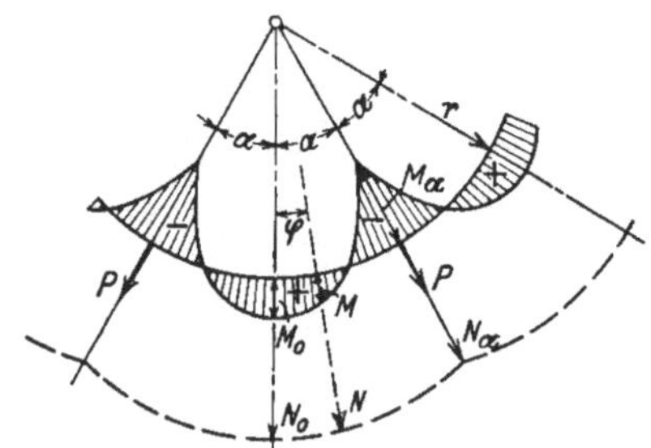

Bild 409. Die M- und N-Linie hierzu.

Beispiel. Ring mit zwei Kräften nach Bild 410. $\alpha = 90^0 = \dfrac{\pi}{2}$.

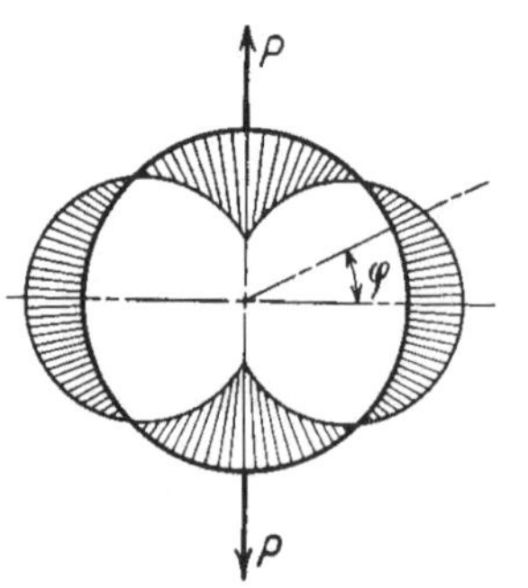

Bild 410. Ring mit zwei Kräften.

$$M_a = \frac{Pr}{2}\left(0 - \frac{2}{\pi}\right) = - \frac{Pr}{\pi} = - 0{,}318\, Pr.$$

$$M = \frac{Pr}{2}\left(\frac{\cos\varphi}{1} - \frac{2}{\pi}\right),$$

$$M_0 = \frac{Pr}{2}\left(1 - \frac{2}{\pi}\right) = 0{,}182\, Pr.$$

$$N_0 = \frac{P}{2}, \qquad N = \frac{P}{2}\cos\varphi.$$

Das Bild zeigt die M- und N-Linie.

8. Geschlossener Stab mit Gleichstreckenlast p, Stabform beliebig, $J =$ konst.

Bei Innenbelastung ist nach Bild 411 an beliebiger Stabstelle s nach bekannten Vorgängen $M' = p\,z^2 : 2$, somit lauten die Gleichungen

$$\frac{p}{2} \int z^2 y\,ds + X \int y^2\,ds + Y \int y\,x\,ds + Z \int y\,ds = 0,$$

$$\frac{p}{2} \int z^2 x\,ds + X \int x\,y\,ds + Y \int x^2\,ds + Z \int x\,ds = 0,$$

$$\frac{p}{2} \int z^2\,ds + X \int y\,ds + Y \int x\,ds + Z \int ds = 0$$

und liefern die statisch Unbestimmten X, Y und Z.

Sodann ist an beliebiger Stabstelle

$$(1) \qquad M = \frac{p}{2} z^2 + X\,y + Y\,x + Z = \frac{p}{2}(x^2 + y^2) + X\,y + Y\,x + Z\,;$$

aus dem Gleichgewicht des Stabstückes nach Bild 411 folgt die Längskraft (Zug)

$$N = - X \cos\varphi + Y \sin\varphi + p\,v,$$

die Querkraft an dieser Stelle ist belanglos.

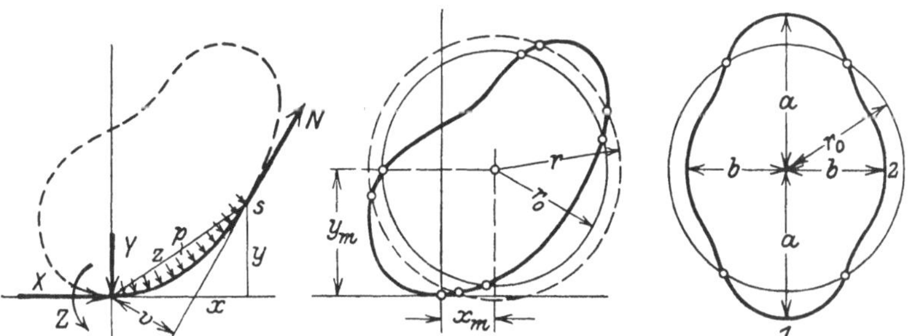

Bild 411—413. Der geschlossene Stab mit gleichmäßigem Innendruck.

Die Gleichung eines Kreises vom Radius r und den Mittelpunktskoordinaten x_m und y_m lautet

$$(x - x_m)^2 + (y - y_m)^2 - r^2 = 0$$

oder

$$(2) \qquad x^2 + y^2 - 2\,x\,x_m - 2\,y\,y_m + x_m^2 + y_m^2 - r^2 = 0.$$

Aus Gl. (1) folgt

$$(3) \qquad x^2 + y^2 + \frac{2}{p} Y\,x + \frac{2}{p} X\,y + \frac{2}{p} Z - \frac{2}{p} M = 0.$$

Aus dem Vergleich von (2) und (3) folgt, daß mit $x_m = -\dfrac{Y}{p}$ und $y_m = -\dfrac{X}{p}$ der Kreis die Stablinie nach Bild 412 in Punkten schneidet, für welche $x_m^2 + y_m^2 - r^2 = \dfrac{2}{p} Z - \dfrac{2}{p} M$ gilt, für welche

also $M = -\dfrac{p}{2} x_m^2 - \dfrac{p}{2} y_m^2 + \dfrac{p}{2} r^2 + Z$ oder $M = \dfrac{p}{2} r^2 - \dfrac{Y^2}{2p} - \dfrac{X^2}{2p} + Z$

oder $r = \sqrt{\dfrac{2M}{p} + \dfrac{Y^2}{p^2} + \dfrac{X^2}{p^2} - \dfrac{2Z}{p}}$.

Der Kreis für $M = 0$ hat den Radius $r_0 = \sqrt{\dfrac{Y^2}{p^2} + \dfrac{X^2}{p^2} - \dfrac{2Z}{p}}$ und heißt **Knotenkreis**. Damit ist

$$r^2 = \frac{2M}{p} + r_0^2 \quad \text{oder} \quad (r + r_0)(r - r_0)\frac{p}{2} = M.$$

Bildet die Stablinie nahezu einen Kreis, dann ist $r - r_0 = \varDelta r$ klein gegen r_0 und mit $r + r_0 \approx 2 r_0$ folgt $M \approx p\, r_0\, \varDelta r$.

Bei **doppelsymmetrischer** Stablinie nach Bild 413 ist $X = -pa$ und $Y = 0$ (das negative Vorzeichen bedeutet hier, daß X entgegengesetzt zu Bild 413 verläuft, also Zug liefert). Aus der letzten der drei Bedingungsgleichungen folgt wegen $\int z^2\, ds = \int x^2\, ds + \int y^2\, ds$

$$\frac{p}{2}\left(\int x^2\, ds + \int y^2\, ds\right) - p\, a\int y\, ds + Z\int ds = 0 \quad \text{oder}$$

$$\frac{p}{2}(J_a + J_b + l\, a^2) - p\, a\, l\, a + Z\, l = 0,$$

worin J_a bzw. J_b die Trägheitsmomente der Stablinie für die a- bzw. b-Achse und l die Stablänge bezeichnen, oder

$$Z = -\frac{p}{2}(i_a^2 + i_b^2 - a^2), \quad \text{worin} \quad i_a^2 = J_a : l \quad \text{bzw.} \quad i_b^2 = J_b : l$$

die Trägheitsradien der Stablinie für die Achsen sind.

Der Mittelpunkt der Kreise fällt hier in den Stablinienmittelpunkt und es ist $r_0 = \sqrt{\dfrac{p^2 a^2}{p^2} + (i_a^2 + i_b^2 - a^2)} = \sqrt{i_a^2 + i_b^2}$ und an beliebiger Stelle $M = \dfrac{p}{2}(r + r_0)(r - r_0)$.

Für Stelle 1 bzw. 2 ist

$$M_1 = \frac{p}{2}(a^2 - r_0^2), \qquad M_2 = \frac{p}{2}(b^2 - r_0^2),$$

$$N_1 = p\, a, \qquad N_2 = p\, b, \quad \text{beide Zug.}$$

Bildet die Stablinie eine Ellipse von nahezu Kreisform, dann ist $r_0 \approx (a + b) : 2$.

Vorstehendes kann Anwendung finden auf unrunde zylindrische dünnwandige Röhren und Gefäße von unveränderlicher Wandstärke und von großer (theoretisch unendlicher) Länge. Wird das Gefäß durch Boden und Deckel abgeschlossen, dann erhält die Wand außerdem noch eine Zugbeanspruchung in Längsrichtung $\sigma_z = p\, F : l\, s$, worin

F die von der Stablinie eingeschlossene Fläche und s die Wandstärke bezeichnet.

Bei Berechnung von Formänderungen ist aus den von der Festigkeitslehre her bekannten Gründen statt des Wertes E der Wert

$$E' = E\,\frac{m^2}{m^2 - 1}\ \text{und}\ J = s^3 : 12\ \text{einzusetzen.}$$

Bei Außendruck ist p überall negativ einzusetzen.

9. Lastbügel, Bild 414. Dieses Beispiel zeigt die Anwendung der $\sum$-Rechnung, da wegen der wechselnden J und der nicht aus Geraden und Kreisen zusammengesetzten, sondern durch Zeichnung gegebenen Stabform nicht exakt integriert werden kann. Der geschmiedete Bügel bildet einen geschlossenen Rahmen mit oberem Halsansatz, der die Zugkraft in die Flasche überträgt, die Last selbst hängt unten in Bügelmitte. Man ermittelt auf Grund einer genauen Ausführungszeichnung zunächst die Schwerlinie und teilt diese in gleiche oder ungleiche hinreichend kleine Abschnitte (hier sind 10 Teile je $\varDelta s = 6{,}35$ cm gewählt). Hierauf trägt man für die Mitten dieser Abschnitte die Werte x, y und J in eine Zahlentafel ein.

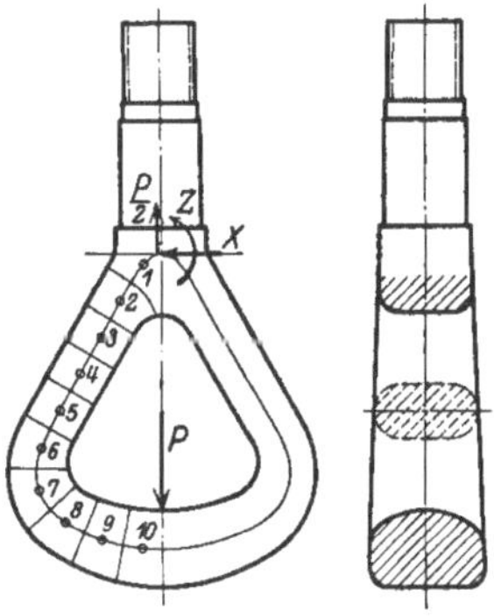

Bild 414. Lastbügel 1 : 20.

Der Bügel ist innerlich dreifach statisch unbestimmt; wegen der Belastungssymmetrie verschwindet Y und die Unbestimmten X und Z folgen aus dem Ansatz

$$\sum \frac{M'y}{J}\varDelta s + X \sum \frac{y^2}{J}\varDelta s + Z \sum \frac{y}{J}\varDelta s = 0,$$

$$\sum \frac{M'}{J}\varDelta s + X \sum \frac{y}{J}\varDelta s + Z \sum \frac{1}{J}\varDelta s = 0.$$

Wegen $M' = +\dfrac{P}{2}x$ lauten die ersten Ausdrücke dieser Gleichungen

$$\frac{P}{2}\sum \frac{xy}{J}\varDelta s\ \text{und}\ \frac{P}{2}\sum \frac{y}{J}\varDelta s.$$

Die weitere Rechung ist aus Zahlentafel 10 ersichtlich. Nach Summierung der Posten in Spalte 4 bis 8 folgen die Gleichungen

$$\frac{P}{2}\cdot 20{,}98 + X\cdot 48{,}25 + Z\cdot 1{,}594 = 0,$$

$$\frac{P}{2}\cdot 0{,}831 + X\cdot 1{,}594 + Z\cdot 0{,}0723 = 0$$

mit den Lösungen $X = -\,0{,}1026\,P$ und $Z = -\,3{,}45\,P$.

Zahlentafel 10 zur Berechnung des Lastbügels.

Spalte	1	2	3	4	5	6	7	8
Stab-stelle	x	y	J	$\dfrac{1}{J}\varDelta s$	$\dfrac{x}{J}\varDelta s$	$\dfrac{y}{J}\varDelta s$	$\dfrac{xy}{J}\varDelta s$	$\dfrac{y^2}{J}\varDelta s$
	cm	cm	cm⁴	cm⁻³	cm⁻²	cm⁻²	cm⁻¹	cm⁻¹
1	2,5	1,5	1000	0,0064	0,0160	0,0095	0,02	0,01
2	6,5	7,0	600	0,0106	0,0690	0,0742	0,48	0,52
3	9,5	12,5	650	0,0098	0,0933	0,1225	1,16	1,54
4	12,5	18,0	700	0,0091	0,1138	0,1638	2,05	2,95
5	16,0	23,5	750	0,0085	0,1360	0,2000	3,20	4,70
6	18,5	29,0	800	0,0080	0,1480	0,2320	4,30	6,72
7	19,0	35,0	1000	0,0064	0,1216	0,2240	4,26	7,84
8	15,0	40,0	1200	0,0053	0,0795	0,2120	3,18	8,48
9	9,5	43,0	1400	0,0045	0,0427	0,1935	1,84	8,33
10	3,0	44,0	1700	0,0037	0,0111	0,1625	0,49	7,16
			$\Sigma =$	0,0723	0,8310	1,5940	20,98	48,25

Die endgültigen Momente folgen dann für beliebige Stabstelle aus dem Ansatz

$$M = +\frac{P}{2}x + Xy + Z;$$

die Längskräfte N können am bequemsten aus der Resultierenden von $\dfrac{P}{2}$ und X durch Zerlegung in Richtung der Stabtangente und

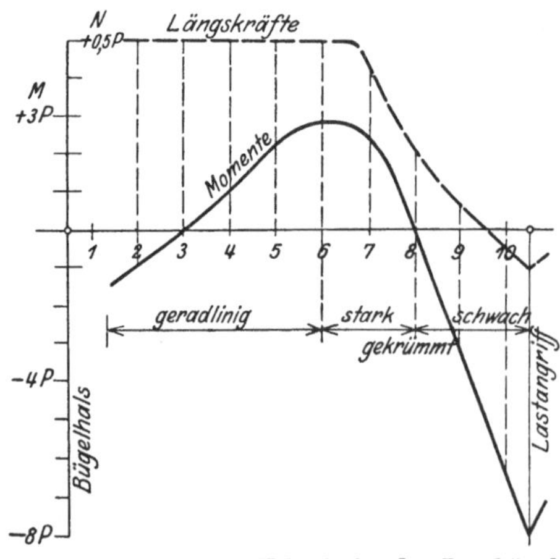

Bild 415. Die M- und N-Linie für den Lastbügel.

normal dazu gewonnen werden. Bild 415 zeigt den Verlauf der M und N für die abgewickelte linke Stabhälfte.

Aus diesen M und N folgen in bekannter Weise die Normalspannungen. Hierbei sind jedoch die Krümmungsradien der verschiedenen Abschnitte zu berücksichtigen; namentlich an der Stelle 6 bis 8 ist die Krümmung so stark, daß die σ-Berechnung nach den Formeln für stark gekrümmte Stäbe in bekannter Weise durchzuführen ist.

Nach solchem Vorgange können auch andere Fälle, wie sie im Maschinenbau vorkommen, behandelt werden; solche geschmiedete oder gegossene Rahmen mit veränderlichem Querschnitt treten bei

Lagerböcken, Maschinenrahmen, Pressen usw. auf; in allen Fällen ist eine genaue Ausführungszeichnung mit allen Querschnittsmaßen erforderlich. Die statische Berechnung mittels einer solchen Zahlentafel erfordert zwar viel Rechenarbeit, bietet aber grundsätzlich keine Schwierigkeit. Bei Körpern aus Gußeisen, das bekanntlich dem Hookeschen Gesetz nicht gehorcht, darf ruhig mit einem mittleren unveränderlichen E gerechnet werden.

3. Der durchlaufende Träger.

Die Clapeyronschen Gleichungen. Ein irgendwie belasteter Träger liege ungestoßen oder biegungssicher gestoßen auf mehreren Stützen. Zunächst sei vorausgesetzt, daß diese Stützen wie in allen bisherigen Fällen vollständig starr, also lotrecht nicht nachgiebig seien und in gleicher Höhe liegen; ferner sei für den ganzen Träger $J = \text{konst}$.

Wir greifen zwei beliebige aufeinanderfolgende Felder von den Stützweiten l_i und l_k heraus und führen als statisch Unbestimmte nicht die Auflagerdrücke ein, sondern die Biegemomente über den Stützen (Stützmomente), nämlich M_{hi}, M_{ik} und M_{kl}, die vorläufig positiv angenommen sind.

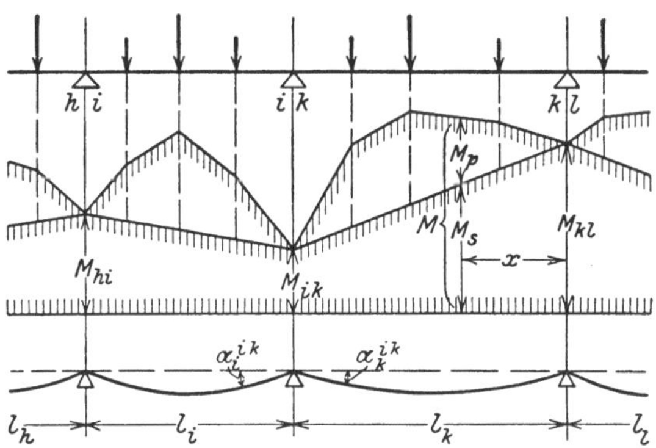

Bild 416. Die Entwicklung der Clapeyronschen Gleichungen.

Bezeichnet nach Bild 416 M das endgültige Biegemoment an der Stelle x des Feldes l_k, dann setzt sich M zusammen aus dem von den Lasten herrührenden positiven Teil M_p und dem von den Stützmomenten herrührenden Teil M_s, der vorläufig ebenfalls positiv angenommen ist,

M_p ist ebenso groß, als wenn die Lasten auf einem frei aufliegenden Träger von der Stützweite l_k ruhen würden und sofort bestimmbar. M_s folgt aus einer einfachen geometrischen Betrachtung zu

$$M_s = M_{kl} - \frac{M_{kl} - M_{ik}}{l_k} x.$$

Nun ist nach S. 78 Beisp. 5 oder nach S. 102 Beisp. 20 der Neigungswinkel der elastischen Linie am linken Ende eines Trägers bei beliebiger Belastung bzw. beliebiger M-Linie

$$\alpha = \frac{\mathfrak{R}}{EJl},$$

worin $\mathfrak{R}$ das statische Moment der M-Fläche bezogen auf den rechten Auflagerpunkt bezeichnet. Demnach ist die Neigung der elastischen Linie des Trägerstückes l_k an der linken Stütze ik

$$\alpha_k^{ik} = \frac{1}{EJl_k}\,[\mathfrak{R}_k],$$

worin $[\mathfrak{R}_k]$ das statische Moment der ganzen M-Fläche der Öffnung l_k in bezug auf die rechtsliegende Stütze kl bezeichnet. Dieses setzt sich zusammen aus dem von der M_p-Fläche herrührenden Anteil $\mathfrak{R}_k$ und dem von der M_s-Fläche herrührenden Anteil R_k.

Der Teil $\mathfrak{R}_k$ hängt von der jeweiligen Belastung dieses Feldes ab und ist von Fall zu Fall zu bestimmen. Der andere Teil ist

$$R_k = \int\limits_0^{l_k} M_s\, x\, dx = \int\limits_0^{l_k}\left(M_{kl} - \frac{M_{kl} - M_{ik}}{l_k} x\right) x\, dx =$$

$$= M_{kl}\frac{l_k^{\,2}}{2} - \frac{M_{kl} - M_{ik}}{l_k}\frac{l_k^{\,3}}{3} = \frac{l_k^{\,2}}{6}(2\,M_{ik} + M_{kl}).$$

Somit ist

$$\alpha_k^{ik} = \frac{1}{EJl_k}\left[\frac{l_k^{\,2}}{6}(2\,M_{ik} + M_{kl}) + \mathfrak{R}_k\right]$$

oder

$$(1) \qquad\qquad 6\,EJ\,\alpha_k^{ik} = 2\,M_{ik}\,l_k + M_{kl}\,l_k + \frac{6}{l_k}\mathfrak{R}_k.$$

In gleicher Weise gilt für das vorhergehende Feld l_i

$$(2) \qquad\qquad 6\,EJ\,\alpha_i^{ik} = 2\,M_{ik}\,l_i + M_{hi}\,l_i + \frac{6}{l_i}\mathfrak{L}_i,$$

worin α_i^{ik} den Neigungswinkel der elastischen Linie an der Stütze ik und $\mathfrak{L}_i$ das statische Moment der M_p-Fläche in bezug auf die linke Stütze des Feldes l_i bezeichnet.

Wenn nun der Träger ein **durchlaufender** sein soll, muß die elastische Linie an allen Stützpunkten stetig durchlaufen, es muß also z. B. an der Stütze ik die Bedingung

$$\alpha_i^{ik} = -\alpha_k^{ik} \qquad \text{oder} \qquad \alpha_i^{ik} + \alpha_k^{ik} = 0$$

erfüllt sein. Daher addieren wir Gl. (1) zu Gl. (2), setzen die linke Seite gleich Null und erhalten

$$(3) \qquad 0 = M_{hi}\,l_i + 2\,M'_{ik}(l_i + l_k) + M_{kl}\,l_k + \frac{6}{l_i}\mathfrak{L}_i + \frac{6}{l_k}\mathfrak{R}_k.$$

Die Gleichung heißt **Dreimomentengleichung** nach **Clapeyron.**

Die Berechnung des durchlaufenden Trägers. Die Clapeyronschen Gleichungen können sofort zur Berechnung der Stützmomente bei beliebiger Stützenzahl verwendet werden.

Drei Stützen. Hat der Träger nach Bild 417 an den Endstützen 01 und 20 auskragende Enden, dann sind die Stützmomente M_{01} und M_{20} bekannt und zwar negativ. Nun ist

$$M_{01}\, l_1 + 2\, M_{12}\, (l_1 + l_2) + M_{20}\, l_2 + \frac{6}{l_1}\, \mathfrak{L}_1 + \frac{6}{l_2}\, \mathfrak{R}_2 = 0,$$

woraus die Unbekannte M_{12} folgt, die ebenfalls stets negativ ist.

Der gesamte M-Verlauf ergibt sich sodann durch Zeichnung nach Bild 417; man zeichnet die M_p-Linien für die gedachten einfachen Träger, trägt die Stützmomente nach oben auf und zieht die M_s-Linie als gerade Verbindungslinien. Nach Bedarf kann ähnlich wie beim Gerberträger nach S. 36 die endgültige M-Linie auf eine wagrechte Grundlinie umgezeichnet werden. Beim Fehlen der Kragstücke oder bei lastfreien Kragstücken verschwinden selbstverständlich die M_{01} und M_{20}, s. Bild 418.

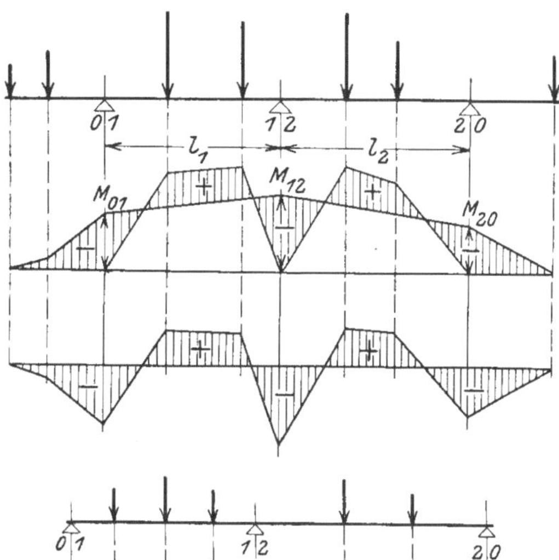

Bild 417 u. 418.　Träger auf drei Stützen mit und ohne Kragarme.

Vier Stützen. Hierbei ist je eine Dreimomentengleichung für Feld $l_1 l_2$ und für Feld $l_2 l_3$ aufzustellen:

$$M_{01}\, l_1 + 2\, M_{12}\, (l_1 + l_2) + M_{23}\, l_2 \qquad + \frac{6}{l_1}\, \mathfrak{L}_1 + \frac{6}{l_2}\, \mathfrak{R}_2 = 0,$$

$$M_{12}\, l_2 \qquad + 2\, M_{23}\, (l_2 + l_3) + M_{30}\, l_3 + \frac{6}{l_2}\, \mathfrak{L}_2 + \frac{6}{l_3}\, \mathfrak{R}_3 = 0;$$

hieraus die unbekannten M_{12} und M_{23}.

Fünf Stützen. Die hier erforderlichen drei Gleichungen erstrecken sich über $l_1 l_2$, $l_2 l_3$ und $l_3 l_4$ und liefern die Stützmomente M_{12}, M_{23} und M_{34}.

Bei n Stützen sind $n-2$ Gleichungen für die $n-2$ unbekannten Stützmomente aufstellbar.

Gleiche l liefern Vereinfachung dieser Gleichungen, nämlich für drei Stützen

$$M_{01} + 4\,M_{12} + \ M_{20} \qquad + \frac{6}{l^2}(\mathfrak{L}_1 + \mathfrak{R}_2) = 0,$$

für vier Stützen

$$M_{01} + 4\,M_{12} + \ M_{23} \qquad + \frac{6}{l^2}(\mathfrak{L}_1 + \mathfrak{R}_2) = 0,$$

$$M_{12} + 4\,M_{23} + M_{30} + \frac{6}{l^2}(\mathfrak{L}_2 + \mathfrak{R}_3) = 0 \quad \text{usw.}$$

Berechnung der Werte $\mathfrak{L}$ und $\mathfrak{R}$ kann durch fertige Gebrauchsformeln erfolgen.

Einzellast nach Bild 419. Für den linken Endpunkt ist mit den M-Flächen F_a und F_b und deren Schwerpunktabständen s_a und s_b

$$\mathfrak{L} = F_a\,s_a + F_b\,s_b = P\,\frac{ab}{l}\,\frac{a}{2}\,\frac{2}{3}\,a + P\,\frac{ab}{l}\,\frac{b}{2}\left(a + \frac{b}{3}\right);$$

nach einiger Umformung folgt mit $\dfrac{a}{l} = \alpha$ und $\dfrac{b}{l} = \beta$

$$\mathfrak{L} = P\,a\,(l^2 - a^2) : 6 = P\,a\,b\,(l + a) : 6 = P\,l^3\,\alpha\,\beta\,(1 + \alpha) : 6$$

und ebenso

$$\mathfrak{R} = P\,b\,(l^2 - b^2) : 6 = P\,a\,b\,(l + b) : 6 = P\,l^3\,\alpha\,\beta\,(1 + \beta) : 6.$$

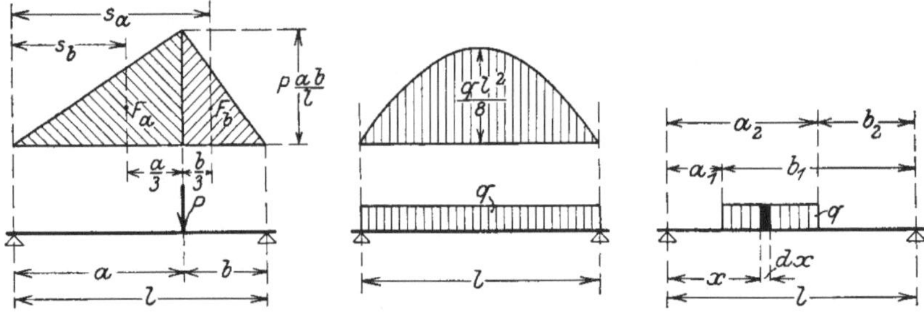

Bild 419—421. Zur Berechnung der $\mathfrak{L}$ und $\mathfrak{R}$ für Einzellast und Gleichstreckenlast.

Die Berechnung dieser Ausdrücke wird durch Benutzung der Zahlentafel 11 S. 188 wesentlich erleichtert.

Bei mehreren Lasten P_i in den Abständen a_i und b_i von den Auflagern ist

$$\mathfrak{L} = \sum P_i\,a_i\,(l^2 - a_i^2) : 6 \quad \text{und} \quad \mathfrak{R} = \sum P_i\,b_i\,(l^2 - b_i^2) : 6.$$

Gleichstreckenlast q nach Bild 420.

$$\mathfrak{L} = \mathfrak{R} = \text{Parabelfläche} \cdot \frac{l}{2} = \frac{q\,l^2}{8}\,\frac{2}{3}\,l\,\frac{l}{2} = \frac{q\,l^4}{24}.$$

Gleichstreckenlast nach Bild 421. Das Lastelement $q\,dx$ liefert $d\mathfrak{L} = q\,dx\,x\,(l^2 - x^2) : 6$, demnach ist für Belastung der Strecke $a_2 - a_1$

$$\mathfrak{L} = \int\limits_{a_1}^{a_2} q\, dx\, x\, (l^2 - x^2) : 6 = \frac{q}{24}\,(a_2{}^2 - a_1{}^2)(2\, l^2 - a_2{}^2 - a_1{}^2),$$

ebenso ist

$$\mathfrak{R} = \frac{q}{24}\,(b_1{}^2 - b_2{}^2)(2\, l^2 - b_1{}^2 - b_2{}^2).$$

Die Festpunkte. Ist bei einem über viele Stützen durchlaufenden Träger das erste, zweite, dritte usw. Feld unbelastet, dann lassen sich Beziehungen zwischen den aufeinanderfolgenden Stützmomenten aufstellen, die wichtige Beziehungen liefern.

Die Clapeyronschen Gleichungen lauten mit $M_{01} = 0$ nach Bild 422, worin M_{12} positiv angenommen ist, obwohl es je nach Belastung positiv oder negativ sein kann,

(a) $\quad 2\, M_{12}\,(l_1 + l_2) + \quad M_{23}\, l_2 = 0,$

(b) $\quad\quad M_{12}\, l_2 \quad\quad + 2\, M_{23}\,(l_2 + l_3) + \quad M_{34}\, l_3 = 0,$

(c) $\quad\quad\quad\quad M_{23}\, l_3 \quad\quad + 2\, M_{34}\,(l_3 + l_4) + M_{45}\, l_4 = 0 \quad$ usw.

Gl. (a) liefert

(a′) $\quad\quad\quad\quad \dfrac{M_{12}}{M_{23}} = -\,\dfrac{l_2}{2\,(l_1 + l_2)}.$

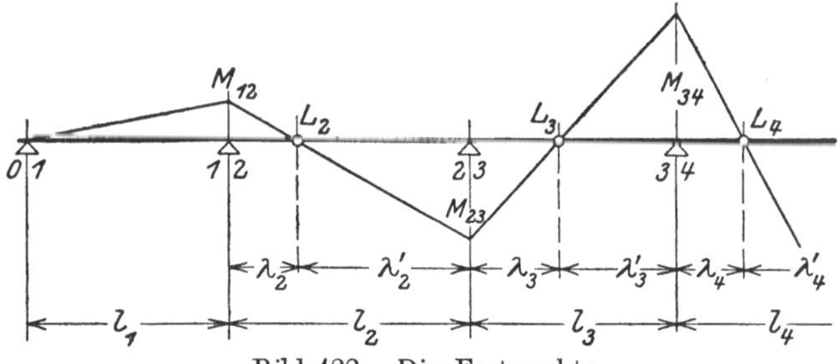

Bild 422. Die Festpunkte.

Daraus folgt, daß diese M entgegengesetzte Vorzeichen haben und daß ihr Größenverhältnis von der Belastung unabhängig und nur von dem Verhältnis zwischen l_1 und l_2 abhängig ist. Die M-Linie geht demnach stets durch einen von der Belastung unabhängigen Punkt, den sog. Festpunkt L_2, dessen Lage auf l_2 durch das Verhältnis der Absolutwerte von M_{12} und M_{23}, also durch

$$\frac{\lambda_2}{\lambda_2'} = \frac{[M_{12}]}{[M_{23}]} = \frac{l_2}{2\,(l_1 + l_2)}$$

bestimmt ist. Demnach ist

$$\frac{M_{12}}{M_{23}} = -\,\frac{\lambda_2}{\lambda_2'}.$$

Aus (b) folgt mit (a′)

$$M_{23}\left[-\frac{\lambda_2}{\lambda_2'}\,l_2 + 2\,(l_2 + l_3)\right] + M_{34}\, l_3 = 0$$

und

$$\frac{M_{23}}{M_{34}} = - \frac{l_3}{2\,(l_2 + l_3) - \dfrac{\lambda_2}{\lambda_2{}'}\,l_2},$$

es ist also wieder

$$\frac{\lambda_3}{\lambda_3{}'} = \frac{[M_{23}]}{[M_{34}]} = \frac{l_3}{2\,(l_2 + l_3) - \dfrac{\lambda_2}{\lambda_2{}'}\,l_2},$$

was den Festpunkt L_3 liefert.

Desgleichen ist

$$\frac{\lambda_4}{\lambda_4{}'} = \frac{[M_{34}]}{[M_{45}]} = \frac{l_4}{2\,(l_3 + l_4) - \dfrac{\lambda_3}{\lambda_3{}'}\,l_3} \quad \text{usw.}$$

Allgemein gilt, wenn $\dfrac{\lambda_i}{\lambda_i{}'}$ für das i-te Feld bekannt ist, für das k-te Feld

$$\frac{\lambda_k}{\lambda_k{}'} = \frac{l_k}{2\,(l_i + l_k) - \dfrac{\lambda_i}{\lambda_i{}'}\,l_i}.$$

In gleicher Weise geht man vom rechten Trägerende aus und erhält bei n-Feldern im vorletzten, zweitletzten usw. Felde die Festpunkte R_{n-1}, R_{n-2} usw. in den Abständen $\varrho_{n-1}\,\varrho_{n-1}'$, $\varrho_{n-2}\,\varrho_{n-2}'$ usw. von den Stützen. Hierfür gilt

$$\frac{\varrho_{n-1}}{\varrho_{n-1}'} = \frac{[M_{n,\,n-1}]}{[M_{n-1,\,n-2}]} = \frac{l_{n-1}}{2\,(l_n + l_{n-1})},$$

$$\frac{\varrho_{n-2}}{\varrho_{n-2}'} = \frac{[M_{n-1,\,n-2}]}{[M_{n-2,\,n-3}]} = \frac{l_{n-2}}{2\,(l_{n-1} + l_{n-2}) - \dfrac{\varrho_{n-1}}{\varrho_{n-1}'}\,l_{n-1}} \quad \text{usw.}$$

Demnach haben die Endfelder je einen, alle andern Felder je zwei Festpunkte. Sie liegen stets innerhalb des ersten und dritten Drittels der Stützweite.

Für die Strecken λ und ϱ selbst gilt

$$\lambda_1 = 0, \qquad \lambda_1{}' = l_1, \qquad \lambda_2 = \frac{l_2}{1 + \dfrac{\lambda_2{}'}{\lambda_2}}, \qquad \lambda_2{}' = \frac{l_2}{1 + \dfrac{\lambda_2}{\lambda_2{}'}},$$

$$\lambda_3 = \frac{l_3}{1 + \dfrac{\lambda_3{}'}{\lambda_3}}, \qquad \lambda_3{}' = \frac{l_3}{1 + \dfrac{\lambda_3}{\lambda_3{}'}} \cdots$$

$$\cdots \varrho_{n-1}' = \frac{l_n}{1 + \dfrac{\varrho_{n-1}}{\varrho_{n-1}'}}, \qquad \varrho_{n-1} = \frac{l_n}{1 + \dfrac{\varrho_{n-1}'}{\varrho_{n-1}}}, \qquad \varrho_n{}' = l_n, \qquad \varrho_n = 0.$$

Für gleiche l gilt

$$\frac{\lambda_2}{\lambda_2'} = \frac{1}{4} = 0{,}25 \qquad \text{und} \qquad \frac{\lambda_2'}{\lambda_2} = 4{,}0$$

$$\frac{\lambda_3}{\lambda_3'} = \frac{1}{4 - \dfrac{1}{4}} = \frac{4}{15} = 0{,}266667 \qquad \text{und} \qquad \frac{\lambda_3'}{\lambda_3} = 3{,}75$$

$$\frac{\lambda_4}{\lambda_4'} = \frac{1}{4 - \dfrac{4}{15}} = \frac{15}{56} = 0{,}267857 \qquad \text{und} \qquad \frac{\lambda_4'}{\lambda_4} = 3{,}733333$$

$$\frac{\lambda_5}{\lambda_5'} = \frac{1}{4 - \dfrac{15}{56}} = \frac{56}{209} = 0{,}267943 \qquad \text{und} \qquad \frac{\lambda_5'}{\lambda_5} = 3{,}732143$$

$$\frac{\lambda_6}{\lambda_6'} = \frac{1}{4 - \dfrac{56}{209}} = \frac{209}{780} = 0{,}267949 \qquad \text{und} \qquad \frac{\lambda_6'}{\lambda_6} = 3{,}732057$$

$$\frac{\lambda_7}{\lambda_7'} = \frac{1}{4 - \dfrac{209}{790}} = \frac{780}{2911} = 0{,}267949 \qquad \text{und} \qquad \frac{\lambda_7'}{\lambda_7} = 3{,}732051,$$

von hier ab unveränderlich, denn im unendlichsten Felde ist

$$\frac{\lambda}{\lambda'} = \frac{1}{4 - \dfrac{\lambda}{\lambda'}} \qquad \text{oder} \qquad \left(\frac{\lambda}{\lambda'}\right)^2 - 4\left(\frac{\lambda}{\lambda'}\right) + 1 = 0,$$

woraus

$$\frac{\lambda}{\lambda'} = 2 - \sqrt{4 - 1} = 0{,}267949 \qquad \text{und} \qquad \frac{\lambda'}{\lambda} = 3{,}732051;$$

ferner ist

$$\frac{\lambda_1}{l} = 0 \qquad \text{und} \qquad \frac{\lambda_1'}{l} = 1$$

$$\frac{\lambda_2}{l} = \frac{4}{19} = 0{,}210526 \qquad \text{und} \qquad \frac{\lambda_2'}{l} = \frac{15}{19} = 0{,}789474$$

$$\frac{\lambda_3}{l} = \frac{15}{71} = 0{,}211266 \qquad \text{und} \qquad \frac{\lambda_3'}{l} = \frac{56}{71} = 0{,}788734$$

$$\frac{\lambda_4}{l} = \frac{56}{265} = 0{,}211321 \qquad \text{und} \qquad \frac{\lambda_4'}{l} = \frac{209}{265} = 0{,}788679$$

$$\frac{\lambda_5}{l} = \frac{209}{989} = 0{,}211324 \qquad \text{und} \qquad \frac{\lambda_5'}{l} = \frac{780}{989} = 0{,}788676$$

$$\frac{\lambda_6}{l} = \frac{780}{3691} = 0{,}211325 \qquad \text{und} \qquad \frac{\lambda_6'}{l} = \frac{2911}{3691} = 0{,}788675$$

von hier ab unveränderlich.

Zeichnerische Gewinnung der Festpunkte. Setzt man in der Gleichung

$$\frac{\lambda_k}{\lambda_k'} = \frac{l_k}{2\,(l_i + l_k) - \dfrac{\lambda_i}{\lambda_i'}\,l_i}\,,$$

$\lambda_i = l_i - \lambda_i'$ und $\lambda_k' = l_k - \lambda_k$, dann kann diese Gleichung umgeformt werden in

$$\lambda_k = \frac{l_k^{\,2}\,\lambda_i'}{3\,\lambda_i'\,(l_i + l_k) - l_i^{\,2}}\,.$$

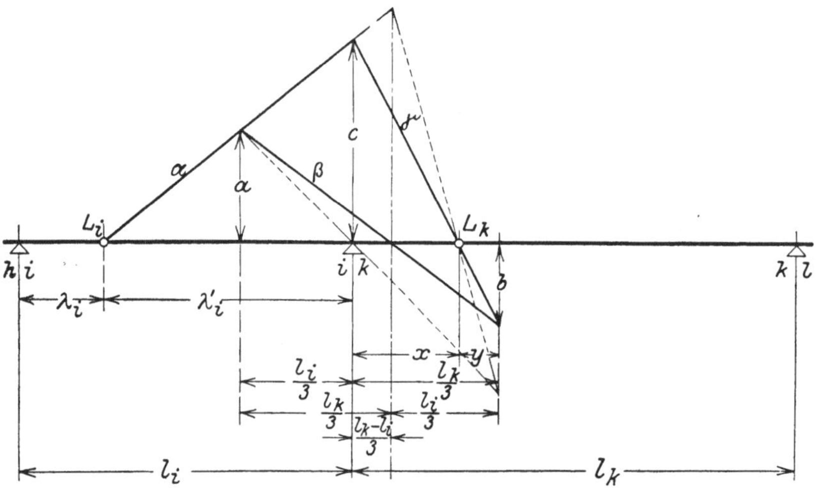

Bild 423. Konstruktion des Festpunktes L_k aus dem Festpunkt L_i.

Nun kann der Festpunkt L_k aus dem gegebenen Festpunkt L_i durch Zeichnung nach Bild 423 gewonnen werden. Man zieht die sogenannte verschränkte Drittelslotrechte d, dann der Reihe nach die Geraden α (in beliebiger Richtung), β und γ. Die Gerade γ schneidet die Stablinie im Festpunkt L_k. Denn es ist

$$b = a\,l_i : l_k, \quad c = a\,\lambda_i' : \left(\lambda_i' - \frac{l_i}{3}\right),$$

$$x : y = c : b \quad \text{oder} \quad x : (x + y) = c : (c + b) \quad \text{oder}$$

$$x : \frac{l_k}{3} = c : (c + b), \quad \text{woraus} \quad x = \frac{l_k}{3}\,\frac{c}{c + b}$$

und mit obigen Ausdrücken für b und c

$$x = \frac{l_k^{\,2}\,\lambda_i'}{3\,\lambda_i'\,(l_i + l_k) - l_i^{\,2}}\,.$$

Somit ist nach obigem

$$x = \lambda_k\,.$$

Bild 424 zeigt die Gewinnung aller Festpunkte L und R für beispielsweise fünf Felder.

Bild 425 gilt für gleiche l, wobei die verschränkten Drittelspunkte mit den Stützpunkten zusammenfallen.

In Bild 423 ist eine andere zeichnerische Lösung punktiert angedeutet, die aus dem gegebenen Festpunkt L_i auf den Festpunkt L_k führt. In diesem Sinne könnte auch die Konstruktion in Bild 424 durchgeführt werden. Verfasser zieht die erste Lösung als etwas bequemer und leichter ableitbar vor.

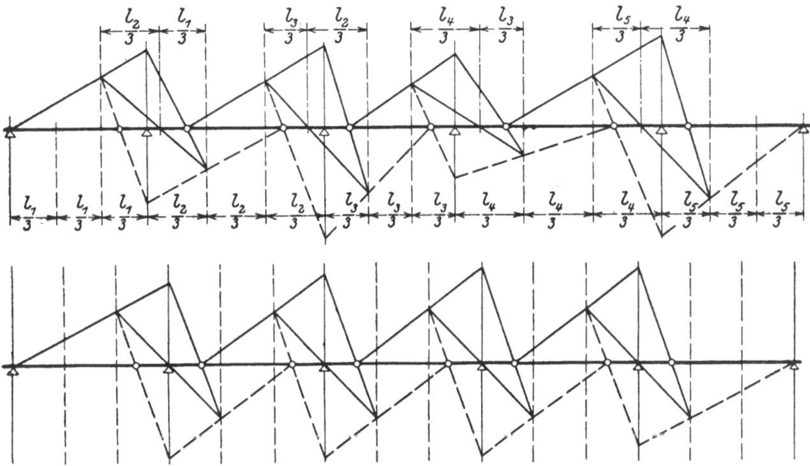

Bild 424 u. 425. Zeichnerische Gewinnung der Festpunkte für ungleiche und gleiche Stützweiten.

Der durchlaufende Träger bei Belastung eines Feldes. Ist nur ein Feld, z. B. l_i beliebig belastet, dann lauten die Gleichungen für die Felder $l_h l_i$ bzw. $l_i l_k$

$$M_{qh} l_h + 2 M_{hi}(l_h + l_i) + M_{ik} l_i + \frac{6}{l_i} \Re_i = 0,$$

$$M_{kl} l_k + 2 M_{ik}(l_k + l_i) + M_{hi} l_i + \frac{6}{l_i} \mathfrak{L}_i = 0.$$

Nun ist nach dem vorigen

$$M_{gh} = - M_{hi} \frac{\lambda_h}{\lambda_h'} \quad \text{und} \quad M_{kl} = - M_{ik} \frac{\varrho_k}{\varrho_k'},$$

damit lauten obige Ansätze

$$M_{hi} \left[- \frac{\lambda_h}{\lambda_h'} l_h + 2(l_h + l_i) \right] + M_{ik} l_i + \frac{6}{l_i} \Re_i = 0,$$

$$M_{ik} \left[- \frac{\varrho_k}{\varrho_k'} l_k + 2(l_k + l_i) \right] + M_{hi} l_i + \frac{6}{l_i} \mathfrak{L}_i = 0$$

und mit

$$\frac{\lambda_i}{\lambda_i'} = \frac{l_i}{2(l_h + l_i) - l_h\dfrac{\lambda_h}{\lambda_h'}} \quad \text{und} \quad \frac{\varrho_i}{\varrho_i'} = \frac{l_i}{2(l_k + l_i) - l_k\dfrac{\varrho_k}{\varrho_k'}}$$

oder

$$-\frac{\lambda_h}{\lambda_h'}l_h + 2(l_h + l_i) = l_i\frac{\lambda_i'}{\lambda_i} \quad \text{und} \quad -l_k\frac{\varrho_k}{\varrho_k'} + 2(l_k + l_i) = l_i\frac{\varrho_i'}{\varrho_i}$$

erhält man

$$M_{hi}\frac{\lambda_i'}{\lambda_i} + M_{ik} + \frac{6}{l_i^2}\mathfrak{R}_i = 0 \quad \text{und} \quad M_{ik}\frac{\varrho_i'}{\varrho_i} + M_{hi} + \frac{6}{l_i^2}\mathfrak{L}_i = 0$$

und daraus

$$M_{hi} = -\frac{6}{l_i^2}\frac{\mathfrak{R}_i - \mathfrak{L}_i\dfrac{\varrho_i}{\varrho_i'}}{\dfrac{\lambda_i'}{\lambda_i} - \dfrac{\varrho_i}{\varrho_i'}} \quad \text{und} \quad M_{ik} = -\frac{6}{l_i^2}\frac{\mathfrak{L}_i - \mathfrak{R}_i\dfrac{\lambda_i}{\lambda_i'}}{\dfrac{\varrho_i'}{\varrho_i} - \dfrac{\lambda_i}{\lambda_i'}}.$$

Bei Belastung des ersten Feldes l_1 gilt wegen $\lambda_1 = 0$, $\lambda_1' = l_1$

$$M_{01} = 0 \quad \text{und} \quad M_{12} = -\frac{6}{l_1^2}\frac{\mathfrak{L}_1}{\dfrac{\varrho_1'}{\varrho_1}},$$

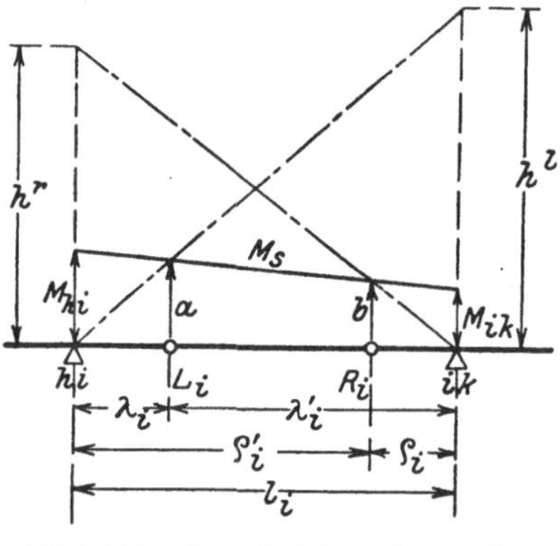

bei Belastung des letzten Feldes l_r gilt wegen $\varrho_r = 0$, $\varrho_r' = l_r$

$$M_{qr} = -\frac{6}{l_r^2}\frac{\mathfrak{R}_r}{\dfrac{\lambda_r'}{\lambda_r}} \quad \text{und} \quad M_{r0} = 0.$$

Nach Berechnung der Stützmomente an den Enden des belasteten Feldes folgen die andern der Reihe nach aus

$$M_{gh} = -M_{hi}\frac{\lambda_h}{\lambda_h'},$$

$$M_{fg} = -M_{gh}\frac{\lambda_g}{\lambda_g'} \quad \text{usw.},$$

$$M_{kl} = -M_{ik}\frac{\varrho_k}{\varrho_k'}, \qquad M_{lm} = -M_{kl}\frac{\varrho_l}{\varrho_l'} \quad \text{usw.}$$

Bild 426. Konstruktion der Stützmomente.

In Bild 426 schneidet die M_s-Linie auf der Lotrechten durch den linken Festpunkt eine Strecke ab gleich

$$a = \frac{M_{hi}}{l_i}\lambda_i' + \frac{M_{ik}}{l_i}\lambda_i = \frac{6}{l_i^3}\frac{\left(\mathfrak{R}_i - \mathfrak{L}_i\dfrac{\varrho_i}{\varrho_i'}\right)\lambda_i'}{\dfrac{\lambda_i'}{\lambda_i} - \dfrac{\varrho_i}{\varrho_i'}} + \frac{6\cdot}{l_i^3}\frac{\left(\mathfrak{L}_i - \mathfrak{R}_i\dfrac{\lambda_i}{\lambda_i'}\right)\lambda_i}{\dfrac{\varrho_i'}{\varrho_i} - \dfrac{\lambda_i}{\lambda_i'}} =$$

$$= \frac{6}{l_i^3}\frac{\mathfrak{R}_i\lambda_i\lambda_i'\varrho_i' - \mathfrak{L}_i\varrho_i\lambda_i\lambda_i' + \mathfrak{L}_i\varrho_i\lambda_i\lambda_i' - \mathfrak{R}_i\varrho_i\lambda_i\lambda_i}{\varrho_i'\lambda_i' - \varrho_i\lambda_i} = \frac{6}{l_i^3}\mathfrak{R}_i\lambda_i.$$

Nun ist

$$h^r = \frac{a\,l_i}{\lambda_i} = \frac{6\,\Re_i}{l_i^2}.$$

Entsprechendes gilt für die Strecke h^l über dem linken Feldende.

Hieraus folgt die zeichnerische Gewinnung der Stützmomente nach Bild 427. Zunächst sind alle Festpunkte durch Rechnung oder Zeichnung zu gewinnen, sodann die Werte $6\,\mathfrak{L}_i : l_i^2$ und $6\,\Re_i : l_i^2$ aufzutragen, die Kreuzlinien zu ziehen und diese mit den Festpunktlotrechten zum Schnitt zu bringen. Die Verbindungslinie dieser Schnittpunkte schneidet über den Stützen die Stützmomente M_{hi} und M_{ik} ab.

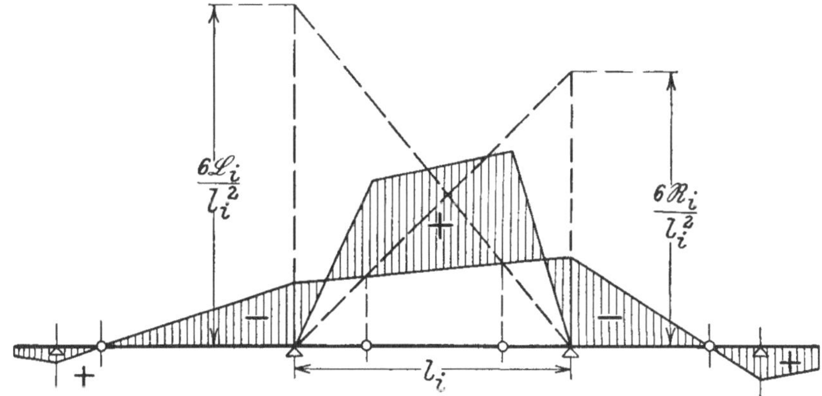

Bild 427. Konstruktion der M-Linie bei beliebiger Belastung des Feldes l_i.

Eine Einzellast P im Felde l_i. Rechnerisch ergibt sich hierfür mit den Bezeichnungen und Ausdrücken für die $\mathfrak{L}$ und $\Re$ nach S. 178

$$M_{hi} = -\,P\,l_i\,\alpha\,\beta\,\frac{(1+\beta) - (1+\alpha)\,\dfrac{\varrho_i}{\varrho_i'}}{\dfrac{\lambda_i'}{\lambda_i} - \dfrac{\varrho_i}{\varrho_i'}},$$

$$M_{ik} = -\,P\,l_i\,\alpha\,\beta\,\frac{(1+\alpha) - (1+\beta)\,\dfrac{\lambda}{\lambda'}}{\dfrac{\varrho_i'}{\varrho_i} - \dfrac{\lambda_i}{\lambda_i'}}$$

oder

$$M_{hi} = P\left[-\,\alpha\,\beta\,(1+\beta)\,\frac{l_i\,\lambda_i\,\varrho_i'}{\lambda_i'\,\varrho_i' - \lambda_i\,\varrho_i} + \alpha\,\beta\,(1+\alpha)\,\frac{l_i\,\lambda_i\,\varrho_i}{\lambda_i'\,\varrho_i' - \lambda_i\,\varrho_i}\right],$$

$$M_{ik} = P\left[-\,\alpha\,\beta\,(1+\alpha)\,\frac{l_i\,\lambda_i'\,\varrho_i}{\lambda_i'\,\varrho_i' - \lambda_i\,\varrho_i} + \alpha\,\beta\,(1+\beta)\,\frac{l_i\,\lambda_i\,\varrho_i}{\lambda_i'\,\varrho_i' - \lambda_i\,\varrho_i}\right].$$

Hierin ist $\lambda_i'\,\varrho_i' - \lambda_i\,\varrho_i = (l_i - \lambda_i)(l_i - \varrho_i) - \lambda_i\,\varrho_i = l_i^2 - l_i\,\lambda_i - l_i\,\varrho_i =$ $= l_i(l_i - \lambda_i - \varrho_i) = l_i\,\zeta_i$, worin $\zeta_i =$ Abstand beider Festpunkte des

Feldes l_i. Damit folgt endgültig

$$M_{hi} = P\left[-\alpha\beta(1+\beta)\frac{\lambda_i\varrho_i{}'}{\zeta_i} + \alpha\beta(1+\alpha)\frac{\lambda_i\varrho_i}{\zeta_i}\right],$$

$$M_{ik} = P\left[-\alpha\beta(1+\alpha)\frac{\lambda_i{}'\varrho_i}{\zeta_i} + \alpha\beta(1+\beta)\frac{\lambda_i\varrho_i}{\zeta_i}\right].$$

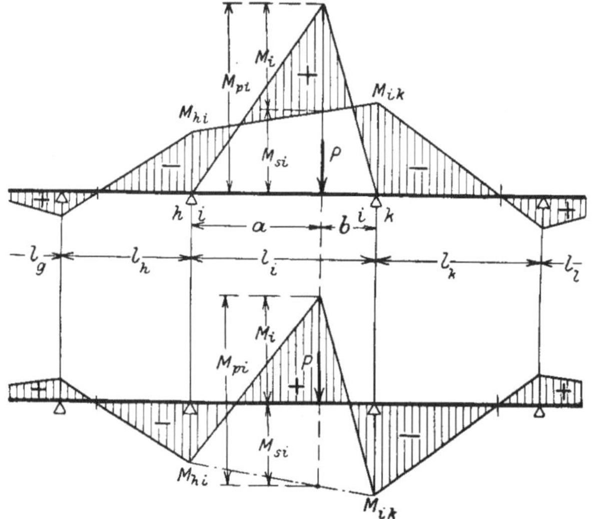

Bild 428 u. 429. Die M-Linie für Einzellast auf Feld l_i.

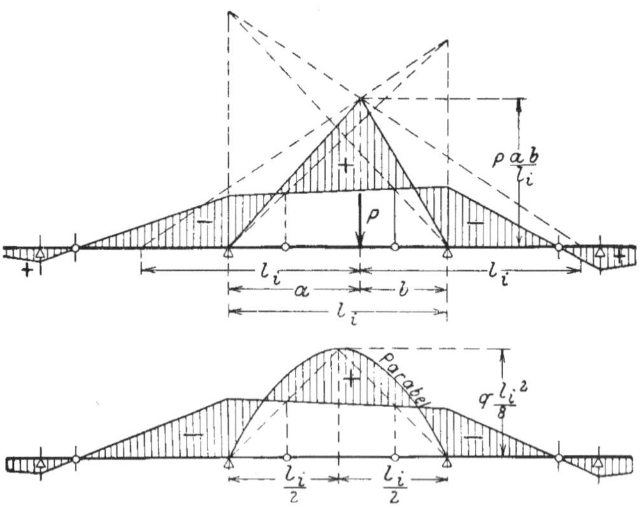

Bild 430 u. 431. Konstruktion der M-Linie bei Belastung des Feldes l_i
durch Einzellast P und Gleichstreckenlast q.

Im ersten Felde l_1 ist stets $\lambda_1 = 0$, $\lambda_1{}' = l_1$, $\zeta_1 = \varrho_1{}'$; im letzten Felde l_n ist stets $\varrho_n = 0$, $\varrho_n{}' = l_n$, $\zeta_n = \lambda_n{}'$.

Für den Lastpunkt ist dann nach Bild 428 oder 429

$$M_i = M_{pi} + M_{si}$$

oder
$$M_i = P\,l_i\,\alpha\,\beta + M_{h\,i}\,\beta + M_{i\,k}\,\alpha :$$

M_{si} ist aber stets negativ, daher $M_i < M_{pi}$.

Die mit α und β behafteten Teilwerte dieser Ausdrücke können für 19 verschiedene Laststellungen innerhalb des Feldes der Zahlentafel 11 entnommen werden, die namentlich zur Berechnung der später behandelten Einflußlinien der durchlaufenden Träger dient.

Zeichnerisch kann die Belastung des Feldes l_i durch Last P nach Bild 430 ohne jede Zwischenrechnung behandelt werden.

Gleichstreckenlast g im Felde l_i. Eine gleichartige Rechnung liefert mit $\mathfrak{L}_i = \mathfrak{R}_i = q\,l^4 : 24$ die Endergebnisse

$$M_{h\,i} = -\,q\,\frac{l}{4}\,\frac{(\varrho' - \varrho)\,\lambda}{\zeta}, \qquad M_{i\,k} = -\,q\,\frac{l}{4}\,\frac{(\lambda' - \lambda)\,\varrho}{\zeta}.$$

Diese Ausdrücke können nach Bild 431 zeichnerisch gewonnen werden.

Zeichnerische Lösung der Clapeyronschen Gleichungen, zweckmäßig bei gleichzeitiger Belastung mehrerer oder aller Felder. In Bild 432 bestehen zwischen den Stützmomentenlinien und den Hilfs-

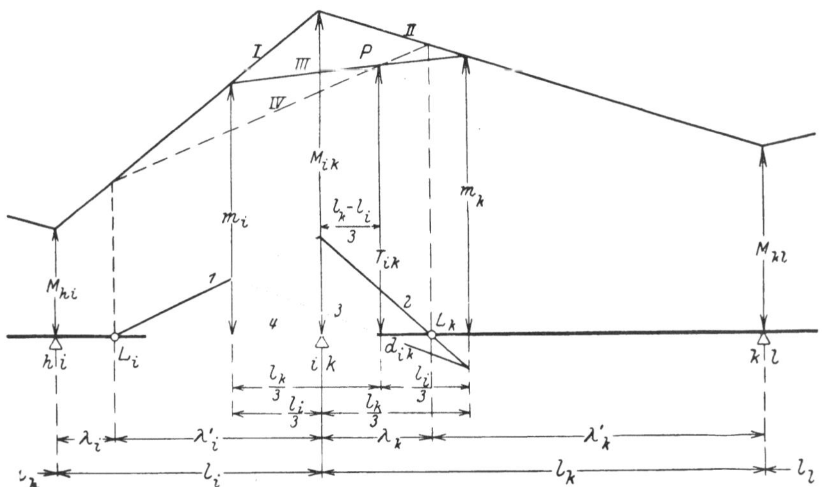

Bild 234. Das Verfahren der T-Momente.

linien I bis IV und den zur Konstruktion der Festpunkte dienenden Linien 1 bis 4 solche Beziehungen, daß der Schnittpunkt P aus III und IV über dem aus 2 und 3 liegt, d. i. der verschränkte Drittelspunkt d_{ik}. Nun ist

$$m_i = \tfrac{1}{3}\,M_{h\,i} + \tfrac{2}{3}\,M_{i\,k}, \qquad m_k = \tfrac{2}{3}\,M_{i\,k} + \tfrac{1}{3}\,M_{k\,l}$$

(Fortsetzung s. S. 191.)

Zahlentafel 11. Die α- und β-Werte.

α	β	$\alpha\beta$	$\alpha\beta(1+\alpha)$ $=\alpha-\alpha^3$	$\alpha\beta(1+\beta)$ $=\beta-\beta^3$
0,05	0,95	0,0475	0,0499	0,0926
0,10	**0,90**	**0,0900**	**0,0990**	**0,1710**
0,15	0,85	0,1275	0,1466	0,2359
0,20	**0,80**	**0,1600**	**0,1920**	**0,2880**
0,25	0,75	0,1875	0,2344	0,3281
0,30	**0,70**	**0,2100**	**0,2730**	**0,3570**
0,35	0,65	0,2275	0,3071	0,3754
0,40	**0,60**	**0,2400**	**0,3360**	**0,3840**
0,45	0,55	0,2475	0,3589	0,3836
0,50	**0,50**	**0,2500**	**0,3750**	**0,3750**
0,55	0,45	0,2475	0,3836	0,3589
0,60	**0,40**	**0,2400**	**0,3840**	**0,3360**
0,65	0,35	0,2275	0,3754	0,3071
0,70	**0,30**	**0,2100**	**0,3570**	**0,2730**
0,75	0,25	0,1875	0,3281	0,2344
0,80	**0,20**	**0,1600**	**0,2880**	**0,1920**
0,85	0,15	0,1275	0,2359	0,1466
0,90	**0,10**	**0,0900**	**0,1710**	**0,0990**
0,95	0,05	0,0475	0,0926	0,0499

Zusammenstellung der Stütz- und Lastpunktmomente für den durchlaufenden Träger.

Tafel 12. Für zwei Felder.

	linkem Kragarm im Abstand x von Stütze 01	erstem Feld im Abstand αl_1 von Stütze 01 βl_1 „ „ 12	zweitem Feld im Abstand αl_2 von Stütze 12 βl_2 „ „ 20	rechtem Kragarm im Abstand y von Stütze 20
		Last P auf		
$M_{01}=$	$-Px$	0	0	0
$M_1=$		$Pl_1\,\alpha\beta + M_{12}\,\alpha$		
$M_{12}=$	$-M_{01}\dfrac{\varrho_1}{\varrho_1'}$	$P\left[-\alpha\beta(1+\alpha)\dfrac{l_1\varrho_1}{\varrho_1'}\right]$	$P\left[-\alpha\beta(1+\beta)\dfrac{l_2\lambda_2}{\lambda_2'}\right]$	$-M_{20}\dfrac{\lambda_2}{\lambda_2'}$
$M_2=$			$Pl_2\,\alpha\beta + M_{12}\,\beta$	
$M_{20}=$	0	0	0	$-Py$

Tafel 13. Für drei Felder.

M		linkem Krag-arm im Ab-stand x von Stütze 01	erstem Feld im Abstand $\alpha\,l_1$ von Stütze 01 $\beta\,l_1$ „ „ 12	zweitem Feld im Abstand $\alpha\,l_2$ von Stütze 12 $\beta\,l_2$ „ „ 23	drittem Feld im Abstand $\alpha\,l_3$ von Stütze 23 $\beta\,l_3$ „ „ 30	rechtem Krag-arm im Ab-stand y von Stütze 30
				Last P auf		
$M_{01} =$		$-\,P\,x$	0	0	0	0
$M_1 =$			$P\,l_1\,\alpha\,\beta + M_{12}\,\alpha$			
$M_{12} =$		$-\,M_{01}\,\dfrac{\varrho_1}{\varrho_1{}'}$	$P\left[-\,\alpha\,\beta\,(1+\alpha)\,\dfrac{l_1\,\varrho_1}{\varrho_1{}'}\right]$	$P\left[-\,\alpha\,\beta\,(1+\alpha)\,\dfrac{\lambda_2\,\varrho_2{}'}{\zeta_2} + \alpha\,\beta\,(1+\alpha)\,\dfrac{\lambda_2\,\varrho_2}{\zeta_2}\right]$	$-\,M_{23}\,\dfrac{\lambda_2}{\lambda_2{}'}$	$-\,M_{23}\,\dfrac{\lambda_2}{\lambda_2{}'}$
$M_2 =$				$P\,l_2\,\alpha\,\beta + M_{12}\,\beta + M_{23}\,\alpha$		
$M_{23} =$		$-\,M_{12}\,\dfrac{\varrho_2}{\varrho_2{}'}$	$-\,M_{12}\,\dfrac{\varrho_2}{\varrho_2{}'}$	$P\left[-\,\alpha\,\beta\,(1+\alpha)\,\dfrac{\lambda_2{}'\,\varrho_2}{\zeta_2} + \alpha\,\beta\,(1+\beta)\,\dfrac{\lambda_2\,\varrho_2}{\zeta_2}\right]$	$P\left[-\,\alpha\,\beta\,(1+\beta)\,\dfrac{l_3\,\lambda_3}{\lambda_3{}'}\right]$	$-\,M_{30}\,\dfrac{\lambda_3}{\lambda_3{}'}$
$M_3 =$					$P\,l_3\,\alpha\,\beta + M_{23}\,\beta$	
$M_{30} =$		0	0	0	0	$-\,P\,y$

Tafel 14. Für vier Felder.

| | linkem Krag-arm im Abstand x von Stütze 01 | erstem Feld im Abstand $\alpha\,l_1$ von Stütze 01 $\beta\,l_1$ „ „ 12 | zweitem Feld i. Abstand $\alpha\,l_2$ von Stütze 12 $\beta\,l_2$ „ „ 23 | drittem Feld i. Abstand $\alpha\,l_3$ von Stütze 23 $\beta\,l_3$ „ „ 34 | viertem Feld i. Abstand $\alpha\,l_4$ von Stütze 34 $\beta\,l_4$ „ „ 40 | rechtem Krag-arm im Abstand y von Stütze 40 |
	Last P auf					
$M_{01} =$	$-Px$	0	0	0	0	0
$M_1 =$		$Pl_1\,\alpha\beta + M_{12}\,\alpha$				
$M_{12} =$	$-M_{01}\dfrac{\varrho_1}{\varrho_1{}'}$	$P\left[-\alpha\beta(1+\alpha)\dfrac{l_1\,\varrho_1}{\varrho_1{}'}\right]$	$P\left[-\alpha\beta(1+\beta)\dfrac{\lambda_2\,\varrho_2{}'}{\zeta_2} + \alpha\beta(1+\alpha)\dfrac{\lambda_2\,\varrho_2}{\zeta_2}\right]$	$-M_{23}\dfrac{\lambda_2}{\lambda_2{}'}$	$-M_{23}\dfrac{\lambda_2}{\lambda_2{}'}$	$-M_{23}\dfrac{\lambda_2}{\lambda_2{}'}$
$M_2 =$			$Pl_2\,\alpha\beta + M_{12}\,\beta + M_{23}\,\alpha$			
$M_{23} =$	$-M_{12}\dfrac{\varrho_2}{\varrho_2{}'}$	$-M_{12}\dfrac{\varrho_2}{\varrho_2{}'}$	$P\left[-\alpha\beta(1+\alpha)\dfrac{\lambda_2{}'\,\varrho_2}{\zeta_2} + \alpha\beta(1+\beta)\dfrac{\lambda_2\,\varrho_2}{\zeta_2}\right]$	$P\left[-\alpha\beta(1+\beta)\dfrac{\lambda_3\,\varrho_3{}'}{\zeta_3} + \alpha\beta(1+\alpha)\dfrac{\lambda_3\,\varrho_3}{\zeta_3}\right]$	$-M_{34}\dfrac{\lambda_3}{\lambda_3{}'}$	$-M_{34}\dfrac{\lambda_3}{\lambda_3{}'}$
$M_3 =$				$Pl_3\,\alpha\beta + M_{23}\,\beta + M_{34}\,\alpha$		
$M_{34} =$	$-M_{23}\dfrac{\varrho_3}{\varrho_3{}'}$	$-M_{23}\dfrac{\varrho_3}{\varrho_3{}'}$	$-M_{23}\dfrac{\varrho_3}{\varrho_3{}'}$	$P\left[-\alpha\beta(1+\alpha)\dfrac{\lambda_3{}'\,\varrho_3}{\zeta_3} + \alpha\beta(1+\beta)\dfrac{\lambda_3\,\varrho_3}{\zeta_3}\right]$	$P\left[-\alpha\beta(1+\beta)\dfrac{l_4\,\lambda_4}{\lambda_4{}'}\right]$	$-M_{40}\dfrac{\lambda_4}{\lambda_4{}'}$
$M_4 =$					$Pl_4\,\alpha\beta + M_{34}\,\beta$	
$M_{40} =$	0	0	0	0	0	$-Py$

und

$$T_{ik} = \frac{m_i\,l_i + m_k\,l_k}{l_i + l_k} = \frac{\tfrac{1}{3}M_{hi}\,l_i + \tfrac{2}{3}M_{ik}\,l_i + \tfrac{2}{3}M_{ik}\,l_k + \tfrac{1}{3}M_{kl}\,l_k}{l_i + l_k} =$$

$$= \frac{M_{hi}\,l_i + 2\,M_{ik}\,(l_i + l_k) + M_{kl}\,l_k}{3\,(l_i + l_k)}.$$

In diesem Ausdruck ist der Zähler nach der Clapeyronschen Gleichung $6\left(\dfrac{\mathfrak{L}_i}{l_i} + \dfrac{\mathfrak{R}_k}{l_k}\right)$, somit ist $T_{ik} = \dfrac{2}{l_i + l_k}\,(\mathfrak{L}_i + \mathfrak{R}_k)$.

Hieraus entspringt folgendes Verfahren.

Für jede Stütze, mit Ausnahme der Endstützen, berechnet man bei gegebenen $\mathfrak{L}$ und $\mathfrak{R}$ jedes Feldes die Werte.

$$T_{12} = \frac{2}{l_1 + l_2}\left(\frac{\mathfrak{L}_1}{l_1} + \frac{\mathfrak{R}_2}{l_2}\right), \qquad T_{23} = \frac{2}{l_2 + l_3}\left(\frac{\mathfrak{L}_2}{l_2} + \frac{\mathfrak{R}_3}{l_3}\right) \quad \text{usw.}$$

und trägt diese nach Bild 433 auf den (schon zur Bestimmung der Festpunkte benötigten) verschränkten Drittelspunkten d_{12}, d_{23} usw. auf. Dann zieht man vom linken Trägerende aus die strichierte, an den Festpunkten gebrochene Linie und vom rechten Ende aus die ausgezogene Linie, die über den Stützen die Stützmomente abschneidet und die endgültigen M liefert. Statt dessen kann man auch die strichierte Linie von rechts und die ausgezogene von links ausziehen. Gleichzeitige Verwendung beider Verfahren liefert eine Genauigkeitsprobe.

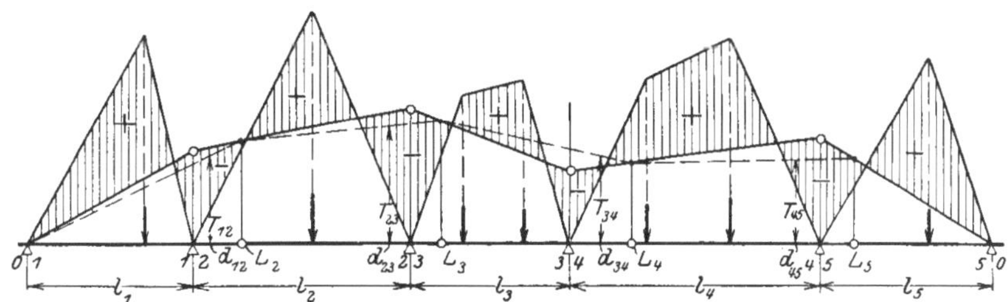

Bild 433. Zeichnerische Gewinnung der Schlußlinie.

Bei Trägern mit Kragarmen beginnt die strichierte und die ausgezogene Linie nicht am Trägerende, sondern im Endpunkt der Momentenstrecke an der Anfangs- bzw. Endstütze, s. Beisp. 3 S. 194.

Auflagerkräfte. In der rechnenden oder zeichnenden Behandlung des durchlaufenden Trägers kommen Auflagerkräfte nicht vor. Diese können nach zwei Verfahren bestimmt werden.

Zeichnendes Verfahren. Liegt die vollständige M-Linie als Zeichnung etwa nach Bild 434 oder 435 vor, dann ist ähnlich wie beim Gerberschen Gelenkträger nach S. 36 für z. B. Stütze ik

$$Q_i = a_i{}^r = \text{Querkraft am rechten Ende von } l_i \text{ (negativ)},$$
$$Q_k = a_k{}^l = \text{Querkraft am linken Ende von } l_k \text{ (positiv)};$$

somit ist $A_{ik} = Q_i + Q_k = a_i{}^r + a_k{}^l$.

Bei Einzellasten mit geradlinigen M-Linien können diese Werte durch einfache Rechnung ermittelt werden.

Rechnendes Verfahren. Das Feld l_k für sich betrachtet, ergibt eine Auflagerkraft am linken Ende von l_k

$$A_k{}^l = \mathfrak{A}_k{}^l + \frac{M_{kl} - M_{ik}}{l_k};$$

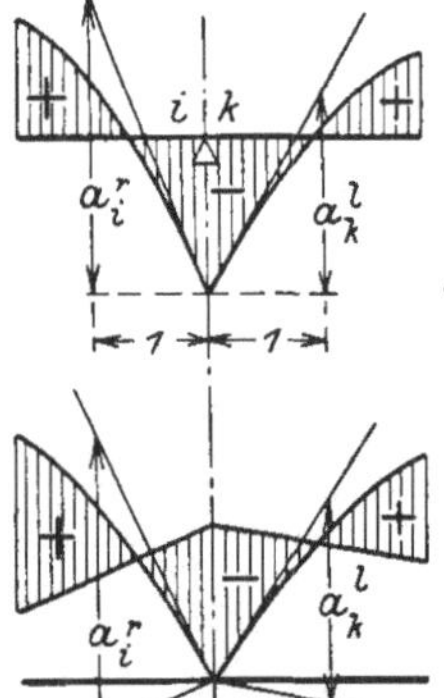

Der erste Teil rührt von der Feldbelastung her und entspricht der Auflagerkraft eines an den Enden frei aufliegenden Trägers; der zweite Teil wird von den Stützmomenten M_{ik} und M_{kl} hervorgebracht und entspricht der von diesen herrührenden Querkraft.

In gleicher Weise liefert das Feld l_i für sich die Auflagerkraft am rechten Ende von l_i

$$A_i{}^r = \mathfrak{A}_i{}^r + \frac{M_{hi} - M_{ik}}{l_i}.$$

Somit ist die gesamte Auflagerkraft der Stütze ik

$$A_{ik} = \mathfrak{A}_i{}^r + \mathfrak{A}_k{}^l + \frac{M_{hi} - M_{ik}}{l_i} + \frac{M_{kl} - M_{ik}}{l_k}.$$

Bild 434 u. 435.
Auflagerkräfte durch
Zeichnung.

Für die erste Stütze gilt beim Fehlen eines Kragarmes, also bei $M_{01} = 0$:

$$A_{01} = \mathfrak{A}_1{}^l + \frac{M_{12}}{l_1}.$$

Ist ein Kragarm vorhanden, dann gilt dieselbe Formel, worin $\mathfrak{A}_1{}^l$ die Auflagerkraft eines Trägers unter Annahme freier Auflagerung an Stütze 01 und 12, bezeichnet.

Querkräfte. Wie beim einfachen Träger ist auch hier an beliebiger Stelle

$$Q = \frac{\varDelta M}{\varDelta x} \qquad \text{bzw.} \qquad Q = \frac{dM}{dx},$$

je nachdem die M-Linie bei Einzellasten aus geraden Linien oder bei Streckenlasten aus Kurven besteht. Statt dessen kann auch nach Ermittelung der Auflagerkräfte die Querkraft als algebraische Summe aller links bzw. aller rechts dieser Stelle wirkenden Lasten und Auflagerkräfte berechnet werden. Bei Einzellasten erhält man die Treppenlinie, bei Streckenlasten geneigte Geraden oder Kurven.

Beispiele zum durchlaufenden Träger.

1. **Träger auf drei Stützen mit Gleichstreckenlast q nach Bild 436.**

$$\mathfrak{L}_1 = \frac{q\,l_1{}^4}{24}, \qquad \mathfrak{R}_2 = \frac{q\,l_2{}^4}{24}, \qquad M_{01} = 0, \qquad M_{20} = 0.$$

$$2\,M_{12}\,(l_1 + l_2) + \frac{6}{l_1}\,\mathfrak{L}_1 + \frac{6}{l_2}\,\mathfrak{R}_2 = 0$$

oder

$$2\,M_{12}\,(l_1 + l_2) + \frac{q}{4}\,(l_1{}^3 + l_2{}^3) = 0, \qquad M_{12} = -\frac{q}{8}\,\frac{l_1{}^3 + l_2{}^3}{l_1 + l_2}.$$

$l_1 = 4$ und $l_2 = 5$ liefert zunächst die einfachen Momentenparabeln nach Bild 436 mit den Pfeilhöhen $\frac{q\,l_1{}^2}{8} = q\,\frac{4^2}{8} = q \cdot 2{,}0$ und $\frac{q\,l_2{}^2}{8} = q\,\frac{5^2}{8} = q \cdot 3{,}125$, ferner ist

$$M_{12} = -\frac{q}{8}\,\frac{4^3 + 5^3}{4 + 5} = -\,q \cdot 2{,}625,$$

hieraus die endgültige M-Linie und deren Umzeichnung auf eine wagrechte Grundlinie nebst Q-Linie. Vgl. hierzu dieselbe Aufgabe nach S. 132 mit derselben Lösung.

Auflagerdrücke (durch Rechnung).

$$A_{01} = \mathfrak{A}_1{}^l + \frac{M_{12}}{l_1} = \frac{q\,l_1}{2} + \frac{M_{12}}{l_1} =$$

$$= q\left(\frac{4}{2} - \frac{2{,}625}{4}\right) = q \cdot 1{,}346,$$

$$A_{12} = \mathfrak{A}_1{}^r + \mathfrak{A}_2{}^l - \frac{M_{12}}{l_1} - \frac{M_{12}}{l_2} =$$

$$= q\,\frac{l_1 + l_2}{2} - M_{12}\left(\frac{1}{l_1} + \frac{1}{l_2}\right) =$$

$$= q\left(\frac{4 + 5}{2} + 2{,}625\left(\frac{1}{4} + \frac{1}{5}\right)\right)$$

$$= q \cdot 5{,}681,$$

$$A_{20} = \mathfrak{A}_2{}^r + \frac{M_{12}}{l_2} = \frac{q\,l_2}{2} + \frac{M_{12}}{l_2} =$$

$$= q\left(\frac{5}{2} - \frac{2{,}625}{5}\right) = q \cdot 1{,}975.$$

Probe: Gesamtlast = Summe der Auflagerdrücke;

$$q\,(4 + 5) = q\,(1{,}346 + 5{,}681 + 1{,}975),$$

also nahezu Übereinstimmung.

2. **Ist nur das Feld l_1 belastet**, dann ist $\mathfrak{R}_2 = 0$ und es gilt

$$2\,M_{12}\,(l_1 + l_2) + \frac{6}{l_1}\,\frac{q\,l_1{}^4}{24} = 0,$$

woraus

$$M_{12} = -\frac{q}{8}\,\frac{l_1{}^3}{l_1 + l_2}.$$

Obige Maße liefern $M_{12} = -\,q \cdot 0{,}889$ und Bild 437. Ferner ist

$$A_{01} = \frac{q\,l_1}{2} + \frac{M_{12}}{l_1} = q\left(\frac{4}{2} - \frac{0{,}889}{4}\right) =$$

$$= q \cdot 1{,}778,$$

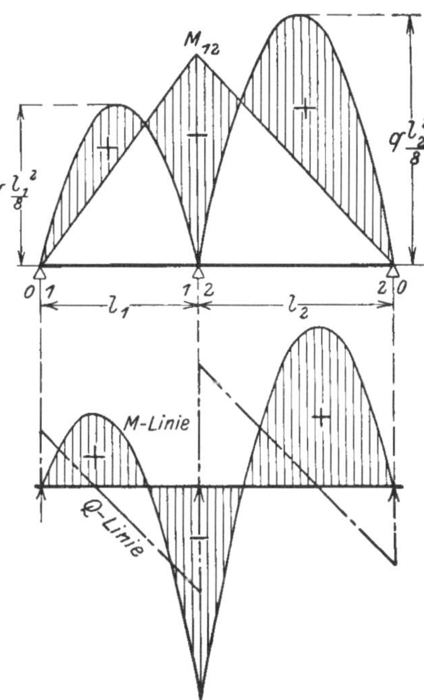

Bild 436. Gleichstreckenlast.

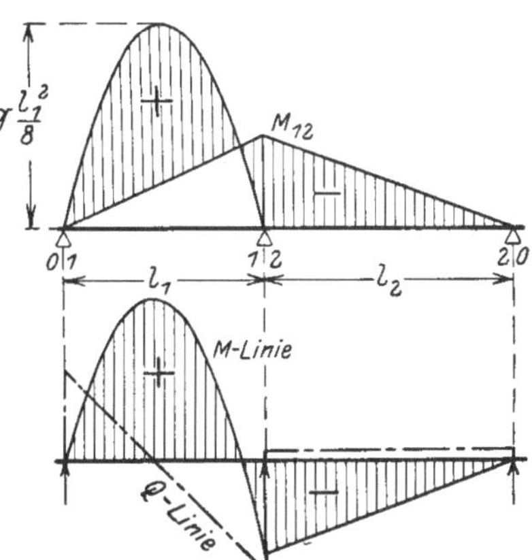

Bild 437. Gleichstreckenlast auf dem linken Feld.

Unold, Statik f. Maschineningenieure.

$$A_{12} = \frac{q\,l_1}{2} - \frac{M_{12}}{l_1} - \frac{M_{12}}{l_2} = q\left(\frac{4}{2} + 0{,}889\left(\frac{1}{4} + \frac{1}{5}\right)\right) = q \cdot 2{,}400\,,$$

$$A_{20} = 0 + \frac{M_{12}}{l_2} = q\left(0 - \frac{0{,}889}{5}\right) = -\,q \cdot 0{,}178\,.$$

Probe: $q \cdot 4 = q\,(1{,}778 + 2{,}400 - 0{,}178)$, stimmt.

3. **Träger auf vier Stützen mit Einzellasten** nach Bild 438.

$$\begin{aligned}
\mathfrak{L}_1 &= 5 \cdot 3 \cdot (5^2 - 3^2) : 6 &&= 40{,}0\,,\\
\mathfrak{R}_2 &= 3 \cdot 3 \cdot (4^2 - 3^2) : 6 + 4 \cdot 1 \cdot (4^2 - 1^2) : 6 &&= 20{,}5\,,\\
\mathfrak{L}_2 &= 3 \cdot 1 \cdot (4^2 - 1^2) : 6 + 4 \cdot 3 \cdot (4^2 - 3^2) : 6 &&= 21{,}5\,,\\
\mathfrak{R}_3 &= 2 \cdot 5 \cdot (7^2 - 5^2) : 6 + 3 \cdot 3 \cdot (7^2 - 3^2) : 6 &&= 100{,}0\,.
\end{aligned}$$

$$M_{01} = -\,1 \cdot 2 = -\,2{,}0\,, \qquad\qquad M_{30} = -\,1 \cdot 1 = -\,1{,}0\,.$$

$$-\,2{,}0 \cdot 5 + 2\,M_{12}\,(5 + 4) + M_{23} \cdot 4 + \tfrac{6}{5} \cdot 40{,}0 + \tfrac{6}{4} \cdot 20{,}5 = 0\,,$$

$$M_{12} \cdot 4 + 2\,M_{23}\,(4 + 7) - 1{,}0 \cdot 7 + \tfrac{6}{4} \cdot 21{,}5 + \tfrac{6}{7} \cdot 100{,}0 = 0\,.$$

Hieraus

$$M_{12} = -\,2{,}81 \qquad \text{und} \qquad M_{23} = -\,4{,}53\,.$$

Nach Auftragung dieser Werte ergibt sich die endgültige M-Linie und die Q-Linie nach Bild 438.

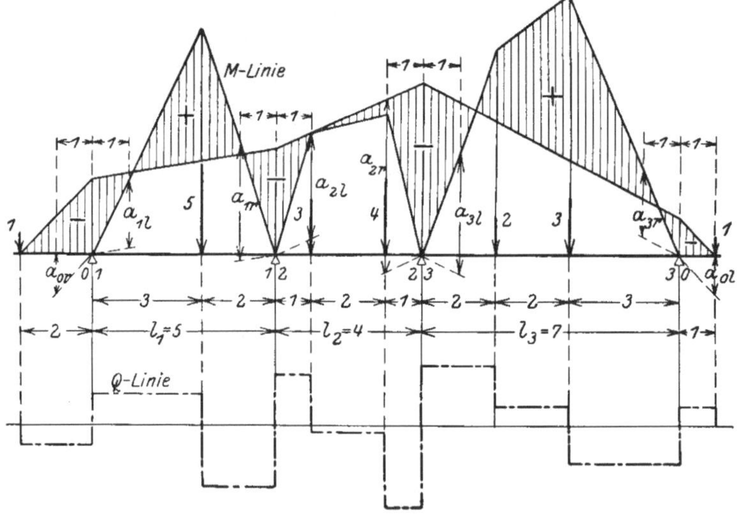

Bild 438. Träger mit Einzellasten.
Auftragung der Momente nach Berechnung und Querkraftlinie.

Für die Auflagerkräfte ist darin

$$a_{0r} = 1{,}00\,, \qquad a_{1l} = 1{,}90\,, \qquad a_{1r} = 3{,}15\,, \qquad a_{2l} = 2{,}85\,, \qquad a_{2r} = 4{,}20\,,$$
$$a_{3l} = 3{,}20\,, \qquad a_{3r} = 1{,}80\,, \qquad a_{0l} = 1{,}00\,.$$

Somit

$$A_{01} = 1{,}00 + 1{,}90 = 2{,}90\,, \quad A_{12} = 3{,}15 + 2{,}85 = 6{,}00\,, \quad A_{23} = 4{,}20 + 3{,}20 = 7{,}40\,,$$
$$A_{30} = 1{,}80 + 1{,}00 = 2{,}80\,.$$

Die Summe aller A muß gleich der Summe aller Lasten sein,

$$\Sigma A = 2{,}9 + 6{,}0 + 7{,}4 + 2{,}8 = 19{,}1 \text{ t}\,, \quad \Sigma P = 1 + 5 + 3 + 4 + 2 + 3 + 1 = 19 \text{ t}\,,$$

also nahezu Übereinstimmung.

Rechnerisch ist

$$A_{01} = \frac{1 \cdot 7 + 5 \cdot 2}{5} + \frac{-2,81}{5} = 2,84 ,$$

$$A_{12} = \frac{5 \cdot 3}{5} + \frac{3 \cdot 3 + 4 \cdot 1}{4} + \frac{-2 + 2,81}{5} + \frac{-4,53 + 2,81}{4} = 5,98 ,$$

$$A_{23} = \frac{3 \cdot 1 + 4 \cdot 3}{4} + \frac{2 \cdot 5 + 3 \cdot 3}{7} + \frac{-2,81 + 4,53}{4} +$$
$$+ \frac{-1,0 + 4,53}{7} = 7,40 ,$$

$$A_{30} = \frac{2 \cdot 2 + 3 \cdot 4 + 1 \cdot 8}{7} + \frac{-4,53}{7} = 2,78 ,$$

zusammen = 19,0 t, also genauer als nach obigem Verfahren.

Bild 439 zeigt die zeichnerische Gewinnung der Stützmomente und der Schlußlinie. Zunächst wurden die Festpunkte durch Zeichnung bestimmt, dann die Werte

$$T_{12} = \frac{2}{5 + 4} \left(\frac{40,0}{5} + \frac{20,5}{4} \right) = 2,92 \quad \text{und} \quad T_{23} = \frac{2}{4 + 7} \left(\frac{21,5}{4} + \frac{100,0}{7} \right) = 3,58$$

in den verschränkten Drittelspunkten aufgetragen und die Konstruktion von links und rechts durchgeführt. Die Übereinstimmung mit den Rechnungsergebnissen ist befriedigend. Der Klarheit wegen ist die M-Linie der Lasten in diesem Bilde weggelassen.

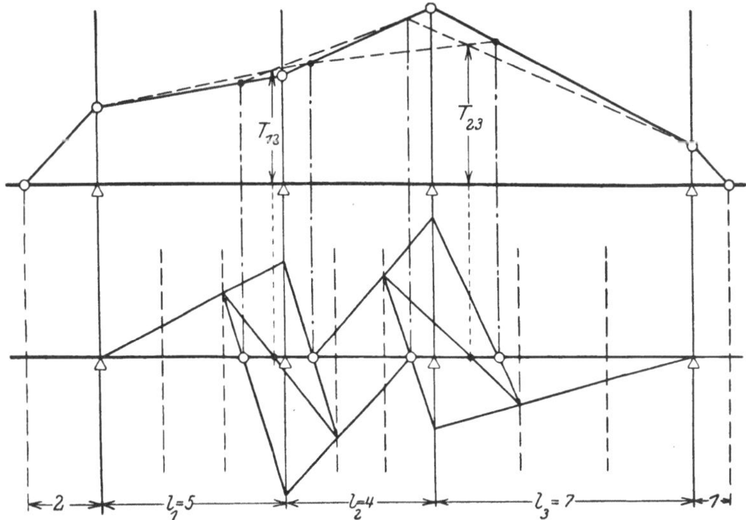

Bild 439. Dasselbe Beispiel. Zeichnerische Lösung mittels der T-Momente.

Wechselnde Höhenlage der Stützen. Liegen die Stützen zwar starr, aber in verschiedenen Höhen, also nach Bild 440 Stütze hi, ik, kl in den Abständen y_{hi}, y_{ik} und y_{kl} unter einer Horizontalen, wobei deren Unterschiede als klein vorausgesetzt seien, dann sind zunächst die $\alpha_i{}^{ik}$ und $\alpha_k{}^{ik}$ gleich den bisherigen nach S. 176; es ist aber

$$\beta_k = \frac{y_{kl} - y_{ik}}{l_k} \quad \text{und} \quad \gamma_k{}^{ik} = \alpha_k{}^{ik} + \beta_k = \alpha_k{}^{ik} + \frac{y_{kl} - y_{ik}}{l_k} ,$$

desgleichen ist

$$\beta_i = \frac{y_{hi} - y_{ik}}{l_i} \quad \text{und} \quad \gamma_i{}^{ik} = \alpha_i{}^{ik} + \beta_i = \alpha_i{}^{ik} + \frac{y_{hi} - y_{ik}}{l_i}.$$

Da das Durchlaufen der elastischen Linie bei Stütze ik durch $\gamma_k{}^{ik} + \gamma_i{}^{ik} = 0$ ausgedrückt wird, ist

$$\frac{1}{EJl_k}\left[\frac{l_k{}^2}{6}(2M_{ik} + M_{kl}) + \Re_k\right] + \frac{y_{kl} - y_{ik}}{l_k} +$$

$$+ \frac{1}{EJl_i}\left[\frac{l_i{}^2}{6}(2M_{ik} + M_{hi}) + \mathfrak{L}_i\right] + \frac{y_{hi} - y_{ik}}{l_i} = 0$$

oder

$$(1) \quad 6EJ\left(\frac{y_{hi} - y_{ik}}{l_i} + \frac{y_{kl} - y_{ik}}{l_k}\right) + M_{hi}l_i + 2M_{ik}(l_i + l_k) + M_{kl}l_k +$$

$$+ \frac{6}{l_i}\mathfrak{L}_i + \frac{6}{l_k}\Re_k = 0$$

Diese Dreimomentengleichung geht bei gleicher Stützenhöhe sofort in die bisherige über, da dann die linke Seite verschwindet.

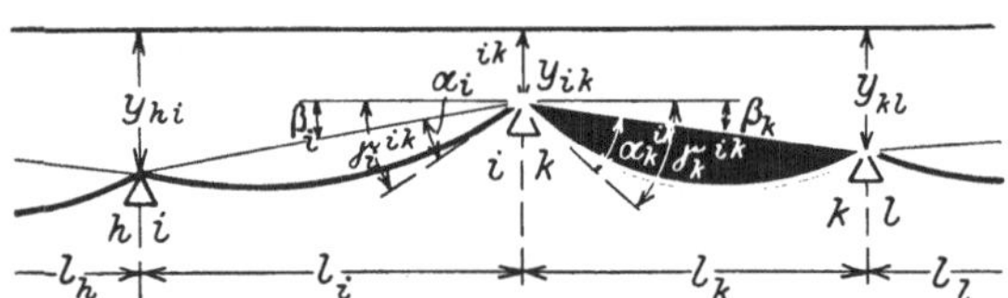

Bild 440. Der durchlaufende Träger mit wechselnder Höhenlage der Stützen.

Die Behandlung dieser Gleichungen erfolgt zweckmäßig in der Weise, daß die M getrennt berechnet werden, einmal für gleichhohe Stützen und belasteten Träger und dann für den lastfreien Träger, aber mit ungleichen Stützenhöhen. Wir erhalten

$$(2) \quad M_{hi}l_i + 2M_{ik}(l_i + l_k) + M_{kl}l_k + \frac{6}{l_i}\mathfrak{L}_i + \frac{6}{l_k}\Re_k = 0$$

und

$$(3) \quad 6EJ\left(\frac{y_{hi} - y_{ik}}{l_i} + \frac{y_{kl} - y_{ik}}{l_k}\right) + \mathscr{M}_{hi}l_i + 2\mathscr{M}_{ik}(l_i + l_k) + \mathscr{M}_{kl}l_k = 0.$$

Die hiernach berechneten M und $\mathscr{M}$ liefern für jede Stütze die endgültigen $\boldsymbol{M} = M + \mathscr{M}$. Hierdurch ist der Einfluß der Stützenhöhen für alle Belastungsfälle ein für allemal berücksichtigt, die M selbst können nach den bisherigen Verfahren behandelt werden.

Für gleiche l geht die zweite dieser Gleichungen über in

$$(3a) \quad \frac{6EJ}{l^2}(y_{hi} - y_{ik} + y_{kl} - y_{ik}) + \mathscr{M}_{hi} + 4\mathscr{M}_{ik} + \mathscr{M}_{kl} = 0.$$

Das erste und letzte $\mathscr{M}$ ist (auch bei Kragarmen) stets Null.

Gleichung 3) kann auch durch Zeichnung gelöst werden, indem wie nach S. 187 die Werte

$$T_{12} = \frac{2}{l_1 + l_2}\, E J \left(\frac{y_{01} - y_{12}}{l_1} + \frac{y_{23} - y_{12}}{l_2}\right),$$

$$T_{23} = \frac{2}{l_2 + l_3}\, E J \left(\frac{y_{12} - y_{23}}{l_2} + \frac{y_{34} - y_{23}}{l_3}\right)$$

usw. aufgetragen werden.

Der durchlaufende Träger auf elastischen Stützen. Die elastische Stützung kann hervorgebracht werden durch elastische Pfeiler oder durch Querträger, über die der Hauptträger läuft, oder durch nachgiebige Bodensenkungen. Zur Erzielung einfacher Formeln ist Proportionalität zwischen Auflagerdruck A und Senkung y anzunehmen, auch wenn solche in Wirklichkeit nicht genau besteht. Es gilt demnach für jede Stütze $y = c A$, worin c der **Senkungsfaktor** heißt, d. i. die Senkung für die Auflagerkraft $= 1$. Im allgemeinen wird zu jeder Stütze ein besonderer Wert c gehören, demnach gilt $y_{01} = c_{01} A_{01}$, $y_{12} = c_{12} A_{12}$ usw.

Setzt man diese y in die Formeln von S. 195 ein und ersetzt man die darin vorkommenden A durch die Ausdrücke von S. 191, dann erhält man bei beliebiger Stützenzahl eine Gleichungsgruppe mit fünf aufeinanderfolgenden unbekannten Stützmomenten, also eine Gruppe von Fünfmomentengleichungen; die Gleichungen für die Anfangs- und Endfelder enthalten aber vier und drei Stützmomente.

Drei Stützen. Die Gleichung für ungleiche Stützenhöhen lautet

$$6\,E J \left(\frac{y_{01} - y_{12}}{l_1} + \frac{y_{20} - y_{12}}{l_2}\right) + M_{01} l_1 - 2 M_{12} (l_1 + l_2) + M_{20} l_2 +$$

$$+ \frac{6}{l_1}\, \mathfrak{L}_1 + \frac{6}{l_2}\, \mathfrak{R}_2 = 0;$$

hierin ist $y_{01} = c_{01} A_{01}$, $y_{12} = c_{12} A_{12}$ und $y_{20} = c_{20} A_{20}$, ferner

$$A_{01} = \mathfrak{A}_1{}^l + \frac{M_{12}}{l_1}, \qquad A_{12} = \mathfrak{A}_1{}^r + \mathfrak{A}_2{}^l + \frac{M_{01} - M_{12}}{l_1} + \frac{M_{20} - M_{12}}{l_2},$$

$$A_{20} = \mathfrak{A}_2{}^r + \frac{M_{12}}{l_2}.$$

Man erhält nach Umformung und Ordnen der Glieder

$$\frac{c_{01}}{l_1}\, \mathfrak{A}_1{}^l - \left(\frac{c_{12}}{l_1} + \frac{c_{12}}{l_2}\right)(\mathfrak{A}_1{}^r + \mathfrak{A}_2{}^l) + \frac{c_{20}}{l_2}\, \mathfrak{A}_2{}^r + \left(\frac{6}{l_1}\, \mathfrak{L}_1 + \frac{6}{l_2}\, \mathfrak{R}_2\right)\frac{1}{6\,E J} +$$

$$+ M_{01} \left[-\left(\frac{c_{12}}{l_1{}^2} + \frac{c_{12}}{l_1 l_2}\right) + \frac{l_1}{6\,E J}\right] +$$

$$+ M_{12} \left[\left(\frac{c_{01}}{l_1{}^2} + \frac{c_{12}}{l_1{}^2} + 2\frac{c_{12}}{l_1 l_2} + \frac{c_{12}}{l_2{}^2} + \frac{c_{20}}{l_2{}^2}\right) + 2\frac{l_1 + l_2}{6\,E J}\right] +$$

$$+ M_{20} \left[-\left(\frac{c_{12}}{l_1 l_2} + \frac{c_{12}}{l_2{}^2}\right) + \frac{l_2}{6\,E J}\right] = 0.$$

Die Werte M_{01} und M_{20} sind nur bei Kragarmen vorhanden und durch die Lasten gegeben; bei Endstützen verschwinden sie. Die einzige Unbekannte in dieser Gleichung ist M_{12}.

Für mehr als drei Stützen ergeben sich in gleicher Weise folgende Gleichungen.

Vier Stützen.

$$\frac{c_{01}}{l_1}\mathfrak{A}_1{}^l - \left(\frac{c_{12}}{l_1} + \frac{c_{12}}{l_2}\right)(\mathfrak{A}_1{}^r + \mathfrak{A}_2{}^l) + \frac{c_{23}}{l_2}(\mathfrak{A}_2{}^r + \mathfrak{A}_3{}^l) +$$

$$+ \left(\frac{6}{l_1}\mathfrak{L}_1 + \frac{6}{l_2}\mathfrak{R}_2\right)\frac{1}{6EJ} +$$

$$+ M_{01}\left[-\left(\frac{c_{12}}{l_1{}^2} + \frac{c_{12}}{l_1 l_2}\right) + \frac{l_1}{6EJ}\right] +$$

$$+ M_{12}\left[\left(\frac{c_{01}}{l_1{}^2} + \frac{c_{12}}{l_1{}^2} + 2\frac{c_{12}}{l_1 l_2} + \frac{c_{12}}{l_2{}^2} + \frac{c_{23}}{l_2{}^2}\right) + 2\frac{l_1 + l_2}{6EJ}\right] +$$

$$+ M_{23}\left[-\left(\frac{c_{12}}{l_1 l_2} + \frac{c_{12}}{l_2{}^2} + \frac{c_{23}}{l_2{}^2} + \frac{c_{23}}{l_2 l_3}\right) + \frac{l_2}{6EJ}\right] + M_{30}\frac{c_{23}}{l_2 l_3} = 0,$$

$$\frac{c_{12}}{l_2}(\mathfrak{A}_1{}^r + \mathfrak{A}_2{}^l) - \left(\frac{c_{23}}{l_2} + \frac{c_{23}}{l_3}\right)(\mathfrak{A}_2{}^r + \mathfrak{A}_3{}^l) + \frac{c_{30}}{l_3}\mathfrak{A}_3{}^r +$$

$$+ \left(\frac{6}{l_2}\mathfrak{L}_2 + \frac{6}{l_3}\mathfrak{R}_3\right)\frac{1}{6EJ} +$$

$$+ M_{01}\frac{c_{12}}{l_1 l_2} + M_{12}\left[-\left(\frac{c_{12}}{l_1 l_2} + \frac{c_{12}}{l_2{}^2} + \frac{c_{23}}{l_2{}^2} + \frac{c_{23}}{l_2 l_3}\right) + \frac{l_2}{6EJ}\right] +$$

$$+ M_{23}\left[\left(\frac{c_{12}}{l_2{}^2} + \frac{c_{23}}{l_2{}^2} + 2\frac{c_{23}}{l_2 l_3} + \frac{c_{23}}{l_3{}^2} + \frac{c_{30}}{l_3{}^2}\right) + 2\frac{l_2 + l_3}{6EJ}\right] +$$

$$+ M_{30}\left[-\left(\frac{c_{23}}{l_2 l_3} + \frac{c_{23}}{l_3{}^2}\right) + \frac{l_3}{6EJ}\right] = 0.$$

Unbekannt sind hierin M_{12} und M_{23}.

Fünf Stützen.

$$\frac{c_{01}}{l_1}\mathfrak{A}_1{}^l - \left(\frac{c_{12}}{l_1} + \frac{c_{12}}{l_2}\right)(\mathfrak{A}_1{}^r + \mathfrak{A}_2{}^l) + \frac{c_{23}}{l_2}(\mathfrak{A}_2{}^r + \mathfrak{A}_3{}^l) +$$

$$+ \left(\frac{6}{l_1}\mathfrak{L}_1 + \frac{6}{l_2}\mathfrak{R}_2\right)\frac{1}{6EJ} +$$

$$+ M_{01}\left[-\left(\frac{c_{12}}{l_1{}^2} + \frac{c_{12}}{l_1 l_2}\right) + \frac{l_1}{6EJ}\right] +$$

$$+ M_{12}\left[\left(\frac{c_{01}}{l_1{}^2} + \frac{c_{12}}{l_1{}^2} + 2\frac{c_{12}}{l_1 l_2} + \frac{c_{12}}{l_2{}^2} + \frac{c_{23}}{l_2{}^2}\right) + 2\frac{l_1 + l_2}{6EJ}\right] +$$

$$+ M_{23}\left[-\left(\frac{c_{12}}{l_1 l_2} + \frac{c_{12}}{l_2{}^2} + \frac{c_{23}}{l_2{}^2} + \frac{c_{23}}{l_2 l_3}\right) + \frac{l_2}{6EJ}\right] + M_{34}\frac{c_{23}}{l_2 l_3} = 0,$$

$$\frac{c_{12}}{l_2}(\mathfrak{A}_1{}^r + \mathfrak{A}_2{}^l) - \left(\frac{c_{23}}{l_2} + \frac{c_{23}}{l_3}\right)(\mathfrak{A}_2{}^r + \mathfrak{A}_3{}^l) + \frac{c_{34}}{l_3}(\mathfrak{A}_3{}^r + \mathfrak{A}_4{}^l) +$$

$$+ \left(\frac{6}{l_2}\mathfrak{L}_2 + \frac{6}{l_3}\mathfrak{R}_3\right)\frac{1}{6\,EJ} +$$

$$+ M_{01}\frac{c_{12}}{l_1\,l_2} + M_{12}\left[-\left(\frac{c_{12}}{l_1\,l_2} + \frac{c_{12}}{l_2{}^2} + \frac{c_{23}}{l_2{}^2} + \frac{c_{23}}{l_2\,l_3}\right) + \frac{l_2}{6\,EJ}\right] +$$

$$+ M_{23}\left[\left(\frac{c_{12}}{l_2{}^2} + \frac{c_{23}}{l_2{}^2} + 2\frac{c_{23}}{l_2\,l_3} + \frac{c_{23}}{l_3{}^2} + \frac{c_{34}}{l_3{}^2}\right) + 2\frac{l_2 + l_3}{6\,EJ}\right] +$$

$$+ M_{34}\left[-\left(\frac{c_{23}}{l_2\,l_3} + \frac{c_{23}}{l_3{}^2} + \frac{c_{34}}{l_3{}^2} + \frac{c_{34}}{l_3\,l_4}\right) + \frac{l_3}{6\,EJ}\right] + M_{40}\frac{c_{34}}{l_3\,l_4} = 0,$$

$$\frac{c_{23}}{l_3}(\mathfrak{A}_2{}^r + \mathfrak{A}_3{}^l) - \left(\frac{c_{34}}{l_3} + \frac{c_{34}}{l_4}\right)(\mathfrak{A}_3{}^r + \mathfrak{A}_4{}^l) + \frac{c_{40}}{l_4}\mathfrak{A}_4{}^r + \left(\frac{6}{-}\mathfrak{L}_3 + \frac{6}{l_4}\mathfrak{R}_4\right)\frac{1}{6\,EJ}$$

$$+ M_{12}\frac{c_{23}}{l_2\,l_3} + M_{23}\left[-\left(\frac{c_{23}}{l_2\,l_3} + \frac{c_{23}}{l_3{}^2} + \frac{c_{34}}{l_3{}^2} + \frac{c_{34}}{l_3\,l_4}\right) + \frac{l_3}{6\,EJ}\right] +$$

$$+ M_{34}\left[\left(\frac{c_{23}}{l_3{}^2} + \frac{c_{34}}{l_3{}^2} + 2\frac{c_{34}}{l_3\,l_4} + \frac{c_{34}}{l_4{}^2} + \frac{c_{40}}{l_4{}^2}\right) + 2\frac{l_3 + l_4}{6\,EJ}\right] +$$

$$+ M_{40}\left[-\left(\frac{c_{34}}{l_3\,l_4} + \frac{c_{34}}{l_4{}^2}\right) + \frac{l_4}{6\,EJ}\right] = 0.$$

Unbekannt sind hierin M_{12}, M_{23} und M_{34}.

Beliebige Stützenzahl.

$$\frac{c_{01}}{l_1}\mathfrak{A}_1{}^l - \left(\frac{c_{12}}{l_1} + \frac{c_{12}}{l_2}\right)(\mathfrak{A}_1{}^r + \mathfrak{A}_2{}^l) + \frac{c_{23}}{l_2}(\mathfrak{A}_2{}^r + \mathfrak{A}_3{}^l) + \left(\frac{6}{l_1}\mathfrak{L}_1 + \frac{6}{l_2}\mathfrak{R}_2\right)\frac{1}{6\,EJ}$$

$$+ M_{01}\left[-\left(\frac{c_{12}}{l_1{}^2} + \frac{c_{12}}{l_1\,l_2}\right) + \frac{l_1}{6\,EJ}\right] +$$

$$+ M_{12}\left[\left(\frac{c_{01}}{l_1{}^2} + \frac{c_{12}}{l_1{}^2} + 2\frac{c_{12}}{l_1\,l_2} + \frac{c_{12}}{l_2{}^2} + \frac{c_{23}}{l_2{}^2}\right) + 2\frac{l_1 + l_2}{6\,EJ}\right] +$$

$$+ M_{23}\left[-\left(\frac{c_{12}}{l_1\,l_2} + \frac{c_{12}}{l_2{}^2} + \frac{c_{23}}{l_2{}^2} + \frac{c_{23}}{l_2\,l_3}\right) + \frac{l_2}{6\,EJ}\right] + M_{34}\frac{c_{23}}{l_2\,l_3} = 0,$$

$$\frac{c_{12}}{l_2}(\mathfrak{A}_1{}^r + \mathfrak{A}_2{}^l) - \left(\frac{c_{23}}{l_2} + \frac{c_{23}}{l_3}\right)(\mathfrak{A}_2{}^r + \mathfrak{A}_3{}^l) + \frac{c_{34}}{l_3}(\mathfrak{A}_3{}^r + \mathfrak{A}_4{}^l) +$$

$$+ \left(\frac{6}{l_2}\mathfrak{L}_2 + \frac{6}{l_3}\mathfrak{R}_3\right)\frac{1}{6\,EJ} +$$

$$+ M_{01}\frac{c_{12}}{l_1\,l_2} + M_{12}\left[-\left(\frac{c_{12}}{l_1\,l_2} + \frac{c_{12}}{l_2{}^2} + \frac{c_{23}}{l_2{}^2} + \frac{c_{23}}{l_2\,l_3}\right) + \frac{l_2}{6\,EJ}\right] +$$

$$+ M_{23}\left[\left(\frac{c_{12}}{l_2{}^2} + \frac{c_{23}}{l_2{}^2} + 2\frac{c_{23}}{l_2\,l_3} + \frac{c_{23}}{l_3{}^2} + \frac{c_{34}}{l_3{}^2}\right) + 2\frac{l_2 + l_3}{6\,EJ}\right] +$$

$$+ M_{34}\left[-\left(\frac{c_{23}}{l_2\,l_3} + \frac{c_{23}}{l_3{}^2} + \frac{c_{34}}{l_3{}^2} + \frac{c_{34}}{l_3\,l_4}\right) + \frac{l_3}{6\,EJ}\right] + M_{45}\frac{c_{34}}{l_3\,l_4} = 0,$$

$$\frac{c_{23}}{l_3}\left(\mathfrak{A}_2{}^r+\mathfrak{A}_3{}^l\right)-\left(\frac{c_{34}}{l_3}+\frac{c_{34}}{l_4}\right)\left(\mathfrak{A}_3{}^r+\mathfrak{A}_4{}^l\right)+\frac{c_{45}}{l_4}\left(\mathfrak{A}_4{}^r+\mathfrak{A}_5{}^l\right)+$$

$$+\left(\frac{6}{l_3}\,\mathfrak{L}_3+\frac{6}{l_4}\,\mathfrak{R}_4\right)\frac{1}{6\,EJ}+$$

$$+M_{12}\frac{c_{23}}{l_2\,l_3}+M_{23}\left[-\left(\frac{c_{23}}{l_2\,l_3}+\frac{c_{23}}{l_3{}^2}+\frac{c_{34}}{l_3{}^2}+\frac{c_{34}}{l_3\,l_4}\right)+\frac{l_3}{6\,EJ}\right]+$$

$$+M_{34}\left[\left(\frac{c_{23}}{l_3{}^2}+\frac{c_{34}}{l_3{}^2}+2\frac{c_{34}}{l_3\,l_4}+\frac{c_{34}}{l_4{}^2}+\frac{c_{45}}{l_4{}^2}\right)+2\frac{l_3+l_4}{6\,EJ}\right]+$$

$$+M_{45}\left[-\left(\frac{c_{34}}{l_3\,l_4}+\frac{c_{34}}{l_4{}^2}+\frac{c_{45}}{l_4{}^2}+\frac{c_{45}}{l_4\,l_5}\right)+\frac{l_4}{6\,EJ}\right]+M_{56}\frac{c_{45}}{l_4\,l_5}=0,$$

usw. Die erste und letzte Gleichung enthält je 3 unbekannte, die zweite und vorletzte je 4, alle anderen je 5 unbekannte M. Für Träger ohne Kragenden, also mit Endstützen, fällt das erste und das letzte Moment M_{01} und $M_{n\,0}$ fort. Man erhält stets soviel Gleichungen als unbekannte Stützmomente vorhanden sind.

$c=0$, d. h. starre Stützen, liefern sofort die bisherigen Clapeyronschen Gleichungen.

Gleiche c und l liefern bedeutende Vereinfachungen. Multipliziert man die Gleichungen mit $6\,EJ:l$ und setzt zur Abkürzung

$$\frac{6\,EJ\,c}{l^3}=n \quad \text{(d. i. eine unbenannte Zahl),}$$

dann ergibt sich

für drei Stützen

$$l\,n\left[\mathfrak{A}_1{}^l-2\left(\mathfrak{A}_1{}^r+\mathfrak{A}_2{}^l\right)+\mathfrak{A}_2{}^r\right]+\frac{6}{l^2}\left(\mathfrak{L}_1+\mathfrak{R}_2\right)+$$
$$+M_{01}(1-2\,n)+M_{12}(4+6\,n)+M_{20}(1-2\,n)=0,$$

für vier Stützen

$$l\,n\left[\mathfrak{A}_1{}^l-2\left(\mathfrak{A}_1{}^r+\mathfrak{A}_2{}^l\right)+\left(\mathfrak{A}_2{}^r+\mathfrak{A}_3{}^l\right]+\frac{6}{l^2}\left(\mathfrak{L}_2+\mathfrak{R}_3\right)+$$
$$+M_{01}(1-2\,n)+M_{12}(4+6\,n)+M_{23}(1-4\,n)+M_{30}\,n=0,$$

$$l\,n\left[\left(\mathfrak{A}_1{}^r+\mathfrak{A}_2{}^l\right)-2\left(\mathfrak{A}_2{}^r+\mathfrak{A}_3{}^l\right)+\mathfrak{A}_3{}^r\right]+\frac{6}{l^2}\left(\mathfrak{L}_2+\mathfrak{R}_3\right)+$$
$$+M_{01}\,n+M_{12}(1-4\,n)+M_{23}(4+6\,n)+M_{30}(1-2\,n)=0,$$

für fünf Stützen

$$l\,n\left[\mathfrak{A}_1{}^l-2\left(\mathfrak{A}_1{}^r+\mathfrak{A}_2{}^l\right)+\left(\mathfrak{A}_2{}^r+\mathfrak{A}_3{}^l\right)\right]+\frac{6}{l^2}\left(\mathfrak{L}_1+\mathfrak{R}_2\right)+$$
$$+M_{01}(1-2\,n)+M_{12}(4+6\,n)+M_{23}(1-4\,n)+M_{34}\,n=0,$$

$$l\,n\left[\left(\mathfrak{A}_1{}^r+\mathfrak{A}_2{}^l\right)-2\left(\mathfrak{A}_2{}^r+\mathfrak{A}_3{}^l\right)+\left(\mathfrak{A}_3{}^r+\mathfrak{A}_4{}^l\right)\right]+\frac{6}{l^2}\left(\mathfrak{L}_2+\mathfrak{R}_3\right)+$$
$$+M_{01}\,n+M_{12}(1-4\,n)+M_{23}(4+6\,n)+$$
$$+M_{34}(1-4\,n)+M_{40}=0,$$

$$l\,n\left[(\mathfrak{A}_2{}^r + \mathfrak{A}_3{}^l) - 2\,(\mathfrak{A}_3{}^r + \mathfrak{A}_4{}^l) + \mathfrak{A}_4{}^r\right] + \frac{6}{l^2}\,(\mathfrak{L}_3 + \mathfrak{R}_4) +$$
$$+ M_{12}\,n + M_{23}\,(1 - 4\,n) + M_{34}\,(4 + 6\,n) + M_{40}\,(1 - 2\,n) = 0,$$

für beliebige Stützenzahl

$$l\,n\left[\mathfrak{A}_1{}^l - 2\,(\mathfrak{A}_1{}^r + \mathfrak{A}_2{}^l) + (\mathfrak{A}_2{}^r + \mathfrak{A}_3{}^l)\right] + \frac{6}{l^2}\,(\mathfrak{L}_1 + \mathfrak{R}_2) +$$
$$+ M_{01}\,(1 - 2\,n) + M_{12}\,(4 + 6\,n) + M_{23}\,(1 - 4\,n) + M_{34}\,n = 0,$$

$$l\,n\left[(\mathfrak{A}_1{}^r + \mathfrak{A}_2{}^l) - 2\,(\mathfrak{A}_2{}^r + \mathfrak{A}_3{}^l) + (\mathfrak{A}_3{}^r + \mathfrak{A}_4{}^l)\right] + \frac{6}{l^2}\,(\mathfrak{L}_2 + \mathfrak{R}_3) +$$
$$+ M_{01}\,n + M_{12}\,(1 - 4\,n) + M_{23}\,(4 + 6\,n) +$$
$$+ M_{34}\,(1 - 4\,n) + M_{45}\,n = 0,$$

$$l\,n\left[(\mathfrak{A}_2{}^r + \mathfrak{A}_3{}^l) - 2\,(\mathfrak{A}_3{}^r + \mathfrak{A}_4{}^l) + (\mathfrak{A}_4{}^r + \mathfrak{A}_5{}^l)\right] + \frac{6}{l^2}\,(\mathfrak{L}_3 + \mathfrak{R}_4) +$$
$$+ M_{12}\,n + M_{23}\,(1 - 4\,n) + M_{34}\,(4 + 6\,n) +$$
$$+ M_{45}\,(1 - 4\,n) + M_{56}\,n = 0,$$

$$l\,n\left[(\mathfrak{A}_3{}^r + \mathfrak{A}_4{}^l) - 2\,(\mathfrak{A}_4{}^r + \mathfrak{A}_5{}^l) + (\mathfrak{A}_5{}^r + \mathfrak{A}_6{}^l)\right] + \frac{6}{l^2}\,(\mathfrak{L}_4 + \mathfrak{R}_5) +$$
$$+ M_{23}\,n + M_{34}\,(1 - 4\,n) + M_{45}\,(4 + 6\,n) +$$
$$+ M_{56}\,(1 - 4\,n) + M_{67}\,n = 0, \quad \text{usw.}$$

Je kleiner c bzw. n ist, desto mehr nähern sich die Stützen den starren; $n = 0$ liefert sofort die bisherigen Clapeyronschen Gleichungen.

In praktischen Fällen darf man bei $n \leqq$ etwa 0,025 die Stützen als starr betrachten.

Zahlenbeispiel nach Bild 441. Sieben gleiche Unterzüge, durch I 16 von 400 cm Länge gebildet, über deren Mitte der Hauptträger läuft. Somit ist

$$c = \frac{1 \cdot l^3}{E\,J \cdot 48} = \frac{1 \cdot 400^3}{2\,150\,000 \cdot 935 \cdot 48} = 0,000\,663\,.$$

Für den Hauptträger von I 30 ist $l = 500$ cm, $J = 9800$ cm⁴, somit

$$n = \frac{6\,E\,J\,c}{l^3} = \frac{6 \cdot 2\,150\,000 \cdot 9800 \cdot 0,000\,663}{500^3} = 0,672\,.$$

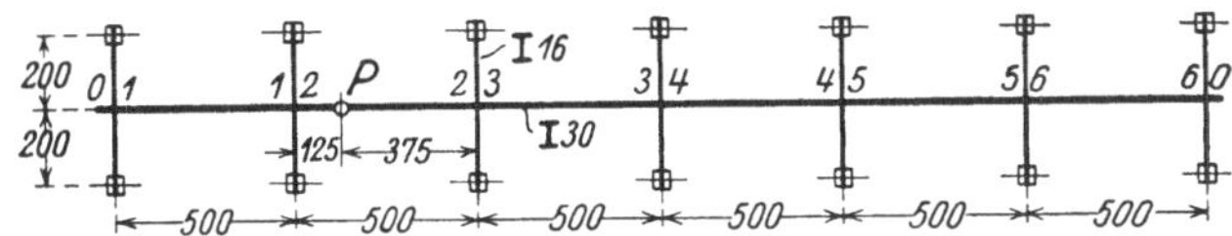

Bild 441. Der durchlaufende Träger auf elastischen Unterzügen.

Die Belastung besteht aus einer Einzellast von 1000 kg auf dem zweiten Felde im Abstande $0,25\,l$ bzw. $0,75\,l$ von den Stützen. Demnach ist

$$\mathfrak{A}_2{}^l = 750\ \text{kg} \quad \text{und} \quad \mathfrak{A}_2{}^r = 250\ \text{kg; alle andern } \mathfrak{A} \text{ sind Null.}$$

Ferner ist

$$\mathfrak{L}_2 = 1000\,\frac{125 \cdot 375}{6}\,(500 + 125) = 4\,880\,000\,000\,,$$

$$\mathfrak{R}_2 = 1000\,\frac{125 \cdot 375}{6}\,(500 + 375) = 6\,840\,000\,000\,,$$

alle anderen $\mathfrak{L}$ und $\mathfrak{R}$ sind Null, ebenso die Kragarmmomente. Die Beiwerte der M sind

$$1 - 4\,n = 1 - 4 \cdot 0{,}672 = -1{,}688,$$
$$4 + 6\,n = 4 + 6 \cdot 0{,}672 = +8{,}032.$$

Die Gleichungen lauten somit

$$\left.\begin{array}{l} 500 \cdot 0{,}672\,[-2 \cdot 750 + 250] \\[4pt] \quad + \dfrac{6}{500^{\,2}} \cdot 6\,840\,000\,000 \end{array}\right\} +8032\,M_{12} - 1{,}688\,M_{23} + 0{,}672\,M_{34} \cdots\cdots\cdots = 0$$

$$\left.\begin{array}{l} 500 \cdot 0{,}672\,[750 - 2 \cdot 250] \\[4pt] \quad + \dfrac{6}{500^{\,2}} \cdot 4\,880\,000\,000 \end{array}\right\} -1{,}688\,M_{12} + 8{,}032\,M_{23} - 1{,}688\,M_{34} + 0{,}672\,M_{45} \cdots\cdots = 0$$

$$500 \cdot 0{,}672\,[250] \cdots\cdots + 0{,}672\,M_{12} - 1{,}688\,M_{23} + 8{,}032\,M_{34} - 1{,}688\,M_{45} + 0{,}672\,M_{56} = 0$$

$$0 \cdots\cdots\cdots\cdots\cdots\cdots + 0{,}672\,M_{23} - 1{,}688\,M_{34} + 8{,}032\,M_{45} - 1{,}688\,M_{56} = 0$$

$$\cdots\cdots\cdots\cdots\cdots\cdots\cdots + 0{,}672\,M_{34} - 1{,}688\,M_{45} + 8{,}032\,M_{56} = 0$$

oder

$$+8{,}032\,M_{12} - 1{,}688\,M_{23} + 0{,}672\,M_{34} \cdots\cdots\cdots\cdots - 255\,840 = 0$$
$$-1{,}688\,M_{12} + 8{,}032\,M_{23} - 1{,}688\,M_{34} + 0{,}672\,H_{45} \cdots\cdots + 201\,120 = 0$$
$$+0{,}672\,M_{12} - 1{,}688\,M_{23} + 8{,}032\,M_{34} + 1{,}688\,M_{45} + 0{,}672\,M_{56} + \;\; 84\,000 = 0$$
$$+0{,}672\,M_{23} - 1{,}688\,M_{34} + 8{,}032\,M_{45} - 1{,}688\,M_{56} \cdots + 0 = 0$$
$$+0{,}672\,M_{34} - 1{,}688\,M_{45} + 8{,}032\,M_{56} \cdots + 0 = 0.$$

Über die zahlenmäßige Berechnung dieser Gleichungen s. S. 274; die Lösungen sind

$$M_{12} = +28\,596, \qquad M_{23} = -22\,688, \qquad M_{34} = -18\,064, \qquad M_{45} = -1653,$$
$$M_{56} = +1164 \text{ kgcm}.$$

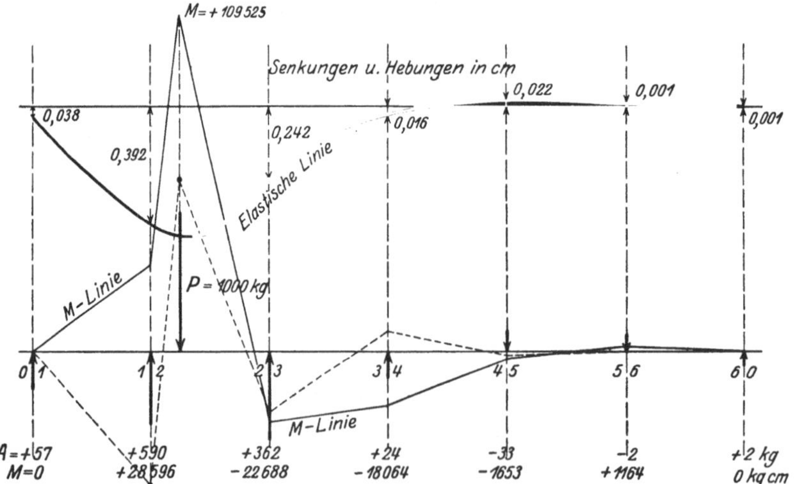

Bild 442. Die M-Linie und elastische Linie hierzu.

Damit berechnen sich nach S. 191 die Auflagerkräfte

$$A_{01} = \frac{28\,596}{500} = +\;57\,\text{kg},$$

$$A_{12} = 750 + \frac{0 - 28\,596}{500} + \frac{-22\,688 - 28\,596}{500} = 750 - 57 - 103 = +590\,\text{kg},$$

$$A_{23} = 250 + \frac{28\,596 + 22\,688}{500} + \frac{-18\,064 + 22\,688}{500} = 250 + 103 + 9 = +\,362\,\text{kg}$$

$$A_{34} = \frac{-22\,688 + 18\,064}{500} + \frac{-1653 + 18\,064}{500} = -\,9 + 33 \quad = +\ 24\,\text{kg},$$

$$A_{45} = \frac{-18\,064 + 1653}{500} + \frac{1164 + 1653}{500} = -33 + 0 \quad = -\ 33\,\text{kg},$$

$$A_{56} = \frac{-1653 - 1164}{500} + \frac{0 - 1164}{500} = 0 - 2 \quad = -\ 2\,\text{kg},$$

$$A_{60} = \frac{+1164}{500} \qquad\qquad\qquad\qquad = +\ 2\,\text{kg}.$$

Probe:

$$\begin{aligned}
\text{Nach unten wirkt} \quad & 1000 + 33 + 2 & = 1035\,\text{kg}\,, \\
\text{nach oben wirkt} \quad & 57 + 590 + 362 + 24 + 2 & = 1035\,\text{kg}\,.
\end{aligned}$$

Die Auflagerstellen des Trägers (die Mitten der Unterzüge) senken sich um $y = 0{,}000\,663\ A$ cm; bei negativen A tritt Hebung ein.

Bild 442 zeigt die M-Linie, die A und die elastische Linie. Die schwach strichierte M-Linie in gleichem Maßstabe dargestellt, gilt für den durchlaufenden Träger unter Annahme starrer Stützen. Der erhebliche Unterschied beider M-Linien zeigt deutlich, daß in solchem Falle die Nachgiebigkeit der Stützen trotz der erhöhten Rechenarbeit unbedingt zu berücksichtigen ist.

Der durchlaufende Träger für wechselnde Trägheitsmomente. Die J seien innerhalb eines Feldes unveränderlich, aber von Feld zu Feld wechselnd, also J_i für Feld l_i, J_k für Feld l_h. Die Stützen seien starr. Damit lautet Gl. (1) und (2) auf S. 176

$$6\,E\alpha_k{}^{ik} = \frac{l_k}{J_k}\,(2\,M_{ik} + M_{kl}) + \frac{6}{l_k\,J_k}\,\mathfrak{R}_k\,,$$

$$6\,E\alpha_i{}^{ik} = \frac{l_i}{J_i}\,(2\,M_{ik} + M_{hi}) + \frac{6}{l_i\,J_i}\,\mathfrak{L}_i\,.$$

Das liefert mit $\alpha_i{}^{ik} + \alpha_k{}^{ik} = 0$

$$M_{hi}\frac{l_i}{J_i} + 2\,M_{ik}\left(\frac{l_i}{J_i} + \frac{l_k}{J_k}\right) + M_{kl}\frac{l_k}{J_k} + \frac{6}{l_i\,J_i}\,\mathfrak{L}_i + \frac{6}{l_k\,J_k}\,\mathfrak{R}_k = 0\,.$$

Man führt nun ein beliebiges Trägheitsmoment J_0 ein (zweckmäßig das größte aller wirklichen J), multipliziert diese Gleichung mit diesem J_0 und erhält

$$M_{hi}\frac{l_i\,J_0}{J_i} + 2\,M_{ik}\left(\frac{l_i\,J_0}{J_i} + \frac{l_k\,J_0}{J_k}\right) + M_{kl}\frac{l_k\,J_0}{J_k} + \frac{6\,J_0}{l_i\,J_i}\,\mathfrak{L}_i + \frac{6\,J_0}{l_k\,J_k}\,\mathfrak{R}_k = 0$$

oder mit $J_i : J_0 = i_i$ und $J_k : J_0 = i_k$

$$M_{hi}\frac{l_i}{i_i} + 2\,M_{ik}\left(\frac{l_i}{i_i} + \frac{l_k}{i_k}\right) + M_{kl}\frac{l_k}{i_k} + \frac{6}{l_i\,i_i}\,\mathfrak{L}_i + \frac{6}{l_k\,i_k}\,\mathfrak{R}_k = 0$$

oder mit $l_i : i_i = v_i$, $l_k : i_k = v_k$ und $\mathfrak{L}_i : i_i{}^2 = \mathfrak{L}_i{}'$, $\mathfrak{R}_k : i_k{}^2 = \mathfrak{R}_k{}'$

$$M_{hi}\,v_i + 2\,M_{ik}\,(v_i + v_k) + M_{kl}\,v_k + \frac{6}{v_i}\,\mathfrak{L}_i{}' + \frac{6}{v_k}\,\mathfrak{R}_k{}' = 0\,.$$

Hieraus folgen die Gleichungen

$$M_{01}\,v_1 + 2\,M_{12}\,(v_1 + v_2) + M_{23}\,v_2 \qquad\qquad + \frac{6}{v_1}\,\mathfrak{L}_1{}' + \frac{6}{v_2}\,\mathfrak{R}_2{}' = 0,$$

$$M_{12}\,v_2 + 2\,M_{23}\,(v_2 + v_3) + \;\; M_{34}\,v_3 \qquad\quad + \frac{6}{v_2}\,\mathfrak{L}_2{}' + \frac{6}{v_3}\,\mathfrak{R}_3{}' = 0,$$

$$M_{23}\,v_3 + 2\,M_{34}\,(v_3 + v_4) + M_{45}\,v_4 + \frac{6}{v_3}\,\mathfrak{L}_3{}' + \frac{6}{v_4}\,\mathfrak{R}_4{}' = 0$$

$$\cdots\cdots\cdots\cdots\cdots\cdots\cdots\cdots\cdots\cdots\cdots\cdots$$

$$\cdots\cdots\cdots\cdots\cdots\cdots\cdots\cdots\cdots\cdots\cdots\cdots$$

Hierin ist M_{01} das gegebene Kragarmmoment, das beim Fehlen des Kragarmes oder einer Außenlast verschwindet; entsprechend gilt für das letzte Moment $M_{n\,0}$.

Diese Gleichungen können ohne weiteres zur Berechnung der Stützmomente dienen.

Beispiel hierzu. Für das auf S. 194 behandelte Beispiel Nr. 3 seien für die Felder 1, 2 und 3 die Träger I 24, 30 und 26 gewählt. Somit ist

$$J_1 = 4246, \qquad J_2 = 9800, \qquad J_3 = 5744 \text{ cm}^4$$

und mit $J_0 = 9800$ cm⁴

$$i_1 = \frac{4246}{9800} = 0{,}438, \qquad i_2 = 1{,}0, \qquad i_3 = \frac{5744}{9800} = 0{,}586,$$

$$v_1 = \frac{5{,}0}{0{,}438} = 11{,}40, \qquad v_2 = \frac{4{,}0}{1{,}0} = 4{,}0, \qquad v_3 = \frac{7{,}0}{0{,}586} = 11{,}92,$$

$$\mathfrak{L}_1{}' = \frac{40{,}0}{0{,}438^2} = 208{,}0, \qquad\qquad \mathfrak{R}_2{}' = \frac{20{,}5}{1{,}0^2} = 20{,}5,$$

$$\mathfrak{L}_2{}' = \frac{21{,}5}{1{,}0^2} = 21{,}5, \qquad\qquad \mathfrak{R}_3{}' = \frac{100{,}0}{0{,}586^2} = 291{,}0.$$

Hiernach die Gleichungen

$$-2{,}0 \cdot 11{,}40 + 2\,M_{12}\,(11{,}40 + 4{,}0) + M_{23} \cdot 4{,}0 + \frac{6}{11{,}40} \cdot 208{,}0 + \frac{6}{4{,}0} \cdot 20{,}5 = 0,$$

$$M_{12} \cdot 4{,}0 + 2\,M_{23}\,(4{,}0 + 11{,}92) - 1{,}0 \cdot 11{,}92 + \frac{6}{4{,}0} \cdot 21{,}5 + \frac{6}{11{,}92} \cdot 291{,}0 = 0$$

mit den Lösungen

$$M_{12} = -3{,}19 \quad \text{und} \quad M_{23} = -4{,}82.$$

Die M-Linie hierzu wird in gleicher Weise wie nach Bild 438 gewonnen, nur sind an Stelle der früheren Stützmomente die jetzigen aufzutragen.

Auch alle andern rechnenden Verfahren lassen sich hier verwenden, wenn man nicht mit den wirklichen Strecken l, sondern mit den umgerechneten Strecken v und den Werten $\mathfrak{L}'$ und $\mathfrak{R}'$ arbeitet.

Die Belastung des beliebigen Feldes l_i durch die Einzellast P verlangt für die spätere Verwendung bei den Einflußlinien eine gesonderte Behandlung. Zunächst ermittelt man die Festpunkte L und R für die ungerechneten v-Strecken nach Bild 443 durch Rechnung oder Zeichnung in gleicher Weise wie bisher für die l-Strecken und erhält damit auf den v-Strecken die Abschnitte λ und ϱ. Dann ist für beliebige Belastung des Feldes l_i entsprechend den bisherigen Formeln nach S. 184

$$M_{hi} = -\frac{6}{v_i^2}\cdot\frac{\mathfrak{R}_i' - \mathfrak{L}_i'\dfrac{\varrho_i}{\varrho_i'}}{\dfrac{\lambda_i'}{\lambda_i} - \dfrac{\varrho_i}{\varrho_i'}},$$

worin

$$v_i = l_i : i_i, \qquad \mathfrak{R}_i' = \mathfrak{R}_i : i_i^2$$

und $\qquad\qquad \mathfrak{L}_i' = \mathfrak{L}_i : i_i^2 .$

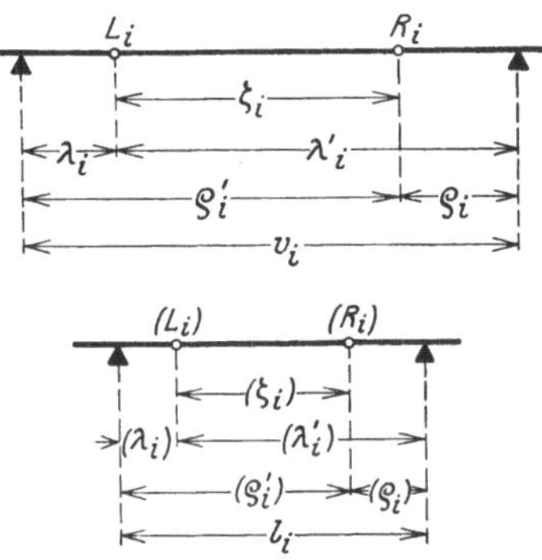

Bild 443. Die Festpunkte auf den v_i- und l_i-Strecken für den durchlaufenden Träger mit wechselnden J.

Für Last P im Abstande αl_i und βl_i von den Stützen hi und ik ist

$$\mathfrak{R}_i = P l_i^3 \alpha\beta(1+\beta) : 6$$

und $\qquad \mathfrak{L}_i = P l_i^3 \alpha\beta(1+\alpha) : 6 .$

Werden nun die l-Strecken nach Bild 443 im gleichen Verhältnis wie die v-Strecken durch die Festpunkte (L) und (R) aufgeteilt, dann gilt für die Strecken (λ_i), (λ_i'), (ϱ_i) und (ϱ_i')

$$\lambda_i : \lambda_i' = (\lambda_i):(\lambda_i'), \qquad \varrho_i:\varrho_i' = (\varrho_i):(\varrho_i'),$$

$$\frac{(\lambda_i)}{\lambda_i} = \frac{(\lambda_i')}{\lambda_i'} = \frac{(\varrho_i)}{\varrho_i} = \frac{(\varrho_i')}{\varrho_i'} = \frac{l_i}{v_i} = i_i,$$

woraus

$$(\lambda_i) = \lambda_i i_i, \quad (\lambda_i') = \lambda_i' i_i, \quad (\varrho_i) = \varrho_i i_i, \quad (\varrho_i') = \varrho_i i_i .$$

Damit folgt

$$M_{hi} = -\frac{6P\,l_i^3\,\alpha\beta(1+\beta)\dfrac{1}{6 i_i^2} - l_i^3\,\alpha\beta(1+\alpha)\dfrac{1}{6 i_i}\dfrac{(\varrho_i)}{(\varrho_i')}}{\dfrac{l_i^2}{i_i^2}\cdot\dfrac{\dfrac{(\lambda_i')}{(\lambda_i)} - \dfrac{(\varrho_i)}{(\varrho_i')}}{}} =$$

$$= -P l_i \frac{\alpha\beta(1+\beta) - \alpha\beta(1+\alpha)\dfrac{(\varrho_i)}{(\varrho_i')}}{\dfrac{(\lambda_i')}{(\lambda_i)} - \dfrac{(\varrho_i)}{(\varrho_i')}} =$$

$$= -P l_i \frac{\alpha\beta(1+\beta)(\lambda_i)(\varrho_i') - \alpha\beta(1+\alpha)(\lambda_i)(\varrho_i)}{(\lambda_i')(\varrho_i') - (\lambda_i)(\varrho_i)} =$$

$$= P\left[-\alpha\beta(1+\beta)\frac{(\lambda_i)(\varrho_i')}{(\zeta_i)} + \alpha\beta(1+\alpha)\frac{(\lambda_i)(\varrho_i)}{(\zeta_i)}\right]$$

und in gleicher Weise

$$M_{ik} = P\left[-\alpha\beta(1+\alpha)\frac{(\lambda_i')(\varrho_i)}{(\zeta_i)}\right] + \alpha\beta(1+\beta)\frac{(\lambda_i)(\varrho_i)}{(\zeta)_i},$$

worin

$$(\zeta_i) = l_i - (\lambda_i) - (\varrho_i).$$

Man erhält somit für die Stütz- und Lastpunktmomente dieselben Tafeln wie nach S. 188, aber mit den Werten (λ), (λ'), (ϱ) und (ϱ') statt der bisherigen Werte λ, λ', ϱ und ϱ'.

Über Anwendung dieser Formeln und Tafeln s. S. 299.

4. Zusammengesetzte Biegestabgebilde.

Die bisher behandelten einfachen Stabgebilde lassen sich in beliebiger Weise zusammensetzen und liefern maschinen- oder bautechnisch wichtige Fälle. Sie sind stets mehrfach statisch unbestimmt und verursachen dementsprechend umfangreiche Rechnungen.

Der biegungsfeste Stabzug mit Einspannung. Mehrere Stabbogen seien unter sich und mit den Stützen biegungsfest verbunden und die Stützen seien im Boden eingespannt; Bild 444 zeigt einen solchen vierfeldrigen Stabzug. Wie bisher schon an einigen Stellen angedeutet, besteht weitgehende Freiheit in der Wahl des statisch bestimmten Grundsystems und der daraus folgenden statisch Unbestimmten. Beispielsweise könnte die Mittelstütze nach Bild 445 eingespannt bleiben und die andern vier Stützen durchschnitten werden; an den Schnittstellen treten dann je drei Unbestimmte auf, nämlich eine Längskraft, eine Querkraft und ein Moment, zusammen also $4 \times 3 = 12$ Unbestimmte, die so zu ermitteln sind, daß

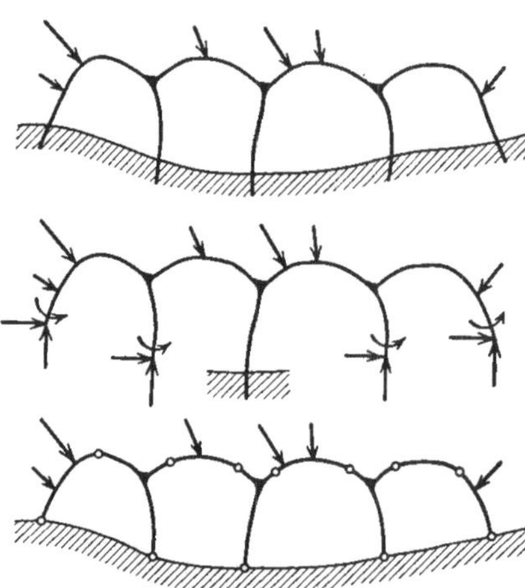

Bild 444—446. Der biegungsfeste Stabzug mit Einspannung.

die Schnittstellen nicht klaffen und die elastische Linie an diesen Stellen keinen Knick erhält. Oder man könnte durch Einführung von 12 Gelenken nach Bild 446 einen fortlaufenden Dreigelenkstabzug gewinnen; die 12 statisch unbestimmten Momentenpaare wären dann so zu ermitteln, daß an diesen Stellen der Knick in der elastischen Linie verschwindet.

Aus den auf S. 271 genannten Gründen würden diese Annahmen unbequem aufzustellende und zu lösende Elastizitätsgleichungen verursachen. Daher soll das statisch bestimmte Grundsystem so gewählt werden, daß die Lasten und besonders die statisch Unbestimmten auf kürzestem Wege in den festen Boden geleitet werden. Allgemeiner ausgedrückt: Die statisch Unbestimmten sind so zu wählen, daß sie möglichst kleine Stabteile beeinflussen.

Zu diesem Zwecke schneiden wir den Stabzug nach Bild 447, so daß fünf eingespannte Stützen mit ausragenden Stabstücken entstehen. An jedem Schnitt treten drei statisch Unbestimmte auf, nämlich

$X_1 X_4 X_7 X_{10}$ als Horizontalkräfte (als Druck angenommen), $X_2 X_5 X_8 X_{11}$ als Vertikalkräfte und $X_3 X_6 X_9 X_{12}$ als Momente, die so zu bestimmen sind, daß an den Schnittstellen kein Klaffen in wagrechter und in senkrechter Richtung und kein Knick in der elastischen Linie entsteht. Ein Stabzug mit n Feldern ist demnach $3n$-fach statisch unbestimmt.

Die fortgesetzte Anwendung des Falles 12 liefert die Ansätze

$$\int \frac{M' \mathfrak{M}_1}{i} ds + X_1 \int \frac{\mathfrak{M}_1 \mathfrak{M}_1}{i} ds + X_2 \int \frac{\mathfrak{M}_1 \mathfrak{M}_2}{i} ds + X_3 \int \frac{\mathfrak{M}_1 \mathfrak{M}_3}{i} ds + \cdots = 0,$$

$$\int \frac{M' \mathfrak{M}_2}{i} ds + X_1 \int \frac{\mathfrak{M}_2 \mathfrak{M}_1}{i} ds + X_2 \int \frac{\mathfrak{M}_2 \mathfrak{M}_2}{i} ds + X_3 \int \frac{\mathfrak{M}_2 \mathfrak{M}_3}{i} ds + \cdots = 0$$

usw.

Hierin gelten die M' für die Belastung, die $\mathfrak{M}_1$ für $X_1 = 1$, die $\mathfrak{M}_2$ für $X_2 = 1$ usw. Das unveränderliche E ist gestrichen und wie beim einfachen Rahmen sind statt der J deren Verhältnisse $i = J : J_0$ eingeführt, worin J_0 einen beliebigen Wert bezeichnet.

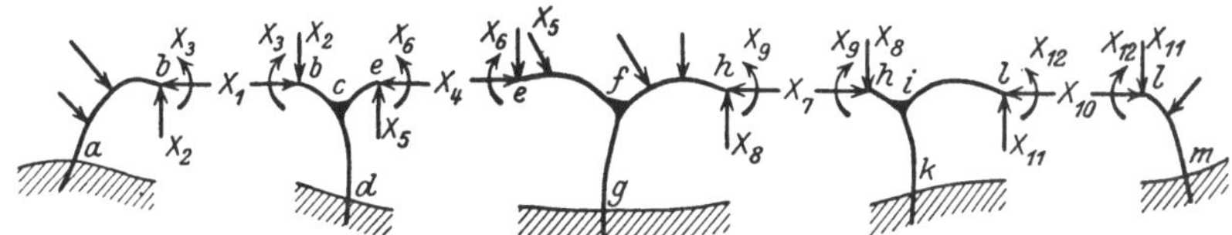

Bild 447. Der biegungsfeste Stabzug mit Einspannung.
Grundsystem und statisch Unbestimmte.

Die Wahl der Schnittstellen und der statisch Unbestimmten hat nun den Vorteil, daß sich die einzelnen $\mathfrak{M}$ nur über kleine Stabteile erstrecken und daher eine große Anzahl der Belastungswerte (das sind die ersten Glieder) und der X-Beiwerte verschwinden, was eine bedeutende Vereinfachung der Gleichungen bedeutet. Die $\mathfrak{M}_1$, $\mathfrak{M}_2$ und $\mathfrak{M}_3$ erstrecken sich über die Stücke ab und bcd, die $\mathfrak{M}_4$, $\mathfrak{M}_5$ und $\mathfrak{M}_6$ über dce und efg usw. Die Gleichungen erhalten somit die Form der Tafel 15 oder in abgekürzter Schreibweise die der Tafel 16.

Hierin ist zur Abkürzung

$$[1 \cdot 2] = \int \frac{\mathfrak{M}_1 \mathfrak{M}_2}{i} ds, \qquad [M' \cdot 1] = \int \frac{M' \mathfrak{M}_1}{i} ds \quad \text{usw.}$$

gesetzt und die Belastungswerte sind aus praktischen Gründen rechts angeschrieben. Die Zeiger über den Rechtecken bedeuten für die innerhalb der Rechtecke liegenden Werte die Strecken, über welche zu integrieren ist. Zu beachten sind ferner noch die Gleichheiten $[1 \cdot 2] = [2 \cdot 1]$, $[3 \cdot 2] = [2 \cdot 3]$ usw., allgemein $[i \cdot k] = [k \cdot i]$. Sämtliche Beiwerte der X sind nicht von der Belastung, sondern nur von der Stabform und der J-Verteilung abhängig, gelten also für beliebige Belastung.

Tafel 15. Schema der Elastizitätsgleichunge

$a\,b$ und $b\,c\,d$ $\qquad\qquad\qquad\qquad\qquad$ $c\,d$

$$
\begin{array}{l}
X_1[1\cdot1]+X_2[1\cdot2]+X_3[1\cdot3]\;+ \\
X_1[2\cdot1]+X_2[2\cdot2]+X_3[2\cdot3]\;+ \\
X_1[3\cdot1]+X_2[3\cdot2]+X_3[3\cdot3]\;+
\end{array}
\qquad
\begin{array}{l}
X_4[1\cdot4]+X_5[1\cdot5]+X_6[1\cdot6] \\
X_4[2\cdot4]+X_5[2\cdot5]+X_6[2\cdot6] \\
X_4[3\cdot4]+X_5[3\cdot5]+X_6[3\cdot6]
\end{array}
$$

$d\,c$ $\qquad\qquad\qquad\qquad\qquad$ $d\,c\,e$ und $e\,f\,g$

$$
\begin{array}{l}
X_1[4\cdot1]+X_2[4\cdot2]+X_3[4\cdot3]\;+ \\
X_1[5\cdot1]+X_2[5\cdot2]+X_3[5\cdot3]\;+ \\
X_1[6\cdot1]+X_2[6\cdot2]+X_3[6\cdot3]\;+
\end{array}
\qquad
\begin{array}{l}
X_4[4\cdot4]+X_5[4\cdot5]+X_6[4\cdot6]\;+ \\
X_4[5\cdot4]+X_5[5\cdot5]+X_6[5\cdot6]\;+ \\
X_4[6\cdot4]+X_5[6\cdot5]+X_6[6\cdot6]\;+
\end{array}
$$

$g\,f$

$$
\begin{array}{l}
X_4[7\cdot4]+X_5[7\cdot5]+X_6[7\cdot6]\;+ \\
X_4[8\cdot4]+X_5[8\cdot5]+X_6[8\cdot6]\;+ \\
X_4[9\cdot4]+X_5[9\cdot5]+X_6[9\cdot6]\;+
\end{array}
$$

$\cdots\qquad\cdots\qquad\cdots\qquad\cdots\qquad\cdots$

Tafel 16. Dasselbe in abgekürzter Schreibweise.

X_1	X_2	X_3	X_4	X_5	X_6	X_7	X_8	X_9	X_{10}	X_{11}	X_{12}	Belastungs-werte
1·1	1·2	1·3	1·4	1·5	1·6							$M'\cdot1$
2·1	2·2	2·3	2·4	2·5	2·6							$M'\cdot2$
3·1	3·2	**3·3**	3·4	3·5	3·6							$M'\cdot3$
4·1	4·2	4·3	**4·4**	4·5	4·6	4·7	4·8	4·9				$M'\cdot4$
5·1	5·2	5·3	5·4	**5·5**	5·6	5·7	5·8	5·9				$M'\cdot5$
6·1	6·2	6·3	6·4	6·5	**6·6**	6·7	6·8	6·9				$M'\cdot6$
			7·4	7·5	7·6	**7·7**	7·8	7·9	7·10	7·11	7·12	$M'\cdot7$
			8·4	8·5	8·6	8·7	**8·8**	8·9	8·10	8·11	8·12	$M'\cdot8$
			9·4	9·5	9·6	9·7	9·8	**9·9**	9·10	9·11	9·12	$M'\cdot9$
						10·7	10·8	10·9	**10·10**	10·11	10·12	$M'\cdot10$
						11·7	11·8	11·9	11·10	**11·11**	11·12	$M'\cdot11$
						12.7	12·8	12·9	12·10	12·11	**12·12**	$M'\cdot12$

Aus den genannten Beiwertengleichheiten folgt eine Symmetrie der
Beiwerte zu der durch fette Ziffern hervorgehobenen Diagonale
[1·1], [2·2] ... [12·12], so daß nur die Hälfte aller Beiwerte auszurechnen ist. Auf diese für die zahlenmäßige Berechnung sehr
wichtige Eigenschaft der Elastizitätsgleichungen kommen wir später
auf S. 269 nochmal ausführlich zurück.

Hiernach behandeln wir als Beispiel einen zweischiffigen Rahmenbinder mit zunächst noch ungenannter Belastung. Bild 448 zeigt das
System und die J, je unveränderlich innerhalb der betreffenden
Strecken; Bild 449 zeigt die statisch Unbestimmten. In die Rechnung
sind die Werte $i_c = J_c : J_0$, $i_e = J_e : J_0$ usw. einzusetzen, worin J_0
einen beliebigen Wert darstellt. Über die Vorzeichen aller Biege-

für den vierfeldrigen eingespannten Stabzug.

$$\begin{array}{ccccccc}
 & & & & & & a\,b\,c\,d \\
\cdot & \cdot & \cdot & \cdot & \cdot & \cdot & +\ \boxed{[M'\cdot 1]} = 0 \\
\cdot & \cdot & \cdot & \cdot & \cdot & \cdot & +\ \boxed{[M'\cdot 2]} = 0 \\
\cdot & \cdot & \cdot & \cdot & \cdot & \cdot & +\ \boxed{[M'\cdot 3]} = 0
\end{array}$$

$$\begin{array}{cc}
f\,g & d\,c\,e\,f\,g \\
+\ \boxed{X_7\,[4\cdot 7] + X_8\,[4\cdot 8] + X_9\,[4\cdot 9]} \qquad \cdot \qquad \cdot \qquad \cdot & +\ \boxed{[M'\cdot 4]} = 0 \\
+\ \boxed{X_7\,[5\cdot 7] + X_8\,[5\cdot 8] + X_9\,[5\cdot 9]} \qquad \cdot \qquad \cdot \qquad \cdot & +\ \boxed{[M'\cdot 5]} = 0 \\
+\ \boxed{X_7\,[6\cdot 7] + X_8\,[6\cdot 8] + X_9\,[6\cdot 9]} \qquad \cdot \qquad \cdot \qquad \cdot & +\ \boxed{[M'\cdot 6]} = 0
\end{array}$$

$$\begin{array}{ccc}
g\,f\,h \ \text{und}\ h\,i\,k & i\,k & g\,f\,h\,i\,k \\
+\ \boxed{X_7\,[7\cdot 7] + X_8\,[7\cdot 8] + X_9\,[7\cdot 9]} & +\ \boxed{X_{10}\,[7\cdot 10] + X_{11}\,[7\cdot 11] + X_{12}\,[7\cdot 12]} & +\ \boxed{[M'\cdot 7]} = 0 \\
+\ \boxed{X_7\,[8\cdot 7] + X_8\,[8\cdot 8] + X_9\,[8\cdot 9]} & +\ \boxed{X_{10}\,[8\cdot 10] + X_{11}\,[8\cdot 11] + X_{12}\,[8\cdot 12]} & +\ \boxed{[M'\cdot 8]} = 0 \\
+\ \boxed{X_7\,[9\cdot 7] + X_8\,[9\cdot 8] + X_9\,[9\cdot 9]} & +\ \boxed{X_{10}\,[9\cdot 10] + X_{11}\,[9\cdot 11] + X_{12}\,[9\cdot 12]} & +\ \boxed{[M'\cdot 9]} = 0
\end{array}$$

$$\begin{array}{ccc}
k\,i & k\,i\,l \ \text{und}\ l\,m & k\,i\,l\,m \\
X_7\,[10\cdot 7] + X_8\,[10\cdot 8] + X_9\,[10\cdot 9] & +\ X_{10}\,[10\cdot 10] + X_{11}\,[10\cdot 11] + X_{12}\,[10\cdot 12] & +\ [M'\cdot 10] = 0 \\
X_7\,[11\cdot 7] + X_8\,[11\cdot 8] + X_9\,[11\cdot 9] & +\ X_{10}\,[11\cdot 10] + X_{11}\,[11\cdot 11] + X_{12}\,[11\cdot 12] & +\ [M'\cdot 11] = 0 \\
X_7\,[12\cdot 7] + X_8\,[12\cdot 8] + X_9\,[12\cdot 9] & +\ X_{10}\,[12\cdot 10] + X_{11}\,[12\cdot 11] + X_{12}\,[12\cdot 12] & +\ [M'\cdot 12] = 0
\end{array}$$

momente sind stets Vereinbarungen zu treffen. Man betrachtet zu diesem Zweck die einzelnen Portale, wofür die M' und $\mathfrak{M}$ positiv seien, wenn die auf den in Bild 450 punktierten Stabseiten negative Biegespannungen, also Druck, erhalten. Für das den beiden Portalen angehörende Stück f gelten demnach wechselnde Vorzeichen, je nachdem das linke oder das rechte Portal gemeint ist.

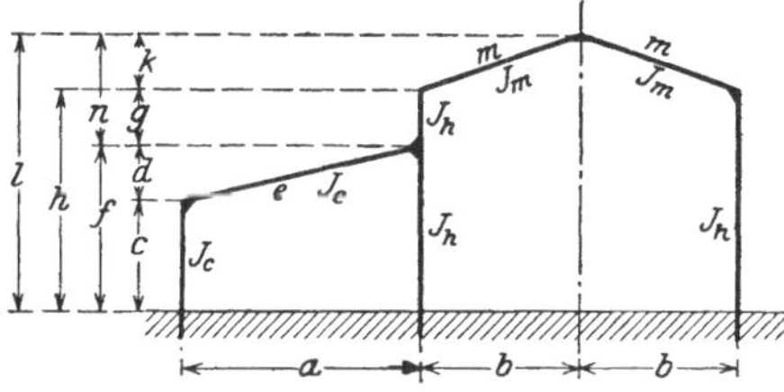

Bild 448. Zweifeldriger Rahmenbinder.

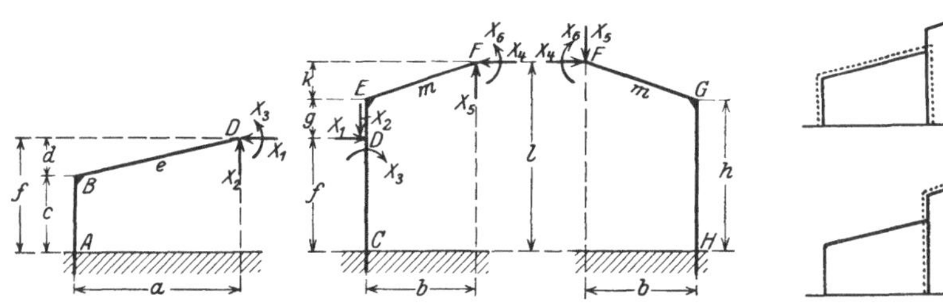

Bild 449. Grundsystem und statisch Unbestimmte.

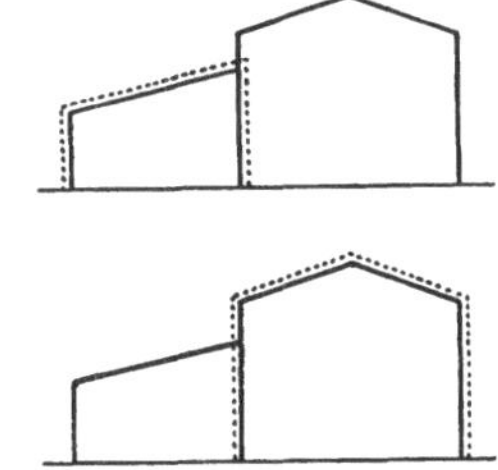

Bild 450. Zur Voizeichenregel der Momente.

Es soll in diesem Beispiel gleichzeitig der Wert einer schematisch durchgeführten Rechnung gezeigt werden, die bei Einzellasten und geradstückigen Gebilden stets durchführbar ist und bei größeren Aufgaben die Sicherheit und Übersichtlichkeit der Rechnung erheblich fördert.

Tafel 17. Zusammenstellung der Stablängen, i und $\mathfrak{M}$.

Stablänge	c		e		f		g		m		m		h	
J-Verhältnis	i_c		i_e		i_f		i_g		i_m		i_m		i_h	
Stabstück	A	B	B	D	C	D	D	E	E	F	F	G	G	H
$\mathfrak{M}_1$	f	d	d	0	$\pm f$	0								
$\mathfrak{M}_2$	a	a	a	0										
$\mathfrak{M}_3$	1	1	1	1	± 1	± 1								
$\mathfrak{M}_4$					$\mp l$	$\mp n$	n	k	k	0	0	k	k	l
$\mathfrak{M}_5$					$\mp b$	$\mp b$	b	b	b	0	0	$-b$	$-b$	$-b$
$\mathfrak{M}_6$					∓ 1	∓ 1	1	1	1	1	1	1	1	1

Tafel 17 enthält eine Zusammenstellung der $\mathfrak{M}$ für die Stabstücke AB, BD usw., sowie die Stablängen und deren i. Für z. B. Stab AB ist für $X_1 = 1$ bei A $\mathfrak{M}_1 = 1 \cdot f$ und bei B $\mathfrak{M}_1 = 1 \cdot d$ usw. Die $\mathfrak{M}$ für das Stück $CD = f$ haben zwei Vorzeichen; die oberen gelten für das linke, die unteren für das rechte Portal.

Hieraus folgen unter Benutzung der schon wiederholt gebrauchten Formeln

$$\int_i^k \mathfrak{M}_1{}^2\, ds = \frac{l}{3}\left(\mathfrak{M}_{1i}^2 + \mathfrak{M}_{1i}\,\mathfrak{M}_{1k} + \mathfrak{M}_{1k}^2\right) \quad \text{und}$$

$$\int_i^k \mathfrak{M}_1\,\mathfrak{M}_2\, ds = \frac{l}{3}\left(\mathfrak{M}_{1i}\,\mathfrak{M}_{2i} + \frac{1}{2}\left(\mathfrak{M}_{1i}\,\mathfrak{M}_{2k} + \mathfrak{M}_{1k}\,\mathfrak{M}_{2i}\right) + \mathfrak{M}_{1k}\,\mathfrak{M}_{2k}\right)$$

usw. die nachstehenden, von der Belastung unabhängigen Beiwerte $[1\cdot 1]$, $[1\cdot 2]$ usw. Beim Stück CD ist folgendes zu beachten: Für die Beiwerte der auf das linke Portal bezüglichen ersten drei Gleichungen, deren linke Ziffer 1, 2 oder 3 ist, gelten die oberen, für die auf das rechte Portal bezüglichen mit der linken Ziffer 4, 5 oder 6 gelten die unteren Vorzeichen. Man erkennt aber sofort, daß das Ergebnis dasselbe ist, wenn man nur mit den oberen oder mit den unteren Vorzeichen rechnet.

$$[1\cdot 1] = \frac{c}{3\,i_c}\left(f^2 + fd + d^2\right) + \frac{e}{3\,i_e}d^2 + \frac{f}{3\,i_f}f^2$$

$$[1\cdot 2] = \frac{c}{3\,i_c}\left(fa + \frac{1}{2}(fa + da) + da\right) + \frac{e}{3\,i_e}da$$

$$[1\cdot 3] = \frac{c}{3\,i_c}\left(f + \frac{1}{2}(f + d) + d\right) + \frac{e}{3\,i_e}\left(d + \frac{d}{2}\right) + \frac{f}{3\,i_f}\left(f + \frac{f}{2}\right)$$

$$[1\cdot 4] = \frac{f}{3\,i_f}\left(-fl - \frac{fn}{2}\right)$$

$$[1\cdot 5] = \frac{f}{3\,i_f}\left(-fb - \frac{fb}{2}\right)$$

$$[1\cdot 6] = \frac{f}{3\,i_f}\left(-f - \frac{f}{2}\right)$$

$$[2\cdot 2] = \frac{c}{3\,i_c}\,3\,a^2 + \frac{e}{3\,i_e}\,a^2$$

$$[2\cdot 3] = \frac{c}{3\,i_c}\left(a + \frac{1}{2}(a+a) + a\right) + \frac{e}{3\,i_e}\left(a + \frac{a}{2}\right)$$

$$[3\cdot 3] = \frac{c}{3\,i_c}\,3 + \frac{e}{3\,i_e}\,3 + \frac{f}{3\,i_f}\,3$$

$$[3\cdot 4] = \frac{f}{3\,i_f}\left(-l - \frac{1}{2}(n+l) - n\right)$$

$$[3\cdot 5] = \frac{f}{3\,i_f}\left(-b - \frac{1}{2}(b+b) - b\right)$$

$$[3\cdot 6] = \frac{f}{3\,i_f}\left(-1 - \frac{1}{2}(1+1) - 1\right)$$

$$[4\cdot 4] = \frac{f}{3\,i_f}\,(l^2 + ln + n^2) + \frac{g}{3\,i_g}\,(n^2 + nk + k^2) + \frac{m}{3\,i_m}\,k^2 +$$
$$+ \frac{m}{3\,i_m}\,k^2 + \frac{h}{3\,i_h}\,(k^2 + kl + l^2)$$

$$4\cdot 5] = \frac{f}{3\,i_f}\left(lb + \frac{1}{2}(lb+nb) + nb\right) + \frac{g}{3\,i_g}\left(nb + \frac{1}{2}(nb+kb) + kb\right) +$$
$$+ \frac{m}{3\,i_m}\,kb + \frac{m}{3\,i_m}\,(-kb) + \frac{h}{3\,i_h}\left(-kb - \frac{1}{2}(kb+lb) - lb\right)$$

$$[4\cdot 6] = \frac{f}{3\,i_f}\left(l + \frac{1}{2}(l+n) + n\right) + \frac{g}{3\,i_g}\left(n + \frac{1}{2}(n+k) + k\right) +$$
$$+ \frac{m}{3\,i_m}\left(k + \frac{k}{2}\right) + \frac{m}{3\,i_m}\left(\frac{k}{2} + k\right) + \frac{h}{3\,i_h}\left(k + \frac{1}{2}(k+l) + l\right)$$

$$[5\cdot 5] = \frac{f}{3\,i_f}\,3\,b^2 + \frac{g}{3\,i_g}\,3\,b^2 + \frac{m}{3\,i_m}\,b^2 + \frac{m}{3\,i_m}\,b^2 + \frac{h}{3\,i_h}\,3\,b^2$$

$$[5\cdot 6] = \frac{f}{3\,i_f}\left(b + \frac{1}{2}(b+b) + b\right) + \frac{g}{3\,i_g}\left(b + \frac{1}{2}(b+b) + b\right) +$$
$$+ \frac{m}{3\,i_m}\left(b + \frac{b}{2}\right) + \frac{m}{3\,i_m}\left(-\frac{b}{2} - b\right) + \frac{h}{3\,i_h}\left(-b - \frac{1}{2}(b+b) - b\right)$$

$$[6\cdot 6] = \frac{f}{3\,i_f}\,3 + \frac{g}{3\,i_g}\,3 + \frac{m}{3\,i_m}\,3 + \frac{m}{3\,i_m}\,3 + \frac{h}{3\,i_h}\,3\,.$$

Zahlenbeispiel. Hierzu Zahlentafel 18 S. 214. Tafel a) zeigt die Abmessungen und die i-Werte.

Die damit gerechneten Beiwerte $[1\cdot 1]$, $[1\cdot 2]$ usw. sind in nachstehenden Gleichungen der Tafel c) eingetragen. (Ob es bei praktischen Anwendungen zweckmäßiger ist, diese Beiwerte wie hier zuerst algebraisch und dann zahlenmäßig oder sofort zahlenmäßig zu ermitteln, hängt von dem jeweiligen Fall ab.)

Als Belastung sei Schneelast angenommen, die sich durch die Pfetten als

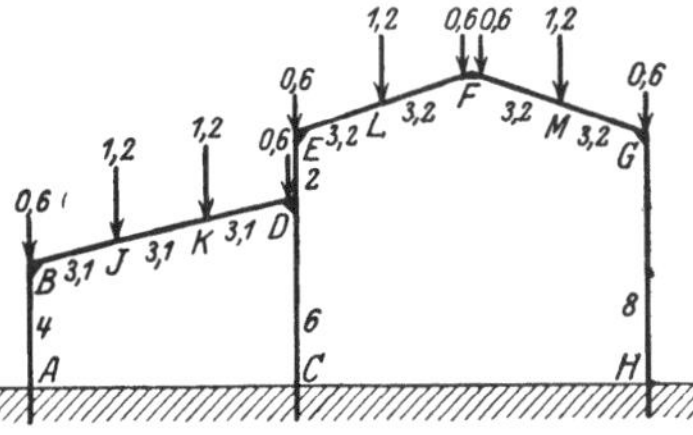

Bild 451. Die Belastung des Binders.

14*

Einzellasten auf den oberen Rahmenstäben absetzen, s. Bild 451. Tafel b) enthält sämtliche $\mathfrak{M}$ und die M' für die bisherigen Stabpunkte und für die Zwischenpunkte J, K usw. und liefert die in den Gleichungen der Tafel c) aufgenommenen Belastungswerte $[M'\cdot 1]$, $[M'\cdot 2]$ usw. Auch hierfür gilt das bezüglich der Vorzeichen weiter oben Bemerkte.

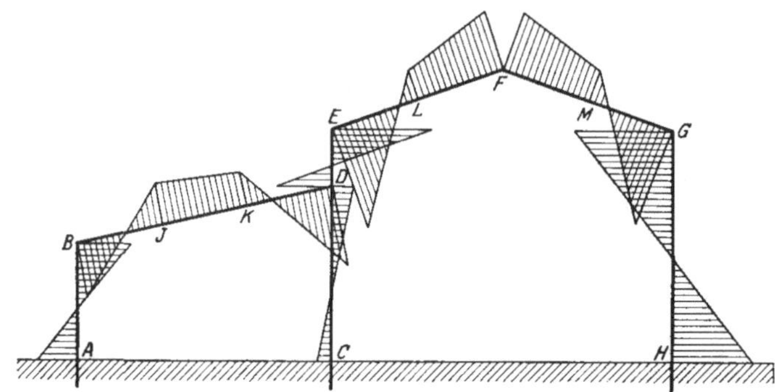

Bild 452.　Die M-Linien.

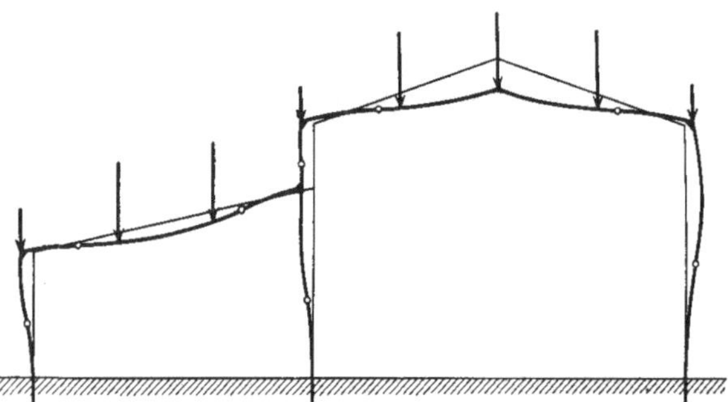

Bild 453.　Die Formänderung.

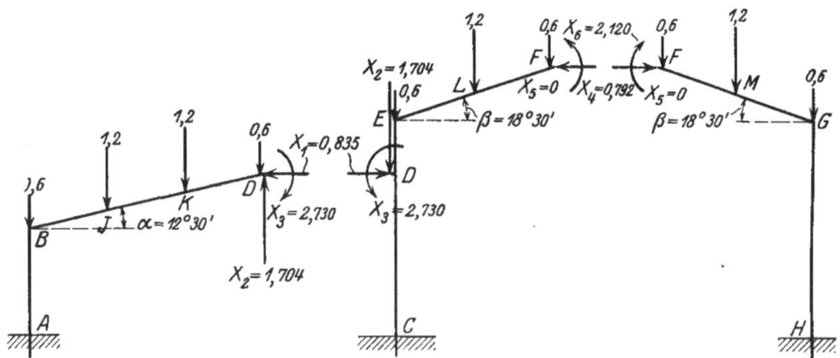

Bild 454.　Zur Berechnung der Längskräfte.

Die nach dem Gaußschen Verfahren (s. S. 270) gewonnenen Lösungen sind in Tafel d) zusammengestellt und liefern für die Punkte A, B usw. die endgültigen Biegemomente

$$M = M' + \mathfrak{M}_1 X_1 + \mathfrak{M}_2 X_2 + \cdots + \mathfrak{M}_6 X_6,$$

die mit Benutzung der Tafelwerte b) in Tafel e) zusammengestellt sind.

Bild 452 zeigt die endgültige M-Linie, Bild 453 die ungefähre elastische Linie. Die Längskräfte werden nach Bild 453 von den Schnittstellen aus berechnet und liefern mit

$$\alpha = 12^{\circ}\,30', \quad \sin\alpha = 0,2165, \quad \cos\alpha = 0,9763,$$
$$\beta = 18^{\circ}\,30', \quad \sin\beta = 0,3173, \quad \cos\beta = 0,9483$$

die N nach Tafel f).

Der Symmetriefall des eingespannten Stabzuges. Liegt ein nach Form und J-Verteilung symmetrisches Gebilde vor (bei gerader Felderzahl bildet die Mittelstütze stets eine Lotrechte), wobei aber die Belastung zunächst unsymmetrisch sei, dann führt eine kleine Änderung in den statisch Unbestimmten auf erhebliche Vereinfachung der Rechnung. Wir wählen die Reihenfolge und Richtung der statisch Unbestimmten streng symmetrisch zur Mitte des Gebildes und erhalten bei z. B. vier Feldern die in Bild 455 dargestellten Unbestimmten. Für die Vorzeichen gelten die sofort auf beliebige Felderzahl anwendbaren Regeln des vorigen Beispiels.

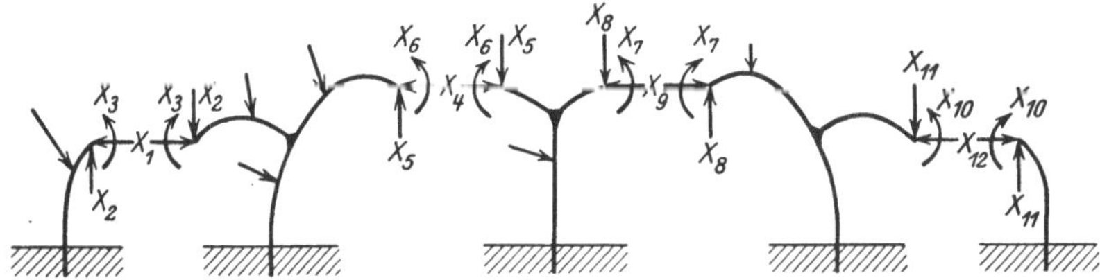

Bild 455. Die statisch Unbestimmten beim vierfeldrigen symmetrischen Rahmen.

In dem zunächst nach Tafel 15 S. 208 lautenden Gleichungsschema treten wegen der Symmetrie die Gleichheiten $\mathfrak{M}_1 = \mathfrak{M}_{12}$, $\mathfrak{M}_2 = \mathfrak{M}_{11}$ usw. auf; daraus folgen die weiteren Gleichheiten $[1\cdot1] = [12\cdot12]$, $[1\cdot2] = [12\cdot11]$, $[2\cdot3] = [11\cdot10]$ usw. Die Folge hiervon ist eine Symmetrie der Beiwerte in bezug auf beide Diagonalen im Schema S. 208, so daß jeder Beiwert viermal vorkommt. Es entsteht somit bei vier Feldern nachstehendes Gleichungsschema. Dagegen besteht bei der zunächst vorausgesetzten Belastungsunsymmetrie zwischen den Belastungswerten keinerlei Symmetrie.

X_1	X_2	X_3	X_4	X_5	X_6	X_7	X_8	X_9	X_{10}	X_{11}	X_{12}	
1·1	1·2	1·3	1·4	1·5	1·6							$M'\cdot1$
1·2	**2·2**	2·3	2·4	2·5	2·6							$M'\cdot2$
1·3	2·3	**3·3**	3·4	3·5	3·6							$M'\cdot3$
1·4	2·4	3·4	**4·4**	4·5	4·6	4·7	4·8	**4·9**				$M'\cdot4$
1·5	2·5	3·5	4·5	**5·5**	5·6	5·7	**5·8**	4·8				$M'\cdot5$
1·6	2·6	3·6	4·6	5·6	**6·6**	**6·7**	5·7	4·7				$M'\cdot6$
			4·7	5·7	**6·7**	**6·6**	5·6	4·6	3·6	2·6	1·6	$M'\cdot7$
			4·8	**5·8**	5·7	5·6	**5·5**	4·5	3·5	2·5	1·5	$M'\cdot8$
			4·9	4·8	4·7	4·6	4·5	**4·4**	3·4	2·4	1·4	$M'\cdot9$
						3·6	3·5	3·4	**3·3**	2·3	1·3	$M'\cdot10$
						2·6	2·5	2·4	2·3	**2·2**	1·2	$M'\cdot11$
						1·6	1·5	1·4	1·3	1·2	**1·1**	$M'\cdot12$

(Fortsetzung s. S. 216.)

Zahlentafel 18 zum Zahlenbeispiel

a) Die Abmessungen in m

a	b	c	d	e	f	g	h	k	l	m	n
9,0	6,0	4,0	2,0	9,3	6,0	2,0	8,0	2,0	10,0	6,4	4,0

b) Zusammenstellung der $\mathfrak{M}$ und M'

Stablänge	4,0		3,1		3,1		3,1		6,0	
J-Verhältnis	1,0		1,0		1,0		1,0		5,0	
Stabstück	A	B	B	J	J	K	K	D	C	D
$\mathfrak{M}_1$	6,00	2,00	2,00	1,33	1,33	0,67	0,67	0	$\pm 6,00$	0
$\mathfrak{M}_2$	9,00	9,00	9,00	6,00	6,00	3,00	3,00	0		
$\mathfrak{M}_3$	1,00	1,00	1,00	1,00	1,00	1,00	1,00	1,00	$\pm 1,00$	$\pm 1,00$
$\mathfrak{M}_4$									$\mp 10,00$	$\mp 4,00$
$\mathfrak{M}_5$									$\mp 6,00$	$\mp 6,00$
$\mathfrak{M}_6$									$\mp 1,00$	$\mp 1,00$
M'	$-16,20$	$-16,20$	$-16,20$	$-7,20$	$-7,20$	$-1,80$	$-1,80$	0	$\pm 7,20$	$\pm 7,20$

c) Die Elastizitätsgleichungen.

X_1	X_2	X_3	X_4	X_5	X_6	
$+\ \mathbf{96,1}$	$+\ 199,8$	$+\ 28,9$	$-\ 28,8$	$-\ 21,6$	$-\ 3,6$	$-\ 311,8$
$+\ 199,8$	$+\ \mathbf{575,0}$	$+\ 77,8$				$-\ 935,0$
$+\ 28,9$	$+\ 77,8$	$+\ \mathbf{14,5}$	$-\ 8,4$	$-\ 7,2$	$-\ 1,2$	$-\ 109,2$
$-\ 28,8$		$-\ 8,4$	$+\ \mathbf{137,7}$		$+\ 23,5$	$-\ 154,9$
$-\ 21,6$		$-\ 7,2$		$+\ \mathbf{166,0}$		0
$-\ 3,6$		$-\ 1,2$	$+\ 23,5$		$+\ \mathbf{7,5}$	$-\ 34,6$

d) Die Lösungen.

X_1	X_2	X_3	X_4	X_5	X_6
$+ 0,835$	$+ 1,704$	$- 2,730$	$+ 0,792$	$- 0,009$	$+ 2,120$

e) Berechnung de

	Stütze		Dachstäbe						Stütze	
	A	B	B	J	J	K	K	D	C	D
$\mathfrak{M}_1\,X_1 =$	$+\ 5,010$	$+\ 1,670$	$+\ 1,670$	$+\ 1,111$	$+\ 1,111$	$+0,559$	$+0,559$	0,000	$\pm 5,010$	0,000
$\mathfrak{M}_2\,X_2 =$	$+15,336$	$+15,336$	$+15,336$	$+10,224$	$+10,224$	$+5,112$	$+5,112$	0,000		
$\mathfrak{M}_3\,X_3 =$	$-\ 2,730$	$-\ 2,730$	$-\ 2,730$	$-\ 2,730$	$-\ 2,730$	$-2,730$	$-2,730$	$-2,730$	$\mp 2,730$	$\mp 2,730$
$\mathfrak{M}_4\,X_4 =$									$\mp 7,920$	$\mp 3,168$
$\mathfrak{M}_5\,X_5 =$									$\pm 0,054$	$\pm 0,054$
$\mathfrak{M}_6\,X_6 =$									$\mp 2,120$	$\mp 2,120$
$M' =$	$-16,200$	$-16,200$	$-16,200$	$-\ 7,200$	$-\ 7,200$	$-1,800$	$-1,800$	0,000	$\pm 7,200$	$\pm 7,200$
$M =$	$+\ 1,416$	$-\ 1,936$	$-\ 1,936$	$+\ 1,405$	$+\ 1,405$	$+1,141$	$+1,141$	$-2,730$	$\mp 0,506$	$\mp 0,764$

des zweifeldrigen Binders S. 211.

und die i-Werte.

i_c	i_e	i_f	i_g	i_m	i_h
1,0	1,0	5,0	5,0	3,0	3,0

für die Haupt- und Zwischenpunkte.

2,0		3,2		3,2		3,2		3,2		8,0	
5,0		3,0		3,0		3,0		3,0		5,0	
D	E	E	L	L	F	F	M	M	G	G	H
4,00	2,00	2,00	1,00	1,00	0	0	1,00	1,00	2,00	2,00	10,00
6,00	6,00	6,00	3,00	3,00	0	0	$-3,00$	$-3,00$	$-6,00$	$-6,00$	$-6,00$
1,00	1,00	1,00	1,00	1,00	1,00	1,00	1,00	1,00	1,00	1,00	1,00
7,20	7,20	7,20	1,80	1,80	0	0	1,80	$-1,80$	$-7,20$	$-7,20$	$-7,20$

f) Berechnung der Längskräfte.

Für Strecke		
AB	$N = +\,1{,}704 - 0{,}6 - 1{,}2 - 1{,}2 - 0{,}6$	$= -\,1{,}896$
BJ	$N = -\,0{,}835 \cos \alpha + (1{,}704 - 0{,}6 - 1{,}2 - 1{,}2) \sin \alpha$	$= -\,1{,}095$
JK	$N = -\,0{,}835 \cos \alpha + (1{,}704 - 0{,}6 - 1{,}2) \sin \alpha$	$= -\,0{,}836$
KD	$N = -\,0{,}835 \cos \alpha + (1{,}704 - 0{,}6) \sin \alpha$	$= -\,0{,}576$
CD	$N = -\,1{,}704 - 0{,}6 - 1{,}2 - 0{,}6$	$= -\,4{,}104$
DE	$N = -\,0{,}6 - 1{,}2 - 0{,}6$	$= -\,2{,}400$
EL	$N = -\,0{,}792 \cos \beta - (0{,}6 + 1{,}2) \sin \beta$	$= -\,1{,}312$
LF	$N = -\,0{,}792 \cos \beta - 0{,}6 \sin \beta$	$= -\,0{,}938$
FM	$N = -\,0{,}792 \cos \beta - 0{,}6 \sin \beta$	$= -\,0{,}938$
MG	$N = -\,0{,}792 \cos \beta - (0{,}6 + 1{,}2) \sin \beta$	$= -\,1{,}312$
GH	$N = -\,0{,}6 - 1{,}2 - 0{,}6$	$= -\,2{,}400$

endgültigen Biegemomente.

Stütze		Dachstäbe								Stütze	
D	E	E	L	L	F	F	M	M	G	G	H
$+\,3{,}168$	$+\,1{,}584$	$+\,1{,}584$	$+\,0{,}792$	$+\,0{,}792$	0,000	0,000	$+\,0{,}792$	$+\,0{,}792$	$+\,1{,}584$	$+\,1{,}584$	$+\,7{,}920$
$-\,0{,}054$	$-\,0{,}054$	$-\,0{,}054$	$-\,0{,}027$	$-\,0{,}027$	0,000	0,000	$+\,0{,}027$	$+\,0{,}027$	$+\,0{,}054$	$+\,0{,}054$	$+\,0{,}054$
$+\,2{,}120$	$+\,2{,}120$	$+\,2{,}120$	$+\,2{,}120$	$+\,2{,}120$	$+\,2{,}120$	$+\,2{,}120$	$+\,2{,}120$	$+\,2{,}120$	$+\,2{,}120$	$+\,2{,}120$	$+\,2{,}120$
$-\,7{,}200$	$-\,7{,}200$	$-\,7{,}200$	$-\,1{,}800$	$-\,1{,}800$	0,000	0,000	$-\,1{,}800$	$-\,1{,}800$	$-\,7{,}200$	$-\,7{,}200$	$-\,7{,}200$
$-\,1{,}966$	$-\,3{,}550$	$-\,3{,}550$	$+\,1{,}085$	$+\,1{,}085$	$+\,2{,}120$	$+\,2{,}120$	$+\,1{,}139$	$+\,1{,}139$	$-\,3{,}442$	$-\,3{,}442$	$+\,2{,}89$

Die Doppelsymmetrie der Beiwerte hat nun für die rechnerische Behandlung der Gleichungen den Vorteil, daß durch Addition und Subtraktion der 1. und 12., der 2. und 11. usw. Gleichung sechs neue Gleichungen mit den Unbekannten

$$Y_1 = X_1 + X_{12}, \qquad Y_2 = X_2 + X_{11} \quad \text{usw.}$$

und sechs neue Gleichungen mit den Unbekannten

$$Z_1 = X_1 - X_{12}, \qquad Z_2 = X_2 - X_{11} \quad \text{usw.}$$

entstehen. Nach Auflösung dieser zweimal sechs Gleichungen ist endgültig

$$X_1 = \frac{Y_1 + Z_1}{2}, \qquad X_2 = \frac{Y_2 + Z_2}{2} \quad \text{usw.}$$

und

$$X_{12} = \frac{Y_1 - Z_1}{2}, \qquad X_{11} = \frac{Y_2 - Z_2}{2} \quad \text{usw.}$$

Zweimal sechs Gleichungen mit je sechs Unbekannten lassen sich, wie später dargelegt wird, rechnerisch viel schneller, bequemer und sicherer lösen als 12 Gleichungen mit je 12 Unbekannten, und daher sollte die Symmetrie zwecks Erleichterung der Rechnung stets ausgenutzt werden.

Liegt außerdem Belastungssymmetrie vor, dann besteht auch Symmetrie zwischen den Belastungswerten, d. h. der 1. ist gleich dem 12., der 2. gleich dem 11. usw. Damit folgt $X_1 = X_{12}$, $X_2 = X_{11}$ usw. und von den beiden Gleichungsgruppen ist nur die erste anzuschreiben und auszurechnen.

Beispiel hierzu nach Bild 456 für $P = 1\,t$ und mit den Abmessungen $a = b = c = e = 3$ m, $d = 6$ m und $i = 1$ für alle Stäbe.

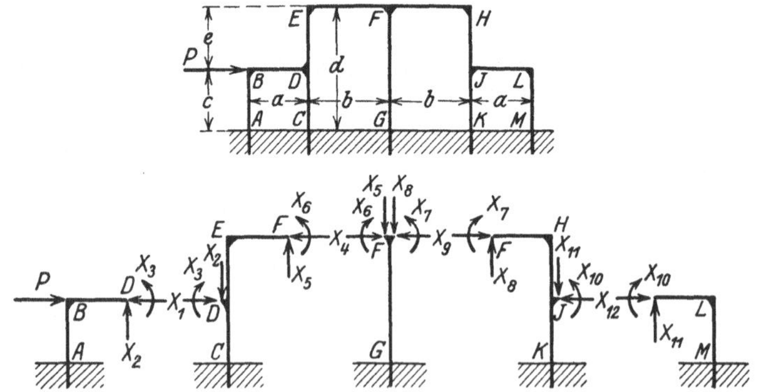

Bild 456. Schema und statische Unbestimmte zum Zahlenbeispiel.

Hierzu Zahlentafel 19 S. 218.

Nach Aufstellung der Tafel a) folgen die Gleichungen der Tafel b), die in die beiden Gleichungsgruppen der Tafel c) zerfallen. Diese liefern die Zwischenlösungen nach Tafel d) und die statisch Unbestimmten selbst nach Tafel e).

Die endgültigen M und N sind in Bild 457 eingetragen, worin die eingeklammerten Werte die Längskräfte bezeichnen.

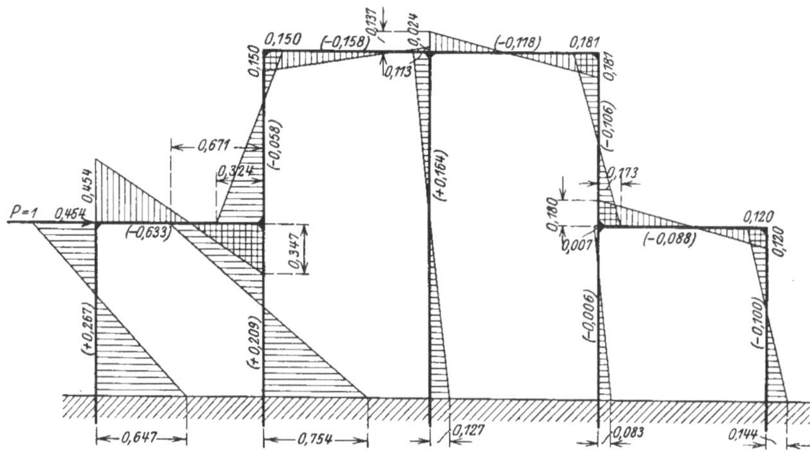

Bild 457. Die M-Linien und Längskräfte.

Bei ungerader Felderzahl verursacht die verlangte symmetrische Anordnung der Unbestimmten einige Unbequemlichkeiten. Dem Bild 458 mit drei Feldern und neunfacher Unbestimmtheit entsprechen zunächst nachstehende neun Gleichungen in der bisherigen symbolischen Schreibweise:

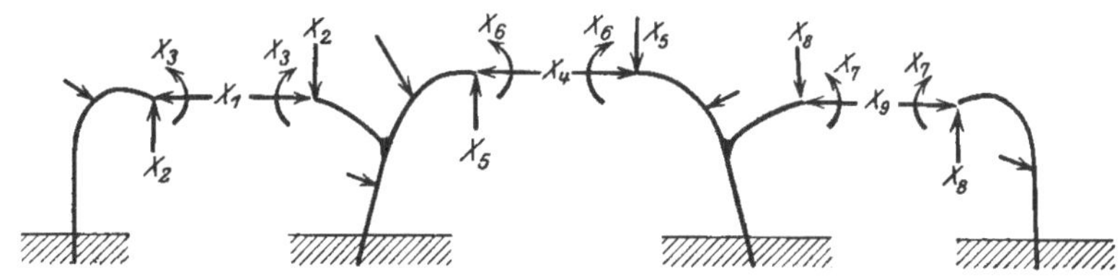

Bild 458. Die statisch Unbestimmten beim dreifeldrigen symmetrischen Rahmen.

Gleichg. Nr.	X_1	X_2	X_3	X_4	X_5	X_6	X_7	X_8	X_9	
1	**1·1**	1·2	1·3	1·4	1·5	1·6				$M'\cdot1$
2	2·1	**2·2**	2·3	2·4	2·5	2·6				$M'\cdot2$
3	3·1	3·2	**3·3**	3·4	3·5	3·6				$M'\cdot3$
4	4·1	4·2	4·3	**4·4**	4·5	4·6	4·7	4·8	4·9	$M'\cdot4$
5	5·1	5·2	5·3	5·4	**5·5**	5·6	5·7	5·8	5·9	$M'\cdot5$
6	6·1	6·2	6·3	6·4	6·5	**6·6**	6·7	6·8	6·9	$M'\cdot6$
7				7·4	7·5	7·6	**7·7**	7·8	7·9	$M'\cdot7$
8				8·4	8·5	8·6	8·7	**8·8**	8·9	$M'\cdot8$
9				9·4	9·5	9·6	9·7	9·8	**9·9**	$M'\cdot9$

(Fortsetzung s. S. 219.)

Zahlentafel 19 zum Zahlenbeispiel des Vierfachrahmens S. 216.

a) Die $\mathfrak{M}$ und M' für die statisch Unbestimmten nach Bild 456.

<table>
<tr><th>Stab-
länge</th><th colspan="2">c</th><th colspan="2">a</th><th colspan="2">c</th><th colspan="2">e</th><th colspan="2">b</th><th colspan="2">d</th><th colspan="2">b</th><th colspan="2">e</th><th colspan="2">c</th><th colspan="2">a</th><th colspan="2">c</th></tr>
<tr><th>Stab-
stück</th><th>A</th><th>B</th><th>B</th><th>D</th><th>C</th><th>D</th><th>D</th><th>E</th><th>E</th><th>F</th><th>G</th><th>F</th><th>F</th><th>H</th><th>H</th><th>J</th><th>J</th><th>K</th><th>J</th><th>L</th><th>L</th><th>M</th></tr>
<tr><td>$\mathfrak{M}_1$</td><td>c</td><td>0</td><td>0</td><td>0</td><td>$\pm c$</td><td>0</td><td></td><td></td><td></td><td></td><td></td><td></td><td></td><td></td><td></td><td></td><td></td><td></td><td></td><td></td><td></td><td></td></tr>
<tr><td>$\mathfrak{M}_2$</td><td>a</td><td>a</td><td>a</td><td>0</td><td>0</td><td>0</td><td></td><td></td><td></td><td></td><td></td><td></td><td></td><td></td><td></td><td></td><td></td><td></td><td></td><td></td><td></td><td></td></tr>
<tr><td>$\mathfrak{M}_3$</td><td>1</td><td>1</td><td>1</td><td>1</td><td>± 1</td><td>± 1</td><td></td><td></td><td></td><td></td><td></td><td></td><td></td><td></td><td></td><td></td><td></td><td></td><td></td><td></td><td></td><td></td></tr>
<tr><td>$\mathfrak{M}_4$</td><td></td><td></td><td></td><td></td><td>$\mp d$</td><td>$\mp e$</td><td>e</td><td>0</td><td>0</td><td>0</td><td>$\pm d$</td><td>0</td><td></td><td></td><td></td><td></td><td></td><td></td><td></td><td></td><td></td><td></td></tr>
<tr><td>$\mathfrak{M}_5$</td><td></td><td></td><td></td><td></td><td>$\mp b$</td><td>$\mp b$</td><td>b</td><td>b</td><td>b</td><td>0</td><td>0</td><td>0</td><td></td><td></td><td></td><td></td><td></td><td></td><td></td><td></td><td></td><td></td></tr>
<tr><td>$\mathfrak{M}_6$</td><td></td><td></td><td></td><td></td><td>∓ 1</td><td>∓ 1</td><td>1</td><td>1</td><td>1</td><td>1</td><td>± 1</td><td>± 1</td><td></td><td></td><td></td><td></td><td></td><td></td><td></td><td></td><td></td><td></td></tr>
<tr><td>$\mathfrak{M}_7$</td><td></td><td></td><td></td><td></td><td></td><td></td><td></td><td></td><td></td><td></td><td>∓ 1</td><td>∓ 1</td><td>1</td><td>1</td><td>1</td><td>1</td><td>± 1</td><td>± 1</td><td></td><td></td><td></td><td></td></tr>
<tr><td>$\mathfrak{M}_8$</td><td></td><td></td><td></td><td></td><td></td><td></td><td></td><td></td><td></td><td></td><td>0</td><td>0</td><td>0</td><td>b</td><td>b</td><td>b</td><td>$\pm b$</td><td>$\pm b$</td><td></td><td></td><td></td><td></td></tr>
<tr><td>$\mathfrak{M}_9$</td><td></td><td></td><td></td><td></td><td></td><td></td><td></td><td></td><td></td><td></td><td>$\mp d$</td><td>0</td><td>0</td><td>0</td><td>0</td><td>e</td><td>$\pm e$</td><td>$\pm d$</td><td></td><td></td><td></td><td></td></tr>
<tr><td>$\mathfrak{M}_{10}$</td><td></td><td></td><td></td><td></td><td></td><td></td><td></td><td></td><td></td><td></td><td></td><td></td><td></td><td></td><td></td><td></td><td>∓ 1</td><td>∓ 1</td><td>1</td><td>1</td><td>1</td><td>1</td></tr>
<tr><td>$\mathfrak{M}_{11}$</td><td></td><td></td><td></td><td></td><td></td><td></td><td></td><td></td><td></td><td></td><td></td><td></td><td></td><td></td><td></td><td></td><td>0</td><td>0</td><td>0</td><td>a</td><td>a</td><td>a</td></tr>
<tr><td>$\mathfrak{M}_{12}$</td><td></td><td></td><td></td><td></td><td></td><td></td><td></td><td></td><td></td><td></td><td></td><td></td><td></td><td></td><td></td><td></td><td>0</td><td>$\mp c$</td><td>0</td><td>0</td><td>0</td><td>c</td></tr>
<tr><td>M'</td><td>$-c$</td><td>0</td><td></td><td></td><td></td><td></td><td></td><td></td><td></td><td></td><td></td><td></td><td></td><td></td><td></td><td></td><td></td><td></td><td></td><td></td><td></td><td></td></tr>
</table>

b) Die Gleichungen mit den Bei- und Belastungswerten.

X_1	X_2	X_3	X_4	X_5	X_6	X_7	X_8	X_9	X_{10}	X_{11}	X_{12}	
+18,0	+13,5	+9,0	−22,5	−13,5	−4,5							−9,0
+13,5	**+36,0**	+13,5										−13,5
+9,0	+13,5	**+9,0**	−13,5	−9,0	−3,0							−4,5
−22,5		−13,5	**+144,0**	+54,0	+36,0	−18,0		−72,0				0
−13,5		−9,0	+54,0	**+63,0**	+22,5							0
−4,5		−3,0	+36,0	+22,5	**+15,0**	−6,0		−18,0				0
			−18,0		−6,0	**+15,0**	+22,5	+36,0	−3,0		−4,5	0
						+22,5	**+63,0**	+54,0	−9,0		−13,5	0
			−72,0		−18,0	+36,0	+54,0	**+144,0**	−13,5		−22,5	0
						−3,0	−9,0	−13,5	**+9,0**	+13,5	+9,0	0
									+13,5	**+36,0**	+13,5	0
						−4,5	−13,5	−22,5	+9,0	+13,5	**+18,0**	0

Die Symmetrie-Diagonalwerte sind fett hervorgehoben.

c) Die beiden Gleichungsgruppen.

$X_1 + X_{12}$	$X_2 + X_{11}$	$X_3 + X_{10}$	$X_4 + X_9$	$X_5 + X_8$	$X_6 + X_7$	
+18,0	+13,5	+9,0	−22,5	−13,5	−4,5	−9,0
+13,5	**+36,0**	+13,5				−13,5
+9,0	+13,5	**+9,0**	−13,5	−9,0	−3,0	−4,5
−22,5		−13,5	**+72,0**	+54,0	+18,0	0
−13,5		−9,0	+54,0	**+63,0**	+22,5	0
−4,5		−3,0	+18,0	+22,5	**+9,0**	0

$X_1 - X_{12}$	$X_2 - X_{11}$	$X_3 - X_{10}$	$X_4 - X_9$	$X_5 - X_8$	$X_6 - X_7$	
+18,0	+13,5	+9,0	−22,5	−13,5	−4,5	−9,0
+13,5	**+36,0**	+13,5				−13,5
+9,0	+13,5	**+9,0**	−13,5	−9,0	−3,0	−4,5
−22,5		−13,5	**+216,0**	+54,0	+54,0	0
−13,5		−9,0	+54,0	**+63,0**	+22,5	0
−4,5		−3,0	+54,0	+22,5	**+21,0**	0

(Fortsetzung der Zahlentafel 19.)

d) Die Zwischenlösungen.

$X_1 + X_{12}$	$X_2 + X_{11}$	$X_3 + X_{10}$	$X_4 + X_9$	$X_5 + X_8$	$X_6 + X_7$
$+0{,}722$	$+0{,}167$	$-0{,}168$	$+0{,}277$	$-0{,}164$	$+0{,}161$

$X_1 - X_{12}$	$X_2 - X_{11}$	$X_3 - X_{10}$	$X_4 - X_9$	$X_5 - X_8$	$X_6 - X_7$
$+0{,}545$	$+0{,}368$	$-0{,}527$	$+0{,}040$	$+0{,}048$	$-0{,}113$

e) Die Lösungen.

X_1	X_2	X_3	X_4	X_5	X_6
$+0{,}633$	$+0{,}267$	$-0{,}347$	$+0{,}158$	$-0{,}058$	$+0{,}024$

X_7	X_8	X_9	X_{10}	X_{11}	X_{12}
$+0{,}137$	$-0{,}106$	$+0{,}118$	$+0{,}180$	$-0{,}100$	$+0{,}088$

(Fortsetzung von S. 217.)

Zwischen den Beiwerten bestehen folgende Beziehungen

$$[1\cdot1]=[9\cdot9] \qquad [2\cdot2]=[8\cdot8] \qquad [3\cdot3]=[7\cdot7] \qquad [4\cdot5]=0$$
$$[1\cdot2]=[8\cdot9] \qquad [2\cdot3]=[7\cdot8] \qquad [3\cdot4]=[4\cdot7] \qquad [6\cdot5]=0$$
$$[1\cdot3]=[7\cdot9] \qquad [2\cdot4]=[4\cdot8] \qquad [3\cdot5]+[5\cdot7]=0$$
$$[1\cdot4]=[4\cdot9] \qquad [2\cdot5]+[5\cdot8]=0 \qquad [3\cdot6]=[6\cdot7]$$
$$[1\cdot5]+[5\cdot9]=0 \qquad [2\cdot6]=[6\cdot8]$$
$$[1\cdot6]=[6\cdot9]\,.$$

Außerdem gelten wie immer die Beziehungen

$$[1\cdot2]=[2\cdot1],\quad [1\cdot3]=[3\cdot1]\quad \text{usw.}$$

Durch gegenseitige Addition und Subtraktion obiger 9 Gleichungen entsteht nachstehende Gruppe von 5 und von 4 neuen Gleichungen, deren Lösungen sofort die endgültigen Unbestimmten liefern.

	$X_1 + X_9$	$X_2 + X_8$	$X_3 + X_7$	X_4	X_6	
Gl. 1 + Gl. 9	$1\cdot1$	$1\cdot2$	$1\cdot3$	$1\cdot4+9\cdot4$	$1\cdot6+9\cdot6$	$M'\cdot1+M'\cdot9$
Gl. 2 + Gl. 8	$2\cdot1$	$2\cdot2$	$2\cdot3$	$2\cdot4+8\cdot4$	$2\cdot6+8\cdot6$	$M'\cdot2+M'\cdot8$
Gl. 3 + Gl. 7	$3\cdot1$	$3\cdot2$	$3\cdot3$	$3\cdot4+7\cdot4$	$3\cdot6+7\cdot6$	$M'\cdot3+M'\cdot7$
Gl. 4	$4\cdot1+4\cdot9$	$4\cdot2+4\cdot8$	$4\cdot3+4\cdot7$	$4\cdot4$	$4\cdot6$	$M'\cdot4$
Gl. 6	$6\cdot1+6\cdot9$	$6\cdot2+6\cdot8$	$6\cdot3+6\cdot7$	$6\cdot4$	$6\cdot6$	$M'\cdot6$

	$X_1 - X_9$	$X_2 - X_8$	$X_3 - X_7$	X_5	
Gl. 1 — Gl. 9	$1\cdot1$	$1\cdot2$	$1\cdot3$	$1\cdot5+1\cdot5$	$M'\cdot1-M'\cdot9$
Gl. 2 — Gl. 8	$2\cdot1$	$2\cdot2$	$2\cdot3$	$2\cdot5+2\cdot5$	$M'\cdot2-M'\cdot8$
Gl. 3 — Gl. 7	$3\cdot1$	$3\cdot2$	$3\cdot3$	$3\cdot5+3\cdot5$	$M'\cdot3-M'\cdot7$
Gl. 5	$5\cdot1+5\cdot1$	$5\cdot2+5\cdot2$	$5\cdot3+5\cdot3$	$5\cdot5$	$M'\cdot5$

Der biegungsfeste Stabzug mit Fußgelenken. Sind die Stützfüße nicht eingespannt, sondern nach Bild 459 mit Fußgelenken versehen, dann ist der Stabzug mit 1, 2, 3,… Feldern 1-, 3-, 5, …-fach statisch unbestimmt. Das statisch bestimmte Grundsystem kann wie immer in verschiedener Weise gewonnen werden. Nach Bild 460 lösen wir die mittleren Stützen vom Boden, bringen am rechten Fuß ein Rollenkipplager an und gewinnen den durch Kippbolzen und Rollenkipplager gestützten Stabzug. Die statisch Unbestimmten sind dann Kräfte zwischen je

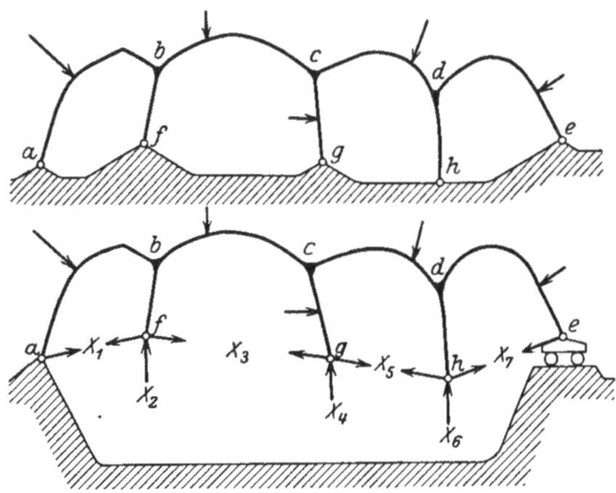

Bild 459 u. 460.   Der Stabzug mit Fußgelenken.

zwei benachbarten Füßen und lotrechte Kräfte an den Füßen; sie sind so zu bestimmen, daß keine Änderung der Fußabstände und keine Höhenänderung der Füße eintritt. Hieraus folgt nachstehende Gleichungsgruppe.

X_1	X_2	X_3	X_4	X_5	X_6	X_7	
1·1	1·2	1·3	1·4	·	1·6	·	$M'·1$
2·1	**2·2**	2·3	2·4	2·5	2·6	2·7	$M'·2$
3·1	3·2	**3·3**	3·4	3·5	3·6	·	$M'·3$
4·1	4·2	4·3	**4·4**	4·5	4·6	4·7	$M'·4$
·	5·2	5·3	5·4	**5·5**	5·6	5·7	$M'·5$
6·1	6·2	6·3	6·4	6·5	**6·6**	6·7	$M'·6$
·	7·2	·	7·4	7·5	7·6	**7·7**	$M'·7$

Bei Stabsymmetrie (aber Belastungsunsymmetrie) zerfallen diese Gleichungen infolge der Doppelsymmetrie der Beiwerte wieder in zwei jeweilig leicht aufstellbare Gleichungsgruppen.

Sind wie in Bild 461 keine Stiele vorhanden, dann verschwinden nach Bild 462 weitere $\mathfrak{M}$ und daher weitere Beiwerte und es entsteht nachstehendes Gleichungsschema.

X_1	X_2	X_3	X_4	X_5	X_6	X_7	
1·1	1·2		1·4		1·6		$M'·1$
2·1	2·2	2·3	2·4	2·5	2·6	2·7	$M'·2$
	3·2	**3·3**	3·4		3·6		$M'·3$
4·1	4·2	4·3	**4·4**	4·5	4·6	4·7	$M'·4$
	5·2		5·4	**5·5**	5·6		$M'·5$
6·1	6·2	6·3	6·4	6·5	**6·6**	6·7	$M'·6$
	7·2		7·4		7·6	**7·7**	$M'·7$

In diesem Falle ist es aber zweckmäßiger, die Unbestimmten nach Bild 463 zu wählen, wodurch nachstehendes Gleichungsschema entsteht, das wegen der geringen Anzahl von Beiwerten leichter zu lösen ist als das obige.

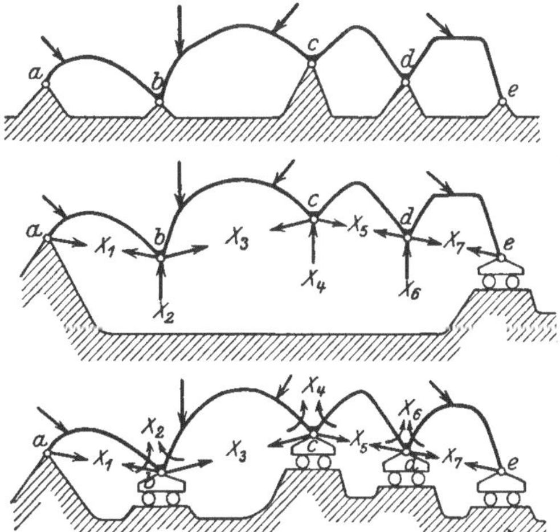

Bild 461—463. Der Stabzug ohne Stiele.

X_1	X_2	X_3	X_4	X_5	X_6	X_7	
1·1	1·2						$M'·1$
2·1	**2·2**	2·3	2·4				$M'·2$
	3·2	**3·3**	3·4				$M'·3$
	4·2	4·3	**4·4**	4·5	4·6		$M'·4$
			5·4	**5·5**	5·6		$M'·5$
			6·4	6·5	**6·6**	6·7	$M'·6$
					7·6	**7·7**	$M'·7$

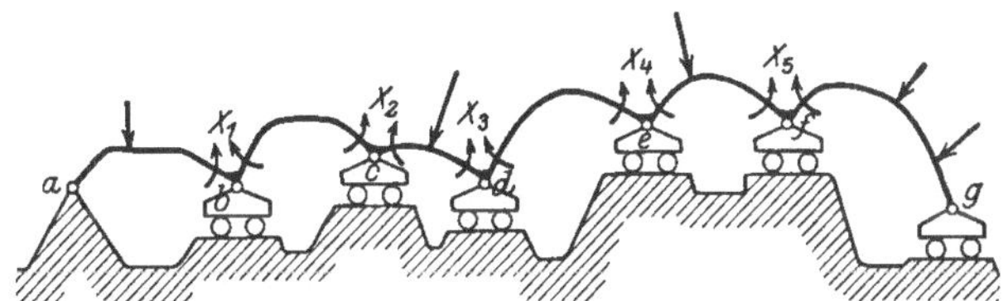

Bild 464. Der durchlaufende krumme Träger.

Liegen außerdem die Punkte a, b ... auf Rollenkipplagern, dann entsteht der durchlaufende krumme Träger nach Bild 464, der in Anlehnung an den geraden durchlaufenden Träger zu behandeln ist. Man setzt als Unbestimmte nicht die Auflagerdrücke, sondern wie dort die Stützmomente ein und gewinnt nachstehendes Gleichungsschema von gleichem Aufbau wie bei den Clapeyronschen Gleichungen.

X_1	X_2	X_3	X_4	X_5	
$1 \cdot 1$	$1 \cdot 2$				$M' \cdot 1$
$2 \cdot 1$	$2 \cdot 2$	$2 \cdot 3$			$M' \cdot 2$
	$3 \cdot 2$	$3 \cdot 3$	$3 \cdot 4$		$M' \cdot 3$
		$4 \cdot 3$	$4 \cdot 4$	$4 \cdot 5$	$M' \cdot 4$
			$5 \cdot 4$	$5 \cdot 5$	$M' \cdot 5$

Der Stockwerkrahmen. Der allgemeinste Fall des im Boden eingespannten Rahmens ist durch Bild 465 gekennzeichnet. Bild 466 zeigt die Wahl der statisch Unbestimmten; der n-feldrige Rahmen ist demnach $3n$-fach statisch unbestimmt. Der Weg zur Gewinnung der $3n$ Elastizitätsgleichungen geht aus den Skizzen sofort hervor und braucht hier nicht dargelegt zu werden.

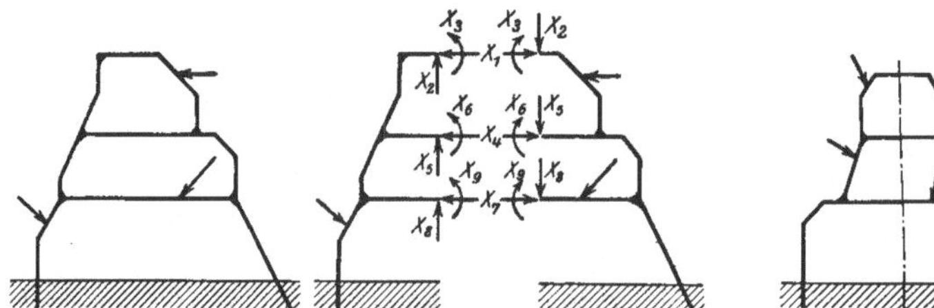

Bild 465 u. 466. Der Stockwerkrahmen.

Bild 467. Der symmetrische Stockwerkrahmen.

Für den Fall der Rahmensymmetrie. aber Belastungsunsymmetrie z. B. nach Bild 467 zerfallen die 9 Gleichungen in eine Gruppe von 6 Gleichungen mit den Unbekannten $X_1 X_3 X_4 X_6 X_7 X_9$ und eine Gruppe von 3 Gleichungen mit den Unbekannten $X_2 X_5 X_8$. Liegt außerdem Belastungssymmetrie vor, dann verschwinden die letzteren Unbestimmten. Das erinnert an den entsprechenden Vorgang beim einfachen eingespannten Rahmen nach S. 154.

In allen Rechnungen seien die $\mathfrak{M}$, M' und M positiv, wenn die Stiele und Riegel so gebogen werden, daß der Krümmungsmittelpunkt außen bzw. oben liegt.

Für den praktisch wichtigen Fall, daß nur Einzellasten an den Knotenpunkten angreifen, ergeben sich weitere bedeutende Vereinfachungen.

Wirken nur Horizontallasten nach Bild 468, dann dürfen wir diese entsprechend dem Fall 12a nach S. 144 je zur Hälfte auf die links und rechts liegenden Knotenpunkte verteilen, s. Bild 469. Wegen der völligen Rahmensymmetrie erfolgen daher die Formänderungen beider Rahmenhälften so, daß sich die Stabstumpfen links und rechts um dieselben Beträge nach rechts verschieben und die Endtangenten an den Stabstumpfen dieselbe Neigungsänderung annehmen. Daher müssen sechs der statisch Unbestimmten, nämlich die Längskräfte $X_1 X_4 X_7$ und die Momente $X_3 X_6 X_9$ verschwinden, und es bleiben nur die Querkräfte $X_2 X_5 X_8$ zu bestimmen.

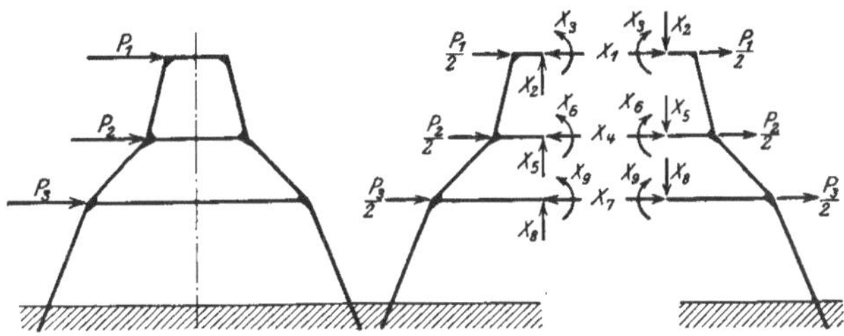

Bild 468 u. 469. Der symmetrische Rahmen mit wagrechten Knotenlasten.

Auch der Fall der in beliebiger Richtung wirkenden Kräfte $P_1 P_2 P_3$ nach Bild 470 läßt sich auf obigen zurückführen, wenn die Stiele von Knotenpunkt zu Knotenpunkt geradlinig verlaufen, was wohl stets vorliegt. Zunächst wird P_1 nach Bild 471 in Komponenten in den Richtungen a und b zerlegt; Komponente P_{1b} wird auf II übertragen, diese mit P_2 zur Resultierenden R_2 zusammengesetzt und in Richtung c und d zerlegt; Komponente R_{2d} wird wieder von II auf III übertragen, mit P_3 zusammengesetzt usw. Somit sind die $P_1 P_2 P_3$ nach Bild 472 ersetzt durch die in den Stäben wirkenden Druckkräfte P_{1b}, R_{2d} und R_{3f}, die das Gebilde sonst nicht beeinflussen, und die durch die Horizontalkomponenten P_{1a}, R_{2c} und R_{3e}, die nach obigem je zur Hälfte auf die Knotenpunkte links und rechts zu verteilen sind. Am Schlusse der Rechnung sind nun in den sich ergebenden Stablängskräften N Korrekturen anzubringen, indem diese willkürlich vorgenommenen Kraftverschiebungen längs der Stäbe wieder rückgängig gemacht werden.

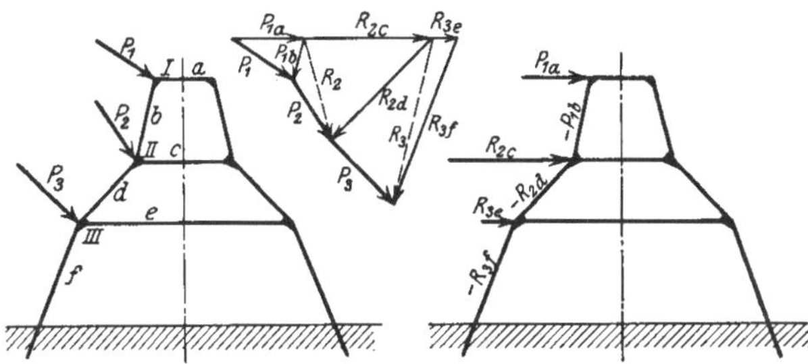

Bild 470—472. Der symmetrische Rahmen mit beliebig gerichteten
Knotenlasten.

Hiernach läßt sich auch leicht der Fall behandeln, daß die P an den linken und rechten Knotenpunkten gleichzeitig angreifen.

Vereinfachungen treten ein, wenn die Stiele geradlinig durchlaufen, weitere Vereinfachungen, wenn sie außerdem lotrecht stehen.

Das allgemeine Gleichungsschema bei Rahmensymmetrie hat bei drei Feldern die Form

Gleichg. Nr.	X_1	X_2	X_3	X_4	X_5	X_6	X_7	X_8	X_9	
1	**1·1**		1·3	1·4		1·6	1·7		1·9	$M'·1$
2		**2·2**			2·5			2·8		$M'·2$
3	3·1		**3·3**	3·4		3·6	3·7		3·9	$M'·3$
4	4·1			4·3	**4·4**		4·6	4·7		4·9	$M'·4$
5		5·2			**5·5**			5·8		$M'·5$
6	6·1		6·3	6·4		**6·6**	6·7		6·9	$M'·6$
7	7·1		7·3	7·4		7·6	**7·7**		7·9	$M'·7$
8		8·2			8·5			**8·8**		$M'·8$
9	9·1		9·3	9·4		9·6	9·7		**9·9**	$M'·9$

Bei Knotenpunktsbelastung ist also nur die zweite, fünfte und achte Gleichung anzuschreiben und demzufolge sind nur die Unbestimmten X_2, X_5 und X_8 zu berechnen, weshalb von allen $\mathfrak{M}$-Werten nur die $\mathfrak{M}_2$, $\mathfrak{M}_5$ und $\mathfrak{M}_8$ anzusetzen sind.

Beispiel hierzu nach Bild 473. Trennung des Rahmens und der Last und Wahl der statisch Unbestimmten nach Bild 474.

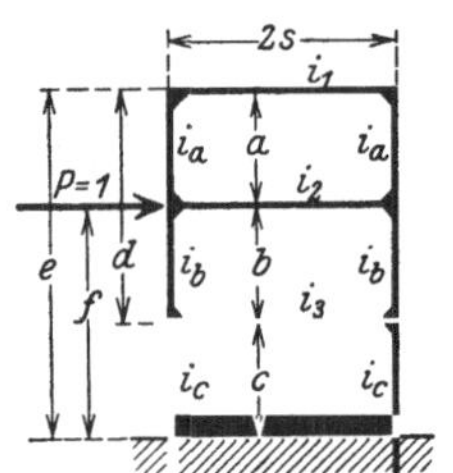

Bild 473.
Rahmen zum Zahlenbeispiel.

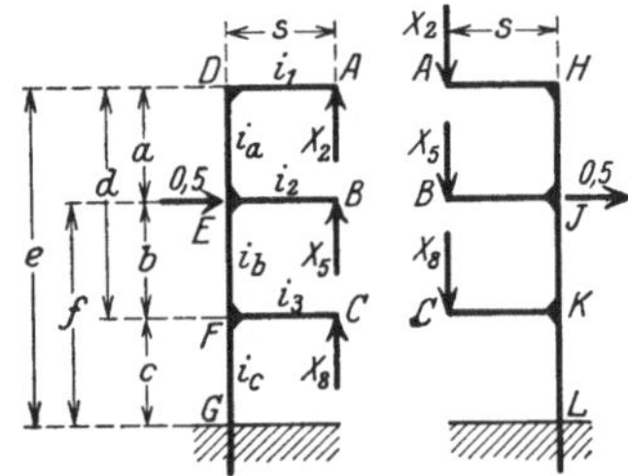

Bild 474.
Die Unbestimmten hierzu.

Berechnung der $\mathfrak{M}$ und M'.

J-Verh.	i_1		i_2		i_3		i_a		i_b		i_e	
Stablängen	s	s	s	s	s	s	a	a	b	b	c	c
Stab	$A\,D$	$A\,H$	$B\,E$	$B\,J$	$C\,F$	$C\,K$	$D\,E$	$H\,J$	$E\,F$	$J\,K$	$F\,G$	$K\,L$
$\mathfrak{M}_2$	$0\ \ s$	$0\ -s$					$s\ \ s$	$-s\ -s$	$s\ \ s$	$-s\ -s$	$s\ \ s$	$-s\ -s$
$\mathfrak{M}_5$			$0\ \ s$	$0\ -s$					$s\ \ s$	$-s\ -s$	$s\ \ s$	$-s\ -s$
$\mathfrak{M}_8$					s	$-s$					$s\ \ s$	$-s\ -s$
M'									$0\ \ -\dfrac{b}{2}$	$0\ \ \dfrac{b}{2}$	$-\dfrac{b}{2}\ \ -\dfrac{f}{2}$	$\dfrac{b}{2}\ \ \dfrac{f}{2}$

Hieraus die Beiwerte und Belastungswerte

$$[2\cdot 2] = \frac{2}{i_1}\frac{s}{3}\,s^2 + \frac{2}{i_a}\frac{a}{3}\,3s^2 + \frac{2}{i_b}\frac{b}{3}\,3s^2 + \frac{2}{i_c}\frac{c}{3}\,3s^2,$$

$$[2\cdot 5] = \frac{2}{i_b}\frac{b}{3}\,3s^2 + \frac{2}{i_c}\frac{c}{3}\,3s^2,$$

$$[2\cdot 8] = \frac{2}{i_c}\frac{c}{3}\,3s^2, \qquad [5\cdot 5] = \frac{2}{i_2}\frac{s}{3}\,s^2 + \frac{2}{i_b}\frac{b}{3}\,3s^2 + \frac{2}{i_c}\frac{c}{3}\,3s^2,$$

$$[5\cdot 8] = \frac{2}{i_c}\frac{c}{3}\,3s^2, \qquad [8\cdot 8] = \frac{2}{i_3}\frac{s}{3}\,s^2 + \frac{2}{i_c}\frac{c}{3}\,3s^2,$$

$$[M'\cdot 2] = 2\left[\frac{1}{i_b}\frac{b}{3}\left(-\frac{s\,b}{4} - \frac{s\,b}{2}\right) + \frac{1}{i_c}\frac{c}{3}\left(-\frac{s\,b}{2} - \frac{s\,f + s\,b}{4} - \frac{s\,f}{2}\right)\right],$$

$$[M'\cdot 5] = 2\left[\frac{1}{i_b}\frac{b}{3}\left(-\frac{s\,b}{4} - \frac{s\,b}{2}\right) + \frac{1}{i_c}\frac{c}{3}\left(-\frac{s\,b}{2} - \frac{s\,f + s\,b}{4} - \frac{s\,f}{2}\right)\right],$$

$$[M'\cdot 8] = 2\left[\frac{1}{i_c}\frac{c}{3}\left(-\frac{s\,b}{2} - \frac{s\,b + s\,f}{4} - \frac{s\,f}{2}\right)\right].$$

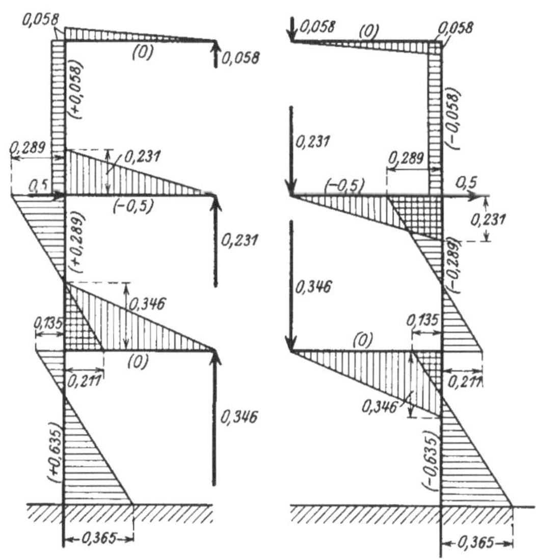

Bild 475. Die M-Linien und die N (eingeklammert).

Für $a = b = c = s = 1$ m und für gleiche i aller Stäbe folgen die Werte

$$[2\cdot 2] = +6{,}667, \qquad\qquad [2\cdot 5] = [5\cdot 2] = +4{,}000,$$
$$[2\cdot 8] = [8\cdot 2] = +2{,}000, \qquad [5\cdot 5] = +4{,}667,$$
$$[5\cdot 8] = [8\cdot 5] = +2{,}000, \qquad [8\cdot 8] = +2{,}667,$$
$$[M'\cdot 2] = -2{,}000, \qquad\qquad [M'\cdot 5] = -2{,}000,$$
$$\qquad\qquad\qquad\qquad\qquad [M'\cdot 8] = -1{,}500$$

und damit die drei Gleichungen

X_2	X_5	X_8	
$+\,6{,}667$	$+\,4{,}000$	$+\,2{,}000$	$-\,2{,}000$
$+\,4{,}000$	$+\,4{,}677$	$+\,2{,}000$	$-\,2{,}000$
$+\,2{,}000$	$+\,2{,}000$	$+\,2{,}667$	$-\,1{,}500$

mit den Lösungen $X_2 = +\,0{,}058$, $X_5 = +\,0{,}231$, $X_8 = +\,0{,}346$.

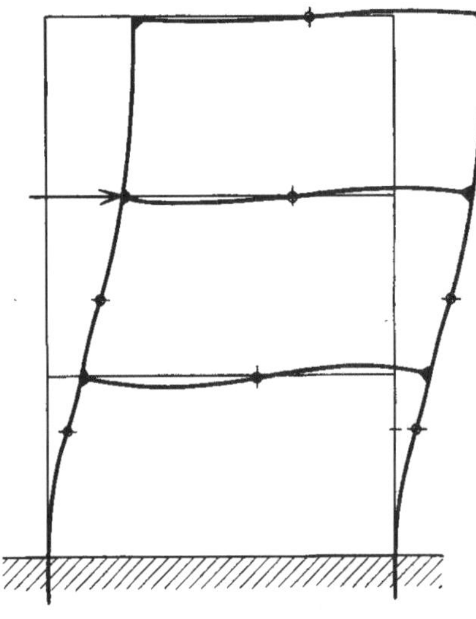

Bild 476. Die Formänderung des Rahmens.

Diese liefern die in Bild 475 eingetragenen M aller Stäbe; die eingeklammerten Zahlen sind die aus den X sofort zu ermittelnden N; beim zweiten Riegel ist zu beachten, daß in Wirklichkeit nicht zweimal je 0,5 t, sondern 1 t nur links angreift, daher ist für diesen Stab N nicht Null, sondern 0,5 t Druck.

Bild 476 zeigt schließlich den ungefähren Verlauf der Formänderung.

Haben die Stielfüße keine Einspannung, sondern sind sie nach Bild 477 gelenkig mit dem Boden verbunden, dann vermindert sich der Unbestimmtheitsgrad um zwei Einheiten. Das statisch bestimmte Grundsystem erhält man nach Bild 479 durch Anbringung eines Rollenkipplagers rechts und durch Schnitte der Querriegel. Die weitere Rechnung bietet nichts Neues, ist aber etwas unbequemer als bei Fußeinspannung.

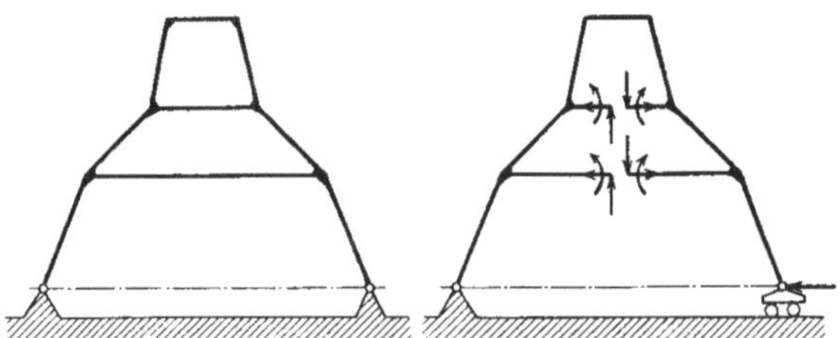

Bild 477 u. 478. Der Rahmen mit Fußgelenken.

Der durchlaufende Träger auf steifen Stützen. Ein durchlaufender Träger ruhe auf steif angeschlossenen Stützen, die gelenkig oder eingespannt mit dem Boden verbunden sind, und erhalte zunächst nur lotrechte Lasten. Es werden zwei Fälle unterschieden, je nachdem der Träger gegen wagrechte elastische Verschiebung nach Bild 479 oder 480 oder sonst irgendwie festgehalten ist oder sich frei verschieben kann. An den Trägerenden sind Kragarme angenommen.

Obwohl diese Aufgabe in den vorhergehenden Fällen des biegungsfesten Stabzuges schon enthalten ist, werden wir hierfür trotzdem besondere Rechenregeln aufstellen, die sich in Anlehnung an den einfachen durchlaufenden Träger leicht ableiten lassen und für diesen als Kranbahnen u. dgl. praktisch wichtigen Fall weitaus bequemere Ansätze liefern als nach den allgemeinen Formeln des Stabzuges.

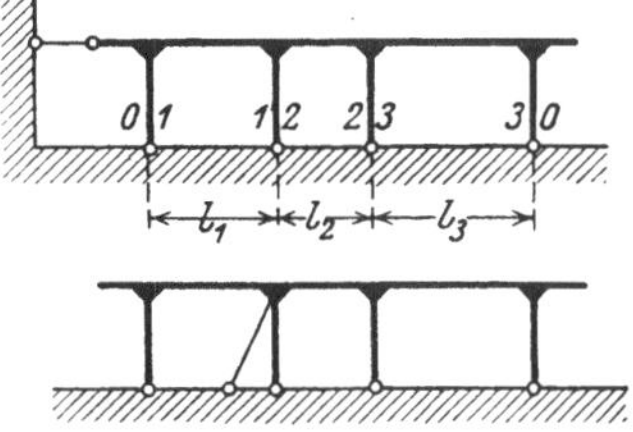

Bild 479 u. 480. Der durchlaufende Träger auf steifen Stützen mit seitlicher Festhaltung des Trägers.

Es bezeichne

$$l_1 \; l_2 \; l_3 \ldots l_i \, l_k \ldots \text{die Stützweiten}$$
$$J_1 \; J_2 \; J_3 \ldots J_i \, J_k \ldots \text{die Trägheitsmomente} \Big\} \text{ des Trägers,}$$
$$l_{01} \; l_{12} \; l_{23} \ldots l_{ik} \ldots \text{die Längen}$$
$$J_{01} \, J_{12} \, J_{23} \ldots J_{ik} \ldots \text{die Trägheitsmomente} \Big\} \text{ der Stützen.}$$

Fall 1. Träger gegen wagrechte Verschiebung festgehalten.

a) Stützen mit Fußgelenken.

Wird wie üblich, die Längselastizität aller Stäbe vernachlässigt, dann bleibt die Lage der Stützenköpfe unverändert.

Bild 481 zeigt den Eckpunkt ik mit den abgeschnitten gedachten Teilen l_i, l_k und l_{ik}. Für die im Bild eingetragene Richtung der Biegemomente an den Schnittstellen gilt wegen des Gleichgewichts des T-Stückes ik gegen Drehen

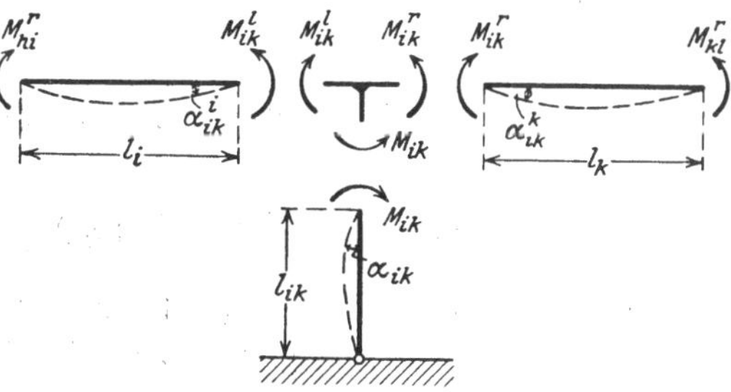

Bild 481. Beliebige Stütze mit anschließenden Feldern.

$$(1) \qquad M_{ik} = M_{ik}^l - M_{ik}^r,$$

ferner ist wie beim durchlaufenden Träger nach S. 176

$$(2) \qquad \begin{cases} 6\,E\,J_i\,\alpha_{ik}^i = 2\,M_{ik}^l\,l_i + M_{hi}^r\,l_i + \dfrac{6}{l_i}\,\mathfrak{L}_i \\[2mm] 6\,E\,J_k\,\alpha_{ik}^k = 2\,M_{ik}^r\,l_k + M_{kl}^l\,l_k + \dfrac{6}{l_k}\,\mathfrak{R}_k \end{cases}$$

und für die Stütze nach S. 102

$$(3) \qquad \alpha_{ik} = \frac{M_{ik}\,l_{ik}}{3\,E\,J_{ik}}.$$

15*

Gl. (2) und (3) liefern nach Umformung und mit

$$\frac{l_i}{J_i} = v_i, \qquad \frac{l_k}{J_k} = v_k \qquad \text{und} \qquad \frac{l_{ik}}{J_{ik}} = v_{ik}$$

(2a)
$$\begin{cases} 6\,E\,\alpha_{ik}^{i} = 2\,M_{ik}^{l}\,v_i + M_{hi}^{r}\,v_i + \dfrac{6}{l_i}\dfrac{\mathfrak{L}_i}{J_i}, \\[3mm] 6\,E\,\alpha_{ik}^{k} = 2\,M_{ik}^{r}\,v_k + M_{kl}^{l}\,v_k + \dfrac{6}{l_k}\dfrac{\mathfrak{R}_k}{J_k}, \end{cases}$$

(3a)
$$6\,E\,\alpha_{ik} = 2\,M_{ik}\,v_{ik}$$

oder mit Gl. (1)

(3b)
$$6\,E\,\alpha_{ik} = 2\,(M_{ik}^{l} - M_{ik}^{r})\,v_{ik}.$$

Bei vollkommen steifer Ecke ist

(4)
$$\alpha_{ik}^{i} + \alpha_{ik} = 0 \qquad \text{und} \qquad \alpha_{ik}^{k} - \alpha_{ik} = 0.$$

Das liefert mit den Ausdrücken 2a) und 3b)

(5)
$$\begin{cases} 2\,M_{ik}^{l}\,v_i + M_{hi}^{r}\,v_i + \dfrac{6\,\mathfrak{L}_i}{l_i J_i} + 2\,(M_{ik}^{l} - M_{ik}^{r})\,v_{ik} = 0 \\[3mm] 2\,M_{ik}^{r}\,v_k + M_{kl}^{l}\,v_k + \dfrac{6\,\mathfrak{R}_k}{l_k J_k} - 2\,(M_{ik}^{l} - M_{ik}^{r})\,v_{ik} = 0 \end{cases}$$

oder geordnet

(6)
$$\begin{cases} M_{hi}^{r}\,v_i + M_{ik}^{l}\,(2\,v_i + 2\,v_{ik}) - M_{ik}^{r}\,2\,v_{ik} + \dfrac{6\,\mathfrak{L}_i}{l_i J_i} = 0, \\[3mm] -\,M_{ik}^{l}\,2\,v_{ik} + M_{ik}^{r}\,(2\,v_k + 2\,v_{ik}) + M_{kl}^{l}\,v_k + \dfrac{6\,\mathfrak{R}_k}{l_k J_k} = 0. \end{cases}$$

Für die erste Stütze nach Bild 482 ist der Wert M_{01}^{l} aus der Belastung des Kragarmes gegeben, somit gilt

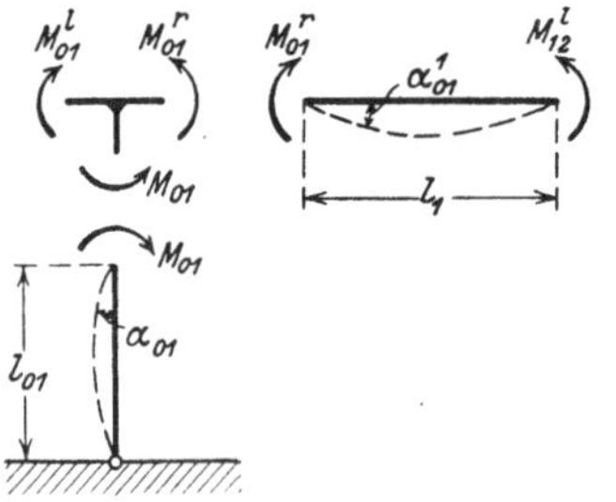

$$M_{01} = M_{01}^{l} - M_{01}^{r},$$

$$6\,E\,\alpha_{01}^{1} = 2\,M_{01}^{r}\,v_1 + M_{12}^{l}\,v_1 + \dfrac{6}{l_1}\dfrac{\mathfrak{R}_1}{J_1},$$

$$6\,E\,\alpha_{01} = \dfrac{2\,M_{01}\,l_{01}}{J_{01}}$$

oder

$$6\,E\,\alpha_{01} = 2\,(M_{01}^{l} - M_{01}^{r})\,v_{01},$$

$$\alpha_{01}^{1} - \alpha_{01} = 0;$$

Bild 482. Linke Endstütze mit anschließendem Feld.   hieraus folgt

(7)
$$M_{01}^{r}\,(2\,v_1 + 2\,v_{01}) + M_{12}^{l}\,v_1 - M_{01}^{l}\,2\,v_{01} + \dfrac{6}{l_1}\dfrac{\mathfrak{R}_1}{J_1} = 0.$$

Demgemäß erhält man folgende Gleichungen, die von hier ab in der bekannten abgekürzten Weise angeschrieben sind.

Für zwei Stützen.

M^r_{01}	M^l_{10}	Belastungswerte
$2v_1 + 2v_{01}$	v_1	$-M^l_{01}\, 2v_{01} + \dfrac{6\,\Re_1}{l_1\, J_1}$
v_1	$2v_1 + 2v_{10}$	$-M^r_{10}\, 2v_{10} + \dfrac{6\,\mathfrak{L}_1}{l_1\, J_1}$

Für drei Stützen.

M^r_{01}	M^l_{12}	M^r_{12}	M^l_{20}	Belastungswerte
$2v_1 + 2v_{01}$	v_1			$-M^l_{01}\, 2v_{01} + \dfrac{6\,\Re_1}{l_1\, J_1}$
v_1	$2v_1 + 2v_{12}$	$-2v_{12}$		$+\dfrac{6\,\mathfrak{L}_1}{l_1\, J_1}$
	$-2v_{12}$	$2v_2 + 2v_{12}$	v_2	$+\dfrac{6\,\Re_2}{l_2\, J_2}$
		v_2	$2v_2 + 2v_{20}$	$-M^r_{20}\, 2v_{20} + \dfrac{6\,\mathfrak{L}_2}{l_2\, J_2}$

Für vier Stützen.

M^r_{01}	M^l_{12}	M^r_{12}	M^l_{23}	M^r_{23}	M^l_{30}	Belastungswerte
$2v_1 + 2v_{01}$	v_1					$-M^l_{01}\, 2v_{01} + \dfrac{6\,\Re_1}{l_1\, J_1}$
v_1	$2v_1 + 2v_{12}$	$-v_{12}$				$+\dfrac{6\,\mathfrak{L}_1}{l_1\, J_1}$
	$-2v_{12}$	$2v_2 + 2v_{12}$	v_2			$+\dfrac{6\,\Re_2}{l_2\, J_2}$
		v_2	$2v_2 + 2v_{23}$	$-2v_{23}$		$+\dfrac{6\,\mathfrak{L}_2}{l_2\, J_2}$
			$-2v_{23}$	$2v_3 + 2v_{23}$	v_3	$+\dfrac{6\,\Re_3}{l_3\, J_3}$
				v_3	$2v_3 + 2v_{30}$	$-M^r_{30}\, 2v_{30} + \dfrac{6\,\mathfrak{L}_3}{l_3\, J_3}$

Hier und im weiteren sind die M der Belastungswerte gegebene Kragarmmomente, die beim Fehlen der Kragarme verschwinden.

Die Gleichungen liefern die Trägerendmomente dicht links und rechts der Stützen. In unbelasteten Feldern verlaufen die M längs des Trägers zwischen diesen Momenten geradlinig. In belasteten Feldern addieren sich die M' der einfachen Momentenlinien wie beim durchlaufenden Träger nach Bild 483 hinzu.

Die Stützmomente dicht unter den Trägern folgen aus Gl. (1); in den Fußgelenken sind sie Null und verlaufen dazwischen geradlinig.

Die Auflagerdrücke A_{ik} können wie beim durchlaufenden Träger nach S. 191 ermittelt werden, sie gehen als Druckkräfte durch die Stützen in den Boden. Außerdem wirkt nach Bild 484 der Boden bzw. der Träger mit Horizontalkraft $H_{ik} = \dfrac{M_{ik}}{l_{ik}}$ auf die Stütze, und der Stützenkopf übt auf den Träger eine Kraft H_{ik} nach rechts aus. Diese Kräfte bringen Längskräfte im Träger hervor; an der Befestigungsstelle des Trägers setzt sich die Kraft $H = \Sigma H_{ik}$ ab.

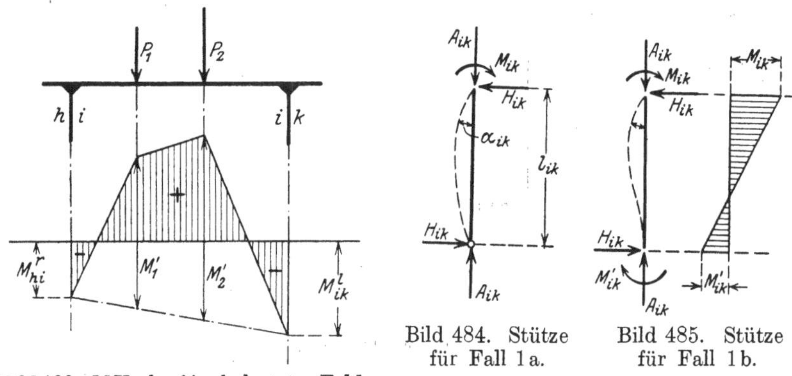

Bild 483. M-Verlauf im belasteten Feld.

Bild 484. Stütze für Fall 1 a.

Bild 485. Stütze für Fall 1 b.

b) Stützen eingespannt. Hierfür gilt unter Benutzung von Beispiel 22 S. 102 für Stütze ik nach Bild 485 das Einspannmoment $M_{ik}^{\prime\prime} = M_{ik} : 2$ und

$$\alpha_{ik} = \frac{M_{ik}\, l_{ik}}{4\,E\,J_{ik}} \quad \text{oder} \quad 6\,E\,\alpha_{ik} = 1{,}5\,M_{ik}\,v_{ik}.$$

Das liefert dieselben Gleichungen wie im Falle 1 a), wobei aber die v_{01}, v_{12} usw. mit 1,5 statt mit 2 zu multiplizieren sind.

Die Horizontalkraft ist hier $H_{ik} = 1{,}5\,M_{ik} : l_{ik}$; deren Benutzung für die Bestimmung der Längskräfte und der Trägerbefestigung erfolgt wie im Falle 1 a.

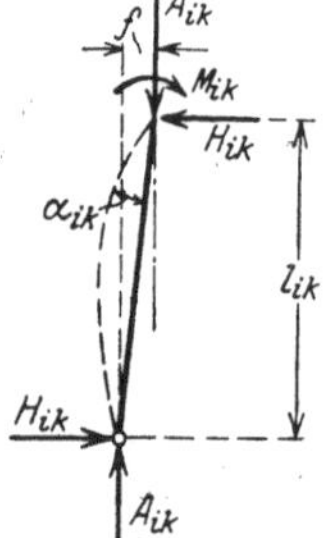

Bild 486. Stütze für Fall 2 a.

Fall 2. Träger wagrecht nicht festgehalten.

a) Stützen mit Fußgelenken.

Der Träger wird die zunächst noch unbekannte wagrechte Verschiebung f annehmen, d. h. jeder Stützenkopf verschiebt sich wagrecht um dieselbe Strecke; nur bei Symmetrie in Form und Belastung verschwindet sie. Nach rechts gerichtete f sind positiv angesetzt.

Von den Ausdrücken des Falles 1 a ändert sich zunächst (3) und lautet nach Bild 486

$$(3)' \qquad \alpha_{ik} = \frac{M_{ik}\, l_{ik}}{3\, E\, J_{ik}} + \frac{f}{l_{ik}} \quad \text{oder} \quad 6\, E\, \alpha_{ik} = 2\, M_{ik}\, v_{ik} + \frac{6\, E\, f}{l_{ik}}.$$

Damit ändern sich die Ausdrücke (6) zu

$$(6)' \quad \begin{cases} M_{hi}^{r}\, v_i + M_{ik}^{l}\,(2\, v_i + 2\, v_{ik}) - M_{ik}^{r}\, 2\, v_{ik} + \dfrac{6\, \mathfrak{L}_i}{l_i\, J_i} + \dfrac{6\, E\, f}{l_{ik}} = 0 \\[2ex] -\, M_{ik}^{l}\, 2\, v_{ik} + M_{ik}^{r}\,(2\, v_k + 2\, v_{ik}) + M_{kl}^{l}\, v_k + \dfrac{6\, \mathfrak{R}_k}{l_k\, J_k} - \dfrac{6\, E\, f}{l_{ik}} = 0 \end{cases}$$

und (7) zu

$$(7)' \qquad M_{01}^{r}\,(2\, v_1 + 2\, v_{01}) + M_{12}^{l}\, v_1 - M_{01}^{l}\, 2\, v_{01} + \frac{6\, \mathfrak{R}_1}{l_1\, J_1} - \frac{6\, E\, f}{l_{01}} = 0$$

und man erhält folgende Gleichungen:

Zwei Stützen.

M_{01}^{r}	M_{10}^{l}	$6\, E\, f$	Belastungswerte
$2\, v_1 + 2\, v_{01}$	v_1	$-\dfrac{1}{l_{01}}$	$-\, M_{01}^{l}\, 2\, v_{01} + \dfrac{6\, \mathfrak{R}_1}{l_1\, J_1}$
v_1	$2\, v_1 + 2\, v_{10}$	$+\dfrac{1}{l_{10}}$	$-\, M_{10}^{r}\, 2\, v_{10} + \dfrac{6\, \mathfrak{L}_1}{l_1\, J_1}$
$-\dfrac{1}{l_{01}}$	$+\dfrac{1}{l_{10}}$	0	$+\, M_{01}^{l}\, \dfrac{1}{l_{01}} - M_{10}^{r}\, \dfrac{1}{l_{10}}$

Drei Stützen.

M_{01}^{r}	M_{12}^{l}	M_{12}^{r}	M_{20}^{l}	$6\, E\, f$	Belastungswerte
$2\, v_1 + 2\, v_{01}$	v_1			$-\dfrac{1}{l_{01}}$	$-\, M_{01}^{l}\, 2\, v_{01} + \dfrac{6\, \mathfrak{R}_1}{l_1\, J_1}$
$.\, v_1$	$2\, v_1 + 2\, v_{12}$	$-\, 2\, v_{12}$		$+\dfrac{1}{l_{12}}$	$+\dfrac{6\, \mathfrak{L}_1}{l_1\, J_1}$
	$-\, 2\, v_{12}$	$2\, v_2 + 2\, v_{12}$	v_2	$-\dfrac{1}{l_{12}}$	$+\dfrac{6\, \mathfrak{R}_2}{l_2\, J_2}$
		v_2	$2\, v_2 + 2\, v_{20}$	$+\dfrac{1}{l_{20}}$	$-\, M_{20}^{r}\, 2\, v_{20} + \dfrac{6\, \mathfrak{L}_2}{l_2\, J_2}$
$-\dfrac{1}{l_{01}}$	$+\dfrac{1}{l_{12}}$	$-\dfrac{1}{l_{12}}$	$+\dfrac{1}{l_{20}}$	0	$+\, M_{01}^{l}\, \dfrac{1}{l_{01}} - M_{20}^{r}\, \dfrac{1}{l_{20}}$

Die letzte Gleichung dieser Gruppen rührt von den Horizontalkräften her. Nach Bild 486 setzt die Stütze am Träger die nach links wirkende Horizontalkraft $H_{ik} = M_{ik} : l_{ik}$ ab; nach Gl. (1) ist auch $H_{ik} = (M_{ik}^{l} - M_{ik}^{r}) : l_{ik}$. Dabei bleibt das Moment $A_{ik}\, f$ nach Bild 486 wegen der Kleinheit von f unberücksichtigt. Wirken nun auf den Träger außer den lotrechten Lasten sonst keine Horizontalkräfte, dann ist $\Sigma H_{ik} = 0$, was die letzte Gleichung liefert. Wirken auf den Träger außerdem Horizontalkräfte von der algebraischen Summe W nach links bzw. rechts (z. B. Kranbremskräfte,

Windkräfte), dann ist dem Belastungswert der letzten Gleichung der Betrag $+ W$ bzw. $- W$ hinzuzufügen. Wirken die Lasten schräg, dann können sie in lotrechte und wagrechte Komponenten zerlegt werden; die letzteren bilden zusammen den Betrag W.

Die endgültigen Trägermomente und die Auflagerkräfte ermitteln sich sodann wie im Falle 1a.

b) Stützen eingespannt.

Hier gilt nach Beispiel 22 S. 102

$$\alpha_{ik} = \frac{M_{ik}\,l_{ik}}{4\,E\,J_{ik}} + \frac{2}{3}\frac{f}{l_{ik}} \quad \text{oder} \quad 6\,E\,\alpha_{ik} = 1{,}5\,M_{ik}\,v_{ik} + \frac{1{,}5 \cdot 6\,E\,f}{l_{ik}},$$

alles andere bleibt wie im Falle 2a. Somit gelten hier ähnliche Gleichungen, nur werden die mit Doppelzeiger versehenen v mit $1{,}5$ multipliziert und die vorletzten Ausdrücke lauten $\dfrac{1{,}5 \cdot 6\,E\,f}{l_{01}}$ usw. Die letzte Gleichung folgt aus

$$H_{ik} = \frac{3\,M_{ik}}{2\,l_{ik}} - f\,\frac{3\,E\,J_{ik}}{l_{ik}^{3}} = 1{,}5\,\frac{M_{ik}}{l_{ik}} - 6\,E\,f\,\frac{J_{ik}}{2\,l_{ik}^{3}} \quad \text{und} \quad \sum H_{ik} = 0,$$

wieder nur gültig für lotrechte Lasten.

Die Gleichungen lauten somit:

Für zwei Stützen.

M_{01}^{r}	M_{10}^{l}	$6\,E\,f$	Belastungswerte
$2\,v_1 + 1{,}5\,v_{01}$	v_1	$-\dfrac{1{,}5}{l_{01}}$	$-\,M_{01}^{l}\,1{,}5\,v_{01} + \dfrac{6\,\Re_1}{l_1\,J_1}$
v_1	$2\,v_1 + 1{,}5\,v_{10}$	$+\dfrac{1{,}5}{l_{10}}$	$-\,M_{10}^{r}\,1{,}5\,v_{10} + \dfrac{6\,\mathfrak{L}_1}{l_1\,J_1}$
$-\dfrac{1{,}5}{l_{01}}$	$+\dfrac{1{,}5}{l_{10}}$	$-\dfrac{1}{2}\left(\dfrac{J_{01}}{l_{01}^{3}} + \dfrac{J_{10}}{l_{10}^{3}}\right)$	$+\,M_{01}^{l}\,\dfrac{1{,}5}{l_{01}} - M_{10}^{r}\,\dfrac{1{,}5}{l_{10}}$

Für drei Stützen.

M_{01}^{r}	M_{12}^{l}	M_{12}^{r}	M_{20}^{l}	$6\,E\,f$	Belastungsw
$2\,v_1 + 1{,}5\,v_{01}$	v_1			$-\dfrac{1{,}5}{l_{01}}$	$-\,M_{01}^{l}\,1{,}5\,v_{01}$ -
v_1	$2\,v_1 + 1{,}5\,v_{12}$	$-\,1{,}5\,v_{12}$		$+\dfrac{1{,}5}{l_{12}}$	-
	$-\,1{,}5\,v_2$	$2\,v_2 + 1{,}5\,v_{12}$	v_2	$-\dfrac{1{,}5}{l_{12}}$	-
		v_2	$2\,v_2 + 1{,}5\,v_{20}$	$+\dfrac{1{,}5}{l_{20}}$	$-\,M_{20}^{r}\,1{,}5\,v_{20}$ -
$-\dfrac{1{,}5}{l_{01}}$	$+\dfrac{1{,}5}{l_{12}}$	$-\dfrac{1{,}5}{l_{12}}$	$+\dfrac{1{,}5}{l_{20}}$	$-\dfrac{1}{2}\left(\dfrac{J_{01}}{l_{01}^{3}} + \dfrac{J_{12}}{l_{12}^{3}} + \dfrac{J_{20}}{l_{20}^{3}}\right)$	$+\,M_{01}^{l}\,\dfrac{1{,}5}{l_{01}} - 1$

Beispiele. Für den dreifeldrigen Träger nach Bild 487 sei (alles auf kg und cm bezogen)

$$l_1 = 400, \; l_2 = 300, \; l_3 = 500, \; l_{01} = l_{12} = l_{23} = l_{30} = 400 \text{ cm},$$

$$J_1 = J_2 = 9800, \; J_3 = 1\text{ɔ}700, \; J_{01} = J_{12} = 3820, \; J_{23} = J_{30} = 7200 \text{ cm}^4.$$

Für die Last 1 kg auf Feld 2 ist

$$M_{01}^l = M_{30}^r = 0 \; \text{(Kragarme lastfrei)}, \quad \Re_1 = \Im_1 = \Re_3 = \Im_3 = 0,$$

$$\Re_2 = 1 \cdot \frac{120 \cdot 180}{6}(300 + 180) = 1\,728\,000, \quad \Im_2 = 1 \cdot \frac{120 \cdot 180}{6}(300 + 120) = 1\,512\,000,$$

$$\frac{6\,\Re_2}{l_2\,J_2} = \frac{6 \cdot 1\,728\,000}{300 \cdot 9800} = 3{,}530, \qquad \frac{6\,\Im_2}{l_2\,J_2} = \frac{6 \cdot 1\,512\,000}{300 \cdot 9800} = 3{,}090.$$

$$v_1 = \frac{400}{9800} = 0{,}0408, \quad v_2 = \frac{300}{9800} = 0{,}0306, \quad v_3 = \frac{500}{15\,710} = 0{,}0318,$$

$$v_{01} = v_{12} = \frac{400}{3820} = 0{,}1045, \quad v_{23} = v_{30} = \frac{400}{7200} = 0{,}0506.$$

Mit diesen Werten sind die Gleichungen für die Trägerstützmomente ohne nennenswerte Zwischenrechnung sofort anschreibbar.

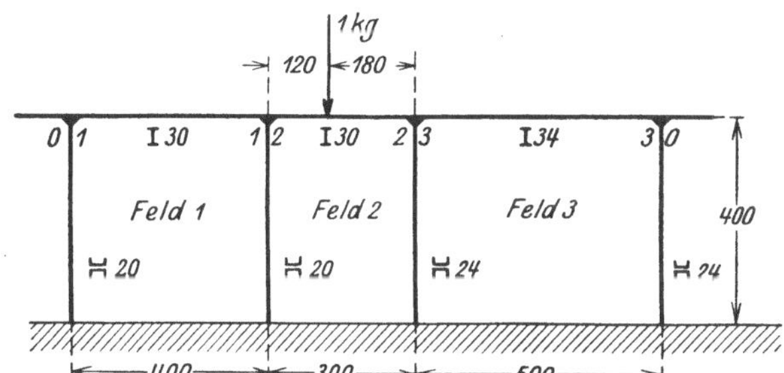

Bild 487. Dreifeldriger Träger mit Einzellast. Maße in cm.

Fall 1a.

Die Gleichungen:

M_{01}^r	M_{12}^l	M_{12}^r	M_{23}^l	M_{23}^r	M_{30}^l	
$+\mathbf{0{,}2906}$	$+0{,}0408$					0
$+0{,}0408$	$+\mathbf{0{,}2906}$	$-0{,}2090$				0
	$-0{,}2090$	$+\mathbf{0{,}2702}$	$+0{,}0306$			$+3{,}530$
		$+0{,}0306$	$+\mathbf{0{,}1624}$	$-0{,}1012$		$+3{,}090$
			$-0{,}1012$	$+\mathbf{0{,}1648}$	$+0{,}0318$	0
				$+0{,}0318$	$+\mathbf{0{,}1648}$	0

Die Lösungen:

M_{01}^r	M_{12}^l	M_{12}^r	M_{23}^l	M_{23}^r	M_{30}^l	
$+2{,}46$	$-17{,}53$	$-23{,}90$	$-24{,}11$	$-15{,}37$	$+2{,}97$	kgcm.

Hieraus die oberen Stützenmomente

$$M_{01} = -2{,}46, \qquad\qquad M_{12} = -17{,}53 + 23{,}90 = +6{,}37,$$

$$M_{23} = -24{,}11 + 15{,}37 = -8{,}74, \qquad M_{30} = +2{,}97 \text{ kgcm}.$$

An den Stützenfüßen sind wegen der Gelenke die M Null. Das Moment an der Laststelle ist

$$M_l = 1 \cdot \frac{120 \cdot 180}{300} - 23{,}90 \frac{180}{300} - 24{,}11 \frac{120}{300} = 72{,}00 - 14{,}34 - 9{,}64 = + 48{,}02 \text{ kgom}.$$

Die Auflagerkräfte sind nach S. 191

$$A_{01} = - \frac{2{,}46 + 17{,}53}{400} = - 0{,}050,$$

$$A_{12} = + \frac{2{,}46 + 17{,}53}{400} + \frac{23{,}90 + 48{,}02}{120} = + 0{,}650,$$

$$A_{23} = + \frac{48{,}02 + 24{,}11}{180} + \frac{15{,}37 + 2{,}97}{500} = + 0{,}437,$$

$$A_{30} = - \frac{15{,}37 + 2{,}97}{500} = - 0{,}037 \text{ kg}.$$

Es ist genau $\Sigma A = 1 \text{ kg}$.

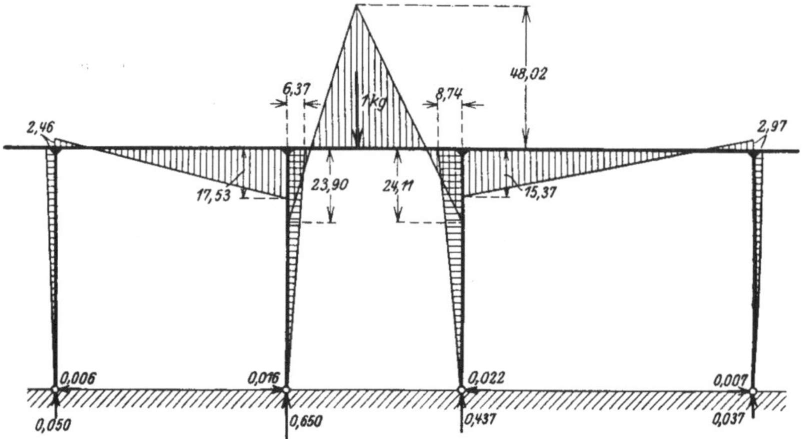

Bild 488. Kräfte und Momente für Fall 1a (Fußgelenke).

Die vom Boden auf die Fußgelenke übertragenen und nach links gerichteten Horizontalkräfte sind

$$H_{01} = + \frac{2{,}46}{400} = + 0{,}0061, \qquad H_{12} = - \frac{6{,}37}{400} = - 0{,}0159,$$

$$H_{23} = + \frac{8{,}74}{400} = + 0{,}0218, \qquad H_{30} = - \frac{2{,}97}{400} = - 0{,}0074 \text{ kg}.$$

Somit muß der Träger gegen wagrechte Verschiebung festgehalten werden mit Kraft $H = + 0{,}0061 - 0{,}0159 + 0{,}0218 - 0{,}0074 = + 0{,}0046 \text{ kg}$.

Bild 488 zeigt alle angreifenden Kräfte und Momente in kg bzw. kgcm.

Fall 1b.   Die Gleichungen:

M_{01}^r	M_{12}^l	M_{12}^r	M_{23}^l	M_{23}^r	M_{30}^l	
+ **0,2383**	+ 0,0408					+ 0
+ 0,0408	+ **0,2383**	− 0,1567				+ 0
	− 0,1567	+ **0,2180**	+ 0,0306			3,530
		+ 0,0306	+ **0,1371**	− 0,0759		3,090
			− 0,0759	+ **0,1395**	+ 0,0318	0
				+ 0,0318	+ **0,1395**	0

Die Lösungen:

M_{01}^r	M_{12}^l	M_{12}^r	M_{23}^l	M_{23}^r	M_{30}^l
$+2,87$	$-16,76$	$-24,74$	$-24,94$	$-14,31$	$+3,26$ kgcm

Die oberen Stützenmomente

$$M_{01} = -2,87, \qquad\qquad M_{12} = -16,76 + 24,74 = +7,98,$$
$$M_{23} = -24,94 + 14,31 = -10,63, \qquad M_{30} = +3,26 \text{ kgcm}.$$

Die Stützenfußmomente (Einspannmomente) sind die Hälfte der oberen Stützenmomente und von entgegengesetzten Vorzeichen.

Moment an der Laststelle

$$M_l = 1 \cdot \frac{120 \cdot 180}{300} - 24,74 \frac{180}{300} - 24,94 \frac{120}{300} = 72,00 - 14,84 - 9,98 = +47,18 \text{ kgcm}.$$

Bild 489 zeigt die M-Linien.

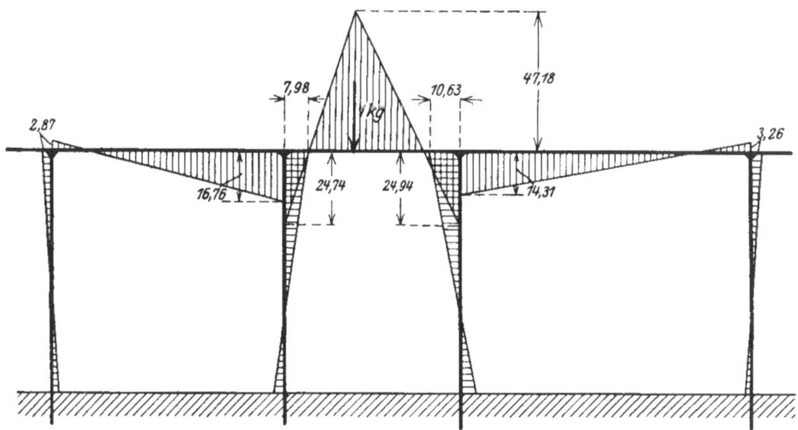

Bild 489. Kräfte und Momente für Fall 1b (Stützen eingespannt).

Fall 2a.

Die Gleichungen:

M_{01}^r	M_{12}^l	M_{12}^r	M_{23}^l	M_{23}^r	M_{30}^l	$6\,Ef$	
$+0{,}2906$	$+0{,}0408$					$-0{,}0025$	0
$+0{,}0408$	$+0{,}2906$	$-0{,}2090$				$+0{,}0025$	0
	$-0{,}2090$	$+0{,}2702$	$+0{,}0306$			$-0{,}0025$	$3{,}530$
		$+0{,}0306$	$+0{,}1624$	$-0{,}1012$		$+0{,}0025$	$3{,}090$
			$-0{,}1012$	$+0{,}1648$	$+0{,}0318$	$-0{,}0025$	0
				$+0{,}0318$	$+0{,}1648$	$+0{,}0025$	0
$-0{,}0025$	$+0{,}0025$	$-0{,}0025$	$+0{,}0025$	$-0{,}0025$	$+0{,}0025$	0	0

Die Lösungen:

M_{01}^r	M_{12}^l	M_{12}^r	M_{23}^l	M_{23}^r	M_{30}^l	$6\,Ef$
$+2,17$	$-17,35$	$-24,07$	$-23,86$	$-15,80$	$+3,52$	$-30,77$ kgcm

Hieraus die oberen Stützenmomente

$$M_{01} = -\,2{,}17\,, \qquad\qquad M_{12} = -\,17{,}35 + 24{,}07 = +\,6{,}72\,,$$
$$M_{23} = -\,23{,}86 + 15{,}80 = -\,8{,}06\,, \qquad M_{30} = +\,3{,}52 \text{ kgcm}\,.$$

Die Stützenfußmomente sind Null.

Nun unterscheiden sich diese M von denen des Falles 1a so wenig, daß für diesen Fall die einfacheren Gleichungen des Falles 1a benutzt werden dürfen; entsprechendes gilt für Fall 1b und 2b. Wirken jedoch wagrechte Lasten oder Lastkomponenten auf den Träger, dann ist streng nach Fall 2a bzw. 2b zu rechnen.

Der durchlaufende Träger auf steifen Stützen und einfachen Lagern.

Wird eine der Stützen, etwa $i\,k$, durch ein einfaches Lager (Kipp- oder Rollenkipplager) ersetzt, dann verschwindet das betreffende Moment des Stützenkopfes und die beiden Trägermomente M^l_{ik} und M^r_{ik} sind einander gleich, wofür wir wie beim einfachen durchlaufenden Träger kurz M_{ik} schreiben. Durch Zusammenziehung zweier aufeinanderfolgenden Gleichungen der bisherigen Gruppen gewinnen wir eine neue Gleichungsgruppe für den vorliegenden Fall.

Wird bei vier Stützen des Falles 1a Stütze 12 durch ein Lager ersetzt, dann ist $M^l_{12} = M^r_{12} = M_{12}$; wir fassen die zweite und dritte Gleichung zusammen und erhalten:

M^r_{01}	M_{12}	M^l_{23}	M^r_{23}	M^l_{30}	Belastungswerte
$2\,v_1 + 2\,v_{01}$	v_1				$-\,M^l_{01}\,2\,v_{01} + \dfrac{6\,\Re_1}{l_1\,J_1}$
v_1	$2\,v_1 + 2\,v_2$	v_2			$\dfrac{6\,\mathfrak{L}_1}{l_1\,J_1} + \dfrac{6\,\Re_2}{l_2\,J_2}$
	v_2	$2\,v_2 + 2\,v_{23}$	$-\,2\,v_{23}$		$\dfrac{6\,\mathfrak{L}_2}{l_2\,J_2}$
		$-\,2\,v_{23}$	$2\,v_3 + 2\,v_{23}$	v_3	$\dfrac{6\,\Re_3}{l_3\,J_3}$
			v_3	$2\,v_3 + 2\,v_{30}$	$-\,M^r_{30}\,2\,v_{30} + \dfrac{6\,\mathfrak{L}_3}{l_3\,J_3}$

Wird die erste Stütze durch ein Lager ersetzt, dann ist $M^r_{01} = M^l_{01} = M_{01} = $ gegebenes Kragarmmoment, das auf die Seite der Belastungswerte zu schreiben ist. Die erste Gleichung fällt weg und man erhält die Gleichungen

für zwei Felder, Auflager 01 und 20, Stütze 12:

M^l_{12}	M^r_{12}	Belastungswerte
$2\,v_1 + 2\,v_{12}$	$-\,2\,v_{12}$	$M_{01}\,v_1 + \dfrac{6\,\mathfrak{L}_1}{l_1\,J_1}$
$-\,2\,v_{12}$	$2\,v_2 + 2\,v_{12}$	$M_{20}\,v_2 + \dfrac{6\,\Re_2}{l_2\,J_2}$

für drei Felder, Auflager 01 und 30, Stütze 12 und 23:

M_{12}^l	M_{12}^r	M_{23}^l	M_{23}^r	Belastungswerte
$2\,v_1 + 2\,v_{12}$	$-\,2\,v_{12}$			$M_{01}\,v_1 + \dfrac{6\,\mathfrak{L}_1}{l_1\,J_1}$
$-\,2\,v_{12}$	$2\,v_2 + 2\,v_{12}$	v_2		$\dfrac{6\,\mathfrak{R}_2}{l_2\,J_2}$
	v_2	$2\,v_2 + 2\,v_{23}$	$-\,2\,v_{23}$	$\dfrac{6\,\mathfrak{L}_2}{l_2\,J_2}$
		$-\,2\,v_{23}$	$2\,v_3 + 2\,v_{23}$	$M_{30}\,v_3 + \dfrac{6\,\mathfrak{R}_3}{l_3\,J_3}$

Vorstehendes gilt für Stützen mit Fußgelenken. Für eingespannte Stützen tritt wieder an Stelle des Faktors 2 bei v_{12}, v_{23} usw. der Faktor 1,5.

Werden alle Stützen durch Lager ersetzt, dann gehen die Gleichungen über in die des durchlaufenden Trägers mit verschiedenen J nach S. 203.

5. Die Berechnung der statisch unbestimmten Stabgebilde mit Berücksichtigung ihrer Längselastizität.

In allen bisherigen Fällen wurde bei Aufstellung der Bedingungsgleichungen für die statisch Unbestimmten nur die Biegungselastizität der Stäbe berücksichtigt, aber nicht deren Längselastizität, da, wie schon früher hervorgehoben, diese das elastische Verhalten des ganzen Gebildes wenig beeinflußt. Wir werden nun hier einige der vorbehandelten Fälle mit Berücksichtigung der Längselastizität berechnen und erhalten dadurch einen formel- und zahlenmäßigen Vergleich der Ergebnisse.

Der Zweigelenkbogen nach Bild 490. Die Bedingungsgleichung für den Horizontalschub X folgt wieder aus $f = 0$ und lautet nach S. 103

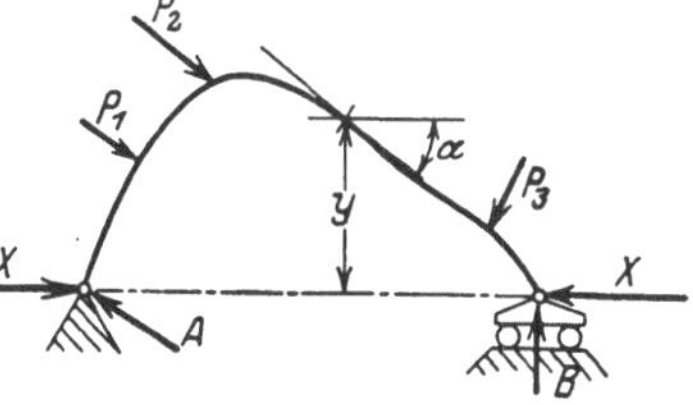

Bild 490. Zweigelenkbogen.

$$\int \frac{M'\,\mathfrak{M}}{E\,J}\,ds + X \int \frac{\mathfrak{M}^2}{E\,J}\,ds + \int \frac{N'\,\mathfrak{N}}{E\,F}\,ds + X \int \frac{\mathfrak{N}^2}{E\,F}\,ds = 0.$$

Die M' und N' gelten für statisch bestimmte Lagerung, also mit Rollenkipplager rechts, ferner ist $\mathfrak{M} = -\,1 \cdot y$ (wie früher) und $\mathfrak{N} = -\,1 \cdot \cos\alpha$. Damit folgt

$$\int \frac{M'}{E\,J} \cdot -\,y\,ds + X \int \frac{y^2}{E\,J}\,ds - \int \frac{N'}{E\,F}\cos\alpha\,ds + X \int \frac{\cos^2\alpha}{E\,F}\,ds = 0$$

und

$$X = \left(\int \frac{M'}{E\,J}\,y\,ds + \int \frac{N'}{E\,F}\cos\alpha\,ds \right) : \left(\int \frac{y^2}{E\,J}\,ds + \int \frac{\cos^2\alpha}{E\,F}\,ds \right).$$

Beispiel. Portal mit Einzellast nach Bild 318 S. 135, daselbst auch die hier gültigen Bezeichnungen.

$$\text{Für Teil } 1\text{—}2 \text{ ist } M' = 0, \qquad N' = -P\frac{b}{l}, \qquad \cos\alpha = 0,$$

$$\text{für Teil } a \qquad \text{ist } M' = P\frac{b}{l}x, \quad N' = 0, \qquad \cos\alpha = 1,$$

$$\text{für Teil } b \qquad \text{ist } M' = P\frac{a}{l}x, \quad N' = 0, \qquad \cos\alpha = 1,$$

$$\text{für Teil } 4\text{—}5 \text{ ist } M' = 0, \qquad N' = -P\frac{a}{l}, \quad \cos\alpha = 0.$$

$$\text{Zähler} = \frac{1}{J_l}\left(\int_0^a P\frac{b}{l}xh\,dx + \int_0^b P\frac{a}{l}xh\,dx\right) + 0 = P\frac{abh}{2J_l}.$$

$$\text{Nenner} = \frac{2}{J_h}\int_0^h y^2\,dy + \frac{1}{J_l}\int_0^l h^2\,dx + \frac{1}{F_l}\int_0^l dx = \frac{2}{3}\frac{h^3}{J_h} + \frac{h^2 l}{J_l} + \frac{l}{F_l}.$$

$$X = P\frac{\dfrac{abh}{2J_l}}{\dfrac{2}{3}\dfrac{h^3}{J_h} + \dfrac{h^2 l}{J_l} + \dfrac{l}{F_l}} = P\frac{\dfrac{1}{2}\dfrac{a}{h}\dfrac{b}{h}}{\dfrac{2}{3}i + \dfrac{l}{h} + \dfrac{l}{h^3}\dfrac{J_l}{F_l}}.$$

Das obengenannte frühere Beispiel S. 136 mit den Abmessungen $P = 4000$ kg, $l = 800$ cm, $a = 200$ cm, $b = 600$ cm, $h = 400$ cm, $i = 1$, Profil I 26 mit $F = 53,4$ cm² und $J = 5744$ cm⁴ liefert hier

$$X = 4000\,\frac{\dfrac{1}{2}\dfrac{200}{400}\dfrac{600}{400}}{\dfrac{2}{3} + \dfrac{800}{400} + \dfrac{800}{400^3}\dfrac{5744}{53,4}} = 562,2 \text{ kg},$$

d. i. um 0,3 kg weniger als in dem früheren Beispiel.

Dieses Beispiel zeigt den auffallend geringen Einfluß der Längselastizität auf das Ergebnis. Solches trifft auf fast alle Biegestabgebilde zu, weshalb man diesen Einfluß stets zu vernachlässigen pflegt. Nur beim Zweigelenkbogen und namentlich beim eingespannten Bogen von kreisähnlicher Form und geringer Pfeilhöhe kann der Einfluß bemerkenswert werden und möchte Berücksichtigung finden. Besondere Fälle, wie das nachstehend behandelte Schwungrad, verlangen jedoch unbedingt die Berücksichtigung dieses Einflusses.

Schwungrad. Das zum Ausgleich der periodisch wechselnden Winkelgeschwindigkeit dienende Schwungrad wird im wesentlichen durch zweierlei Kraftwirkungen beansprucht:

a) durch die stets radial wirkenden Fliehkräfte,

b) durch das von der Schwungradwelle durch die Arme in den Kranz geleitete Überschußdrehmoment, welches dem Radkranze eine Winkelbeschleunigung oder -verzögerung erteilt.

Wie üblich werden dabei das Eigengewicht und etwaige Seil-
oder Riemenzüge nicht berücksichtigt. Im übrigen soll die Aufgabe
unter einigen vereinfachenden, aber allgemein üblichen und durchaus
zulässigen Annahmen durchgeführt werden. Bei Gußeisenrädern
rechnen wir mit einem mittleren, aber unveränderlichen E. Der Rad-
kranz sei dünn gegen den mittleren Kranzradius; wie stets bisher
sehen wir vom Einfluß der Krümmung auf die Spannungsverteilung
im Kranzquerschnitt ab und nehmen diese wie immer als linear an.
Die Fliehkräfte und Trägheitskräfte der Arme werden vernachlässigt.

Wir behandeln beide Kraftwirkungen getrennt; sie treten gleichzeitig auf und die entsprechenden Beanspruchungen lagern sich übereinander.

a) **Einfluß der Fliehkräfte.** Es bezeichne

n die Armzahl,

$\alpha = 360^0 : 2\,n$ den halben Winkel zwischen den Armen,

r den Radius der Kranzschwerlinie in cm,

K den Kranzquerschnitt in cm²,

J_k dessen Trägheitsmoment in cm⁴,

W_k dessen Widerstandsmoment in cm³,

A den mittleren Armquerschnitt in cm² (in Wirklichkeit ver-
jüngt sich A von innen nach außen),

J_a das mittlere Trägheitsmoment des Armes in cm⁴,

$g = 981$ cm sek⁻² die Erdbeschleunigung,

s das Gewicht der Raumeinheit in kg/cm³,

ω die Winkelgeschwindigkeit in sek⁻¹.

Die auf 1 cm Kranzlänge entfallende Fliehkraft beträgt

$$f = \text{Masse} \cdot \omega^2\, r = \frac{K\,s}{g}\,\omega^2\,r \ \ \text{kg/cm} .$$

Wir untersuchen das
Kranzstück nach Bild
491 und 492 vom Zentri-
winkel $2\,\alpha$ mit zugehö-
rigem Arm. An den
Kranzstumpfen wirken
die statisch Unbestimm-
ten, nämlich die Längs-
kraft X und das Mo-
ment Z; die Querkraft

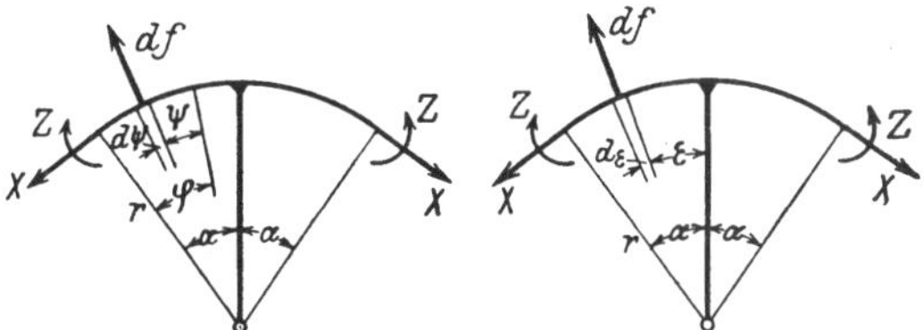

Bild 491 u. 492. Schwungrad. Beanspruchung des
Kranzes und der Arme durch die Fliehkraft des
Kranzelementes.

verschwindet aus Symmetriegründen.

Wegen der Stetigkeit der elastischen Linie des Kranzes kann die
Kranzstumpfstelle nur eine radiale Verschiebung nach außen machen
und die Tangente an die elastische Linie an dieser Stelle muß sich
parallel verschieben. Es bezeichnet

M_k' das Biegemoment durch die Fliehkräfte an beliebiger Kranzstelle,
N_k' die Längskraft „ „ „ „ „ „
M_a' das Biegemoment „ „ „ „ „ Armstelle,
N_a' die Längskraft „ „ „ „ „ „
$\mathfrak{M}_k$ das Biegemoment an beliebiger Kranzstelle $\Big\}$ durch die gedachten
$\mathfrak{N}_k$ die Längskraft „ „ „ Kräfte „Eins"
$\mathfrak{M}_a$ das Biegemoment „ „ Armstelle statt X,
$\mathfrak{N}_a$ die Längskraft „ „ „
$(\mathfrak{M}_k)$ das Biegemoment „ „ Kranzstelle $\Big\}$ durch die gedachten
$(\mathfrak{N}_k)$ die Längskraft „ „ „ Momente „Eins"
$(\mathfrak{M}_a)$ das Biegemoment „ „ Armstelle statt Z.
$(\mathfrak{N}_a)$ die Längskraft „ „ „

Da auf die Möglichkeit verschiedener Werkstoffe in Kranz und Arm Rücksicht zu nehmen ist (Kranz aus Gußeisen, Arme aus Flußstahl), soll der Wert E_k für den Kranz und E_a für die Arme gelten. Die Bedingungsgleichungen für obengenannte Stetigkeit der elastischen Linie des Kranzes lauten somit

$$(1\,\mathrm{a}) \quad \frac{1}{E_k J_k}\int M_k'\mathfrak{M}_k\,ds + \frac{1}{E_a J_a}\int M_a'\mathfrak{M}_a\,ds + \frac{1}{E_k K}\int N_k'\mathfrak{N}_k\,ds +$$

$$+ \frac{1}{E_a A}\int N_a'\mathfrak{N}_a\,ds +$$

$$+ X\left\{ \frac{1}{E_k J_k}\int \mathfrak{M}_k{}^2\,ds + \frac{1}{E_a J_a}\int \mathfrak{M}_a{}^2\,ds + \frac{1}{E_k K}\int \mathfrak{N}_k{}^2\,ds + \right.$$

$$\left. + \frac{1}{E_a A}\int \mathfrak{N}_a{}^2\,ds \right\} +$$

$$+ Z\left\{ \frac{1}{E_k J_k}\int \mathfrak{M}_k(\mathfrak{M}_k)\,ds + \frac{1}{E_a J_a}\int \mathfrak{M}_a(\mathfrak{M}_a)\,ds + \right.$$

$$\left. + \frac{1}{E_k K}\int \mathfrak{N}_k(\mathfrak{N}_k)\,ds + \frac{1}{E_a A}\int \mathfrak{N}_a(\mathfrak{N}_a)\,ds \right\} = 0,$$

$$(1\,\mathrm{b}) \quad \frac{1}{E_k J_k}\int M_k'\mathfrak{M}_k\,ds + \frac{1}{E_a J_a}\int M_a'\mathfrak{M}_a\,ds + \frac{1}{E_k K}\int N_k'\mathfrak{N}_k\,ds +$$

$$+ \frac{1}{E_a A}\int N_a'\mathfrak{N}_a\,ds +$$

$$+ X\left\{ \frac{1}{E_k J_k}\int \mathfrak{M}_k(\mathfrak{M}_k)\,ds + \frac{1}{E_a J_a}\int \mathfrak{M}_a(\mathfrak{M}_a)\,ds + \right.$$

$$\left. + \frac{1}{E_k K}\int \mathfrak{N}_k(\mathfrak{N}_k)\,ds + \frac{1}{E_a A}\int \mathfrak{N}_a(\mathfrak{N}_a)\,ds \right\} +$$

$$+ Z\left\{ \frac{1}{E_k J_k}\int (\mathfrak{M}_k)^2\,ds + \frac{1}{E_a J_a}\int (\mathfrak{M}_a)^2\,ds + \right.$$

$$\left. + \frac{1}{E_k K}\int (\mathfrak{N}_k)^2\,ds + \frac{1}{E_a A}\int (\mathfrak{N}_a)^2\,ds \right\} = 0.$$

Nun ist nach Bild 491 und 492

$$M_k' = \int_0^\varphi d f\, r \sin \psi = \int_0^\varphi f r^2 \sin \psi\, d\psi = f r^2 (1 - \cos \varphi),$$

$$N_k' = \int_0^\varphi d f \sin \psi = f r (1 - \cos \varphi).$$

Da die Fliehkraft der Arme vernachlässigt werden soll, ist $M_a' = 0$ und N_a' ist die Resultierende aller f des Kranzstückes $2\,\alpha$, also

$$N_a' = 2 \int_0^\alpha d f \cos \varepsilon = 2 \int_0^\alpha f r \cos \varepsilon\, d\varepsilon = 2 \, f r \sin \alpha.$$

Ferner ist

$$\mathfrak{M}_k = - r (1 - \cos \varphi), \quad \mathfrak{N}_k = \cos \varphi, \quad \mathfrak{M}_a = 0, \quad \mathfrak{N}_a = - 2 \sin \alpha,$$
$$(\mathfrak{M}_k) = 1, \quad (\mathfrak{N}_k) = 0, \quad (\mathfrak{M}_a) = 0, \quad (\mathfrak{N}_a) = 0.$$

$$(2\,\mathrm{a}) \qquad \frac{2}{E_k J_k} \int_0^\alpha (f r^2 (1 - \cos \varphi)) (- r (1 - \cos \varphi)) r \, d\varphi +$$

$$+ \frac{2}{E_k K} \int_0^\alpha (f r (1 - \cos \varphi)) \cos \varphi\, r\, d\varphi +$$

$$+ \frac{1}{E_a A} \int_0^r (2 f r \sin \alpha) (- 2 \sin \alpha)\, dx +$$

$$+ X \left\{ \frac{2}{E_k J_k} \int_0^\alpha (- r (1 - \cos \varphi))^2 r\, d\varphi + \frac{2}{E_k K} \int_0^\alpha \cos^2 \varphi\, r\, d\varphi + \right.$$

$$\left. + \frac{1}{E_a A} \int_0^r (- 2 \sin \alpha)^2\, dx \right\} +$$

$$+ Z \frac{2}{E_k J_k} \int_0^\alpha (- r (1 - \cos \varphi))\, r\, d\varphi = 0,$$

$$(2\,\mathrm{b}) \quad \frac{2}{E_k J_k} \int_0^\alpha f r^2 (1 - \cos \varphi)\, r\, d\varphi + X \frac{2}{E_k J_k} \int_0^\alpha 1 \cdot (- r (1 - \cos \varphi))\, r\, d\varphi +$$

$$+ Z \frac{2}{E_k J_k} \int_0^\alpha r\, d\varphi = 0.$$

Wir multiplizieren Gl. $(2\,\mathrm{a})$ mit $E_k K$, kürzen mit 2, setzen $\dfrac{E_k}{E_a} = v$ und $\dfrac{K}{A} = q$ und erhalten

$$X\frac{Kr^3}{J_k}\int_0^a (1-\cos\varphi)^2\,d\varphi - \frac{Z}{r}\frac{Kr^3}{J_k}\int_0^a (1-\cos\varphi)\,d\varphi -$$

$$-fr\frac{Kr^3}{J_k}\int_0^a (1-\cos\varphi)^2\,d\varphi + Xr\int_0^a \cos^2\varphi\,d\varphi +$$

$$+fr^2\int_0^a (1-\cos\varphi)\cos\varphi\,d\varphi +$$

$$+ X\,2\,v\,q\sin^2\alpha\int_0^r dx - fr\,2\,v\,q\sin^2\alpha\int_0^r dx = 0\,.$$

Mit $\dfrac{Kr^2}{J_k} = c$ folgt

$$X\left\{cr\int_0^a (1-\cos\varphi)^2\,d\varphi + r\int_0^a \cos^2\varphi\,d\varphi + 2\,v\,q\sin^2\alpha\int_0^r dx\right\} -$$

$$-\frac{Z}{r}cr\int_0^a (1-\cos\varphi)\,d\varphi + fr\left\{-cr\int_0^a (1-\cos\varphi)^2\,d\varphi +\right.$$

$$\left. + r\int_0^a (1-\cos\varphi)\cos\varphi\,d\varphi - 2\,v\,q\sin^2\alpha\int_0^r dx\right\} = 0$$

oder nach Auswertung der Integrale und Kürzung mit r

$$(3\,\text{a})\quad X\left\{c\left(\frac{3}{2}\alpha - 2\sin\alpha + \frac{\sin 2\alpha}{4}\right) + \left(\frac{\sin 2\alpha}{4} + \frac{\alpha}{2}\right) + 2\,v\,q\sin^2\alpha\right\} -$$

$$-\frac{Z}{r}c(\alpha - \sin\alpha) + fr\right\} - c\left(\frac{3}{2}\alpha - 2\sin\alpha + \frac{\sin 2\alpha}{4}\right) +$$

$$+ \left(\sin\alpha - \frac{\sin 2\alpha}{4} - \frac{\alpha}{2}\right) - 2\,v\,q\sin^2\alpha\right\} = 0\,.$$

Aus Gl. (2b) folgt nach Streichung von $\dfrac{2\,r^2}{E_k J_k}$

$$(3\,\text{b})\qquad - X(\alpha - \sin\alpha) + \frac{Z}{r}\alpha + fr(\alpha - \sin\alpha) = 0\,.$$

Hieraus folgt nach einigen Umformungen

$$X = fr\cdot c_1 \quad \text{und} \quad Z = fr^2\cdot c_2\,,$$

worin

$$c_1 = \frac{c\left(\dfrac{\alpha}{2} + \dfrac{\sin 2\alpha}{4} - \dfrac{\sin^2\alpha}{\alpha}\right) + \left(\dfrac{\alpha}{2} + \dfrac{\sin 2\alpha}{4} - \sin\alpha\right) + 2\,v\,q\sin^2\alpha}{c\left(\dfrac{\alpha}{2} + \dfrac{\sin 2\alpha}{4} - \dfrac{\sin^2\alpha}{\alpha}\right) + \left(\dfrac{\alpha}{2} + \dfrac{\sin 2\alpha}{4}\right) + 2\,v\,q\sin^2\alpha}\,,$$

$$c_2 = -\frac{\alpha - \sin\alpha}{\alpha}\cdot\frac{\sin\alpha}{c\left(\dfrac{\alpha}{2} + \dfrac{\sin 2\alpha}{\alpha} - \dfrac{\sin^2\alpha}{\alpha}\right) + \left(\dfrac{\alpha}{2} + \dfrac{\sin 2\alpha}{4}\right) + 2\,v\,q\sin^2\alpha}\,.$$

Endgültig ist für den Kranz

für $\varphi = 0$ (zwischen den Armen) $M_{k0} = fr^2 \cdot c_2$ und $N_{k0} = fr \cdot c_1$,

für $\varphi = \alpha$ (am Arm) $M_{k\alpha} = fr^2 (c_2 + (1 - \cos\alpha)(1 - c_1))$ und
$$N_{k\alpha} = fr (1 - (1 - c_1)\cos\alpha),$$

für den Arm
$$M_a = 0 \quad \text{und} \quad N_a = fr\, 2 (1 - c_1)\sin\alpha .$$

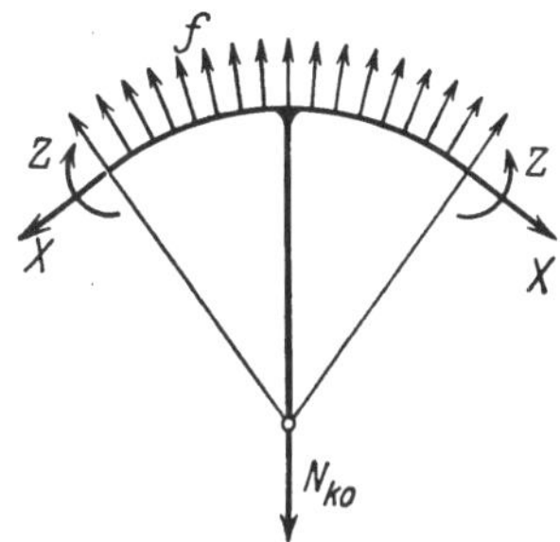
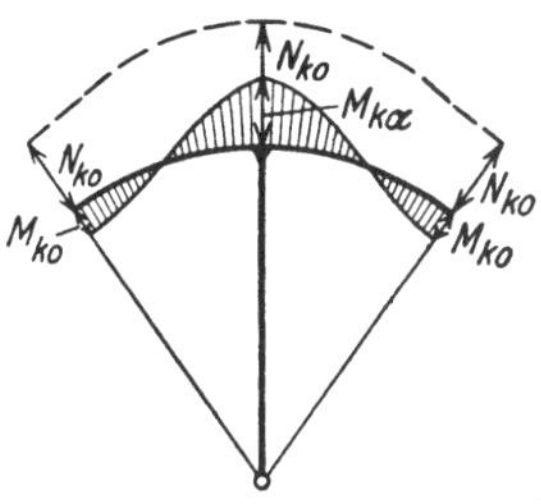

Bild 493 u. 494. Die Kranzfliehkräfte und die Biegemomente
und Längskräfte im Kranz.

Bild 493 zeigt die Kräftewirkung am Kranz und Arm, Bild 494
den M_k- und N_k-Verlauf über den Kranzteil. Stets ist M_{k0} negativ,
$M_{k\alpha}$ positiv und dem Betrage nach rd. $2\,M_{k0}$, N_k ist nahezu unveränderlich. Für die Festigkeitsberechnung
des Kranzes ist demnach die Arman-
schlußstelle maßgebend. Die Formänderung des Kranzes ist in Bild 495 übertrieben dargestellt; die Arme werden nur
auf Zug beansprucht und gedehnt.

Ein Schwungkranz ohne Arme wird
durch die Fliehkraft bekanntlich nur auf
Zug beansprucht und zwar mit $N' = fr$
und ergibt eine gleichmäßig über die
Kranzfläche verteilte Zugspannung

$$\sigma' = \frac{fr}{K} = \frac{s}{g} r^2 \omega^2 .$$

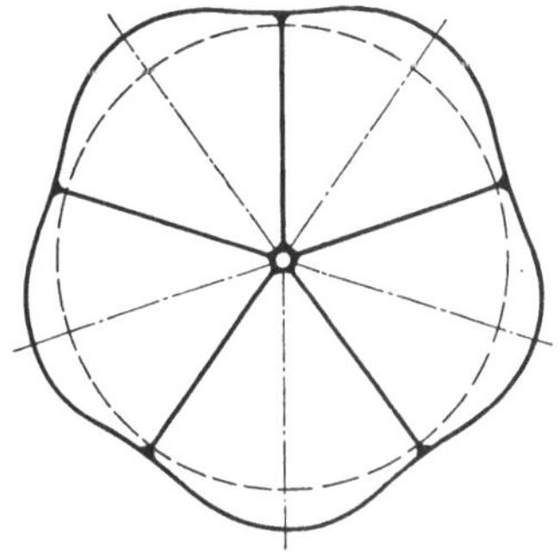

Bild 495. Formänderung des
Schwungrades durch die Kranzfliehkräfte.

Das weiter unten angefügte Zahlenbeispiel wird Aufschluß geben über das
Ergebnis der vorstehenden genauen Berechnung.

b) Einfluß des Überschußmomentes. Ein von der Welle auf
die Nabe übertragenes Moment T überträgt sich durch die Arme
auf den Kranz. Jeder Arm erhält $D = T : n$, der Kranz erhält Be-
schleunigung oder Verzögerung, je nach T-Richtung und äußert die
über den Radumfang gleichmäßig verteilte Trägheitskraft gleich $T : r$
für den ganzen Kranz bzw. $t = \dfrac{T}{r} : \text{Radumfang} = \dfrac{T}{2\,r^2\,\pi}$ für die Längeneinheit des Kranzes.

Es gelten dieselben Bezeichnungen wie bei den Fliehkräften. Für das Trägheitsmoment J_a des Armes ist wegen dessen Verjüngung wieder das mittlere zu nehmen.

An den Kranzstumpfen wirken nach Bild 496 und 497 die Unbekannten X, Y und Z, die sich wieder aus der Stetigkeit der elastischen Linie des Kranzes ableiten lassen. Nun folgt aus der Gleichheit des Kräftespiels für alle n Radstücke, daß für die Trägheitskräfte und die Y allein, also mit $X = 0$ und $Z = 0$, der linke Stumpf des gezeichneten Radstückes sich um ebensoviel in der Umfangsrichtung nach links verschiebt, als das anschließende Ende des links benachbarten Stückes und daß sich die Endtangente dieses Stückes um denselben Winkel dreht wie dieselbe Endtangente des linken Nachbarstückes. Somit tritt in der Rechnung nur die statisch Unbestimmte Y auf, die sich aus der Bedingung ableitet, daß die radiale Verschiebung aller Kranzendpunkte verschwindet.

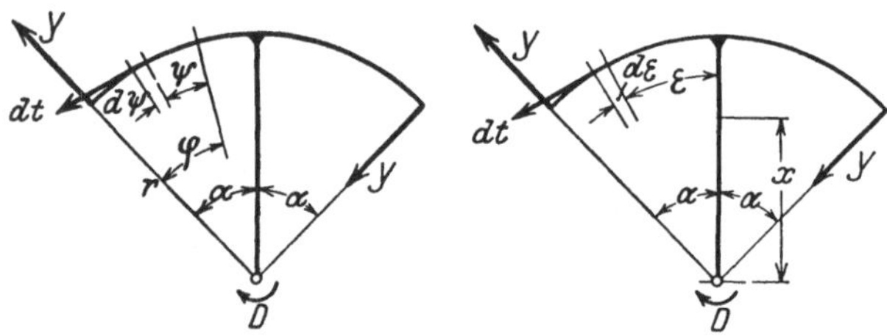

Bild 496 u. 497.   Beanspruchung des Kranzes und der Arme durch die Tangential-Trägheitskräfte des Kranzmomentes.

Bezeichnet wieder M_k', N_k', M_a': N_a' die Biegemomente und Längskräfte durch die Trägheitskräfte und $\mathfrak{M}_k$, $\mathfrak{N}_k$, $\mathfrak{M}_a$, $\mathfrak{N}_a$ diejenigen durch die Kräfte „Eins" statt Y, dann liefert obige Bedingung den Ansatz

$$\frac{1}{E_k J_k}\int M_k' \mathfrak{M}_k\, ds + \frac{1}{E_a J_a}\int M_a' \mathfrak{M}_a\, ds + \frac{1}{E_k K}\int N_k' \mathfrak{N}_k\, ds +$$

$$+ \frac{1}{E_a A}\int N_a' \mathfrak{N}_a\, ds +$$

$$+ Y\left\{ \frac{1}{E_k J_k}\int \mathfrak{M}_k{}^2\, ds + \frac{1}{E_a J_a}\int \mathfrak{M}_a{}^2\, ds + \frac{1}{E_k K}\int \mathfrak{N}_k{}^2\, ds +\right.$$

$$\left. + \frac{1}{E_a A}\int \mathfrak{N}_a{}^2\, ds \right\} = 0,$$

wobei über den linken und rechten Kranzteil und über den Arm zu integrieren ist.

Für den linken Kranzteil ist

$$M_k' = -\int_0^\varphi dt\, r(1 - \cos\psi) = -\int_0^\varphi t r^2 (1 - \cos\psi)\, d\psi = -t r^2 (\varphi - \sin\varphi),$$

$$N_k' = \int_0^\varphi dt \cos\psi = \int_0^\varphi t r \cos\psi\, d\psi = t r \sin\varphi,$$

für den rechten Kranzteil gelten dieselben Ausdrücke, aber mit entgegengesetzten Vorzeichen.

Für einen Armquerschnitt im Abstande x von Radmitte ist

$$M_a' = 2 \int_0^\alpha dt\,(r - x \cos \varepsilon) = 2 \int_0^\alpha (r - x \cos \varepsilon)\,t\,r\,d\varepsilon = 2\,t\,r\,(r\,\alpha - x \sin \alpha),$$

$$N_a' = 0.$$

Ferner ist für den linken Kranzteil

$$\mathfrak{M}_k = r \sin \varphi \quad \text{und} \quad \mathfrak{N}_k = \sin \varphi,$$

für den rechten Kranzteil

$$\mathfrak{M}_k = - r \sin \varphi \quad \text{und} \quad \mathfrak{N}_k = - \sin \varphi,$$

für den Arm

$$\mathfrak{M}_a = - 2\,x \sin \alpha \quad \text{und} \quad \mathfrak{N}_a = 0.$$

Die Bedingungsgleichung lautet damit

$$\frac{1}{E_k J_k} \int_0^\alpha \left(- t\,r^2\,(\varphi - \sin \varphi)\right) (r \sin \varphi)\,r\,d\varphi +$$

$$+ \frac{1}{E_k J_k} \int_0^\alpha (t\,r\,(\varphi - \sin \varphi))\,(- r \sin \varphi)\,r\,d\varphi +$$

$$+ \frac{1}{E_a J_a} \int_0^r (2\,t\,r\,(r\,\alpha - x \sin \alpha))\,(- 2\,x \sin \alpha)\,dx +$$

$$+ \frac{1}{E_k K} \int_0^\alpha (t\,r \sin \varphi)\,(\sin \varphi)\,r\,d\varphi +$$

$$+ \frac{1}{E_k K} \int_0^\alpha (- t\,r \sin \varphi)\,(- \sin \varphi)\,r\,d\varphi +$$

$$+ Y \left\{ \frac{1}{E_k J_k} \int_0^\alpha (r \sin \varphi)^2\,r\,d\varphi + \frac{1}{E_k J_k} \int_0^\alpha (- r \sin \varphi)^2\,r\,d\varphi + \right.$$

$$+ \frac{1}{E_a J_a} \int_0^r (- 2\,x \sin \alpha)^2\,dx + \frac{1}{E_k K} \int_0^\alpha (\sin \varphi)^2\,r\,d\varphi +$$

$$\left. + \frac{1}{E_k K} \int_0^\alpha (- \sin \varphi)^2\,r\,d\varphi \right\} = 0.$$

Das liefert

$$Y\left\{\frac{2\,r^3}{E_k\,J_k}\int_0^\alpha \sin^2\varphi\,d\varphi + \frac{2\,r}{E_k\,K}\int_0^\alpha \sin^2\varphi\,d\varphi + \frac{4\sin^2\alpha}{E_a\,J_a}\int_0^r x^2\,dx\right\} +$$

$$+\,t\left\{-\frac{2\,r^4}{E_k\,J_k}\int_0^\alpha \varphi\sin\varphi\,d\varphi + \frac{2\,r^4}{E_k\,J_k}\int_0^\alpha \sin^2\varphi\,d\varphi + \frac{2\,r^2}{E_k\,K}\int_0^\alpha \sin^2\varphi\,d\varphi -\right.$$

$$\left.-\frac{4\,r^2\,\alpha\sin\alpha}{E_a\,J_a}\int_0^r x\,dx + \frac{4\,r\sin^2\alpha}{E_a\,J_a}\int_0^r x^2\,dx\right\} = 0$$

und ergibt mit $\dfrac{E_k}{E_a}=v$, $\;J_a=\dfrac{J_k}{i}\;$ und $\;\dfrac{K\,r^2}{J_k}=c\;$ und nach weiteren Umformungen

$$Y = t\,r\cdot c_3\,,$$

worin

$$c_3 = \left[-\alpha\cos\alpha + \sin\alpha + \frac{\sin 2\alpha}{4} - \frac{\alpha}{2} + \frac{\dfrac{\sin 2\alpha}{4} - \dfrac{\alpha}{2}}{c} +\right.$$

$$\left. + v\,i\left(\alpha\sin\alpha - \frac{2}{3}\sin^2\alpha\right)\right] : \left[-\frac{\sin 2\alpha}{4} + \frac{\alpha}{2} - \frac{\dfrac{\sin 2\alpha}{4} - \dfrac{\alpha}{2}}{c} + \frac{2}{3}\,v\,i\sin^2\alpha\right].$$

Endgültig ist für den Kranz

für $\varphi = 0$ (zwischen den Armen)

$$M_{k0} = 0 \quad \text{und} \quad N_{k0} = 0,$$

für $\varphi = \alpha$ (dicht links am Armanschluß)

$$M_{k\alpha} = t\,r^2\left(\sin\alpha\,(1 + c_3) - \alpha\right) \quad \text{und} \quad N_{k\alpha} = t\,r\sin\alpha\,(1 + c_3),$$

dicht rechts am Armanschluß gelten dieselben Werte mit entgegengesetzten Vorzeichen.

Für den Arm gilt

am Kranz $\quad M_{ar} = t\,r^2\,2\,(-\sin\alpha\,(1 + c_3) + \alpha) = 2\,M_{k\alpha}$

an der Nabe $\quad M_{a0} = 2\,t\,r^2\,\alpha,$

überall ist $\quad N_a = 0.$

Bild 498 zeigt die Kraftwirkung, Bild 499 den M- und N-Verlauf über Kranz und Arm. Für die Festigkeitsberechnung des Kranzes ist wieder die Armstelle und für den Arm die Kranz- oder die Nabenstelle maßgebend.

Bild 500 stellt die Formänderung in stark übertriebener Weise dar. Meist ist der Arm im Verhältnis zum Kranz so schwach, daß der Kranz nahezu starr, also kreisförmig bleibt und nur die Arme an der Formänderung teilnehmen. Im Grenzfalle, also mit $i = \infty$ ist

$$c_3 = \frac{3}{2}\,\frac{\alpha}{\sin\alpha} - 1, \qquad M_{ka} = \frac{1}{2}\,t\,r^2\,\alpha, \qquad M_{ar} = t\,r^2\,\alpha,$$

$$M_{a0} = 2\,t\,r^2\,\alpha, \qquad N_{ka} = \frac{3}{2}\,t\,r\,\alpha.$$

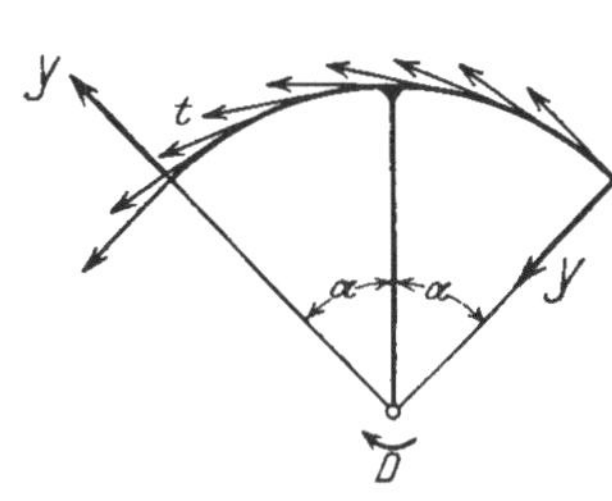
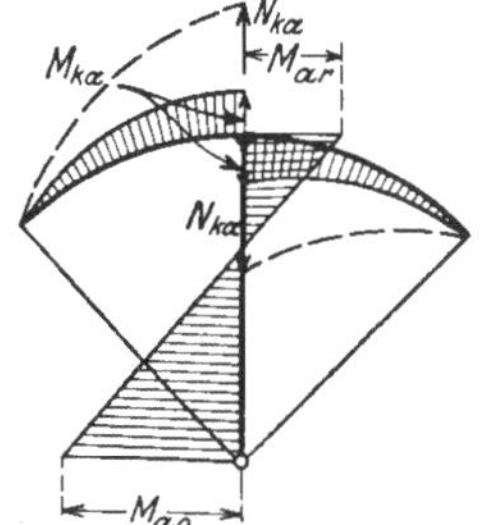

Bild 498 u. 499. Die Tangential-Trägheitskräfte im Kranz
und die Biegemomente und Längskräfte in Kranz und Arm.

Zahlenbeispiel. Für das in Bild 501 dargestellte gußeiserne Schwungrad mit 6 Armen ist

$$\alpha = 30^0 = 0{,}5236, \quad r = 200\ \text{cm}, \quad K = 240\ \text{cm}^2,$$

$$J_k = 8000\ \text{cm}^4, \quad W_k = 800\ \text{cm}^3,$$

$$c = 240\cdot 200^2 : 8000 = 1200, \quad A = 24\ \text{cm}^2,$$

$$J_a = 95\ \text{cm}^4, \quad W_a = 24\ \text{cm}^3,$$

$$q = 240 : 24 = 10, \quad i = 8000 : 95 = 85.$$

a) Fliehkraft. Mit $g = 981$ und $s = 0{,}0072$ kg/cm³
ist

$$f = 240 \cdot 0{,}0072 \cdot \omega^2 \cdot 200 : 981 = 0{,}35\,\omega^2.$$

Es ergibt sich

$$c_1 = 0{,}923, \qquad c_2 = -\,0{,}00348,$$

$$M_{k0} = -\,0{,}00348\,f\,r^2 = -\,139{,}2\,f,$$

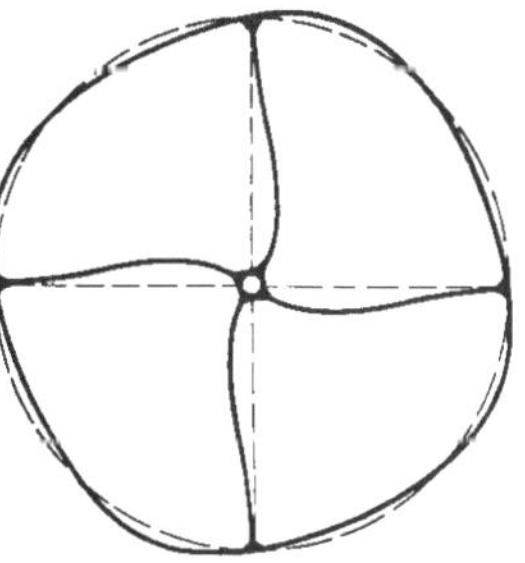

Bild 500. Formänderung
des Schwungrades durch
das Überschußmoment.

$$M_{ka} = f\,r^2\,(-\,0{,}00348 + $$
$$+\,(1 - 0{,}866)\,(1 - 0{,}923))$$
$$= 0{,}00684\,f\,r^2 = 273{,}6\,f,$$

$$N_{k0} = 0{,}923\,f\,r = 184{,}6\,f,$$

$$N_{ka} =$$
$$= f\,r\,(1 - (1 - 0{,}923)\,0{,}866)$$
$$= 0{,}933\,f\,r = 186{,}6\,f,$$

$$N_a = f\,r \cdot 2\,(1 - 0{,}925) \cdot 0{,}5$$
$$= 0{,}077\,f\,r = 15{,}4\,f.$$

Für den Kranz ist an
der Armstelle

$$\max \sigma_k = \frac{M_{ka}}{W_k} + \frac{N_{ka}}{K} =$$

$$= f\left(\frac{273{,}6}{800} + \frac{186{,}6}{240}\right)$$

$$= 1{,}117\,f = 0{,}39\,\omega^2.$$

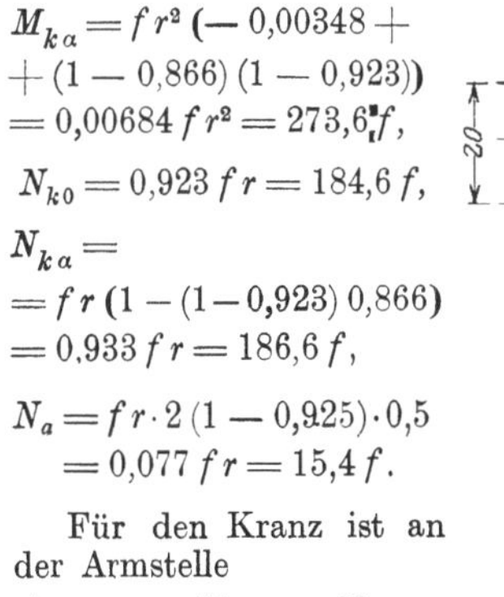
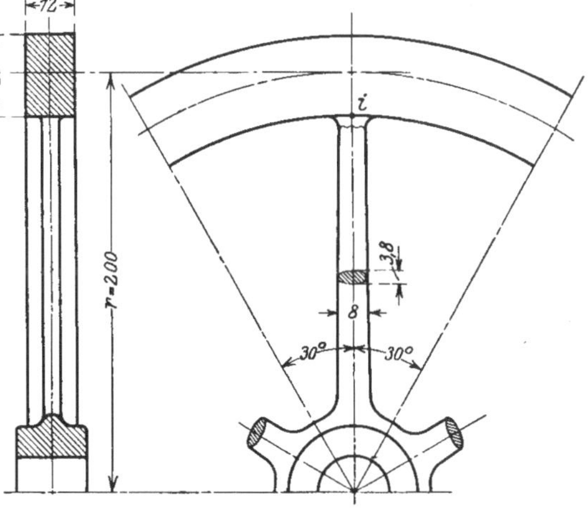

Bild 501. Schwungrad zum Zahlenbeispiel.

Ist wegen der Verjüngung des Armes der Armquerschnitt außen nicht 24 cm², sondern 21 cm², dann ist die Zugspannung an dieser Stelle

$$\sigma_a = 15,4\,f : 21 = 0,74\,f = 0,26\,\omega^2\,.$$

Maßgebend für die Radfestigkeit ist hier demnach die Kranzspannung.

Nimmt man als zulässige Spannung etwa 200 kg/cm² an, dann wird diese erreicht bei $\omega = \sqrt{200 : 0,39} = 22,5$ cm^{-2}, diesem entspricht eine Umlaufzahl von rd. 215 i. d. Min.

b) Drehmoment. Die Rechnung liefert $c_3 = 0,570$,

$$M_{k\alpha} = t\,r^2\,(0,5\,(1 + 0,570) - 0,5236) = 0,2614\,t\,r^2 = 10456\,t\,,$$
$$N_{k\alpha} = t\,r \cdot 0,5\,(1 + 0,570) = 0,785\,t\,r = 157,0\,t\,,$$
$$M_{a\,r} = 2\,M_{k\alpha} = 0,5228\,t\,r^2 = 20910\,t\,,$$
$$M_{a0} = t\,r^2 \cdot 2 \cdot 0,5236 = 1,0472\,t\,r^2 = 41890\,t\,.$$

An dieser Stelle i ist die Zugspannung

$$\sigma_k = \frac{M_{k\alpha}}{W_a} + \frac{N_{k\alpha}}{K} = t\left(\frac{10456}{800} + \frac{157}{240}\right) = 13,65\,t\,.$$

Ist wegen der Armverjüngung

am Kranz $W_{a\,r} = 20$ cm³   und   an der Nabe $W_{a0} = 28$ cm³,

dann erhält der Arm die Biegespannung

$$\text{am Kranz}\quad \sigma_a = \frac{M_{a\,r}}{W_{a\,r}} = t\,\frac{20910}{20} = 1050\,t\,,$$

$$\text{und an der Nabe}\ \ \sigma_a = \frac{M_{a0}}{W_{a0}} = t\,\frac{41890}{28} = 1500\,t\,;$$

Diese letztere Spannung ist die maßgebende.

Mit der zulässigen Spannung von 200 kg/cm² ist $t = 200 : 1500 = 0,134$, somit ist das zulässige Gesamtdrehmoment

$$T = 2\,r^2\,\pi\,t = 2 \cdot 200^2\,\pi \cdot 0,134 = 33700 \text{ kgcm}.$$

Da in Wirklichkeit die Beanspruchungen durch die Fliehkraft und das Drehmoment gleichzeitig auftreten, sind die Höchstwerte für die Umlaufzahl und das Drehmoment so zu wählen, daß an der ungünstigsten Stelle die zulässige Beanspruchung nicht überschritten wird. Diese Stelle liegt also bei reiner Fliehkraftwirkung im Kranz bei i und bei reiner Drehmomentenwirkung im Arm an der Nabe.

B. Statisch unbestimmte Fachwerke.

Die statische Unbestimmtheit eines Fachwerks kann verschiedene Gründe haben. Entweder ist das nach Stab- und Knotenpunktzahl geometrisch bestimmte Fachwerk statisch unbestimmt gelagert, d. h. es hat überzählige Auflagerbedingungen, oder das statisch bestimmt gelagerte Fachwerk hat überzählige Stäbe, oder es liegen beide Fälle gleichzeitig vor. Im ersteren Falle heißt das Fachwerk äußerlich, im zweiten Falle innerlich, im dritten äußerlich und innerlich statisch unbestimmt.

Diese Unterscheidung wird nach dem Studium der Biegestabgebilde nichts Neues bieten und sofort verständlich sein.

1. Äußerlich einfach statisch unbestimmte Fachwerke.

Der Fachwerkträger auf drei Stützen. Dessen Behandlung erfolgt ganz im Sinne des Beispiels S. 132. Die Forderung, daß die Verschiebung der Mittelstütze verschwindet, liefert nach S. 114, Fall 1

$$\sum \frac{S' \mathfrak{S} s}{E F} + X \sum \frac{\mathfrak{S}^2 s}{E F} = 0.$$

Hierin gelten die Stabkräfte S' für das statisch bestimmte Fachwerk, also für $X = 0$ und die $\mathfrak{S}$ für $X = 1$ allein. Damit folgt

$$X = - \sum \frac{S' \mathfrak{S} s}{E F} : \sum \frac{\mathfrak{S}^2 s}{E F}.$$

Die S' und $\mathfrak{S}$ ermittelt man am besten aus je einem Kräfteplan und rechnet mit Zahlentafel. Nach Bestimmung von X folgen die endgültigen Stabkräfte aus $S = S' + X \mathfrak{S}$.

Bei gleichartigem Stoff aller Stäbe darf hier und in allen weiteren solchen Formeln das gleiche E in Zähler und Nenner gestrichen werden.

Ist ein gegebenes Fachwerk nachzurechnen, dann werden die wirklichen Stabquerschnitte F (ohne Nietabzug!) in Rechnung gebracht. Bei Neuberechnungen mit zunächst noch unbekannten Stabquerschnitten kann entsprechend dem Fall der Biegestabgebilde bei Fachwerken auch mit Querschnittsverhältnissen gerechnet werden. Man nimmt einen beliebigen Querschnitt F_0 an und setzt in die Formeln statt der Werte F die Verhältnisse $f = F : F_0$ ein. Solches gilt nicht nur für obigen Fall, sondern für alle Fachwerke.

Beispiel nach Bild 502. Die Stabkräfte S' und $\mathfrak{S}$ für Belastung nach Bild 503 und 504 sind durch (hier nicht gezeichnete) Kräftepläne ermittelt und in Zahlentafel 20 (Spalte 1 und 2) eingetragen, die auch die gegebenen s und F (Spalte 3 und 4) enthält.

Die in Spalte 5 und 6 erfolgte Berechnung liefert nach Summierung der Posten die Unbekannte

$$X = -(-500{,}0) : 156{,}48 = = +3{,}195 \, \text{t}.$$

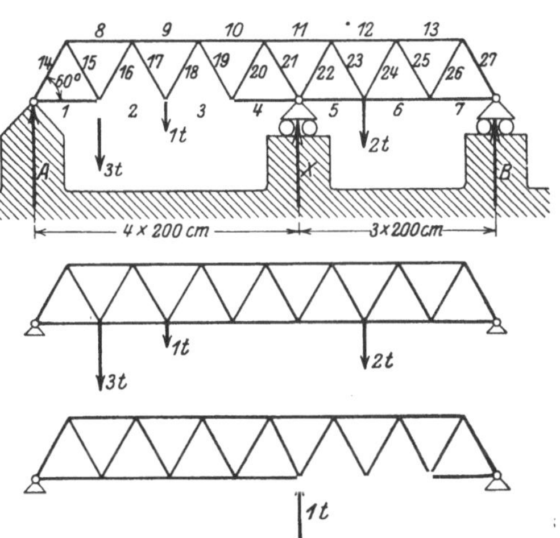

Bild 502—504. Träger auf drei Stützen. Erstes Verfahren.

Damit folgen nach Aufstellung der Spalte 5 die Endwerte S in Spalte 6.

Statt dessen kann die statische Bestimmtheit auch durch Schnitt eines Stabes hervorgebracht werden. Wird in obigem Beispiel Stab Nr. 11 geschnitten, dann entstehen zwei einfache Träger, bei

Zahlentafel 20 zum Zahlenbeispiel S. 249.

Spalte	1	2	3	4	5	6	7	8
Stab-Nr.	S' t	$\mathfrak{S}$ t	s cm	F cm²	$\dfrac{S'\,\mathfrak{S}\,s}{F}$	$\dfrac{\mathfrak{S}^2\,s}{F}$	$X\cdot\mathfrak{S}$ t	S t
1	+ 2,22	− 0,25	200	30	− 3,7	+ 0,42	− 0,80	+ 1,42
2	+ 4,94	− 0,74	200	30	− 24,4	+ 3,65	− 2,36	+ 2,58
3	+ 5,36	− 1,24	200	30	− 44,3	+ 10,24	− 3,96	+ 1,40
4	+ 5,20	− 1,74	200	30	− 60,2	+ 20,16	− 5,56	− 0,36
5	+ 5,04	− 1,65	200	30	− 55,3	+ 18,15	− 5,27	− 0,23
6	+ 3,72	− 0,99	200	30	− 24,6	+ 6,53	− 3,16	+ 0,56
7	+ 1,24	− 0,33	200	30	− 2,7	+ 0,72	− 1,05	+ 0,19
8	− 4,44	+ 0,50	200	50	− 8,9	+ 1,00	+ 1,60	− 2,84
9	− 5,44	+ 0,99	200	50	− 21,5	+ 3,92	+ 3,16	− 2,28
10	− 5,28	+ 1,49	200	50	− 31,5	+ 8,88	+ 4,76	− 0,52
11	− 5,12	+ 1,98	200	50	− 40,5	+ 15,68	+ 6,32	+ 1,20
12	− 4,95	+ 1,32	200	50	− 26,1	+ 6,97	+ 4,22	− 0,73
13	− 2,48	+ 0,66	200	50	− 6,5	+ 1,74	+ 2,11	− 0,37
14	− 4,45	+ 0,50	200	18	− 24,8	+ 2,78	+ 1,60	− 2,85
15	+ 4,45	− 0,50	200	15	− 29,6	+ 3,33	− 1,60	+ 2,85
16	− 1,00	+ 0,50	200	15	− 6,7	+ 3,33	+ 1,60	+ 0,60
17	+ 1,00	− 0,50	200	15	− 6,7	+ 3,33	− 1,60	− 0,60
18	+ 0,16	+ 0,50	200	15	+ 1,1	+ 3,33	+ 1,60	+ 1,76
19	− 0,16	− 0,50	200	15	+ 1,1	+ 3,33	− 1,60	− 1,76
20	+ 0,16	+ 0,50	200	15	+ 1,1	+ 3,33	+ 1,60	+ 1,76
21	− 0,16	− 0,50	200	18	+ 0,9	+ 2,78	− 1,60	− 1,76
22	+ 0,16	− 0,66	200	18	− 1,2	+ 4,84	− 2,11	− 1,95
23	− 0,16	+ 0,66	200	15	− 1,4	+ 5,80	+ 2,11	+ 1,95
24	+ 2,48	− 0,66	200	15	− 21,8	+ 5,80	− 2,11	+ 0,37
25	− 2,48	+ 0,66	200	15	− 21,8	+ 5,80	+ 2,11	− 0,37
26	+ 2,48	− 0,66	200	15	− 21,8	+ 5,80	− 2,11	+ 0,37
27	− 2,48	+ 0,66	200	18	− 18,2	+ 4,84	+ 2,11	− 0,37
					− 500,0 $=\sum\dfrac{S'\,\mathfrak{S}\,s}{F}$	+ 156,48 $=\sum\dfrac{\mathfrak{S}^2\,s}{F}$		

deren Belastung die Schnittstelle dieses Stabes klaffen wird. Greifen
an den Stabstumpfen die Zugkräfte X an, dann liefert die Forderung,
daß die Schnittstelle nicht klafft, nach S. 117, Fall 9 die Bedingungsgleichung

$$\sum \frac{S'\,\mathfrak{S}\,s}{E\,F} + X \sum \frac{\mathfrak{S}^2\,s}{E\,F} + \frac{X\,s_{11}}{E\,F_{11}} = 0,$$

worin die S' für die beiden statisch bestimmten Fachwerke und
die $\mathfrak{S}$ für $X = 1$ gelten. Endergebnis

$$X = - \sum \frac{S'\,\mathfrak{S}\,s}{E\,F} : \left(\sum \frac{\mathfrak{S}^2\,s}{E\,F} + \frac{s_{11}}{E\,F_{11}} \right),$$

endgültige Stabkräfte $S = S' + X\,\mathfrak{S}$.

Obiges Beispiel liefert hiernach für die Belastungszustände nach Bild 505
und 506 zunächst die Spalten 1 bis 4 der Zahlentafel 21 S. 251.

Zahlentafel 21 zum Zahlenbeispiel S. 250.

Spalte	1	2	3	4	5	6	7	8
Stab· Nr.	S' t	$\mathfrak{S}$ t	s cm	F cm²	$\dfrac{S'\,\mathfrak{S}\,s}{F}$	$\dfrac{\mathfrak{S}^2 s}{F}$	$X \cdot \mathfrak{S}$ t	S t
1	+ 1,58	− 0,125	200	30	− 1,32	+ 0,104	− 0,15	+ 1,43
2	+ 3,02	− 0,375	200	30	− 7,52	+ 0,935	− 0,46	+ 2,56
3	+ 2,16	− 0,625	200	30	− 9,00	+ 2,605	− 0,76	+ 1,40
4	+ 0,72	− 0,875	200	30	− 4,20	+ 5,100	− 1,07	− 0,35
5	+ 0,77	− 0,833	200	30	− 4,28	+ 4,630	− 1,02	− 0,25
6	+ 1,16	− 0,500	200	30	− 3,86	+ 1,667	− 0,61	+ 0,55
7	+ 0,39	− 0,167	200	30	− 0,43	+ 0,186	− 0,20	+ 0,19
8	− 3,17	+ 0,250	200	50	− 3,17	+ 0,250	+ 0,31	− 2,86
9	− 2,88	+ 0,500	200	50	− 5,76	+ 1,000	+ 0,61	− 2,27
10	− 1,44	+ 0,750	200	50	− 4,32	+ 2,250	+ 0,92	− 0,52
11		+ 1,000	200	50		+ 4,000	+ 1,22	+ 1,22
12	− 1,54	+ 0,667	200	50	− 4,11	+ 1,780	+ 0,81	− 0,73
13	− 0,77	+ 0,333	200	50	− 1,03	+ 0,444	+ 0,41	− 0,36
14	− 3,17	+ 0,250	200	18	− 8,80	+ 0,695	+ 0,31	− 2,86
15	+ 3,17	− 0,250	200	15	− 10,57	+ 0,833	− 0,31	+ 2,86
16	+ 0,29	+ 0,250	200	15	+ 0,97	+ 0,833	+ 0,31	+ 0,60
17	− 0,29	− 0,250	200	15	+ 0,97	+ 0,833	− 0,31	− 0,60
18	+ 1,44	+ 0,250	200	15	+ 4,80	+ 0,833	+ 0,31	+ 1,75
19	− 1,44	− 0,250	200	15	+ 4,80	+ 0,833	− 0,31	− 1,75
20	+ 1,44	+ 0,250	200	15	+ 4,80	+ 0,833	+ 0,31	+ 1,75
21	− 1,44	− 0,250	200	18	+ 4,00	+ 0,695	− 0,31	− 1,75
22	− 1,54	− 0,333	200	18	+ 5,70	+ 1,230	− 0,41	− 1,95
23	+ 1,54	+ 0,333	200	15	+ 6,85	+ 1,480	+ 0,41	+ 1,95
24	+ 0,77	− 0,333	200	15	− 3,42	+ 1,480	− 0,41	+ 0,36
25	− 0,77	+ 0,333	200	15	− 3,42	+ 1,480	+ 0,41	− 0,36
26	+ 0,77	− 0,333	200	15	− 3,42	+ 1,480	− 0,41	+ 0,36
27	− 0,77	+ 0,333	200	18	− 2,85	+ 1,230	+ 0,41	− 0,36
					− 48,59	+ 39,719		
					$= \sum \dfrac{S'\,\mathfrak{S}\,s}{F}$	$= \sum \dfrac{\mathfrak{S}^2 s}{F}$		

Damit folgt nach Berechnung der Spalte 5 und 6

$$X = -(-48{,}59) : 39{,}719 = +1{,}224 \text{ t}$$

und in Spalte 8 die Endwerte S, die mit denen des obigen Beispiels befriedigend übereinstimmen.

Der Wert $s_{11} : F_{11}$ ist in dem Ausdruck $\Sigma\,\mathfrak{S}^2 s : F$ schon enthalten und beträgt $200 : 50 = 4$; ähnliches gilt für alle weiteren tabellarischen Rechnungen.

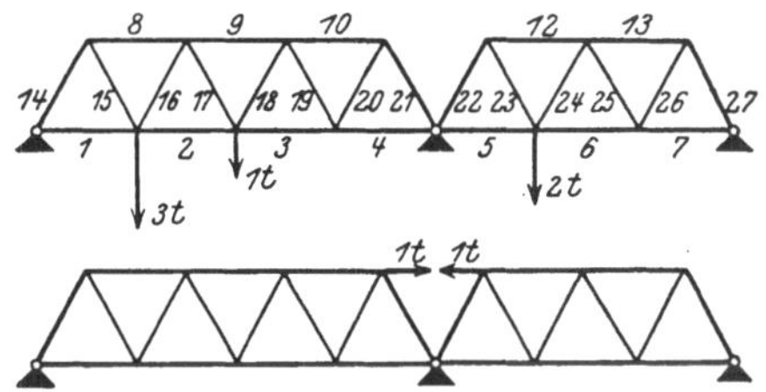

Bild 505 u. 506. Träger auf drei Stützen. Zweites Verfahren.

Das Zweigelenkfachwerk. Obwohl auch hier die statische Bestimmtheit durch Schnitt eines Stabes erzielt werden könnte (bei Schnitt eines Gurtstabes entsteht das Dreigelenkfachwerk), pflegt man wie beim Vollwandbogen die Horizontalkraft X an den Gelenken als statisch Unbestimmte zu wählen. Man erhält aus der Forderung,

daß keine Änderung des Gelenkabstandes eintritt, die Bedingungsgleichung

$$\sum \frac{S' \mathfrak{S} s}{E F} + \sum \frac{\mathfrak{S}^2 s}{E F} = 0,$$

woraus

$$X = - \sum \frac{S' \mathfrak{S} s}{E F} : \sum \frac{\mathfrak{S}^2 s}{E F}.$$

Hierin gelten die S für das statisch bestimmte Fachwerk, also
mit Rollenkipplager statt Gelenk im linken oder rechten Fuße und
die $\mathfrak{S}$ für die Horizontalkraft $X = 1$. Endgültig ist für jeden Stab

$$S = S' + X \mathfrak{S}.$$

Beispiel nach Bild 507. Zahlentafel 22, S. 253 zeigt die durch Kräftepläne
ermittelten Stabkräfte S' und $\mathfrak{S}$ für Belastung nach Bild 508 und 509, sowie die
Stablängen s und die Querschnittsverhältnisse f. Nach Berechnung der Spalte 5
und 6 folgt

$$X = - (- 310\,150) : 82\,598 = + 3,75 \text{ t}$$

und mit den Werten der Spalte 7 die endgültigen S der Spalte 8.

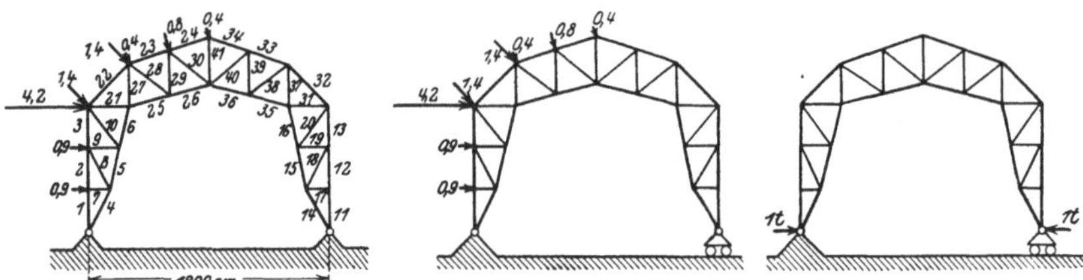

Bild 507—509.   Zweigelenkfachwerk.

Sonderfälle. Wie beim Stabbogen werden auch bei völlig sym-
metrischem Fachwerk und bei Belastung nach Bild 510 die Lasten $P P$
von beiden Gelenken zu gleichen Teilen aufgenommen, woraus $X = 0$
folgt. Denn wegen der Symmetrie ent-
spricht jedem Stabe mit irgend einem
S' der Gegenstab mit demselben, aber
entgegengesetzt gerichteten S', so daß
der Zähler der X-Formel verschwindet.

Ein gleiches gilt für Belastung nach
Bild 511, ferner für beliebig viele
solche Kräfte nach dem ersten oder
zweiten Fall und für eine Vereinigung
beider Fälle.

2. Äußerlich mehrfach statisch unbestimmte Fachwerke.

Der Träger auf vier Stützen. Wie
beim Vollwandträger bilden auch hier
die mittleren Auflagerdrücke X und Y

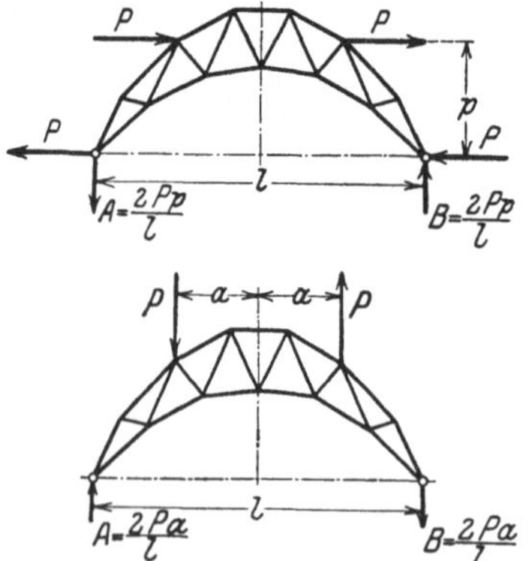

Bild 510 u. 511. Zweigelenkfachwerk
mit Belastungs-Sonderfällen.

Zahlentafel 22 zum Zahlenbeispiel S. 252.

Spalte	1	2	3	4	5	6	7	8
Stab-Nr.	S' t	$\mathfrak{S}$ t	s cm	f	$\dfrac{S'\,\mathfrak{S}\,s}{f}$	$\dfrac{\mathfrak{S}^2\,s}{f}$	$X\cdot\mathfrak{S}$ t	S t
1	− 14,5	+ 1,86	300	1,00	− 8100	+ 1025	+ 7,0	− 7,5
2	− 14,5	+ 1,86	300	1,00	− 8100	+ 1025	+ 7,0	− 7,5
3	− 19,6	+ 2,60	300	1,00	− 15300	+ 2030	+ 9,7	− 9,9
4	+ 17,9	− 2,12	350	0,75	− 17700	+ 2100	− 7,9	+ 10,0
5	+ 21,4	− 2,66	305	0,75	− 23200	+ 2880	− 10,0	+ 11,4
6	+ 23,4	− 3,08	305	0,75	− 29300	+ 3860	− 11,6	+ 11,8
7	− 0,9		170	0,15				− 0,9
8	− 5,8	+ 0,84	340	0,35	− 4720	+ 685	+ 3,1	− 2,7
9	+ 1,9	− 0,42	230	0,20	− 900	+ 203	− 1,6	+ 0,3
10	− 2,4	+ 0,52	370	0,35	− 1310	+ 286	+ 2,0	− 0,4
11	− 4,7	+ 1,86	300	1,00	− 2620	+ 1025	+ 7,0	+ 2,3
12	− 4,7	+ 1,86	300	1,00	− 2620	+ 1025	+ 7,0	+ 2,3
13	− 4,7	+ 2,60	300	1,00	− 3680	+ 2030	+ 9,7	+ 5,0
14		− 2,12	350	0,75		+ 2100	− 7,9	− 7,9
15		− 2,66	305	0,75		+ 2880	− 10,0	− 10,0
16		− 3,08	305	0,75		+ 3860	− 11,6	− 11,6
17			170	0,15				0
18		+ 0,84	340	0,35		+ 685	+ 3,1	+ 3,1
19		− 0,42	230	0,20		+ 203	− 1,6	− 1,6
20		+ 0,52	370	0,35		+ 286	+ 2,0	+ 2,0
21	+ 16,8	− 3,34	300	0,70	24000	+ 4780	− 12,5	+ 4,3
22	− 29,1	+ 4,26	420	2,25	− 23000	+ 3390	+ 16,0	− 13,1
23	− 17,5	+ 3,16	320	1,65	− 10750	+ 1935	+ 11,8	− 5,7
24	− 12,5	+ 3,16	320	1,65	− 7660	+ 1935	+ 11,8	− 0,7
25	+ 22,6	− 4,12	310	0,85	− 34000	+ 6200	− 15,5	+ 7,1
26	+ 17,5	− 4,12	310	0,85	− 26350	+ 6200	− 15,5	+ 2,0
27	+ 17,3	− 2,00	300	0,75	− 13850	+ 1600	− 7,5	+ 9,8
28	− 6,2		370	0,55				− 6,2
29	+ 4,9		320	0,55				+ 4,9
30	− 6,4		390	0,55				− 6,4
31	+ 4,6	− 3,34	300	0,70	− 6600	+ 4780	− 12,5	− 7,9
32	− 6,6	+ 4,26	420	2,25	− 5260	+ 3390	+ 16,0	+ 9,4
33	− 9,0	+ 3,16	320	1,65	− 5520	+ 1935	+ 11,8	+ 2,8
34	− 12,7	+ 3,16	320	1,65	− 7800	+ 1935	+ 11,8	− 0,9
35	+ 4,6	− 4,12	310	0,85	− 6920	+ 6200	− 15,5	− 10,9
36	+ 8,7	− 4,12	310	0,85	− 13100	+ 6200	− 15,5	− 6,8
37	− 1,2	− 2,00	300	0,75	+ 960	+ 1600	− 7,5	− 8,7
38	+ 5,0		370	0,55				+ 5,0
39	− 4,0		320	0,55				− 4,0
40	+ 4,6		390	0,55				+ 4,6
41	+ 7,5	− 2,00	350	0,60	− 8750	+ 2330	− 7,5	0
					− 310155	+ 82598		
					$=\sum\dfrac{S'\,\mathfrak{S}\,s}{f}$	$=\sum\dfrac{\mathfrak{S}^2\,s}{f}$		

die statisch Unbestimmten. Die Bedingungsgleichungen hierfür folgen
aus S. 117 Fall 10 und lauten mit $f_x = 0$ und $f_y = 0$

$$\sum \frac{S' \mathfrak{S}_x s}{EF} + X \sum \frac{\mathfrak{S}_x \mathfrak{S}_x s}{EF} + Y \sum \frac{\mathfrak{S}_x \mathfrak{S}_y s}{EF} = 0,$$

$$\sum \frac{S' \mathfrak{S}_y s}{EF} + X \sum \frac{\mathfrak{S}_y \mathfrak{S}_x s}{EF} + Y \sum \frac{\mathfrak{S}_y \mathfrak{S}_y s}{EF} = 0,$$

worin die S' für das statisch bestimmte Fachwerk, also für $X = 0$
und $Y = 0$, die $\mathfrak{S}_x$ für $X = 1$ und die $\mathfrak{S}_y$ für $Y = 1$ gelten. Endgültig ist für jeden Stab $S = S' + X\,\mathfrak{S}_x + Y\,\mathfrak{S}_y$.

Es ist aus später darzulegenden Gründen (s. S. 271) zweckmäßig,
den durchlaufenden Fachwerkträger in der bei drei Stützen gezeigten
Weise zu berechnen. Man schneidet nach Bild 512 die Stäbe 1, 2, 3
usw., bezeichnet deren Stabkräfte mit X_1, X_2 usw. und erhält nach
S. 117 Fall 11 die Ausdrücke

$$\sum \frac{S' \mathfrak{S}_1 s}{EF} + X_1 \left(\sum \frac{\mathfrak{S}_1^2 s}{EF} + \frac{s_1}{EF_1} \right) + X_2 \sum \frac{\mathfrak{S}_1 \mathfrak{S}_2 s}{EF} + \cdots = 0,$$

$$\sum \frac{S' \mathfrak{S}_2 s}{EF} + X_1 \sum \frac{\mathfrak{S}_2 \mathfrak{S}_1 s}{EF} + X_2 \left(\sum \frac{\mathfrak{S}_2^2 s}{EF} + \frac{s_2}{EF_2} \right) + \cdots = 0,$$

$$\cdots \cdots \cdots \cdots \cdots \cdots \cdots \cdots \cdots \cdots$$

$$\cdots \cdots \cdots \cdots \cdots \cdots \cdots \cdots \cdots$$

Hieraus die X_1, $X_2 \ldots$ und die $S = S' + X_1 \mathfrak{S}_1 + X_2 \mathfrak{S}_2 + \cdots$

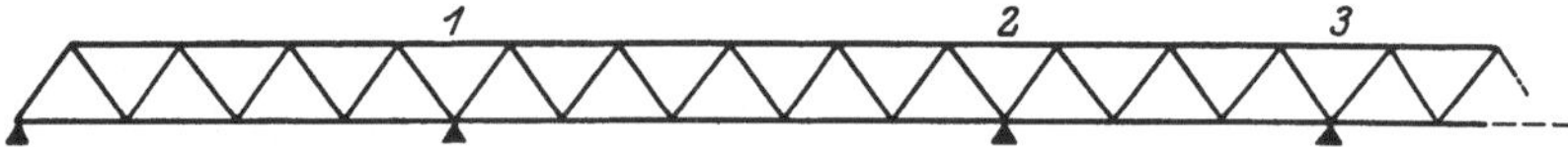

Bild 512. Zur Behandlung des durchlaufenden Trägers.

Das beiderseits eingespannte Fachwerk. Es ist dreifach statisch
unbestimmt, denn z. B. nach Bild 513 macht der Schnitt dreier Stäbe
das Fachwerk statisch bestimmt. Schneidet man Stab 1, 2 und 3,
dann erhält man das Dreigelenkfachwerk mit den Gelenken $a\,b\,c$.
Oder man schneidet Stab 1 und entfernt den Bolzen a, wodurch
man zwei eingespannte Fachwerke erhält.

Letzteres ist zweckmäßig bei Symmetrie des Fachwerks, das in
Anlehnung an den eingespannten Stabbogen nach S. 152 zu behandeln ist. Bezeichnet S' die Stabkräfte in den einseitig eingespannten Fachwerkteilen für die gegebene Belastung nach Bild 514 und
$\mathfrak{S}_x$, $\mathfrak{S}_y$, $\mathfrak{S}_z$ die für $X = 1$, $Y = 1$ und $Z = 1$ nach Bild 515 bis 517,
dann liefert die Forderung, daß die Bolzen a in beiden Fachwerk-
teilen dieselbe lotrechte und dieselbe wagrechte Verschiebung machen
und daß die Stabstumpfen des geschnitten gedachten Stabes 1 nicht
klaffen, die Gleichungen

$$\sum \frac{S' \mathfrak{S}_x s}{EF} + X \sum \frac{\mathfrak{S}_x^2 s}{EF} + Z \sum \frac{\mathfrak{S}_x \mathfrak{S}_z s}{EF} = 0,$$

$$\sum \frac{S' \, \mathfrak{S}_y \, s}{E \, F} + Y \sum \frac{\mathfrak{S}_y{}^2 \, s}{E \, F} = 0 \, ,$$

$$\sum \frac{S' \, \mathfrak{S}_z \, s}{E \, F} + X \sum \frac{\mathfrak{S}_z \, \mathfrak{S}_x \, s}{E \, F} + Z \left[\sum \frac{\mathfrak{S}_z{}^2 \, s}{E \, F} + \frac{s_1}{E \, F_1} \right] = 0 \, ;$$

denn die Ausdrücke $\displaystyle\sum \frac{\mathfrak{S}_x \, \mathfrak{S}_y \, s}{E \, F}$ und $\displaystyle\sum \frac{\mathfrak{S}_y \, \mathfrak{S}_z \, s}{E \, F}$ verschwinden wegen der Symmetrie und der an beiden Fachwerkteilen entgegengesetzt wirkenden Y. Die endgültigen Stabkräfte sind sodann

$$S = S' + X \, \mathfrak{S}_x + Y \, \mathfrak{S}_y + Z \, \mathfrak{S}_z \, .$$

Belastungssymmetrie hat $Y = 0$ zur Folge, während X und Z bleibt.

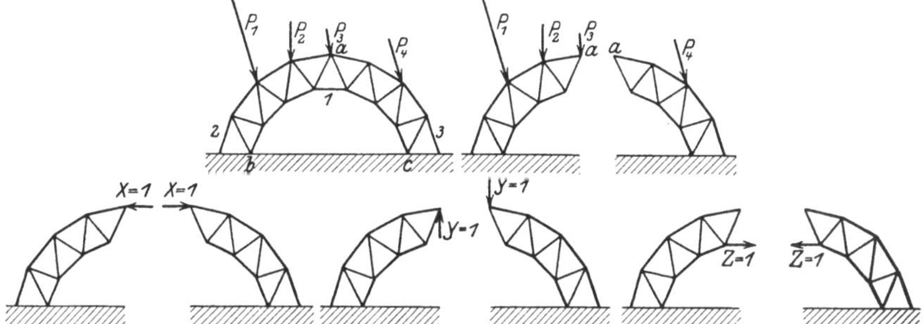

Bild 513—517. Das beiderseits eingespannte Fachwerk.

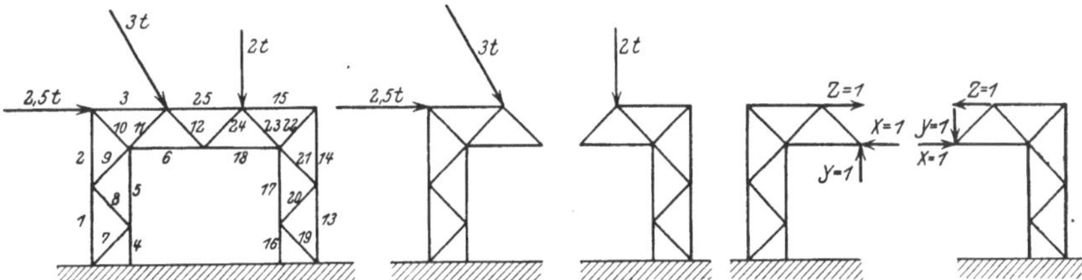

Bild 518—520. Beiderseits eingespanntes Portal.

Beispiel nach Bild 518 bis 520; hierzu Zahlentafel 23 S. 256 u. 257 mit Spalte 1 bis 13, woraus die drei Gleichungen

$$-45\,810 + 14\,990\,X - 17\,590\,Z = 0 \, ,$$
$$-38\,635 + 34\,182\,Y \qquad\qquad = 0 \, ,$$
$$+76\,290 - 17\,590\,X + 26\,342\,Z = 0$$

mit den Lösungen

$$X = -1{,}58 \text{ t}, \qquad Y = +1{,}13 \text{ t}, \qquad Z = -3{,}95 \text{ t} \, .$$

Damit folgen die endgültigen S nach Spalte 14 bis 18 der Tafel.

3. Innerlich statisch unbestimmte Fachwerke.

Hierzu gehören namentlich die Fachwerke mit überzähligen Stäben; jedem solchen entspricht eine statische Unbestimmtheit; bei n überzähligen Stäben ist das Fachwerk n-fach innerlich statisch unbestimmt.

Zahlentafel 23 zum

	1	2	3	4	5	6	7	8	9
Stab	S' t	$\mathfrak{S}_x$ t	$\mathfrak{S}_y$ t	$\mathfrak{S}_z$ t	s cm	f	$\dfrac{S'\,\mathfrak{S}_x\,s}{f}$	$\dfrac{S'\,\mathfrak{S}_y\,s}{f}$	$\dfrac{S'\,\mathfrak{S}_z\,s}{f}$
1	+ 14,4	− 2,00	− 2,00	+ 3,00	400	1,00	− 11520	− 11520	+ 17280
2	+ 6,6		− 2,00	+ 1,00	400	1,00		− 5280	+ 2640
3	+ 4,1		− 2,00		400	1,00		− 3280	
4	− 21,0	+ 3,00	+ 3,00	− 4,00	200	1,20	− 10500	− 10500	+ 14000
5	− 13,1	+ 1,00	+ 3,00	− 2,00	400	1,20	− 4370	− 13100	+ 8740
6		− 1,00	+ 1,00		400	1,20			
7	+ 5,5	− 1,41		+ 1,41	280	0,45	− 4830		+ 4830
8	− 5,5	+ 1,41		− 1,41	280	0,45	− 4830		+ 4830
9	+ 5,5	− 1,41		+ 1,41	280	0,45	− 4830		+ 4830
10	− 9,3		+ 2,83	− 1,41	280	0,45		− 16400	+ 8160
11	+ 3,7		+ 1,41		280	0,45		+ 3250	
12			− 1,41		280	0,45			
13	+ 2,0	− 2,00	+ 2,00	+ 3,00	400	1,00	− 1600	+ 1600	+ 2400
14	+ 2,0		+ 2,00	+ 1,00	400	1,00		+ 1600	+ 800
15	+ 2,0		+ 2,00		400	1,00		+ 1600	
16	− 4,0	+ 3,00	− 3,00	− 4,00	200	1,20	− 2000	+ 2000	+ 2666
17	− 4,0	+ 1,00	− 3,00	− 2,00	400	1,20	− 1330	+ 4000	+ 2666
18		− 1,00	− 1,00		400	1,20			
19		− 1,41		+ 1,41	280	0,45			
20		+ 1,41		− 1,41	280	0,45			
21		− 1,41		+ 1,41	280	0,45			
22	− 2,8		− 2,83	− 1,41	280	0,45		+ 4930	+ 2460
23	− 2,8		− 1,41		280	0,45		+ 2465	
24			+ 1,41		280	0,45			
25				+ 1,00	400	1,00			
							− 45810	− 38635	+ 76290
							$=\sum\dfrac{S'\,\mathfrak{S}_x\,s}{f}$	$=\sum\dfrac{S'\,\mathfrak{S}_y\,s}{f}$	$+\sum\dfrac{S'\,\mathfrak{S}_z\,s}{f}$

Ein überzähliger Stab. Die Bedingung, daß die Schnittstelle dieses Stabes x nicht klafft, liefert mit den Stabkräften S' für das Fachwerk ohne diesen Stab und mit den $\mathfrak{S}$ für $X = 1$ den Ansatz

$$\sum \frac{S'\,\mathfrak{S}\,s}{E\,F} + X\left(\sum \frac{\mathfrak{S}^2\,s}{E\,F} + \frac{s_x}{E\,F_x}\right) = 0\,.$$

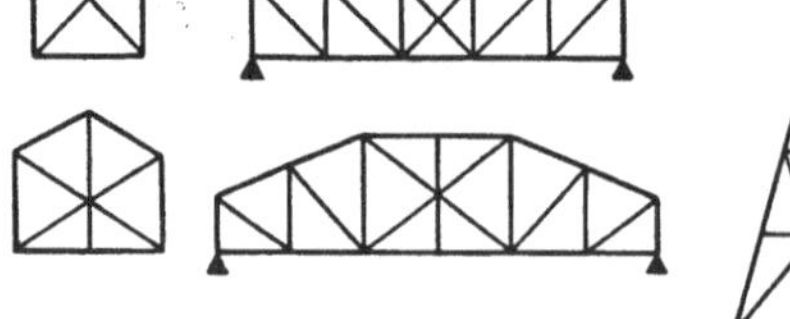
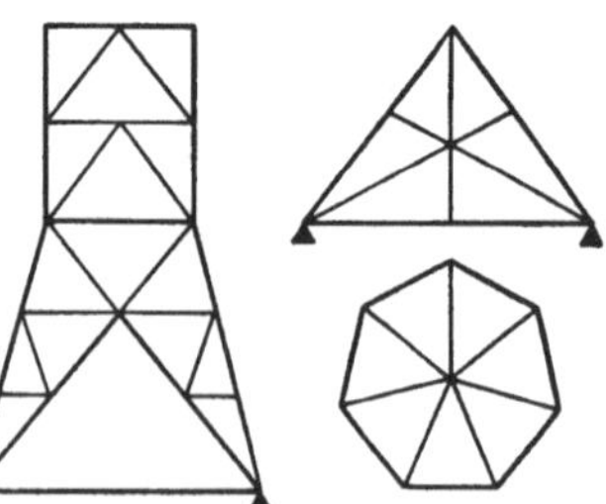

Bild 521—527. Fachwerke mit einem überzähligen Stab.

Zahlenbeispiel S. 255.

10	11	12	13	14	15	16	17	18
$\dfrac{\mathfrak{S}_x^2 s}{f}$	$\dfrac{\mathfrak{S}_y^2 s}{f}$	$\dfrac{\mathfrak{S}_z^2 s}{f}$	$\dfrac{\mathfrak{S}_x \mathfrak{S}_z\, s}{f}$	S'	$X\,\mathfrak{S}_x$	$Y\,\mathfrak{S}_y$	$Z\,\mathfrak{S}_z$	S
				t	t	t	t	t
+ 1600	+ 1600	+ 3600	− 2400	+ 14,4	+ 3,16	− 2,26	− 23,85	− 8,6
	+ 1600	+ 400		+ 6,6		− 2,26	− 3,95	+ 0,4
	+ 1600			+ 4,1		− 2,26		+ 1,8
+ 1500	+ 1500	+ 2666	− 2000	− 21,0	− 4,74	+ 3,39	+ 15,80	− 6,6
+ 333	+ 3000	+ 1333	− 666	− 13,1	− 1,58	+ 3,39	+ 7,90	− 3,4
+ 333	+ 333				+ 1,58	+ 1,13		+ 2,7
+ 1243		+ 1243	− 1243	+ 5,5	+ 2,23		− 5,58	+ 2,2
+ 1243		+ 1243	− 1243	− 5,5	− 2,23		+ 5,58	− 2,2
+ 1243		+ 1243	− 1243	+ 5,5	+ 2,23		− 5,58	+ 2,2
	+ 4972	+ 1243		− 9,3		+ 3,20	+ 5,58	− 6,1
	+ 1243			+ 3,7		+ 1,60		+ 5,3
	+ 1243					− 1,60		− 1,6
+ 1600	+ 1600	+ 3600	− 2400	+ 2,0	+ 3,16	+ 2,26	− 23,85	− 16,4
	+ 1600	+ 400		+ 2,0		+ 2,26	− 3,95	+ 0,3
	+ 1600			+ 2,0		+ 2,26		+ 4,3
+ 1500	+ 1500	+ 2666	− 2000	− 4,0	− 4,74	− 3,39	+ 15,80	+ 3,7
+ 333	+ 3000	+ 1333	− 666	− 4,0	− 1,58	− 3,39	+ 7,90	− 1,1
+ 333	+ 333				+ 1,58	− 1,13		+ 0,5
+ 1243		+ 1243	− 1243		+ 2,23		− 5,58	− 3,4
+ 1243		+ 1243	− 1243		− 2,23		+ 5,58	+ 3,4
+ 1243		+ 1243	− 1243		+ 2,23		− 5,58	− 3,4
	+ 4972	+ 1243		− 2,8		− 3,20	+ 5,58	− 0,4
	+ 1243			− 2,8		− 1,60		− 4,5
	+ 1243					+ 1,60		+ 1,6
		+ 400					− 3,95	− 4,0
+14990	+34182	+26342	−17590					Endgültige Stabkräfte
$=\sum \dfrac{\mathfrak{S}_x^2 s}{f}$	$=\sum \dfrac{\mathfrak{S}_y^2 s}{f}$	$=\sum \dfrac{\mathfrak{S}_z^2 s}{f}$	$=\sum \dfrac{\mathfrak{S}_x \mathfrak{S}_z\, s}{f}$					

Die endgültigen Stabkräfte sind dann

$$S = S' + X\,\mathfrak{S} \quad \text{und} \quad S_x = X.$$

Bild 521 bis 527 zeigt einige Fachwerke mit je einem überzähligen Stab. Es sei hier an die Merkregel IV nach S. 46 erinnert, wonach ein Knotenpunkt an der Kreuzungsstelle zweier Stäbe am Kräftespiel nichts ändert, sofern dieser Punkt unbelastet bleibt.

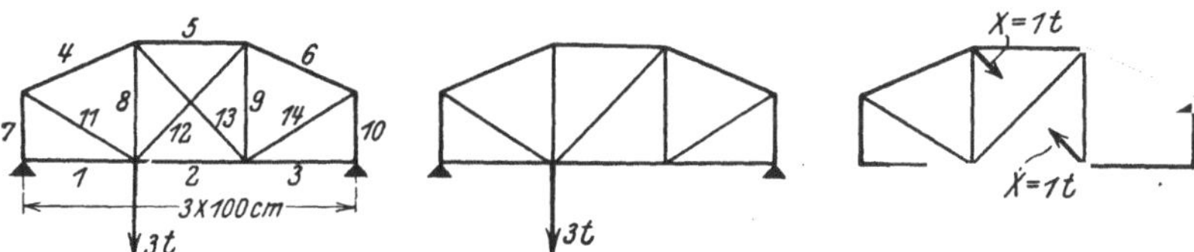

Bild 528—530. Zur Behandlung des Fachwerks mit einem überzähligen Stab.

Beispiel nach Bild 528 bis 530. Stab 13 sei als überzählig betrachtet. Aus nachstehender Zahlentafel 24 folgt

$$X = -509 : 669 = -0,76 \text{ t}$$

und damit berechnen sich die endgültigen S.

Zahlentafel 24 zum Zahlenbeispiel.

Stab	1 S' t	2 $\mathfrak{S}$ t	3 s cm	4 f	5 $\dfrac{S'\,\mathfrak{S}\,s}{f}$	6 $\dfrac{\mathfrak{S}^2\,s}{f}$	7 $X\,\mathfrak{S}$ t	8 S t
1			100	0,8				
2	$+0,98$	$-0,71$	100	0,8	$-\ 87$	$+\ 62$	$+0,54$	$+1,52$
3			100	0,8				
4	$-2,15$		106	1,0				$-2,15$
5	$-1,98$	$-0,71$	100	1,0	$+141$	$+\ 50$		$-1,44$
6	$-1,07$		106	1,0			$+0,54$	$-1,07$
7	$-2,00$	$-0,71$	57	1,25	$+\ 65$	$+\ 23$	$+0,54$	$-1,46$
8	$+0,82$		100	0,5				$+0,82$
9	$-0,58$	$-0,71$	100	0,5	$+\ 82$	$+100$	$+0,54$	$-0,04$
10	$-1,00$		57	1,25				$-1,00$
11	$+2,30$	$+1,00$	115	0,65				$+2,30$
12	$+1,41$	$+1,00$	141	0,65	$+308$	$+217$	$-0,76$	$+0,65$
13			141	0,65		$+217$	$-0,76$	$-0,76$
14	$+1,15$		115	0,65				$+1,15$
					$+509$ $=\sum \dfrac{S'\,\mathfrak{S}\,s}{f}$	$+669$ $=\sum{}' \dfrac{\mathfrak{S}^2\,s}{f}$		

Mehrere überzählige Stäbe 1, 2, 3 ... mit den Stabkräften $X_1, X_2, X_3 \ldots$ liefern sinngemäß die Ansatzgruppe

$$\sum \frac{S'\,\mathfrak{S}_1\,s}{E\,F} + X_1\left(\sum \frac{\mathfrak{S}_1\,\mathfrak{S}_1\,s}{E\,F} + \frac{s_1}{E\,F_1}\right) + X_2 \sum \frac{\mathfrak{S}_1\,\mathfrak{S}_2\,s}{E\,F} + X_3 \sum \frac{\mathfrak{S}_1\,\mathfrak{S}_3\,s}{E\,F} + \cdots = 0,$$

$$\sum \frac{S'\,\mathfrak{S}_2\,s}{E\,F} + X_1 \sum \frac{\mathfrak{S}_2\,\mathfrak{S}_1\,s}{E\,F} + X_2\left(\sum \frac{\mathfrak{S}_2\,\mathfrak{S}_2\,s}{E\,F} + \frac{s_2}{E\,F_2}\right) + X_3 \sum \frac{\mathfrak{S}_2\,\mathfrak{S}_3\,s}{E\,F} + \cdots = 0,$$

$$\sum \frac{S'\,\mathfrak{S}_3\,s}{E\,F} + X_1 \sum \frac{\mathfrak{S}_3\,\mathfrak{S}_1\,s}{E\,F} + X_2 \sum \frac{\mathfrak{S}_3\,\mathfrak{S}_2\,s}{E\,F} + X_3\left(\sum \frac{\mathfrak{S}_3\,\mathfrak{S}_3\,s}{E\,F} + \frac{s_3}{E\,F_3}\right) + \cdots = 0$$

$$\cdots \cdots \cdots \cdots \cdots \cdots \cdots \cdots \cdots$$

Endgültig ist $\quad S = S' + X_1\,\mathfrak{S}_1 + X_2\,\mathfrak{S}_2 + X_3\,\mathfrak{S}_3 + \cdots$

und $\qquad\qquad S_1 = X_1, \qquad S_2 = X_2, \qquad S_3 = X_3$.

Beispiele hierzu nach Bild 531 bis 534.

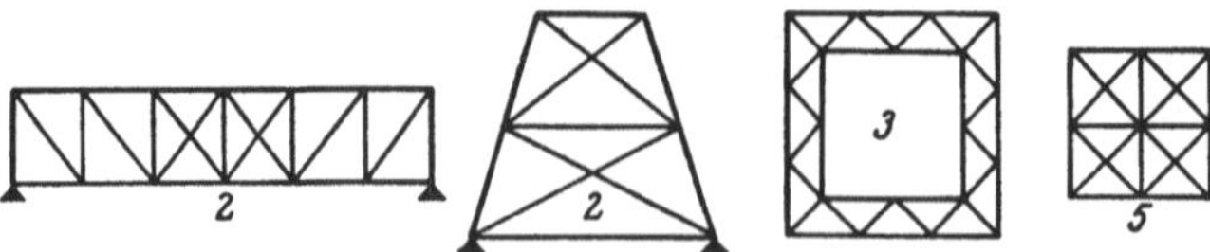

Bild 531—534. Fachwerke mit zwei, drei und fünf überzähligen Stäben.

Der Bogenbalkenträger nach Bild 535 oder 536 heißt auch Zweigelenkbogen mit aufgehobenem Horizontalschub und bildet einen wichtigen Sonderfall des innerlich statisch unbestimmten Fachwerks, da zahlreiche Brückenträger und Dachbinder hiernach aufgebaut sind. Die lange Zugstange ist durch einige lotrechte Stäbe gegen zu starken Durchhang am Fachwerk angehängt und verläuft zwischen den Auflagern entweder horizontal oder mit schwacher Überhöhung. Im Bild 536 verläuft die Fahrbahn in Zugstangenhöhe und ruht auf den an den Zugstangen hängenden Querträgern.

Man könnte jeden beliebigen Stab als überzähligen ansehen, wählt als solchen aber meist die Zugstange und benutzt die Formeln nach S. 256.

Bild 535 u. 536. Bogenbalkenträger.

Der Träger mit Zugband oder Druckbogen nach Bild 537 oder 538 wird entsprechend dem vorigen Fall behandelt, wobei der mittlere Teil des Zugbandes bzw. Druckbogens als überzählig betrachtet wird.

Bild 537 u. 538. Träger mit Zugband oder Druckbogen.

4. Äußerlich und innerlich statisch unbestimmte Fachwerke.

Dieser Fall bildet eine Vereinigung der beiden vorbehandelten Fälle und liegt z. B. bei Bild 539 bis 541 vor. Die Behandlung dieses Falles erfolgt im Sinne der bisherigen Behandlung des äußerlich und des innerlich statisch unbestimmten Fachwerks, enthält grundsätzlich nichts Neues und ergibt sofort für diese drei Beispiele eine zwei- bzw. drei- bzw. vierfache statische Unbestimmtheit.

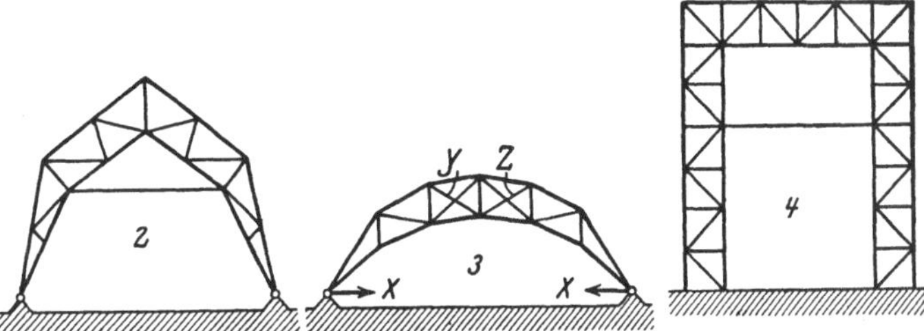

Bild 539—541. Fachwerke mit äußerer und innerer statischer Unbestimmtheit.

17*

Bei z. B. Bild 540 wählt man als statisch Unbestimmte den Horizontalschub X und die Stabkräfte Y und Z und erhält die Gleichungen

$$\sum \frac{S'\,\mathfrak{S}_x\,s}{EF} + X \sum \frac{\mathfrak{S}_x\,\mathfrak{S}_x\,s}{EF} + Y \sum \frac{\mathfrak{S}_x\,\mathfrak{S}_y\,s}{EF} + Z \sum \frac{\mathfrak{S}_x\,\mathfrak{S}_z\,s}{EF} = 0,$$

$$\sum \frac{S'\,\mathfrak{S}_y\,s}{EF} + X \sum \frac{\mathfrak{S}_y\,\mathfrak{S}_x\,s}{EF} + Y \left(\sum \frac{\mathfrak{S}_y\,\mathfrak{S}_y\,s}{EF} + \frac{s_y}{EF_y} \right) + Z \sum \frac{\mathfrak{S}_y\,\mathfrak{S}_z\,s}{EF} = 0$$

$$\sum \frac{S'\,\mathfrak{S}_z\,s}{EF} + X \sum \frac{\mathfrak{S}_z\,\mathfrak{S}_x\,s}{EF} + Y \sum \frac{\mathfrak{S}_z\,\mathfrak{S}_y\,s}{EF} + Z \left(\sum \frac{\mathfrak{S}_z\,\mathfrak{S}_z\,s}{EF} + \frac{s_z}{EF_z} \right) = 0.$$

Die Bedeutung der S', $\mathfrak{S}_x$, $\mathfrak{S}_y$ und $\mathfrak{S}_z$ geht aus den vorhergehenden Beispielen hervor.

Dieser doppelten statischen Unbestimmtheit geht man durch Einbau von Gelenken oder sonst geeigneten Maßnahmen gerne aus dem Wege, da die statische Berechnung doch recht umständlich und unübersichtlich wird.

Das Fachwerk als Biegestab. Schlanke lange Fachwerke, besonders parallelgurtige mit unveränderlichen Gurtquerschnitten, können, wie im dritten Abschnitt auf S. 119 dargelegt wurde, auch bei statisch unbestimmter Lagerung angenähert als Biegestäbe behandelt werden, und es gelten alle Regeln und Formeln der ersten Teile dieses Abschnitts. Aus den sich ergebenden M, N und Q läßt sich dann gemäß der Darlegungen auf S. 119 auf die Stabkräfte schließen.

C. Gemischte Gebilde.

Sie bilden eine Vereinigung von Biegestäben mit Zug- oder Druckstangen oder ganzen Fachwerken. Der Grad der statischen Unbestimmtheit, die Wahl der statisch Unbestimmten und die Behandlung des Falles kann sehr verschieden sein. Im nachstehenden sind einige kennzeichnenden Fälle genannt und behandelt.

Der Bogenbalkenträger. Ersetzt man das Fachwerk nach S. 259 Bild 539 oder 540 durch einen Vollwandstab, dann gewinnt man den hier zu behandelnden Träger nach Bild 542. Er ist wie jener äußerlich statisch bestimmt und innerlich einfach statisch unbestimmt. Als statisch Unbestimmte wird auch hier die Stabkraft X des Zugstabes x gewählt, die sich wieder aus der Forderung ergibt, daß die Stabenden des entzweigeschnittenen Stabes x nicht klaffen.

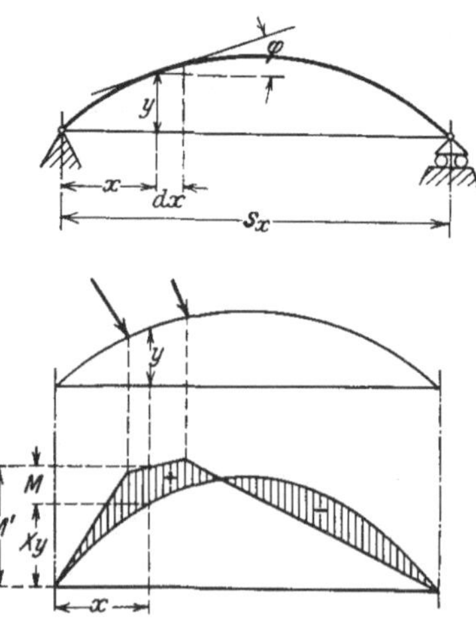

Bild 542 u. 543. Der Bogenbalkenträger.

Bezeichnet

M' das Biegemoment im Stabbogen ohne Zugstab,

$\mathfrak{M}$ das Biegemoment im Stabbogen für $X = 1$,

$\mathfrak{N}$ die Längskraft im Stabbogen für $X = 1$,

J das Trägheitsmoment des Stabbogens,

F dessen Querschnitt,

F_x den Querschnitt des Stabes x,

s_x dessen Länge,

E und E_x die Moduln für den Bogen und den Zugstab,

dann ist nach S. 119 Fall 1

$$\int \frac{M' \mathfrak{M}}{EJ}\, ds + X \left(\int \frac{\mathfrak{M}^2}{EJ}\, ds + \int \frac{\mathfrak{N}^2}{EF}\, ds + \frac{s_x}{E_x F_x} \right) = 0.$$

Mit $\mathfrak{M} = - 1 \cdot y$ und $\mathfrak{N} = - 1 : \cos \varphi$ folgt nach Multiplikation mit E

$$X = \int \frac{M' y}{J}\, ds : \left(\int \frac{y^2}{J}\, ds + \int \frac{1}{F \cos^2 \varphi}\, ds + \frac{E s_x}{E_x F_x} \right).$$

Endgültig ist für den Bogen

$$M = M' - Xy \quad \text{und} \quad N = - X : \cos \varphi.$$

Unveränderliches J und F des Bogens liefert

$$X = \int M' y\, ds : \left(\int y^2\, ds + \frac{J}{F} \int \frac{1}{\cos^2 \varphi}\, ds + \frac{E J s_x}{E_x F_x} \right).$$

Bei flachem Bogen ist mit $s_x = l$ und $\displaystyle\int \frac{ds}{\cos^2 \varphi} \approx l$

$$X = \int M' y\, ds : \left(\int y^2\, ds + \frac{J l}{F} + \frac{E J l}{E_x F_x} \right)$$

und $M = M' - Xy$, $N = - X$.

Nach Berechnung von X kann M durch Zeichnung nach Bild 543 als Unterschied zwischen M' und Xy gewonnen werden.

Für den Kreisbogen mit unveränderlichem J und F mit einer Einzellast P nach Bild 340 S. 142 können die $\int$-Ausdrücke dem dortigen Beispiel entnommen werden; hiernach ist

$$\int M' y\, ds = P r^3 \left[- \cos 2\gamma - \frac{\gamma}{2} \sin 2\gamma - \frac{1}{2} \sin^2 \gamma \cos^2 \mu + \right.$$
$$\left. + \left(\frac{\cos^2 \gamma}{2} - 1 \right) \sin^2 \mu + \cos \gamma \cos \mu + \cos \gamma\, \mu \sin \mu \right],$$

$$\int y^2\, ds = r^3 \left[\gamma \left(\cos 2\gamma + 2 \right) - 1,5 \sin 2\gamma \right].$$

Auch hier kann bei flachen Bogen diese genaue Kreisbogenformel durch die angenäherte, aber wesentlich bequemere Parabelbogenformel ersetzt werden, s. S. 143 Nr. 10a.

Der Träger mit Zugband ist ein für die ihm zugedachte Belastung nicht hinreichend starker Balkenträger, der durch ein Zug-

band nach Bild 544 versteift wird. Ein solches Gebilde ist wie das
Fachwerk nach S. 259 und Bild 537 innerlich einfach statisch unbestimmt. Wir betrachten das Zugband als überzählig und die in
allen Feldern gleiche Horizontalkomponente des Zuges als statisch
Unbestimmte.

M' sei das Biegemoment im Träger ohne Zugband. Die Horizontalkomponente $X = 1$ bringt im Träger das Moment $\mathfrak{M} = -1 \cdot y$
hervor, denn irgend ein Zug X liefert nach Bild 545 die Drücke
$D_1 D_2 D_3 \ldots$ in den lotrechten Stäben, und das zur Bestimmung der
hervorgebrachten Biegemomente zu zeichnende Seileck deckt sich
völlig mit der Zugbandlinie. Daher ist an beliebiger Stelle x dieses
Moment gleich $X y$ bzw. $\mathfrak{M} = 1 \cdot y$ für $X = 1$ und zwar negativ, da
diese D nach oben wirken.

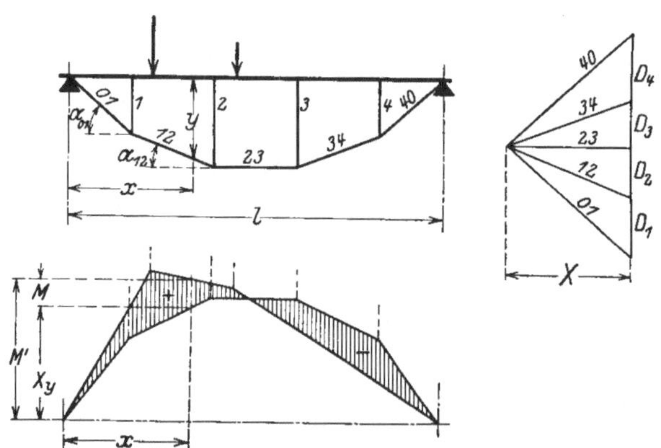

Bild 544—546. Der Träger mit Zugband.

Dieses $X = 1$ liefert ferner im Träger die Längskraft $\mathfrak{N} = -1$
und in den Zugbandstücken 01, 12, 23 ... von den Längen $l_{01}, l_{12} \ldots$
die Längskräfte $\mathfrak{N}_{01} = \dfrac{1}{\cos \alpha_{01}}$, $\mathfrak{N}_{12} = \dfrac{1}{\cos \alpha_{12}}$ usw. Bezieht sich ferner
E, J und F auf den Träger, E_x und F_x auf das Zugband, dann gilt
unter Vernachlässigung der kurzen starken Druckstangen

$$-\int \frac{M' y}{E J} dx + X \left(\int \frac{y^2}{E J} dx + \int \frac{1}{E F} dx + \frac{l_{01}}{\cos^2 \alpha_{01} E_x F_x} + \frac{l_{12}}{\cos^2 \alpha_{12} E_x F_x} + \cdots \right) = 0,$$

woraus X folgt. Damit ist endgültig $M = M' - X y$, $N = -X$,
$N_{01} = \dfrac{X}{\cos \alpha_{01}}$, $N_{12} = \dfrac{X}{\cos \alpha_{12}}$ usw.

Zeichnerisch kann M durch Auftragung der Werte $X y$ nach
Bild 546 gewonnen werden.

Bei flachem Zugband kann mit guter Annäherung $\mathfrak{N}_{01}=\mathfrak{N}_{12}=\cdots=1$ und $l_{01}+l_{12}+\cdots=l$ gesetzt werden; es ist dann nach Multiplikation mit E

$$X=\int \frac{M'y}{J}\,dx:\left(\int \frac{y^2}{J}\,dx+\int \frac{1}{F}\,dx+\frac{E\,l}{E_x F_x}\right).$$

Unveränderliches J und F im Träger liefert

$$X=\int M'\,y\,dx:\left(\int y^2\,dx+\frac{J\,l}{F}+\frac{E\,J\,l}{E_x F_x}\right).$$

Das mehrteilige Zugband wird zweckmäßig so geformt, daß die Eckpunkte auf einer Parabel liegen. Man darf dann mit hinreichender Genauigkeit so rechnen, als ob sehr viel Druckstäbe dicht nebeneinander liegen und das Zugband genau der Parabel folgt. Dann ist mit Pfeilhöhe f

$$y=\frac{4f}{l^2}(l\,x-x^2)$$

und

$$\int\limits_0^l y^2\,dx=\frac{16f^2}{l^4}\int\limits_0^l (l\,x-x^2)\,dx=\frac{8}{15}f^2\,l.$$

Besteht die Belastung aus einer Einzellast P im Abstande a und b von den Auflagern, dann ist

$$\int M'\,y\,dx=\int\limits_0^a P\frac{b}{l}\frac{4f}{l^2}(l\,x-x^2)\,dx+\int\limits_0^b P\frac{a}{l}\frac{4f}{l^2}(l\,x-x^2)\,dx.$$

Die Berechnung liefert nach einiger Umformung

$$\int M'\,y\,dx=P\frac{a\,b}{3\,l^2}(l^2+a\,b)=P\frac{f\,l^2}{3}\,\alpha\,\beta\,(1+\alpha\,\beta),$$

worin $\alpha=a:l$ und $\beta=b:l$.

Diese Formel kann auch noch bei dreiteiligem Zugband als Näherungsformel benutzt werden, wenn f so angenommen wird, daß die Parabel ungefähr inhaltsgleich der Fläche zwischen Zugband und Trägerlinie ist.

Der Anschluß des Zugbandes hat nach Bild 547, nicht nach Bild 548, zu erfolgen. Das Zugband findet viel Verwendung zur Versteifung leichter Laufkranträger und Eisenbahnwagenträger nach Bild 549.

Der Hängeträger nach Bild 550 ist eine Abart des obigen Falles. Als statisch Unbestimmte wird die Zugkraft im Zugband eingeführt. Die Werte M' gelten für den Träger ohne Zugband. Auch hier ist $\mathfrak{M}=-1\cdot y$ und es gilt bei flachem Zugband dieselbe Schlußformel

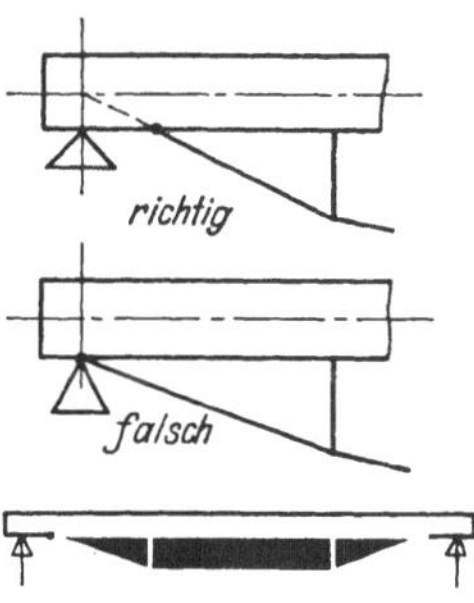

Bild 547—549. Bauarten des Trägers mit Zugband.

für X wie oben, wobei aber l die Stützweite des Trägers und l_x die Gesamtlänge des Bandes von a bis b bezeichnet. Wesentlich ist die statisch bestimmte Umleitung des Zugbandes auf den Türmen durch Rollen oder ähnliche Mittel und hinreichend große Grundklötze bei a und b zur sicheren Aufnahme des Zuges.

Eine Erweiterung dieser einfachen Bauart bildet der Hängeträger mit drei Öffnungen nach Bild 551, ebenfalls einfach statisch unbestimmt, und der Träger mit aufgehobenem Horizontalschub nach Bild 552, wobei ·ein Träger über vier Stützen durchläuft und die Horizontalkomponente des Zuges als Druck aufnimmt, wodurch die schweren Grundklötze erspart werden. Über diese auch hinsichtlich der Knickgefahr des gedrückten Trägers bedeutsame, beim Bau der neuen Rheinbrücke Köln-Deutz benutzte Bauart s. „Eisenbau“ 1913 S. 217 u. 254; über die Aufstellung dieser Brücke s. S. 337 des Buches.

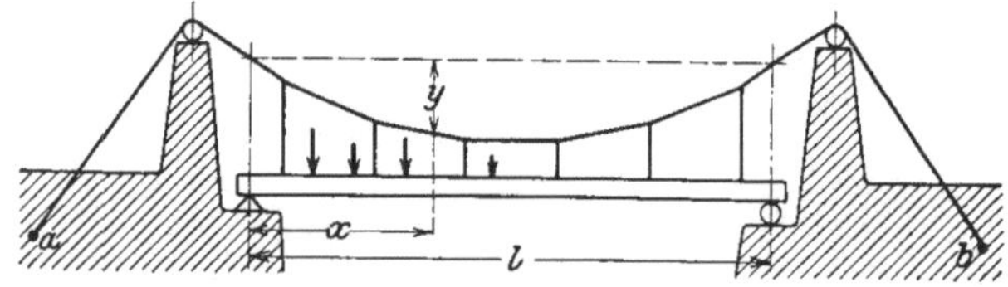

Bild 550.   Der Hängeträger.

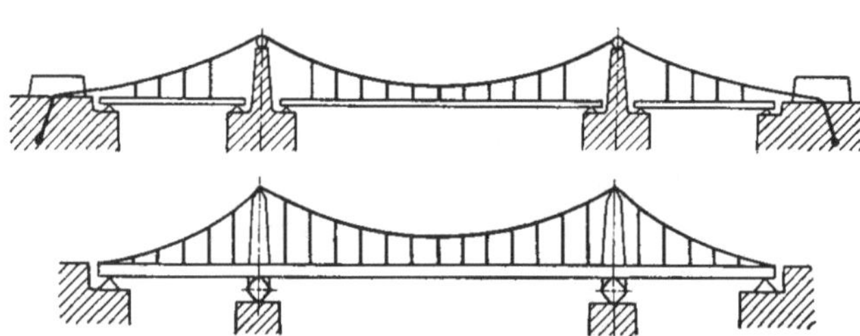

Bild 551 u. 552.   Hängeträger über drei Felder.

Der hier angenommene Vollwandträger wird bei größeren Bauwerken durch einen Fachwerkträger ersetzt, dessen Behandlung grundsätzlich im Sinne der obigen Fälle erfolgt.

Das Besondere an allen bisher behandelten gemischten Gebilde besteht darin, daß das Zugband bzw. der Druckbogen bei Vollbelastung des Trägers den größten Zug bzw. Druck erhält, der Träger dabei aber gering beansprucht wird, während der Träger bei Belastung seiner linken oder rechten Hälfte die größte Beanspruchung erhält. Daher sind z. B. freitragende Wellblechdächer und ähnliche Bauwerke auf Vollbelastung und auf einseitigen Schnee und Wind zu berechnen; entsprechendes gilt für Hängebrücken.

Der Zweigelenkbogen mit Zugband in beliebiger Höhe, Bild 553, ist zweifach statisch unbestimmt; als statisch Unbestimmte wird der Horizontalschub X (wie bisher) und der Zug Z im Zugband gewählt.

Bei wagrechtem Zug-
band nach Bild 554 gel-
ten die Werte M' für
$X = 0$ und $Z = 0$,
$\mathfrak{M}_x = -1 \cdot y$ für $X = 1$
und $\mathfrak{M}_z = -1 \cdot (y - h)$
für $Z = 1$, letzteres aber
nur für den Bogen 23.

Die Gleichungen lauten
unter Vernachlässigung
der N für den Bogen

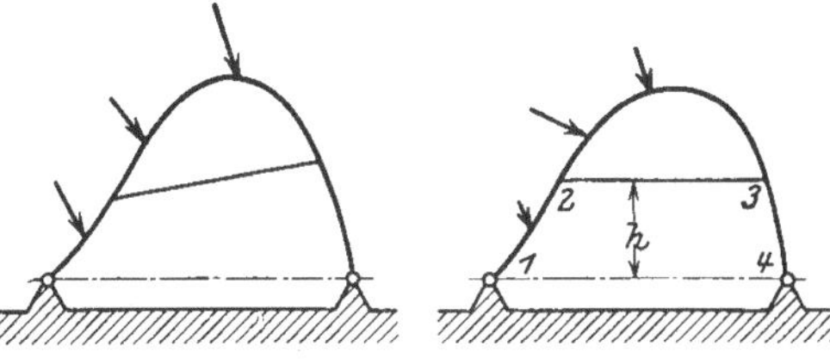

Bild 553 u. 554. Der Zweigelenkbogen mit Zugband in beliebiger Höhe.

$$\int_1^4 \frac{M' \mathfrak{M}_x}{EJ} \, ds + X \int_1^4 \frac{\mathfrak{M}_x{}^2}{EJ} \, ds + Z \int_2^3 \frac{\mathfrak{M}_x \mathfrak{M}_z}{EJ} \, ds = 0,$$

$$\int_2^3 \frac{M' \mathfrak{M}_z}{EJ} \, ds + X \int_2^3 \frac{\mathfrak{M}_z \mathfrak{M}_x}{EJ} \, ds + Z \left(\int_2^3 \frac{\mathfrak{M}_z{}^2}{EJ} \, ds + \frac{l_z}{EF_z} \right) = 0,$$

worin die Grenzen 1 und 4 bzw. 2 und 3 den Integrationsbereich
auf dem Bogen angeben. Mit obigen Ausdrücken erhält man

$$-\int_1^4 \frac{M' y}{EJ} \, ds + X \int_1^4 \frac{y^2}{EJ} \, ds + Z \int_2^3 \frac{y(y-h)}{EJ} \, ds = 0,$$

$$-\int_2^3 \frac{M'(y-h)}{EJ} \, ds + X \int_2^3 \frac{y(y-h)}{EJ} \, ds + Z \left(\int_2^3 \frac{(y-h)^2}{EJ} \, ds + \frac{l_z}{EF_z} \right) = 0.$$

Hieraus die X und Z und die endgültigen Werte

$$M = M' - X y \text{ für die Stücke 12 und 34,}$$

$$M = M' - X y - Z(y - h) \text{ für das Stück 23.}$$

Zweigelenkfachwerk mit biegungsfestem Querriegel, Bild 555.
Die statisch Unbestimmte ist wie immer der Horizontalschub. Gelten
die S' und M' für das statisch be-
stimmte Fachwerk und die $\mathfrak{S}$ und $\mathfrak{M}$
für die Kraft $X = 1$, dann ist

$$\sum \frac{S' \mathfrak{S} s}{EF} + \int \frac{M' \mathfrak{M}}{EJ} \, dx +$$
$$+ X \left(\sum \frac{\mathfrak{S}^2 s}{EF} + \int \frac{\mathfrak{M}^2}{EJ} \, dx \right) = 0,$$

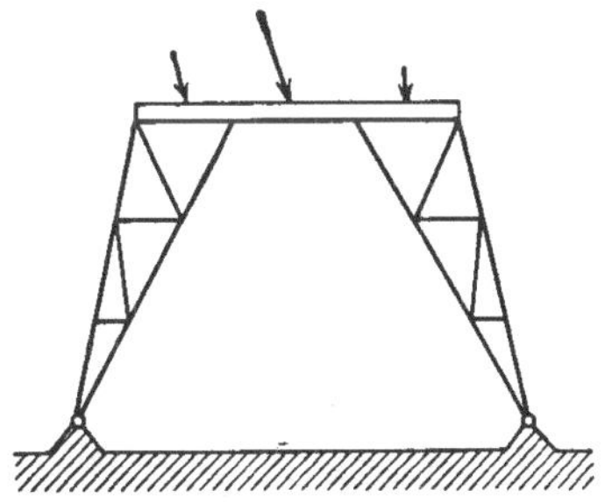

woraus X und die Endwerte

$$S = S' + X \mathfrak{S} \text{ bzw. } M = M' + X \mathfrak{M}$$

folgen.

Bild 555. Zweigelenkfachwerk mit
biegungsfestem Querriegel.

D. Rückblick und Folgerungen.

Die bisher gezeigten Behandlungsarten und Rechnungsergebnisse der statisch unbestimmten Gebilde werden kritisch gesichtet und dabei wichtige Folgerungen gezogen.

Die Gültigkeitsbedingungen. Die bisherigen Berechnungsergebnisse beruhten durchweg auf gewissen Voraussetzungen, die in den einzelnen Darlegungen zum Teil deutlich ausgesprochen wurden, zum Teil selbstverständlich waren. Bei allen statisch unbestimmt gelagerten Gebilden ist starre Lagerung, d. h. unelastische Unterlage (Baugrund, Wand) vorausgesetzt. Wo das nicht der Fall ist oder wo nachträglich Bodensenkungen u. dgl. auftreten, entstehen im Gebilde gewisse Zusatzspannungen, die eine unter Umständen unzulässige Höhe erreichen können. Daher wird man bei unsicherem Baugrund keinen durchlaufenden Träger, sondern den statisch bestimmten Gerberschen Gelenkträger nehmen, dessen Beanspruchung unabhängig von solchen Bodenverschiebungen ist; statt des Zweigelenkbogens oder des eingespannten Bogens ist der statisch bestimmte Dreigelenkbogen zu wählen usw.

Die auf dem Erdboden frei aufgestellten Bauwerke erfordern zu ihrer Lagerung betonierte oder gemauerte Fundamentklötze, die die Auflagerkräfte so in den Boden leiten, daß die Pressung zwischen Klotz und Baugrund innerhalb des zulässigen Wertes bleibt und der Klotz unnachgiebig im Erdboden steckt.

Die Lagerplatte des Rollenkipplagers erhält nur lotrechten Druck und erfordert den kleinsten Klotz. Das Kipplager erfordert um so größeren Klotz, je mehr die Bolzendruckrichtung der Wagrechten sich nähert, weil dann ein gewisses Kippmoment ungleichmäßige Pressung zwischen Klotz und Erdreich hervorbringt. Der eingespannte Stab erfordert infolge des hinzutretenden Einspannmomentes einen besonders großen Klotz und eine vollständig unnachgiebige Ein-

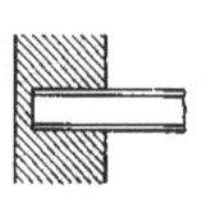

Bild 556. Trägerlagerung mit unsicherer Einspannung.

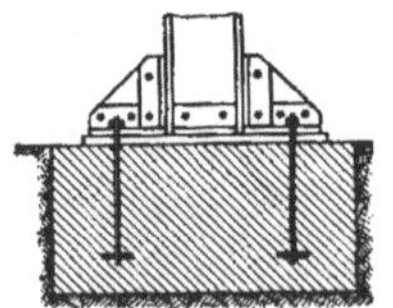

Bild 557. Gut eingespannter Säulenfuß.

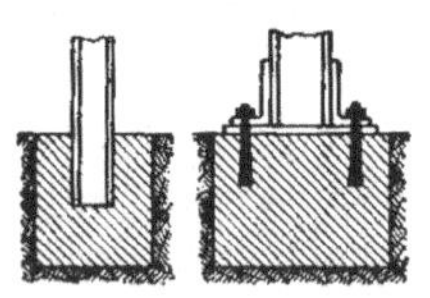

Bild 558 u. 559. Stützenfüße mit unsicherer Einspannung.

spannung ist kaum erreichbar. Deshalb sind alle Lagerungen mit Einspannung mehr oder weniger unsicher und auf alle Fälle nicht so zuverlässig wie die Gelenklagerung. Steckt z. B. ein Träger nach Bild 556 in einer Mauerwand, dann rechnet man am besten gar nicht mit Einspannung, sondern mit freier Auflagerung. Die Einspannung von Portal- und Säulenenden erfolgt in der Regel durch Platten und Anker, etwa nach Bild 557; je breiter der Säulenfuß, desto sicherer ist die Einspannung. Dagegen gilt die Ausführung nach Bild 558 oder 559 als mangelhaft eingespannt. Eine vollkommene Einspannung liegt selbstverständlich dann vor, wenn der Untergrund durch eine starre dicke Platte gebildet wird, die mit den anschließenden Säulen ein Guß- oder Schmiedestück bildet.

Anders liegt der Fall bei den geschlossenen Steifrahmen. Deren Berechnungsergebnisse beruhen auf der Voraussetzung, daß die Eckwinkel bei Belastung erhalten bleiben. Diese Voraussetzung ist vollständig erfüllt bei Gebilden, die in einem Stück gegossen oder geschmiedet sind, wie Räder mit Armen, Maschinenrahmen, geschmiedete Bügel, Ringe u. dgl. Im Eisenbau wird eine Ecke nach Bild 560 oder 561 kaum als steif angesehen werden können, sie wird in ihrer Wirkung zwischen dem Gelenk und der Einspannung liegen. Dagegen können die Ecken nach Bild 562 oder 563 als vollkommen steif behandelt werden.

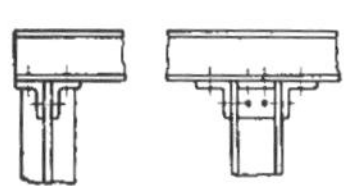

Bild 560 u. 561. Eckausbildung
mit unvollkommener Steifigkeit.

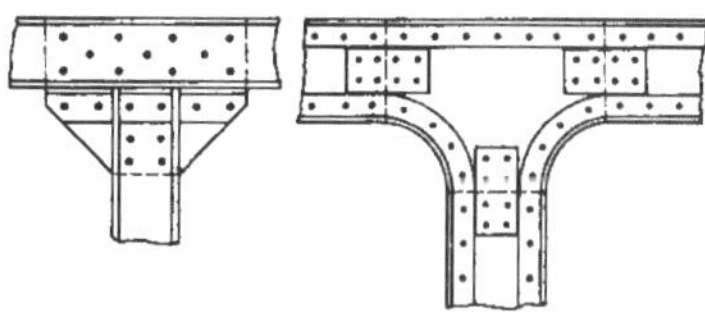

Bild 562 u. 563. Gute Eckausbildung.

Bei hinreichend sicherer Eckausbildung sind die Berechnungsergebnisse der innerlich statisch unbestimmten Rahmengebilde auch viel zuverlässiger als die der äußerlich statisch unbestimmten, und das besonders, wenn die äußerliche Unbestimmtheit von der Einspannung im Baugrunde herrührt.

Eine weitere oft mangelhaft erfüllte Voraussetzung für Überstimmung zwischen Rechnung und Wirklichkeit folgt aus den Darlegungen nach S. 106.

Schließlich gilt die statisch unbestimmte Berechnungsweise streng nur für Stoffe, die das Hookesche Gesetz befolgen, d. i. in erster Linie Flußstahl, also nicht für Gußeisen, Steine usw. Sie gilt auch nur dann, wenn an keiner wichtigen Stelle die Proportionalitätsgrenze überschritten wird. Wird bei Gußeisen mit einem mittleren E gerechnet, dann können die Ergebnisse der statisch unbestimmten Rechnung als angenähert gelten.

Nachrechnung und Neuberechnung statisch unbestimmter Gebilde. Die Endformeln für die statisch Unbestimmten enthalten im allgemeinen die Trägheitsmomente oder die Querschnitte der Stäbe; in vielen Fällen konnte statt der J und F selbst das Verhältnis zu einem beliebig angenommenen J_0 bzw. F_0 eingesetzt werden und bei einfachem Biegestabgebilde, wie beim Zweigelenkstab, eingespanntem Stab, Steifrahmen und durchlaufendem Träger mit unveränderlichem J fällt der Wert J völlig aus der Rechnung. Eine Nachrechnung von Ausführungen oder Entwürfen ist somit stets möglich.

Bei Neuberechnungen müssen die J oder F oder wenigstens deren Verhältnis zu einem beliebigen J_0 bzw. F_0 zunächst angenommen werden. Hierbei stützt man sich zweckmäßig auf bekannte ähnliche und völlig durchgerechnete Ausführungen oder Entwürfe. Stellen sich dann auf Grund der ersten Durchrechnung andere J und F als erforderlich heraus, dann ist die Rechnung mit den neuen J und F zu wiederholen; die Annahmen sind so lange zu ändern, bis die gewünschten Kleinstwerte der Querschnitte allseitig erreicht sind. Besteht über die Größe der vorläufig anzunehmenden Querschnitte noch gar kein Anhalt, dann mag die erforderliche mehrmalige Durchrechnung unbequem sein, sie läßt sich aber nicht umgehen, da sie mit dem Wesen der statischen Unbestimmtheit zusammenhängt.

Zur vorläufigen oder je nach Fall auch endgültigen Durchrechnung von Biegestabgebilden benutzt man mit Vorteil fertige Gebrauchsformeln oder Näherungsformeln, wie sie zum Teil in diesem Buche, zum Teil in mehreren Ingenieur-Taschenbüchern oder auch in den Rahmenformeln von Prof. Kleinlogel (Berlin: Ernst & Sohn) zu finden sind. Bei Fachwerken können in erster Annäherung alle Gurtstabquerschnitte einander gleichgesetzt und die Wandstäbe vernachlässigt werden; Fachwerke, die sich in ihrer Form den Rahmengebilden nähern, werden, wie früher dargelegt, näherungsweise als solche behandelt.

Vergleich zwischen statisch bestimmter und unbestimmter Bauweise, deren Vor- und Nachteile und Anwendungsgebiete. Der wesentliche Vorteil der statisch bestimmten Gebilde, nämlich die einfache und sichere Berechnung und die Unabhängigkeit der Beanspruchungen von etwaiger Nachgiebigkeit der Unterlage und von Temperaturänderungen, ist so erheblich, daß diese Bauweise überall durchgeführt wird, wo keine besonderen Gründe dagegen sprechen; sie ist besonders am Platze bei unsicherem Baugrund oder unstarrer Unterlage.

Dagegen liegen für die Durchführung der statischen Unbestimmtheit trotz der damit verbundenen schwierigeren Berechnung eine Reihe von anderen Gründen war. Diese können liegen

a) **in der baulichen Durchbildung.** Zunächst hat die innere statische Unbestimmtheit, wie schon angedeutet, nichts mit dem unsicheren Baugrund zu tun. Gegossene oder geschmiedete Rahmengebilde, Räder mit Armen, Kreisringe usw. sind von vornherein oft vielfach statisch unbestimmt. Bauliche Maßnahmen zur Vermeidung der Unbestimmtheit sind nicht erwünscht und auch meist kaum durchführbar. Wenn beispielsweise die großen geschlossenen Lastbügel durch mehrteilige Gelenkbügel ersetzt werden, so geschieht dies nur, um die unsicheren und schwierig herzustellenden Schweißstellen an den Ecken zu vermeiden.

Bei Umänderung des Dreigelenkbogens in einen Zweigelenkbogen fällt das obere, baulich zuweilen unbequeme Gelenk fort. Aus gleichem Grunde wird an Stelle des Gerberschen Gelenkbalkens oft der durchlaufende Träger gewählt. (Es sei hier daran erinnert, daß bei

Hochbauten die Gerbersche Gelenkträgerbauweise für Hauptaus-
steifungsträger behördlicherseits verboten ist.)

b) in der Elastizität des Gebildes. Der Dreigelenkbogen
zeigt größere Formänderung als der ebenso starke Zweigelenkbogen,
was ihn besonders für Eisenbahnbrücken wenig geeignet macht. Der eingespannte Bogen ist dagegen wieder steifer als der Zweigelenkbogen.
Der durchlaufende Träger hat eine stetige elastische Linie und ist daher
für Kranfahrbahnen besser geeignet als der gleichstarke Gelenkträger.

c) in der Baustoffersparnis. Soll eine Reihe von Öffnungen
überbrückt werden, dann erfordern einfache Träger wesentlich mehr
Baustoff als Gelenkträger und diese wieder etwas mehr als der durchlaufende Träger bei gleicher Beanspruchung. Die Reihe: Träger mit
Kipp- und Rollenkipplager, Dreigelenkbogen, Zweigelenkbogen, Ein-
gelenkbogen (Gelenk in der Mitte) und eingespannter Bogen zeigt
steigenden Unbestimmtheitsgrad, aber abnehmbaren Baustoffaufwand,
gleichgültig ob Vollwandbogen oder Fachwerk vorliegt. Ganz allgemein gilt bei äußerer statischer Unbestimmtheit die Regel: je höher
der Grad der Unbestimmtheit, desto weniger Baustoff.

Dagegen erfordert, wie oben schon angedeutet, der Zweigelenkbogen erheblich größere Fundamentklötze als der Dreigelenkbogen
und der eingespannte Bogen größere als der Zweigelenkbogen, so daß
die Baustoffersparnis im Bogen durch den Mehraufwand an Baustoff
für die Gründung zum Teil oder ganz aufgehoben werden kann.

Es kommt bei größeren Bauwerken letzten Endes auf die Gesamt-
kosten an, in denen die der Gründung eingeschlossen sind. Dabei
sind gegebenenfalls Einflüsse maßgebend, die mit der Statik nichts
zu tun haben, wie Bodenverhältnisse, Gewinnung und Transport der
Baustoffe für die Gründung usw.

Die Elastizitätsgleichungen und ihre zahlenmäßige Lösung. Bei
allen statisch unbestimmten Aufgaben treten ebensoviel Elastizitätsgleichungen als statisch Unbestimmte auf; sie sind stets linear nach
den Unbekannten, die im weiteren mit X_1, X_2, ... bezeichnet werden.
Während nun n gewöhnliche Gleichungen mit n Unbekannten ins-
gesamt n^2 Beiwerte der Unbekannten und n Festwerte enthalten, die
alle voneinander unabhängig sind und von denen in Sonderfällen
mehrere Null sein können, haben die Elastizitätsgleichungen einen
besonderen Aufbau, wie Tafel 25a (S. 272) für beispielsweise fünf
Gleichungen zeigt. Die Festwerte Φ sind von der Form des Gebildes
und von der jeweiligen Belastung abhängig und werden im weiteren
Belastungswerte genannt, während die Beiwerte $A_1 B_1 C_1 \cdots B_2 C_2 \cdots$
nur von der Form des Gebildes abhängig sind. Das Besondere an
diesen Beiwerten ist ihre Symmetrie zu der (überall durch fetten Druck
hervorgehobenen) Diagonale $A_1 B_2 C_3 \cdots$; diese Diagonalbeiwerte
sind positiv. Ohne jede Ausnahme haben alle Elastizitätsgleichungen
diesen Aufbau, gleichgültig ob ein Biegestabgebilde oder ein Fachwerk
vorliegt. Diese Gleichheit der Beiwerte liefert eine willkommene Richtigkeitsprobe bzw. eine Minderarbeit bei Aufstellung der Gleichungen.

Für die Auflösung einer linearen Gleichungsgruppe steht das Eliminationsverfahren und das Determinantenverfahren zur Verfügung. So einfach beide in formaler Hinsicht sind, so unbrauchbar sind sie bei zahlenmäßigem Gebrauche, da die durch die unvermeidlichen Stellenabstriche sich ergebenden Abrundungsfehler bei fortschreitender Rechnung wachsen, so daß die Endwerte die Gleichungen nicht mehr hinreichend gut befriedigen. Vier Gleichungen sind schon unbequem, mehr als vier erfordern Zahlenrechnungen mit übermäßig großer Stellenzahl, um die Endwerte in erträglicher Genauigkeit zu gewinnen.

Nun liefert ein mit der Statik sonst nicht in Beziehung stehender Zweig der angewandten Mathematik, nämlich die Ausgleichungsrechnung in Verbindung mit später genannten Regeln ein wertvolles Hilfsmittel zur Behebung dieser Schwierigkeit. Die Ansätze der Ausgleichungsrechnung führen auf eine Gleichungsgruppe, die sog. Normalgleichungen, die einen ebensolchen Aufbau wie unsere Elastizitätsgleichungen zeigen. Hierfür hat der Mathematiker Gauß ein Eliminationsverfahren angegeben, das den Physikern und Vermessungstechnikern seit langem bekannt ist und von ihnen dauernd benutzt wird.

Das Gaußsche Verfahren ist in Tafel 25 c) und d) S. 272 niedergelegt, die für die fünf Gleichungen nach Tafel 25 a) und b) gelten und ihren Gebrauch sofort für weniger oder mehr als fünf Gleichungen zeigen. Eine Ableitung und Begründung des Verfahrens kann hier übergangen werden, da man solche in den Handbüchern des Vermessungswesens oder in Runge: „Die Praxis der Gleichungen" [1]), findet.

Tafel c) enthält zunächst die Beiwerte $A, B, \ldots$ und die Belastungswerte Φ. Die unter der ersten Zeile zwischen den starken Linien gesetzten Endwerte $a_1, b_1, \ldots$ sind gleich den Beiwerten der ersten Zeile $(a_1 = A_1, b_1 = B_1, \ldots)$ und sind in dieser Weise aus praktischen Gründen wiederholt.

In der nächsten Zeile werden diese Endwerte mit dem Festwert $-\dfrac{b_1}{a_1}$ multipliziert und zu den Beiwerten der dritten Zeile addiert, was die nächsten Endwerte

$$b_2 = B_2 + \left(-\frac{b_1}{a_1}\right) b_1, \qquad c_2 = C_2 + \left(-\frac{b_1}{a_1}\right) c_1, \ldots$$

liefert. Der weitere Fortgang der Rechnung ist aus der Tafel sofort ersichtlich; die zwischen den starken Linien liegenden Endwerte bilden stets die algebraische Summe der darüber stehenden und durch Klammer zusammengefaßten Werte. Die Belastungswerte Φ werden in gleicher Weise behandelt und liefern die Endwerte

$$\varphi_1 = \Phi_1, \qquad \varphi_2 = \Phi_2 + \left(-\frac{b_1}{a_1}\right) \varphi_1$$

usw. (Über die letzte Spalte der Tafel c) s. weiter unten.)

---

[1]) Runge, Dr. C.: „Die Praxis der Gleichungen". Leipzig: G. J. Göschen 1900 (Sammlung Schubert XIV).

Die Unbekannten X folgen schließlich aus den Ansätzen nach Tafel d) in der Reihenfolge X_5, X_4 usw., die darin vorkommenden Multiplikatoren $\left(-\dfrac{b_1}{a_1}\right)$, $\left(-\dfrac{c_1}{a_1}\right)$, ... sind dieselben wie in Tafel c). Man beginnt hier also mit der untersten Gleichung. Diese Gleichungen sind in solcher Reihenfolge anzuschreiben, um die Hilfswerte b, c, d, ... der Reihe nach so hineinzunehmen, wie sie in Tafel c) liegen.

Von Bedeutung ist noch, daß bei verschiedenen Belastungszuständen desselben Gebildes nur die Belastungswerte Φ wechseln, daher der in Tafel c) links des vertikalen starken Striches stehende Teil völlig unverändert bleibt und wiederholt benutzt werden kann. Auf diesen wichtigen Punkt kommen wir weiter unten nochmal zurück.

Die Lösungen dieser Gleichungen sind nun ebenso wie die der allgemeinen Gleichungen mit Fehlern behaftet und erfüllen die Gleichungen nicht restlos. Die schon ungenauen Belastungs- und Beiwerte haben mit diesen Fehlern zunächst nichts zu tun, denn für die Proben genügt es, wenn der Fehlerrest unterhalb der Genauigkeit der Belastungswerte bleibt.

An dieser Stelle tritt nun die für mehrfach statisch unbestimmte Gebilde äußerst wichtige Frage auf: Stehen die Fehler in Beziehung zur Größenordnung der Belastungs- und Beiwerte, und wenn ja, wie müssen diese verteilt sein, damit die Fehler möglichst klein bleiben?

Mit dieser Frage beschäftigt sich Prof. A. Hertwig, Aachen, in einer Arbeit „Die Fehlerwirkungen beim Auflösen linearer Gleichungen und die Berechnung statisch unbestimmter Systeme" (s. Eisenbau 1917, Heft 5, S. 110). Das wichtigste Ergebnis seiner Untersuchungen ist folgendes:

Die Fehler werden dann gering bleiben, wenn die Diagonalbeiwerte groß sind und die andern Beiwerte um so kleiner werden, je weiter sie von der Diagonale abstehen; auf die Größe der Belastungswerte kommt es hierbei weniger an. Die Größenverteilung der Beiwerte hängt aber unmittelbar mit der Wahl der statisch Unbestimmten zusammen; obige Forderung ist um so besser erfüllt, je kleiner der Ausdehnungsbereich des Einflusses der statisch Unbestimmten auf Stabkräfte, Momente usw. ist.

Eine Begründung dieser Aussage muß hier unterdrückt werden, und es sei dieserhalb auf die eingehende Hertwigsche Arbeit verwiesen.

Indessen wurde auf diesen Punkt an verschiedenen Stellen dieses Abschnittes schon hingewiesen. So werden beim durchlaufenden Träger nicht die Auflagerkräfte, sondern die Stützmomente als statisch Unbestimmte eingeführt, denn diese erstrecken sich in ihrer Wirkung nur über die anschließenden Felder, während die Auflagerkräfte den ganzen Träger beeinflussen. Ähnliches liegt beim durchlaufenden Fachwerkträger vor, s. S. 252. Beim mehrfachen Gelenkrahmen oder eingespannten Rahmen, s. S. 206 und 220, wurde die günstige Wahl der statisch Unbestimmten der ungünstigen gegenübergestellt.

Die Beiwerte der genannten Normalgleichungen in ·der Ausgleichungsrechnung haben durchweg die hier verlangte Größenverteilung, und Gauß hat sein Verfahren zunächst nur für die Bedürfnisse der Ausgleichungsrechnung aufgestellt und jener Verteilung der Beiwerte angepaßt.

Es darf hier nicht verschwiegen werden, daß diese günstige Beiwertenverteilung nicht immer erzielt werden kann; die Tafeln des Abschnittes S. 206 bis 237 weisen oft Abweichungen hiervon auf. Die für gute Beiwertenverteilung erforderliche Wahl der statisch Unbestimmten würde in manchen Fällen auf unbequem zu gewinnende Elastizitätsgleichungen führen, weshalb man sich bei der Festlegung des Grundsystems nicht zu sehr von der Beiwertenregel leiten lassen darf, sondern eine gewisse Einfachheit bei der Aufstellung der Elastizitätsgleichungen als nicht minder wichtig betrachten soll. Es genügt schon, wenn die andern Beiwerte nicht über das Doppelte bis Dreifache der Diagonalbeiwerte steigen.

(Fortsetzung s. S. 274.)

Tafel 25. Das Gaußsche Verfahren zur Auflösung der Elastizitätsgleichungen.

a) Die Gleichungen.

$$A_1 X_1 + B_1 X_2 + C_1 X_3 + D_1 X_4 + E_1 X_5 + \Phi_1 = 0$$
$$B_1 X_1 + B_2 X_2 + C_2 X_3 + D_2 X_4 + E_2 X_5 + \Phi_2 = 0$$
$$C_1 X_1 + C_2 X_2 + C_3 X_3 + D_3 X_4 + E_3 X_5 + \Phi_3 = 0$$
$$D_1 X_1 + D_2 X_2 + D_3 X_3 + D_4 X_4 + E_4 X_5 + \Phi_4 = 0$$
$$E_1 X_1 + E_2 X_2 + E_3 X_3 + E_4 X_4 + E_5 X_5 + \Phi_5 = 0.$$

b) Dieselben Gleichungen in symbolischer Schreibweise.

X_1	X_2	X_3	X_4	X_5	Belastungs- werte
A_1	B_1	C_1	D_1	E_1	Φ_1
B_1	B_2	C_2	D_2	E_2	Φ_2
C_1	C_2	C_3	D_3	E_3	Φ_3
D_1	D_2	D_3	D_4	E_4	Φ_4
E_1	E_2	E_3	E_4	E_5	Φ_5

d) Die Endrechnung nach dem Gaußschen Verfahren.

$$X_1 = - (b_1 X_2 + c_1 X_3 + d_1 X_4 + e_1 X_5 + \varphi_1) : a_1$$
$$X_2 = \cdots\cdots - (c_2 X_3 + d_2 X_4 + e_2 X_5 + \varphi_2) : b_2$$
$$X_3 = \cdots\cdots\cdots - (d_3 X_4 + e_3 X_5 + \varphi_3) : c_3$$
$$X_4 = \cdots\cdots\cdots\cdots - (e_4 X_5 + \varphi_4) : d_4$$
$$X_5 = \cdots\cdots\cdots\cdots\cdots - (+ \varphi_5) : e_5.$$

c) Die Zwischenrechnung nach dem Gaußschen Verfahren.

	X_1	X_2	X_3	X_4	X_5	Belastungswerte	S-Probe
Beiwerte und Belastungswert	$+A_1$	$+B_1$	$+C_1$	$+D_1$	$+E_1$	$+\Phi_1$	$+S_1=0$
Summen	$+a_1$	$+b_1$	$+c_1$	$+d_1$	$+e_1$	$+\varphi_1$	$+s_1=0$
Beiwerte und Belastungswert	$+B_1$	$+B_2$	$+C_2$	$+D_2$	$+E_2$	$+\Phi_2$	$+S_2=0$
$-\dfrac{b_1}{a_1}$		$-\dfrac{b_1}{a_1}b_1$	$-\dfrac{b_1}{a_1}c_1$	$-\dfrac{b_1}{a_1}d_1$	$-\dfrac{b_1}{a_1}e_1$	$-\dfrac{b_1}{a_1}\varphi_1$	$-\dfrac{b_1}{a_1}s_1$
Summen		$+b_2$	$+c_2$	$+d_2$	$+e_2$	$+\varphi_2$	$+s_2=0$
Beiwerte und Belastungswert	$+C_1$	$+C_2$	$+C_3$	$+D_3$	$+E_3$	$+\Phi_3$	$+S_3=0$
$-\dfrac{c_1}{a_1}$			$-\dfrac{c_1}{a_1}c_1$	$-\dfrac{c_1}{a_1}d_1$	$-\dfrac{c_1}{a_1}e_1$	$-\dfrac{c_1}{a_1}\varphi_1$	$-\dfrac{c_1}{a_1}s_1$
$-\dfrac{c_2}{b_2}$			$-\dfrac{c_2}{b_2}c_2$	$-\dfrac{c_2}{b_2}d_2$	$-\dfrac{c_2}{b_2}e_2$	$-\dfrac{c_2}{b_2}\varphi_2$	$-\dfrac{c_2}{b_2}s_2$
Summen			$+c_3$	$+d_3$	$+e_3$	$+\varphi_3$	$+s_3=0$
Beiwerte und Belastungswert	$+D_1$	$+D_2$	$+D_3$	$+D_4$	$+E_4$	$+\Phi_4$	$+S_4=0$
$-\dfrac{d_1}{a_1}$				$-\dfrac{d_1}{a_1}d_1$	$-\dfrac{d_1}{a_1}e_1$	$-\dfrac{d_1}{a_1}\varphi_1$	$-\dfrac{d_1}{a_1}s_1$
$-\dfrac{d_2}{b_2}$				$-\dfrac{d_2}{b_2}d_2$	$-\dfrac{d_2}{b_2}e_2$	$-\dfrac{d_2}{b_2}\varphi_2$	$-\dfrac{d_2}{b_2}s_2$
$-\dfrac{d_3}{c_3}$				$-\dfrac{d_3}{c_3}d_3$	$-\dfrac{d_3}{c_3}e_3$	$-\dfrac{d_3}{c_3}\varphi_3$	$-\dfrac{d_3}{c_3}s_3$
Summen				$+d_4$	$+e_4$	$+\varphi_4$	$+s_4=0$
Beiwerte und Belastungswert	$+E_1$	$+E_2$	$+E_3$	$+E_4$	$+E_5$	$+\Phi_5$	$+S_5=0$
$-\dfrac{e_1}{a_1}$					$-\dfrac{e_1}{a_1}e_1$	$-\dfrac{e_1}{a_1}\varphi_1$	$-\dfrac{e_1}{a_1}s_1$
$-\dfrac{e_2}{b_2}$					$-\dfrac{e_2}{b_2}e_2$	$-\dfrac{e_2}{b_2}\varphi_2$	$-\dfrac{e_2}{b_2}s_2$
$-\dfrac{e_3}{c_3}$					$-\dfrac{e_3}{c_3}e_3$	$-\dfrac{e_3}{c_3}\varphi_3$	$-\dfrac{e_3}{c_3}s_3$
$-\dfrac{e_4}{d_4}$					$-\dfrac{e_4}{d_4}e_4$	$-\dfrac{e_4}{d_4}\varphi_4$	$-\dfrac{e_4}{d_4}s_4$
Summen					$+e_5$	$+\varphi_5$	$+s_5=0$

In der Ausgleichungsrechnung pflegt man bei Aufstellung der Tafel c) Richtigkeits- bzw. Genauigkeitsproben vorzunehmen. Zunächst werden die aus den Ansätzen

$$A_1 + B_1 + C_1 + \cdots + \varPhi_1 + S_1 = 0,$$
$$B_1 + B_2 + C_2 + \cdots + \varPhi_2 + S_2 = 0 \quad \text{usw.}$$

sich ergebenden S angeschrieben; werden diese Werte ebenso behandelt wie die $\varPhi_1$, $\varPhi_2$ usw., dann ist auch

$$a_1 + b_1 + c_1 + \cdots + \varphi_1 + s_1 = 0,$$
$$b_2 + c_2 + \cdots + \varphi_2 + s_2 = 0 \quad \text{usw.}$$

Der rechts der Tafel c) in Kleindruck beigefügte Teil zeigt diese S-Probe, die hauptsächlich zum rechtzeitigen Erkennen von Rechenfehlern dient und unentbehrlich ist.

Größere Rechnungen sind nur mit Rechenmaschine durchführbar, die Rechenschiebergenauigkeit ist auch bei kleineren Rechnungen kaum ausreichend.

Es ist für guten Verlauf der Zahlenrechnung erwünscht, daß die Belastungs- und Beiwerte von ungefähr gleicher Größenordnung sind. Ist das nicht der Fall, dann multipliziert man zweckmäßig die Belastungswerte mit 10 oder 100 oder 1000 usw., oder mit $^1/_{10}$, $^1/_{100}$ usw.; die damit gewonnenen Lösungen sind dann wieder mit 10, 100 usw. zu dividieren. Statt dessen können auch die Belastungswerte unverändert bleiben und die Beiwerte mit 10 usw. multipliziert werden; die erhaltenen Lösungen sind dann mit demselben Faktor zu multiplizieren.

Zahlenbeispiel. Hierzu wählen wir die fünf Gleichungen des Trägers auf elastischen Stützen nach S. 201. Die dort mit M_{12}, M_{23} usw. bezeichneten Unbekannten heißen hier X_1, X_2 usw.

Zahlentafel 26 S. 276 zeigt die vollständige Berechnung nach dem Gaußschen Verfahren.

In Tafel a) sind die Gleichungen angeschrieben, wobei aus den oben angegebenen Gründen die Beiwerte mit 1 : 100000 multipliziert wurden. Tafel b) zeigt die Zwischenrechnung mit den S-Proben, Tafel c) die Endrechnung der X, Tafel d) die Schlußproben mit den Restfehlern $+ 0{,}00003$ und $- 0{,}00001$, die gegen die Belastungswerte sehr klein sind als Folge der großen Stellenzahl bei den Zwischenrechnungen. Eine kleinere Stellenzahl und geringere Genauigkeit wäre für diese statische Aufgabe ausreichend gewesen. Im allgemeinen wird die erforderliche Stellenzahl der Zwischenrechnungen mit der Anzahl der Gleichungen wachsen. Schließlich sind die erhaltenen X wieder mit 100000 zu multiplizieren und es ergeben sich die endgültigen Werte

X_1	X_2	X_3	X_4	X_5
$+ 28596$	$- 22688$	$- 18064$	$- 1653$	$+ 1164$

Das Iterationsverfahren ist ein Annäherungsverfahren zur Auflösung der Elastizitätsgleichungen. Es ist anwendbar auf Gleichungen, deren Diagonalbeiwerte wesentlich größer sind als die anderen Beiwerte.

Die ersten, noch sehr rohen Näherungswerte für die Unbekannten gewinnt man aus den Ansätzen

$$A_1 X_1' + B_1 X_1' + C_1 X_1' + D_1 X_1' + E_1 X_1' + \Phi_1 = 0,$$
$$B_1 X_2' + B_2 X_2' + C_2 X_2' + D_2 X_2' + E_2 X_2' + \Phi_2 = 0 \quad \text{usw.}$$

zu

$$X_1' = -\Phi_1 : (A_1 + B_1 + C_1 + D_1 + E_1),$$
$$X_2' = -\Phi_2 : (B_1 + B_2 + C_2 + D_2 + E_2) \quad \text{usw.}$$

Diese Werte werden in die Gleichungen eingesetzt, welche dann lauten

$$A_1 X_1 + B_1 X_2' + C_1 X_3' + D_1 X_4' + E_1 X_5' + \Phi_1 = 0,$$
$$B_1 X_1' + B_2 X_2 + C_2 X_3' + D_2 X_4' + E_2 X_5' + \Phi_2 = 0,$$
$$C_1 X_1' + C_2 X_2' + C_3 X_3 + D_3 X_4' + E_3 X_5' + \Phi_3 = 0,$$
$$D_1 X_1' + D_2 X_2' + D_3 X_3' + D_4 X_4 + E_4 X_5' + \Phi_4 = 0,$$
$$E_1 X_1' + E_2 X_2' + E_3 X_3' + E_4 X_4' + E_5 X_5 + \Phi_5 = 0.$$

Diese, nach X_1, X_2 ... aufgelöst, liefern die zweiten genaueren Annäherungen X_1'', X_2'', X_3'', X_4'', X_5'', die wieder neue Gleichungen liefern von der Form

$$A_1 X_1 + B_1 X_2'' + C_1 X_3'' + D_1 X_4'' + E_1 X_5'' + \Phi_1 = 0,$$
$$B_1 X_1'' + B_2 X_2 + C_2 X_3'' + D_2 X_4'' + E_2 X_5'' + \Phi_2 = 0,$$
$$\cdots \cdots \cdots \cdots \cdots \cdots \cdots \cdots \cdots \cdots$$

mit den Lösungen X_1''', X_2''' ... .

Man kann so fortfahren und wird finden, daß die Lösungen den genauen Werten immer näher kommen und zwar um so rascher, je kleiner alle anderen Beiwerte gegenüber den Diagonalbeiwerten sind. Bei einigermaßen günstiger Beiwertenverteilung führt dieses Verfahren schneller als das Gaußsche zum Ziele. Eine Anwendung des Verfahrens findet sich bei der Durchrechnung eines Zahlenbeispiels für die Fachwerknebenspannungen auf S. 292.

Die Rechnung bei mehreren Belastungszuständen. Wie schon dargelegt, wechseln bei verschiedenen Belastungen nur die Belastungswerte Φ, aber nicht die Beiwerte der Gleichungen, und beim Gaußschen Verfahren ändern sich in Tafel 25 c), S. 273, nur die Zahlenwerte rechts des starken Striches, dagegen muß die Tafel 25 d) für jede Belastung aufs neue berechnet werden.

Für sehr viele wechselnde Belastungszustände geht man besser so vor, daß man die Gleichungen erst für $\Phi_1 = 1$, $\Phi_2 = \Phi_3 = \cdots = 0$, dann für $\Phi_2 = 1$, $\Phi_1 = \Phi_3 = \cdots = 0$, dann für $\Phi_3 = 1$, $\Phi_1 = \Phi_2 = \Phi_4 = \cdots = 0$ usw. berechnet, wozu je nach Fall das Gaußsche oder das Iterationsverfahren benutzt werden kann. Es ergeben sich dann der Reihe nach die Lösungen

$$x_{11} \; x_{21} \; x_{31} \; x_{41} \; \cdots \; \text{für} \; \Phi_1 = 1, \; \Phi_2 = \Phi_3 = \Phi_4 = \cdots = 0,$$
$$x_{12} \; x_{22} \; x_{32} \; x_{42} \; \cdots \; \text{für} \; \Phi_2 = 1, \; \Phi_1 = \Phi_3 = \Phi_4 = \cdots = 0,$$
$$x_{13} \; x_{23} \; x_{33} \; x_{43} \; \cdots \; \text{für} \; \Phi_3 = 1, \; \Phi_1 = \Phi_2 = \Phi_4 = \cdots = 0,$$
$$\cdots \cdots \cdots \cdots \cdots \cdots \cdots \cdots \cdots \cdots \cdots \cdots$$
$$\cdots \cdots \cdots \cdots \cdots \cdots \cdots \cdots \cdots \cdots \cdots \cdots$$

(Fortsetzung s. S. 279.)
18*

Zahlentafel 26 zum Zahlenbeispiel S. 274

a) Die Gleichungen.

X_1	X_2	X_3	X_4	X_5	Belastungswerte
$+\mathbf{8{,}032}$	$-1{,}688$	$+0{,}672$			$-2{,}5584$
$-1{,}688$	$+\mathbf{8{,}032}$	$-1{,}688$	$+0{,}672$		$+2{,}0112$
$+0{,}672$	$-1{,}688$	$+\mathbf{8{,}032}$	$-1{,}688$	$+0{,}672$	$+0{,}8400$
	$+0{,}672$	$-1{,}688$	$+\mathbf{8{,}032}$	$-1{,}688$	0
		$+0{,}672$	$-1{,}688$	$+\mathbf{8{,}032}$	0

b) Die Zwischen-

Multiplikatoren	X_1	X_2
$\{$	$+\mathbf{8{,}032}$	$-\mathbf{1{,}688}$
	$+8{,}032\,000$	$-1{,}688\,000$
$\{$	$-\mathbf{1{,}668}$	$+\mathbf{8{,}032}$
$-(-1{,}688\,000):(+8{,}032\,000)=+0{,}210\,1718$		$-0{,}354\,770$
		$+7{,}677\,230$
$\{$	$+\mathbf{0{,}672}$	$-\mathbf{1{,}688}$
$-(+0{,}672\,000):(+8{,}032\,000)=-0{,}083\,6653$		
$-(-1{,}546\,765):(+7{,}677\,230)=+0{,}201\,4744$		
$\{$	$\mathbf{0{,}0}$	$+\mathbf{0{,}672}$
0		
$-(+0{,}672\,000):(+7{,}677\,230)=-0{,}087\,5316$		
$-(-1{,}552\,609):(+7{,}664\,144)=+0{,}202\,5809$		
$\{$	$\mathbf{0{,}0}$	$\mathbf{0{,}0}$
0		
0		
$-(+0{,}672\,000):(+7{,}664\,144)=-0{,}087\,6810$		
$-(-1{,}551\,866):(+7{,}658\,652)=+0{,}202\,6291$		

c) Die End-

$$X_1 = -\,[-1{,}688\,000\cdot(-0{,}226\,8768)+0{,}672\,000\cdot(-0{,}180\,6350)\ldots\ldots\ldots$$
$$X_2 = \ldots\ldots\ldots\ldots\ldots -[-1{,}546\,765\cdot(-0{,}180\,6350)+0{,}672\,000$$
$$X_3 = \ldots\ldots\ldots\ldots\ldots\ldots -[-1{,}552\,609$$
$$X_4 = \ldots\ldots\ldots\ldots\ldots\ldots\ldots$$
$$X_5 = \ldots\ldots\ldots\ldots\ldots\ldots\ldots$$

(Anwendung des Gaußschen Verfahrens).

d) Die Schlußprobe.

X_1	X_2	X_3	X_4	X_5	Φ	Fehler
$+2,29682$	$+0,38297$	$-0,12139$	—	—	$-2,55840$	$=\ \ 0,00000$
$-0,48270$	$-1,82227$	$+0,30491$	$-0,01111$	—	$+2,01120$	$=+0,00003$
$+0,19216$	$+0,38297$	$-1,45086$	$+0,02791$	$+0,00782$	$+0,84000$	$=\ \ 0,00000$
—	$-0,15246$	$+0,30491$	$-0,13281$	$-0,01964$	—	$=\ \ 0,00000$
—	—	$-0,12139$	$+0,02791$	$+0,09347$	—	$=-0,00001$

rechnung.

X_3	X_4	X_5	Φ	S-Probe	
$+0,672$	$0,0$	$0,0$	$-2,5584$	$-4,4576$	$=0$
$+0,672000$	$0,0$	$0,0$	$-2,558400$	$-4,457600$	$=0$
$-1,688$	$+0,672$	$0,0$	$+2,0112$	$-7,8392$	$=0$
$+0,141235$	$0,0$	$0,0$	$-0,537704$	$-0,936862$	
$-1,546765$	$+0,672000$	$0,0$	$+1,473496$	$-8,276062$	$=+1$
$+8,032$	$-1,688$	$+0,672$	$+0,8400$	$-6,8400$	$=0$
$-0,056223$	$0,0$	$0,0$	$+0,214049$	$+0,372946$	
$-0,311633$	$+0,135391$	$0,0$	$+0,296872$	$-1,667415$	
$+7,664144$	$-1,552609$	$+0,672000$	$+1,350921$	$-8,134469$	$=-13$
$-1,688$	$+8,032$	$-1,688$	$+0,0$	$-5,3280$	$=0$
	$0,0$	$0,0$	$0,0$	$0,0$	
	$-0,058821$	$0,0$	$-0,128977$	$+0,724417$	
	$-0,314527$	$+0,136134$	$+0,273669$	$-1,647880$	
	$+7,658652$	$-1,551866$	$+0,144692$	$-6,251463$	$=+15$
$+0,672$	$-1,688$	$+8,032$	$+0,0$	$-7,0160$	$=0$
		$0,0$	$0,0$	$0,0$	
		$0,0$	$0,0$	$0,0$	
		$-0,058922$	$-0,118440$	$+0,713249$	
		$-0,314453$	$+0,029319$	$-1,266728$	
		$+7,658625$	$-0,089121$	$-7,569479$	$=+25$

rechnung.

$$\ldots\ldots\ldots\ldots\ldots -2,558400]:8,032000 = +0,2859585$$
$$\cdot(-0,0165346)\ldots\ldots\ldots +1,473496]:7,677230 = -0,2268768$$
$$\cdot(-0,0165346)+0,672000\cdot(+0,0116367)+1,350921]:7,664144 = -0,1806350$$
$$\ldots\ldots -[-1,551866\cdot(+0,0116367)+0,144692]:7,658652 = -0,0165346$$
$$\ldots\ldots\ldots -[-0,089121]:7,658625 = +0,0116367$$

Tafel 27. Schematische Berechnung dreigliedriger Elastizitätsgleichungen.

a) Die Gleichungen.

x_1	x_2	x_3	x_4	x_5	x_6	Belastungswerte der Reihe nach gleich					
1·1	1·2					**1**	0	0	0	0	0
2·1	**2·2**	2·3				0	**1**	0	0	0	0
	3·2	**3·3**	3·4			0	0	**1**	0	0	0
		4·3	**4·4**	4·5		0	0	0	**1**	0	0
			5·4	**5·5**	5·6	0	0	0	0	**1**	0
				6·5	**6·6**	0	0	0	0	0	**1**

b) Die Hilfs- und Diagonalwerte.

Die Hilfswerte m und n		Die Diagonalwerte x
$m_1 = -\dfrac{[1\cdot2]}{[1\cdot1]}$		$x_{11} = -\dfrac{1}{[1\cdot1]+[2\cdot1]\,n_2}$
$m_2 = -\dfrac{[2\cdot3]}{[2\cdot2]+[1\cdot2]\,m_1}$	$n_2 = -\dfrac{[2\cdot1]}{[2\cdot2]+[3\cdot2]\,n_3}$	$x_{22} = -\dfrac{1}{[1\cdot2]\,m_1+[2\cdot2]+[3\cdot2]\,n_3}$
$m_3 = -\dfrac{[3\cdot4]}{[3\cdot3]+[2\cdot3]\,m_2}$	$n_3 = -\dfrac{[3\cdot2]}{[3\cdot3]+[4\cdot3]\,n_4}$	$x_{33} = -\dfrac{1}{[2\cdot3]\,m_2+[3\cdot3]+[4\cdot3]\,n_4}$
$m_4 = -\dfrac{[4,5]}{[4\cdot4]+[3\cdot4]\,m_3}$	$n_4 = -\dfrac{[4\cdot3]}{[4\cdot4]+[5\cdot4]\,n_5}$	$x_{44} = -\dfrac{1}{[3\cdot4]\,m_3+[4\cdot4]+[5\cdot4]\,n_5}$
$m_5 = -\dfrac{[5\cdot6]}{[5\cdot5]+[4\cdot5]\,m_4}$	$n_5 = -\dfrac{[5\cdot4]}{[5\cdot5]+[6\cdot5]\,n_6}$	$x_{55} = -\dfrac{1}{[4\cdot5]\,m_4+[5\cdot5]+[6\cdot5]\,n_6}$
	$n_6 = -\dfrac{[6\cdot5]}{[6\cdot6]}$	$x_{66} = -\dfrac{1}{[5\cdot6]\,m_5+[6\cdot6]}$

c) Berechnung der x.

Werte der x					
$\Phi_1=1$	$\Phi_2=1$	$\Phi_3=1$	$\Phi_4=1$	$\Phi_5=1$	$\Phi_6=1$
x_{11}	$x_{12}=x_{22}\,m_1$	$x_{13}=x_{23}\,m_1$	$x_{14}=x_{24}\,m_1$	$x_{15}=x_{25}\,m_1$	$x_{16}=x_{26}\,m_1$
$x_{21}=x_{11}\,n_2$	x_{22}	$x_{23}=x_{33}\,m_2$	$x_{24}=x_{34}\,m_2$	$x_{25}=x_{35}\,m_2$	$x_{26}=x_{36}\,m_2$
$x_{31}=x_{21}\,n_3$	$x_{32}=x_{22}\,n_3$	x_{33}	$x_{34}=x_{44}\,m_3$	$x_{35}=x_{45}\,m_3$	$x_{36}=x_{46}\,m_3$
$x_{41}=x_{31}\,n_4$	$x_{42}=x_{32}\,n_4$	$x_{43}=x_{33}\,n_4$	x_{44}	$x_{45}=x_{55}\,m_4$	$x_{46}=x_{56}\,m_4$
$x_{51}=x_{41}\,x_5$	$x_{52}=x_{42}\,n_5$	$x_{53}=x_{43}\,n_5$	$x_{54}=x_{44}\,n_5$	x_{55}	$x_{56}=x_{66}\,m_5$
$x_{61}=x_{51}\,n_6$	$x_{62}=x_{52}\,n_6$	$x_{63}=x_{53}\,n_6$	$x_{64}=x_{54}\,n_6$	$x_{65}=x_{55}\,n_6$	x_{66}

d) Die endgültigen Lösungen.

$$X_1 = x_{11}\,\Phi_1 + x_{12}\,\Phi_2 + \cdots,$$
$$X_2 = x_{21}\,\Phi_1 + x_{22}\,\Phi_2 + \cdots,$$
$$X_3 = x_{31}\,\Phi_1 + x_{32}\,\Phi_2 + \cdots,$$
$$\cdots \cdots \cdots \cdots \cdots \cdots$$

Gehören nun zu irgendeiner Belastung die Belastungswerte Φ_1, Φ_2, $\Phi_3 \ldots$, dann sind die endgültigen Lösungen

$$X_1 = x_{11}\,\Phi_1 + x_{12}\,\Phi_2 + x_{13}\,\Phi_3 + \cdots,$$
$$X_2 = x_{21}\,\Phi_1 + x_{22}\,\Phi_2 + x_{23}\,\Phi_3 + \cdots,$$
$$X_3 + x_{31}\,\Phi_1 + x_{32}\,\Phi_2 + x_{33}\,\Phi_3 + \cdots,$$

. . . .

. . . .

Sonderfälle.

1. **Dreigliedrige Elastizitätsgleichungen.** Die Berechnung des durchlaufenden Trägers führt auf die sog. Clapeyronschen Gleichungen mit je drei Beiwerten, wovon der mittlere je die doppelte Summe aus dem ersten und dem dritten Beiwert bildet. Eine besondere Behandlung dieses Falles erübrigt sich, da für den durchlaufenden Träger die früher genannten zeichnenden und rechnenden Verfahren zur Verfügung stehen. Andere Fälle, wie namentlich der früher behandelte durchlaufende Träger auf steifen Stützen, führen auf ebenfalls dreigliedrige Gleichungen von ähnlichem Aufbau wie jene, wobei aber obengenannte Beiwertenregel nicht zutrifft, dagegen wie immer die Beiwertensymmetrie vorliegt. Für diesen Fall hat Prof. H. Müller-Breslau in „Eisenbau" 1916 S. 115 ein sehr brauchbares schematisches Rechenverfahren bekanntgegeben, dem wir hier mit unseren Bezeichnungen folgen. Es beruht auf dem Gaußschen Verfahren, wobei aber von beiden Seiten her bis zu der Gleichung mit $\Phi = 1$ gerechnet wird. Wir zeigen dieses Verfahren in Tafel 27 S. 278 an einer Gruppe von sechs Gleichungen, das sich sinngemäß auf jede Gleichungsanzahl übertragen läßt.

Tafel a) zeigt die Gleichungen; die Beiwertenspalten besagen, daß einmal $\Phi_1 = 1$, dann $\Phi_2 = 1$, dann $\Phi_3 = 1$ usw. sein soll. Zunächst berechnet man die Hilfswerte m und n nach der Tafel b). Damit werden die Diagonalwerte x_{11}, x_{22}, x_{33} usw. der Tafel b) berechnet, hiernach die übrigen x der Tafel c) bestimmt.

Für die wirklichen Belastungswerte $\Phi_1\,\Phi_2\,\Phi_3 \ldots$ folgen dann die endgültigen X nach Tafel d). (Fortsetzung s. S. 282.)

Tafel 28.

Schematische Berechnung fünfgliedriger Elastizitätsgleichungen.

a) Die Gleichungen.

x_1	x_2	x_3	x_4	x_5	x_6	Belastungswerte der Reihe nach gleich					
1·1	1·2	1·3	·	·	·	1	0	0	0	0	0
2·1	**2·2**	2·3	2·4	·	·	0	1	0	0	0	0
3·1	3·2	**3·3**	3·4	3·5	·	0	0	1	0	0	0
·	4·2	4·3	**4·4**	4·5	4·6	0	0	0	1	0	0
·	·	5·3	5·4	**5·5**	5·6	0	0	0	0	1	0
·	·	·	6·4	6·5	**6·6**	0	0	0	0	0	1

(Fortsetzung der Tafel s. nächste Seite.)

(Fortsetzung der Tafel 28.)   b) Die Hilfswerte.

Werte m und μ	Werte n und ν	Werte α und β
$m_1 = -\dfrac{[1\cdot 2]}{[1\cdot 1]}$		
$\mu_1 = -\dfrac{[1\cdot 3]}{[1\cdot 1]}$		$\beta_1 = n_2$
$m_2 = -\dfrac{[2\cdot 3] + [2\cdot 1]\,\mu_1}{[2\cdot 2] + [2\cdot 1]\,m_1}$		$\alpha_2 = \dfrac{m_1 + \mu_1 n_3}{1 - \mu_1 \nu_3}$
$\mu_2 = -\dfrac{[2\cdot 4]}{[2\cdot 2] + [2\cdot 1]\,m_1}$	$n_2 = -\dfrac{[2\cdot 1] + ([2\cdot 3] + [2\cdot 4]\,n_4)\,\nu_3}{[2\cdot 2] + [2\cdot 4]\,\nu_4 + ([2\cdot 3] + [2\cdot 4]\,n_4)\,n_3}$	$\beta_2 = \dfrac{n_3 + m_1 \nu_3}{1 - \mu_1 \nu_3}$
$m_3 = -\dfrac{[3\cdot 4] + ([3\cdot 2] + [3\cdot 1]\,m_1)\,\mu_2}{[3\cdot 3] + [3\cdot 1]\,\mu_1 + ([3\cdot 2] + [3\cdot 1]\,m_1)\,m_2}$	$\nu_3 = -\dfrac{[3\cdot 1]}{[3\cdot 3] + [3\cdot 5]\,\nu_5 + ([3\cdot 4] + [3\cdot 5]\,n_5)\,n_4}$	$\alpha_3 = \dfrac{m_2 + \mu_2 n_4}{1 - \mu_2 \nu_4}$
$\mu_3 = -\dfrac{[3\cdot 5]}{[3\cdot 3] + [3\cdot 1]\,\mu_1 + ([3\cdot 2] + [3\cdot 1]\,m_1)\,m_2}$	$n_3 = -\dfrac{[3\cdot 2] + ([3\cdot 4] + [3\cdot 5]\,n_5)\,\nu_4}{[3\cdot 3] + [3\cdot 5]\,\nu_5 + ([3\cdot 4] + [3\cdot 5]\,n_5)\,n_4}$	$\beta_3 = \dfrac{n_4 + m_2 \nu_4}{1 - \mu_2 \nu_4}$
$m_4 = -\dfrac{[4\cdot 5] + ([4\cdot 3] + [4\cdot 2]\,m_2)\,\mu_3}{[4\cdot 4] + [4\cdot 2]\,\mu_2 + ([4\cdot 3] + [4\cdot 2]\,m_2)\,m_3}$	$\nu_4 = -\dfrac{[4\cdot 2]}{[4\cdot 4] + [4\cdot 6]\,\nu_6 + ([4\cdot 5] + [4\cdot 6]\,n_6)\,n_5}$	$\alpha_4 = \dfrac{m_3 + \mu_3 n_5}{1 - \mu_3 \nu_5}$
$\mu_4 = -\dfrac{[4\cdot 6]}{[4\cdot 4] + [4\cdot 2]\,\mu_2 + ([4\cdot 3] + [4\cdot 2]\,m_2)\,m_3}$	$n_4 = -\dfrac{[4\cdot 3] + ([4\cdot 5] + [4\cdot 6]\,n_6)\,\nu_5}{[4\cdot 4] + [4\cdot 6]\,\nu_6 + ([4\cdot 5] + [4\cdot 6]\,n_6)\,n_5}$	$\beta_4 = \dfrac{n_5 + m_3 \nu_5}{1 - \mu_3 \nu_5}$
$m_5 = -\dfrac{[5\cdot 6] + ([5\cdot 4] + [5\cdot 3]\,m_3)\,\mu_4}{[5\cdot 5] + [5\cdot 3]\,\mu_3 + ([5\cdot 4] + [5\cdot 3]\,m_3)\,m_4}$	$\nu_5 = -\dfrac{[5\cdot 3]}{[5\cdot 5] + [5\cdot 6]\,n_6}$	$\alpha_5 = \dfrac{m_4 + \mu_4 n_6}{1 - \mu_4 \nu_6}$
	$n_5 = -\dfrac{[5\cdot 4] + [5\cdot 6]\,\nu_6}{[5\cdot 5] + [5\cdot 6]\,n_6}$	$\beta_5 = \dfrac{n_6 + m_4 \nu_6}{1 - \mu_4 \nu_6}$
	$\nu_6 = -\dfrac{[6\cdot 4]}{[6\cdot 6]}$	$\alpha_6 = m_5$
	$n_6 = -\dfrac{[6\cdot 5]}{[6\cdot 6]}$	

c) Die Diagonalwerte.

Diagonalwerte x

$$x_{11} = -\ 1 : ([1 \cdot 1] + [1 \cdot 2]\,\beta_1 + [1 \cdot 3]\,(n_3\,\beta_1 + \nu_3))$$

$$x_{22} = -\ 1 : ([2 \cdot 1]\,\alpha_2 + [2 \cdot 2] + [2 \cdot 3]\,\beta_2 + [2 \cdot 4]\,(n_4\,\beta_2 + \nu_4))$$

$$x_{33} = -\ 1 : ([3 \cdot 1]\,(m_1\,\alpha_3 + \mu_1) + [3 \cdot 2]\,\alpha_3 + [3 \cdot 3] + [3 \cdot 4]\,\beta_3 + [3 \cdot 5]\,(n_5\,\beta_3 + \nu_5))$$

$$x_{44} = -\ 1 : ([4 \cdot 2]\,(m_2\,\alpha_4 + \mu_2) + [4 \cdot 3]\,\alpha_4 + [4 \cdot 4] + [4 \cdot 5]\,\beta_4 + [4 \cdot 6]\,(n_6\,\beta_4 + \nu_6))$$

$$x_{55} = -\ 1 : ([5 \cdot 3]\,(m_3\,\alpha_5 + \mu_3) + [5 \cdot 4]\,\alpha_5 + [5 \cdot 5] + [5 \cdot 6]\,\beta_5 + [5 \cdot 7]\,\beta_5)$$

$$x_{66} = -\ 1 : ([6 \cdot 4]\,(m_4\,\alpha_6 + \mu_4) + [6 \cdot 5]\,\alpha_6 + [6 \cdot 6])$$

d) Berechnung der x.

Werte der x für

$\Phi_1 = 1$	$\Phi_2 = 1$	$\Phi_3 = 1$	$\Phi_4 = 1$	$\Phi_5 = 1$	$\Phi_6 = 1$
x_{11}	$x_{12} = x_{22}\,\alpha_2$	$x_{13} = x_{23}\,m_1 + x_{33}\,\mu_1$	$x_{14} = x_{24}\,m_1 + x_{34}\,\mu_1$	$x_{15} = x_{25}\,m_1 + x_{35}\,\mu_1$	$x_{16} = x_{26}\,m_1 + x_{36}\,\mu_1$
$x_{21} = x_{11}\,\beta_1$	x_{22}	$x_{23} = x_{33}\,\alpha_3$	$x_{24} = x_{34}\,m_2 + x_{44}\,\mu_2$	$x_{25} = x_{35}\,m_2 + x_{45}\,\mu_2$	$x_{26} = x_{36}\,m_2 + x_{46}\,\mu_2$
$x_{31} = x_{21}\,n_3 + x_{11}\,\nu_3$	$x_{32} = x_{22}\,\beta_2$	x_{33}	$x_{34} = x_{44}\,\alpha_4$	$x_{35} = x_{45}\,m_3 + x_{55}\,\mu_3$	$x_{36} = x_{46}\,m_3 + x_{56}\,\mu_3$
$x_{41} = x_{31}\,n_4 + x_{21}\,\nu_4$	$x_{42} = x_{32}\,n_4 + x_{22}\,\nu_4$	$x_{43} = x_{33}\,\beta_3$	x_{44}	$x_{45} = x_{55}\,\alpha_5$	$x_{46} = x_{56}\,m_4 + x_{66}\,\mu_4$
$x_{51} = x_{41}\,n_5 + x_{31}\,\nu_5$	$x_{52} = x_{42}\,n_5 + x_{32}\,\nu_5$	$x_{53} = x_{43}\,n_5 + x_{33}\,\nu_5$	$x_{54} = x_{44}\,\beta_4$	x_{55}	$x_{56} = x_{66}\,\alpha_6$
$x_{61} = x_{51}\,n_6 + x_{41}\,\nu_6$	$x_{62} = x_{52}\,n_6 + x_{42}\,\nu_6$	$x_{63} = x_{53}\,n_6 + x_{43}\,\nu_6$	$x_{64} = x_{54}\,n_6 + x_{44}\,\nu_6$	$x_{65} = x_{55}\,\beta_5$	x_{66}

2. Fünfgliedrige Elastizitätsgleichungen. Hierzu Tafel 28 S. 279. Das allgemeine Schema dieser Gleichungsgruppe zeigt Tafel a); hiernach hat die erste und letzte Gleichung drei, die zweite und vorletzte vier und alle andern fünf Beiwerte. Solche Gleichungen kommen namentlich bei den durchlaufenden Trägern auf elastischen Stützen vor und die Tafeln b) bis d) zeigen das ebenfalls von Müller-Breslau herrührende schematische Berechnungsverfahren, das ebenso wie das vorige zu benutzen ist, aber natürlich weitaus mehr Rechenarbeit enthält als jenes.

E. Die Nebenspannungen eiserner Fachwerke.

Vorbemerkung. Bei der Fachwerklehre wurde auf S. 43 klargelegt, daß die Stabkraftbestimmung, sowie die Behandlung der Formänderung und die damit zusammenhängende Berechnung der statisch bestimmten Fachwerke in der Regel unter der Annahme reibungsfreier Gelenke erfolgt, daß aber wegen der steifen Stabanschlüsse an den Knotenpunkten die Stäbe nicht nur auf Zug oder Druck, sondern gleichzeitig auf Biegung beansprucht werden. Die Biegespannungen heißen Nebenspannungen und ihre Bestimmung bildet Gegenstand dieses Abschnitts.

Bei exakter Fachwerkberechnung mit Berücksichtigung der steifen Knotenpunkte muß das Fachwerk als Mehrfachrahmen behandelt werden, wobei hier die einzelnen Gefache nicht wie bisher Rechtecke oder Trapeze u. dgl., sondern Dreiecke bilden. Ein Fachwerk etwa nach Bild 569 S. 284 besteht demnach aus sechs aneinandergefügten Dreiecksrahmen und hätte nach früherem eine $3 \times 6 = 18$ fache innerliche statische Unbestimmtheit. Da schon dieser einfache Fall auf 18 unbequem zu gewinnenden Elastizitätsgleichungen führt, verzichtet man stets auf die exakte Behandlung und schlägt einen Näherungsweg ein, bei dem die Anzahl der Gleichungen mit der Knotenpunktzahl übereinstimmt.

Die Näherungsrechnung. Zunächst werden die Stabkräfte in bisheriger Weise, d. h. unter Voraussetzung reibungsfreier Gelenke, bestimmt und hierfür ein Verschiebungsplan gezeichnet. In Bild 564 sind zwei Knotenpunkte i und k mit dem zugehörigen Stab von der Ordnungsnummer n und der ursprünglichen Länge s_n in ursprünglicher Lage und in verzerrter Lage gezeichnet; Bild 565 stellt den zugehörigen Teil des Verschiebungsplanes dar. Die Linie $i'k'$ hat sich gegen die ursprüngliche Linie ik um den Winkel ω_n gedreht und es ist wegen der Kleinheit dieses Winkels hinreichend genau

$$(1) \qquad \omega_n = \frac{\delta_k - \delta_i}{s_n} = \frac{\delta_{ik}}{s_n},$$

worin die Strecke δ_{ik} unmittelbar aus dem Verschiebungsplan gewonnen werden kann. Dieser Winkel ist positiv bei Rechtsdrehung des Stabes, negativ bei Linksdrehung.

Die an den einzelnen Knotenpunkten zusammenstoßenden Stäbe schließen nach Bild 566 die sog. Stabwinkel β_{gh}, β_{hk} und β_{kl} ein, die infolge der steifen Knotenpunkte auch im verzerrten Zustande dieselben bleiben. Da aber die Winkel ω von Stab zu Stab sich ändern werden, können die Stäbe nicht mehr gerade bleiben, sondern krümmen sich und erhalten Biegemomente. Bild 567 zeigt die an Punkt i zusammenstoßenden Stäbe im verzerrten Zustande in übertriebener Darstellung.

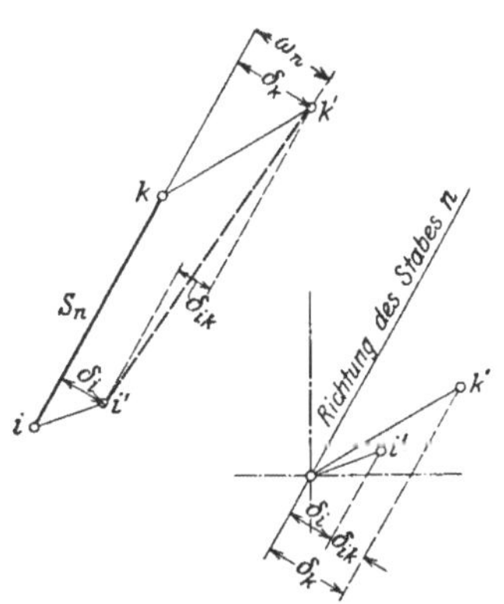

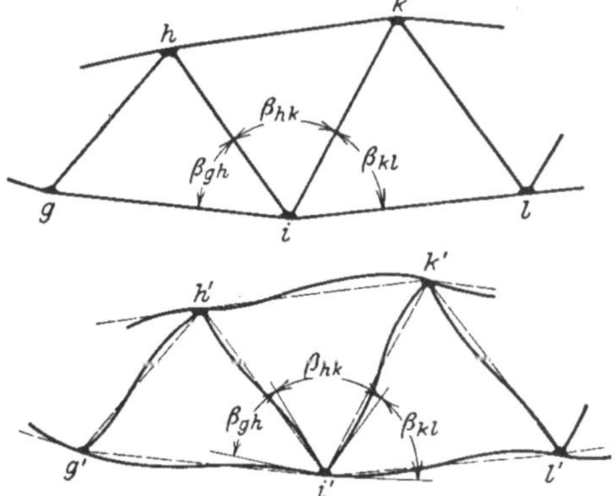

Bild 564 u. 565. Der Fachwerkstab und dessen verzerrte Lage.

Bild 566 u. 567. Fachwerkteil in ursprünglicher und verzerrter Form.

Wir führen die Knotendrehwinkel φ ein. Knotenblech i drehe sich um Winkel φ_i, k um φ_k usw. gegen die ursprüngliche Lage; deren Rechtsdrehsinn sei hier als positiv angesetzt. Somit wird sich nach Bild 568 das bei i liegende Ende des Stabes n gegen die Richtung $i'k'$ drehen um Winkel $\tau_{ni} = \varphi_i - \omega_n$ und das andere Ende um $\tau_{nk} = \varphi_k - \omega_n$.

Bezeichnet nach Bild 568 M_{ni} bzw. M_{nk} die dadurch hervorgerufenen Biegemomente, dann ist nach S. 78 Nr. 5

$$\tau_{ni} = \mathfrak{S}_{nk} : EJ_n s_n,$$

worin $\mathfrak{S}_{nk}$ das statische Moment der M-Fläche bezogen auf Punkt k und J_n das Trägheitsmoment des Stabes n bezeichnet.

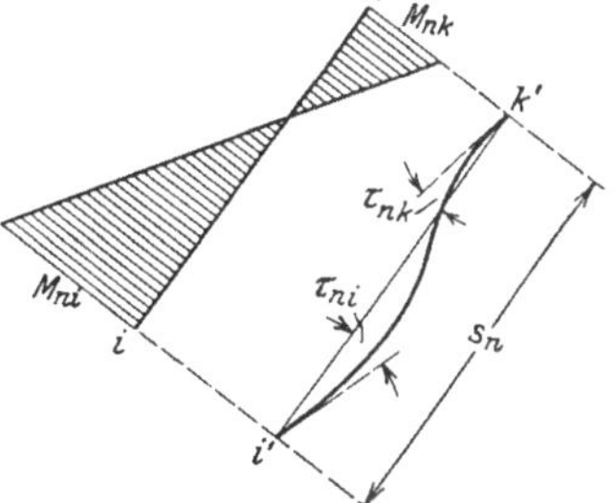

Bild 568. Verbiegung des Fachwerkstabes.

Betrachtet man die M-Fläche als Unterschied zweier Dreiecke von der Grundlinie s_n und den Höhen M_{ni} und M_{nk}, dann gilt für die statischen Momente

$$\mathfrak{S}_{nk} = \frac{1}{2} M_{ni} s_n \cdot \frac{2}{3} s_n - \frac{1}{2} M_{nk} s_n \cdot \frac{1}{3} s_n = \frac{s_n^2}{6} (2 M_{ni} - M_{nk}),$$

ebenso ist

$$\mathfrak{S}_{ni} = \frac{s_n^2}{6} (2 M_{nk} - M_{ni})$$

und somit

$$\tau_{ni} = \frac{2\,M_{ni} - M_{nk}}{6\,EJ_n}\,s_n, \qquad \tau_{nk} = \frac{2\,M_{nk} - M_{ni}}{6\,EJ_n}\,s_n$$

oder

$$\varphi_i - \omega_n = \frac{2\,M_{ni} - M_{nk}}{6\,EJ_n}\,s_n, \qquad \varphi_k - \omega_n = \frac{2\,M_{ni} - M_{nk}}{6\,EJ_n}\,s_n.$$

Diese Ausdrücke liefern mit der Abkürzung $v_n = 6\,EJ_n : s_n$

$$(2)\quad \begin{cases} M_{ni} = \varphi_i\,\dfrac{2}{3}\,v_n + \varphi_k\,\dfrac{1}{3}\,v_n - \omega_n v_n, \\[2mm] M_{nk} = \varphi_k\,\dfrac{2}{3}\,v_n + \varphi_i\,\dfrac{1}{3}\,v_n - \omega_n v_n. \end{cases}$$

Wenn nun an den Knotenblechen nur äußere Kräfte, aber keine Momente angreifen und wenn insbesondere alle Stabanschlüsse zentrisch erfolgen, d. h. wenn die theoretischen Netzlinien des Fachwerks mit den Stabschwerlinien zusammenfallen, muß die algebraische Summe der M aller an demselben Knotenpunkt zusammenstoßenden Stabenden verschwinden. Man erhält demnach für jeden Knotenpunkt eine Gleichung, und die Anzahl der Gleichungen stimmt mit der Anzahl der unbekannten Knotendrehwinkel überein. Nach deren Berechnung können nach Gl. (2) die Biegemomente bestimmt werden.

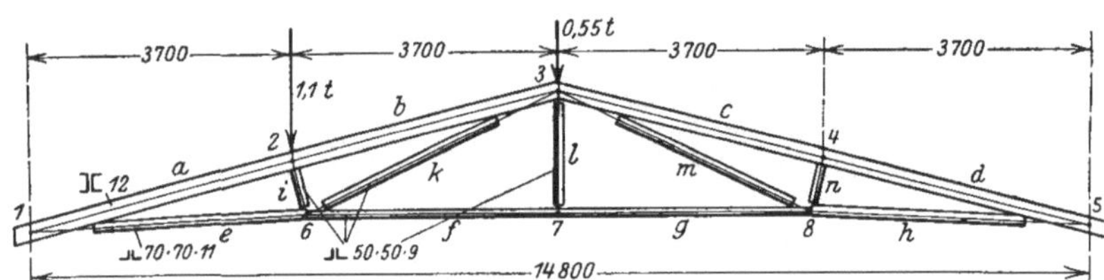

Bild 569. Fachwerksbild zum Zahlenbeispiel.

Der allgemeine Rechnungsgang sei an einem Fachwerk nach Bild 569 mit gegebenen Stabquerschnitten gezeigt.

1. Stabkräfte für die gegebene Belastung durch Berechnung oder Cremonaplan bestimmen.

2. Verschiebungsplan hierzu zeichnen.

3. Hiernach die ω_n für jeden Stab ermitteln.

4. Die v_n für jeden Stab berechnen.

5. Die Momentengleichungen für jeden Knotenpunkt bilden. Der allgemeine Ansatz hierfür lautet

$$\begin{aligned} M_{a1} + M_{e1} &= 0 \\ M_{b2} + M_{i2} + M_{a2} &= 0 \\ M_{c3} + M_{m3} + M_{l3} + M_{k3} + M_{b3} &= 0 \\ M_{d4} + M_{n4} + M_{c4} &= 0 \\ M_{h5} + M_{d5} &= 0 \end{aligned}$$

$$M_{e6} + M_{i6} + M_{k6} + M_{f6} = 0$$
$$M_{f7} + M_{l7} + M_{g7} = 0$$
$$M_{g8} + M_{m8} + M_{n8} + M_{h8} = 0$$

und liefert mit den Ausdrücken (2) und mit 3 multipliziert die Gleichungen der Tafel 29 S. 286 mit den Unbekannten φ.

6. Aus diesen Gleichungen die φ_1 bis φ_8 berechnen.

7. Hiernach die M berechnen.

8. Damit können die endgültigen Biegespannungen an allen Stabstellen, d. s. die gesuchten Nebenspannungen, ermittelt werden.

Die φ sind nur vom gegenseitigen Verhältnis der J, nicht von den J selbst abhängig. Setzt man

$$\tfrac{2}{3}\varphi_i + \tfrac{1}{3}\varphi_k - \omega_n = m_{ni},$$

dann lautet Gl. (2)

$$M_{ni} = m_{ni} \cdot v_n = m_{ni}\, \frac{6\,E J_n}{s_n},$$

demnach sind die M den J proportional.

M_{ni} bringt am Stabende ni die Spannung

$$\sigma_{ni} = \frac{M_{ni}}{W_n} = \frac{M_{ni}}{J_n : e_n} = \frac{m_{ni}\, 6\,E J_n\, e_n}{s_n J_n} = m_{ni}\,\frac{6\,E}{s_n}\, e_n$$

hervor, worin e_n den Außenfasersabstand von der Stabschwerlinie bezeichnet. Die Nebenspannungen sind demnach den e_n proportional, wachsen also mit der Stabbreite.

Zahlenbeispiel. Dachbinder nach Bild 569 für einseitige Schneebelastung.

Hierzu Zahlentafel 30 S. 288.

Ein (hier nicht gezeichneter) Kräfteplan liefert die in Tafel a) enthaltenen Stabkräfte. Die nach einem (hier ebenfalls nicht dargestellten) Verschiebungsplan ermittelten Knotenpunktverschiebungen sind in Bild 570 in 5facher Vergrößerung gezeichnet. Die daraus ermittelten ω, sowie die Werte J, v und ωv sind ebenfalls in Tafel a) enthalten.

Aus diesen v und ωv gewinnt man die Gleichungen der Tafel b) für die acht Knotendrehwinkel φ, worin zur Verkleinerung der Zahlenwerte diese mit 1 000 000 gekürzt sind.

Tafel c) zeigt die aus diesen Gleichungen nach dem Gaußschen Verfahren ermittelten Knoten-

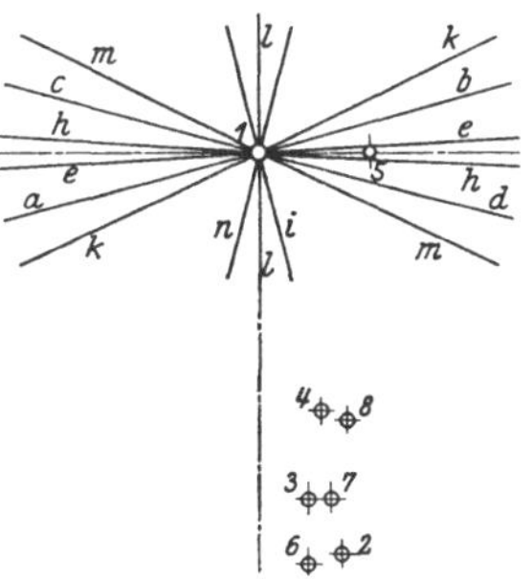

Bild 570. Knotenpunktverschiebungen und Stabrichtungen in 5 facher Vergrößerung.

drehwinkel und liefern mit den hier angefügten $\tfrac{2}{3}\varphi$ und $\tfrac{1}{3}\varphi$ und mit ω und v die in Tafel d) berechneten Stabendmomente. Hierin gilt z. B. $M = -226$ kgcm für das Ende 1 des Stabes a usw. Die für jeden Knotenpunkt ermittelten und rechts stehenden ΣM müßten bei vollständig genauer Rechnung verschwinden; die angegebenen Zahlen sind die durch die Stellenabstriche bei der Gleichungsauflösung entstehenden Fehler; sie sind aber im Verhältnis zu den M hinreichend klein und können vernachlässigt werden. In Bild 571 sind diese M zahlenmäßig mit ihren Richtungen eingetragen.

Tafel 29. Die Gleichungen

φ_1	φ_2	φ_3	φ_4	φ_5
$2\,v_a + 2\,v_e$	v_a			
v_a	$2\,v_a + 2\,v_b$ $+\,2\,v_i$	v_b		
	v_b	$2\,v_b + 2\,v_c$ $+\,2\,v_k + 2\,v_l$ $+\,2\,v_m$	v_c	
		v_c	$2\,v_c + 2\,v_d$ $+\,2\,v_n$	v_d
			v_d	$2\,v_d + 2\,v_h$
v_e	v_i	v_k		
		v_l		
		v_m	v_n	v_h

Bild 572 zeigt nach Größe und Vorzeichen die von den M hervorgebrachten Biegespannungen. Die in Stabmitte stehenden Zahlen sind die von den Stabkräften S herrührenden und über Stablänge und Querschnitt gleichmäßig verteilten Zug- und Druckspannungen. Bei Berechnung aller Spannungen wurden die unverschwächten Stabquerschnitte und deren Wiederstandsmomente benutzt; in den Nietlochquerschnitten erhöhen sich diese σ. Bild 573 zeigt stark über-

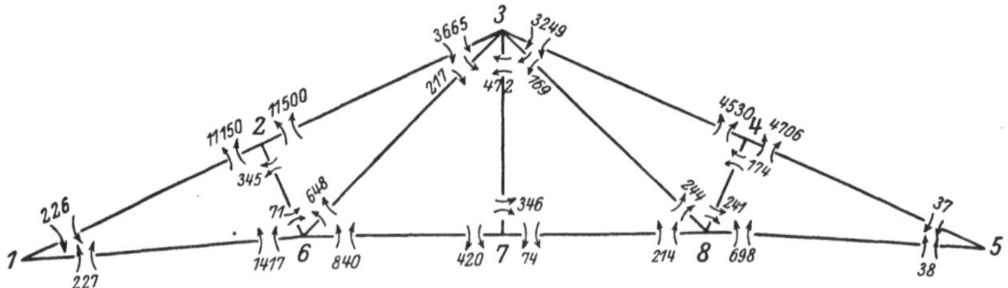

Bild 571. Größe und Richtungen der Stabmomente.

trieben den ungefähren Verlauf der durch die steifen Knotenpunkte verursachten Stablinien.

Das Beispiel zeigt eine vielleicht unerwartete Höhe der Nebenspannungen gegenüber den von den S hervorgebrachten Hauptspannungen. Die ⌐-Profile bilden eben ungünstige Querschnitte, da sie infolge der einseitigen Schwerlinienlagen kleine W und damit große σ liefern. Günstiger sind stets symmetrische Profile (wie hier im Obergurt), sind aber für kleinere Fachwerke weder zweck-

für die Knotendrehwinkel.

φ_6	φ_7	φ_8	Belastungswerte
v_e			$-3\,[\omega_a v_a + \omega_e v_e]$
v_i			$-3\,[\omega_a v_a + \omega_b v_b + \omega_i v_i]$
v_k	v_l	v_m	$-3\,[\omega_b v_b + \omega_c v_c + \omega_k v_k + \omega_l v_l + \omega_m v_m]$
		v_n	$-3\,[\omega_c v_c + \omega_d v_d + \omega_n v_n]$
		v_h	$-3\,[\omega_d v_d + \omega_h v_h]$
$2\,v_e + 2\,v_i$ $+\,2\,v_k + 2\,v_f$	v_f		$-3\,[\omega_e v_e + \omega_i v_i + \omega_k v_k + \omega_f v_f]$
v_f	$2\,v_l + 2\,v_f$ $+\,2\,v_g$	v_g	$-3\,[\omega_l v_l + \omega_f v_f + \omega_g v_g]$
	v_g	$2\,v_m + 2\,v_n$ $+\,2\,v_h + 2\,v_g$	$-3\,[\omega_m v_m + \omega_n v_n + \omega_h v_h + \omega_g v_g]$

mäßig noch üblich. Die Höhe der Nebenspannungen rührt auch von der kleinen Binderhöhe und der daraus folgenden starken Verzerrung her. Große Trägerhöhe liefert im allgemeinen geringe Verzerrung und geringe Nebenspannungen.

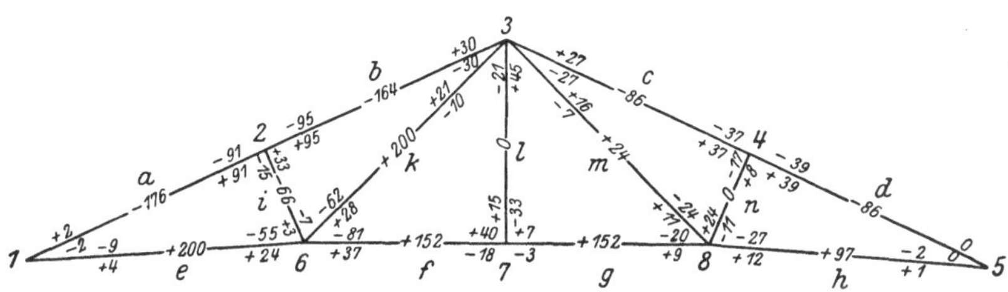

Bild 572. Größe und Vorzeichen der Biege- und Normalspannungen in den Stäben.

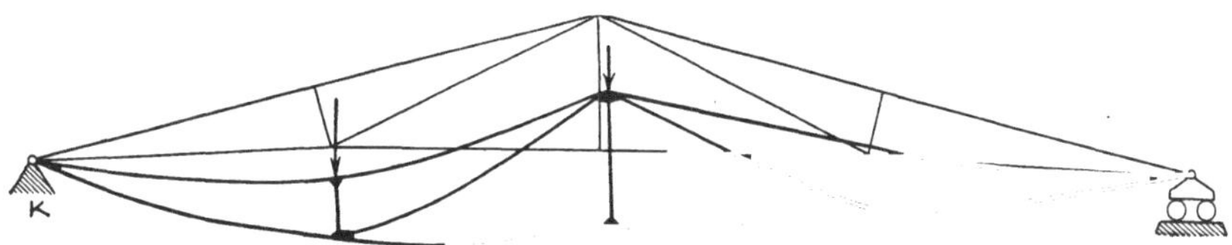

Bild 573. Formänderung des Fachwerks übertrieben dargestellt.

Die so gewonnenen S, M und σ sind eigentlich noch nicht die endgültigen, denn die M bringen in den Stäben Querkräfte hervor, die sich an den Knotenpunkten absetzen, sich mit den gegebenen Knotenpunktlasten vereinigen und Änderungen der bisherigen S und auch der Knotenpunktsverschiebungen liefern. Diese Querkräfte sind aber gegenüber den gegebenen Knotenpunktlasten so gering, daß sie keinen merklichen Einfluß auf die genannten Größen ausüben, d. h. die Stabkräfte S sind durch die übliche Annahme der reibungsfreien Gelenke hinreichend genau bestimmt, ebenso die darauf beruhende Formänderung des Fachwerks. Nur bei sehr steifen Profilen mag die Durchbiegung durch die Knotensteifigkeit um geringes vermindert werden.

Werden in obigem Zahlenbeispiel der Einfachheit wegen nur die Obergurtstäbe berücksichtigt, da in diesen die M gegenüber denen der andern Stäbe groß sind, dann folgen aus Bild 574 die Querkräfte der Stäbe a bis d

$$Q_a = (\ 226 + 11150) : 382 = 30 \text{ kg,} \qquad Q_b = (11500 + 3665) : 382 = 40 \text{ kg,}$$
$$Q_c = (3249 + \ 4530) : 382 = 20 \text{ kg,} \qquad Q_d = (\ 4706 + \ \ 37) : 382 = 12 \text{ kg.}$$

(Fortsetzung s. S. 290.)

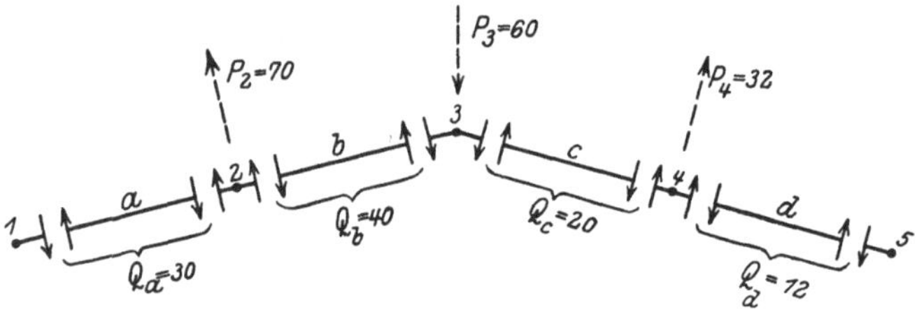

Bild 574. Die Stabquerkräfte.

Zahlentafel 30 zum Zahlenbeispiel S. 285
(Nebenspannungen des Fachwerkbinders).

a) Die Festwerte des Binders.

Stab	S kg	s cm	s' [1] cm	F cm²	Δs cm	ω	J cm⁴	v kgcm	ωv kgcm
a	− 6000	382	360	34,0	− 0,0296	+ 0,00147	728	24 500 000	+ 36 015
b	− 5600	382	360	34,0	− 0,0276	− 0,000 22	728	24 500 000	− 5 390
c	− 2900	382	360	34,0	− 0,0143	− 0,000 31	728	24 500 000	− 7 595
d	− 2900	382	360	34,0	− 0,0143	− 0,000 93	728	24 500 000	− 22 785
e	+ 5800	390	340	28,9	+ 0,0317	+ 0,00145	124	4 100 000	+ 5 945
f	+ 2500	353	350	16,5	+ 0,0246	− 0,000 26	36	1 310 000	− 340,6
g	+ 2500	353	350	16,5	+ 0,0246	− 0,000 31	36	1 310 000	− 406,1
h	+ 2800	390	340	28,9	+ 0,0153	− 0,000 93	124	4 100 000	− 3 813
i	− 1100	75	60	16,5	− 0,0019	+ 0,000 67	36	6 160 000	+ 4 127,2
k	+ 3300	390	340	16,5	+ 0,0316	− 0,000 21	36	1 180 000	− 247,8
l	0	165	160	16,5	−	− 0,000 18	36	2 800 000	− 504
m	+ 400	390	340	16,5	+ 0,0038	− 0,000 31	36	1 180 000	− 365,8
n	0	75	60	16,5	−	− 0,000 51	36	6 160 000	− 3 264,8

[1] Diese Werte sind die in Rechnung zu setzenden wirklichen Stablängen, gemessen von Mitte bis Mitte Nietbild an den Knotenblechen.

(Zahlentafel 30. Fortsetzung.) **b) Die Gleichungen für die Knotendrehwinkel.**

φ_1	φ_2	φ_3	φ_4	φ_5	φ_6	φ_7	φ_8	Φ
+ 57,20	+ 24,50				+ 4,10			− 0,125 880 0
+ 24,50	**+ 110,32**	+ 24,50			+ 6,16			− 0,104 256 6
	+ 24,50	**+ 108,32**	+ 24,50		+ 1,18	+ 2,80	+ 1,18	+ 0,042 307 8
		+ 24,50	**+ 110,32**	+ 24,50			+ 6,16	+ 0,100 934 4
			+ 24,50	**+ 57,20**			+ 4,10	+ 0,079 794 0
+ 4,10	+ 6,16	+ 1,18			**+ 25,50**	+ 1,31		− 0,028 451 4
		+ 2,80			+ 1,31	**+ 10,84**	+ 1,31	+ 0,003 752 1
		+ 1,18	+ 6,16	+ 4,10		+ 1,31	**+ 25,50**	+ 0,023 549 1

c) Die Lösungen.

φ	$\tfrac{2}{3}\varphi$	$\tfrac{1}{3}\varphi$
$\varphi_1 = + 0,001 906 6$	+ 0,001 271 1	+ 0,000 635 5
$\varphi_2 = + 0,000 569 1$	+ 0,000 379 4	+ 0,000 189 7
$\varphi_3 = - 0,000 390 1$	− 0,000 260 1	− 0,000 130 0
$\varphi_4 = - 0,000 547 4$	− 0,000 364 9	− 0,000 182 5
$\varphi_5 = \quad 0,001 119 0$	− 0,000 746 0	− 0,000 373 0
$\varphi_6 = + 0,000 703 2$	+ 0,000 468 8	+ 0,000 234 4
$\varphi_7 = - 0,000 260 2$	− 0,000 173 5	− 0,000 086 7
$\varphi_8 = - 0,000 580 0$	− 0,000 386 7	− 0,000 193 3

d) Berechnung der Stabmomente.

Stab	$+\tfrac{2}{3}\varphi$	$+\tfrac{1}{3}\varphi$	$-\omega$	v	M kgcm	ΣM kgcm
1 a 2	(+ 0,001 271 1	+ 0,000 189 7	− 0,001 470 0) ·	24 500 000 =	− 226	
1 e 6	(+ 0,001 271 1	+ 0,000 234 4	− 0,001 450 0) ·	4 100 000 =	+ 227	+ 1
2 b 3	(+ 0,000 379 4	− 0,000 130 0	+ 0,000 220 0) ·	24 500 000 =	+ 11 500	
2 i 6	(+ 0,000 379 4	+ 0,000 234 4	− 0,000 670 0) ·	6 160 000 =	− 345	+ 5
2 a 1	(+ 0,000 379 4	+ 0,000 635 5	− 0,001 470 0) ·	24 500 000 =	− 11 150	
3 c 4	(− 0,000 260 1	− 0,000 182 5	+ 0,000 310 0) ·	24 500 000 =	− 3 249	
3 m 8	(− 0,000 260 1	− 0,000 193 3	+ 0,000 310 0) ·	1 180 000 =	− 169	
3 l 7	(− 0,000 260 1	− 0,000 086 7	+ 0,000 180 0) ·	2 800 000 =	− 472	− 8
3 k 6	(− 0,000 260 1	+ 0,000 234 4	+ 0,000 210 0) ·	1 180 000 =	+ 217	
3 b 2	(− 0,000 260 1	+ 0,000 189 7	+ 0,000 220 0) ·	24 500 000 =	+ 3 665	
4 d 5	(− 0,000 364 9	− 0,000 373 0	+ 0,000 930 0) ·	24 500 000 =	+ 4 706	
4 n 8	(− 0,000 364 9	− 0,000 193 3	+ 0,000 530 0) ·	6 160 000 =	− 174	+ 2
4 c 3	(− 0,000 364 9	− 0,000 130 0	+ 0,000 310 0) ·	24 500 000 =	− 4 530	
5 h 8	(− 0,000 746 0	− 0,000 193 3	+ 0,000 930 0) ·	4 100 000 =	− 38	
5 d 4	(− 0,000 746 0	− 0,000 182 5	+ 0,000 930 0) ·	24 500 000 =	+ 37	− 1
6 e 1	(+ 0,000 468 8	+ 0,000 635 5	− 0,001 450 0) ·	4 100 000 =	− 1 417	
6 i 2	(+ 0,000 468 8	+ 0,000 189 7	− 0,000 670 0) ·	6 160 000 =	− 71	
6 k 3	(+ 0,000 468 8	− 0,000 130 0	+ 0,000 210 0) ·	1 180 000 =	+ 648	0
6 f 7	(+ 0,000 468 8	− 0,000 086 7	+ 0,000 260 0) ·	1 310 000 =	+ 840	
7 f 6	(− 0,000 173 5	+ 0,000 234 4	+ 0,000 260 0) ·	1 310 000 =	+ 420	
7 l 3	(− 0,000 173 5	− 0,000 130 0	+ 0,000 180 0) ·	2 800 000 =	− 346	0
7 g 8	(− 0,000 173 5	− 0,000 193 3	+ 0,000 310 0) ·	1 310 000 =	− 74	
8 g 7	(− 0,000 386 7	− 0,000 086 7	+ 0,000 310 0) ·	1 310 000 =	− 214	
8 m 3	(− 0,000 386 7	− 0,000 130 0	+ 0,000 310 0) ·	1 180 000 =	− 244	
8 n 4	(− 0,000 386 7	− 0,000 182 5	+ 0,000 530 0) ·	6 160 000 =	− 241	− 1
8 h 5	(− 0,000 386 7	− 0,000 373 0	+ 0,000 930 0) ·	4 100 000 =	+ 698	

Diese liefern für die Punkte 2, 3 und 4 die zusätzlichen Knotenlasten 70, 60 und 32 kg nach oben bzw. unten. Sie sind aber gegenüber den gegebenen Lasten von 1100 und 550 kg so klein, daß ihr Einfluß auf die Stabkräfte und noch mehr auf die Verzerrung unbeachtet bleiben kann.

Vorstehendes Verfahren ist sofort auf äußerlich oder innerlich statisch unbestimmte Fachwerke anwendbar, denn auch hier stimmt die Anzahl der Gleichungen mit der Anzahl der zu berechnenden Knotendrehwinkel überein. Die größere Rechenarbeit liegt lediglich in der Stabkraftbestimmung, nicht in der Aufzeichnung des Verschiebungsplanes und auch nicht in der Aufstellung und Auflösung der Gleichungen für die Knotendrehwinkel.

Erweiterung. Exzentrischer Stabanschluß liegt vor, wenn die Stabschwerlinie nicht durch den Systempunkt geht. In diesem Falle ist die Momentensumme für diesen Knotenpunkt nicht Null, sondern nach Bild 575 ist $\sum M + S \cdot p = 0$, worin S die Stabkraft in diesem Stabe und p deren Hebelarm bezeichnet. Bei mehreren exzentrischen Stabanschlüssen am gleichen Knotenpunkt ist dann $\sum M + \sum S p = 0$. Die weitere Rechnung nimmt dann denselben Verlauf wie bisher.

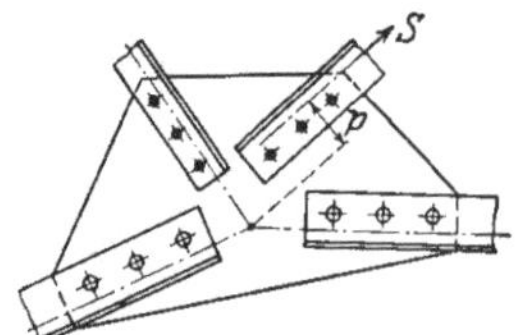

Bild 575. Exzentrischer Stabanschluß.

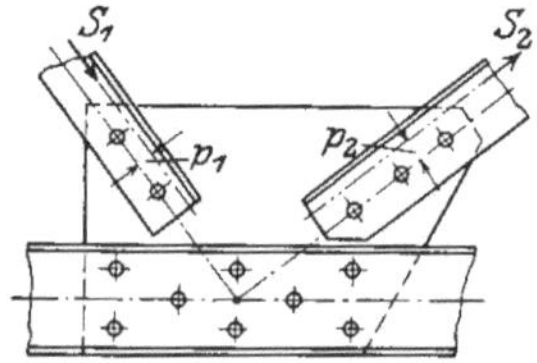

Bild 576. Nietriß in die Netzlinie fallend.

Dieser Fall liegt bei eisernen Fachwerken besonders dann vor, wenn man nach Bild 576 die Netzlinie. mit der Nietrißlinie und nicht mit der Stabschwerlinie zusammenfallen läßt. Solches ist üblich und zulässig bei kleineren Fachwerken, deren Stäbe aus Doppelwinkeleisen bestehen, während bei allen größeren und wichtigeren Fachwerken, besonders bei solchen mit zusammengesetzten Profilen, die theoretische Forderung des zentrischen Stabanschlusses streng erfüllt sein soll.

Mit Leichtigkeit läßt sich auch der Fall berücksichtigen, daß einige Stäbe durch wirkliche Gelenke angeschlossen sind, die als reibungsfrei vorausgesetzt werden können; man läßt dann einfach in den Momentengleichungen diese Stäbe unberücksichtigt.

Allgemeine Bemerkungen, Näherungsverfahren und Literaturhinweise. Es gibt mehrere Verfahren zur Berechnung der Nebenspannungen. Bei den meisten sind die Änderungen der von je zwei Stäben eingeschlossenen Winkel vor und nach der Formänderung aus den Stablängenänderungen zu berechnen; man erspart auf diese Weise den Verschiebungsplan, hat aber bedeutend mehr Rechenarbeit zu leisten. Das hier dargelegte Verfahren deckt sich im wesentlichen mit dem Mohrschen, es kann jedem System angepaßt werden, ist übersichtlich und verursacht weniger Rechnung als die anderen Verfahren, weil ein großer Teil der Rechnung durch den Verschiebungsplan ersetzt ist.

Die Beiwerte der Gleichungen können sofort angeschrieben werden und sind nur von den Stablängen und deren J, aber nicht vom Belastungszustand abhängig. Die Belastungswerte dagegen sind Funktionen der Stabkräfte bzw. der Knotenpunktverschiebungen; sie ändern sich demnach mit dem Belastungszustand.

Die zahlenmäßige Auflösung der Gleichungen für die Knotendrehwinkel φ bildet den umfangreichsten Teil der Gesamtrechnung; im obigen Zahlenbeispiel wurden die Gleichungen nach dem Gaußschen Verfahren mit übertriebener Genauigkeit gelöst, um zu zeigen, daß für jeden Knotenpunkt die algebraische Summe der Stabmomente wirklich verschwindet. In praktischen Fällen ist eine so weitgehende Genauigkeit wegen des Zeitaufwandes nicht möglich und auch nicht nötig; es genügt eine abgekürzte Rechnung. Hierfür eignet sich nun das auf S. 274 behandelte Iterationsverfahren, da die Verteilung der Beiwerte den dort genannten Bedingungen gut entspricht.

Zahlentafel 31 S. 292 zeigt die Anwendung des Verfahrens auf obiges Zahlenbeispiel, wobei die beiden letzten Stellen der Belastungswerte gestrichen sind und alle Zahlenrechnungen mit dem Rechenschieber durchgeführt wurden. Die so ermittelten abgerundeten Werte φ ergeben selbstverständlich nicht so geringe Restmomente wie die früheren genaueren Werte, aber die damit erzielte Genauigkeit ist für praktische Zwecke völlig ausreichend.

In Trägerfachwerken sind meist die Wandstäbe gegenüber den Gurtstäben so schwach, daß sie bei überschlagiger Nebenspannungsberechnung vernachlässigt werden können. Das liefert, da sich die Anzahl der Beiwerte in den φ-Gleichungen stark vermindert, eine bedeutende Erleichterung der Zahlenrechnung.

Über den Vergleich der verschiedenen Verfahren s. Gehler, „Nebenspannungen eiserner Fachwerkbrücken", Berlin: Wilh. Ernst & Sohn 1910. Ferner H. Leitz, „Beitrag zur Berechnung der Nebenspannungen", Eisenbau 1917, Heft 6, S. 125. Der Aufsatz enthält wertvolle Hinweise auf Konstruktionsmaßnahmen zur Verringerung der Nebenspannungen. Im allgemeinen werden diese niedrig bleiben, wenn die durch den Verschiebungsplan ermittelte Verzerrung möglichst stetig erfolgt, d. h. wenn z. B. die Gurtlinie eine schwach und stetig, nicht wellenförmig gekrümmte Linie bildet. Hiernach werden im Fachwerk nach Bild 291 S. 112 an den Punkten 5 und 6 erhebliche Nebenspannungen zu erwarten sein, desgl. im Fachwerk Bild 157 S. 47 in den Punkten 2 und 12. Man kann demnach aus dem verzerrten Fachwerksbild schon ohne Rechnung wenigstens die Stellen angeben, an denen größere Nebenspannungen zu erwarten sind.

Der Leitzsche Aufsatz behandelt außerdem den Einfluß der Nebenspannungen auf die Bruchgefahr. Bei Überlastung und Überschreitung der Elastizitätsgrenze nehmen die Nebenspannungen ab, haben also fast keinen Einfluß auf die Bruchbelastung des ganzen Fachwerks. Im gleichen Sinne, aber eingehender, äußert sich F. Bleich in seinem Buche „Theorie und Berechnung eiserner Brücken", Berlin: Julius Springer 1924. Hiernach sind für den Sicherheitsgrad des Fachwerks nur die Hauptspannungen (das sind die von den Stabkräften verursachten) maßgebend; die Nebenspannungen liefern örtliche Über- und Unterbeanspruchungen, die ebenso zu bewerten sind wie die bekannte Überbeanspruchung im gelochten Zugstabe, die bei hinreichender Zähigkeit des Baustoffs die Bruchsicherheit sehr wenig beeinflußt. Dagegen können die Nebenspannungen ungünstigen Einfluß auf die Knotenblechnieten haben und sollten nur hiernach beurteilt werden.

Auf alle Fälle bilden die Nebenspannungen in hochbeanspruchten Fachwerken eine unerwünschte Zugabe, und der Konstrukteur hat alles zu tun, um ihr Auftreten in größerem Maße zu verhindern, sei es durch Wahl des Fachwerksystems oder durch geeignete Querschnittsausbildung der Stäbe und Knotenkonstruktion. Man vergleiche hierzu die in „Eisenbau" 1913, S. 418 einander gegenübergestellten Formänderungsbilder der Entwürfe und Ausführungen der alten und neuen Quebeckbrücke und deren Einfluß auf die endgültige Wahl des Systems. Zu bemerken ist noch, daß die amerikanischen Bolzenbrücken ebensowenig nebenspannungsfrei sind als die mit fester Vernietung, da, wie schon früher bemerkt, der Bolzenknoten wegen der großen Gelenkreibung nicht höher als der genietete Knoten zu bewerten ist.

Zahlentafel 31. Anwendung des Iterationsverfahrens auf die Berechnung der Nebenspannungen nach S. 285.

Die ersten Näherungswerte.

$\varphi_1' =$	$\varphi_2' =$	$\varphi_3' =$	$\varphi_4' =$	$\varphi_5' =$	$\varphi_6' =$	$\varphi_7' =$	$\varphi_8' =$	
$+\dfrac{0,12588}{85,80}$ $=+0,00147$	$+\dfrac{0,10426}{165,48}$ $=+0,00063$	$-\dfrac{0,04231}{162,48}$ $=-0,00026$	$-\dfrac{0,10093}{165,48}$ $=-0,00061$	$-\dfrac{0,07979}{85,80}$ $=-0,00093$	$+\dfrac{0,02845}{38,25}$ $=+0,00074$	$-\dfrac{0,00375}{16,26}$ $=-0,00023$	$-\dfrac{0,02355}{38,25}$ $=-0,00061$	

Die neuen Gleichungen.

φ_1	φ_2	φ_3	φ_4	φ_5	φ_6	φ_7	φ_8	
$+\varphi_1\cdot 57,2$ $+0,03600$ $+0,00602$	$+0,01543$ $+\varphi_2\cdot 110,32$ $+0,01543$ $+0,00388$	$-0,00636$ $+\varphi_3\cdot 108,32$ $-0,00636$ $-0,00031$ $-0,00073$ $-0,00031$	$-0,01493$ $+\varphi_4\cdot 110,32$ $-0,01493$ $-0,00376$	$-0,02275$ $+\varphi_5\cdot 57,20$ $-0,00381$	$+0,00303$ $+0,00456$ $+0,00087$ $+\varphi_6\cdot 25,50$ $+0,00097$	$-0,00064$ $-0,00030$ $+\varphi_7\cdot 10,84$ $-0,00030$	$-0,00072$ $-0,00375$ $-0,00250$ $-0,00080$ $+\varphi_8\cdot 25,50$	$-0,12588 = 0$ $-0,10426 = 0$ $+0,04231 = 0$ $+0,10093 = 0$ $+0,07979 = 0$ $-0,02845 = 0$ $+0,00375 = 0$ $+0,02355 = 0$

Hieraus die zweiten Näherungswerte.

$\varphi_1'' =$	$\varphi_2'' =$	$\varphi_3'' =$	$\varphi_4' =$	$\varphi_5'' =$	$\varphi_6'' =$	$\varphi_7'' =$	$\varphi_8'' =$	
$+0,001880$	$+0,000636$	$-0,000391$	$-0,000618$	$-0,001092$	$+0,000705$	$-0,000294$	$-0,000602$	

Die neuen Gleichungen.

φ_1	φ_2	φ_3	φ_4	φ_5	φ_6	φ_7	φ_8	
$+\varphi_1\cdot 57,2$ $+0,04610$ $+0,00772$	$+0,01556$ $+\varphi_2\cdot 110,32$ $+0,01556$ $+0,00392$	$-0,00956$ $+\varphi_3\cdot 108,32$ $-0,00956$ $-0,00046$ $-0,00109$	$-0,01514$ $+\varphi_4\cdot 110,32$ $-0,01514$	$-0,02670$ $+\varphi_5\cdot 57,20$	$+0,00289$ $+0,00434$ $+0,00083$ $+\varphi_6\cdot 25,50$ $+0,00093$	$-0,00082$ $-0,00038$ $+\varphi_7\cdot 10,84$	$-0,00071$ $-0,00370$ $-0,00246$ $-0,00079$ $+\varphi_8\cdot 25,50$	$-0,12588 = 0$ $-0,10426 = 0$ $+0,04231 = 0$ $+0,10093 = 0$ $+0,07979 = 0$ $-0,02845 = 0$ $+0,00375 = 0$ $+0,02355 = 0$

Hieraus die dritten Näherungswerte (abgerundet).

$\varphi_1''' =$	$\varphi_2''' =$	$\varphi_3''' =$	$\varphi_4''' =$	$\varphi_5''' =$	$\varphi_6''' =$	$\varphi_7''' =$	$\varphi_8''' =$	
$+0,00188$	$+0,00058$	$-0,00039$	$-0,00055$	$-0,00109$	$+0,00069$	$-0,00026$	$-0,00057$	

In den letzten Jahren hat der Schweizer Brückenbauverband umfassende und sehr beachtenswerte Nachrechnungen und Messungen der Nebenspannungen in bestehenden Eisenbahn- und Straßenbrücken vorgenommen und in einer besonderen Schrift veröffentlicht. Ein Auszug hiervon findet sich in „Baugenieur" 1923, S. 564. Die Berechnung beruht auf dem Mohrschen Verfahren; die Auflösung der Gleichungen erfolgte nach einem Näherungsverfahren, für das die Schweizer Kommission eine technische Deutung gab, das aber völlig auf das oben genannte Iterationsverfahren hinauskommt. Nach dem Bericht besteht bei gut durchgebildeten Fachwerken befriedigende Übereinstimmung zwischen Rechnung und Messung; des weiteren enthält der Bericht beachtenswerte Schlußfolgerungen, die den Neukonstruktionen zugute kommen sollen und außerdem die Leitzschen und Bleichschen Ansichten über die Bedeutung der Nebenspannungen im wesentlichen bestätigen.

Im Fachwerk treten noch weitere Zusatzspannungen auf, die mit diesen Nebenspannungen nichts zu tun haben. Sie rühren her vom Eigengewicht und von Quer- und Längsverbänden bei Brücken usw. Solche Fragen können hier nicht behandelt werden, sondern gehören dem allgemeinen Eisen- und Brückenbau an.

F. Statisch unbestimmte Tragwerke mit Wanderlasten.

Allgemeines. Das im zweiten Abschnitt auf S. 54 behandelte Verfahren der Einflußlinien für Wanderlasten bezog sich ausschließlich auf statisch bestimmte Tragwerke. Eine wesentliche Eigenschaft dieser Einflußlinien war ihr geradliniger Verlauf über größere Strecken, was ihre Berechnung und Konstruktion in allen Fällen erheblich vereinfachte.

Das dort genannte Verfahren zur Gewinnung der Einflußlinien kann grundsätzlich sofort auf statisch unbestimmte Gebilde übertragen werden. Man findet hierbei jedoch, daß diese Geradlinigkeit der Einflußlinien nicht mehr besteht, sondern daß sie bei unmittelbarer Belastung Kurven bilden. Bei getrennter Fahrbahn verlaufen sie zwar wie bisher zwischen den Unterstützungspunkten der Fahrbahn je geradlinig, aber die Einflußlinienpunkte dieser Stellen liegen ebenfalls auf Kurven. Nun gehören diese Kurven nicht etwa bekannten Klassen an, wie Parabel, Kreis usw. mit bekannten Eigenschaften, sondern sie verlaufen nach irgendwelchen zunächst noch unbekannten Gesetzen und sind punktweise zu ermitteln. Daraus geht klar hervor, daß die Gewinnung dieser Einflußlinien viel umständlicher sein wird als die der statisch bestimmten Gebilde; sie setzt weitgehende Kenntnis der statisch unbestimmten Berechnungsweise voraus, weshalb ihre Behandlung an den Schluß dieses Abschnitts gesetzt wurde. Wir behandeln getrennt die Biegestabgebilde und die Fachwerke und beschränken uns auf die wichtigsten Fälle.

1. Biegestabgebilde.

Der durchlaufende Träger mit unveränderlichem Trägheitsmoment. Das Einflußlinien-Verfahren beruht auf wiederholter Anwendung der Formeln für eine Einzellast auf beliebigem Felde nach S. 188 mit Benutzung der daselbst angegebenen α-β-Tafel. Wir zeigen das Verfahren an einem dreifeldrigen Träger mit Stützweite 4, 3 und 5 m und mit beiderseitigen Kragarmen. Hierzu Zahlentafel 32 S. 296. Zunächst werden die Festpunktabstände λ, ϱ und ζ durch Rechnung oder Zeichnung ermittelt und in Tafel a) zusammengestellt. Hierauf werden nach Tafel b) die Ausdrücke der M für die Auflagerstellen und Lastpunkte und für zunächst noch unbestimmte Laststellungen auf den Kragarmen und Feldern aufgestellt. Tafel c) zeigt die Ausrechnung der M für je eine Laststellung auf den Kragarmenden und je vier Laststellungen auf den Feldern nach Bild 577; die fetten Zahlen bezeichnen die Stützmomente und die kursiven die Momente an den Lastpunkten. Die dazwischenliegenden Momentenwerte der Spalten liegen je geradlinig zwischen den Stütz- und den Lastpunktmomenten und sind durch einfache Zwischenrechnungen leicht zu gewinnen (hierzu s. Bemerkung weiter unten).

Die lotrechten Reihen dieser Tafel enthalten demnach die M aller Trägerstellen für je eine Laststellung. Die wagrechten Zahlenreihen liefern die Ordinaten der Einflußlinien der Wanderlast „Eins" für je eine Trägerstelle. Hiernach wurden in Bild 577 sämtliche Einflußlinien eingezeichnet. Dabei wurden im ersten und dritten Einflußlinienbild die Einflußlinien der Zwischenpunkte in der dritten bzw. ersten Öffnung weggelassen, da sie zu eng liegen und außerdem für die Auswertung bei Fahrzeugbelastung doch kaum in Frage kommen.

Die Auflagerkräfte können nach dem Vorgang auf S. 191 aus den M der Tafel c) leicht berechnet werden, indem dieses dort angegebene Verfahren rechnungsmäßig verwertet wird. Es ist z. B. für Stellung der Last auf Feld 1 mit $\alpha = 0,4$ und $\beta = 0,6$

$$A_{01} = \frac{0 + 0,800}{0,4 \cdot 4,0} = + 0,500\,,$$

$$A_{12} = \frac{0,800 + 0,400}{0,6 \cdot 4,0} + \frac{0,400 + 0,075}{3,0} = + 0,500 + 0,158 = + 0,658\,,$$

$$A_{23} = - \frac{0,400 + 0,075}{3,0} - \frac{0,075 + 0}{5,0} = - 0,158 - 0,015 = - 0,173\,,$$

$$A_{30} = \frac{0,075 + 0}{5,0} = + 0,015\,.$$

In dieser Weise wurden alle Auflagerkräfte berechnet und im unteren Teil der Tafel c) eingetragen; auch hier liefern die Werte der wagrechten Reihen die Einflußlinien der vier Auflagerkräfte, die ebenfalls in Bild 577 zeichnerich verwertet wurden. Liegt die 1 t über der Stütze, dann ist die betreffende Auflagerkraft gleich 1 t, alle anderen Auflagerkräfte sind Null und alle Biegemomente Null.

Alle Einflußlinien laufen stetig, d. h. ohne Knick durch die Stützpunkte und sind zwischen den Endstützen und den Kragarmenden geradlinig.

Die Auswertung der Einflußlinien für gegebene Raddrücke und Radstände von Fahrzeugen erfolgt grundsätzlich wie bei den statisch bestimmten Gebilden. Dagegen lassen sich nicht sofort die ungün-

(Fortsetzung siehe S. 298.)

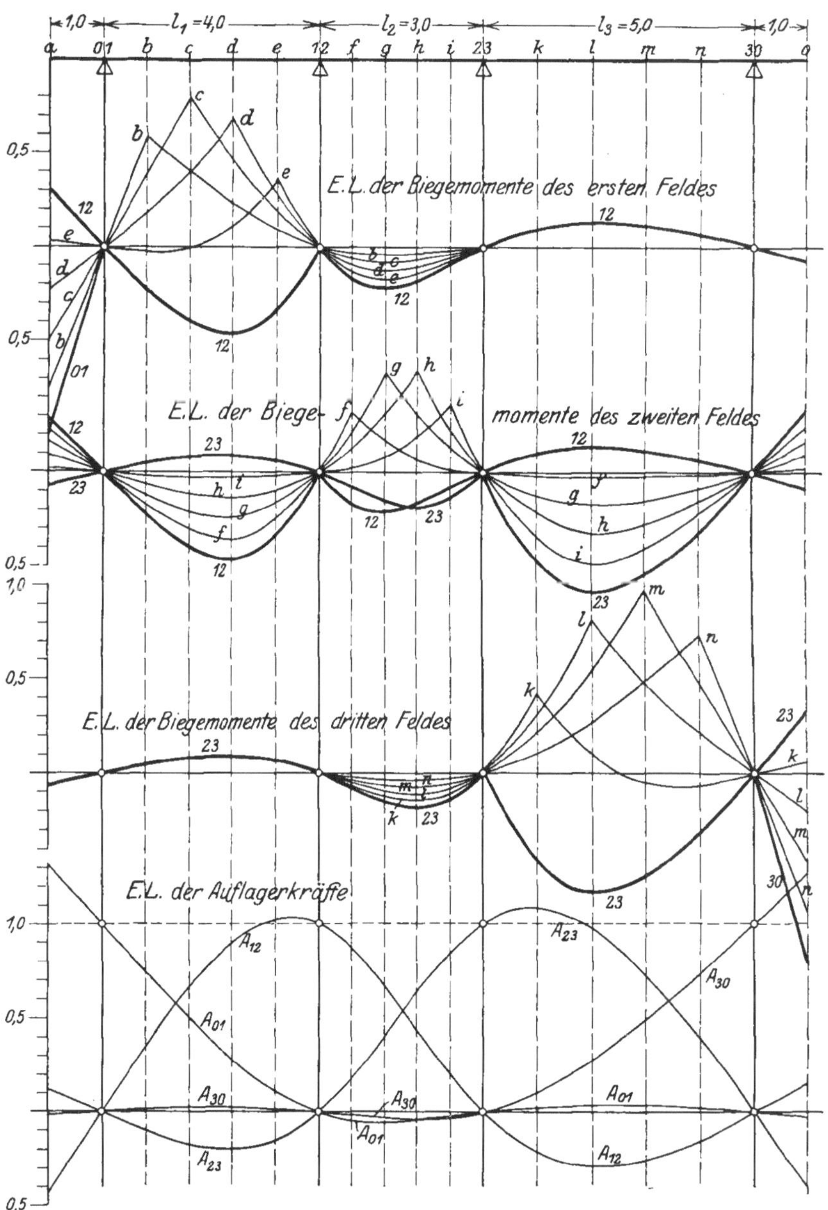

Bild 577. Durchlaufender Träger.
Einflußlinien der Biegemomente und Auflagerkräfte.

Zahlentafel 32 für den durchlaufenden Träger S. 293.

a) Zusammenstellung der Festwerte.

Erstes Feld $l_1 = 4{,}0$	Zweites Feld $l_2 = 3{,}0$	Drittes Feld $l_3 = 5{,}0$
$\varrho_1' = 3{,}082 \quad \varrho_1 = 0{,}918$	$\lambda_2 = 0{,}529 \quad \lambda_2' = 2{,}471$ $\varrho_2' = 2{,}526 \quad \varrho_2 = 0{,}474$ $\zeta_2 = 1{,}997$	$\lambda_3 = 1{,}228 \quad \lambda_3' = 3{,}772$

b) Die allgemeinen Ausdrücke für die Biegemomente.

Last 1 t auf	linkem Kragarm	erstem Feld	zweitem Feld	drittem Feld	recht. Kragarm
$M_{01} =$	$-1 \cdot x$	0	0	0	0
$M_1 =$		$4{,}0 \cdot \alpha\beta + M_{12} \cdot \alpha$			
$M_{12} =$	$-M_{01} \dfrac{0{,}918}{3{,}082}$ $= -M_{01} \cdot 0{,}297$	$-\alpha\beta(1+\alpha)\dfrac{4{,}0 \cdot 0{,}918}{3{,}082}$ $= -\alpha\beta(1+\alpha) \cdot 1{,}192$	$-\alpha\beta(1+\beta)\dfrac{0{,}529 \cdot 2{,}526}{1{,}997} + \alpha\beta(1+\alpha)\dfrac{0{,}529 \cdot 0{,}474}{1{,}997}$ $= -\alpha\beta(1+\beta) \cdot 0{,}668 + \alpha\beta(1+\alpha) \cdot 0{,}125$	$-M_{23}\dfrac{0{,}529}{2{,}471}$ $= -M_{23} \cdot 0{,}214$	$-M_{23}\dfrac{0{,}529}{2{,}471}$ $= M_{30} \cdot 0{,}070$
$M_2 =$			$3{,}0 \cdot \alpha\beta + M_{12} \cdot \beta + M_{23} \cdot \alpha$		
$M_{23} =$	$-M_{12}\dfrac{0{,}474}{2{,}526}$ $= M_{01} \cdot 0{,}056$	$-M_{12}\dfrac{0{,}474}{2{,}526}$ $= -M_{12} \cdot 0{,}188$	$-\alpha\beta(1+\alpha)\dfrac{2{,}471 \cdot 0{,}474}{1{,}997} + \alpha\beta(1+\beta)\dfrac{0{,}529 \cdot 0{,}474}{1{,}997}$ $= -\alpha\beta(1+\alpha) \cdot 0{,}586 + \alpha\beta(1+\beta) \cdot 0{,}125$	$-\alpha\beta(1+\beta)\dfrac{1{,}228 \cdot 5{,}0}{3{,}772}$ $= -\alpha\beta(1+\beta) \cdot 1{,}630$	$-M_{30}\dfrac{1{,}228}{3{,}772}$ $= -M_{30} \cdot 0{,}326$
$M_3 =$				$5{,}0\, \alpha\beta + M_{23} \cdot \beta$	
$M_{30} =$	0	0	0	0	$-1 \cdot x$

c) Die Ordinaten der Einflußlinien für die Biegemomente und Auflagerkräfte.

Last 1 t — auf Feld	auf Punkt	linker Kragarm	erstes Feld				zweites Feld				drittes Feld				rechter Kragarm
		a	b	c	d	e	f	g	h	i	k	l	m	n	o
$\alpha=$ / $\beta=$			0,2 / 0,8	0,4 / 0,6	0,6 / 0,4	0,8 / 0,2	0,2 / 0,8	0,4 / 0,6	0,6 / 0,4	0,8 / 0,2	0,2 / 0,8	0,4 / 0,6	0,6 / 0,4	0,8 / 0,2	
Stütze 01		**− 1,000**	**0**	**0**	**0**	**0**	**0**	**0**	**0**	**0**	**0**	**0**	**0**	**0**	**0**
erstes Feld	b	− 0,741	+ 0,594	+ 0,400	+ 0,229	+ 0,092	− 0,034	− 0,043	− 0,035	− 0,018	+ 0,020	+ 0,027	+ 0,023	+ 0,013	− 0,014
erstes Feld	c	− 0,481	+ 0,388	+ 0,800	+ 0,457	+ 0,183	− 0,068	− 0,086	− 0,071	− 0,037	+ 0,040	+ 0,054	+ 0,047	+ 0,027	− 0,028
erstes Feld	d	− 0,222	+ 0,183	+ 0,400	+ 0,686	+ 0,275	− 0,101	− 0,129	− 0,106	− 0,055	+ 0,060	+ 0,080	+ 0,070	+ 0,040	− 0,042
erstes Feld	e	− 0,038	− 0,023	+ 0,000	+ 0,115	+ 0,366	− 0,135	− 0,172	− 0,142	− 0,074	+ 0,080	+ 0,107	+ 0,093	+ 0,053	− 0,056
Stütze 12		**+ 0,297**	**− 0,229**	**− 0,400**	**− 0,457**	**− 0,343**	**− 0,169**	**− 0,215**	**− 0,177**	**− 0,092**	**+ 0,100**	**+ 0,134**	**+ 0,117**	**+ 0,067**	**− 0,070**
zweites Feld	f	+ 0,226	− 0,175	− 0,305	− 0,348	− 0,262	+ 0,330	+ 0,158	+ 0,062	+ 0,018	− 0,014	− 0,018	− 0,016	− 0,009	+ 0,009
zweites Feld	g	+ 0,156	− 0,120	− 0,210	− 0,240	− 0,180	+ 0,228	+ 0,531	+ 0,300	+ 0,127	− 0,128	− 0,170	− 0,149	− 0,085	+ 0,088
zweites Feld	h	+ 0,085	− 0,066	− 0,115	− 0,131	− 0,099	+ 0,126	+ 0,304	+ 0,539	+ 0,237	− 0,242	− 0,322	− 0,282	− 0,161	+ 0,168
zweites Feld	i	+ 0,015	− 0,011	− 0,020	− 0,023	− 0,017	+ 0,024	+ 0,077	+ 0,178	+ 0,346	− 0,356	− 0,474	− 0,415	− 0,237	+ 0,247
Stütze 23		**− 0,056**	**+ 0,043**	**+ 0,075**	**+ 0,086**	**+ 0,064**	**− 0,077**	**− 0,149**	**− 0,183**	**− 0,145**	**− 0,470**	**− 0,626**	**− 0,548**	**− 0,313**	**+ 0,326**
drittes Feld	k	− 0,045	+ 0,034	+ 0,060	+ 0,069	+ 0,051	− 0,062	− 0,119	− 0,146	− 0,116	+ 0,424	+ 0,100	− 0,039	− 0,051	+ 0,061
drittes Feld	l	− 0,034	+ 0,026	+ 0,045	+ 0,052	+ 0,038	− 0,046	− 0,090	− 0,110	− 0,087	+ 0,318	+ 0,825	− 0,471	+ 0,212	− 0,204
drittes Feld	m	− 0,022	+ 0,018	+ 0,030	+ 0,034	+ 0,026	− 0,031	− 0,060	− 0,073	− 0,058	+ 0,212	+ 0,550	+ 0,981	+ 0,475	− 0,470
drittes Feld	n	− 0,011	+ 0,009	+ 0,015	+ 0,017	+ 0,013	− 0,015	− 0,030	− 0,037	− 0,029	+ 0,106	+ 0,275	+ 0,491	+ 0,737	− 0,735
Stütze 30		**0**	**0**	**0**	**0**	**0**	**0**	**0**	**0**	**0**	**0**	**0**	**0**	**0**	**− 1,000**
Auflagerkräfte für Stütze	01	+ 1,324	+ 0,743	+ 0,500	+ 0,285	+ 0,114	− 0,042	− 0,054	− 0,044	− 0,023	+ 0,025	+ 0,034	+ 0,029	+ 0,017	− 0,018
Auflagerkräfte für Stütze	12	− 0,438	+ 0,348	+ 0,658	+ 0,896	+ 1,022	+ 0,874	+ 0,676	+ 0,442	+ 0,206	− 0,215	− 0,287	− 0,251	− 0,144	+ 0,149
Auflagerkräfte für Stütze	23	+ 0,125	− 0,099	− 0,173	− 0,198	− 0,149	+ 0,183	+ 0,408	+ 0,639	+ 0,846	+ 1,084	+ 0,979	+ 0,732	+ 0,390	− 0,396
Auflagerkräfte für Stütze	30	− 0,011	+ 0,008	+ 0,015	+ 0,017	+ 0,013	− 0,015	− 0,030	− 0,037	− 0,029	+ 0,106	+ 0,275	+ 0,491	+ 0,737	+ 1,265

Biegemomente für (Stütze 01 … Stütze 30, Punkte b–n).

stigsten Stellungen des Fahrzeugs angeben, sondern diese sind durch Probieren zu finden.

Nachstehende Tafel zeigt die größten positiven und negativen Biegemomente und Auflagerdrücke der Trägerstellen als Ergebnisse der Auswertung dieser Einflußlinien für ein Fahrzeug mit zwei Raddrücken von je 4 t im Radstande 1,6 m.

Trägerstelle	a	01	b	c	d	e	12	f	g	h	i	23	k	l	m	n	30	o
+ max M in tm	0	0	3,3	4,0	3,5	1,5	1,0	1,4	2,3	2,3	1,6	0,5	1,7	4,5	5,2	4,3	0	0
− max M in tm	0	4,0	1,2	0,8	0,7	1,0	3,0	2,1	1,6	2,3	3,3	4,4	0,8	0,5	0,8	1,1	4,0	0
+ max A in t	8,4						7,7					7,0					8,4	
− max A in t	0,3						2,0					1,6					0,2	

Demnach maßgebendes Größtmoment $= + 5{,}2$ tm in Querschnitt m. Wird jedoch eine Verstärkung des Trägers der dritten Öffnung vorgenommen, dann ist die ganze Rechnung nach S. 299 zu wiederholen, da obiges Verfahren auf der Theorie des durchlaufenden Trägers mit unveränderlichem J beruht.

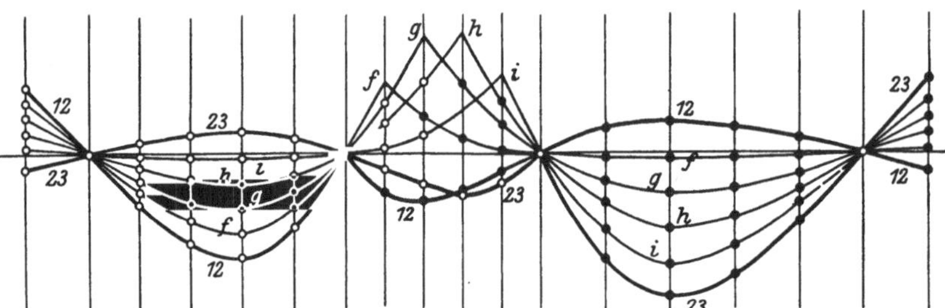

Bild 578. Durchlaufender Träger. Zeichnerische Ermittlung der Einflußlinien für Zwischenpunkte aus denen der Stützmomente.

Wie schon oben bemerkt, liegen die in Tafel c) berechneten Ordinaten der Momenten-Einflußlinien je geradlinig zwischen den fetten und kursiven Zahlen. Das ermöglicht eine einfache Konstruktion dieser Zwischenordinaten aus den vorher zu zeichnenden Einflußlinien der Stützmomente und der Lastpunktmomente, was Bild 578 für die Einflußlinien des zweiten Feldes zeigt. Im ersten und dritten Feld folgen die Einflußlinien der Trägerstellen $fghi$ aus der Fünfteilung der Höhen zwischen den Einflußlinien der M_{12} und M_{23}; im zweiten Feld sind außer diesen Einflußlinien noch die Lastpunktmomente aufzutragen und die Höhen zwischen diesen und der M_{12}-Einflußlinie bzw. der M_{23}-Einflußlinie in 0, 1, 2, 3 bzw. in 3, 2, 1, 0 gleiche Teile zu teilen und die mit • bzw. ○ bezeichneten Punkte entsprechend zu verbinden. Im gleichen Sinne werden die Einflußlinien der andern Trägerstellen behandelt.

Stützt sich die Fahrbahn durch Querträger u. dgl. auf dem durchlaufenden Träger ab und wird diese Fahrbahn durch Einzelträger gebildet, die von Querträger zu Querträger laufen, dann bilden die Einflußlinien Geradlinienzüge, deren Eckpunkte auf den nach Obigem gefundenen Einflußlinien liegen.

Bei Gleichstreckenlast (Menschenbelastung auf Brücken) erübrigt sich das Aufzeichnen der Einflußlinien. Der durchlaufende Träger wird am stärksten auf Biegung beansprucht, wenn gleichzeitig belastet ist

entweder: linker Kragarm, zweites, viertes, sechstes ... Feld,

oder : erstes, drittes, fünftes ... Feld.

Für die Auflagerkräfte gilt:

$\max A_{01}$, wenn belastet ist: linker Kragarm, erstes, drittes, fünftes, siebentes ... Feld,

$\max A_{12}$, „ „ „ : erstes, zweites, viertes, sechstes ... Feld,

$\max A_{23}$, „ „ „ : linker Kragarm, zweites, drittes, fünftes, siebentes ... Feld,

$\max A_{34}$, „ „ „ : erstes, drittes, viertes, sechstes, achtes ... Feld, usw.

Der durchlaufende Träger mit wechselnden Trägheitsmomenten.

Nach Bild 579 ist:

$$l_1 = 6,84 \text{ m}, \qquad l_2 = 4,27 \text{ m}, \qquad l_3 = 8,43 \text{ m},$$
$$J_1 = 9800 \text{ cm}^4, \qquad J_2 = 5744 \text{ cm}^4, \qquad J_3 = 19605 \text{ cm}^4.$$

Nach den allgemeinen Darlegungen auf S. 203 wählen wir das Vergleichsträgheitsmoment $J_0 = 20000$ cm⁴. Damit folgt

$$i_1 = \frac{9800}{20000} = 0,4900, \qquad i_2 = \frac{5744}{20000} = 0,2872,$$

$$i_3 = \frac{19605}{20000} = 0,9803,$$

$$v_1 = \frac{6,84}{0,4900} = 13,96 \text{ m}, \qquad v_2 = \frac{4,27}{0,2872} = 14,87 \text{ m},$$

$$v_3 = \frac{8,43}{0,9803} = 8,60 \text{ m}.$$

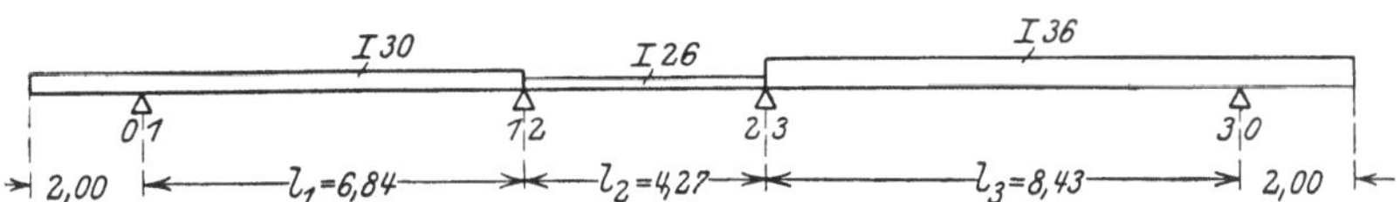

Bild 579. Durchlaufender Träger mit wechselnden Trägheitsmomenten.

Für diese v-Strecken sind die Festpunktabstände

$$\lambda_2 = 3,04, \qquad \lambda_2' = 11,83, \qquad \lambda_3 = 1,43, \qquad \lambda_3' = 7,17,$$
$$\varrho_2 = 3,58, \qquad \varrho_2' = 11,29, \qquad \varrho_1 = 2,91, \qquad \varrho_1' = 11,05.$$

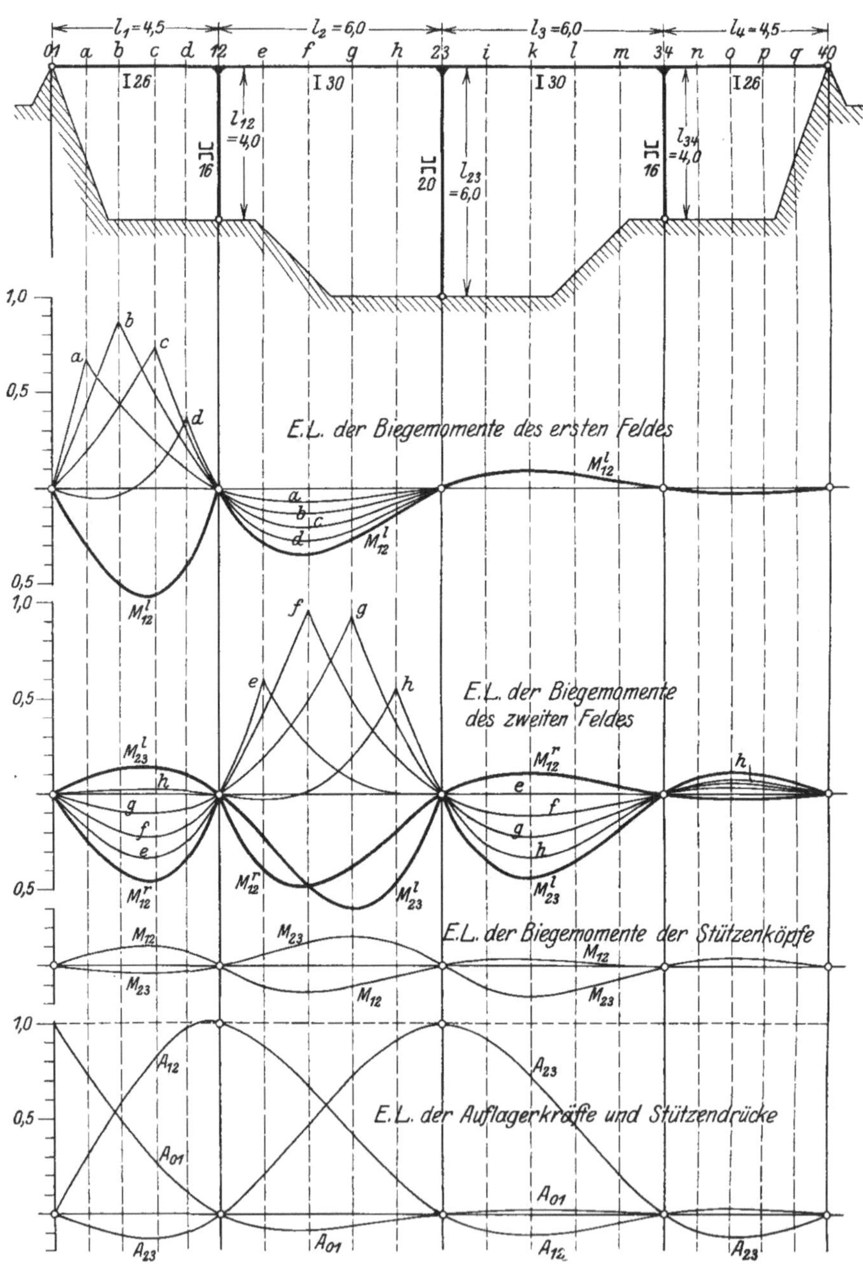

Bild 580. Durchlaufender Träger auf steifen Stützen. Einflußlinien der Biegemomente und Stützendrücke.

Daraus folgen die auf die l-Strecken bezogenen Abstände:

$$(\lambda_2) = 3{,}04 \cdot 0{,}2872 = 0{,}87, \qquad (\lambda_2') = 11{,}83 \cdot 0{,}2872 = 3{,}40,$$
$$(\lambda_3) = 1{,}43 \cdot 0{,}9803 = 1{,}40, \qquad (\lambda_3') = 7{,}17 \cdot 0{,}9803 = 7{,}03,$$
$$(\varrho_2) = 3{,}58 \cdot 0{,}2872 = 1{,}03, \qquad (\varrho_2') = 11{,}29 \cdot 0{,}2872 = 3{,}24,$$
$$(\varrho_1) = 2{,}91 \cdot 0{,}4900 = 1{,}43, \qquad (\varrho_1') = 11{,}05 \cdot 0{,}4900 = 5{,}41,$$

die nachstehend übersichtlich zusammengestellt sind.

Erstes Feld $l_1 = 6{,}84$		Zweites Feld $l_2 = 4{,}27$		Drittes Feld $l_3 = 8{,}43$
$(\varrho_1') = 5{,}41 \quad (\varrho_1) = 1{,}43$		$(\lambda_2) = 0{,}87 \quad (\lambda_2') = 3{,}40$ $(\varrho_2') = 3{,}24 \quad (\varrho_2) = 1{,}03$ $(\zeta_2) = 2{,}37$		$(\lambda_3) = 1{,}40 \quad (\lambda_3') = 7{,}03$

Die hier anzuschließenden weiteren Tafeln sind mit den Werten der obigen Zusammenstellung in gleicher Weise aufzustellen wie die entsprechenden Tafeln nach S. 296 und sind hier nicht wiedergegeben, desgleichen die daraus folgenden Einflußlinien, die ganz ähnlich wie die nach Bild 577 verlaufen.

Der durchlaufende Träger auf steifen Stützen. Der vierfeldrige symmetrische Träger nach Bild 580 ruht auf zwei Endauflagern und drei steif angeschlossenen und mit dem Boden gelenkig verbundenen Stützen. Die gesamte Berechnung ist in Zahlentafel 33 S. 301 vereinigt. Tafel a) zeigt das allgemeine Gleichungsschema nach S. 237.

Fortsetzung siehe S. 304.

Zahlentafel 33 für den durchlaufenden Träger auf steifen Stützen.

a) Das Gleichungsschema.

M_{12}^l	M_{12}^r	M_{23}^l	M_{23}^r	M_{34}^l	M_{34}^r	
$2v_1 + 2v_{12}$	$-2v_{12}$					$\dfrac{6\,\mathfrak{L}_1}{l_1\,J_1}$
$-2v_{12}$	$2v_2 + 2v_{12}$	v_2				$\dfrac{6\,\mathfrak{R}_2}{l_2\,J_2}$
	v_2	$2v_2 + 2v_{23}$	$-2v_{23}$			$\dfrac{6\,\mathfrak{L}_2}{l_2\,J_2}$
		$-2v_{23}$	$2v_3 + 2v_{23}$	v_3		$\dfrac{6\,\mathfrak{R}_3}{l_3\,J_3}$
			v_3	$2v_3 + 2v_{34}$	$-2v_{34}$	$\dfrac{6\,\mathfrak{L}_3}{l_3\,J_3}$
				$-2v_{34}$	$2v_4 + 2v_{34}$	$\dfrac{6\,\mathfrak{R}_4}{l_4\,J_4}$

(Zahlentafel 33. Fortsetzung.)

b) Die Beiwerte.

M_{12}^l	M_{12}^r	M_{23}^l	M_{23}^r	M_{34}^l	M_{34}^r
$+0{,}588$	$-0{,}432$				
$-0{,}432$	$+0{,}554$	$+0{,}061$			
	$+0{,}061$	$+0{,}436$	$-0{,}314$		
		$-0{,}314$	$+0{,}436$	$+0{,}061$	
			$+0{,}061$	$+0{,}554$	$-0{,}432$
				$-0{,}432$	$+0{,}588$

c) Die Hilfswerte m, n und x.

$m_1=+0{,}735$		$x_{11}=-4{,}16$	$x_{12}=-3{,}39$	$x_{13}=+1{,}02$	$x_{14}=+0{,}76$	$x_{15}=-0{,}20$	$x_{16}=-0{,}14$
$m_2=-0{,}257$	$n_2=+0{,}807$	$x_{21}=-3{,}36$	$x_{22}=-4{,}61$	$x_{23}=+1{,}39$	$x_{24}=+1{,}04$	$x_{25}=-0{,}27$	$x_{26}=-0{,}19$
$m_3=+0{,}748$	$n_3=-0{,}303$	$x_{31}=+1{,}02$	$x_{32}=-1{,}40$	$x_{33}=-5{,}40$	$x_{34}=-4{,}04$	$x_{35}=-1{,}05$	$x_{36}=+0{,}76$
$m_4=-0{,}303$	$n_4=+0{,}748$	$x_{41}=+0{,}76$	$x_{42}=-1{,}05$	$x_{43}=-4{,}04$	$x_{44}=-5{,}40$	$x_{45}=-1{,}40$	$x_{46}=+1{,}02$
$m_5=+0{,}807$	$n_5=-0{,}257$	$x_{51}=-0{,}19$	$x_{52}=-0{,}27$	$x_{53}=+1{,}04$	$x_{54}=+1{,}39$	$x_{55}=-4{,}61$	$x_{56}=-3{,}36$
	$n_6=+0{,}735$	$x_{61}=-0{,}14$	$x_{62}=-0{,}20$	$x_{63}=+0{,}76$	$x_{64}=+1{,}02$	$x_{65}=-3{,}39$	$x_{66}=-4{,}16$

d) Die Belastungswerte für die Laststellungen
(alle Werte sind positiv).

	Stellung der Last 1 t auf															
	erstem Feld				zweitem Feld				drittem Feld				viertem Feld			
	a	b	c	d	e	f	g	h	i	k	l	m	n	o	p	q
$\dfrac{6\,\mathfrak{L}_1}{l_1\,J_1}=$	6,77	11,92	13,50	10,13												
$\dfrac{6\,\mathfrak{R}_2}{l_2\,J_2}=$					10,58	14,13	12,36	7,07								
$\dfrac{6\,\mathfrak{L}_2}{l_2\,J_2}=$					7,07	12,36	14,13	10,58								
$\dfrac{6\,\mathfrak{R}_3}{l_3\,J_3}=$									10,58	14,13	12,36	7,07				
$\dfrac{6\,\mathfrak{L}_3}{l_3\,J_3}=$									7,07	12,36	14,13	10,58				
$\dfrac{6\,\mathfrak{R}_4}{l_4\,J_4}=$													10,13	13,50	11,92	6,77

e) Die Ordinaten der Einflußlinien für die Biegemomente in tcm und die Stützendrücke in t.

| Last 1 t | auf Feld | erstes Feld | | | | zweites Feld | | | | drittes Feld | | | | viertes Feld | | | |
	auf Punkt	a	b	c	d	e	f	g	h	i	k	l	m	n	o	p	q
	$\alpha =$	0,2	0,4	0,6	0,8	0,2	0,4	0,6	0,8	0,2	0,4	0,6	0,8	0,2	0,4	0,6	0,8
	$\beta =$	0,8	0,6	0,4	0,2	0,8	0,6	0,4	0,2	0,8	0,6	0,4	0,2	0,8	0,6	0,4	0,2
Biegemomente für — erstes Feld	a	+ 66,4	+ 44,1	+ 24,8	+ 9,6	− 5,7	− 7,1	− 5,5	− 2,6	+ 1,3	+ 1,6	+ 1,3	+ 0,7	− 0,3	− 0,4	− 0,3	− 0,2
erstes Feld	b	+ 42,8	+ 88,2	+ 49,6	+ 19,2	− 11,5	− 14,1	− 11,0	− 5,3	+ 2,6	+ 3,3	+ 2,6	+ 1,3	− 0,6	− 0,8	− 0,7	− 0,4
erstes Feld	c	+ 19,1	+ 42,3	+ 74,3	+ 28,8	− 17,2	− 21,2	− 16,6	− 7,9	+ 4,0	+ 4,9	+ 4,0	+ 2,0	− 0,8	− 1,1	− 1,0	− 0,6
erstes Feld	d	− 4,6	− 3,7	+ 9,1	+ 38,3	− 23,0	− 28,3	− 22,1	− 10,6	+ 5,3	+ 6,6	+ 5,3	+ 2,6	− 1,1	− 1,5	− 1,4	− 0,8
Stütze 12	M_{12}^l	− 28,2	− 49,6	− 56,1	− 42,2	− 28,7	− 35,3	− 27,6	− 13,2	+ 6,6	+ 8,2	+ 6,6	+ 3,3	− 1,4	− 1,9	− 1,7	− 1,0
Stütze 12	M_{12}^r	− 22,7	− 40,1	− 45,4	− 34,0	− 39,1	− 48,0	− 37,4	− 17,9	+ 9,1	+ 11,4	+ 9,1	+ 4,5	− 1,9	− 2,6	− 2,3	− 1,3
zweites Feld	e	− 16,8	− 29,7	− 33,6	− 25,1	+ 60,0	+ 24,2	+ 6,2	+ 0,2	+ 0,2	+ 0,3	+ 0,2	+ 0,1	0,0	0,0	0,0	0,0
zweites Feld	f	− 10,9	− 19,2	− 21,7	− 16,3	+ 39,2	+ 96,4	+ 49,9	+ 18,4	− 8,7	− 10,8	− 8,6	− 4,3	+ 1,9	+ 2,5	+ 2,3	+ 1,3
zweites Feld	g	− 4,9	− 8,8	− 9,9	− 7,4	+ 18,3	+ 48,6	+ 93,5	+ 36,5	− 17,5	− 22,0	− 17,5	− 8,7	+ 3,9	+ 5,1	+ 4,5	+ 2,5
zweites Feld	h	+ 1,0	+ 1,7	+ 2,0	+ 1,4	− 2,6	+ 0,9	+ 17,2	+ 54,6	− 26,4	− 33,1	− 26,3	− 13,1	+ 5,8	+ 7,6	+ 6,8	+ 3,8
Stütze 23	M_{23}^l	+ 6,9	+ 12,1	+ 13,8	+ 10,3	− 23,4	− 46,9	− 59,2	− 47,3	− 35,3	− 44,2	− 35,2	− 17,5	+ 7,7	+ 10,2	+ 9,1	+ 5,1
Stütze 23	M_{23}^r	+ 5,1	+ 9,1	+ 10,2	+ 7,7	− 17,5	− 35,2	− 44,2	− 35,3	− 47,3	− 59,2	− 46,9	− 23,4	+ 10,3	+ 13,8	+ 12,1	+ 6,9
drittes Feld	i	+ 3,8	+ 6,8	+ 7,6	+ 5,8	− 13,1	− 26,3	− 33,1	− 26,4	+ 54,6	+ 17,2	+ 0,9	− 2,6	+ 1,4	+ 2,0	+ 1,7	+ 1,0
drittes Feld	k	+ 2,5	+ 4,5	+ 5,1	+ 3,9	− 8,7	− 17,5	− 22,0	− 17,5	+ 36,5	+ 93,5	+ 48,6	+ 18,3	− 7,4	− 9,9	− 8,8	− 4,9
drittes Feld	l	+ 1,3	+ 2,3	+ 2,5	+ 1,9	− 4,3	− 8,6	− 10,8	− 8,7	+ 18,4	+ 49,9	+ 96,4	+ 39,2	− 16,3	− 21,7	− 19,2	− 10,9
drittes Feld	m	0,0	0,0	0,0	0,0	+ 0,1	+ 0,2	+ 0,3	+ 0,2	+ 0,2	+ 6,2	+ 24,2	+ 60,0	− 25,1	− 33,6	− 29,7	− 16,8
Stütze 34	M_{34}^l	− 1,5	− 2,3	− 2,6	− 1,9	+ 4,5	+ 9,1	+ 11,4	+ 9,1	− 17,9	− 37,4	− 48,0	− 39,1	− 34,0	− 45,4	− 40,1	− 22,7
Stütze 34	M_{34}^r	− 1,0	− 1,7	− 1,9	− 1,4	+ 3,3	+ 6,6	+ 8,2	+ 6,6	− 13,2	− 27,6	− 35,3	− 28,7	− 42,2	− 56,1	− 49,6	− 28,2
viertes Feld	n	− 0,8	− 1,4	− 1,5	− 1,1	+ 2,6	+ 5,3	+ 6,6	+ 5,3	− 10,6	− 22,1	− 28,3	− 23,0	+ 38,3	+ 9,1	− 3,7	− 4,6
viertes Feld	o	− 0,6	− 1,0	− 1,1	− 0,8	+ 2,0	+ 4,0	+ 4,9	+ 4,0	− 7,9	− 16,6	− 21,2	− 17,2	+ 28,8	+ 74,3	+ 42,3	+ 19,1
viertes Feld	p	− 0,4	− 0,7	− 0,8	− 0,6	+ 1,3	+ 2,6	+ 3,3	+ 2,6	− 5,3	− 11,0	− 14,1	− 11,5	+ 19,2	+ 49,6	+ 88,2	+ 42,8
viertes Feld	q	− 0,2	− 0,3	− 0,4	− 0,3	+ 0,7	+ 1,3	+ 1,6	+ 1,3	− 2,6	− 5,5	− 7,1	− 5,7	+ 9,6	+ 24,8	+ 44,1	+ 66,4
Biegemomente im oberen Ende der Stütze	12	+ 5,5	+ 9,5	+ 10,7	+ 8,2	− 10,4	− 12,7	− 9,8	− 4,7	+ 2,5	+ 3,2	+ 1,5	+ 1,2	− 0,5	− 0,7	− 0,6	− 0,3
Biegemomente im oberen Ende der Stütze	23	− 1,8	− 3,0	− 3,6	− 2,6	+ 5,9	+ 11,7	+ 15,0	+ 12,0	− 12,0	− 15,0	− 11,7	− 5,9	+ 2,6	+ 3,6	+ 3,0	+ 1,8
Biegemomente im oberen Ende der Stütze	34	+ 0,3	+ 0,6	+ 0,7	+ 0,5	− 1,2	− 1,5	− 3,2	− 2,5	+ 4,7	+ 9,8	+ 12,7	+ 10,4	− 8,2	− 10,7	− 9,5	− 5,5
Stützendrücke in	01	+ 0,738	+ 0,490	+ 0,277	+ 0,106	− 0,064	− 0,079	− 0,061	− 0,029	+ 0,015	+ 0,018	+ 0,015	+ 0,007	− 0,003	− 0,004	− 0,004	− 0,002
Stützendrücke in	12	+ 0,312	+ 0,598	+ 0,823	+ 0,969	+ 0,889	+ 0,681	+ 0,425	+ 0,180	− 0,089	− 0,111	− 0,089	− 0,044	+ 0,019	+ 0,025	+ 0,023	+ 0,013
Stützendrücke in	23	− 0,060	− 0,106	− 0,119	− 0,090	+ 0,211	+ 0,472	+ 0,729	+ 0,924	+ 0,924	+ 0,729	+ 0,472	+ 0,211	− 0,090	− 0,119	− 0,106	− 0,060
Stützendrücke in	34	+ 0,013	+ 0,023	+ 0,025	+ 0,019	− 0,044	− 0,089	− 0,111	− 0,089	+ 0,180	+ 0,425	+ 0,681	+ 0,889	+ 0,969	+ 0,823	+ 0,598	+ 0,312
Stützendrücke in	40	− 0,002	− 0,004	− 0,004	− 0,003	+ 0,007	+ 0,015	+ 0,018	+ 0,015	− 0,029	− 0,061	− 0,079	− 0,064	+ 0,106	+ 0,277	+ 0,490	+ 0,738

Mit den im Bild eingetragenen Abmessungen ist

$$v_1 = v_4 = \frac{450}{5744} = 0,078, \qquad v_2 = v_3 = \frac{600}{9800} = 0,061,$$

$$v_{12} = v_{34} = \frac{400}{2 \cdot 925} = 0,216, \qquad v_{23} = \frac{600}{2 \cdot 1911} = 0,157;$$

damit gewinnt man die in Tafel b) eingetragenen Beiwerte.

Die auf S. 279 angegebene Behandlungsweise liefert zunächst die Hilfswerte m und n und damit die Werte x nach Tafel c).

Für Last 1 t auf den Trägerstellen $a, b, c \ldots p, q$ ergeben sich der Reihe nach die Belastungswerte nach Tafel d). Damit folgen aus den Ansätzen

für Last auf Feld 1:

$$M_{12}^l = x_{11} \frac{6 \mathfrak{L}_1}{l_1 J_1}, \qquad M_{12}^r = x_{21} \frac{6 \mathfrak{L}_1}{l_1 J_1} \quad \text{usw.,}$$

für Last auf Feld 2:

$$M_{12}^l = x_{12} \frac{6 \mathfrak{R}_2}{l_2 J_2} + x_{12} \frac{6 \mathfrak{L}_2}{l_2 J_2}, \qquad M_{12}^r = x_{22} \frac{6 \mathfrak{R}_2}{l_2 J_2} + x_{22} \frac{6 \mathfrak{L}_2}{l_2 J_2} \quad \text{usw.}$$

die in Tafel e) fett eingetragenen Trägerendmomente. Die hierin kursiv eingetragenen Lastpunktmomente und die Zwischenmomente sind in gleicher Weise wie beim durchlaufenden Träger nach S. 296 ermittelt. Wie dort liefern auch hier die Spaltenwerte die M aller Trägerstellen für je eine Laststellung und die Zeilen die Ordinaten der Einflußlinien für die M der einzelnen Trägerstellen.

Tafel e) enthält außerdem die Stützendrücke, die in bekannter Weise aus den Trägerendmomenten und den Lastpunktmomenten berechnet werden. Es ist z. B. für Last 1 t auf Feld 1

$$A_{01} = \frac{M_{p_1}}{\alpha \, l_1}, \qquad A_{12} = \frac{M_{p_1} - M_{12}^l}{\beta \, l_1} + \frac{M_{23}^l - M_{12}^r}{l_2} \quad \text{usw.}$$

Zur Probe muß die algebraische Summe der untereinanderstehenden, also zur gleichen Laststellung gehörenden A gleich der Last 1 t sein.

Die untersten drei Zeilen enthalten die Biegemomente der oberen Stützenenden, nämlich M_{12}, M_{23} und M_{34}. Diese Momente sind positiv angesetzt, wenn der Krümmungsmittelpunkt der elastischen Linie links liegt. Demnach ist

$$M_{12} = M_{12}^r - M_{12}^l, \qquad M_{23} = M_{23}^r - M_{23}^l, \qquad M_{34} = M_{34}^r - M_{34}^l.$$

An den Stützenfüßen sind wegen der Gelenke alle M gleich Null.

Infolge der Symmetrie des ganzen Trägers besteht auch Symmetrie in der Tafel e), so daß in solchen Fällen die Aufstellung der halben Tafel genügt. Bild 580 zeigt die Einflußlinien der Träger- und Stützenmomente und der Stützendrücke. Auch hier können die Einflußlinien der Biegemomente für die Zwischenpunkte aus denen der Trägerenden durch Teilung der Ordinaten gemäß Bild 578 gewonnen werden.

Zweigelenkbogen mit obenliegender Fahrbahn nach Bild 581. Das eigentliche Tragwerk ist ein Kreisbogenstab von unveränderlichem J mit 32 m Spannweite und 6 m Pfeilhöhe. Nach den Formeln S. 142 und Bild 340 ist $r = 24{,}3333$ m und $\gamma = 43^\circ\,6'\,44''$. Zahlentafel 34 S. 306/307 enthält die gesamten Berechnungsergebnisse.

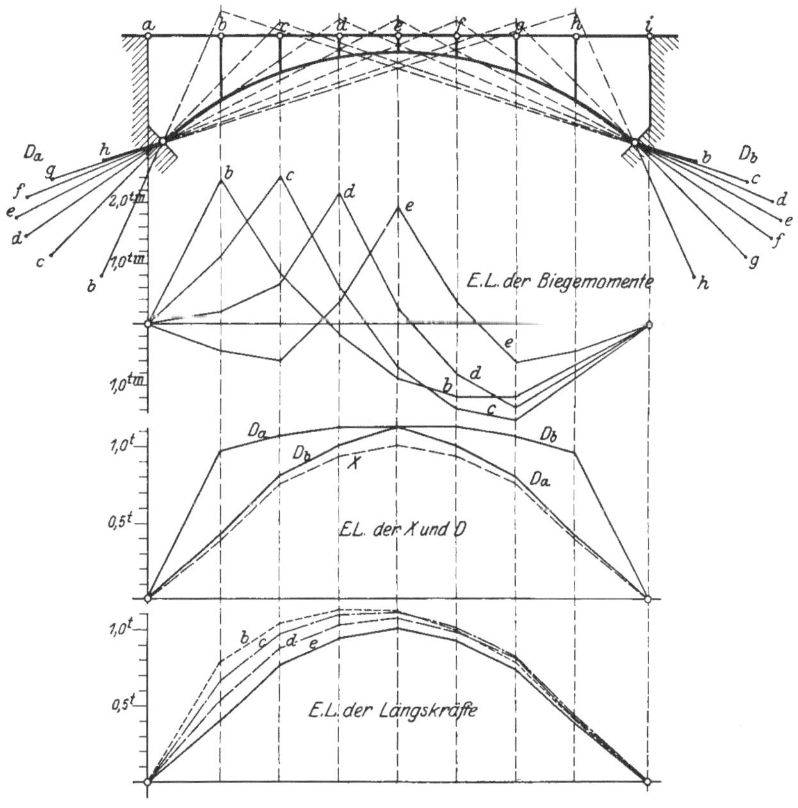

Bild 581. Zweigelenkbogen.
Einflußlinien der Biegemomente. Auflagerkräfte und Längskräfte.

Bild 581 zeigt die Einflußlinien der X und der M der Trägerstellen b bis e, außerdem die Einflußlinien der Gelenkdrücke $D_a = \sqrt{A^2 + X^2}$ bzw. $D_b = \sqrt{B^2 + X^2}$ und die Einflußlinien der Längskräfte N (Druck). Zahlentafel 34 enthält die M der Stabstellen b bis h für Last 1 t auf Punkt b bis e. Nach der schon früher gebrauchten Überlegung ist z. B. M für Stabstelle c durch 1 t auf f gleich dem M für Stabstelle g durch 1 t auf d usw. Die Werte N wurden zeichnerisch aus den ebenfalls zeichnerisch gewonnenen D_a und D_b und deren Zerlegung parallel und normal zur Stablinie an den Punkten b bis h gewonnen.

Zahlentafel 34 zun

Punkt	b	c
a und b	4 und 28	8 und 24
μ	$29^0\,32'\,52''$	$19^0\,11'\,38''$
y	2,835	4,647
Zähler	0,018510	0,035179
Nenner	0,045956	0,045956
X	0,403	0,766
A und B	0,875 und 0,125	0,750 und 0,250
Biegemomente an den Stabstellen b	$0{,}875\cdot 4 - 0{,}403\cdot 2{,}835 = +\,2{,}358$	$0{,}750\cdot 4 - 0{,}766\cdot 2{,}835 = +\,0{,}828$
c	$0{,}125\cdot 24 - 0{,}403\cdot 4{,}647 = +\,1{,}127$	$0{,}750\cdot 8 - 0{,}766\cdot 4{,}647 = +\,2{,}440$
d	$0{,}125\cdot 20 - 0{,}403\cdot 5{,}669 = +\,0{,}215$	$0{,}250\cdot 20 - 0{,}766\cdot 5{,}669 = +\,0{,}658$
e	$0{,}125\cdot 16 - 0{,}403\cdot 6{,}000 = -\,0{,}418$	$0{,}250\cdot 16 - 0{,}766\cdot 6{,}000 = -\,0{,}596$
f	$0{,}125\cdot 12 - 0{,}403\cdot 5{,}669 = -\,0{,}785$	$0{,}250\cdot 12 - 0{,}766\cdot 5{,}669 = -\,1{,}343$
g	$0{,}125\cdot 8 - 0{,}403\cdot 4{,}647 = -\,0{,}873$	$0{,}250\cdot 8 - 0{,}766\cdot 4{,}647 = -\,1{,}560$
h	$0{,}125\cdot 4 - 0{,}403\cdot 2{,}835 = -\,6{,}643$	$0{,}250\cdot 4 - 0{,}766\cdot 2{,}835 = -\,1{,}172$
D_a und D_b	0,963 und 0,422	1,072 und 0,806

Nach S. 143 liefert der als Parabelbogen betrachtete Stab

$$X = 1\cdot\tfrac{32}{6}\cdot 1{,}9531 = 1{,}04\ \text{t},$$

d. i. rund $3^0/_0$ größer als der genaue Wert 1,012 t.

Dieses X ergibt das Mittenmoment

$$M_e = 0{,}5\cdot 16 - 1{,}04\cdot 6 = 1{,}76\ \text{tm},$$

d. i. rund $10^0/_0$ kleiner als der genaue Wert 1,928 tm.

2. Fachwerke.

Zweigelenkfachwerk nach Bild 582[1]). Hierzu Zahlentafel 35 S. 308/309. Spalte 1 und 2 enthält die Stablängen und Stabquerschnitte. Zunächst werden die Stabkräfte S' für Last 1 t auf Punkt a bis f durch Rechnung oder Zeichnung ermittelt und in Spalte 3 bis 8 eingetragen, sodann Stabkraft $\mathfrak{S}$ für $X = 1$ t ermittelt und in Spalte 9 eingetragen. Spalte 10 zeigt die im weiteren wiederholt gebrauchten Werte $\mathfrak{S}s:F$. Dann folgen die Zählerwerte der Spalte 11 bis 16 und der Nennerwert der Spalte 17. Das liefert die untenstehenden Werte X der Stellungen a bis f. Spalte 18 bis 23 zeigt die Zwischenrechnung, Spalte 24 bis 29 die Endwerte S, die die Ordinaten der Einflußlinien der Stabkräfte liefern.

Bild 582 zeigt diese Einflußlinien für die Stäbe der linken Hälfte. Die Ordinaten der Einflußlinien für die weiteren Laststellungen

---

[1]) Diese Aufgabe wurde dem Werk „H. Müller-Breslau, Die neueren Methoden usw." (Leipzig 1913, Alfred Kröner) IV. Aufl. S. 28 und 68 entnommen, hier aber in ganz anderer Weise als dort behandelt. Die Übereinstimmung der X mit den dortigen ist gut.

Zweigelenkbogen (S. 305).

d	e
12 und 30	16 und 16
9° 27′ 41″	0
5,669	6,000
0,043 176	0,046 485
0,045 956	0,045 956
0,940	1,012
0,625 und 0,375	0,500 und 0,500
0,625· 4 − 0,940·2.835 = − 0,165	0,500· 4 − 1,012·2,835 = − 0,869
0,625· 8 − 0,940·4,647 = + 0,632	0,500· 8 − 1,012·4,647 = − 0,703
0,625·12 − 0,940·5,669 = + 2,171	0,500·12 − 1,012·5,669 = + 0,263
0,375·16 − 0,940·6,000 = + 0,360	0,500·16 − 1,012·6,000 = + 1,928
0,375·12 − 0,940·5,669 = − 0,829	0,500·12 − 1,012·5,669 = + 0,263
0,375· 8 − 0,940·4,047 = − 1,368	0,500· 8 − 1,012·4,047 = − 0,703
0,375· 4 − 0,940·2,835 = − 1,165	0,500· 4 − 1,012·2,835 = − 0,869
1,129 und 1,012	1,129 und 1,129

g bis l brauchen wegen der Fachwerksymmetrie nicht bestimmt zu werden, sondern folgen aus der schon früher gebrauchten Überlegung: z. B. Stab 14 erhält durch 1 t auf Punkt i dieselbe Stabkraft wie Stab 17 durch 1 t auf Punkt c usw. Im übrigen verlaufen die Einflußlinien zwischen den Obergurtknotenpunkten wie immer geradlinig.

Das Eigengewicht könnte als Festbelastung nach früherem Verfahren behandelt werden. Das erübrigt sich aber, wenn die Einflußlinien bekannt sind, denn der Wert X folgt bei Belastung der Punkte a und l durch je 0,5 t und der Punkte b bis k durch je 1,0 t zu

$$X = 2 \cdot 0,006 \cdot 0,5 + (0,387 + 0,757 + 1,100 + 1,383 + 1,500 +$$
$$+ 1,383 + 1,100 + 0,757 + 0,387) \cdot 1,0 = 8,760 \text{ t.}$$

Die Stabkräfte selbst können nun auf bekannte Weise, am einfachsten aus einem Cremona, ermittelt werden und sind nachstehend zusammengestellt.

	Obergurt					Untergurt				
Stab {	1	2	3	4	5	11	12	13	14	15
	10	9	8	7	6	20	19	18	17	16
S in t . .	− 0,6	− 1,5	− 3,0	− 5,0	− 6,2	− 9,6	− 8,6	− 7,5	− 5,9	− 3,7

	Senkrechten						Schrägen				
Stab {	21	22	23	24	25	26	32	33	34	35	36
	31	30	29	28	27		41	40	39	38	37
S in t . .	−1,2	−1,6	−1,7	−1,6	−1,3	−1,0	+ 0,8	+ 1,1	+ 1,6	+ 2,2	+ 1,3

Zahlentafel 35 für die Einflußlinien

Spalte	Stabklasse	Stab-Nr.	1	2	3	4	5	6	7	8	9	10	11	12	13	14
			s	F	S' für 1 t auf Punkt						$\mathfrak{S}$ für $X=1$	$\dfrac{\mathfrak{S}s}{F}$	$\dfrac{S'\,\mathfrak{S}s}{F}$ für 1 t auf			
					a	b	c	d	e	f			a	b	c	d
			cm	cm²	t	t	t	t	t	t	t					
	Obergurt	1	200	40	—	− 0,84	− 0,76	− 0,66	− 0,57	− 0,46	+ 0,42	+ 2,10	—	− 1,76	− 1,60	− 1,39
		2	200	60	—	− 1,12	− 2,28	− 2,00	− 1,70	− 1,42	+ 1,16	+ 3,87	—	− 4,33	− 8,82	− 7,74
		3	200	80	—	− 1,53	− 3,08	− 4,66	− 4,00	− 3,26	+ 2,36	+ 5,90	—	− 9,03	− 18,17	− 27,49
		4	200	100	—	− 2,00	− 4,00	− 6,00	− 8,00	− 6,63	+ 4,06	+ 8,12	—	− 16,24	− 32,48	− 48,72
		5	200	100	—	− 2,00	− 4,00	− 6,00	− 8,00	− 10,00	+ 5,00	+ 10,00	—	− 20,00	− 40,00	− 60,00
		6	200	100	—	− 2,00	− 4,00	− 6,00	− 8,00	− 10,00	+ 5,00	+ 10,00	—	− 20,00	− 40,00	− 60,00
		7	200	100	—	− 1,33	− 2,66	− 4,00	− 5,32	− 6,63	+ 4,06	+ 8,12	—	− 10,80	− 21,60	− 32,48
		8	200	80	—	− 0,67	− 1,33	− 2,00	− 2,66	− 3,26	+ 2,36	+ 5,90	—	− 3,95	− 7,85	− 11,80
		9	200	60	—	− 0,28	− 0,58	− 0,86	− 1,14	− 1,42	+ 1,16	+ 3,87	—	− 1,08	− 2,24	− 3,33
		10	200	40	—	− 0,09	− 0,20	− 0,30	− 0,38	− 0,46	+ 0,42	+ 2,10	—	− 0,19	− 0,42	− 0,63
	Untergurt	11	219	120	—	—	—	—	—	—	− 1,10	− 2,01	—	—	—	—
		12	212	106	—	+ 0,88	+ 0,82	+ 0,70	+ 0,60	+ 0,50	− 1,52	− 3,04	—	− 2,68	− 2,49	− 2,13
		13	206	100	—	+ 1,16	+ 2,35	+ 2,06	+ 1,76	+ 1,46	− 2,23	− 4,60	—	− 5,34	− 11,61	− 9,48
		14	202	100	—	+ 1,55	+ 3,12	+ 4,72	+ 4,06	+ 3,30	− 3,40	− 6,87	—	− 10,65	− 21,43	− 32,43
		15	200	100	—	+ 2,00	+ 4,00	+ 6,00	+ 8,00	+ 6,64	− 5,04	− 10,08	—	− 20,16	− 40,32	− 60,48
		16	200	100	—	+ 1,33	+ 2,66	+ 4,00	+ 5,34	+ 6,64	− 5,04	− 10,08	—	− 13,41	− 26,82	− 40,32
		17	202	100	—	+ 0,67	+ 1,34	+ 2,02	+ 2,70	+ 3,30	− 3,40	− 6,87	—	− 4,60	− 9,21	− 13,88
		18	206	100	—	+ 0,30	+ 0,60	+ 0,88	+ 1,17	+ 1,46	− 2,23	− 4,60	—	− 1,38	− 2,76	− 4,05
		19	212	106	—	+ 0,10	+ 0,20	+ 0,30	+ 0,40	+ 0,50	− 1,52	− 3,04	—	− 0,30	− 0,61	− 0,91
		20	219	120	—	—	—	—	—	—	− 1,10	− 2,01	—	—	—	—
	Senkrechten	21	300	50	− 1,00	− 0,90	− 0,80	− 0,70	− 0,60	− 0,50	+ 0,44	+ 2,64	− 2,64	− 2,38	− 2,11	− 1,85
		22	210	50	—	− 1,20	− 1,06	− 0,94	− 0,80	− 0,66	+ 0,50	+ 2,10	—	− 2,52	− 2,23	− 1,97
		23	140	50	—	− 0,18	− 1,35	− 1,20	− 1,02	− 0,85	+ 0,54	+ 1,51	—	− 0,27	− 2,04	− 1,81
		24	90	50	—	− 0,13	− 0,26	− 1,40	− 1,20	− 1,00	+ 0,49	+ 0,88	—	− 0,11	− 0,23	− 1,23
		25	60	50	—	—	—	—	− 1,00	− 0,82	+ 0,24	+ 0,29	—	—	—	—
		26	50	50	—	—	—	—	—	− 1,00	—	—	—	—	—	—
		27	60	50	—	− 0,16	− 0,32	− 0,48	− 0,64	− 0,82	+ 0,24	+ 0,29	—	− 0,05	− 0,09	− 0,14
		28	90	50	—	− 0,20	− 0,40	− 0,60	− 0,80	− 1,00	+ 0,49	+ 0,88	—	− 0,18	− 0,35	− 0,53
		29	140	50	—	− 0,17	− 0,34	− 0,52	− 0,68	− 0,85	+ 0,54	+ 1,51	—	− 0,26	− 0,5⌃	− 0,79
		30	210	50	—	− 0,13	− 0,27	− 0,40	− 0,53	− 0,66	+ 0,50	+ 2,10	—	− 0,27	− 0,57	− 0,84
		31	300	50	—	− 0,10	− 0,20	− 0,30	− 0,40	− 0,50	+ 0,44	+ 2,64	—	− 0,26	− 0,53	− 0,79
	Schrägen	32	290	50	—	+ 1,23	+ 1,10	+ 0,97	+ 0,83	+ 0,67	− 0,61	− 3,54	—	− 4,36	− 3,90	− 3,43
		33	244	50	—	+ 0,34	+ 1,85	+ 1,64	+ 1,40	+ 1,15	− 0,89	− 4,30	—	− 1,46	− 7,95	− 7,05
		34	219	50	—	+ 0,43	+ 0,87	+ 2,92	+ 2,50	+ 2,06	− 1,31	− 5,74	—	− 2,47	− 4,99	− 16,76
		35	209	50	—	+ 0,48	+ 0,95	+ 1,40	+ 4,16	+ 3,50	− 1,74	− 7,27	—	− 3,49	− 6,91	− 10,18
		36	206	50	—	—	—	—	—	+ 3,46	− 1,00	− 4,12	—	—	—	—
		37	206	50	—	+ 0,69	+ 1,37	+ 2,06	+ 2,74	+ 3,46	− 1,00	− 4,12	—	− 2,84	− 5,65	− 8,49
		38	209	50	—	+ 0,70	+ 1,40	+ 2,08	+ 2,78	+ 3,50	− 1,74	− 7,27	—	− 5,09	− 10,18	− 15,12
		39	219	50	—	+ 0,41	+ 0,83	+ 1,26	+ 1,67	+ 2,06	− 1,31	− 5,74	—	− 2,35	− 4,76	− 7,23
		40	244	50	—	+ 0,24	+ 0,47	+ 0,70	+ 0,93	+ 1,15	− 0,89	− 4,30	—	− 1,03	− 2,02	− 3,01
		41	290	50	—	+ 0,14	+ 0,27	+ 0,42	+ 0,55	+ 0,67	− 0,61	− 3,54	—	− 0,50	− 0,96	− 1,49
													− 2,64	− 175,79	− 344,40	− 499,97
										$X =$			+ 0,006	+ 0,387	+ 0,757	+ 1,100

Die Fahrbahnlängsträger und Laufkranobergurte. Die Brücken-
fahrbahnen erhalten verschiedene Ausbildung, je nachdem es sich
um Straßen- oder Eisenbahnbrücken oder um Krangerüste handelt.
Sie bestehen bei Brücken aus der Fahrbahndecke (bei Straßenbrücken
das Pflaster und dessen Unterlage, bei Eisenbahnbrücken entweder
die Schienen und Schwellen oder bei durchlaufender Kiesbettung
die Schienen und Schwellen mit Kiesbett und Blechabdeckung) und

des Zweigelenkfachwerks (S. 306).

15	16	17	18	19	20	21	22	23	24	25	26	27	28	29
Punkt		$\frac{\mathfrak{S}^2 s}{F}$	$X\mathfrak{S}$ für 1 t auf Punkt						$S = S' + X\mathfrak{S}$ für 1 t auf Punkt					
e	f		a	b	c	d	e	f	a	b	c	d	e	f
			t	t	t	t	t	t	t	t	t	t	t	t
− 1,20	− 0,97	+ 0,88	0,00	+ 0,16	+ 0,32	+ 0,46	+ 0,58	+ 0,63	0,00	− 0,68	− 0,44	− 0,20	+ 0,01	+ 0,17
− 6,58	− 5,50	+ 4,49	+ 0,01	+ 0,45	+ 0,88	+ 1,28	+ 1,60	+ 1,74	− 0,01	− 0,67	− 1,40	− 0,72	− 0,10	+ 0,32
− 23,60	− 19,23	+ 13,92	+ 0,01	+ 0,92	+ 1,79	+ 2,60	+ 3,27	+ 3,54	− 0,01	− 0,61	− 1,29	− 2,06	− 0,73	+ 0,28
− 64,96	− 53,84	+ 32,97	+ 0,02	+ 1,57	+ 3,07	+ 4,47	+ 5,62	+ 6,09	− 0,02	− 0,43	− 0,93	− 1,53	− 2,38	− 0,54
− 80,00	− 100,00	+ 50,00	+ 0,03	+ 1,93	+ 3,78	+ 5,50	+ 6,92	+ 7,50	− 0,03	− 0,07	− 0,22	− 0,50	− 1,08	− 2,50
− 80,00	− 100,00	+ 50,00	+ 0,03	+ 1,93	+ 3,78	+ 5,50	+ 6,92	+ 7,50	− 0,03	− 0, 7	− 0,22	− 0,50	− 1,08	− 2,50
− 43,20	− 53,84	+ 32,97	+ 0,02	+ 1,57	+ 3,07	+ 4,47	+ 5,62	+ 6,09	− 0,02	+ 0,24	+ 0,41	+ 0,47	+ 0,30	− 0,54
− 15,70	− 19,25	+ 13,92	+ 0,01	+ 0,92	+ 1,79	+ 2,60	+ 3,27	+ 3,54	− 0,01	+ 0,25	+ 0,46	+ 0,60	+ 0,61	+ 0,28
− 4,42	− 5,50	+ 4,49	+ 0,01	+ 0,45	+ 0,88	+ 1,28	+ 1,60	+ 1,74	− 0,01	+ 0,17	+ 0,30	+ 0,42	+ 0,46	+ 0,32
− 0,80	− 0,97	+ 0,88	0,00	+ 0,16	+ 0,32	+ 0,46	+ 0,58	+ 0,63	− 0,00	+ 0,07	+ 0,12	+ 0,16	+ 0,20	+ 0,17
—	—	+ 2,21	− 0,01	− 0,43	− 0,83	− 1,21	− 1,52	− 1,65	+ 0,01	− 0,43	− 0,83	− 1,21	− 1,52	− 1,65
− 1,82	− 1,52	+ 4,61	− 0,01	− 0,59	− 1,15	− 1,67	− 2,10	− 2,28	+ 0,01	+ 0,29	− 0,33	− 0,97	− 1,50	− 1,78
− 8,10	− 6,72	+ 10,26	− 0,01	− 0,90	− 1,69	− 2,45	− 3,09	− 3,35	+ 0,01	+ 0,26	+ 0,66	− 0,39	− 1,33	− 1,89
− 27,89	− 22,67	+ 23,36	− 0,02	− 1,32	− 2,57	− 3,74	− 4,70	− 5,10	+ 0,02	+ 0,23	+ 0,55	+ 0,98	− 0,64	− 1,80
− 80,64	− 66,93	+ 50,80	− 0,03	− 1,95	− 3,81	− 5,54	− 6,98	− 7,57	+ 0,03	+ 0,05	+ 0,19	+ 0,46	+ 1,02	− 0,93
− 53,81	− 66,93	+ 50,80	− 0,03	− 1,95	− 3,81	− 5,54	− 6,98	− 7,57	+ 0,03	− 0,62	− 1,15	− 1,54	− 1,64	− 0,93
− 18,55	− 22,67	+ 23,36	− 0,02	− 1,32	− 2,57	− 3,74	− 4,70	− 5,10	+ 0,02	− 0,65	− 1,23	− 1,72	− 2,00	− 1,80
− 5,39	− 6,72	+ 10,26	− 0,01	− 0,90	− 1,69	− 2,45	− 3,09	− 3,35	+ 0,01	− 0,60	− 1,09	− 1,57	− 1,92	− 1,89
− 1,21	− 1,52	+ 4,61	− 0,01	− 0,59	− 1,15	− 1,67	− 2,10	− 2,28	+ 0,01	− 0,49	− 0,95	− 1,37	− 1,70	− 1,78
—	—	+ 2,21	− 0,01	− 0,43	− 0,83	− 1,21	− 1,52	− 1,65	+ 0,01	− 0,43	− 0,83	− 1,21	− 1,52	− 1,65
− 1,58	− 1,32	+ 1,16	0,00	+ 0,17	+ 0,33	+ 0,48	+ 0,61	+ 0,66	− 1,00	− 0,73	− 0,47	− 0,22	+ 0,01	+ 0,16
− 1,68	− 1,39	+ 1,05	0,00	+ 0,19	+ 0,38	+ 0,55	+ 0,69	+ 0,75	0,00	− 1,01	− 0,68	− 0,39	− 0,11	+ 0,09
− 1,54	− 1,28	+ 0,81	0,00	+ 0,21	+ 0,41	+ 0,59	+ 0,75	+ 0,81	0,00	+ 0,03	− 0,94	− 0,61	− 0,27	− 0,04
− 1,06	− 0,88	+ 0,43	0,00	+ 0,19	+ 0,37	+ 0,54	+ 0,68	+ 0,73	0,00	+ 0,06	+ 0,11	− 0,86	− 0,52	− 0,27
− 0,29	− 0,24	+ 0,07	0,00	+ 0,09	+ 0,18	+ 0,26	+ 0,33	+ 0,36	0,00	+ 0,09	+ 0,18	+ 0,26	− 0,67	− 0,46
—	—	—	—	—	—	—	—	—	—	—	—	—	—	− 1,00
− 0,19	− 0,24	+ 0,07	0,00	+ 0,09	+ 0,18	+ 0,26	+ 0,33	+ 0,36	0,00	− 0,07	− 0,14	− 0,22	− 0,31	− 0,46
− 0,70	− 0,88	+ 0,43	0,00	+ 0,19	+ 0,37	+ 0,54	+ 0,68	+ 0,73	0,00	− 0,01	− 0,03	− 0,06	− 0,12	− 0,27
− 1,03	− 1,28	+ 0,81	0,00	+ 0,21	+ 0,41	+ 0,59	+ 0,75	+ 0,81	0,00	+ 0,04	+ 0,07	+ 0,07	+ 0,07	− 0,04
− 1,11	− 1,39	+ 1,05	0,00	+ 0,19	+ 0,38	+ 0,55	+ 0,69	+ 0,75	0,00	+ 0,06	+ 0,11	+ 0,15	+ 0,16	+ 0,09
− 1,06	− 1,32	+ 1,16	0,00	+ 0,17	+ 0,33	+ 0,48	+ 0,61	+ 0,66	0,00	+ 0,07	+ 0,13	+ 0,18	+ 0,21	+ 0,16
− 2,94	− 2,37	+ 2,16	0,00	− 0,24	− 0,46	− 0,67	− 0,84	− 0,91	0,00	+ 0,99	+ 0,64	+ 0,30	− 0,01	− 0,24
− 6,02	− 4,94	+ 3,83	− 0,01	− 0,35	− 0,67	− 0,98	− 1,23	− 1,34	+ 0,01	− 0,01	+ 1,18	+ 0,66	+ 0,17	− 0,19
− 14,35	− 11,82	+ 7,52	− 0,01	− 0,51	− 0,99	− 1,44	− 1,81	− 1,96	+ 0,01	− 0,08	− 0,12	+ 1,48	+ 0,69	+ 0,10
− 30,24	− 25,45	+ 12,65	− 0,02	− 0,67	− 1,31	− 1,91	− 2,41	− 2,61	+ 0,02	− 0,19	− 0,36	− 0,51	+ 1,75	+ 0,89
—	− 14,26	+ 4,12	− 0,01	− 0,39	− 0,76	− 1,10	− 1,38	− 1,50	+ 0,01	− 0,39	− 0,76	− 1,10	− 1,38	+ 1,96
− 11,29	− 14,26	+ 4,12	− 0,01	− 0,39	− 0,76	− 1,10	− 1,38	− 1,50	+ 0,01	+ 0,30	+ 0,61	+ 0,96	+ 1,36	+ 1,96
− 20,21	− 25,45	+ 12,65	− 0,02	− 0,67	− 1,31	− 1,91	− 2,41	− 2,61	+ 0,02	+ 0,03	+ 0,09	+ 0,17	+ 0,37	+ 0,89
− 9,59	− 11,82	+ 7,52	− 0,01	− 0,51	− 0,99	− 1,44	− 1,81	− 1,96	+ 0,01	− 0,10	− 0,16	− 0,18	− 0,14	+ 0,10
− 4,00	− 4,94	+ 3,83	− 0,01	− 0,35	− 0,67	− 0,98	− 1,23	− 1,34	+ 0,01	− 0,11	− 0,20	− 0,28	− 0,30	− 0,19
− 1,95	− 2,37	+ 2,16	0,00	− 0,24	− 0,46	− 0,67	− 0,84	− 0,91	0,00	− 0,10	− 0,19	− 0,25	− 0,29	− 0,24
− 628,70	− 682,68	+ 454,60												
+ 1,383	+ 1,500													

Ordinaten der Einflußlinien
der Stabkräfte

einem System von Längs- und Querträgern, die den Fahrbahnrost
bilden. Die Behandlung der eigentlichen Fahrbahndecke mit Zu-
behör hängt eng mit konstruktiven Einzelheiten zusammen und gehört dem eigentlichen Brückenbau an; dagegen greifen wir hier
die Beanspruchungsweise der zugehörigen Längs- und Querträger
heraus, da sie in das schon behandelte Thema der Wanderlasten
hinübergreift.

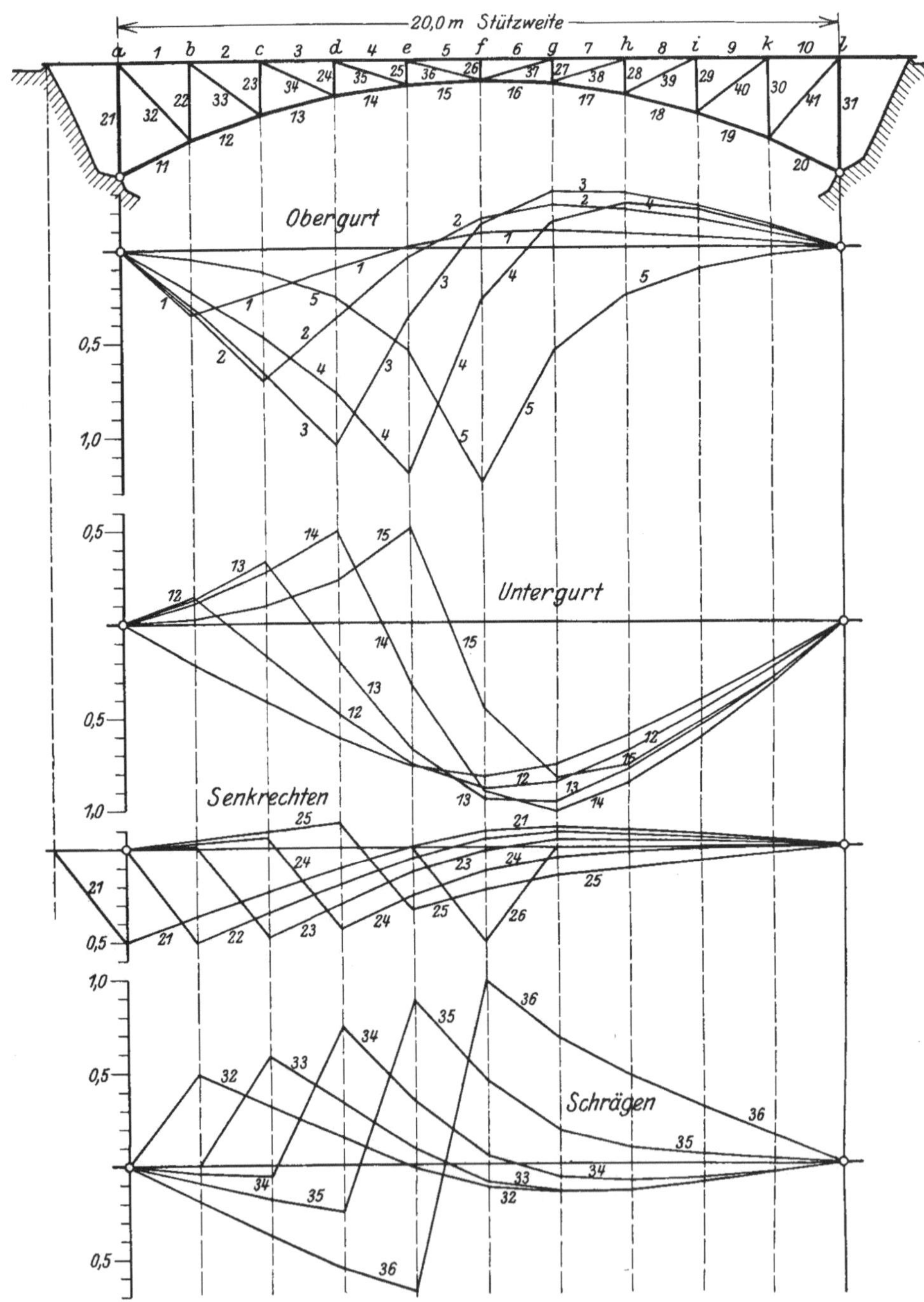

Bild 582. Zweigelenkfachwerk. Einflußlinien der Stabkräfte.

Wir denken uns ein beliebiges (statisch bestimmtes oder unbestimmtes) Tragwerk, dessen Fahrbahndecke auf Längsträgern ruht, die sich ihrerseits auf Querträgern abstützen. Die Trägerart, ob Vollwand- oder Fachwerkträger, ist nebensächlich; in Bild 583 ist ein einfacher Fachwerkträger angenommen.

In allen bisherigen Fällen wurde bei Behandlung der Wanderlasten vorausgesetzt, daß die Fahrbahntafel aus einzelnen, von Knotenpunkt zu Knotenpunkt laufenden Trägern besteht, die den bekannten geradlinigen Verlauf der Einflußlinien zwischen aufeinanderfolgenden Knotenpunkten liefert.

Es tritt nun die Frage auf, ob die Längsträger als solche einfache Träger oder als durchlaufende Träger ausgebildet werden und wie sie im letzteren Falle statisch zu behandeln sind und welchen Einfluß sie dann auf die Hauptträger haben.

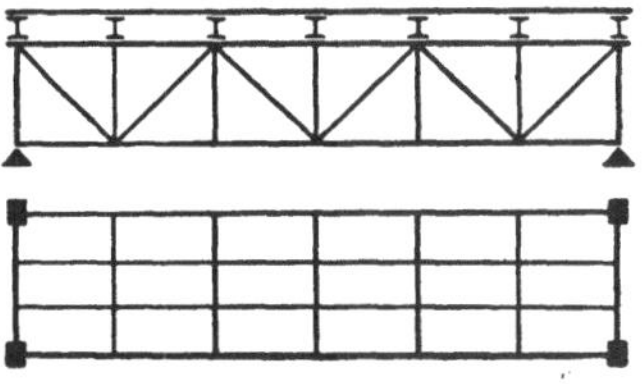

Bild 583. Anordnung der Längs- und Querträger.

Im Brückenbau liegen beide Möglichkeiten vor. Die an den Querträgern unterbrochenen und nur angewinkelten Längsträger wirken als frei aufliegende Träger und erfordern keine besondere Behandlung. Werden sie dagegen als durchlaufende Träger ausgebildet, so können sie nicht ohne weiteres nach den früheren Verfahren behandelt werden, da ihre durch die Querträger gebildeten Auflager durchaus nicht starr liegen, sondern aus zwei Gründen nachgiebig sind. Der Vorgang kann für den Fall einer gleichartigen Belastung aller Längsträgerstränge durch das schematische Bild 584 a verdeutlicht werden. Der untere Träger stellt den Hauptträger, der obere die Gesamtheit aller auf einen Hauptträger entfallenden Längsträger dar,

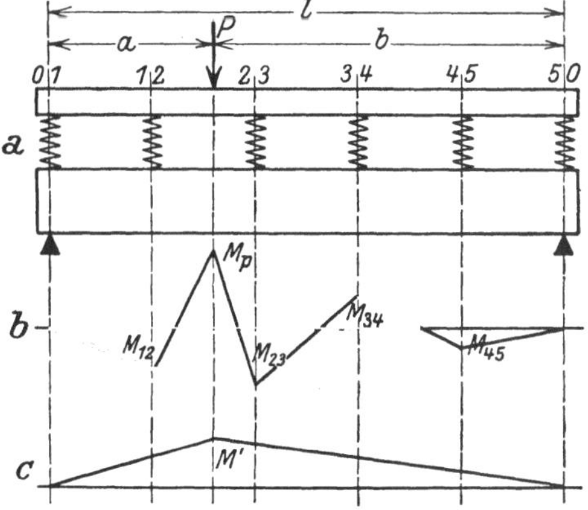

Bild 584. Schematische Darstellung der Längs- und Querträgerbeanspruchung.

während durch die Schraubendruckfedern die Biegsamkeit der Querträger versinnbildlicht wird.

Denkt man sich zunächst die Hauptträger starr, dann liegt der Fall des durchlaufenden Trägers auf elastischen Stützen vor, der auf S. 197 behandelt wurde. Zunächst ist der Elastizitätsfestwert n zu bestimmen, der die Längs- und Querträgerabmessungen enthält. — Bild 584 b zeigt die von einer Einzellast herrührenden M-Linie.

Der Wert n kann bei Brücken zwischen 0,02 und 0,30 schwanken. Je kleiner n, desto steifer ist der Querträger gegenüber den Längsträgern; bei $n > 0,02$ muß die Elastizität der Querträger berücksichtigt werden; bei $n < 0,02$ darf sie unberücksichtigt bleiben und der Längsträger kann als ein über starre Stützen durchlaufender Träger behandelt werden. Dasselbe ist der Fall bei einem Krangerüst mit Querverbindungen etwa nach Bild 585, wobei die als Katzenlaufbahn dienenden Längsträger unten aufgehängt sind und n nahezu Null ist.

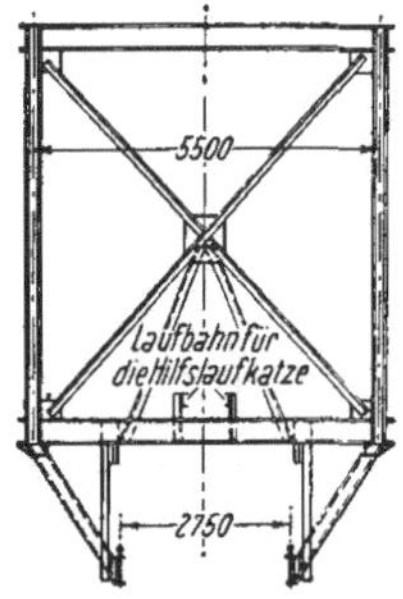

Bild 585. Fahrbahnaufhängung bei Verladebrücken.

Dürfen die Querträger als starr angenommen werden, dann liegt der Fall zweier aufeinanderliegender Träger vor, die sich infolge der Unnachgiebigkeit ihrer Verbindungen nach derselben Linie durchbiegen. Bezeichnet J_h das als unveränderlich angenommene Trägheitsmoment des Hauptträgers und J das eines Längsträgers, dann kommt bei i auf einen Hauptträger entfallenden Längsträgern der Betrag iJ in Rechnung. Das Gesamtträgheitsmoment beider Träger ist demnach $J_h + iJ$ und das von beiden Trägern aufzunehmende Biegemoment verteilt sich im Verhältnis $J_h : iJ$ auf den Hauptträger und die Längsträgergruppe. Es kommt aber auf dasselbe hinaus, wenn man von der Last P den Anteil

$$P' = \frac{P}{i} \frac{J}{J_h + iJ}$$

auf einen Längsträger rechnet, dessen Stützweite also gleich der des Hauptträgers ist. Bild 584c zeigt die entsprechende M-Linie; unter der Laststellung ist $M' = P'\dfrac{ab}{l}$. Nun können bei größeren Fachwerkbrücken diese Beträge gegen die oberen vernachlässigt werden, nur bei kleineren Brücken werden sie zu beachten sein.

Diese beiden Momente wirken gleichzeitig und sind algebraisch zusammenzusetzen. Durch Wiederholung des Verfahrens für die Wanderlast 1 t gewinnt man die Einflußlinien für die Längsträger und damit auch die größte Belastung der Querträger.

Nun tritt die Frage auf, ob und in welcher Weise die Elastizität der Längs- und Querträger auf die Hauptträger zurückwirkt. Zur Vereinfachung der Sachlage nehmen wir unelastische Haupt- und Querträger an und kommen auf den Fall der mittelbaren Belastung nach Bild 182 S. 55 zurück. Die Konstruktion der M-Linie für den Hauptträger ergab sich damals unter der stillschweigenden Annahme frei aufliegender Längsträgerstücke. Läuft nun der Hilfsträger durch, dann ergeben sich andere Zwischenauflagerkräfte und eine andere M-Linie. Nun wird aber bei ganz ungefähr gleichmäßiger Lastverteilung über alle Felder die übliche Annahme der frei aufliegenden Längsträger unbedeutend größere Biegemomente liefern als ein genaues Verfahren für durchlaufende Längsträger. Daher haben wir keine

Ursache, die bisherigen Einflußlinien des Hauptträgers bei durchlaufenden Längsträgern zu ändern.

Eine andere Frage ist die, ob die Querträger dadurch beeinflußt werden. Bild 586a zeigt für einige aufeinanderfolgenden Felder die Einflußlinien der Auflagerkräfte auf Querträger $i\,k$ bei frei.aufliegenden und Bild 586b die bei durchlaufenden Längsträgern. Hierbei ist die Mehrbelastung des Querträgers sofort erkennbar und möchte doch wohl Berücksichtigung finden.

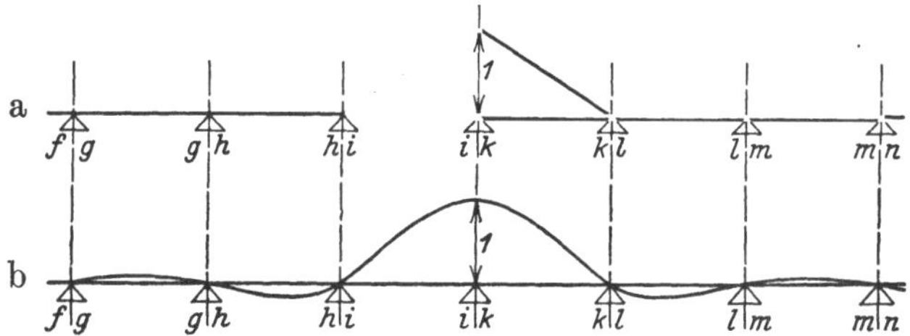

Bild 586.   Einflußlinien der Auflagerkräfte auf Querträger $i\,k$ für frei aufliegende bzw. durchlaufende Längsträger.

Der Obergurt der Krangerüste erfordert gesonderte Behandlung, da er die Fahrzeugraddrücke unmittelbar aufnimmt und gleichzeitig den Gurtstab des Fachwerks bildet und somit auf Druck und Biegung gleichzeitig beansprucht wird. Dieser Fall wurde in Fachzeitschriften der letzten Zeit wiederholt erörtert und bildet heute noch eine Streitfrage, da die verschiedenen Berechnungsvorschläge stark voneinander abweichende Ergebnisse liefern.

Die gebräuchliche Faustformel für die Biegemomente durch den größten Raddruck P bei Feldweite l ist $M = Pl : 6$, worin das Durchlaufen des Gurtes zum Ausdruck kommen soll, während $Pl : 4$ für freie Auflagerung zu viel und $Pl : 8$ für vollständige Einspannung zu wenig ergibt. Hinzu kommt die Stabkraft S als Druck; aus M und S ergeben sich für den gewählten Querschnitt die Spannungen an der Ober- und Unterfaser.

Wir wollen den Fall mit Benutzung des Vorhergehenden genauer untersuchen. Wegen des Fehlens der Querträger wird der Obergurtstab zunächst streng als durchlaufender Träger behandelt; hierbei genügt es, die Berechnung für den in Trägermitte liegenden stärkst

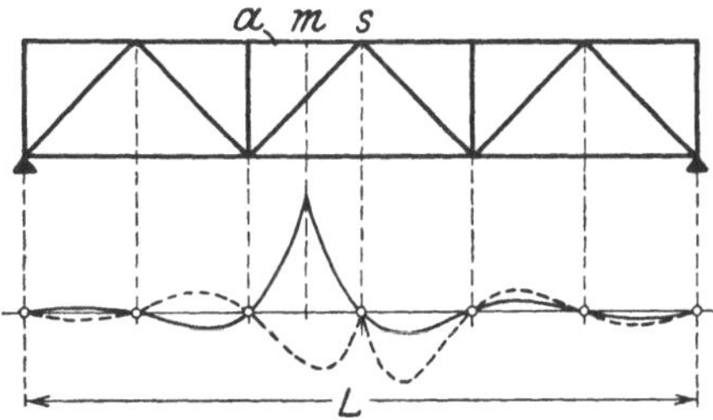

Bild 587.   Einflußlinien der Biegemomente für den durchlaufenden Obergurtstab.

beanspruchten Stab durchzuführen und zwar für die Stabstelle in Feldmitte und über den benachbarten Knotenpunkten. Für den in Bild 587 bezeichneten Obergurtstab a ist die Einflußlinie der Biegemomente für Stabmitte m ausgezogen und die der Biegemomente für Knotenpunkt s strichiert gezeichnet. Diese Einflußlinien werden nach den bekannten Verfahren gewonnen, wobei mäßige Genauigkeit ausreicht. Sie liefern für die beiden Katzenraddrücke P_1 und P_2 die Momente M_{km} (positiv) und M_{ks} (negativ). Bezeichnet ferner J das Trägheitsmoment des Gurtstabes und J_h das des Hauptträgers (aus den Gurtquerschnitten und der Fachwerkhöhe zu bestimmen), dann kommt von der Katzenlast $K = P_1 + P_2$ der Anteil

$$K' = K \frac{J}{J_h + J}$$ auf den Obergurt von der Stützweite L und liefert

in dem betrachteten Mittelstück das Biegemoment $M_K = \dfrac{K' L}{4}$ (positiv),

wobei wir auf die kleinen Unterschiede zwischen den doch nahe beisammenliegenden Stellen m und s nicht achten. Desgleichen liefert das Eigengewicht Q des Hauptträgers für den Gurtstab den

Anteil $Q' = Q \dfrac{J}{J_h + J}$ und das Biegemoment $M_Q = \dfrac{Q' L}{8}$. Diese

gleichzeitig auftretenden Momente sind algebraisch zu addieren und liefern schließlich an den Stellen m und s die Momente

$$M_m = M_{km} + M_K + M_Q \quad \text{und} \quad M_s = M_{ks} + M_K + M_Q,$$

die mit der gleichzeitig auftretenden Stabkraft S die maßgebenden Spannungen ergeben.

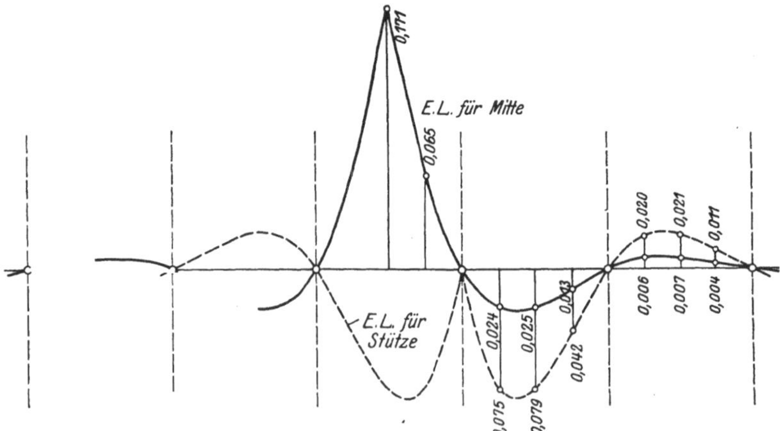

Bild 588.　Die Ordinaten der Einflußlinien bei gleicher Feldteilung und unbegrenzter Felderzahl.

Bei gleicher Feldteilung l und gleichen oder annähernd gleichen Gurtstabquerschnitten in allen Feldern kann der Gurt als durchlaufender Träger mit unbegrenzter Felderzahl angesehen werden, wofür Bild 588 die Einflußlinien für Stabmitte und Stütze zeigt; die eingeschriebenen η, mit l in m multipliziert, liefern die wirklichen η für die Wanderlast 1 t.

Bezeichnet bei Fahrzeugen mit gleichen Raddrücken P den Raddruck in t, l die Feldweite und a den Radstand in m, dann ergibt die Auswertung dieser Einflußlinien

für $\dfrac{a}{l}=0{,}2 \quad 0{,}4 \quad 0{,}6 \quad 0{,}8 \quad 1{,}0 \quad 1{,}2 \quad 1{,}4 \quad 1{,}6$ und mehr

$M_{km}=0{,}25 \quad 0{,}19 \quad 0{,}16 \quad 0{,}15 \quad 0{,}15 \quad 0{,}16 \quad 0{,}17 \quad 0{,}18 \cdot Pl$ (pos.),

$M_{ks}=0{,}16 \quad 0{,}14 \quad 0{,}16 \quad 0{,}17 \quad 0{,}16 \quad 0{,}13 \quad 0{,}10 \quad 0{,}09 \cdot Pl$ (neg.).

Zahlenbeispiel. Für den auf S. 59 behandelten Laufkran ist $L=18$ m, $Q=4{,}3$ t, $l=1{,}5$ m, $P=4$ t, also $K=2P=8$ t, $a=1{,}2$ m, somit $a:l=1{,}2:1{,}5=0{,}8$ und nach obiger Tafel für den mittleren Obergurtstab $M_{km}=0{,}15\cdot4\cdot1{,}5=0{,}90$ tm und $M_{ks}=-0{,}17\cdot4\cdot1{,}5=-1{,}02$ tm.

Für den in Bild 589 dargestellten Gurtquerschnitt ist $F=69{,}5$ cm², $J=2460$ cm⁴, $W_o=2460:8{,}7=293$ cm³, $W_u=2460:10{,}8=228$ cm³. Mit 53,8 cm² Untergurtschnitt und 1,5 m Trägerhöhe ergibt sich für den Hauptträger $J_h=$ rd. 684 000 cm⁴, somit ist

$$K'=8{,}0\ \frac{2460}{684\,000+2460}=0{,}029\ \text{t} \quad \text{und} \quad M_K=\frac{0{,}029\cdot18}{4}=0{,}130\ \text{tm,}$$

$$Q'=4{,}3\ \frac{2460}{684\,000+2460}=0{,}015\ \text{t} \quad \text{und} \quad M_Q=\frac{0{,}015\cdot18}{8}=0{,}034\ \text{tm.}$$

Hieraus die Gesamtmomente

$$M_m=\quad 0{,}900+0{,}130+0{,}034=1{,}064\ \text{tm,}$$
$$M_s=-1{,}020+0{,}130+0{,}034=0{,}856\ \text{tm.}$$

Die größte Stabkraft ist nach S. 61 29,0 t Druck. Hieraus die Spannungen an der Ober- und Unterfaser

$$\sigma_{mo}=-\frac{106\,400}{293}-\frac{29\,000}{69{,}5}=-781\ \text{kg/cm}^2,$$

$$\sigma_{mu}=+\frac{106\,400}{228}-\frac{29\,000}{69{,}5}=+50\quad\text{\textquotedbl}\quad,$$

$$\sigma_{so}=+\frac{85\,600}{293}-\frac{29\,000}{69{,}5}=-125\quad\text{\textquotedbl}\quad,$$

$$\sigma_{su}=-\frac{85\,600}{228}-\frac{29\,000}{69{,}5}=-792\quad\text{\textquotedbl}\quad.$$

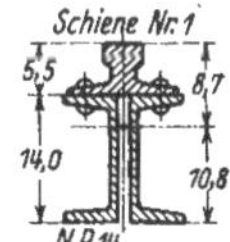

Bild 589. Obergurtquerschnitt zum Zahlenbeispiel.

G. Die statisch unbestimmten Gebilde bei Temperaturwechsel.

Alle bisherigen Darlegungen über statisch unbestimmte Gebilde stehen in keiner Beziehung zur Temperatur, d. h. sie gelten für gleichmäßige Temperatur. Ist nun das einem Temperaturwechsel ausgesetzte Bauwerk statisch unbestimmt gelagert, dann kann es sich bei Temperaturerhöhung nicht wie ein statisch bestimmt gelagertes ohne Zwang ausdehnen, sondern ist je nach Lagerung an den Auflagerstellen an der freien Dehnung gehindert, was gewisse Spannungen, die Wärmespannungen, zur Folge hat; bei Temperaturerniedrigung treten dieselben Spannungen mit entgegengesetzten Vorzeichen auf. Die Spannungen können bedeutend werden und erfordern besondere Untersuchung.

Man wählt eine mittlere Temperatur t_0 derart, daß die voraussichtlichen Temperaturschwankungen nach beiden Seiten hin gleich groß werden; die Temperaturerhöhung bzw. -erniedrigung $\pm t$ rechnet von t_0 aus. Für t_0 setzt man in Mitteleuropa etwa $+10^0$. Bei Eisenbauten nimmt man an, daß die höchste Eisenwärme nicht über 45^0 steigen und die größte Kälte nicht unter 25^0 sinken wird; das entspricht einer Schwankung von $\pm 35^0$[1]). Der Erdboden gilt als starr, d. h. er ändert sich bei Temperaturwechsel unmerklich, außerdem ändert sich die Bodentemperatur in engeren Grenzen als die Eisentemperatur.

Das Bauwerk soll nun so aufgestellt werden, daß es bei t_0 und ohne Belastung spannungslos ist; über Maßnahmen hierzu s. S. 334. Die durch Belastung und durch Temperaturwechsel hervorgerufenen Spannungen addieren sich algebraisch, d. h. die Temperaturspannungen sind unabhängig von der Belastung, und das rechtfertigt ihre Behandlung in diesem besonderen Abschnitte, die für Biegestäbe und Fachwerke getrennt erfolgt.

Der hier und im weiteren öfter vorkommende Wert $E\varepsilon_t$ ist für Flußstahl

$$= 2\,150\,000 \cdot 11{,}8 \cdot 10^{-6} = \text{rd. } 25 \qquad \text{im kg- und cm-System,}$$
$$= 2150 \qquad \cdot 11{,}8 \cdot 10^{-6} = \text{rd. } 0{,}025 \text{ „ t- „ cm- „}$$
$$= 2\,150\,000 \cdot 11{,}8 \cdot 10^{-6} = \text{rd. } 250 \qquad \text{„ t- „ m- „}$$

1. Biegestabgebilde.

Im dritten Abschnitt wurde die Formänderung statisch bestimmter Biegestabgebilde behandelt für gleichmäßige Temperaturänderung des ganzen Gebildes oder einzelner Stäbe und für verschiedene Erwärmung der Trägergurtkanten. Bei der Ermittelung der Temperaturspannungen in statisch unbestimmten Biegestabgebilden behandeln wir ebenfalls getrennt die Wirkung dieser Temperaturzustände.

Gleichmäßige Erwärmung in äußerlich einfach statisch unbestimmten Gebilden.

Setzt man nach Fall 1 c S. 124 X statt P_t, dann wird durch den Ansatz

$$\varepsilon_t t \int \mathfrak{N}\, ds + X \int \frac{\mathfrak{M}^2}{EJ}\, ds = 0$$

ausgedrückt, daß die Verschiebung des Angriffspunktes der Kraft X durch die Lagerung verhindert ist. Hierin bezeichnet im Sinne der früheren Abmachungen X die dadurch entstehende Zwangskraft, d. i. die statisch Unbestimmte, $\mathfrak{M}$ die durch $X=1$ entstehenden Momente und $\mathfrak{N}$ die durch $X=1$ entstehenden Längskräfte. Man setzt demnach in den bisherigen Ansätzen der statisch unbestimmten Rechnungsweise

$$\varepsilon_t t \int \mathfrak{N}\, ds \quad \text{statt} \quad \int \frac{M'\mathfrak{M}}{EJ}\, ds;$$

---

[1]) Vorschrift der deutschen Reichsbahn.

positives t bedeutet Erwärmung, negatives t Abkühlung gegen die mittlere Temperatur t_0.

Diese Ansätze werden wir auf den Zweigelenkbogen nach Bild 590 anwenden. $X = 1$ liefert $\mathfrak{N} = -1 \cdot \cos \varphi$ und $\mathfrak{M} = -1 \cdot y$; außerdem ist $ds = \dfrac{dx}{\cos \varphi}$. Daraus folgt

$$\varepsilon_t t \int_0^l (-\cos \varphi) \frac{dx}{\cos \varphi}$$

$$+ X \int \frac{y^2}{EJ} ds = 0$$

und

$$X = \frac{E \varepsilon_t t l}{\int \dfrac{y^2}{J} ds}.$$

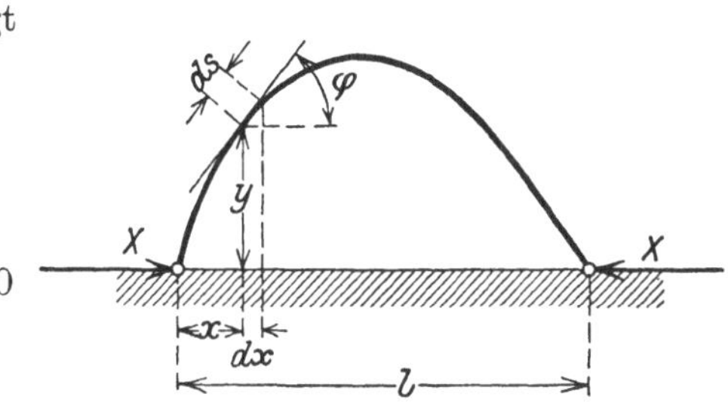

Bild 590. Zweigelenkbogen.

Endgültig ist $M = -Xy$ und $N = -X \cos \varphi$.

Beispiele.

1. Das Portal nach S. 135 Nr. 1. Mit den dortigen Bezeichnungen und Abmessungen ist

$$X = \frac{E \, \varepsilon_t \, t \, l}{\dfrac{2}{3} \dfrac{h^3}{J_h} + \dfrac{h^2 l}{J_l}} = \frac{25 \cdot t \cdot 800}{\dfrac{2}{3} \dfrac{400^3}{5744} + \dfrac{400^2 \cdot 800}{5744}} = 0{,}67 \, t \text{ kg.}$$

Das liefert bei $t = +35^0$ im wagrechten Riegel
$M = -0{,}67 \cdot 35 \cdot 400 = -9400$ kgcm und $\sigma = \pm 9400 : 442 = \pm 21$ kg/cm². Bei $h = 200$ cm, aber demselben l und J ergäbe sich $\sigma = \pm 48$ kg/cm².
Der geringe Einfluß der Längskraft (Druck) im wagrechten Riegel auf die Spannung ist hier vernachlässigt.
Im allgemeinen ist die Temperaturspannung klein bei engen hohen Portalen und groß bei weiten niedrigen Portalen.

2. Der Parabelbogen nach Bild 340 S. 142. Setzt man wie früher J nicht konstant, sondern $J = J_0 : \cos \varphi$, dann ist der Nenner wie dort

$$\int \frac{y^2}{J} ds = \frac{8}{15} \frac{f^2 l}{J_0} \quad \text{und} \quad X = \frac{E \, \varepsilon_t \, t \, l}{\dfrac{8}{15} \dfrac{f^2 l}{J_0}} = 1{,}875 \frac{E \, \varepsilon_t \, t \, J_0}{f^2},$$

also unabhängig von l.

Gleichmäßige Erwärmung in mehrfach statisch unbestimmten Gebilden.

Die Ansätze lauten nach Fall 1e S. 124 für z. B. dreifache Unbestimmtheit mit den Unbestimmten X, Y und Z

$$\varepsilon_t t \int \mathfrak{N}_x \, ds + X \int \frac{\mathfrak{M}_x \mathfrak{M}_x}{EJ} ds + Y \int \frac{\mathfrak{M}_x \mathfrak{M}_y}{EJ} ds + Z \int \frac{\mathfrak{M}_x \mathfrak{M}_z}{EJ} ds = 0,$$

$$\varepsilon_t t \int \mathfrak{N}_y \, ds + X \int \frac{\mathfrak{M}_y \mathfrak{M}_x}{EJ} ds + Y \int \frac{\mathfrak{M}_y \mathfrak{M}_y}{EJ} ds + Z \int \frac{\mathfrak{M}_y \mathfrak{M}_z}{EJ} ds = 0,$$

$$\varepsilon_t t \int \mathfrak{N}_z \, ds + X \int \frac{\mathfrak{M}_z \mathfrak{M}_x}{EJ} ds + Y \int \frac{\mathfrak{M}_z \mathfrak{M}_y}{EJ} ds + Z \int \frac{\mathfrak{M}_z \mathfrak{M}_z}{EJ} ds = 0.$$

Hierin sind die $\mathfrak{N}_x$, $\mathfrak{N}_y$ und $\mathfrak{N}_z$ die Längskräfte und die $\mathfrak{M}_x$, $\mathfrak{M}_y$ und $\mathfrak{M}_z$ die Momente für $X=1$, $Y=1$ und $Z=1$.

Soll wie früher mit einem unveränderlichen Vergleichsträgheitsmoment J_0 und mit den Verhältnissen $i=J:J_0$ gerechnet werden, dann lauten die Gleichungen

$$E\,\varepsilon_t\,J_0\,t\int \mathfrak{N}_x\,ds + X\int \frac{\mathfrak{M}_x\,\mathfrak{M}_x}{i}\,ds + Y\int \frac{\mathfrak{M}_x\,\mathfrak{M}_y}{i}\,ds + Z\int \frac{\mathfrak{M}_x\,\mathfrak{M}_z}{i}\,ds = 0$$

usw.

Ein Vergleich mit den früheren Ansätzen der statisch unbestimmten Rechnung, s. S. 150, zeigt sofort, daß hier dieselben Beiwerte der Unbestimmten auftreten wie früher, und daß nur die ersten Ausdrücke die wir Temperaturwerte nennen wollen, an Stelle der früheren Belastungswerte treten. Die Beiwerte können demnach der früheren statisch unbestimmten Rechnung entnommen werden, nur die Temperaturwerte sind neu zu ermitteln, wofür bei geradlinigen Gebilden die Integration durch einfache Summierung ersetzt werden kann.

Einzelfälle und Beispiele.

1. Der beiderseits eingespannte symmetrische Stab, Bild 591. Aus Symmetriegründen verschwindet die Unbestimmte Y und die Integrale erstrecken sich über die Stabhälfte.

$X=1$ liefert $\mathfrak{N}_x=-\cos\varphi$, $Z=1$ liefert $\mathfrak{N}_z=0$. Somit sind die Temperaturwerte

$$\varepsilon_t\,t\int \mathfrak{N}_x\,ds = \varepsilon_t\,t\int (-\cos\varphi)\,\frac{dx}{\cos\varphi} = -\varepsilon_t\,ta \quad \text{und} \quad \varepsilon_t\,t\int \mathfrak{N}_z\,ds = 0.$$

Die Gleichungen lauten mit den früheren Beiwerten nach S. 152

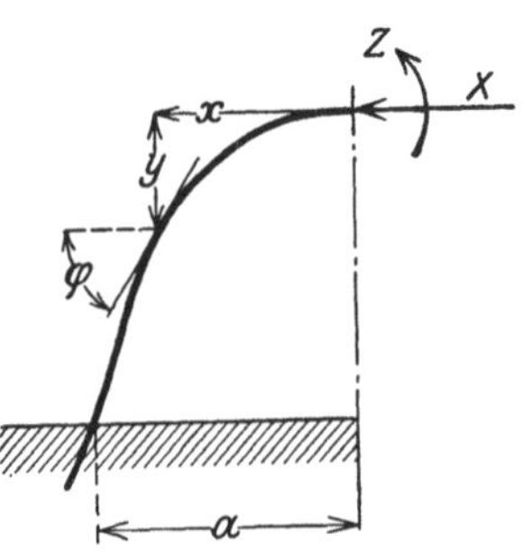

$$-\varepsilon_t\,ta + X\int \frac{y^2}{EJ}\,ds + Z\int \frac{y}{EJ}\,ds = 0,$$

$$X\int \frac{y}{EJ}\,ds + Z\int \frac{1}{EJ}\,ds = 0$$

oder mit Einführung der J-Verhältnisse

$$-E\,\varepsilon_t\,J_0\,ta + X\int \frac{y^2}{i}\,ds + Z\int \frac{y}{i}\,ds = 0,$$

$$X\int \frac{y}{i}\,ds + Z\int \frac{1}{i}\,ds = 0.$$

Bild 591. Der beiderseits eingespannte symmetrische Stab.

Hieraus X und Z; endgültig ist an beliebiger Stelle

$$M=Xy+Z \quad \text{und} \quad N=-X\cos\varphi.$$

a) Eingespanntes Portal nach Bild 592 und 593. Die Ansätze lauten mit $i_a=J_a:J_0$ und $i_h=J_h:J_0$

$$-E\,\varepsilon_t\,J_0\,t\,a + X\,\frac{1}{i_h}\int_0^h y^2\,dy + Z\,\frac{1}{i_h}\int_0^h y\,dy = 0,$$

$$X\,\frac{1}{i_h}\int_0^h y\,dy + Z\left[\frac{a}{i_a}+\frac{h}{i_h}\right]=0$$

und liefern

$$-E\,\varepsilon_t\,J_0\,t\,a + X\,\frac{h^3}{3\,i_h}+Z\,\frac{h^2}{2\,i_h}=0,\qquad X\,\frac{h^2}{2\,i_h}+Z\left[\frac{a}{i_a}+\frac{h}{i_h}\right]=0.$$

Nach Auflösung der Gleichungen ist

$$M_1 = M_5 = X\,h + Z, \qquad M_2 = M_3 = M_4 = Z,$$
$$N_{12} = N_{45} = 0, \qquad\qquad N_{23} = N_{34} = -\,X.$$

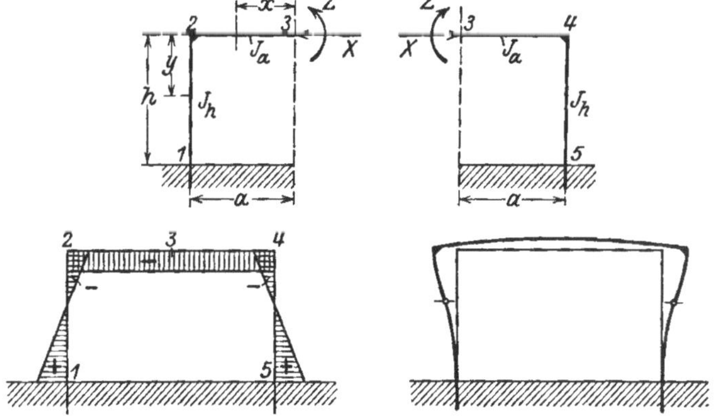

Bild 592—595.   Eingespanntes Portal.

Mit den Abmessungen $a = 4$ m, $h = 4$ m und I 28 mit $J_0 = 7587$ cm⁴ und $i_a = i_h = 1$ ist (alles auf kg und cm bezogen)

$$7587\cdot25\cdot400\cdot t = X\,\frac{400^3}{3}+Z\,\frac{400^2}{2},\qquad 0 = X\,\frac{400^2}{2}+Z\,(400+400)$$

mit den Lösungen $X = 5,7\,t$ kg und $Z = -\,570\,t$ kgcm. Bild 594 und 595 zeigt die M-Linie und die elastische Linie; es ist

$$M_1 = M_5 = 5,7\,t\cdot400 - 570\,t = 1710\,t \text{ kgcm},\qquad M_2 = M_3 = M_4 = -\,570\,t \text{ kgcm}.$$

b) **Eingespannter Parabelbogen nach Bild 596.** Wie in den früheren Beispielen setzen wir $J = J_0 : \cos\varphi$ und erhalten $i = J : J_0 = = 1 : \cos\varphi$ und $ds = dx : \cos\varphi$.

Die Parabelgleichung lautet

$$y = \frac{f}{a^2}\,x^2.$$

Damit folgt wegen der über die Stabhälfte sich erstreckenden Integration

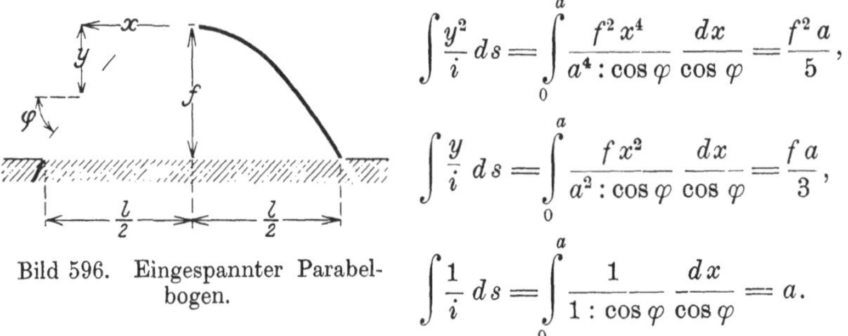

Bild 596. Eingespannter Parabelbogen.

$$\int \frac{y^2}{i}\,ds = \int_0^a \frac{f^2 x^4}{a^4 : \cos\varphi}\,\frac{dx}{\cos\varphi} = \frac{f^2 a}{5},$$

$$\int \frac{y}{i}\,ds = \int_0^a \frac{f x^2}{a^2 : \cos\varphi}\,\frac{dx}{\cos\varphi} = \frac{f a}{3},$$

$$\int \frac{1}{i}\,ds = \int_0^a \frac{1}{1 : \cos\varphi}\,\frac{dx}{\cos\varphi} = a.$$

Die Gleichungen lauten

$$-E\,\varepsilon_t\,J_0\,t\,a + X\,\frac{f^2 a}{5} + Z\,\frac{f a}{3} = 0,$$

$$X\,\frac{f a}{3} + Z\,a = 0$$

und liefern die Lösungen

$$X = 11{,}25\,\frac{E\,\varepsilon_t\,t\,J_0}{f^2} \quad \text{und} \quad Z = -3{,}75\,\frac{E\,\varepsilon_t\,t\,J_0}{f},$$

also unabhängig von a bzw. l.

Dieses X ist genau das 6 fache desjenigen beim Zweigelenkparabel-
bogen nach S. 317.

2. Zweischiffiger Rahmenbinder nach Beispiel S. 209 bis 213,
Bild 448. Bei diesem sechsfach statisch unbestimmtem Rahmen wählen wir für den Wärmeeinfluß dieselben statisch Unbestimmten wie
damals und können die Beiwerte in den Gleichungen nach Zahlentafel 18c S. 214 sofort übernehmen; nur die Temperaturwerte sind
neu zu berechnen.

Nachstehende Zusammenstellung zeigt zunächst die Längskräfte $\mathfrak{N}$
der Stabteile für $X_1 = 1$, $X_2 = 1$ usw., die bei diesem Binder sehr
einfach zu bestimmen und sofort anschreibbar sind.

Stablänge	c	e	f	g	m	m	h
Stabstück	AB	BD	CD	DE	EF	FG	GH
$\mathfrak{N}_1$	0	$-1\cdot\cos\alpha$	0	0	0	0	0
$\mathfrak{N}_2$	$+1$	$+1\cdot\sin\alpha$	-1	0	0	0	0
$\mathfrak{N}_3$	0	0	0	0	0	0	0
$\mathfrak{N}_4$	0	0	0	0	$-1\cdot\cos\beta$	$-1\cdot\cos\beta$	0
$\mathfrak{N}_5$	0	0	$+1$	$+1$	$+1\cdot\sin\beta$	$-1\cdot\sin\beta$	-1
$\mathfrak{N}_6$	0	0	0	0	0	0	0

Hieraus folgen nachstehende Integralausdrücke mit den sofort hin-
zugefügten Zahlenwerten

$$\int \mathfrak{N}_1\,ds = -e\cos\alpha = -a = -9{,}0,$$

$$\int \mathfrak{N}_2\,ds = c + e\sin\alpha - f = 0,$$

$$\int \mathfrak{N}_3\,ds = 0,$$

$$\int \mathfrak{N}_4 \, ds = - m \cos \beta - m \cos \beta = - 2\,b = -12{,}0,$$

$$\int \mathfrak{N}_5 \, ds = f + g + m \sin \beta - m \sin \beta - h = 0,$$

$$\int \mathfrak{N}_6 \, ds = 0.$$

Es sei der in dem früheren Zahlenbeispiel noch nicht gebrauchte Wert $J_0 = 15\,700$ cm^4; da aber alles auf t und m bezogen werden soll, ist J_0 in m^4 auszudrücken und beträgt 0,000157 m^4.

Der in allen Temperaturwerten vorkommende Ausdruck $E\,\varepsilon_t J_0\,t$ hat bei $+35^0$ den Wert

$$250 \cdot 0{,}000\,157 \cdot 35 = 1{,}37.$$

Die damit berechneten Temperaturwerte liefern in Verbindung mit den von der früheren Zahlenrechnung übernommenen Beiwerten die Gleichungen

X_1	X_2	X_3	X_4	X_5	X_6	Temp.-Werte
$+$ **96,1**	$+$ 199,8	$+$ 28,9	$-$ 28,8	$-$ 21,6	$-$ 3,6	$-$ 12,3
$+$ 199,8	$+$ **575,0**	$+$ 77,8				0
$+$ 28,9	$+$ 77,8	$+$ **14,5**	$-$ 8,4	$-$ 7,2	$-$ 1,2	0
$-$ 28,8		$-$ 8,4	$+$ **137,7**		$+$ 23,5	$-$ 16,5
$-$ 21,6		$-$ 7,2		$+$ **166,0**		0
$-$ 3,6		$-$ 1,2	$+$ 23,5		$+$ **7,5**	0

Nach Auflösung dieser Gleichungen können die M und N an allen Stabstellen berechnet und zeichnerisch dargestellt werden; die Weiterbehandlung der Aufgabe bietet nichts Neues und ist hier unterdrückt.

3. **Träger auf eingespannten Stützen, Bild 597.** Zunächst seien einfache, also an den Stützköpfen frei aufliegende und mit diesen gelenkig verbundene Träger vorausgesetzt.

Bei gleichmäßiger Erwärmung aller Träger und Stützen wird bei beliebiger Stützenhöhe jeder Stützkopf eine andere Verschiebung über die ursprüngliche Wagrechte annehmen, was aber bei den frei aufliegenden Trägern keinen Einfluß auf die Spannungen hat. Gleichzeitig dehnen sich die Träger aus, erhalten daher Längskräfte und zwar Druckkräfte, die sich auf den Stützköpfen absetzen und die Stützen verbiegen. Wir führen diese Längskräfte als statisch Unbestimmte ein und betrachten nach Bild 598 zwei aufeinanderfolgende Stützen $h\,i$ und $i\,k$ und die anschließenden Träger von den Längen l_h, l_i und l_k, die die Druckkräfte X_h, X_i und X_k erhalten. Unter der Annahme $X_h > X_i$ und $X_i > X_k$ biegen sich die Stützen $h\,i$ und $i\,k$ durch die Kräfte $X_h - X_i$ bzw. $X_i - X_k$ um die Beträge f_{hi} bzw. f_{ik} nach rechts aus und es gilt für die als lotrechte Freiträger zu betrachtenden Stützen

$$f_{hi} = \frac{X_h - X_i}{E\,J_{hi}} \frac{l_{hi}^3}{3} \quad \text{bzw.} \quad f_{ik} = \frac{X_i - X_k}{E\,J_{ik}} \frac{l_{ik}^3}{3}.$$

oder auch

$$f_{hi} = (X_h - X_i)\,C_{hi} \quad \text{bzw.} \quad f_{ik} = (X_i - X_k)\,C_{ik}.$$

Durch diese allgemeinen Ansätze wird lediglich die Proportionalität zwischen Kraft und Ausbiegung ausgedrückt, die auch bei beliebiger Bauart der eingespannten Stütze vorliegt, wobei die Werte C jeweils leicht ermittelt werden können.

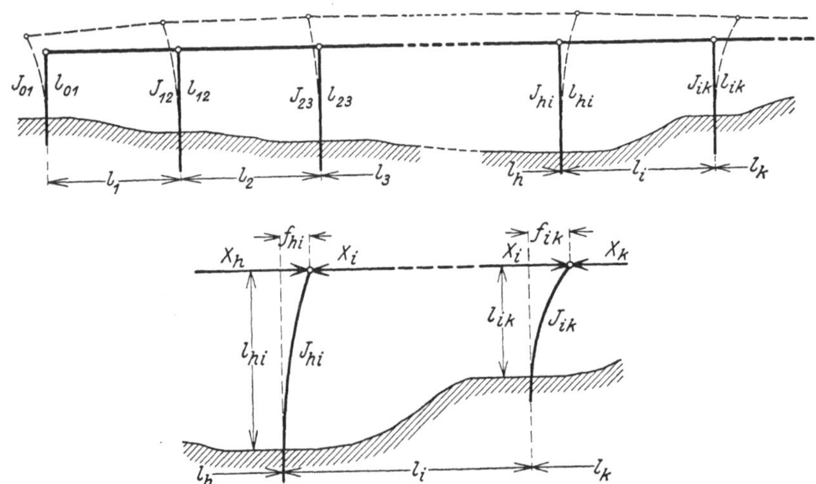

Bild 597 u. 598. Träger auf eingespannten Stützen.

Nun verlängert sich der Träger l_i um

$$\varepsilon_t\, t\, l_i = f_{ik} - f_{hi};$$

wir erhalten demnach die Ansätze

$$(X_i\, C_{ik} - X_k\, C_{ik}) - (X_h\, C_{hi} - X_i\, C_{hi}) = \varepsilon_t\, t\, l_i$$

oder

$$- X_h\, C_{hi} + X_i\, (C_{hi} + C_{ik}) - X_k\, C_{ik} - \varepsilon_t\, t\, l_i = 0.$$

Ein solcher Ansatz ist für jeden Träger aufstellbar, für den ersten Träger gilt

$$X_1\, (C_{01} + C_{12}) - X_2\, C_{12} - \varepsilon_t\, t\, l_1 = 0.$$

Wir erhalten somit dreigliedrige Elastizitätsgleichungen von der Form

X_1	X_2	X_3	X_4	$\ldots$	
$+ C_{01} + C_{12}$	$- C_{12}$				$- \varepsilon_t\, t\, l_1$
$- C_{12}$	$+ C_{12} + C_{23}$	$- C_{23}$			$- \varepsilon_t\, t\, l_2$
	$- C_{23}$	$+ C_{23} + C_{34}$	$- C_{34}$		$- \varepsilon_t\, t\, l_3$
$\ldots$	$\ldots$	$\ldots$	$\ldots$	$\ldots$	$\ldots$

Gleiche Stützen liefern gleiche C; wir dividieren alle Gleichungen mit diesem C und erhalten bei z. B. fünf Feldern (sechs Stützen)

X_1	X_2	X_3	X_4	X_5	
$+2$	-1				$-\varepsilon_t\, t\, l_1 : C$
-1	$+2$	-1			$-\varepsilon_t\, t\, l_2 : C$
	-1	$+2$	-1		$-\varepsilon_t\, t\, l_3 : C$
		-1	$+2$	-1	$-\varepsilon_t\, t\, l_4 : C$
			-1	$+2$	$-\varepsilon_t\, t\, l_5 : C$

Sind außerdem alle l einander gleich, dann folgt für ein Feld

$$2\,X_1 - \varepsilon_t\, t\, l : C = 0, \qquad X_1 = \varepsilon_t\, t\, l : 2\,C,$$

für zwei Felder

$$2\,X_1 - X_2 - \varepsilon_t\, t\, l : C = 0,$$
$$-\,X_1 + 2\,X_2 - \varepsilon_t\, t\, l : C = 0,$$
$$X_1 = X_2 = \varepsilon_t\, t\, l : C;$$

die Außenstützen werden mit diesem X nach außen gebogen, die Mittelstütze erhält keine Biegung.

für drei Felder

$$2\,X_1 - X_2 \qquad\quad - \varepsilon_t\, t\, l : C = 0,$$
$$-\,X_1 + 2\,X_2 - X_3 - \varepsilon_t\, t\, l : C = 0,$$
$$-\,X_2 + 2\,X_3 - \varepsilon_t\, t\, l : C = 0,$$
$$X_1 = X_3 = \tfrac{3}{2}\,\varepsilon_t\, t\, l : C, \qquad X_2 = 2\,\varepsilon_t\, t\, l : C;$$

die Außenstützen werden mit $X_1 = X_3$, die Innenstützen mit $X_2 - X_1 = X_2 - X_3$ nach außen gebogen.

An Vorstehendem wird nicht geändert, wenn statt der einfachen Träger Gerbersche Gelenkträger auf den Stützen liegen. Beim durchlaufenden Träger gilt dasselbe, dagegen erhält er bei ungleichen Stützenhöhen wegen der verschiedenen lotrechten Stützkopfverschiebungen Biegemomente, die nach S. 195 in einfachster Weise zu bestimmen sind.

Anmerkung. Vorstehende Ergebnisse sind nur auf wirkliche Träger und nicht etwa auf Freileitungen anwendbar, da bei diesen wegen des Drahtdurchhangs ganz andere Verhältnisse vorliegen als hier.

4. Der durchlaufende Träger auf steifen Stützen. Auf S. 226 wurde derselbe Fall für lotrechte Belastung behandelt. Die Aufgabe zerfiel in 4 Fälle, je nachdem der Träger gegen wagrechte Verschiebung festgehalten oder frei beweglich war und die Stützenfüße gelenkig oder eingespannt mit dem Boden verbunden waren. Die Ableitung der Temperaturgleichungen aus den damaligen Belastungsgleichungen wäre zwar möglich, doch treten dabei manche Schwierigkeiten auf, die wir durch das nachstehende anschaulichere Verfahren umgehen werden. Im übrigen gelten hier dieselben Bezeichnungen und Abkürzungen wie dort.

Fall 1. Träger frei beweglich, Stützenfüße mit Gelenken. Bild 599 zeigt das Gebilde im ursprünglichen Zustande und nach der Erwärmung, worin aber die Unveränderlichkeit der rechten Winkel zwischen

Stützen und Träger noch nicht zum Ausdruck kommt. Alles weitere gilt für 1^0 Erwärmung über t_0, bei t^0 sind die Ergebnisse mit t zu multiplizieren.

Bei Erwärmung erheben sich die Stützenköpfe über die ursprüngliche Trägerlinie um die Beträge

$$e_{01} = \varepsilon_t l_{01}, \ldots, \quad e_{hi} = \varepsilon_t l_{hi}, \quad e_{ik} = \varepsilon_t l_{ik}, \quad e_{kl} = \varepsilon_t l_{kl} \ldots.$$

Die strichierten Linien haben somit die Neigungen

$$(1) \quad \begin{cases} \beta_i = \dfrac{e_{ik} - e_{hi}}{l_i} = \varepsilon_t \dfrac{l_{ik} - l_{hi}}{l_i}, \\[2mm] \beta_k = \dfrac{e_{ik} - e_{kl}}{l_k} = \varepsilon_t \dfrac{l_{ik} - l_{kl}}{l_h}. \end{cases}$$

Gleichzeitig verschieben sich die Stützenköpfe wagrecht. Bezeichnet f die zunächst noch unbekannte Verschiebung an Stütze 01, dann verschiebt sich Stützenkopf ik um

$$f + w_{ik} = f + \varepsilon_t L_{ik},$$

worin L_{ik} den Abstand der Stütze ik von der Anfangsstütze 01 bezeichnet.

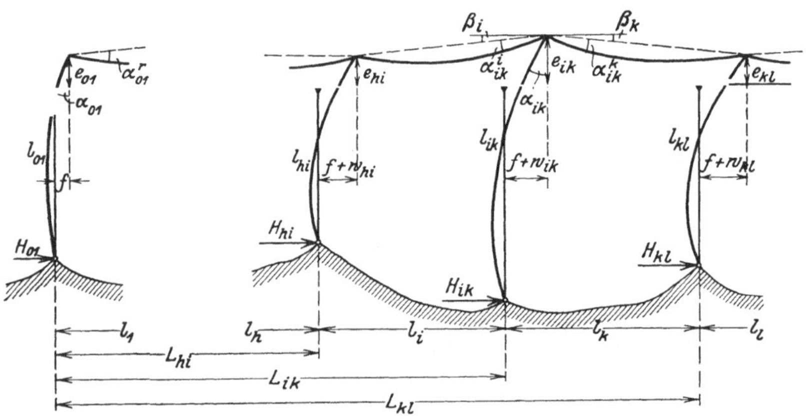

Bild 599. Der durchlaufende Träger auf steifen Stützen.

Durch diese Verschiebungen entstehen Biegemomente an Träger und Stützen. Bezeichnet

$$M_{01}^r, \quad M_{12}^l, \quad M_{12}^r, \ldots, M_{ik}^l, \quad M_{ik}^r, \ldots$$

die an den Trägerenden wirkenden Momente und

$$M_{01}, \quad M_{12} \ldots M_{ik} \ldots.$$

die an den oberen Stützenenden wirkenden Momente, s. Bild 599, und wird deren Drehsinn zunächst wie in Bild 481, 482 und 484 S. 227 usw. angenommen, dann gelten für diese Momente dieselben Ansätze wie nach (1) S. 227, nämlich

$$(2) \quad M_{ik} = M_{ik}^l - M_{ik}^r.$$

Für die entstehenden Biegewinkel der Trägerenden gelten die Ansätze (2a) S. 228, aber ohne Belastungsglied, nämlich

$$(3) \quad \begin{cases} 6\,E\,\alpha_{ik}^i = 2\,M_{ik}^l\,v_i + M_{hi}^r\,v_i, \\ 6\,E\,\alpha_{ik}^k = 2\,M_{ik}^r\,v_k + M_{kl}^l\,v_k, \end{cases}$$

und für Biegewinkel der oberen Stützenenden wegen gleichzeitiger wagrechter Verschiebung der Stützenköpfe um $f + \varepsilon_t L_{ik}$ die Ansätze entsprechend (3′) S. 231

$$(4) \quad 6\,E\,\alpha_{ik} = 2\,M_{ik}\,v_{ik} + \frac{6\,E}{l_{ik}}(f + \varepsilon_t L_{ik}).$$

Nun sind die Momente so zu ermitteln, daß die rechten Winkel zwischen Träger und Stützen erhalten bleiben; das liefert die Ansätze

$$(5) \quad \begin{cases} \alpha_{ik}^i + \beta_i + \alpha_{ik} = 0, \\ \alpha_{ik}^k + \beta_k - \alpha_{ik} = 0. \end{cases}$$

Daraus folgt mit den Ausdrücken (1) bis (4)

$$(6) \quad \begin{cases} 2\,M_{ik}^l\,v_i + M_{hi}^r\,v_i + 6\,E\,\varepsilon_t\,\dfrac{l_{ik} - l_{hi}}{l_i} + 2\,(M_{ik}^l - M_{ik}^r)\,v_{ik} \\[2mm] \qquad\qquad + \dfrac{6\,E}{l_{ik}}(f + \varepsilon_t L_{ik}) = 0 \\[4mm] 2\,M_{ik}^r\,v_k + M_{kl}^l\,v_k + 6\,E\,\varepsilon_t\,\dfrac{l_{ik} - l_{kl}}{l_k} - 2\,(M_{ik}^l - M_{ik}^r)\,v_{ik} \\[2mm] \qquad\qquad - \dfrac{6\,E}{l_{ik}}(f + \varepsilon_t L_{ik}) = 0, \end{cases}$$

oder geordnet

$$(6') \quad \begin{cases} M_{hi}^r\,v_i + M_{ik}^\cdot\,(2\,v_i + 2\,v_{ik}) - M_{ik}^r\,2\,v_{ik} + \dfrac{6\,Ef}{l_{ik}} \\[2mm] \qquad\qquad + 6\,E\,\varepsilon_t\left(\dfrac{l_{ik} - l_{hi}}{l_i} + L_{ik}\right) = 0, \\[4mm] - M_{ik}^l\,2\,v_{ik} + M_{ik}^r\,(2\,v_k + 2\,v_{ik}) + M_{kl}^l\,v_k - \dfrac{6\,Ef}{l_{ik}} \\[2mm] \qquad\qquad + 6\,E\,\varepsilon_t\left(\dfrac{l_{ik} - l_{kl}}{l_k} - L_{ik}\right) = 0. \end{cases}$$

Entsprechende, aber kürzere Ausdrücke gelten für die erste und letzte Stütze. Man erhält somit doppelt soviel Gleichungen, als Felder vorhanden sind.

An den Stützfüßen wirken die Horizontalkräfte

$$H_{ik} = \frac{M_{ik}}{l_{ik}} \quad \text{oder} \quad H_{ik} = \frac{M_{ik}^l - M_{ik}^r}{l_{ik}}.$$

Da diese die einzigen Horizontalkräfte am ganzen Gebilde sind, müssen sie sich gegenseitig aufheben, woraus eine weitere Gleichung $\Sigma H_{ik} = 0$ folgt.

Man erhält somit Elastizitätsgleichungen mit denselben Unbestimmten und denselben Beiwerten wie in den Gleichungen für Fall 2a S. 230, worin aber an Stelle der früheren Belastungswerte die Temperaturwerte treten, die hier für 2, 3 und 4 Stützen angegeben sind.

Für zwei Stützen	Für drei Stützen	Für vier Stützen
Temperaturwerte	Temperaturwerte	Temperaturwerte
$6\,E\,\varepsilon_t\,\dfrac{l_{01}-l_{10}}{l_1}$	$6\,E\,\varepsilon_t\,\dfrac{l_{01}-l_{12}}{l_1}$	$6\,E\,\varepsilon_t\,\dfrac{l_{01}-l_{12}}{l_1}$
$6\,E\,\varepsilon_t\left(\dfrac{l_{10}-l_{01}}{l_1}+L_{10}\right)$	$6\,E\,\varepsilon_t\left(\dfrac{l_{12}-l_{01}}{l_1}+L_{12}\right)$	$6\,E\,\varepsilon_t\left(\dfrac{l_{12}-l_{01}}{l_1}+L_{12}\right)$
0	$6\,E\,\varepsilon_t\left(\dfrac{l_{12}-l_{20}}{l_2}-L_{12}\right)$	$6\,E\,\varepsilon_t\left(\dfrac{l_{12}-l_{23}}{l_2}-L_{12}\right)$
	$6\,E\,\varepsilon_t\left(\dfrac{l_{20}-l_{12}}{l_2}+L_{20}\right)$	$6\,E\,\varepsilon_t\left(\dfrac{l_{23}-l_{12}}{l_2}+L_{23}\right)$
	0	$6\,E\,\varepsilon_t\left(\dfrac{l_{23}-l_{30}}{l_3}-L_{23}\right)$
		$6\,E\,\varepsilon_t\left(\dfrac{l_{30}-l_{23}}{l_3}+L_{30}\right)$
		0

Für den Fall, daß der Träger am linken Stützkopf festgehalten ist, verschwindet f und damit die letzte der Gleichungen. Sollte ein anderer Stützkopf festgehalten werden, dann ist f ebenfalls gleich Null, aber die Abstände L der links davon liegenden Stützen sind negativ, die rechts davon wie bisher positiv einzusetzen.

Fall 2. Träger frei beweglich, Stützenfüße eingespannt. Hierfür gelten die Ansätze nach Fall 2b S. 232, welche mit $f+L_{ik}$ statt f lauten

$$6\,E\,\alpha_{ik}=1{,}5\,M_{ik}\,v_{ik}+\frac{1{,}5\cdot 6\,E}{l_{ik}}(f+L_{ik}),$$

$$H_{ik}=1{,}5\,\frac{M_{ik}}{l_{ik}}-6\,E\,\frac{J_{ik}}{2\,l_{ik}^3}(f+L_{ik}),$$

$$\Sigma H_{ik}=0.$$

Die hieraus folgenden Elastizitätsgleichungen haben dieselben Unbestimmten und dieselben Beiwerte wie in den Gleichungen für Fall 2b S. 232 und dieselben Temperaturwerte wie oben, worin aber überall die Zahl $1{,}5\cdot 6=9$ statt 6 zu setzen ist.

Der Fall, daß eine Stütze festgehalten ist, wird in derselben Weise wie oben behandelt.

Ungleichmäßige Erwärmung zwischen den Stabkanten in einfach statisch unbestimmten Gebilden.

Die Formel nach Fall 2c S. 126 liefert mit X statt P_t und mit $f = 0$ den Ansatz

$$\varepsilon_t \, \varDelta t \int \frac{\mathfrak{M}}{k}\, ds + X \int \frac{\mathfrak{M}^2}{EJ}\, ds = 0$$

oder

$$E\, \varepsilon_t\, J_0\, \varDelta t \int \frac{\mathfrak{M}}{k}\, ds + X \int \frac{\mathfrak{M}^2}{i}\, ds = 0,$$

worin $\mathfrak{M}$ die Momente für $X = 1$ bezeichnen. Bei unveränderlicher Trägerhöhe ist k vor das Integral zu setzen. $\varDelta t$ ist der Temperaturunterschied zwischen den Stabkanten; dieser Wert ist positiv anzusetzen, wenn diejenige Stabkante wärmer ist, die durch positives $\mathfrak{M}$ Zugspannung erhält.

Beispiel. Der Zweigelenkbogen. Die Außenkante sei wärmer als die Innenkante. Nach Bild 317 S. 134 gilt für die am rechten Fußgelenk nach links wirkende statisch Unbestimmte X und wegen $\mathfrak{M} = 1 \cdot y$

$$\varepsilon_t \, \varDelta t \int \frac{y}{k}\, ds + X \int \frac{y^2}{EJ}\, ds = 0$$

oder

$$E\, \varepsilon_t\, J_0\, \varDelta t \int \frac{y}{k}\, ds + X \int \frac{y^2}{i}\, ds = 0.$$

Das daraus folgende X ist negativ, drückt daher die Bogenfüße auseinander.

Für das auf S. 135 behandelte Rechteckportal ist bei ungleicher Erwärmung des wagrechten Riegels

$$X = - \frac{E\, \varepsilon_t\, J_l\, \varDelta t\, \dfrac{h}{k}\, l}{2\, \dfrac{h^3}{3\, i_h} + \dfrac{h^2 l}{i_l}}.$$

Mit den dortigen Abmessungen ergibt sich wegen $i_h = i_l = 1$

$$X = - \frac{25 \cdot 5744\, \varDelta t\, \dfrac{400}{26} \cdot 800}{\tfrac{2}{3}\, 400^3 + 400^2 \cdot 800} = -\, 10{,}3\, \varDelta t.$$

Für $\varDelta t = 10^0$ ist $X = -\, 103$ kg und die Biegespannung im Riegel

$$\sigma = - \frac{103 \cdot 400}{442} = 93 \ \text{kg/cm}^2.$$

Ungleichmäßige Erwärmung in mehrfach statisch unbestimmten Gebilden.

Mit den statisch Unbestimmten X, $Y \ldots$ statt der Kräfte P_a, $P_b \ldots$ und mit $\mathfrak{M}_x$, $\mathfrak{M}_y \ldots$ statt $\mathfrak{M}_a$, $\mathfrak{M}_b \ldots$ lauten die Ansätze nach Fall 2e S. 127

$$\varepsilon_t \, \Delta t \int \frac{\mathfrak{M}_x}{k} \, ds + X \int \frac{\mathfrak{M}_x \, \mathfrak{M}_x}{EJ} \, ds + Y \int \frac{\mathfrak{M}_x \, \mathfrak{M}_y}{EJ} \, ds + \cdots = 0,$$

$$\varepsilon_t \, \Delta t \int \frac{\mathfrak{M}_y}{k} \, ds + X \int \frac{\mathfrak{M}_y \, \mathfrak{M}_x}{EJ} \, ds + Y \int \frac{\mathfrak{M}_y \, \mathfrak{M}_y}{EJ} \, ds + \cdots = 0 \quad \text{usw.}$$

oder

$$E \, \varepsilon_t \, J_0 \, \Delta t \int \frac{\mathfrak{M}_x}{k} \, ds + X \int \frac{\mathfrak{M}_x \, \mathfrak{M}_x}{i} \, ds + Y \int \frac{\mathfrak{M}_x \, \mathfrak{M}_y}{i} \, ds + \cdots = 0 \quad \text{usw.}$$

Ein Vergleich mit den früheren Ansätzen der mehrfach statisch unbestimmten Biegestabgebilde zeigt, daß darin die Belastungswerte durch die Temperaturwerte zu ersetzen sind, während die Beiwerte der Unbestimmten dieselben bleiben. Die Temperaturwerte sind wieder positiv, wenn diejenige Stabkante wärmer ist, die durch positive $\mathfrak{M}_x$, $\mathfrak{M}_y$ usw. Zugspannung erhält.

Beispiele.

1. Das beiderseits eingespannte Portal nach Bild 369 S. 155. Die Oberkante des wagrechten Riegels sei um Δt wärmer als die Unterkante. Wir wählen dieselben Unbestimmten wie in dem früheren Beispiel. Aus Symmetriegründen verschwindet hier Y und die Unbestimmten X und Z folgen aus nachstehenden Ansätzen, worin der Temperaturwert der ersten Gleichung verschwindet und der der zweiten Gleichung negativ anzusetzen ist.

$$0 + 2X \int_0^h y^2 \, dy + 2Z \int_0^h y \, dy = 0,$$

$$-E \, \varepsilon_t \, \Delta t \, J_0 \frac{2}{k} \int_0^c 1 \cdot dx + 2X \int_0^h y \, dy + 2Z \left(\int_0^c dx + \int_0^h dy \right) = 0.$$

2. Der durchlaufende Träger mit unveränderlichem J. Ist die Unterkante wärmer als die Oberkante und betrachtet man den beliebigen Träger l_i als frei aufliegenden Träger, dann biegt er sich wegen des unveränderlichen Wertes Δt nach S. 125 gleichmäßig, also nach einem flachen, nach unten hängenden Kreisbogen vom Radius

$$\varrho = \frac{k}{\varepsilon_t \, \Delta t}.$$

Diese Biegung denkt man sich hervorgebracht durch ein über l_i sich erstreckendes positives Moment

$$M = \frac{EJ}{\varrho} = \frac{E \, \varepsilon_t \, J \, \Delta t}{k}.$$

Die M-Fläche hierzu bildet ein Rechteck und liefert die Werte

$$\mathfrak{L}_i = \mathfrak{R}_i = \frac{M l_i^2}{2} = \frac{E \, \varepsilon_t \, J \, \Delta t \, l_i^2}{2k}.$$

Dieses gedachte Moment tritt in jedem Felde auf und die dadurch hervorgebrachten Stützmomente folgen aus den Clapeyronschen Gleichungen

$$M_{hi}\,l_i + 2\,M_{ik}\,(l_i + l_k) + M_{kl}\,l_k + \frac{3\,E\,\varepsilon_t\,J\,\varDelta t}{k}\,(l_i + l_k) = 0.$$

Über der ersten und letzten Stütze sind die Momente auch bei Kragarmen Null.

Die durch ungleichmäßige Erwärmung der Trägerkanten sich ergebende M-Linie wird sodann nur durch die geradlinige Verbindung der Endpunkte dieser Stützmomente gebildet. Diese Momente addieren sich algebraisch zu den von der Belastung herrührenden.

Bei zwei gleichen Feldern ist

$$2\,M_{12} \cdot 2\,l + \frac{3\,E\,\varepsilon_t\,J\,\varDelta t}{k} \cdot 2\,l = 0$$

und

$$M_{12} = -\,\tfrac{3}{2}\,\frac{E\,\varepsilon_t\,J\,\varDelta t}{k}.$$

Das ergibt mit $W = J : \dfrac{k}{2}$ die Biegespannung

$$\max \sigma = \frac{M_{12}}{W} = \tfrac{3}{4}\,E\,\varepsilon_t\,\varDelta t = 18{,}75\,\varDelta t,$$

also unabhängig von l, J und k.

Drei gleiche Felder liefern

$$\max \sigma = \tfrac{3}{5}\,E\,\varepsilon_t\,\varDelta t = 15\,\varDelta t.$$

2. Fachwerke.

Einfach statisch unbestimmte Fachwerke. Aus Fall 2 S. 128 folgt mit X statt P_t und $f = 0$ der Ansatz

$$\varepsilon_t \sum t\,\mathfrak{S}\,s + X \sum \frac{\mathfrak{S}^2\,s}{EF} = 0$$

oder bei gleichem E für alle Stäbe

$$E\,\varepsilon_t \sum t\,\mathfrak{S}\,s + X \sum \frac{\mathfrak{S}^2\,s}{F} = 0,$$

worin die $\mathfrak{S}$ für $X = 1$ gelten.

Diese Ansätze berücksichtigen gleichzeitig verschiedene Temperaturänderungen der Stäbe. Bei gleicher Temperaturänderung ist t vor das $\sum$ zu setzen.

Führt man einen Vergleichsquerschnitt F_0 und die Querschnittsverhältnisse $f = F : F_0$ ein, dann folgt

$$E\,\varepsilon_t\,F_0 \sum t\,\mathfrak{S}\,s + X \sum \frac{\mathfrak{S}^2\,s}{f} = 0.$$

Die durch Temperaturänderung hervorgerufenen endgültigen Stabkräfte sind sodann

$$S = X \cdot \mathfrak{S}.$$

Die Ansätze gelten auch für den Fall, daß die statisch Unbestimmte nicht eine Auflagerkraft oder ein Gelenkdruck, sondern eine Stabkraft ist und die statische Bestimmtheit durch Schnitt dieses Stabes erzielt wird.

Beispiele.

1. **Zweigelenkfachwerk nach Bild 582 S. 310.** In dem Ansatz

$$E\,\varepsilon_t\,t \sum \mathfrak{S}\,s + X \sum \frac{\mathfrak{S}^2 s}{F} = 0$$

bezeichnet X den durch gleichmäßige Erwärmung aller Stäbe hervorvorgerufenen Horizontalschub. Der Wert $\sum \dfrac{\mathfrak{S}^2 s}{F}$ kann unmittelbar dem Beispiel S. 306 entnommen werden und beträgt 454,6. Aus nachstehender Zahlentafel 36 ergibt sich $\sum \mathfrak{S}\,s = -2032$ und für $t = +35^0$

$$X = \frac{0{,}025 \cdot 35 \cdot 2032}{454{,}6} = 3{,}9\ \mathrm{t}.$$

Die daraus folgenden Stabkräfte $S = X\,\mathfrak{S}$ sind in Spalte 5 der Tafel berechnet; sie addieren sich algebraisch zu den von der Belastung herrührenden Stabkräften. Abkühlung um 35^0 gegen die mittlere Temperatur liefert $X = -3{,}9\ \mathrm{t}$ und dieselben S mit entgegengesetzten Vorzeichen.

Es soll noch der Fall untersucht werden, daß der Obergurt der Sonnenbestrahlung ausgesetzt ist und auf 35^0 erwärmt wird, während alle andern Stäbe im Schatten liegen und auf 20^0 erwärmt sein mögen. Hierfür folgt aus Spalte 7 der Tafel $\sum t\,\mathfrak{S}\,s = +37\,240$ und

$$X = -\frac{0{,}025 \cdot 37\,240}{454{,}6} = -2{,}04\ \mathrm{t}.$$

Spalte 8 zeigt die entsprechenden Stabkräfte $S = X\,\mathfrak{S}$.

2. **Der Fachwerkträger auf drei Stützen.** Es soll der auf S. 249 nach Bild 502 behandelte Träger auf Temperaturänderung untersucht werden. Schon ohne Rechnung läßt sich aussagen, daß eine gleichmäßige Temperaturänderung aller Stäbe keine Änderung der Auflagerkräfte und keine zusätzlichen Stabkräfte hervorbringt, denn denn der Träger ändert seine Form geometrisch ähnlich bleibend, d. h. er bleibt gerade, da die drei Auflager in gleicher Höhe liegen. Erst verschiedene Staberwärmung bringt Wärmespannungen hervor. Es soll nun angenommen werden, daß der Obergurt durch unmittelbare Sonnenbestrahlung um 10^0 wärmer als der Untergurt sei. Es

Zahlentafel 36. Wärmespannungen für Zweigelenkfachwerk (S. 330).

Spalte		1	2	3	4	5	6	7	8
Stab-Klasse	Stab-Nr.	s cm	F cm²	$\mathfrak{S}$ t	$\mathfrak{S}s$	S t	t °C	$t\mathfrak{S}s$	S t
Obergurt	1	200	40	+ 0,42	+ 84	+ 1,64	35	+ 2940	− 0,86
	2	200	60	+ 1,16	+ 232	+ 4,52	35	+ 8100	− 2,37
	3	200	80	+ 2,36	+ 472	+ 9,20	35	+ 16500	− 4,82
	4	200	100	+ 4,06	+ 812	+ 15,83	35	+ 28400	− 8,25
	5	200	100	+ 5,00	+ 1000	+ 19,50	35	+ 35000	− 10,20
	6	200	100	+ 5,00	+ 1000	+ 19,50	35	+ 35000	− 10,20
	7	200	100	+ 4,06	+ 812	+ 15,83	35	+ 28400	− 8,25
	8	200	80	+ 2,36	+ 472	+ 9,20	35	+ 16500	− 4,82
	9	200	60	+ 1,16	+ 232	+ 4,52	35	+ 8100	− 2,37
	10	200	40	+ 0,42	+ 84	+ 1,64	35	+ 2940	− 0,86
Untergurt	11	219	120	− 1,10	− 241	− 4,20	20	− 4820	+ 2,24
	12	212	106	− 1,52	− 322	− 5,93	20	− 6440	+ 3,10
	13	206	100	− 2,23	− 478	− 8,70	20	− 9560	+ 4,55
	14	202	100	− 3,40	− 687	− 13,26	20	− 13740	+ 6,94
	15	200	100	− 5,04	− 1008	− 19,66	20	− 20160	+ 10,30
	16	200	100	− 5,04	− 1008	− 19,66	20	− 20160	+ 10,30
	17	202	100	− 3,40	− 687	− 13,26	20	− 13740	+ 6,94
	18	206	100	− 2,23	− 478	− 8,70	20	− 9560	+ 4,55
	19	212	106	− 1,52	− 322	− 5,93	20	− 6440	+ 3,10
	20	219	120	− 1,10	− 241	− 4,20	20	− 4820	+ 2,24
Senkrechten	21	300	50	+ 0,44	+ 132	+ 1,72	20	+ 2640	− 0,90
	22	210	50	+ 0,50	+ 105	+ 1,95	20	+ 2100	− 1,02
	23	140	50	+ 0,54	+ 76	+ 2,11	20	+ 1520	− 1,10
	24	90	50	+ 0,49	+ 44	+ 1,91	20	+ 880	− 1,00
	25	60	50	+ 0,24	+ 14	+ 0,94	20	+ 280	− 0,49
	26	50	50	—	—	—	20	—	—
	27	60	50	+ 0,24	+ 14	+ 0,94	20	+ 280	− 0,49
	28	90	50	+ 0,49	+ 44	+ 1,91	20	+ 880	− 1,00
	29	140	50	+ 0,54	+ 76	+ 2,11	20	+ 1520	− 1,10
	30	210	50	+ 0,50	+ 105	+ 1,95	20	+ 2100	− 1,02
	31	300	50	+ 0,44	+ 132	+ 1,72	20	+ 2640	− 0,90
Schrägen	32	290	50	− 0,61	− 177	− 2,38	20	− 3540	+ 1,25
	33	244	50	− 0,89	− 217	− 3,47	20	− 4340	+ 1,82
	34	219	50	− 1,31	− 287	− 5,11	20	− 5740	+ 2,67
	35	209	50	− 1,74	− 364	− 6,79	20	− 7280	+ 3,55
	36	206	50	− 1,00	− 206	− 3,90	20	− 4120	+ 2,04
	37	206	50	− 1,00	− 206	− 3,90	20	− 4120	+ 2,04
	38	209	50	− 1,74	− 364	− 6,79	20	− 7280	+ 3,55
	39	219	50	− 1,31	− 287	− 5,11	20	− 5740	+ 2,67
	40	244	50	− 0,89	− 217	− 3,47	20	− 4340	+ 1,82
	41	290	50	− 0,61	− 177	− 2,38	20	+ 3540	+ 1,25
					− 2032			+ 37240	

ist leicht einzusehen, daß es nicht auf die Stabtemperaturen selbst, sondern nur auf deren Unterschied ankommt. Daher setzen wir für die Obergurtstäbe Nr. 8 bis 13 die Temperatur $= +10^0$, für alle andern Null und erhalten auf Grund der Zahlentafel 37

$$\sum t \, \mathfrak{S} \, s = + 13\,880,$$

während der Wert

$$\sum \frac{\mathfrak{S}^2 \, s}{F} = + 156,48$$

der früheren Tafel S. 250 zu entnehmen ist. Somit folgt

$$X = - \frac{0,025 \cdot 13\,880}{156,48} = - 2,22 \text{ t,}$$

also Zug nach unten. Spalte 6 der Tafel zeigt die daraus folgenden Stabkräfte, die sich zu denen durch die Belastung algebraisch addieren.

Zahlentafel 37. Wärmespannungen für den Fachwerkträger auf drei Stützen (S. 330).

Spalte	1	2	3	4	5	6
Stab-Nr.	s cm	F cm^2	$\mathfrak{S}$ t	t ^{0} C	$t \, \mathfrak{S} \, s$	S t
1	200	30	$-0,25$	0	—	$+0,55$
2	200	30	$-0,74$	0	—	$+1,64$
3	200	30	$-1,24$	0	—	$+2,75$
4	200	30	$-1,74$	0	—	$+3,86$
5	200	30	$-1,65$	0	—	$+3,66$
6	200	30	$-0,99$	0	—	$+2,20$
7	200	30	$-0,33$	0	—	$+0,74$
8	200	50	$+0,50$	10	$+1000$	$-1,11$
9	200	50	$+0,99$	10	$+1980$	$-2,20$
10	200	50	$+1,49$	10	$+2980$	$-3,31$
11	200	50	$+1,98$	10	$+3960$	$-4,40$
12	200	50	$+1,32$	10	$+2640$	$-2,93$
13	200	50	$+0,66$	10	$+1320$	$-1,46$
14	200	18	$+0,50$	0	—	$-1,11$
15	200	15	$-0,50$	0	—	$+1,11$
16	200	15	$+0,50$	0	—	$-1,11$
17	200	15	$-0,50$	0	—	$+1,11$
18	200	15	$+0,50$	0	—	$-1,11$
19	200	15	$-0,50$	0	—	$+1,11$
20	200	15	$+0,50$	0	—	$-1,11$
21	200	18	$-0,50$	0	—	$+1,11$
22	200	18	$-0,66$	0	—	$+1,46$
23	200	15	$+0,66$	0	—	$-1,46$
24	200	15	$-0,66$	0	—	$+1,46$
25	200	15	$+0,66$	0	—	$-1,46$
26	200	15	$-0,66$	0	—	$+1,46$
27	200	18	$+0,66$	0	—	$-1,46$
					$+13880$	

Mehrfach statisch unbestimmte Fachwerke. Die Ansätze lauten hier bei z. B. dreifacher Unbestimmtheit

$$\varepsilon_t \sum t\, \mathfrak{S}_x\, s + X \sum \frac{\mathfrak{S}_x \mathfrak{S}_x\, s}{EF} + Y \sum \frac{\mathfrak{S}_x \mathfrak{S}_y\, s}{EF} + Z \sum \frac{\mathfrak{S}_x \mathfrak{S}_z\, s}{EF} = 0 \,,$$

$$\varepsilon_t \sum t\, \mathfrak{S}_y\, s + X \sum \frac{\mathfrak{S}_y \mathfrak{S}_x\, s}{EF} + Y \sum \frac{\mathfrak{S}_y \mathfrak{S}_y\, s}{EF} + Z \sum \frac{\mathfrak{S}_y \mathfrak{S}_z\, s}{EF} = 0 \,,$$

$$\varepsilon_t \sum t\, \mathfrak{S}_z\, s + X \sum \frac{\mathfrak{S}_z \mathfrak{S}_x\, s}{EF} + Y \sum \frac{\mathfrak{S}_z \mathfrak{S}_y\, s}{EF} + Z \sum \frac{\mathfrak{S}_z \mathfrak{S}_z\, s}{EF} = 0$$

oder mit dem Vergleichsquerschnitt F_0 und den Querschnittsverhältnissen $f = F : F_0$

$$E \varepsilon_t F_0 \sum t\, \mathfrak{S}_x\, s + X \sum \frac{\mathfrak{S}_x \mathfrak{S}_x\, s}{f} + Y \sum \frac{\mathfrak{S}_x \mathfrak{S}_y\, s}{f} + \cdots = 0 \quad \text{usw.}$$

Hierin gelten die $\mathfrak{S}_x$, $\mathfrak{S}_y$ und $\mathfrak{S}_z$ für $X = 1$, $Y = 1$, $Z = 1$.

Auch hier können die Beiwerte der statisch Unbestimmten der früheren Zahlenrechnung entnommen werden.

Die endgültigen Stabkräfte sind $S = X \mathfrak{S}_x + Y \mathfrak{S}_y + Z \mathfrak{S}_z$.

Zahlentafel 38. Wärmespannungen für das eingespannte Fachwerk (S. 334).

Spalte	1	2	3	4	5	6	7	8	9
Stab	s cm	f	$\mathfrak{S}_x$ t	$\mathfrak{S}_z$ t	$\mathfrak{S}_x\, s$	$\mathfrak{S}_z\, s$	$X \mathfrak{S}_x$ t	$Z \mathfrak{S}_z$ t	S t
1	400	1,00	− 2,00	+ 3,00	− 800	+ 1200	− 2,81	+ 2,18	− 0,63
2	400	1,00		+ 1,00		+ 400		+ 0,73	+ 0,73
3	400	1,00							−
4	200	1,20	+ 3,00	− 4,00	+ 600	− 800	+ 4,21	− 2,81	+ 1,40
5	400	1,20	+ 1,00	− 2,00	+ 400	− 800	+ 1,41	− 1,45	− 0,04
6	400	1,20	− 1,00		− 400		− 1,41		− 1,41
7	280	0,45	− 1,41	+ 1,41	− 395	+ 395	− 1,98	+ 1,02	− 0,96
8	280	0,45	+ 1,41	− 1,41	+ 395	− 395	+ 1,98	− 1,02	+ 0,96
9	280	0,45	− 1,41	+ 1,41	− 395	+ 395	− 1,98	+ 1,02	− 0,96
10	280	0,45		− 1,41		− 395		− 1,02	− 1,02
11	280	0,45							−
12	280	0,45							−
13	400	1,00	− 2,00	+ 3,00	− 800	+ 1200	− 2,81	+ 2,18	− 0,63
14	400	1,00		+ 1,00		+ 400		+ 0,73	+ 0,73
15	400	1,00							−
16	200	1,20	+ 3,00	− 4,00	+ 600	− 800	+ 4,21	− 2,81	+ 1,40
17	400	1,20	+ 1,00	− 2,00	+ 400	− 800	+ 1,41	− 1,45	− 0,04
18	400	1,20	− 1,00		− 400		− 1,41		− 1,41
19	280	0,45	− 1,41	+ 1,41	− 395	+ 395	− 1,98	+ 1,02	− 0,96
20	280	0,45	+ 1,41	− 1,41	+ 395	− 395	+ 1,98	− 1,02	+ 0,96
21	280	0,45	− 1,41	+ 1,41	− 395	+ 395	− 1,98	+ 1,02	− 0,96
22	280	0,45		− 1,41		− 395		− 1,02	− 1,02
23	280	0,45							−
24	280	0,45							−
25	400	1,00		+ 1,00		+ 400		+ 0,73	+ 0,73
					+ 595	+ 400			

Beispiel. Das nach Bild 518 S. 255 behandelte beiderseits eingespannte Fachwerk werde gleichmäßig erwärmt; daher sind die Temperaturwerte der Gleichungen $E \varepsilon_t F_0 t \sum \mathfrak{S}_x s$ usw. Wir wählen dieselben Unbestimmten wie dort, wobei hier aber wegen der Symmetrie die Unbestimmte Y verschwindet. Die Beiwerte der X und Z können dem dortigen Beispiel entnommen werden und liefern die Gleichungen

$$E \varepsilon_t F_0 t \sum \mathfrak{S}_x s + X \cdot 14\,990 - Z \cdot 17\,590 = 0,$$
$$E \varepsilon_t F_0 t \sum \mathfrak{S}_z s - X \cdot 17\,590 + Z \cdot 26\,342 = 0.$$

Zahlentafel 38 S. 333 liefert

$$\sum \mathfrak{S}_x s = -595 \quad \text{und} \quad \sum \mathfrak{S}_z s = +400.$$

Mit $t = +35^0$ und $F_0 = 16$ cm² ergibt sich

$$X = +1,405\,t \quad \text{und} \quad Z = +0,727\,t.$$

Mit diesen Werten folgen aus den Zwischenspalten 7 und 8 die endgültigen Stabkräfte der Spalte 9.

3. Beziehung zwischen Temperatur und Aufstellungsvorgang.

Nach den Darlegungen auf S. 316 soll das äußerlich statisch unbestimmte Bauwerk so aufgestellt werden, daß es bei der Temperatur t_0 nur die dem Eigengewicht und der Nutzlast entsprechenden Spannungen, aber noch keine Wärmespannungen erhält; erst eine Änderung der Temperatur über oder unter t_0 soll die zusätzlichen Wärmespannungen liefern.

Denken wir uns beispielsweise einen Zweigelenkrahmen, dann könnte diese Forderung zunächst dadurch erfüllt werden, daß der Rahmen zuerst auf dem wagrechten Boden zusammengesetzt und dann nach Aufrichtung mit den beiden Kipplagern verbolzt wird, wobei vorausgesetzt ist, daß die Aufstellung bei der Temperatur t_0 erfolgt und der Kipplagerabstand genau übereinstimmt mit dem Abstand der Bolzenaugen, gemessen an dem noch am Boden liegenden und daher völlig spannungslosen Rahmen.

Dieser Vorgang läßt sich aus zwei Gründen nicht streng verwirklichen: erstens ist die Übereinstimmung der genannten Abstände nicht in der erforderlichen Genauigkeit erzielbar, und zweitens erfolgt die Aufstellung meist bei einer über oder unter t_0 liegenden Temperatur. Diese Schwierigkeit kann aber durch ein einfaches Mittel umgangen werden, nämlich durch die statisch bestimmte Aufstellung, die bei allen großen Bauwerken, namentlich Brücken, benutzt wird. Der Vorgang sei an einigen einfachen Beispielen dargelegt.

Das auf S. 306 behandelte und in Bild 600 wiederholt dargestellte Zweigelenkfachwerk ist bekanntlich einfach statisch unbestimmt gelagert. Man bildet den Knotenpunkt a als Gelenk aus und baut das Fachwerk unter Weglassung der Stäbe 5, 6 und 26 auf, so daß zunächst das statisch bestimmte Dreigelenkfachwerk entsteht; erst nach Einfügung der genannten drei Stäbe erhält es seine statische Unbestimmtheit. Der Einbau dieser Stäbe muß aber so erfolgen, daß bei dem zunächst nur wirkenden Eigengewicht und bei der Temperatur $t_0 = 10^0$ die Stäbe 5 und 6 die im Beispiel S. 306 berechneten Stabkräfte — 6,2 t haben (auf Stab 26 kommt es dabei nicht an). Beträgt die Temperatur während dieses Vorgangs aber nicht t_0, sondern

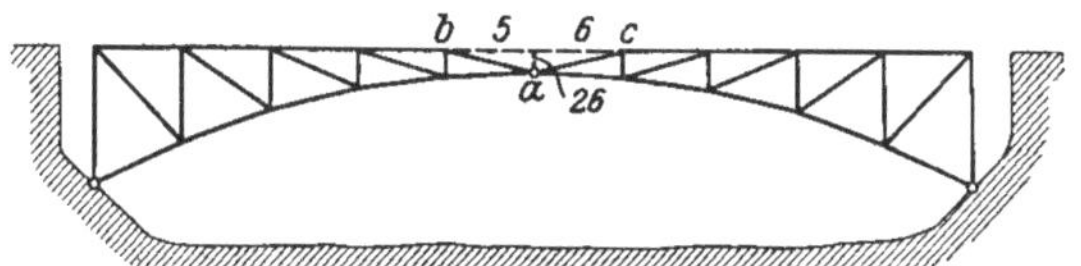

Bild 600. Aufstellungsvorgang beim Zweigelenkfachwerk.

t, dann tritt zu dem vom Eigengewicht herrührenden $X_e = 8,76\,\mathrm{t}$ noch der Erwärmungsschub, der nach S. 330 den Wert

$$X_w = \frac{0,025 \cdot 2032\,(t - t_0)}{454,6} = 0,111 \cdot (t - t_0)\,\mathrm{t}$$

annimmt. Da nun die Stäbe 5 und 6 bei t_0 die Stabkräfte je — 6,2 t erhalten sollen, werden sie bei der Temperatur t die Stabkräfte

$$S_5 = S_6 = -\,6,2 + X_w\,\frac{h_2}{h_1} = -\,6,2 + 0,111\,(t - t_0)\,\frac{2,5}{0,5} =$$
$$= -\,6,2 + 0,555\,(t - t_0)\,\mathrm{t}$$

erhalten müssen. Diese Formel drückt also aus, mit welcher Vorspannung die Stäbe 5 und 6 bei der Temperatur t einzusetzen sind; Bild 601 zeigt den linearen Verlauf dieser Beziehung.

Diese Vorspannung kann durch verschiedene technische Mittel hervorgebracht werden. Nach Aufbau des Dreigelenkfachwerks und Aufbringung des gesamten Eigengewichts wird der Abstand der Knotenpunkte b und c genau gemessen und das Stabpaar 5 und 6 um den Betrag von zusammen

$$\varDelta s = 2\,\frac{S\,s}{E\,F}$$

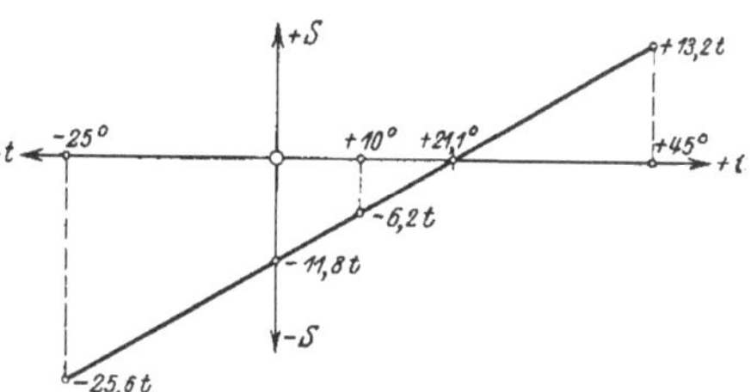

Bild 601. Beziehung zwischen Temperatur und Stabkraft 5 und 6.

kürzer oder länger als obige Meßstrecke gemacht, je nachdem S Zug oder Druck ist, was praktisch durch Paßbleche u. dgl. erreicht wird. Hierauf werden durch hydraulische Pressen oder ähnliche Mittel die Punkte b und c soweit zusammen- oder auseinandergedrückt, daß das Stabpaar 5 und 6 nun paßt und verbolzt oder vernietet werden kann. Je nach Fall kann auch eine leicht berechenbare Erwärmung oder Abkühlung der Einsatzstäbe zum gleichen Ziele führen. Am bequemsten ist natürlich die Temperatur $t = 21{,}1^0$, da dann die Einsatzstäbe spannungslos eingefügt werden können.

Oft geht man auch in der Weise vor, daß man (um bei obigem Beispiel zu bleiben), die Stäbe 5 und 6 bei t_0 spannungslos bzw. bei t mit der Stabkraft $S = +0,555\,(t-t_0)\,t$ einsetzt. Das hat zur Folge, daß bei t_0 alle Stabspannungen bei alleiniger Eigengewichtswirkung genau denjenigen des Dreigelenkfachwerks entsprechen und daß das Fachwerk nur für die Nutzlast und die Temperaturänderung statisch unbestimmt ist. Schließlich lassen sich die Stäbe 5 und 6 mit jeder beliebigen Stabkraft einsetzen, so daß unter Umständen eine günstigere Stabkraftverteilung in allen Stäben erzielt wird. In allen Fällen soll das Einfügen der Schlußstäbe erst dann erfolgen, wenn nach Aufbringung des gesamten Eigengewichts keine weiteren Senkungen oder sonstige Formänderungen mehr wahrgenommen werden, wenn sich also das Fachwerk „gesetzt" hat.

Vorstehende Verfahren bieten Gewähr für völlige Übereinstimmung zwischen den wirklichen und den vorausberechneten Stabkräften bei jeder Belastung und Temperatur, was auf keine andere Weise erreichbar ist.

Ein praktisches Beispiel hierzu bietet die Aufstellung der Eisenbahnbrücke über den Sambesi-Fluß in Südafrika. Diese von einer englischen Firma hergestellte Brücke hat bei 152 m Stützweite etwa die Form des oben behandelten Fachwerks. Eine eingehende Beschreibung der Brücke und des Aufstellungsvorgangs findet sich in Z. V. d. I. 1905 S. 2089 bis 2097.

Ein gleicher Vorgang bei der Zweigelenkbogenbrücke von 298 m Stützweite über das Hellgate bei New-York ist in Z. d. V. d. I. 1916 S. 401 bis 409 beschrieben. Das Einfügen der Schlußstäbe erfolgte nicht unter künstlicher Anspannung, die bei dem Riesenbauwerk kaum möglich gewesen wäre, sondern es wurde diejenige Luftwärme abgewartet, bei der die Schlußstäbe unter Eigengewichtswirkung des Dreigelenkfachwerks rechnerisch keine Stabkräfte erhielten, so daß diese Stäbe dann spannungslos eingesetzt werden konnten.

Ein weiteres Beispiel für statisch bestimmte Aufstellung bietet die bekannte Kaiser-Wilhelm-Brücke bei Müngsten und ist in Z. V. d. I. 1897 S. 1377 beschrieben. Zunächst wurde das in

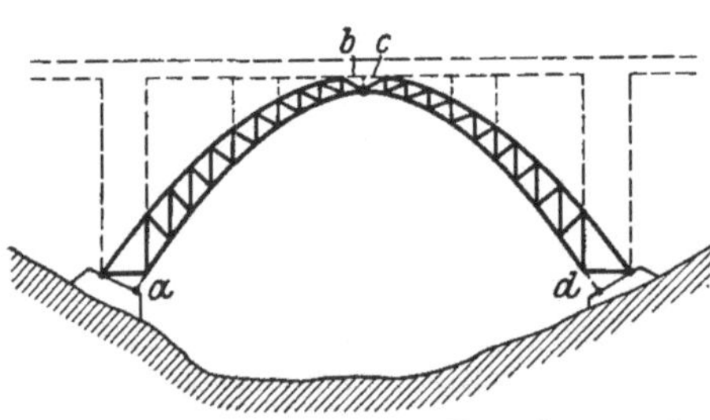

Bild 602. Aufstellung des Hauptbogens der Kaiser-Wilhelm-Brücke bei Müngsten.

Bild 602 dargestellte Dreigelenkfachwerk mit freiem Vorbau von den Uferfundamenten aus unter Zuhilfenahme anschließender Brückenteile und Rückhalteseilen errichtet. Dann wurden die Schlußstäbe a, $b\,c$ und d eingefügt, die auch hier bei der damaligen Luftwärme spannunglos eingesetzt werden konnten. Diese Schlußstäbe machen das Fachwerk zu einem beiderseits eingespannten, also dreifach statisch unbestimmten Bogen.

Die neue Kölner Rheinbrücke wurde schon auf S. 264 genannt und bildet eine Hängebrücke mit aufgehobenem Horizontalzug. Die dort gewählte statisch bestimmte Aufstellungsweise ist in „Der Eisenbau" 1913, S. 213 beschrieben. Der bei der fertigen Brücke durchlaufende Blechträger enthielt zuerst drei Gelenke nach Bild 603, die das ganze Bauwerk statisch bestimmt machten. Erst nachdem das gesamte Eigengewicht aufgebracht war und sich keine Formänderungen mehr zeigten, wurden die Blechträgerfugen an den Gelenken durch aufgeniete Laschen geschlossen, so daß von da ab das Bauwerk für die Nutzlast statisch unbestimmt wirkte. Der Temperatureinfluß konnte dabei unbeachtet bleiben, denn wegen der nahezu gleichen Höhenlage der vier Auflager hat eine gleichmäßige Temperaturänderung aller Eisenteile keine Wärmespannungen, sondern nur eine Längenänderung der ganzen Brücke zur Folge.

Bild 603.   Aufstellung der Kölner Rheinbrücke.

Einen ganz ähnlichen Vorgang enthält auch ein deutscher Vorschlag für die geplante North-River-Brücke in New-York von rund 1100 m Stützwerte, siehe „Die Bautechnik" 1925.

H. Kritische Betrachtung anderer statisch unbestimmter Berechnungsverfahren.

Im nachstehenden werden einige der bekannteren Berechnungsverfahren mit den in diesem Buche dargelegten Verfahren verglichen und daraus weitere Folgerungen gezogen.

Das Verfahren der starren Ergänzungsstäbe. Der beiderseits eingespannte Bogen von beliebiger Form und Belastung führt durch Schnitt an beliebiger Stelle bekanntlich auf drei Gleichungen mit je drei Unbekannten; Symmetrie in Form und Belastung liefert Vereinfachungen. Denkt man sich nach Bild 604 an den Schnittstellen starre Stäbe a und b angebracht und dadurch die Schnittstelle verlegt, dann läßt sich deren Lage so errechnen, daß in den drei Gleichungen je nur eine Unbekannte vorkommt. Die Lage dieser Schnittstelle ist nur von der Stabform und J-Verteilung, aber nicht von der Belastung abhängig; bei symmetrischer Bogenform liegt der Punkt auf der Symmetrielinie. Der Vorgang bezweckt somit nur eine Erleichterung bei Auflösung der Gleichungen. Das Verfahren kann in gleicher Weise auf geschlossene Steifrahmen und in erweiterter Form auf Mehrfachrahmen angewendet werden.

Nun steht aber der Ersparnis an Rechenarbeit durch die vereinfachten Gleichungen die Berechnung der neuen Schnittpunktlage und die Aufstellung der weniger einfachen Belastungs- und Beiwerte gegenüber; das ganze Verfahren entbehrt der Übersichtlichkeit, und dieses in erhöhtem Maße bei Mehrfachrahmen, weshalb in diesem Buche kein Gebrauch davon gemacht wurde.

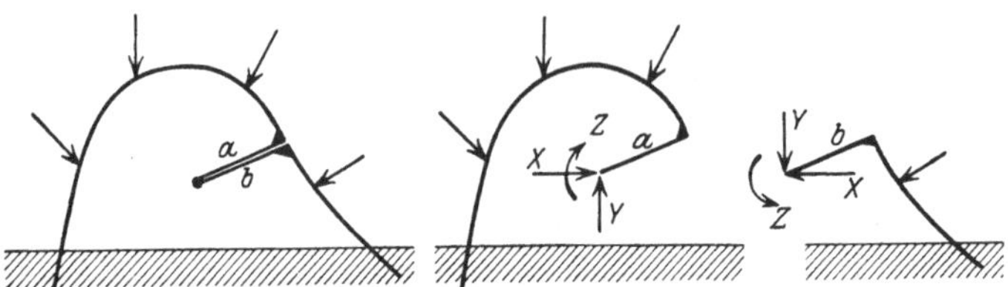

Bild 604. Steifrahmenberechnung nach dem Verfahren der starren
Ergänzungsstäbe.

Der allmähliche Abbau der statischen Unbestimmtheit. Das vorgelegte n-fach statisch unbestimmte System wird zunächst durch Wegnahme einer statischen Unbestimmtheit auf ein $n-1$-fach statisch unbestimmtes System zurückgeführt, dieses durch Wegnahme einer weiteren Unbestimmtheit auf ein $n-2$-faches usw., bis das statisch bestimmte Grundsystem übrigbleibt. Hierdurch gewinnt man eine Reihe von Beziehungen zwischen den gegebenen Daten und den statisch Unbestimmten, die auf dieselben Ausdrücke führen, die man als Zwischenrechnungen beim Gaußschen Eliminationsverfahren erhält.

Verfasser vertritt indessen die Ansicht, daß die rein mechanische Benutzung der Gaußschen Rechenvorschrift viel bequemer ist als das obige Verfahren, das wiederholt technische Denkarbeit erfordert. Denn jedes neuere Verfahren, das auf den Ersatz technischer Überlegungen durch rein mechanische Rechnungen hinausläuft, ist als Fortschritt anzusprechen. Verfasser ist sich wohl bewußt, daß darin eine gewisse Gefahr für Studierende liegt und daher soll sich die Bemerkung über die mechanische Rechnung auch nur auf Berufsstatiker mit hinreichender Praxis beziehen.

Das B. U.-Verfahren von L. Andrée. Der 1920 verstorbene Verfasser mehrerer Statikwerke hat sein Verfahren der Belastungs-Umordnung in Buchform[1]) bekannt gegeben; es soll eine Vereinfachung der Elastizitätsgleichungen bezwecken. Das Verfahren findet Anwendung auf Systeme aller Art, die in Form und Stabquerschnitt völlige Symmetrie zeigen, aber unsymmetrisch belastet werden, was in praktischen Fällen meist zutrifft. Der Grundgedanke des Verfahrens besteht in der Wahl der statisch Unbestimmten und in mehrfacher Umstellung der Lasten derart, daß Elastizitätsgleichungen mit geringerer Anzahl von Unbekannten gewonnen werden.

---

[1]) Verlag R. Oldenbourg, München u. Berlin 1919.

Nun erreicht man dasselbe auch auf gewöhnlichem Wege, wenn man nur die Wahl der statisch Unbestimmten passend trifft. Solche Fälle kamen in diesem Abschnitt mehrmals vor; beim eingespannten Stab nach S. 152 kommt man auf zwei Gleichungen mit je den Unbekannten X und Z und auf eine Gleichung mit Y; ähnliches findet sich auf S. 159 und bei größeren Gebilden auf S. 213. Dasselbe, aber auch nicht mehr, erreicht Andrée mit seinem Verfahren. Trotzdem mag es in manchen Fällen recht zweckmäßig sein, und das Andréesche Buch sei zur Durchsicht empfohlen, wenn auch einige Aufgaben darin nicht einwandfrei gelöst sind. So führt der Kreisring, dessen einfache Berechnung Andrée für unmöglich hielt, nach S. 165 auf bequeme geschlossene Ausdrücke.

Näherungsverfahren. In der Praxis fehlt meist die Zeit zur genauen Behandlung mehrfach statisch unbestimmter Gebilde, die man daher durch gewisse Annahmen, die den Grad der Unbestimmtheit herabsetzen, vereinfacht. Beim Biegestabgebilde werden Gelenke in den schwächeren und weniger wichtigen Stäben angenommen; in Fachwerken werden überzählige Stäbe vernachlässigt, sofern sie nicht schon durch Langlöcher und Schrauben statt der Nieten spannungslos gemacht werden können. So wird man im dreischiffigen Rahmenbinder nach Bild 605 in den Seitenschiffrahmen je drei Gelenke an den bezeichneten Stellen annehmen, wenn auch alle Ecken in Wirklichkeit steif ausgebildet und die Stiele im Boden eingespannt sind. Auf diese Weise gewinnt man den eingespannten, also dreifach statisch unbestimmten Rahmen. In solchen Fällen wird man sich im übrigen bemühen, solche Stabstellen absichtlich weniger steif als sonst zu machen, was z. B.

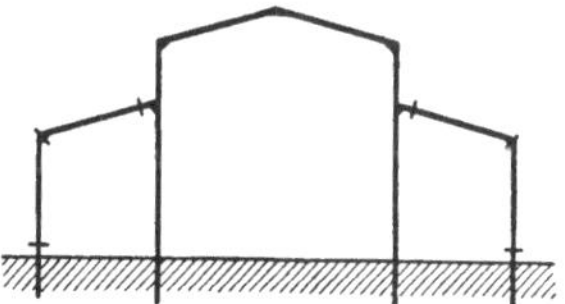

Bild 605. Annahme von sechs Gelenken im Steifrahmen zwecks Näherungsberechnung.

durch Verschraubung an Stelle der Nietung erfolgen kann, wobei das unvermeidliche Spiel zwischen Schrauben und Löchern die erforderliche Gelenkwirkung einigermaßen hervorbringt.

Von Bedeutung sind diese Näherungsverfahren namentlich bei Voranschlägen, bei denen sich eine genaue Berechnung verbietet. Das Verfahren leistet dann gute Dienste, erfordert aber geübte Statiker, die auf Grund ihrer Erfahrung die Zulässigkeit solcher Annahmen zu beurteilen wissen.

An dieser Stelle mag noch hervorgehoben werden, daß im Eisenhochbau mit einfachen Mitteln eine gute Gelenkwirkung erzielt werden kann. Bild 606 zeigt ein neuerdings viel gebrauchtes Fußgelenk für Zwei- oder Dreigelenkbinder. Solche Ausführungen sind billig und vermeiden die teuren und dem Eisenbau wesensfremden Stahlgelenkbolzen. Der Eisenhochbau

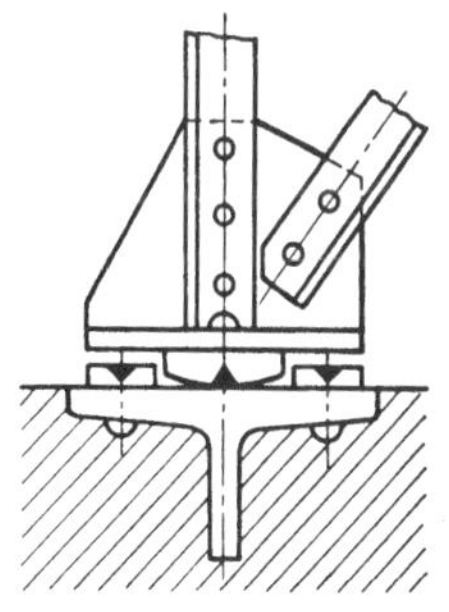

Bild 606. Fußgelenk des Binders.

der neueren Zeit hat daher die Neigung, sich nach der statisch
bestimmten Bauweise hin **zu** entwickeln, worauf namhafte Großbauten
der letzten Zeit deuten. Im reinen Betonbau und im Eisenbetonbau
hat man auch schon durch Einbau von Stahlgelenken klare statische
Zustände zu gewinnen versucht; die Wirkung solcher Gelenke ist aber
meist fraglich, da sich die schmalen Fugen, in denen die Gelenke
sitzen, nachträglich mit Zement, Sand u. dgl. füllen, wodurch die Gelenkwirkung größtenteils verschwindet. Der heutige Eisenbetonbau
arbeitet im allgemeinen mehr mit Steifrahmen als der reine Eisenbau
und stellt daher in solchen Fragen an den Statiker besonders hohe
Anforderungen. Daher sei an dieser Stelle der Eisenbaustatiker auf
die Literatur der Eisenbetontechnik hingewiesen, die er, soweit es
sich um rein statische Fragen handelt, für seine Zwecke vielfach
nutzbringend verwenden kann.

Der Modellversuch zur Rahmenberechnung. Der Grundgedanke
besteht darin, ein verkleinertes Modell von verhältnismäßig großer
Elastizität herzustellen, es zu belasten und aus der leicht meßbaren
Formänderung auf die Kräftewirkung und Beanspruchung am wirklichen Rahmen zu schließen. Dieser Gedanke stammt aus der amerikanischen Praxis, hatte aber anfangs keine Erfolge gezeitigt. Erst
durch Obering. Rieckhof wurde das Verfahren in brauchbare Form
gebracht und unter dem Namen Nupubest, d. h. Nullpunkt-Be-
stimmungs-Verfahren, bekannt gegeben. Das Modell besteht aus geraden dünnen und stark elastischen Stahlstäben, die durch Klemmen
und Schrauben so miteinander verbunden werden, daß sie den Rahmen
in verkleinerter Form wiedergeben. Gelenke, Einspannung, Rollen-
lager u. dgl. werden im Modell wirkungsgleich nachgebildet. Für
irgendwelche Belastung eines Rahmenstabes wird der entsprechende
Modellstab durch eine Kraft belastet, deren Größe beliebig ist, deren
Richtung aber aus der wirklichen Belastung so errechnet werden
kann, daß das Modell die wirkliche Formänderung übertrieben wieder-
gibt. Die sich krümmenden Stäbe werden auf einem unter dem
Modell liegenden Zeichenblatt nachgezeichnet, die Wendepunkte der
elastischen Linien, das sind die Momenten-Nullpunkte, aufgesucht
und damit wird das statisch unbestimmte System in Teilsysteme von
je statischer Bestimmtheit zerlegt, die jeweils leicht zu behandeln sind.

Näheres über das Verfahren enthält die Druckschrift der A.-G.
für Baubedarf, Darmstadt, von der auch die Apparatur zu beziehen ist.
Ein Auszug der Druckschrift findet sich in „Der Bauing." 1925 S. 260.

Das Verfahren stellt zweifellos einen bedeutenden Fortschritt in
der Rahmenberechnung dar, ist aber zunächst nur auf geradlinig
begrenzte Rahmen anwendbar. Beachtenswert ist auch die in derselben Druckschrift angegebene Benutzung der Apparatur zur so-
fortigen Zeichnung der Einflußlinie für den durchlaufenden Träger.

Sachverzeichnis.